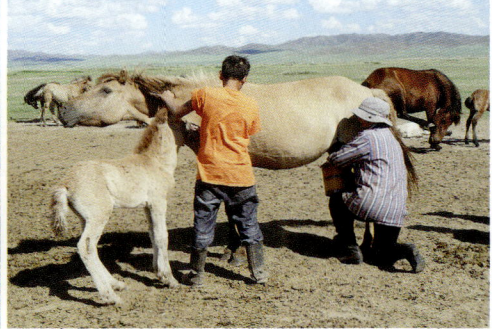

モンゴルの人々は、遊牧民としてゲルと呼ばれるテント式の住居に住み、ヒツジやヤギなどの家畜を遊牧する生活を2000年以上にわたって続けてきた。その中で、ウシの糞を乾燥させて燃料にしたり（下段左）、仔ウマに授乳しに来た母ウマから得たミルクで馬乳酒を作るなど（下段右）生活のための多くの知恵がはぐくまれてきた。(→序章)

撮影　上段：藤田昇　2002年9月　ウランバートル市ガチュールト
　　　中段：堤田成政　2011年8月　トゥブ県バヤンウンジュール
　　　下段：藤田昇　2011年8月　トゥブ県フスタイ国立公園

ゲル内部には左右にベッド、中央にかまどがあり、乳製品の加工や（上段左）、訪問者の歓迎（上段右）も同じ空間で行われる。遊牧民は何度も移動を繰り返し、伝統的には家畜に家財道具を運ばせていたが（中段）、現在ではトラックを利用した移動も多い（下段左）。ゲルは簡単に分解や組み立てが行えるように工夫されている（下段右）。（→序章・6章）

撮影　上段左：幸田良介　2011年8月　トゥブ県エルデネ　上段右：藤田昇　2011年8月　トゥブ県フスタイ国立公園
　　　中段：Z. バトジャルガル　2011年8月　オブス県ナランボラグ
　　　下段左：堤田成政　2012年9月　ウランバートル　下段右：幸田良介　2012年9月　トゥブ県エルデネ

最小の行政単位、郡（ソム）の中心であるソムセンターの規模は非常に小さいものであるが（上段）、首都のウランバートルには100万人以上の人が暮らし、大きなビルが林立している（下段）。近年ウランバートルへの人口流入が加速しており、「ゲル地域」と呼ばれる地域が郊外に広がりを見せている（中段）。（→7章）

撮影　上段：藤田昇　2008年7月　ドンドゴビ県デルゲルツォクト　中段：堤田成政　2011年8月　ウランバートル
　　　下段：幸田良介　2012年7月　ウランバートル

モンゴルの広大な草原地帯には、灌木と呼ばれる膝丈程度の小低木が広がる場所も各地に見られる（上段）。家畜の入れない柵内（中段左）は柵外（中段右）に比べて草が多く、家畜の影響が鮮明である。ヤギのみを入れた柵（下段左）では草も灌木も同様に食べられているが、ヒツジのみを入れた柵（下段右）では草ばかりが減って灌木はほとんど食べられていない。（→2章）

撮影　上段：藤田昇　2004年7月　トゥブ県エルデネサント　中段：藤田昇　2009年8月　トゥブ県バヤンウンジュール
　　　下段：藤田昇　2010年8月　トゥブ県バヤンウンジュール

モンゴル北部にはシベリアから続く広大な針葉樹林（タイガ林）が広がっている（上段）。
その南には森林ステップが広がり、パッチ状の森林が斜面方向に合わせて分布している（中段）。
森林面積は違法伐採などの人間活動の影響で近年大きく減少してきている（下段）。（→ 4 章）

撮影　上段：幸田良介　2010 年 6 月　セレンゲ県　中段：藤田昇　2002 年 7 月　ウランバートル市ガチュールト
　　　下段：Z. バトジャルガル　2007 年 8 月　オブス県サギル

モンゴルは、夏季（上段左）は40℃、冬季（上段右）は−30℃にもなり、春まで残る積雪は貴重な水資源となる。比較的降水の多い北部ではセレンゲ川などの大河川が蛇行を繰り返しているが（中段）、乾燥する南部では井戸を掘って地下水を利用する必要があり（下段左）、家畜は必然的に井戸のまわりを利用することが多くなる（下段右）。（→1章）

撮影　上段：幸田良介　（左）2011年8月　（右）2012年2月　トゥブ県エルデネ　中段：藤田昇　2002年8月　セレンゲ県
　　　下段左：藤田昇　2008年8月　ウムヌゴビ県ハンホンゴル
　　　下段右：杉田倫明　2005年7月　ドンドゴビ県マンダルゴビ

劣化した草原では表層土が失われやすく、黄砂の発生など国際的な問題にも関係している（上段）。家畜の冬営地（中段）や放棄農地（下段）では土壌がアルカリ性に変化してしまい、摂食耐性植物の優占など、劣化後の草原の回復にも大きく影響してしまう。（→ 3 章）

撮影　上段：田村憲司　2010 年 5 月　フスタイ国立公園　中段：堤田成政　2012 年 9 月　トゥブ県フスタイ国立公園
　　　下段：幸田良介　2011 年 7 月　トゥブ県アルガラント

モンゴルの鉱業は近年急速に発展しており、重機を用いての河床の掘削や（上段）、ニンジャと呼ばれる人々が永久凍土を溶かして砂金採掘をする場所が各地にみられる（下段）。採掘で河床や永久凍土が破壊されると、貴重な水資源の減少を引き起こしてしまう。採掘された鉱物の多くは、トラックを用いて中国へと運ばれており、轍の跡が延々と続いている（中段）。（→8章）

撮影　上段：鈴木由紀夫　2008年9月　ウブルハンガイ県ウヤンガ
　　　中段：藤田昇　2011年6月　ウムヌゴビ県タバン・トルゴイ鉱山から中国へ向かう道中
　　　下段：鈴木由紀夫（トメンバヤル氏提供）　2002年5月　アルハンガイ県ツェンヘル

「環境人間学と地域」の刊行によせて

　地球環境問題が国際社会の最重要課題となり、学術コミュニティがその解決に向けて全面的に動き出したのは、1992年の環境と開発に関する国連会議、いわゆる地球サミットのころだろうか。それから20年が経った。
　地球環境問題は人間活動の複合的・重層的な集積の結果であり、仮に解決にあたる学問領域を『地球環境学』と呼ぶなら、それがひとつのディシプリンに収まりきらないことは明らかである。当初から、生態学、経済学、政治学、歴史学、哲学、人類学などの諸学問の請来と統合が要請され、「文理融合」「学際的研究」といった言葉が呪文のように唱えられてきた。さらに最近は「トランスディシプリナリティ」という概念が提唱され、客観性・独立性に依拠した従来の学問を超え社会の要請と密接にかかわるところに『地球環境学』は構築すべきである、という主張がされている。課題の大きさと複雑さと問題の解決の困難さを反映し、『地球環境学』はその範域を拡大してきている。
　わが国において、こうした『地球環境学』の世界的潮流を強く意識しながら最先端の活動を展開してきたのが、大学共同利用機関法人である総合地球環境学研究所（地球研）である。たとえば、創設10年を機に、価値命題を問う「設計科学」を研究の柱に加えたのもそのひとつである。事実を明らかにする「認識科学」だけでは問題に対応しきれないのが明らかになってきたからだ。
　一方で、創設以来ゆるぎないものもある。環境問題は人間の問題であるという考えである。よりよく生きるためにはどうすればいいのか。環境学は、畢竟、人間そのものを対象とする人間学 Humanics でなければならなくなるだろう。今回刊行する叢書『環境人間学と地域』には、この地球研の理念が通底しているはずである。
　これからの人間学は、逆に環境問題を抜きには考えられない。人間活動の全般にわたる広範な課題は環境問題へと収束するだろう。そして、そのとき

に鮮明に浮かび上がるのが人間活動の具体的な場である「地域」である。地域は、環境人間学の知的枠組みとして重要な役割を帯びることになる。

　ひとつの地球環境問題があるのではない。地域によってさまざまな地球環境問題がある。問題の様相も解決の手段も、地域によって異なっているのである。安易に地球規模の一般解を求めれば、解決の道筋を見誤る。環境に関わる多くの国際的条約が、地域の利害の対立から合意形成が困難なことを思い起こせばいい。

　地域に焦点をあてた環境人間学には、二つの切り口がある。特定の地域の特徴的な課題を扱う場合と、多数の地域の共通する課題を扱う場合とである。どちらの場合も、環境問題の本質に関わる個別・具体的な課題を措定し、必要とされるさまざまなディシプリンを駆使して信頼に足るデータ・情報を集め、それらを高次に統合して説得力のある形で提示することになる。簡単ではないが、叢書「環境人間学と地域」でその試みの到達点を問いたい。

「環境人間学と地域」編集委員長
総合地球環境学研究所　教授
阿部　健一

目　次

序章　地球環境の中のモンゴル　　　　　　　　　　　　　　　　　1
1　地球環境の中の温帯・亜寒帯草原 ── モンゴルとステップ

［藤田　昇］　2
　　（1）モンゴルとは　　2
　　（2）草原とは　　2
　　（3）草原の生態学　　5
　　（4）遊牧と草原　　9
2　モンゴルの地誌とその特徴　［幸田良介］　12
　　（1）モンゴル国土と気候　　12
　　（2）モンゴルの人々と遊牧の暮らし　　15
　　（3）モンゴルの社会システムと産業の変化　　19
3　激変する遊牧草原と環境問題
　　　　　　── 生態系ネットワークの崩壊と再生　［藤田　昇］　21
　　（1）本書のテーマ　　21
　　（2）モンゴルの環境問題　　23
　　（3）本書の内容　　26

第 1 部　草原と森林の生態系ネットワーク

第 1 章　水資源と水循環　　　　　　　　　　　　　　　　　　　31
1-1　モンゴルの気候と地球温暖化

［Z. バトジャルガル・B. エンフジャルガル］　32
　　（1）気候変動　　33
　　（2）大気エアロゾル粒子の役割　　41

（3）全球気候動因に起こりうる変化　　45

　（4）モンゴルにおける気候パターンの応答　　47

1-2　モンゴルの水資源　［Z. バトジャルガル・B. エンフジャルガル］　　57

　（1）水に関する問題　　58

　（2）モンゴルの水資源の評価　　60

　（3）モンゴルの水質　　69

　（4）モンゴルでの水利用　　72

　（5）天然資源の存在量と限界の対立　　75

1-3　草原の水循環　［杉田倫明］　　83

　（1）森林、草原そして砂漠　　83

　（2）水循環プロセス　　85

　（3）植生の水利用　　89

　（4）群落の広がりと水　　98

　（5）蒸発、蒸散と水収支　　99

　（6）まとめ　　100

第2章　草原と遊牧の環境学　　　　　　　　　　　［藤田　昇］　109

2-1　遊牧草原の生産　　110

　（1）降水量と草原の生産　　111

　（2）草原生態系への家畜の影響　　115

2-2　草原の小低木と遊牧　　126

　（1）森林と草原　　126

　（2）草原の小低木　　129

　（3）ヤギとヒツジの草原生態系への影響　　141

　（4）草原の劣化　　149

　（5）地球環境問題としての一般性　　150

●コラム1　家畜の密度と摂食量　［幸田良介・藤田　昇］　152

第3章　土壌の環境学　　　　　　　　　　　　　　　155

3-1　土壌の劣化　［田村憲司・三好隼平］　156
（1）モンゴルの土壌と気候 ── 植生系列　156
（2）モンゴルにおける土壌劣化の要因　157
（3）土壌劣化と黄砂の発生　161
（4）モンゴルの土壌保全　163

3-2　過放牧による摂食耐性植物の優占と土壌のアルカリ性化
　　　　　　　　　　　　　　　　　　　　［幸田良介・藤田　昇］　164
（1）大型草食獣の採食と植物種組成の変化　165
（2）土壌のアルカリ性化による植生回復の遅延　166
（3）摂食耐性植物と家畜にとっての価値　173
（4）持続的な遊牧のために　179

●コラム2　家畜放牧と草原の窒素循環　［近藤順治・廣部　宗］　181

第4章　森林の環境学　　　　　　　　　　　　　　　185

4-1　モンゴルにおける森林破壊と劣化した森林の再生
　　　　　　　　　　　　　　　　　　　　　　［J. ツォグトバータル］　186
（1）モンゴルの森林資源　186
（2）森林破壊を引き起こす要因　189
（3）森林修復と植樹　198
（4）森林再生・植樹事業における問題点　200
（5）これからの森林管理に向けて　201
（6）今後に向けて　201

4-2　森林の動態に対する人為攪乱の影響
　　　　　　　　　　　　　　　　　［音田高志・廣部　宗・幸田良介］　202
（1）北方林における自然攪乱と森林再生　203
（2）強度の人為インパクトによる森林のレジリアンスの喪失　204
（3）人間活動によって維持される"半自然（semi-natural）"森林生態系　209

(4) 森林保全と持続的な森林資源利用との両立に向けて　212
4-3　気候と人間活動の変動を取り入れたモンゴルの植生変動モデル
　　　　　　　　　　　　　　　　　　　　　　　　　　　　　［石井励一郎］　214
　　(1) スケールによって異なる植生の分布パターンを決定する環境要因　216
　　(2) 地形スケールでの不連続移行パターン　221
　　(3) 不連続移行パターンに関するこれまでの説明　222
　　(4) 地形スケールでの植生モデル　226
　　(5) 局所的な植生と土壌水分量の定常状態　228
　　(6) 森林—草原移行帯での地形効果による土壌水分の空間不均一性　231
　　(7) 森林草原ゾーン予測可能蒸発量と植生分布との比較をもちいた，植生モデルの定量化　233
　　(8) ガチュールトサイトのための数値モデルからの予備的結果　236

補論1　モンゴルの野生動物 —— フスタイ国立公園の今
　　　　　　　　　　　　　　　　　　　　　　　　　　　　　　［幸田良介］　241
　1　フスタイ国立公園と野生動物　244
　2　アカシカとタヒは共存できている？　247
　3　オオカミは何を食べている？　249
　4　アカシカの分布に対する森林と家畜の影響　251
　5　モンゴルの保護区から学ぶべきこと　253

第2部　人間活動と生態系ネットワーク

第5章　市場経済下の牧畜業　259
5-1　家畜の分布と密度 —— 統計資料を空間分析で読み解く
　　　　　　　　　　　　　　　　　　　　　　　　　　　　　［西前　出］　260
　　(1) 統計でみる家畜数の変化　262
　　(2) 家畜の空間分布の変化　267

(3) ウランバートルへの距離と畜産物価格　272
　　　(4) 主要道路への距離との関連　276
　　　(5) ヤギの空間分布と植生指数　280
　　　(6) 遊牧と草原の持続性　281
　5-2　畜産品の需給動向　［草野栄一］　284
　　　(1) 畜産品の需給バランス　285
　　　(2) 地域別の需給バランスと国内流通　299
　　　(3) 市場経済のモンゴル畜産業への影響　304
●コラム3　統計データでみる家畜と遊牧民
　　　　　　── 首都への集中度の変遷　［幸田良介］　309

第6章　牧畜・農業と土地利用　315

　6-1　土地制度の歴史と現在　［上村　明］　316
　　　(1) 清朝のモンゴルに対する土地政策 ── 蒙地開発計画　318
　　　(2) 市場経済への移行と「コモンズの悲劇」　319
　　　(3) 1990年代以降のモンゴル国における牧畜の状況　324
　　　(4) 「コミュニティ」を基盤とした自然資源管理モデル（CBNRM）と牧地法案　330
　　　(5) 所有権アプローチと牧地利用　336
　6-2　モンゴルの遊牧における季節移動 ── トゥブ県バヤンウンジュール郡の事例
　　　　　　　　　　　　　　［G. U. ナチンションホル・L. ジャルガルサイハン］　339
　　　(1) バヤンウンジュール郡の概況　339
　　　(2) 季節移動のとらえ方　341
　　　(3) 季節移動の実態と草原への影響　344
　　　(4) 季節移動の意義 ── 資源利用、家畜の健康、草原保全　352
　6-3　定住モンゴル牧畜民の現在 ── 過放牧論の解体　［児玉香菜子］　353
　　　(1) 牧畜民の定住化問題　353
　　　(2) 中国内モンゴル自治区ウーシン旗の概要　360
　　　(3) 定住牧畜民の家畜飼養　362

目　次

　　　（4）家畜飼養の変化からみる干ばつの影響と対策　371
　　　（5）家畜繁殖を願う儀礼　384
　　　（6）住民視点の災害対策に向けて　388
　6-4　農業開発と環境保全　［小長谷有紀］　393
　　　（1）民族誌に描かれたプレ社会主義時代の農耕　394
　　　（2）社会主義的近代化としての農業開発　398
　　　（3）ポスト社会主義時代の農業生産　400
　　　（4）「ポスト移行期」の社会的課題　405

第 7 章　牧畜民の移住と都市化　　　　　　　　　　　　　　　415

　7-1　都市周辺地域への遊牧民の移住　［鬼木俊次］　416
　　　（1）遊牧民の移住と移動　418
　　　（2）オブス県およびボルガン県の牧畜家計調査の方法　420
　　　（3）オブス県およびボルガン県の調査地の概況　421
　　　（4）ブレグハンガイ郡牧畜世帯調査結果　427
　　　（5）移住の要因と問題　433
　7-2　都会と田舎の人口移動の数理モデル　［山村則男］　435
　　　（1）人間移動の基本モデル　436
　　　（2）移動のコストを考慮した場合のモデル　439
　　　（3）都会規模の経済性　441
　7-3　土地私有化政策と首都のスプロール現象　［堤田成政］　444
　　　（1）ゲル地域の概要　445
　　　（2）スプロール現象発生の政策的背景　447
　　　（3）ゲル地域拡大の定量的把握　448
　　　（4）都市の健全な発展に向けて　453
　7-4　首都の人口増加とそれに伴う河川の水質汚濁
　　　　　　　　　　　　　　　　　［伊藤雅之・陀安一郎・永田　俊］　453
　　　（1）ウランバートルの人口推移　454

(2) ウランバートルでの下水処理の状況　454
　　　(3) 下水処理場排水のトール川への流出　456

第8章　鉱業と土地・水資源　　　　　　　　　　［鈴木由紀夫］　469

　8-1　モンゴルの鉱物資源開発の動向　470
　　　(1) 主要セクターの推移　471
　　　(2) 主要な鉱物資源　473
　　　(3) 鉱物資源とモンゴル経済　476
　　　(4) 持続的発展に向けた対策　479
　8-2　鉱物資源開発の生態系や遊牧への影響と規制
　　　　　　　　　　　　　　── 砂金採掘を中心として　481
　　　(1) 鉱業と遊牧の草原をめぐる摩擦　482
　　　(2) 鉱業開発が水資源に及ぼす影響　489
　　　(3) 鉱業開発と生態系や遊牧の保全との法的関係　503
　　　(4) 生態系や遊牧の保全に向けた砂金採掘の規制　513

補論2　日本・モンゴル関係の現在 ── 経済的な結びつき
　　　　　　　　　　　　　　　　　　　　　　　　［草野栄一］　517

　1　モンゴルの対日世論　517
　2　日本・モンゴル貿易　518
　　　(1) 自動車貿易の拡大　520
　　　(2) カシミヤ貿易の縮小　521
　　　(3) 鉱物資源貿易の可能性　522
　3　モンゴルと援助　523
　　　(1) 口蹄疫の拡大防止　525
　　　(2) 大気汚染の緩和　526
　　　(3) モンゴルからの震災支援　527
　4　経済的な結びつきと日本・モンゴル関係　528

補論3　日本・モンゴル関係の展開 ── 友好と協力
[Z. バトジャルガル]　531

1　日本・モンゴル関係の歴史的変遷　531
2　交流・協力関係の道のりと政策　534
　（1）開かれた道　534
　（2）政治関係の始まりと発展　534
　（3）交流の新段階 ── パートナーシップ　535
　（4）多様な交流　537
3　交流の成果　538
　（1）日本の政府開発援助　538
　（2）モンゴルから見た日本・モンゴル貿易　539
　（3）日本からの投資　540
　（4）学術・文化交流　541
4　交流と協力についての考察　543
　（1）交流・協力のための要点　543
　（2）「手を差しのべる」から「手をつなぐ」可能性へ　547
　（3）「第三の隣国」の第三番目ではない関係　548

終章　草原と遊牧の未来　553

1　生態系を測る　556
　（1）生態系の持続性を測る ── 安定同位体比
　　　　　［和田英太郎・兵藤不二夫・陀安一郎・石井励一郎］　556
　（2）生態系の構造を測る ── 安定同位体比　［高津文人］　571
　（3）生態系の変動を測る ── 衛星リモートセンシング　［永井　信］　585
2　背景をとらえる　［上村　明］　591
　（1）モンゴルの牧畜における「コモンズ」　591
　（2）牧畜と移動　592
　（3）季節移動とオトル　598

(4) エコシステムにおける均衡–非均衡モデルと移動のパターン　602
　　　(5) コミュニティと「歴史的ストック」　605
　　　(6) 行政の役割と互酬倫理の合理性　609
　　　(7) 閉鎖的コモンズから新しいコモンズのかたちへ　611
　3　分析と予測を行う　613
　　　(1) モンゴルの生態系ネットワークと将来シナリオ
　　　　　　　　　　　　　　　　　[山村則男・酒井章子・藤田　昇]　614
　　　(2) モンゴル牧畜持続性を計算する　[加藤聡史]　624
　4　草原利用の未来　[藤田　昇]　637
　　　(1) 畜産品の生産性 ―― 生産高と生産コスト　638
　　　(2) 移動・定住と草原の家畜扶養力　639
　　　(3) 家畜 ―― 商品か資産か　643
　　　(4) 地方重視の流通と産業の改善　644
●コラム4　人間による生態資源利用のネットワーク構造
　　　　　　　　　　　　　　　　　　　　　[石井励一郎・酒井章子]　653

付録（観光案内）モンゴルの草原にようこそ　[Z. バトジャルガル]　657
　　　(1)「モンゴルに面白いものはない」　657
　　　(2) モンゴル観光の出発点　659
　　　(3) 観光産業成長と停滞の境界線　660
　　　(4) モンゴルで何を見るべきか？　662
　　　(5) 魅力的な国際観光地としてのモンゴル　665

あとがき　671

索引　673

執筆者紹介　679

巻末カラー図版　687

序章　地球環境の中のモンゴル

1　藤田　昇
2　幸田良介
3　藤田　昇

1 地球環境の中の温帯・亜寒帯草原 —— モンゴルとステップ

(1) モンゴルとは

　本書の対象はモンゴルである。モンゴルというと、関心のあり方によって、朝青龍、白鵬、日馬富士を生んだ相撲、最大の淡水魚イトウの釣れる国、乗馬の国など様々だろうが、本書のテーマは草原と遊牧、そして生態系ネットワークである。モンゴルは遊牧の国として有名で、遊牧は基幹産業の畜産業として全国的に行われ、家畜が草原の植物を食べることによって成り立っている。そのシステムは、降水・温度・日照などの気候、多年草・小低木・一年草などの草原植生、ヒツジ・ヤギ・ウシなどの家畜、家畜を飼う遊牧民、家畜を売る市場、消費者に売ったり外国に輸出する企業、畜産物を食べる消費者などの様々な構成要素によって成り立っており、さらに遊牧の土地利用に関する土地法などの法律や遊牧を管理する行政が関係する。これらの自然と社会を含めた全体の相互作用網を生態系ネットワークという。本書は、この生態系ネットワークを理解することが基本目的であるが、モンゴルの生態系ネットワークの理解において、その要である草原とはどんなものかをまず理解する必要がある。

(2) 草原とは

ユーラシア大陸の草原：ステップ

　モンゴルは草原の国ではあるが、森林と砂漠も存在する。しかし、遊牧が行われている草原の面積が広い。草原は、森林の湿潤気候と砂漠の乾燥気候の間の半乾燥気候の地域に分布する。大陸の内部は一般に降水量が多くないので、草原は大陸の内部を中心に、世界の陸地の約4分の1を占める（図1）。モンゴルの草原はユーラシア大陸に広く分布するステップに属する。ステップとはもともとウクライナからカザフスタンにかけての旧ソビエト連邦の広

序章　地球環境の中のモンゴル

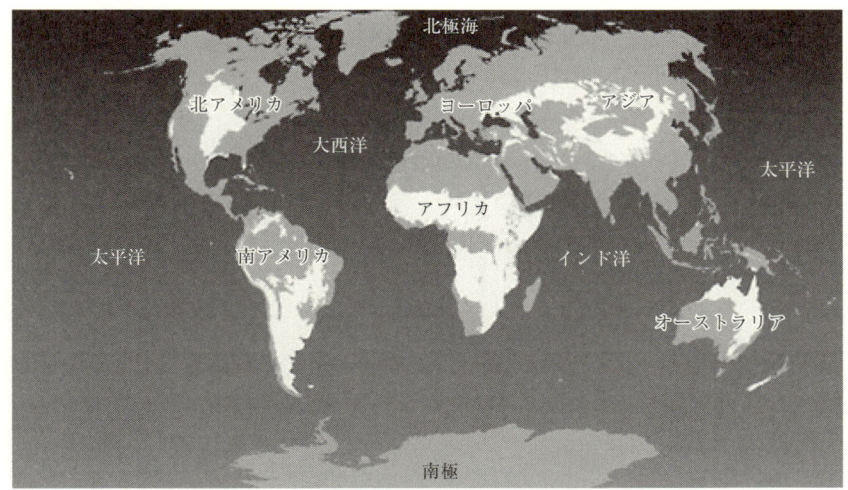

図1　世界の草原分布図。白い部分が草原を表す。（世界自然保護基金による）

大な温帯草原を指す言葉であったが、ケッペンの気候区分において、湿潤気候と砂漠気候の間の半乾燥気候をステップ気候と称したため、適用範囲が広がった。世界の温帯草原をステップという場合もあるが、特にユーラシア大陸の草原をさすことが多い。モンゴルでもそうであるように、ステップは温帯だけでなく、亜寒帯にも広がっている。温帯の草原は、大規模なものとしては他に北アメリカのプレーリー、南アメリカのパンパがあり、南アフリカ、ニュージーランド、オーストラリアにも分布する。

　ステップの代表的な3地域、ウクライナ、カザフスタン、モンゴルのそれぞれの首都キエフ（北緯50°27′、東経30°30′）、アスタナ（北緯51°10′、東経71°30′）、ウランバートル（北緯47°55′、東経106°55′）の気候を図2に示す（モンゴルの気候については次節参照）。北緯はそれほど変わらないが、冬季の気温はユーラシア大陸の東に行くほど低くなり、年平均気温はキエフ8.0℃、アスタナ3.9℃、ウランバートル−0.1℃である。冬季の降水量は東に行くほど少なくなり、年降水量はキエフ607.8 mm、アスタナ305.4 mm、ウランバートル281.4 mmである。年降水量の多いキエフは周辺に亜寒帯林が分布する。

3

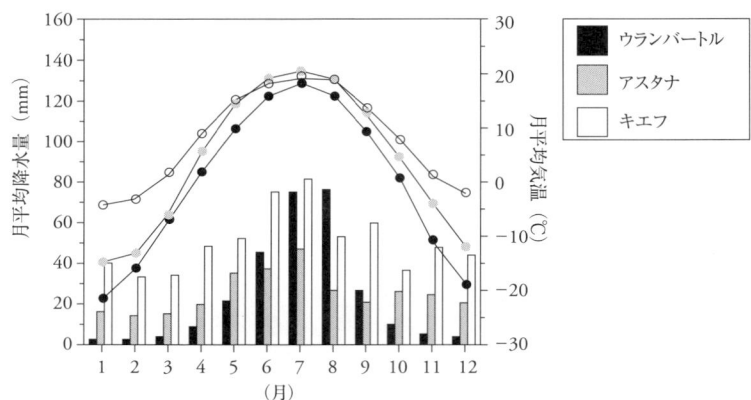

図2 ステップ地帯のウクライナ、カザフスタン、モンゴルの気候。棒グラフが月平均降水量、折れ線グラフが月平均気温を示す。

気温が高いほど地表からの水の蒸発量が増えて乾燥するので、年降水量に差がなくてもアスタナ周辺はステップ、ウランバートル周辺は亜寒帯林が分布する。それぞれの地域では、北から南に向かうにつれて降水量が減少する傾向を示すので、ステップは南部に分布し、北部は森林になる。ステップの中でも、降水量の多い北部ほど植物がよく生長して背丈が高くなる。

ステップの世界

　日本では、気温による四季の変化が存在する。半乾燥気候に位置するステップでは、四季に加えて降水量の年変動・季節変動の影響が大きい。春の植物の開葉は気温が暖かくなっても降水がなければ始まらない。比較的降水が多い季節である夏にも無降水期間が生じる年もある。秋の植物の生育期が終了してから土壌凍結が始まるまでの降水は土壌に浸透して凍結し翌春の植物の生長を助ける。冬の低温を伴った積雪は寒害となるが、春の残雪は融雪直後に植物の生育が始まれば涵養水となりうる。このように水環境の年変動・季節変動が植物の生育の年変動と時間変動となり、それが家畜の生育に影響し、人間に及ぶ。この短期的な変動に、地球温暖化による気温と降水量の長期的

な変動が絡む。日本では季節を意識して生活するが、ステップでは日々の環境変動を意識する。例えば、水場のある秋営地から水場がなく積雪を飲み水として利用する冬営地への移動のタイミングは、早く移動しすぎると水源に困るし、遅くなって積雪後になると移動が困難になるので、積雪の直前という微妙な判断が重要になる。

(3) 草原の生態学

　ステップは湿潤気候の森林と乾燥気候の砂漠の間の半乾燥気候に位置するが、ステップの草原植生は歴史的に気候条件のみによって決められてきたわけではない。ステップの歴史は、草原植物とそれを餌とする大型草食獣の相互作用、すなわち生態系ネットワークの数千万年に及ぶ物語である。

草原にも木は分布する

　草原とは草が優占する植生のことである。植物には草と木がある。違いは、地上部の茎（幹）が1年以内に枯死するのが草で、1年を越えて生存するのが木である。したがって、草でも茎が木化する植物は存在する。木で茎の寿命が短いものはキイチゴの仲間のように2年である。木には高木と低木があり、湿潤な環境に立地する森林には高木が生育するが、乾燥が強まると高木が生育しなくなり、低木となる。草原とは草の原であるが、草原に木が分布できないかといえば、そうではない。というのは、木が草より乾燥に弱いとはいえないからである。植物の分布には土壌水分が影響する。草原に優占するイネ科の草はひげ根で深くはなく、地表面近くの土壌水を吸収する。一方、木は主根が深く分布でき、深い土壌からの吸水が可能である（1章1-2節参照）。世界には、10 m以上の深さまで根を分布する木が存在することが知られている。したがって、深根の木は土壌深くから吸水できるので、乾燥地でも土壌深くに水分が存在すれば、かえって木は草よりも乾燥に耐えられる。植物間の光をめぐる競争は背が高くなれる方が勝利する。木も草も生育可能だと、冬季にも地上部が存在し、背が高くなれる木の方が有利になる。しか

し、温帯のステップには木が少ない。では、なぜステップに木が少なく、草が優占するのだろうか？

大型草食獣は植物の繊維質を消化する

　人間は、デンプンやグリコーゲンという多糖類、タンパク質、脂肪などを消化できるので、穀物や野菜、一部の生の野草を食料とすることができる。しかし、セルロースやヘミセルロースなどの多糖類（難消化性の食物繊維）はあまり消化できず、リグニンは全く消化できないので、それらが主成分の自然の草や木の葉、もちろん枯れ葉や木の枝は食べても消化できない。一方、ウシやシカなどの大型草食獣はセルロースやヘミセルロースを消化してエネルギー源にできる。それは、胃の中の微生物と共生して、微生物の力の助けによってセルロースやヘミセルロースを消化して栄養として吸収するからである。大型草食獣は偶蹄目（四肢の先端に第 3 指と第 4 指からなる二つに割れた蹄を持つ。ウシ、シカ、ヤギ、カバなど多くを含む。現在では、鯨類と系統が近いとされ、偶蹄目という分類群は使われなくなり、クジラ類を含めて鯨偶蹄目とされている。）と奇蹄目（ウマ、サイ、バク。第 3 指が発達。かつては偶蹄目に近いとされていたが、現在では、ネコ目やコウモリ目に近いとされている。家畜伝染病である口蹄疫は偶蹄目に感染するが、奇蹄目には感染しない。）に代表される。大型草食獣のうち、イノシシを除くウシやシカなどの偶蹄目は反芻という特殊な消化を行う。反芻とは、四つの胃をもち、いったん胃に入った食物を口に戻して唾液とよく混合し、また胃に戻し、時間をかけて消化することである。ウシが餌を食べていないのに口をもぐもぐさせているのは反芻を行っているのである。反芻によってセルロースとリグニンの消化は容易になっている。一方、同じ家畜でも、ウマ（奇蹄目）は反芻を行わない。ウマの糞は繊維質が残って消化が進んでいないのに対し、ウシの糞は繊維質がよく消化されて柔らかいのは反芻を行うかどうかの違いといえる。リグニンは大型草食獣でも消化が困難であり、リグニンの多い木の枝や幹を食べる大型草食獣は限られている。

草と大型草食獣の共進化

　大型草食獣の摂食は、草にとって一方的な被害なのかというと、そうではない。それは、草と大型草食獣は共進化したと考えられるからである。英語で草原という意味の Grassland はイネ科植物 (Grass) の土地という意味であるように、草原を代表する植物はイネ科である。イネ科の植物は、ケイ酸を含んで葉や茎が堅くなり水分が奪われにくくなること、訪花昆虫が少なくても受粉が可能な風媒花を持つことなど、乾燥に適応した特徴を示すが、葉の生長においても顕著な特徴を示す。植物が葉を生長させる場合に、生長点が葉の先端にあるのが普通であるが、イネ科植物では葉の生長点が葉の基部にある。したがって、普通の植物では葉の先端が食べられると葉の生長が止まり、生長を続けるためには新たに葉を作る必要があるのに対し、イネ科植物では葉の先端が食べられても葉がそのまま連続して生長を続けることができる。これは、大型草食獣の食害からの回復に有利な特徴である。イネ科にはタケやササという木も含まれており、背の低いササはササ原という表現がされるが、シカの食害によって日本の各地で木本性のササが減少していることから分かるように、イネ科であっても木は大型草食獣の食害に弱い。食害からの回復に有利といえるのはイネ科の草についての話である。同じく草原に優勢なネギ属やスゲ属もイネ科同様に葉の生長点が葉の基部にあり、大型草食獣の食害に対して強くなっていることが草原での優勢の一因といえる。また、イネ科植物はケイ酸を多く含むため、秋に地上部が枯れた後の分解が遅い。そのため、保護柵で家畜を排除して枯れた地上部を冬季に食べられなくすると、イネ科の多年草では自身の枯れ残りが邪魔して春の新葉の生長が阻害される。冬季に枯れた地上部が食べられてこそ、春の自身の新葉の生長が良くなるという食害を前提とした生長をしているといえる。分げつをして株立ちするのも食害への適応と考えられる。また、実はイネ科植物は人類にとっても貴重である。イネ科の種子はデンプンを多く含み、エネルギーを得る主食となるとともに貯蔵が利く。イネ、コムギ、トウモロコシという世界の三大作物はいずれもイネ科植物である。

　草の茎は1年で枯れるが、木の茎は2年以上の寿命を持つ。ウマ、ウシ、

ヤギなどの大型草食獣は冬季にも植物の地上部を食べるので、枯れた葉や茎を食べられる草よりも、枯れた葉だけでなく生きた芽や茎を食べられる木の方が冬季の食害によるダメージは圧倒的に大きい。夏季でも無降水期間が長い場合には、地上部を枯らす草に比べて生きた葉を展開している木は食害を受けることが多い。また、乾燥した草原では木は小型化し、小低木になるので、高木と違って木全体が食害を受ける。このように、大型草食獣が小低木を排除する働きによって、草原では草が優勢となっているといえる。

植物は光エネルギーを利用した光合成によって生きている。そのため、光の獲得をめぐる植物間の競争が生じる。光競争においては背が高くなる方が圧倒的に優位である。森林を見れば分かるように、低木より高木が強く、草は木には負けるので木が取り残した光を利用してかろうじて林床に生きている。草では、越冬した地下部から生長する多年草の方が種子から生長する一年草より光競争に強い。一年草は過放牧で裸地化した場所や道路端に多く出現する。しかし、先に説明したように、大型草食獣は食害に弱い木を弱らせ、時には駆逐してしまう。大型草食獣が活躍して自分より強い木の勢力が弱まった草原は草の天下となるしだいである。一方、大型草食獣にとって、草は木よりも良い餌である。高木の消化の良い生きた木の葉は高所にあり、サルのように木に登るか、キリンのように首が長くならないと利用できない。高木基部の生きた木の枝や幹は消化が困難なリグニンを多く含む。それに比べて、生きた葉が自由に食べられる草はよりよい餌である。大型草食獣と草はお互いに利益があり、相利共生、共進化の関係といえる。

草原植物の摂食への防御

草が大型草食獣の摂食に耐性があるといっても、自らの稼ぎを上回って強く食われればやっていけない。そのため草原植物は摂食に対する何らかの防御を行っている。植物の防御としては、堅くなるとか刺を持つとかの物理的防御、毒などによりまずい味となる化学的防御、背を低くするなどの生態的防御が存在する。同属のような近縁の植物の間で、摂食圧が強い草原と摂食圧が弱い森林や都市で種が分化していることは珍しくない。当然、草原の植

物は防御が強く、森林と都市の植物は防御が弱い。

　草食昆虫に比べて、哺乳類の大型草食獣は口も体も大きい。彼らが飢えれば防御をしてもたいていの草は食べられる。全く食べられないという草は強い毒を持つほんの少しである。家畜は、草が十分にあると、ある高さで草を食い残すが、飢えると地表面近くまで食べるし、時には草の地下部まで食べてしまう。モンゴルでは、草の多い森林ステップでは、摂食圧が強いと摂食耐性植物が目立つが、草が少なくなる乾燥ステップでは摂食耐性植物も限られる。イネ科であるが、前年の茎が堅くなって枯れ残り、翌年の新葉を保護する多年草（*Achnatherum splendens*）がある。摂食圧の強い場所に分布し、森林ステップでは摂食耐性植物で食べ残されるが、大きな群落を作るので乾燥ステップでは良い餌となっている。乾燥ステップでは、家畜が堅い茎をもろともせず、葉や堅い茎まで食べるからである。なお、秋になって地上部の葉と茎が枯れると、生きていると食べない植物でも家畜は食べるようになる。毒が強い草でも枯れると食べられるので、毒は枯れる際に分解されるか地下部に回収されると思われる。秋から冬にかけて春に新葉が出るまでの間、地上部の枯れた草の葉と茎と木の落葉や生きた枝と茎が家畜の餌となる。

　低木でも摂食耐性の強い種は存在する。アメリカ大陸に分布するメスキート（マメ科で車のタイヤをも突き通す堅い刺で物理的防御）やクレオソートブッシュ（ハマビシ科で化学的防御）がそうで、深根で乾燥にも強く、家畜の過放牧でかえって優占する。モンゴルのステップにはこのような摂食耐性の強い低木は分布しない。

（4）遊牧と草原

人間が登場してからのステップの変化

　約200万年前からの新生代の第四紀になってから、地球は氷期と間氷期、乾燥期と湿潤期を繰り返した。それに伴い、ステップは拡大と縮小、移動を繰り返した。その中で、大型草食獣と草を中心とした生態系ネットワークが続いてきた。人間が登場してからは、ステップの生態系ネットワークは変化

した。その一つが家畜の導入による牧畜の開始である。

　イネ科植物と大型草食獣が優勢になるのはともに新生代になってからで、数千万年の歴史である。大型草食獣の祖先である原始有蹄類（現在では、有蹄類は単系統ではなく、平行進化した多系統とみなされている）は新生代の初めには主に木の葉や小枝などの植物を食べるが、時に肉食をする雑食性であった。それが、古第三紀に気候の寒冷・乾燥化によって草原が発達した時期に大型草食獣が進化した。ヨーロッパ人が入植する前の北米の草原（プレーリー）には約6000万頭のバイソンとほぼ同数のエダツノカモシカが生息していたと推定されている。しかし、人間の狩りによって両者は草原では絶滅した。ただし、バイソンは保護地と動物園でかろうじて生き残っている。かつて草原では野生の大型草食獣が主役であったが、現在では、人間が飼育する家畜が大型草食獣の主役となっている。家畜の起源については完全な定説はないが、イヌが古く、約1万5000年前に、その他の家畜は、紀元前8000年頃にネコ、ブタ、ヤギ、ヒツジが、紀元前6000年頃にウシが、紀元前4000年頃にウマが、紀元前2500年頃にラクダが、それぞれ家畜化されたと考えられている。このように牧畜に利用される家畜は約1万年前に農耕が始まってから、農地に餌を求めてやってくる野生動物が人間に飼い慣らされて家畜化されたと考えられており、家畜が草原の主役に登場したのは数千年の新しい歴史である。モンゴルで遊牧が始まったのは紀元前3世紀の匈奴の時代といわれているので、草と大型草食獣の関係は、家畜出現よりはるかに昔からアカシカ、ガゼル、野生のウマ、ヤギ、ヒツジなどと長く続いてきたと考えられる。

　人間は、火入れのように木に不利で草に有利な作用も行うが、ステップでは家畜の導入による過放牧と定住、燃料樹木の伐採、農地開発など草原に大きな攪乱をもたらした。現在では草原劣化や砂漠化が大規模に問題となっている。このような人間活動は草よりもまず木の衰退を招く。ステップの歴史においては、人間と家畜が登場する以前と以後で生態系ネットワークが大きく変化していることを理解する必要がある。家畜が草原を利用するようになったのは数千年前からであり、数千万年の歴史があるステップの大半の時

代は草と大型草食獣の世界であり、近年になって人間と家畜が登場し、劇的な変化をもたらした次第である。また、熱帯のサバンナでは木が多いが、ステップでは木が少ないといわれている。しかし、モンゴルでは地域によるが小低木がかなりの密度で生育している。これはステップの他の地域では定住式の牧畜が行われているのに対し、モンゴルでは遊牧が続いていることが関係している。詳しくは後述するが、定住か遊牧かという牧畜形式の違いが草原植物と大型草食獣の相互作用に大きく影響し、草原の保全と劣化に関係しているのである。

産業としての牧畜

　自然の恩恵を利用した農業、林業、畜産業、漁業などの産業を第一次産業という。陸上の食料生産を担うのは農業と畜産業である。ステップでは、降水量が多くて農業が成り立つ地域では農業が主産業になっているが、それ以外の降水量が不足する地域では農業の生産性が低く、持続的農業が困難なので、畜産業が行われている。農業と牧畜には歴史的に移動式と定住式があり、移動式の牧畜は遊牧と呼ばれる。遊牧は世界的には現在すたれてきており、モンゴル以外では乾燥地の中央アジア、中近東、アフリカなどに残っているが、ステップで大規模に遊牧が行われているのはモンゴルだけである。モンゴル以外では、自家消費や物々交換が中心で、乾燥地で行える牧畜としてかろうじて遊牧が残っているという状況にあるが、モンゴルでは貨幣収入のための畜産業として立派に遊牧が行われている。モンゴルの遊牧を考えることは、モンゴルと世界に畜産物を供給している畜産業としての遊牧を考えることである。そこがモンゴルの遊牧の特殊性ともいえる。したがって、モンゴルの1990年からの社会主義から資本主義への変化にみられたように、人間社会のあり方が生態系ネットワークにおける遊牧と草原のあり方に大きく影響する。モンゴルの遊牧は、現在、市場経済化と家畜の個人所有化の下で進められており、カシミヤなど畜産物はグローバル経済とつながっている。そのため、自然だけでなく、社会を含めた社会・生態ネットワークとしての生態系ネットワークの解明がモンゴルの遊牧においては不可欠となっている。

2 モンゴルの地誌とその特徴

(1) モンゴル国土と気候

　モンゴルはユーラシア大陸の東部に位置し、北をロシア、南を中国と接する内陸国である（図3）。国土は北緯41°〜52°と、全体的に比較的高緯度地域に位置している。約156万5000 km^{2}と日本のおよそ4倍もの面積を持つが、平均標高が1580 mもあり、国土の約85％が標高1000 m以上の高原地帯となっている。西部には4506 mの最高峰ベルーハ山を有するアルタイ山脈、中央やや西部にはハンガイ山脈、北東部にはヘンティ山脈がそびえ、山岳地帯を形成している。ハンガイ山脈に源を発するオルホン川（1124 km）はトール川（704 km）などと合流してセレンゲ川（1024 km）としてロシアのバイカル湖に注いでいる。またヘンティ山脈から流れる東部のヘルレン川（1090 km）は、アムール川を経てオホーツク海（太平洋）に注いでいる。アルタイ山脈やハンガイ山脈南部から流れ出る南部や西部の内陸部の河川は、海に流れることなく消滅したり、海への流出河川のない内陸湖に注ぐ。モンゴル最大のオブス湖（3518 km^2）も内陸湖（塩湖）であり、淡水湖としてはフブスグル湖（2760 km^2）が最も大きい。

　モンゴルが概して半乾燥気候でステップが広がっていることは前節で述べられている通りであるが、ここでは気候や植生についてもう少し詳しく見てみよう。内陸国であるモンゴルの気候は典型的な大陸性気候となっており、降水量が少なく、夏と冬の気温差（年較差）や昼と夜の気温差（日較差）が大きいという特徴を持っている。そのため夏の昼間は40℃を上回ることもある一方で、冬の夜間には−30℃を下回るほどに寒くなる。加えてモンゴルは高緯度、高標高であるため、冬季は非常に厳しいものであり、1年の半分程度は平均気温が0℃を下回っている。基本的には北ほど寒く南ほど暖かいものの（図4）、全土の年平均気温が0.8℃という寒さである（Batjargal 2007）。

　大陸性気候で降水量が少ないモンゴルだが、年降水量は地域によって大き

序章　地球環境の中のモンゴル

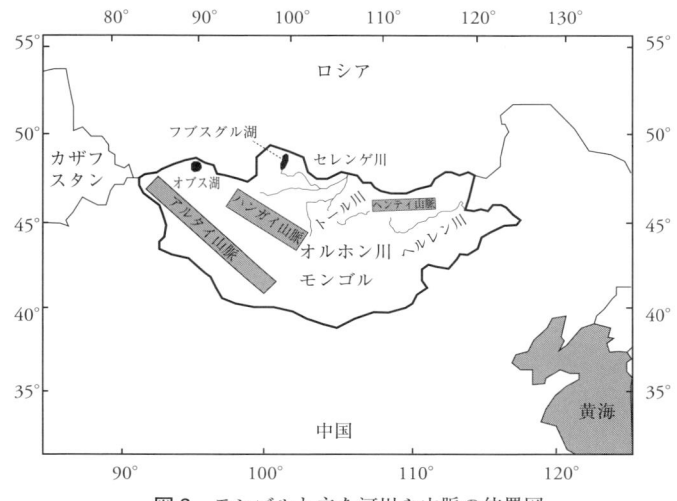

図3　モンゴルと主な河川や山脈の位置図

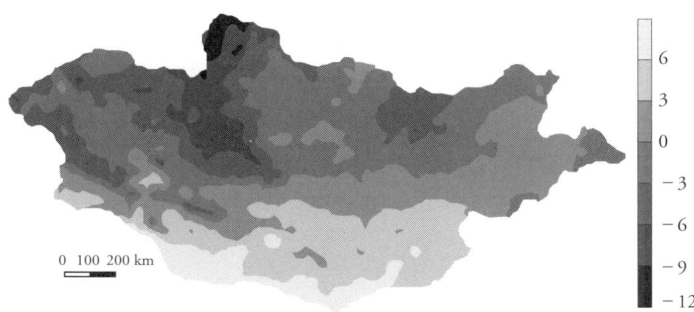

図4　モンゴルの年平均気温（℃）パターン（MNET 2009）

く異なっており、大まかには北に行くほど雨が多く、南に行くほど乾燥していくという傾向を有している（図5）。モンゴルでは年降水量の約85％が4月〜9月の間に降り、さらにそのうちの半分程度が7、8月に降るなど、少ない降水量が植物の生育期間に集中しているという特徴がある。

　大まかにはこれらの気温や降水量のパターンに従うかたちで、モンゴルの

13

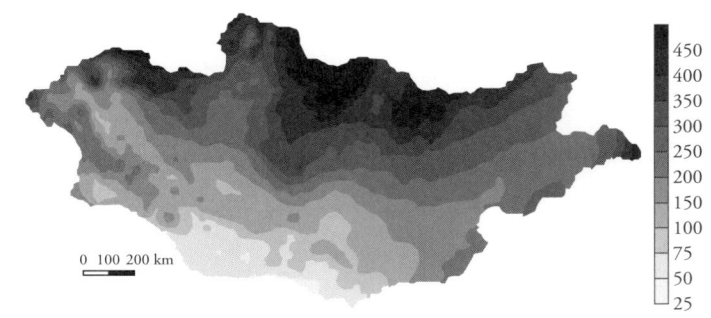

図5　モンゴルにおける年降水量（mm）パターン（MNET 2009）

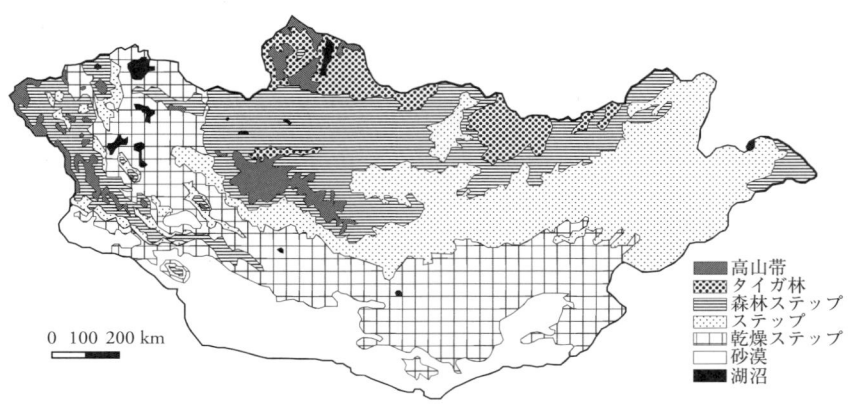

図6　モンゴルにおける植生分布パターン（Finch 1999）

植生もまた北から南にかけて大きく変化している（図6）。北部地域は森林地帯となっており、ロシアのシベリアから続く針葉樹林（タイガ林）が広がっている。その南には広大な草原地帯が広がるが、草原地帯も北から南にかけて降水量が減少して気温が上昇するのに合わせ（図7）、森林と草原が混合した景観である森林ステップ、大草原が広がるステップ、半砂漠である乾燥ステップ、と変化し、生育する植物の種類や量も変化していく。なお、ステップや乾燥ステップは草ばかりの草原というわけではなく、灌木が高密度で広

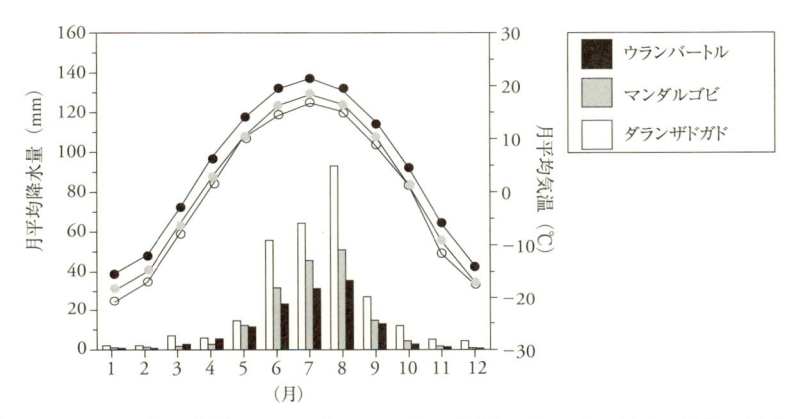

図7 ウランバートル（森林ステップ）、マンダルゴビ（ステップ）、ダランザドガド（乾燥ステップ）の3地点における降水量（棒グラフ）と気温（折れ線グラフ）の月別変化。それぞれの年平均気温と年降水量は、ウランバートルでは−0.6℃と293.2 mm、マンダルゴビは0.7℃と170.6 mm、ダランザドガドは3.8℃と130.8 mmである。各地点の位置関係については図8参照。

がっている場所も各地にみられる。そして国土の南縁にはゴビ砂漠から続く砂漠地帯が広がっている。日本でよくイメージされるモンゴルといえば広大な大草原が広がる景色かもしれないが、モンゴルには草原以外にも森林から砂漠まで様々な植生が広がっているのである。

(2) モンゴルの人々と遊牧の暮らし

このような気候や自然の特徴を有するモンゴルには、約281万人（2011年）の人々が暮らしている。首都はトール川沿いに位置するウランバートル（標高約1300 m、北緯47°55′、東経106°55′）で、その他の地域は21の県（アイマグ (aimag)）に行政区分されている（図8）。各県には日本語で「郡」と訳されるソム (sum) が、さらにその下には「村」と訳されるバグ (bag) が属している。これら郡と村は、実態としてはそれぞれ日本における市町村と、それらの下に属する町や大字（おおあざ）のようなものにあたる。すなわち行政単

図8 モンゴルの行政区分地図。各県の●と斜字は県都の位置と名前を示す。

位としての機能を持つのは「郡」であり、「村」は単なる区分にすぎず、訳語と日本でのイメージの間にずれがあるので注意が必要である。各郡の人口は数千人規模であることが多く、役場や学校、病院などを中心とした小さな町（ソムセンター）が形成されている。首都のウランバートルには約120万人（2011年）と総人口の半数近くが居住しており、世界的にみても都市への一極集中が著しい状況にある（図11参照）。国民の大半はモンゴル系民族で、他にカザフ系の人々などが暮らしている。主な宗教はチベット仏教、主な言語はモンゴル語である。歴史的には縦書きのモンゴル文字が使用されていたが、現在では社会主義時代のソビエト連邦の影響もあってロシアと同じキリル文字が主に使用されている。

モンゴルの主要産業は、遊牧で行われている畜産業である。国土の約8割を草原地帯が占めるモンゴルでは、2000年以上にわたって遊牧が伝統的に行われてきた。現在も国内総生産の約20%を遊牧関連の牧畜業が占めるなど、鉱業と共にモンゴルにとって重要な基幹産業の一つとなっている。

遊牧とは、居住地を固定して1か所に定住することなく、家畜を伴って移動を繰り返す牧畜業のことである。遊牧民たちはあてもなく移動を繰り返す

のではなく、季節によって利用する草地を決めており、夏は水源が確保できる場所、雪が飲料水となる冬は寒さをしのぎやすい場所など、気候環境に応じて良好な草地へと移動している（6章6-2節参照）。乾燥・寒冷な気候にあるモンゴル草原は、決して生産性・安定性が高い場所ではないため、時には夏のガン（yang）と呼ばれる干害や冬のゾド（zhud）と呼ばれる寒害による家畜の大量死が発生してしまうこともある（詳しくは6章6-3節注釈13を参照）。近年でも2000～2002年と2010年に大規模なゾドが発生し、家畜数が大きく減少している（図11参照）。遊牧民たちが繰り返し移動を行うことには、後の各章で詳しく述べられるように様々な理由や利点があるのだが、自然災害のリスクをなるべく低減させることにも役立っている。遊牧民たちの住居は、ゲルと呼ばれるテント式のものである（図9）。ゲルは主に木の骨組みとヒツジの毛でできたフェルト生地を組み合わせて作られている。大人1人でも数時間で組み立てられるほど解体と組み立てが容易であり、年に何度も移動を繰り返すことを可能にしている。

　モンゴルにおける主な家畜はウシ、ウマ、ヒツジ、ヤギ、ラクダの5畜であり、遊牧民は家畜の肉や毛、乳製品を利用して生活している。標高の高い地方では、ヤクがウシ同様に飼われている。また、遊牧民は5畜以外に番犬としての役割を持つイヌを必ず飼っている。牧羊犬としての役割はせず、ヒツジやヤギを追うのは遊牧民の仕事である。一部はオオカミとも戦う勇敢なモンゴル犬で、目の上に目玉のような大きさの模様があるので識別しやすい。モンゴルの遊牧の一つの特徴はウマが多いことであり、これは騎馬遊牧民であることに由来する。歴史的にウマは人間の乗り物として、遊牧にも軍事にも役立ってきた。現在でも日本とは趣が異なる競馬が盛んに行われており、畜産物生産に対する有用性は低いものの、裕福な世帯ほど自らのステータスとして多くのウマを持つようだ（詳しくは5章5-1節の「ウマの空間分布」を参照）。

　モンゴルの食文化は遊牧由来の畜産物に大きく依存している。主として肉はヒツジ、ヤギ、ウシから、乳製品はウシ（高標高地域ではヤク）から、毛や毛皮はヒツジとヤギから得たものが利用される。乾燥地では他の家畜が少な

図9 草原の中のゲル (b、d)、ゲル内部 (c)、ゲルの組み立て作業 (a) の様子

いこともあって、ラクダの肉や乳が主に利用されている。日本では子ヒツジの肉（ラム）が好まれるが、モンゴルでは子供の家畜は食用には利用しない。またヤクの乳はウシの乳より脂肪分が高い、カザフ系民族はウマの肉を好むがモンゴル系民族はほとんど食べない、などの違いがある。糖分の高いウマの乳を発酵させた馬乳酒（アイラグ）は、モンゴルの夏場を代表する飲み物である。馬乳酒を作るため、ゲルの近くに子馬を係留し、哺乳のためにやってきた母ウマから横取りするかたちで搾乳する。ウマを引き連れるのは男の、乳搾りは女の、そして発酵のための攪拌は子供の役割である。地域の気候や家庭、発酵時間によって微妙に味が異なるのが興味深い。ドンドゴビ、ウブルハンガイ、ボルガンの3県が特においしいといわれている。ウシの乳も発酵させるが、糖分が少なくアルコール濃度が低いため、蒸留酒にして飲まれている。

図10 ウランバートル近くに残るネグデル跡地の外観（左）と内部（右）のようす（藤田昇、2006年8月撮影）

(3) モンゴルの社会システムと産業の変化

　伝統的に遊牧が行われ続けてきたモンゴル社会は、20世紀に入って2度の大きな変化を向かえることとなった。一つ目は社会主義国家の成立、もう一つはその崩壊後の市場経済への推移である。

　13世紀にチンギス・ハーンが建国したモンゴル帝国が17世紀半ばに崩壊したのち、モンゴルは清朝による支配を受けていたが、1911年の辛亥革命を機に清からの独立を果たした。この時にはチベット仏教のモンゴル最高権威者を君主とした立憲君主制国家としての独立であったが、その後1924年にソビエト連邦の支援をうけて、モンゴル人民共和国が樹立されることとなった。これをもってモンゴルは世界で2番目の社会主義国となり、1960年には社会主義国憲法が制定された。

　社会主義の中、モンゴルの農牧業はソ連の影響をうけながら、急速に組織化、集団化が進められた。中心的な役割を果たしたのは、1950年代後半に設立されたネグデルと呼ばれる牧畜協同組合である（図10）。1950年代になると、人口の増加、工業化と都市への定住化が急速に進展し始め（図11）、食料や工業原料の安定的な確保が課題となった。そこで都市住民への畜産物の安定供給を目的としてネグデルが設立され、それまで各世帯が個別に行っていた遊牧業の大規模集団化と、畜産物を集荷して市場に送るという中央集

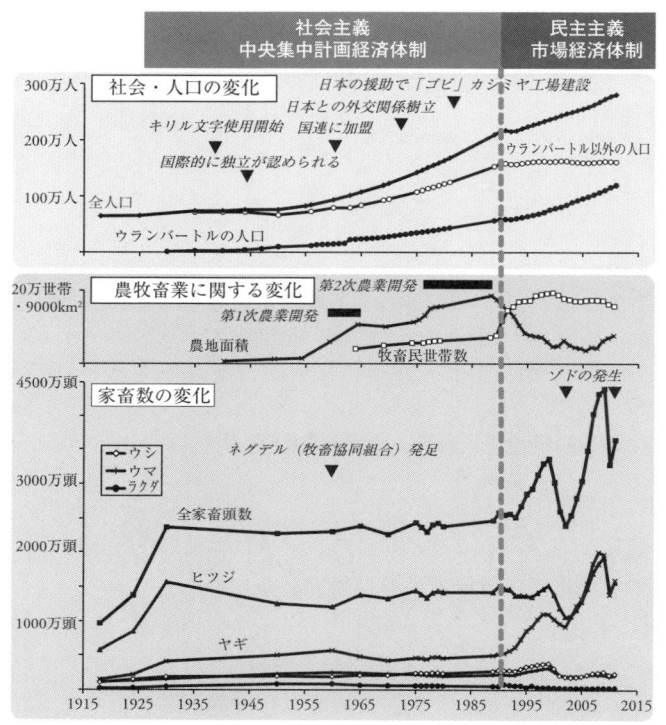

図11 モンゴルにおける社会や人口、農牧畜業の過去100年史（1988年までの出典：Central Statistical Board under the Council of Ministers of the MPR 1981; Department of Statistics, Information and research of Ulaanbaatar 2004, 1989-2003年の出典：National Statistical Office of Mongolia 2004, 2004-2011年の出典：National Statistical Office of Mongolia 2006; 2009; 2012）

中マーケティングシステムの設立が行われた。遊牧民は各地域のネグデルに組み込まれ、ネグデルが所有する家畜を管理し、割り当てに従って生産を行う賃金労働者として牧畜業を営むこととなり、個人で所有する家畜頭数には制限が設けられた。国家経済計画の枠組の中、家畜頭数はネグデルを介してある程度計画的に統制されていた（図11）。また、穀物などの生産に適した地域には大規模な国営農場が多数設立された。アタル（atar）と呼ばれる2度

の農業開発を経て、農地面積は1990年頃までは次第に増加していった（図11；詳しくは6章6-4節参照）。

20世紀末期になると、モンゴル社会は民主化、市場経済化へと大きく移行する。1989年に東西冷戦が終結すると、モンゴルでも民主化運動が起き始め、翌1990年にはモンゴル人民革命党は一党独裁を放棄し、複数政党による自由選挙が初めて行われた。そして1992年、市場経済移行などを盛り込んだ憲法の改正が行われ、モンゴルは社会主義を放棄し、モンゴル人民共和国からモンゴル国へと改称された。この民主化過程で国際援助機関の関与によって、中央集中計画経済体制から市場経済体制への移行が急速に進められた。社会主義時代に設立されたネグデルや国営農場、国営企業は解体され、これらに保有されていた資産や家畜は構成員に分配、私有化されることとなった。また、私有家畜の頭数制限が撤廃され、農牧畜産物の価格と流通が自由化された。加えて、職業や居住地の選択も、自由に行えるようになった。

このような社会主義体制からの急激な市場経済化の結果、ヤギを中心とした家畜頭数の増加や市場化直後の牧畜民世帯数の急増、都市部への一極集中の加速など、人々の暮らしや社会構造が大きく変化してきており（図11）、それらに起因して様々な環境問題が指摘されるに至っている。

3 激変する遊牧草原と環境問題
── 生態系ネットワークの崩壊と再生

(1) 本書のテーマ

人間が登場する以前のステップの草原植物とそれを餌とするシカ・ウマ・ヤギなどの大型草食獣の生態系ネットワークの基本は、大気と水系を中心とした自然環境の下で、大型草食獣を餌とするオオカミなどの肉食獣を加えた簡素なものであった（図12）。もちろん、ウサギ・ネズミなどの小型草食獣、鳥類、昆虫類など多様な生物は分布し、全体としては多様な生態系ネットワー

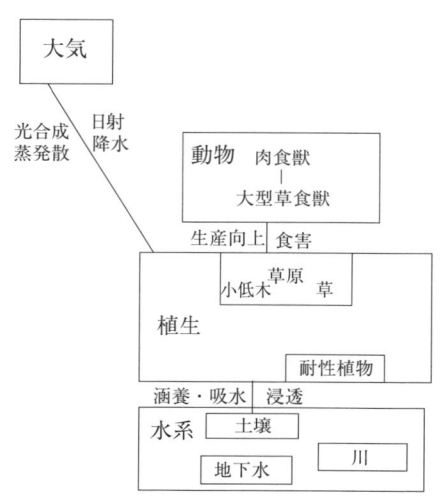

図 12 人間出現以前のステップの草原植物と大型草食獣の生態系ネットワーク

クが存在していたが。人間が登場すると大型草食獣は狩猟対象となり、さらに家畜が登場すると、家畜は人間により肉食獣から保護され、その移動や密度は人間にコントロールされた。人間の森林伐採や火入れにより草原が拡大する一方、定住や過放牧によって人間活動による草原の劣化、砂漠化が始まった。自家消費から畜産業としての牧畜が始まると、商品としての畜産物を通じて社会的な生態系ネットワークは大きく広がりをもった。その意味で、モンゴルにおける 20 世紀に入ってからの社会主義化、さらに 1990 年に始まった民主化・市場経済化・私有財産化の影響は圧倒的に大きい。本書では、モンゴルの現在につながる民主化・市場経済化以降の自然・社会の環境問題を主として取り上げる。現在の資本主義の下での草原植物と家畜・遊牧民をめぐる生態系ネットワークは複雑化している（図 13）。人間が生態系ネットワークに登場することは、人間による環境破壊などマイナスの影響が人間登場以前よりかつてなく大きくなりうることを意味するが、逆に人間の知恵によって生産増大・持続的利用などプラスの影響もかつてなく大きくなりうる。したがって、人間活動下での生態系ネットワークの崩壊と再生がモンゴルの草

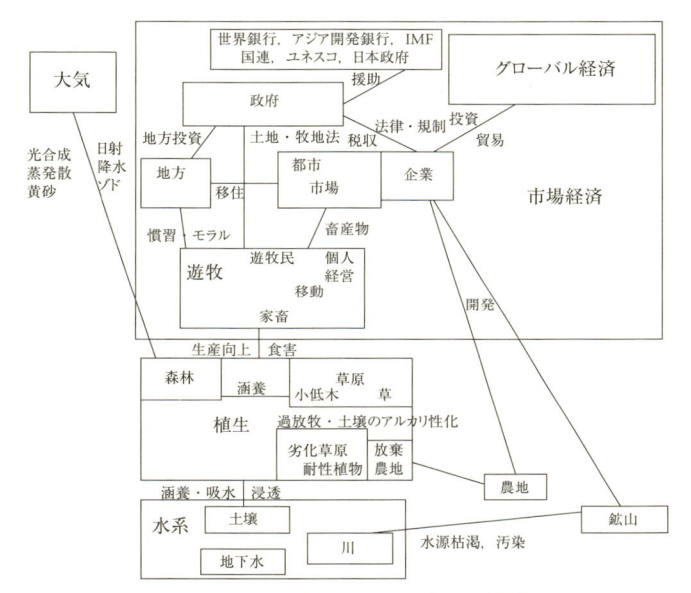

図13 モンゴルの草原と遊牧をめぐる現在の生態系ネットワーク

原と遊牧の研究において重要なテーマとなる次第である。

(2) モンゴルの環境問題

　モンゴルの環境問題の第1は、過放牧による草原の劣化、砂漠化問題である。過放牧の大きな原因の一つは家畜の増えすぎである。1990年に始まる民主化過程で国際援助機関の関与により、急速な市場経済化が進められた。ネグデルは解体され、1991年に家畜は個人所有となった。職を失った非牧畜民のネグデル職員の多くが家畜をもらい受けて遊牧民となった。都市部の国営企業の民営化や財政難による失業者からも遊牧民が生まれた。その結果、1990年以前に比べて、遊牧民数は倍増した。増加した遊牧民は、収入を求めて都市や主要道路近郊に展開した。牧畜経営の責任が牧畜民個人となり、経験や技術の差で貧富の差は広がった。市場経済の下、社会主義時代の後半

には安定していた家畜数が増加に転じ、特にカシミヤのためのヤギが急増した。ヒツジとヤギの比率はもともと3対1ぐらいであったのに、2004年にはヤギがヒツジを上回った。家畜が中規模に（適度に）ステップの草を食べるとステップを家畜の摂食から保護するよりもかえってステップの年生産と植物の種多様性は上昇する。しかし、家畜の増加によって過放牧になると草原の年生産と種多様性は低下し、過放牧が続くと家畜が好む植物にかわって摂食耐性植物が優占し、土壌劣化とアルカリ性化により草原の回復が困難になる。家畜の急増と遊牧民の集中による草原の劣化は民主化以降に顕著であるが、ステップでの有用な小低木の減少という草原の劣化は民主化・市場経済化以前にも生じている。

　第2の環境問題は、遊牧の移動性の低下による草原の劣化である。現在では荷物を車に積んでの移動が普通になったが、車での移動にはコストがかかる。以前は冬・春・夏・秋の年4回の移動や季節中の小規模な移動が普通であったが、冬・夏だけの年2回の移動が増えてきている。それぞれの季節内の移動回数も減少してきている。アルハンガイ県には家畜小屋を毎年移動している勤勉な遊牧民がみられたが、多くの地域では毎年同じ小屋を利用している。現行の法律では通常の移動範囲は郡（ソム）内である。現行の土地法では、冬・春営地の遊牧民グループによる優先使用が認められているが、通年の優先使用を認める法案が提出されており、法案次第では定住化がいっそう進行する恐れがある。家畜を連れた遊牧においては、居住地周辺での家畜の集積による短期的な過放牧は避けがたいが、そこから移動することによって良く生長した草原に到達し、特定の草原の継続的な過利用による劣化を避けることが遊牧の基本である。したがって、移動性の低下は同じ家畜密度であっても草原の劣化を促進する。

　第3の環境問題は、地球温暖化や森林伐採、人口・家畜増、鉱山・農地増による水資源、水循環の問題である。地球温暖化はモンゴルに影響を及ぼしている。温暖化による気温の上昇自体には、地表からの蒸発散量を増やして乾燥化に寄与する側面と降水量を増加させる側面、植物の生育期間や人間の活動期間を延長する側面などがあり、それだけで功罪は論じにくい。問題は、

降水量がどう変化するかである。温暖化により地球全体の蒸発散量は増加するが、降水量は増加する地域と減少する地域があると気候変動に関する政府間パネル（IPCC）は予測しており、IPCCの予測では、2090年にモンゴルでは冬季の降水量は増加し、夏季はあまり変わらない。ただ、草原の夏の水流が近年細ったり、枯渇しているのは確かなので、それが地球温暖化によるものなのか、森林の減少など別の要因が大きいのかが問題である。南ゴビ地方の地下水は化石地下水であり、さらには、鉱山開発とそれに伴う人口増に対応してモンゴル北部の河川から南ゴビ地方に導水する東西二つの水路の建設計画が作られており、地下水と地表水の水資源問題は重大化している。冬季の降水量の増加はゾドの被害を大きくするかもしれない。ゾド自体は低温とか多雪とか自然現象に由来するが、被害の発生には社会問題が関係する。社会主義時代のネグデル（牧畜協同組合）では冬の飼料準備や家畜小屋、冬先の家畜のまとまった屠殺により家畜数は安定し、ゾドの被害は目立たなかった。民主化後は家畜が個人所有となり個人責任化したことで冬の備えは十分ではなくなり、家畜は現物資産となって畜産品としての家畜が必要以上に増えた。そのため、ゾドの被害は甚大となったが、一面では家畜数の急増の制約となっている。ゾド問題の解決のためには、被害をなくすことと家畜の急増を防止することが草原利用としては望ましい。気象予報は進んでおり、1週間近く前にゾドの予報が可能である。

　第4の環境問題は都市と地方の格差、遊牧民間の格差、都市と主要道路への集中問題である。社会主義時代は都市も地方も人口が増加したが、民主化後は都市（ウランバートル）のみ人口が増加し、都市と地方の格差が進んでいる。民主化直後の家畜の私有財産化時は遊牧民世帯の家畜数に差はなかったが、現在では、1000頭を超える世帯から数頭程度しかもたない世帯まで差は大きくなっている。本書では都市問題そのものは扱わないが、草原の持続的・生産的・経済的利用のあり方と畜産としての遊牧に関わる範囲で問題とする。その意味で、収入が得られ良い都市や主要道路への遊牧民とヤギなどの家畜の集中、都市と地方の畜産品価格の格差問題は深刻である。格差としては、都市と地方以外に、所有家畜数の違いによる遊牧民世帯間の収入格差

も存在する。

(3) 本書の内容

　先に述べたモンゴルの環境問題を解明し、解決していくためには生態系ネットワークとしての解析が意味を持つ。生態系ネットワークとは、モンゴルの例（図13）に示すように、人間社会を含む社会─生態ネットワークである。ネットワークとはノード（ネットワークを構成する一つひとつの要素、図13では、遊牧民、家畜、草原などが相当する。ノードのレベルは目的によるのでヤギ、ヒツジなど個々の家畜種がノードとなることもある）とリンク（草原と家畜間などノード間を結ぶ経路）からなり、そこにフロー（大気と植生間の光エネルギー、水などノード間を流れるもの）がある。図13において、遊牧を中心に考えると、草原植物の生産が家畜を生長させる扶養力となるので、家畜と草原植物の関係が重要となる。草原植物の生産は光と温度、降水という気候条件が左右する。また、家畜の摂食圧が草原植物の生産に影響する。家畜の摂食圧は基本的に遊牧民の管理によって決まる。遊牧民の家畜管理は市場経済下での収入を得るための畜産品の販売に影響される。このように、家畜と草原植物の相互作用において家畜と草原植物の摂食と生長という直接の作用だけでなく、それらを取り巻く多様な間接的作用が影響する。間接効果として、家畜数の増加がさらに過放牧を招いて草原の劣化をいっそう促進するという正のフィードバックと家畜の摂食耐性植物の過放牧による増加が家畜の増加を抑制するという負のフィードバックなどのフィードバック効果がいろいろ存在し、特に負のフィードバックがなければ生態系ネットワークは安定しない。

　私たちは、ステップの草原植物と大型草食獣を中心として形作られたかつての生態系ネットワークが人間と家畜の登場、さらに近年の自然・社会環境の激変によって崩壊したことが、草原劣化など遊牧をめぐる諸問題の原因であり、生態系ネットワークの再生が草原再生と持続的遊牧の鍵であるとして、研究を進めてきた。生態系ネットワークの再生とは昔の生態系ネットワー

クに戻すことではなく、人間社会を含めた新しい時代の持続的で生産的、経済的な生態系ネットワークを形成することである。

データに基づく解明

モンゴルについては、近年の遊牧民と家畜の移住による集積での密度増により首都ウランバートル近郊や主要道路周辺の植生が特に劣化してきているとか、ヤギはヒツジに比べて悪者で、草原劣化の主役であるとかの話が常識として定着している。しかし、それを実証するデータは意外に乏しい。その他にも、あるモンゴル人研究者からは、家畜は小低木とヨモギ属のすべての植物を食べないと聞いたが、目の前で食べているのを見て本当かと尋ねると、先生が言っているとか教科書に書いてあるという返事だった。事実より先生の話や教科書が優先するのは論外だが、一般的に常識になっている事柄にも証拠が十分でない場合がある。我々はなるべくデータや事実に基づいた解析に努めた。

本書の構成

本書は、序章と終章の間に第1部と第2部の二つの部を入れた構成とし、生態系ネットワークの崩壊と現状として、第1部では自然環境と生態系ネットワーク、第2部では人間活動と生態系ネットワークを取り上げる。そして、終章は、生態系ネットワークの再生としての草原と遊牧の未来、をテーマとする。そのため、第1部では、草原と森林の植生に大きく影響する水資源と水循環を第1章でまず取り上げ、続いて第2章で草原と遊牧の関わりについて、草原の生産性に対する家畜の摂食の影響や、小低木の重要性を中心に解析する。さらに草原と森林のあり方として、第3章で土壌、第4章で森林の環境学を扱う。第2部では、市場経済下の牧畜業としての遊牧の家畜と畜産品をまず第5章で扱う。続いて、土地利用としての牧畜と農業を第6章で扱う。第7章では、牧畜民の移住と都市化問題、第8章では、鉱物資源開発と遊牧を扱う。補論として、モンゴルの野生動物と日本とモンゴルの関係を扱う。終章は、安定同位体比を用いた草原生態系の持続性、衛星リモー

トセンシング観測によるモンゴルの生態系の時空間分析、コモンズ論による共有地問題とモンゴルの牧畜、生態系ネットーワーク解析によるモンゴルの将来シナリオ、モデル解析による遊牧の移動と定住、生態系ネットワーク分析から望まれる草原利用の未来を扱う。

　日本は降水量が多く、森林の国である。自然草原は川辺や高山に限られ、人為が加わって作られた半自然草原はこの半世紀の間に大きく減少した。そのため、日本人に草原はなじみが薄いかもしれないが、地球規模の環境問題を考える上で草原と砂漠化の問題は避けて通れない。また、草原は、森林より相対的に単純な生態系ネットワークとして理解が容易と思われる。世界的な地球環境問題と草原の成立と役割を考え、自然と社会が一体として関わる生態系ネットワークを理解するためにも、また、日本と親しい国であるモンゴルを理解するためにも本書は役立つと考える。

参考文献・資料

Batjargal, Z. (2007) Climate condition and human activities are the principal factors for fragility of ecosystem and desertification risk in Mongolia. pp. 137-153. In: *Fragile Environment, Vulnerable People and Sensitive Society*. KAIHATU-SHA Co, Ltd. Tokyo, Japan.

Central Statistical Board under the Council of Ministers of the MPR (1981) *National economy of the MPR for 60 years (1921–1981)*, Anniversary statistical collection. Ulaanbaatar, Mongolia.

Department of Statistics, Information and research of Ulaanbaatar (2004) *Statistical Handbook of Ulaanbaatar*. Ulaanbaatar, Mongolia.

Finch, C. (1999) *Mongolia's Wild Heritage: Biological Diversity, Protected Areas, and Conservation in the Land of Chingis Khaan*. Avery Press, USA.

MNET (2009) *Mongolia Assessment Report on Climate Change 2009*. Ministry of Environment, Nature and Tourism of Mongolia (MNET). Ulaanbaatar.

National Statistical office of Mongolia (2004) *Mongolia in a market system, Statistical Yearbook*. Ulaanbaatar, Mongolia.

――― (2006) *Mongolian Statistical Yearbook*. Ulaanbaatar, Mongolia.

――― (2009) *Mongolian Statistical Yearbook*. Ulaanbaatar, Mongolia.

――― (2012) *Mongolian Statistical Yearbook*. Ulaanbaatar, Mongolia.

第1部
草原と森林の生態系ネットワーク

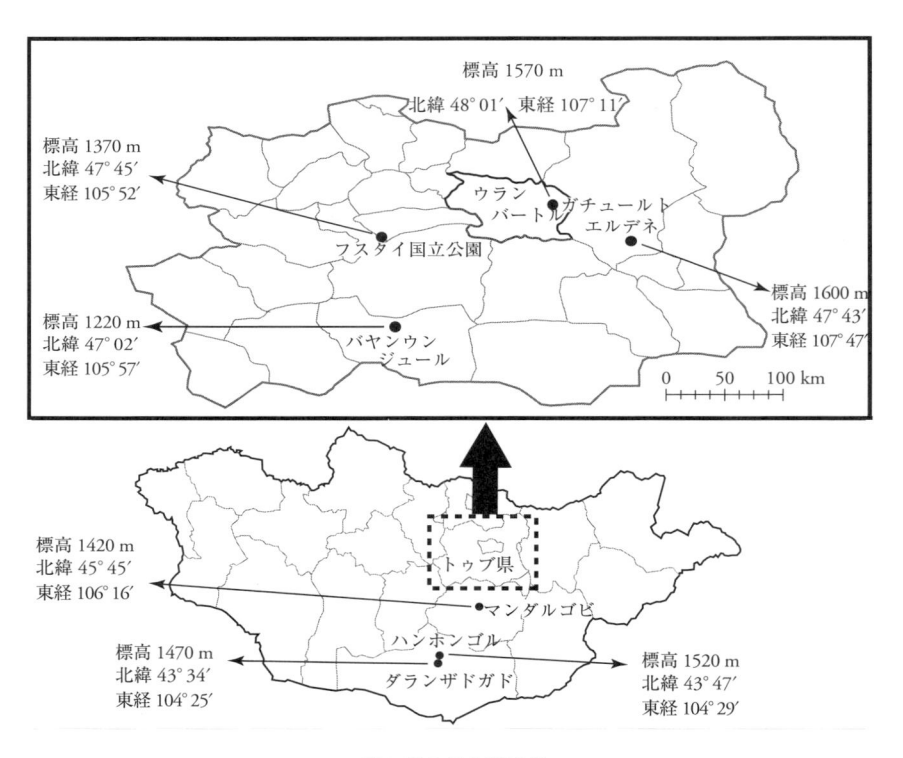

標高 1570 m
北緯 48°01′ 東経 107°11′

標高 1370 m
北緯 47°45′
東経 105°52′

標高 1600 m
北緯 47°43′
東経 107°47′

標高 1220 m
北緯 47°02′
東経 105°57′

ウランバートル
ガチュールト
エルデネ
フスタイ国立公園
バヤンウンジュール

0 50 100 km

標高 1420 m
北緯 45°45′
東経 106°16′

トゥブ県
マンダルゴビ
ハンホンゴル
ダランザドガド

標高 1470 m
北緯 43°34′
東経 104°25′

標高 1520 m
北緯 43°47′
東経 104°29′

第1部の主な調査地

第 1 章　水資源と水循環

1-1　Z. バトジャルガル・B. エンフジャルガル
1-2　Z. バトジャルガル・B. エンフジャルガル
1-3　杉田倫明

モンゴルでは地下水を含めた水資源の確保が欠かせない。
撮影：藤田昇　2008 年 3 月　ウムヌゴビ県ダランザドガド

第 1 部　草原と森林の生態系ネットワーク

　第 1 部では、モンゴルの自然、特に草原と森林の生態系ネットワークについて議論していくが、それに先出ってまず本章は、草原と森林を支配するといっても差し支えないほど重要な水問題について明らかにする。1-1 節は、モンゴルの気候の特徴と近年の地球温暖化の影響について述べる。1-2 節は、降水量と陸上での地表水と地下水の動態について議論する。特に、地下水が重要な乾燥地の南ゴビ地域については詳述する。1-3 節は、降水の動態と草原植物の土壌からの水利用について議論する。特に、乾燥地の南ゴビにおける灌木と草本の降水量と土壌水分の動態に対応した根の深さと水分吸収の適応戦略について詳述する。

1-1 ｜ モンゴルの気候と地球温暖化

　モンゴルではこれまでに、既存機器の観測データと全球気候モデルの結果に基づいて気候変動についての多くの調査が行われ、地球温暖化が長期的にはモンゴルにおける乾燥化と砂漠の増加につながりうるという重要な予測をもたらした (Dagvadorj et al. 1994; Batima and Dagvadorj 2000; Mijiddorj 2000; Batima et al. 2005; Gomboluudev 2006)。

　気候変動と土地利用の変化に関する水資源問題は、モンゴルの食糧安全保障や持続可能性に対して重要であるにもかかわらず、未だ包括的な調査がなされていない。地表の水資源や積雪、永久凍土については評価が行われており、気候の温暖化は、春の雪解けの始まりを早め、河川全体の出水のうち増水の割合を増やし、洪水の頻度を上げるなど、著しい影響を持つだろうという結論が出された (Batima et al. 2005)。一方で南モンゴルの乾燥帯に注目した地下水資源の調査は断片的であり、デリケートな国家レベルの政策決定に利用可能な正確で統合的なデータを得るには、いまだにいくつかの障害がある。加えて、南ゴビ地方で行われている、経済社会的利益と環境的なリスクの両面でコストの高い採鉱プロジェクト (8 章参照) が未来の水ストレスに与える影響についての評価はあまりなされていない。

本節では、はじめに、地球温暖化に対するモンゴル各地の気候や水循環システムの応答について分析する。これは、気候変動に伴う水資源の変動が経済に与える影響を定量化するためにも重要なテーマあるが、データ不足や推定方法によるばらつき、利用可能な水資源量変動がその配分に与える影響をどう仮定するのかによって大きく影響をうけること（Bates et al. 2008）などから、その信頼性の評価が難しいとされている。次に、地球温暖化に対する気候パラメータの応答と大気エアロゾル粒子が各地域の気候パラメータに与える影響について、特にモンゴルにおける氷河の融解に注目して述べる。詳細な調査は国の気象ネットワークによる標準観測データを用いて行い、地球規模の気候変動に対する各地域の気温や降水量の応答傾向の特性を調べた。

(1) 気候変動

地球温暖化の傾向

全球大気監視計画（GAW）プログラムによる観測データの最新の解析に基づいて、世界気象機関は、二酸化炭素とメタン、亜酸化窒素の混合比率の全球平均が2010年に二酸化炭素389.0 ppm（100万分の1％）、メタン1808 ppb（10億分の1％）、亜酸化窒素323.2 ppb という新たなピークに至ったと示した（WMO 2011）。これらの値は1750年以前の前産業時代と比べて二酸化炭素は39％、メタンは158％、亜酸化窒素は20％高い。

アメリカ海洋大気庁の年間温室効果ガス指数によると、1990年から2010年にかけて、長命の温室効果ガスの効果が29％増加し、うち80％近くを二酸化炭素が占めていた。亜酸化窒素の温室効果力はフロンを超え、最も重要な長命の温室効果ガスの第3位に位置づけられる。100年間で亜酸化窒素が気候に与える影響は、同量の二酸化炭素排出量による影響の298倍である。亜酸化窒素は成層圏のオゾン層破壊の重要な要因でもある。大気中の亜酸化窒素の主な人工的起源は、厩肥(きゅうひ)も含む窒素含有肥料で、これにより全球の窒素循環は深刻な影響を受けた。この点は食糧安全保障問題とも関連するため、重要な環境変化の一つになりつつある。

1992 年にモンゴルはアメリカ海洋大気庁と共に、中央アジアで初めて大気中の温室効果ガス濃度を長期観測するための観測地をドルノゴビ県のウランオールに建てた。この観測地からのデータにより、この地域における温室効果ガス濃度の変動は、工業的な起源から離れているにもかかわらず、全球傾向と一致していることが分かった (MNET 2009)。

　全球地表温度変動の分析は、先進国にあるいくつかの科学研究機関によって恒常的に行われている。アメリカ海洋大気庁の国立気候データセンターと NASA のゴダード宇宙科学研究所の両データによると 2000 年 1 月から 2009 年 12 月までが記録上最も暖かい 10 年間であった (NOAA 2010, NASA 2010)。過去 30 年間を通して、NASA のゴダード宇宙科学研究所の地表温度記録は 10 年ごとに約 0.2℃の上昇傾向を示している。1970 年代後半に始まった 10 年ごとに 0.15〜0.20℃の上昇という地球温暖化傾向は、これまで衰えることはなかったと綿密な調査が示している (Hansen et al. 2010)。全体では平均全球気温は 1880 年以降、約 0.8℃上昇した (NASA 2010)。

　世界気象機関の報告書によると、記録の始まった 1850 年以降では 2001 年から 2010 年までの 10 年間が最も暖かく、全球の地表と海面温度も長期 (1961 年から 1990 年) 平均の 14.0℃より 0.46℃高いと推定された。この 10 年間は全球地表、海面、全大陸の記録上でも最も暖かった。全球気温は、1881 年から 2010 年までの 10 年間で 0.06℃という平均率に比べ、1971 年以降は 10 年ごとに 0.166℃という平均推定率で上昇している (図 1-1)。カナダ、アラスカ、グリーンランド、アジアと北アフリカのほとんどにおいて、この 10 年間で 1961 年から 1990 年の平均に比べ 1℃から 3℃高い気温を記録しており、調査に含まれた国の 90％近くがそれぞれの記録上最も暖かい 10 年間を経験した (WMO 2012)。

　調査対象となった 102 か国のうちおよそ半数が、2001 年から 2010 年の間にその国の最高気温を記録したと報告した。これに比べ、1991 年から 2000 年では 20％、それ以前では約 10％の国でしか報告されていない。2001 年からの 10 年間では熱帯性サイクロンが北大西洋域の記録上、最も活発だった。2005 年にはアメリカ合衆国で最も被害額が高かったレベル 5 のハリケーン・

第 1 章　水資源と水循環

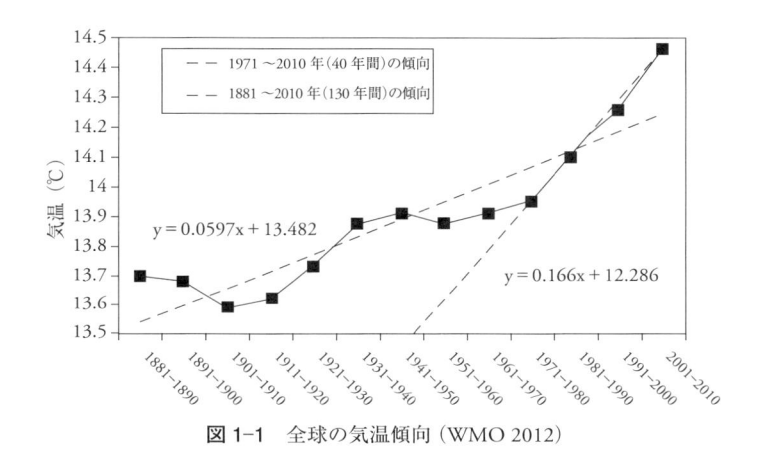

図 1-1　全球の気温傾向 (WMO 2012)

カトリーナにより 1800 人以上の死者が出た。2008 年にはミャンマーでの最悪の自然災害であり、その 10 年間のうち世界中で最も致命的なサイクロン・ナルギスにより 7 万人以上の死者を出した (WMO 2012)。

　モンゴルでは、2009 年 11 月と 12 月の気温が通常より 1.3～6.3℃低く、12 月の終わりにはバイカル湖やフブスグル湖といったシベリア-モンゴル高気圧の中心部に近い地域で最低気温 −40～−47℃を、ゴビ地域南部では −25～−30℃を記録した (NAMHEM 2010)。東モンゴルのいくつかの気象ステーションでも最低気温の記録が更新された。この原因については、1970 年代以降最も極度な負の北極振動指数 (北極と北半球中緯度の気圧差が小さくて寒気の流れ込みが強まる) の影響で 2009 年 12 月には北半球で通常みられない極と中緯度の大気交換があったためと説明されている (Hansen et al. 2010)。気温データから、同様の極端な冷え込み状態が過去にもモンゴルで起こっていたことが分かっている。1966 年 12 月にはモンゴルのほとんどの地域で気温が −40.0℃から −52.5℃の範囲に下がった。最低気温はオブス県で −55.7℃、最も暖かいオアシスであるバヤンホンゴル県でも −34.7℃を記録した。最低気温はウランバートルのブヤントウハー測定点で 1954 年 12 月に −49.0℃、ザブハン県で 1969 年 1 月に −52.9℃、1977 年 1 月に −51.9℃、

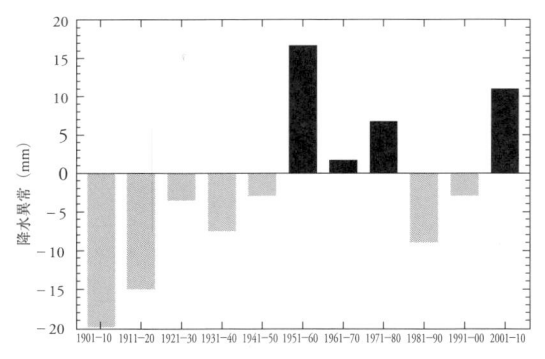

図 1-2 1901〜2010 年における各 10 年単位での全球降水異常の変化。1961〜1990 年を基準期間とした相対値を示す。(WMO 2012)

フブスグル県で 2000 年 1 月に −50.4℃を記録し、さらにボルガン、セレンゲ、トゥブといった他の中央、北方県でもそれまでの最低気温記録が更新された (NAMHEM 2012)。地球温暖化によって冬の平均気温が上昇していることは間違いないが、これらの地域で最低気温が低下したことは興味深い。

2001 年から 2010 年までの陸域の全球降水量は、1901 年以降 1951 年から 1960 年の平均に次いで 2 番目に高い平均値であった (図 1-2)。この全球平均の中で、大きな地域・年間差がみられた。2001 年からの 10 年間には、特にアメリカ合衆国東部、カナダ北部と東部、ヨーロッパ各地と中央アジアなど、北半球の広い範囲で平均より雨量の多い湿潤な状態が記録された。対照的に、南アジアのほとんどを含む他の多くの地域では平均的に年平均より低い降水量となった。

2009 年 12 月中の北半球の積雪は 1985 年に次いで記録上 2 番目に高く、2009 年 12 月の北アメリカの積雪は衛星記録が 1967 年に始まって以来最大となった (NOAA 2010)。2009 年末までの積雪はモンゴルの 90% に至ったが、ゾドとしてかつてモンゴルが経験した最悪の被害の一つである 1999 年から 2000 年のゾドですら積雪は 50% だった (Batjargal 2001)。2009 年から 2010 年冬のゾドの影響で 2010 年 4 月末には 1000 万頭以上 (モンゴル全体の 22%) の家畜が失われ、最も影響を受けた地域では 20 万人以上の遊牧民の生活が

第 1 章　水資源と水循環

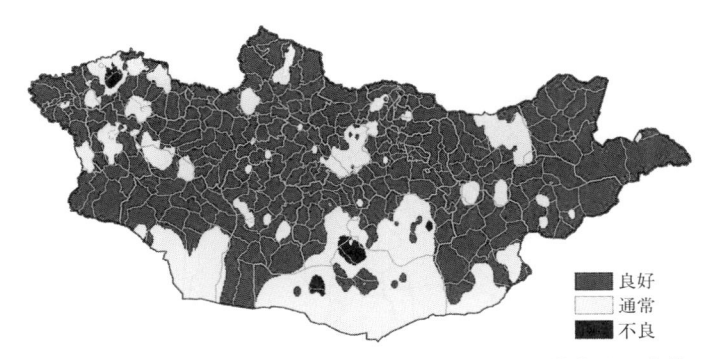

図1-3　2011年夏（7月末まで）のモンゴルにおける牧草地の状態。（NAMHEM 2012）

深刻に脅かされた（NAMHEM 2012）。2011年6月には、西モンゴルで世界的に見ても珍しいほどの異常な降水量の増加がみられた（NOAA 2012; WMO 2012）。2011年6月と7月の平均的および平均より高い降水量はモンゴルの60％以上で牧草に好適な状態をもたらした（図1-3）。

　家畜にとって好適な牧草の状態は、2011年8月の熱波によっても損なわれることはなかった。好適な夏の後の冬は緩やかなものではなく、この冬もモンゴル全土の90％が雪に覆われ（図1-4）、冷え込みが続いた。しかし、それにもかかわらずこの極端な気候イベントの中で失われた家畜数は4万5000頭を超えなかったという。この場合、前年の好適な夏の草原状態と前年のゾドから得られた教訓による遊牧民の冬の備えにより、冬の厳しさが家畜に与える影響は最低限に抑えられたのだろう。しかし、ゾドにより百万頭以上の家畜が一冬で失われることも稀ではない。サル年ゾドと呼ばれる1944年から1945年に起こったゾドでは700万頭の家畜が失われたが、これは2010年のゾドと同じく先に述べた北極振動と関連していたと考えられている。

気候と人間社会の歴史

　気候系と他の自然・社会生態系との相互作用は非常に複雑なプロセスで、

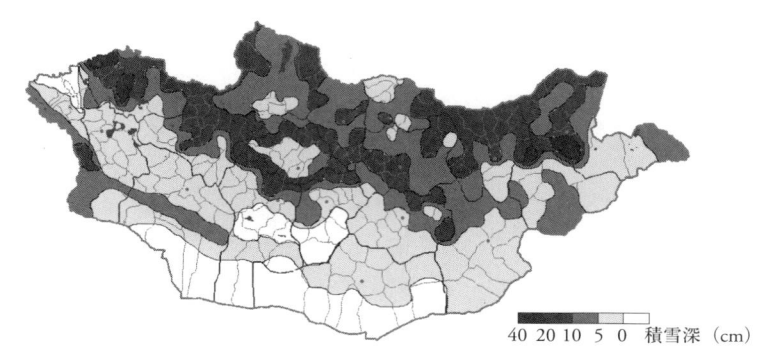

図1-4　2011年冬（12月末まで）の積雪量（NAMHEM 2012）

広範囲の時間枠と様々なスケールのイベントを含む。モンゴルの場合、海から遠く離れているために海洋の影響が少ないこと、また人々の生活の方向性が生活環境に対して制圧的というより適応的であることにより、この相互作用は確かに多様である。

　人間の長い歴史の中で、帝国の崩壊や国の立ち上げ、人間の移動、大飢饉、地域間の対立はすべて気候の変動とつながっている（Fagan 1999, 2008）。中国の科学者たちは氷河のコアサンプルや木の年輪、湖底の堆積物、歴史的な文献から得られたいくつかの古気候指標データを用いて過去2000年間を気温の変動に基づいて次の五つの時代に分類した。すなわち、0年から240年の温暖な時期、240年から800年までの寒冷な時期、800年から1100年の中世温暖期を含む800年から1400年までの暖かい時期への回帰、1400年から1920年にかけての小氷期と、1920年以降現在に至るまでの温暖な時期である（Yang et al. 2001）。この結果は内モンゴルのバダインジャラン砂漠の水分分布にみられる不飽和な時期と関連しており、1300年以前はそこは比較的乾燥していたが1340年から1450年と、1500年から1610年、1710年から1820年の間で明確な湿潤期があったという仮定につながる。1800年代中期以降、気候はより乾燥する傾向を見せている（Ma and Edmunds 2006）。過去2000年の間に中国北西部の河西回廊（黄河の西にある狭くて長い平地）では砂

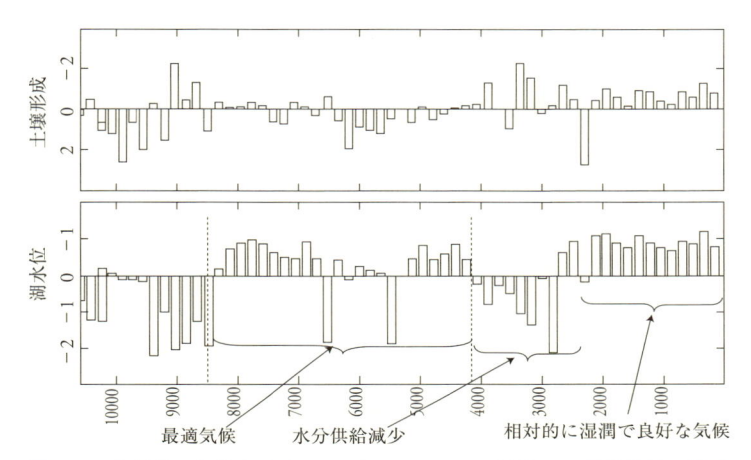

図 1-5 完新世の気候と中央モンゴル、オルホン渓谷のウギ湖盆地の地形変化（元の図の出典：Schwanghart et al. 2008）

漠化によって約 38 の古代都市が放棄された。広域の砂漠化が主に気候変動によって生じているのに対し、これらの砂漠化に影響を与えたもう一つの要因があった。清朝中期の人口密度が人口圧の限界値を超えており、河西回廊では水資源の使用率が 40％を超えていたことである（Wang et al. 2005）。

現在のモンゴルにおいて、気候と社会システムの関係の歴史的側面について研究したものは未だ少ない。北部のフブスグル湖、西部のオブス湖、中部のウギ湖と他地域の古くからある湖の盆地で行われた研究は完新世などの時代の気候史を明らかにした（図 1-5）。研究者たちは 4000 年前から 2800 年前の間には水分の供給減少が起こり、その後比較的湿潤な状態が今日まで続いていると推測している。完新世後期は過去 3000 年を通してオルホン渓谷に入植するために好適な気候に特徴づけられていた（Schwanghart et al. 2008）。オルホン渓谷とその近隣のペテログリフ、配列石、壁面の残遺物、数々の墓や記念碑は人為的影響が旧石器時代からあったことと、匈奴（紀元前 3～2 世紀）やトルコ族（紀元後 6～8 世紀）、ウイグル族（紀元後 8～9 世紀）など様々な民族が存在したことを証明している。オルホン渓谷にあったモンゴル帝国の首都であるカラコルムの遺跡は国としてのモンゴルを作り上げる過程での

最も良い証拠である。この地域が帝国の国際的な首都の需要と供給に見合うだけの広大な農牧業を支えられたということは、当時の気候が明らかに好適であったことを意味するからである。

遊牧という生活スタイルは、長期にわたる冷え込みと乾燥という不安定で厳しい気候状態下で人間が生きていくための手段として確立された。気候状態の厳しさが生存限界値を超えると、その結果人口が減少する。人口の拡大と移住は、気候状態が正（普通またはそれ以上の降水量を伴う、より温暖な期間）に移行した場合にのみ可能であったと仮定できる。ほとんどの場合、隣人との対立や衝突は、生活空間の重なり（？）ではなく、生活スタイルの齟齬のために起こったと考えられるだろう。この点において、万里の長城は時折起こる北の遊牧民族による襲撃を防ぐためというより、彼らの居住域における天候や気候状態の悪化により北の遊牧民族がさらに南へ移住するのを防ぐためだったともいえる。実際、それは遊牧と定住という生活スタイルをわける境界線のようで、両サイドからの大移動を妨げていた。この人間による前代未聞の試みは、長城によって外側にとどめられようとしていた遊牧民族の側に、より利益をもたらしたらしい。長城の内側に定住していた民族と比べ、その人口の低さにより、遊牧民族が長い歴史の中で急進的な社会的同化を避けることができたのは長城が彼らをその悲運から防御していたためだろう。歴史的な見方において、気候状態と社会の移り変わりというつながりの中のモンゴルの特異性をより深く理解するためには、包括的な研究が必要だということは間違いない。

20世紀のモンゴルの気候

中緯度の中央アジアにおける過去100年間（1901年〜2003年）の地表気温変動の解析結果は、東部の季節風領域と、中央アジア、モンゴル高原、タリム盆地という四つの主な小領域の気温変動が一貫して、著しい温暖化傾向を持つことを示唆している。年間平均気温の増加率は、モンゴル高原で0.23℃/10年、四つの小領域全体では0.18℃/10年だった。アジアの中緯度地域では地表気温は1900年代から1970年代にかけて比較的ゆっくり増

加し、1970年代以降急激に増加した (Chen et al. 2009)。

モンゴル西部のタルバグタイン山脈からの年輪サンプルに基づき450年以上前まで拡大されたモンゴルの気温推定データは、北半球と北極の大きなスケールで再現、記録された気温とよく一致しており (Batima et al. 2005)、明らかに過去100年の気温の上昇を示している。モンゴル北中部のソロンゴチーンダバーから得られたシベリアマツの年輪サンプルにより作られた過去1700年という最長の再現データ (D'Arrigo et al. 2001) も20世紀が過去1000年のモンゴル史上最も暖かい期間だったことを示した。最も厳しい寒さは19世紀中に起こり、ここ10年間はこの地域にとって過去500年間で最も暖かい期間の一つだった。機器実測記録によると、モンゴルの年間平均気温は過去70年間で2.14℃増加した。しかしながら、冬季の平均気温は1990年から2006年の間に0.119℃減少し、1940年から2006年の全期間では0.051℃増加した (MNET 2009)。

(2) 大気エアロゾル粒子の役割

産業革命以降の地球温暖化において、二酸化炭素の寄与は放射強制力全体の63.5％にのぼると推定されている。しかしながら、大気エアロゾル粒子は温室効果ガスより複雑に作用し、温暖化を促進している。温室効果ガスの直接影響に対して、大気エアロゾル粒子は雲の生成を通して間接的に放射のバランスに重要な役割を果たしている。大気エアロゾル粒子は反射能の変化などのメカニズムを通して氷河や氷原を溶かすことで、温室効果ガスの影響をさらに強めることもある。

実際この問題は、この現象の局在性のためか、2007年の気候変動に関する政府間パネル (IPCC) 評価報告書で正当に強調されていなかった。しかしながら、モンゴルの場合、少なくとも氷河の後退と降水量の変動問題に関してはこの問題は無視できない。

気候要因としての大気エアロゾル粒子

　チベット高原の氷河の後退を研究している研究者グループは最近、チベット氷河上に堆積した黒い煤煙のエアロゾルが急速な氷河の後退に対する重要な貢献要因であるという興味深い結論を導き出した（Xu et al. 2009）。雪による吸収作用の付加が一般に「調光」と呼ばれる大気浮遊粒子が地表の日射照度を減少させるという影響を上回ることが、シミュレーションで示されている。他の研究者たちは硫酸粒子濃度の減少と黒色炭素濃度の増加は、過去30年間の急速な北極の温暖化に大きく貢献していると結論付けた（Shindell and Faluvegi 2009）。

大気エアロゾル粒子の供給源

　中央アジアは粉塵供給源の中でも生産性の最も高いものの一つで、遠くは朝鮮半島、日本列島、北アメリカやグリーンランドまで輸送される塵を産出し、時にはこれらの地域と中国の多数の都市の大気の質に著しい影響を与える（Batjargal et al. 2006; Han et al. 2008; Kimura and Shinoda 2010）。中央アジアを源とする粉塵（Grunert and Lehmkuhl 2004）は長距離を輸送されるために必要な高度に簡単に持ち上げられることができる。例えば、中国で動態化した塵のほぼ半分が中国国内に再度堆積するが残りは太平洋とその先への長距離輸送の対象となる。しかしながら、塵の長距離堆積は農地の土壌や隣接する海水への重要な栄養塩供給機構として正の影響も持つ（Hartmann et al. 2008; Li et al. 2009）。

　特に1991年のフィリピンのピナトゥボ山のような間欠的な大きな火山の噴火による大気エアロゾル粒子量の自然変動は重要な気候動因と認識されている（IPCC 2007a）。大きなスケールの火山活動は数日で終わることもあるが、ガスと灰の大量の放出は気候パターンに数年にわたる影響を与えることがある（図1-6）。最近のアイスランドでの火山の噴火はたくさんの航空会社の運営を著しく阻害し、世界的な経済恐慌からまだ立ち直っていなかった複数の国々の経済的崩壊に貢献した。そのような灰やエアロゾル粒子による人口過多地域の大気の質や地域的な天候パターンへの負の影響は容易に推測でき

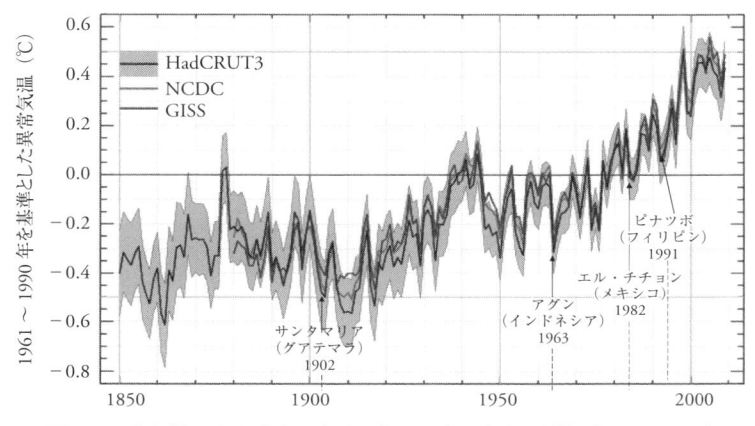

図1-6 大規模な火山噴火が全球の気温傾向に与える影響（WMO 2010）

る。

　大気エアロゾル粒子は雲凝結核として雲の形成過程にも重要な役割を果たす。雲は全球の気温変動にとってもう一つの重要な貢献要因で、日光の反射と暖かさの保持という二つの方法で作用する（IPCC 2007a）。よって、モンゴルにおける冬に有益な季節の降雨量の割合と雲量の予測された変化は夏季と冬季の両方で温室効果ガスと関連する温暖化傾向をさらに悪化させるかもしれない。

大気エアロゾル粒子と水資源

　アルタイ山脈から流れる河川の年間流量の50%から70%が雪や氷が解けた水により成り立っている（Myagmarjav and Davaa 1999）。モンゴルアルタイ山脈の中部と南部にある氷河は1500 mから2500 m後退し、もしこの傾向がこの先10年から20年間続けば、氷河複合体は崩壊し消滅するかもしれない（Kadota and Davaa 2007）。研究者たちはこの加速した氷河の後退を地表気温だけでなく氷河の高度の大気気温の上昇によるものと説明した。図1-7は山間の谷での川や渓流の流れが雨がないためによく渇水につながる不安定な動態を持つことを示している。写真にある古代の墓（巨大な丸石で作られた

第 1 部　草原と森林の生態系ネットワーク

図 1-7　モンゴル西部オブス県トルゲン郡ダバーギーン（パス川）は土地の住民（牧夫家族たち）の夏のキャンプ地である。（2008 年 7 月著者撮影）

円）はモンゴルの青銅器時代（紀元後 2 世紀半ばから 4 世紀）のものである。よって、人と動物の双方の飲料水が手に入るおかげで、この地域に人が長期にわたり居住してきたことは明瞭である。

　モンゴルにおいて温暖化によって予想される降水量の季節変化という面で、大気エアロゾル粒子は降水機構や雪解けの動態に影響を持つかもしれない。例えば、中国で行われた研究の結果は汚染状態に対応して大気エアロゾル粒子が雨粒濃度の減少と雨粒形成の著しい遅れにつながることを示した。研究者たちは大気汚染により著しく増加した浮遊粒子濃度は少なくとも部分的には過去 50 年にみられる中国での軽い降雨の減少の原因であると結論付けた（Qian et al. 2009a）。モンゴルではウランバートルや他の都市のような大きな居住区周辺の人間活動による大気汚染が増加し、ここ 20 年の間に警戒すべきレベルに達している。主に国境外を起源とする酸の沈降事象がときおり起こっている証拠がある（Batjargal and Bulgan 2007）。それは将来、酸の沈

降（乾性湿性の両方）がモンゴルの水質に及ぼしうる影響の第一報なのかもしれない。

モンゴルの異なる地理的な地域にある 34 の気象ステーションの記録を用いたデータ解析はここ数十年での砂塵嵐の急速な増加を示した。砂塵嵐の年間平均発生日数は 1960 年から 1969 年の間でたった 18.3 日だったのに対し、1990 年から 1999 年の間で 48.5 日だった（Natsagdorj and Jugder 1991）。それは 2000 年から 2007 年の間には 57.1 日に達した（MNET 2009）。

(3) 全球気候動因に起こりうる変化

モンゴルを含む中央アジアは偏西風、東アジアモンスーン、インド洋モンスーンに囲まれた三角形の中に位置している（図 1-8）。モンゴルの水分供給を支配するこの大気循環パターンは、この地域の古気候の展開が、夏のモンスーンに強く制御される南部地域や偏西風に強く制御される北の国境域で記録された展開と、どれだけ違うかまたは似ているのかという疑問をよぶ。この地域全体の生態系パターンと環境条件は外からの水分供給に強く影響されていて、風系の時空間変動はこの地域の景観進化にとってきわめて重要である（Chen et al. 2008; Herzschuh 2006; Qian et al. 2009b）。完新世の初頭にこの地域が偏西風の変化に過敏であったという証拠がある（Schwanghart and Schütt 2008）。

いわゆるシベリア高気圧（Siberia-Mongolian High: SMH）は冬に発生し、主にモンゴル領域の北西部を覆い、偏西風がもつその地域への影響の季節的な変動にとって重要な役割を果たす（Herzchuh 2006; Joseph 2009; Mijiddorj 2000; Wu et al. 2007）。しかしながら、ほとんどの研究者たちはこの地域の水分供給が水分の低い気団と関係する極前線特有のきわめて大陸性のものだという共通の認識を持っている。幾人かの研究者は、夏のモンスーンの変動が中央や北部モンゴルといったモンスーン前線から遠い地域の水分供給に貢献する要因だと考えている。偏西風域が緩やかに南へと広がっていることはチベット高地の寒冷化への反応だと仮定できる（Herzschuh et al. 2006）。北大西洋海表

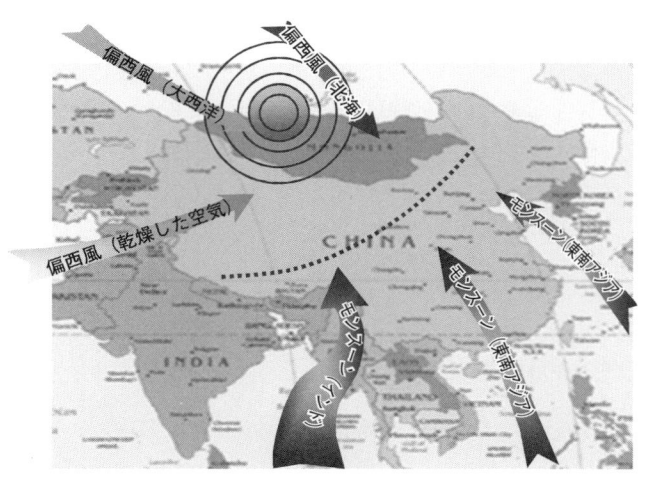

第1部　草原と森林の生態系ネットワーク

図 1-8　大気循環を介したモンゴル領域への水分供給体系（モンスーンの影響境界と現在のモンスーン限界）（Herzschuh 2006）

面気温と高緯度気温の上昇は低気圧の活動と偏西風に沿った全体的な攪乱を活発化し、偏西風が優勢する中央アジアでは、対流性降水量の割合が高くなるという結果になった（Chen et al. 2008）。

　モンゴルの領域は緯度の差が少ない帯状の土地で、ユーラシア大陸の中緯度内陸部、偏西風の軌道の終わりに位置する（図 1-8）。大気中の水分のほとんどは遠く離れた大西洋からと、北海からの部分的な貢献から偏西風により運ばれている（Natsagdorj 1980; Tuvdendorj and Myagmarjav 1986; Mijiddorj 2000）。モンゴルにおける太平洋とインド洋の大気中の水分供給への貢献は未だ報告されておらず、上に記したようにその直接的な影響は疑わしい。アジアの夏のモンスーンによる南西風にそった水分輸送は月ごと、季節ごとの平均という観点からはモンゴルに到達しにくい。しかしながら、モンゴル東部と中国北東部は温帯サイクロンによる西からの水分輸送とアジアの夏のモンスーンによる南からの水分輸送の境界線上に位置する（Sato et al. 2004）。部分的にチベット高地の氷河状態の変化と東アジアの土地被覆の変化のためにそれは無視されるべきではない。数々の要因が南アジアの夏のモンスーンのパフォー

マンスに影響を与える。太平洋とインド洋の赤道付近の海面温度状態に加え、これらの要因は北半球の冬と春の積雪と地表気温を含む。

(4) モンゴルにおける気候パターンの応答

モンゴルにおける現在の気候

大陸の奥深くに位置しており冬季に高気圧が優勢であるため、モンゴルの気候は寒く、国全体では年平均気温は 0.8℃ であり (Batjargal 2007a)、地域により −9.0℃ から +8.5℃ まで幅があるる。モンゴル領域中に均等に位置する 48 の気象ステーションからのデータを解析した結果、1990 年から 2006 年にかけて冬季で年間平均気温がほんの少し下がったことを除き、過去 70 年間の間に年間平均気温が 2.14℃ 上昇したことが示された。この期間中の夏の平均気温は着実に上昇している (図 1-9)。気温の急速な上昇 (5℃ から 8℃) は 1975 年から 2007 年にかけて西部の大湖低地と東部で観測された。1940 年以来の最高気温記録は 60 ステーションのうち 58 か所で 1991 年以降に観測された (MNET 2009)。

この気温の上昇はモンゴル領域全体でみられている。しかしながら、特に著しい上昇はモンゴルの西部と中部にある山地と森林ステップ地域でみられる (図 1-10)。

モンゴルの降水は主に低気圧が偏西風を攪乱することによって起こり、冬季には雨はごくわずかしか降らず他は雪となる。雪は年間降水量合計の 20% 未満である。夏の降雨は低気圧の活動に加えて、主に地表の暖化と関連する上昇気流と関連している。降水量合計の約 85% が 4 月から 9 月までに降り、そのうち 50% から 60% が 7 月と 8 月に降る。降雨の強さは広範囲にわたって変動しうる。1940 年以降に記録された最高降水量は 138 mm/日で、1956 年 8 月 5 日にダランザドガドで記録された。次いで多い降水量は 121 mm/日で、1976 年 7 月 11 日にサインシャンドで記録された (Batima et al. 2005)。ダランザドガドとサインシャンドはともに、年間平均降雨量が 100 mm から 150 mm レベルを超えない、モンゴルの一番乾燥した地域に属

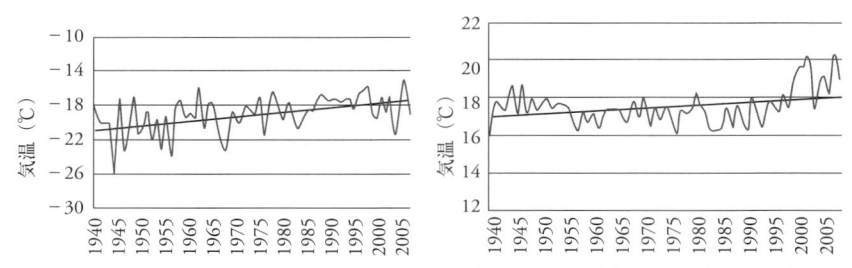

図 1-9 モンゴル領域における 1940 年から 2005 年の間の冬（左）と夏（右）の平均気温の回帰直線にみる変動傾向（MNET 2009）

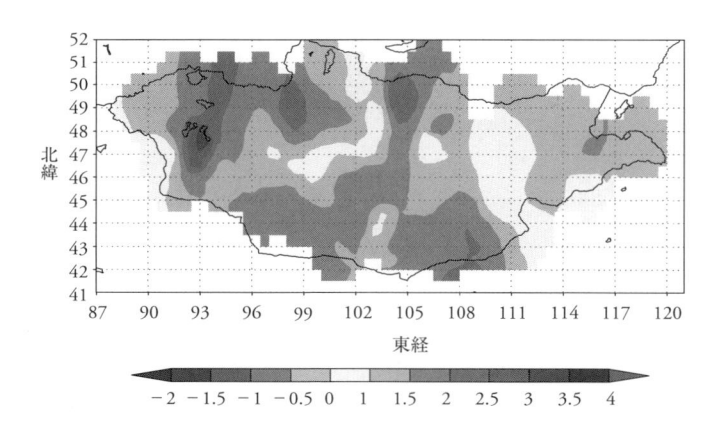

図 1-10 年間平均気温の増減傾向（％）（MNET 2009）（カラー図は巻末参照）

している。

　モンゴル領域全体で降水量合計が減少しているという傾向がある。事実、年間降水量は 1940 年以降の平均に比べ 7％減少した（MNET 2009）。国の中央部で降水量が減少しているのに対し、南西部と南東部では少し増加している（図 1-11）。気象ステーションの記録は対流による降雨が降水全体で優勢だったことを示している。移住により人口が大きく増加したことに伴い、経済活動が激化している中央部のほとんどにおいて気温の上昇と降水量の減少（図 1-10・1-11）が一様にみられたことは深刻な問題である。モンゴル西部

第 1 章　水資源と水循環

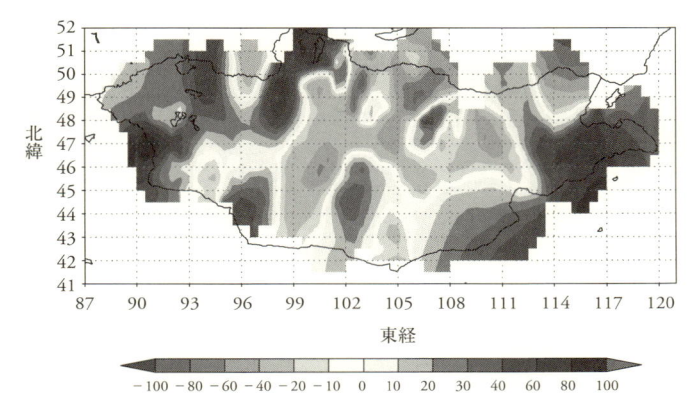

図 1-11　平均降水量の増減傾向（mm）（MNET 2009）（カラー図は巻末参照）

における降水量の増加（図 1-11）が、蒸発散量を増加している中央部の気温の上昇（図 1-10）と関係していることは間違いないだろう。南東の限られた地域でのみ、降水量の増加と気温の下降という好条件が重なったおかげで土壌水分がより上昇した。

この現在のシナリオは前の段落で議論されたように全球の気候動因次第でやがて変えることができる。全球と地域的なモデルとそれらの相互的な縮小と拡大を当てはめるためには、気温と降水量のような鍵となる気候指標を局地的なパターンのレベルでより詳細に研究する必要がある。

気温と降水量の時空間的な解析

　国の気象データベースと国立気象水文環境モニタリング機関の標準の観測記録を用いて、気温と降水量の全球の気候変動に対するモンゴルの局地的な応答を論証した。ここで用いられた気象ステーションは、地理的な位置、機能の持続、記録の長さとデータに偏向がないように全国から選ばれた。

　始めに、気温動向が地域的な生態区で違うことを確かめるための解析を行った。次の四つの気象ステーションが選ばれた。1）西の大湖地域のオーランゴム（標高 939 m、北緯 29°48′、東経 92°05′）、2）北のフブスグル山地域のム

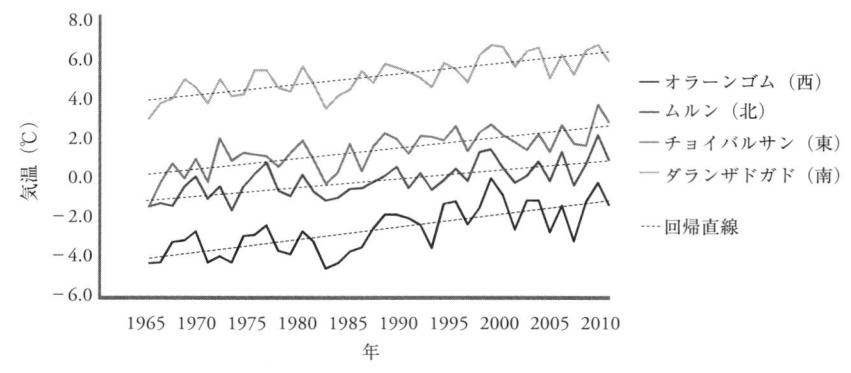

第 1 部　草原と森林の生態系ネットワーク

図 1-12　モンゴルの四つの生態区（東、西、南、北）の平均気温の変動傾向

ルン（標高 1285 m、北緯 29°48′、東経 100°1′）、3) 東のステップ地域のチョイバルサン（標高 747 m、緯度 48°0′、東経 114°32′）と 4) 南のゴビ地域のダランザドガド（標高 1465 m、北緯 43°35′、東経 104°25′）。

　過去 40 年間を通して温暖化傾向はすべての生態区で示され、距離が十分に離れているにもかかわらずその傾向はおおよそ同調していた（図 1-12）。

　降水量の傾向については多少異なっていた。東のステップと南のゴビのような開けた地域で少し減少した他はこの期間でほとんど何の変化も示されなかった（図 1-13）。

　特に国内で最も穀物畑の多い地域で、1 年の中の寒い時期と暖かい時期で降水量の傾向が違うことは興味深い。セレンゲ県バルーンハラー観測所（図 1-14）は夏季の降水量がわずかながら減少するため、この地域は耕作に適さない状態であるということを表している。

　南の乾燥帯や半砂漠帯では、季節による降水量の傾向の差がより明確で、明らかに不均等である（図 1-15）。

　シベリア高気圧は冬季の気温変動に大きな役割を果たしている。トソンツェンゲル観測所は大湖低地の端に位置し、それゆえにハンガイ山の南西斜面にあるガルート観測所よりもシベリア高気圧の影響を受ける。この二つのステーションの年間平均気温変動は似ているが、低い海抜（標高約 400 m 差）

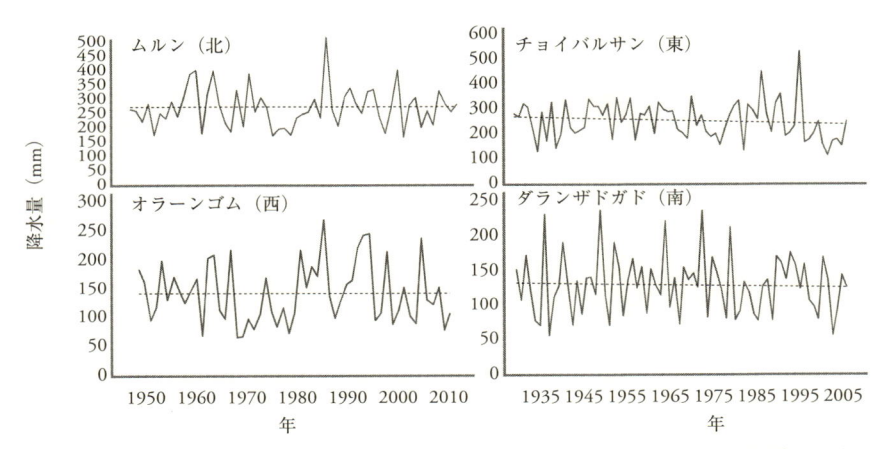

図 1-13 モンゴル生態区（東、西、南、北）の年降水量の変動傾向。点線は回帰直線を示す。

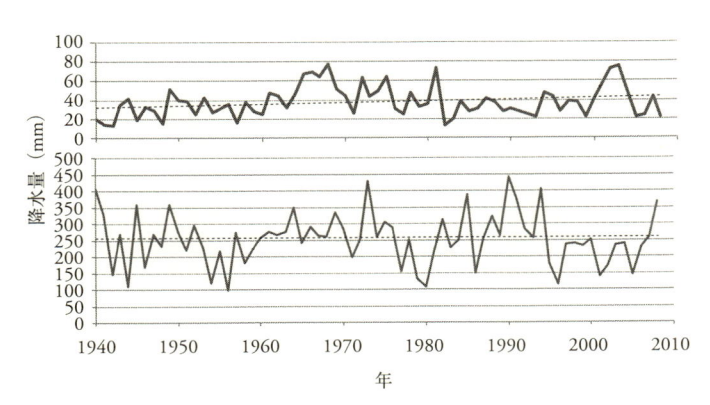

図 1-14 寒い季節（上）と暖かい季節（下）における降水量の傾向（バルーンハラー観測所）

にもかかわらず、トソンツェンゲルの方がガルートより寒い地域であることを示している（図 1-16）。

この 2 地点では、降水量の場合は気温と話が異なる。降水量の平均は両観測所で大体同じであるにもかかわらず、変動の大きさの不一致を伴うわずか

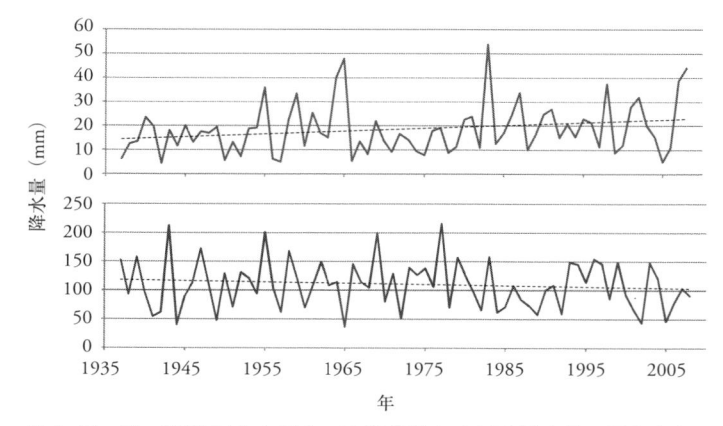

第 1 部　草原と森林の生態系ネットワーク

図 1-15　寒い季節（上）と暖かい季節（下）における降水量の傾向（ダランザドガド観測所）点線は回帰直線を示す。

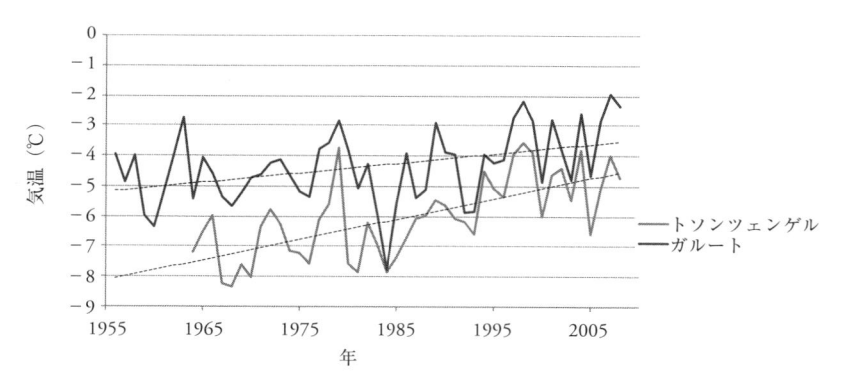

図 1-16　気候変動へのシベリア高気圧の影響。点線は回帰直線を示す。トソンツェンゲル観測所は標高 1724m、ガルート観測所は標高 2125 m。

な位相のずれがある（図 1-17）。これは冬季の大気循環体制としてのシベリア高気圧が降水量に対してあまり影響しないということを意味する。代わりに、山地の地形がより大きく影響する。モンゴルの山地の北向きと南向きの斜面は蒸散と対流メカニズムを通して土壌水分量変動に対してより大きい

第 1 章 水資源と水循環

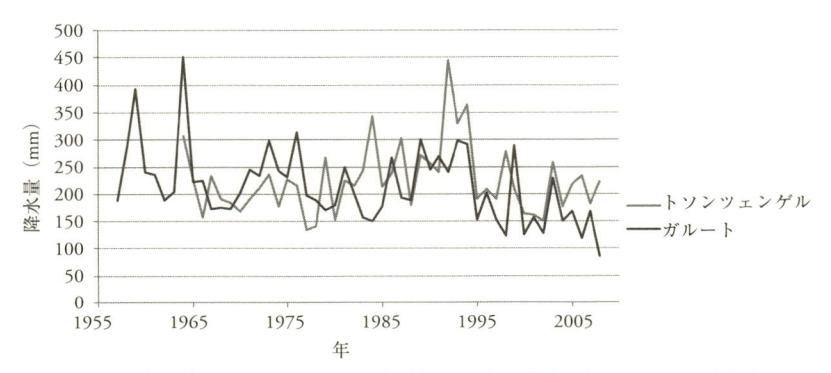

図 1-17 降水に対するシベリア高気圧と他の要因の影響。トソンツェンゲルはハンガイ山の北西斜面に位置し、南西斜面に位置ガルートよりシベリア高気圧の影響を強く受ける。

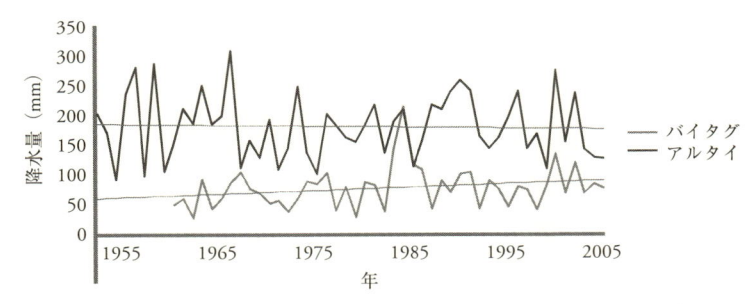

図 1-18 降水量への地形の影響。アルタイ山脈の西側（バイタグ）と東側（アルタイ）。

逆の影響を持つ（Batjargal 2007b）。山地の西側と東側は優勢な風向きに対する方向次第では重要な役割を果たしている。しかしながら、例えば風上側に位置するにもかかわらずホブド県バイタグ観測所の降水量は、ゴビ・アルタイ県アルタイ観測所よりかなり少ない（図 1-18）。これはおそらく偏西風がバイタグ観測所に位置的により乾いた空気をもたらす（アルタイーゴビの向こう側は中央アジアからの乾いた気団にさらされている）という事実によるものである。アルタイ観測所での降水量の増加はその高い高度（標高 2181 m）によって部分的に説明できる（バイタグ観測所の標高は 1186 m）。降水量はアルタイ

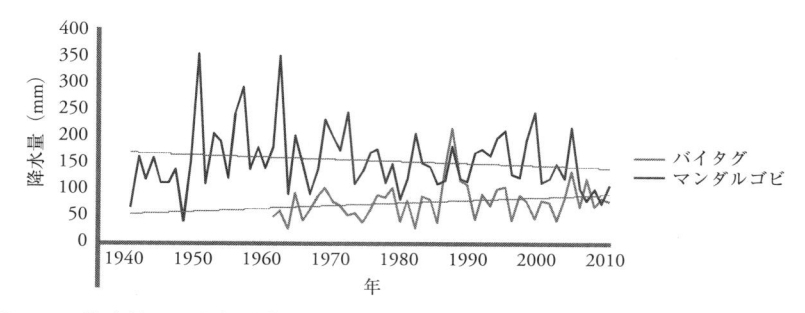

第 1 部　草原と森林の生態系ネットワーク

図 1-19　降水量への地形の影響。アルタイ―ゴビの西（バイタグ）対東（マンダルゴビ）。

観測所から東のマンダルゴビのより開けた地域へと離れるにつれて徐々に減少する。この結果は全領域を対象とした分析（の結果）とよく一致している（図 1-11）。それでもアルタイ山脈の東側では降水量が減少傾向を示しているのに西側では増加傾向がみられることを説明するためのさらなる論拠が必要である（図 1-19）。

将来の気象シナリオ研究

　モンゴルにおける将来の気象条件を検証するため、また温室効果ガスの増加が生態系と経済分野に与える影響を調べるために、世界有数の気象センターで開発された全球気候モデルを含む、IPCC の IS92 シナリオが用いられた（Gomboluudev 2006; MNET 2009）。研究結果は、モンゴルの気候変動に関する国家行動計画や例えば後に開始された「気候変動 ── 家畜と生物圏へのその影響と適応」のような他の気候変動に関するプロジェクトの実行作業の基礎指針として用いられた（START 2006）。モンゴルにおける 2100 年までの将来の気候変動予測（図 1-20）は IPCC 排出シナリオの A1、A2、および両者をあわせたシナリオに基づいて推定された（IPCC 2007a, 2007b）。

　モンゴルの気候に対する全球気候モデルの適用性は、1961 年から 1990 年の気温と雨量の観測データとモデル結果を比較することで確証された。三つのモデルのうち HadCM3 が最も観測値に近い結果を出した（START 2006）。他にもいくつかの包括的な研究がモンゴルの気候変動に関する国家行動計画

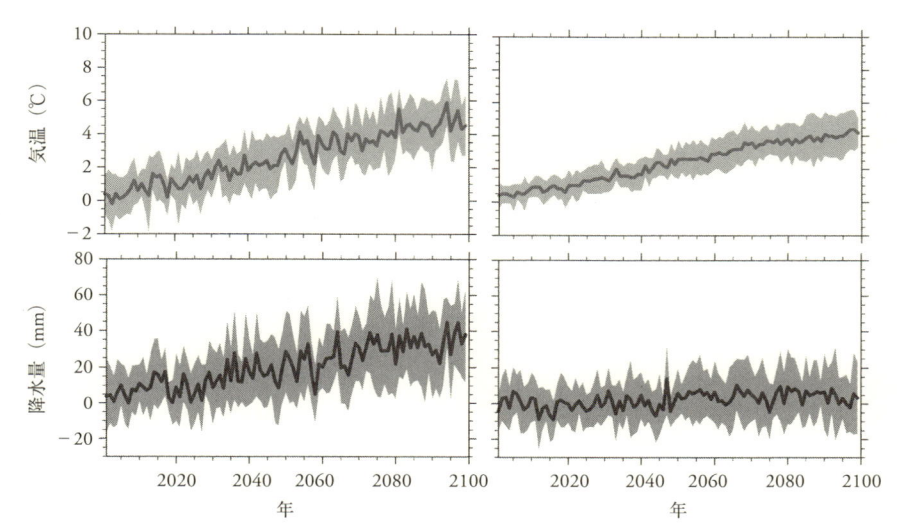

図 1-20　全球気候モデルの出力に伴う今世紀の冬(左上)と夏(右上)の気温と冬(左下)と夏(右下)の降水量変動予測（出典：MNET 2009）

と連動し、その実行作業に関連して行われた（MNET 2009; Sugita et al. 2009）。影響とリスクの検証は様々な生態系と特に家畜分野に重点を置いた農業を含む経済分野と関連して行われた。これらの気候変動の研究結果を統合すると、地球温暖化は気候帯、水資源、積雪と永久凍土に著しい影響を与えるという結論に至る。

最新の全球気候モデルによるモンゴル領域における 21 世紀の推定（START 2006; MNET 2009）は次の結果をもたらした。

気候について：
・乾燥した暑い夏とより温暖だが積雪量が増加する冬
・降水量から予測された増加を上回る蒸発散量の増加
・干ばつなど極端な気候の程度が 2080 年までに 2 倍になる

気候帯と植生について：
・植生帯は北へと移行し、半砂漠帯とステップ帯が拡大する

・2020 年から 2080 年までに地上部の植物現存量とその質が下がる
水資源について：
　　・2020 年までに河川の流量はわずかに増加するが、より急速に増加すると予想されている基準蒸発散量（潜在的な蒸発散量）と一致しない
家畜について：
　　・放牧に適さない地域は現在の 40％から 2050 年までには約 70％に、2090 年までには約 80％に増加するだろう
　　・気候変動の結果増加した極端な気候は畜産業の発展を著しく阻害し、この障害は今後 80 年間で大幅に増大する

　趣旨としては、長い目で見れば現在の地球温暖化がモンゴルにおいてより明白な乾燥帯と半乾燥帯が優勢する気候帯への移行につながるということである。

政策決定の基盤としてのモデル

　これらの予想に基づいて国の政策を決定する上でその信頼性にはいくばくかの不確かさが残る。まず、どんな気候反応の予測にも一般的にシナリオそのものとモデルの組み立てに関する二つの不確実性があることを理解しなければならない。上で記したものを含むほとんどの研究で参照されている IPCC による予測は統括的に「現状通り（business-as-usual）」のシナリオだとされている。IPCC によって用いられた排出シナリオが精密かつ比較的現実味があるという事実にもかかわらず、炭素循環や気候の影響、オゾン前駆体の変動、太陽活動の長期的な変化、予測不可能だが起こりうる火山の噴火のような重要な要因は入ってない。また、現在の全球変動モデルのような気候変動の研究で、主要な機器は動因の本質的な構成要素のすべてはとらえない。すなわち、大規模の土地利用や森林破壊などによる土地被覆の変化、変わりゆく海（海氷面積、水の密度差による海流の変化）との関わり、雲パターンの変化（蒸発散量の増加、気団が持つより多くの水分を運ぶ許容量、雲の凝結核としての大気エアロゾル粒子量の増加による）などは考慮されていないのである。

降水量の減少や蒸発散量の増加に伴い季節や地域によっては21世紀に干ばつが悪化するという予測の確度はやや高い。この点でモンゴルは干ばつの変化に対する予想（モデルと乾燥度合いの指標に依存する）が一定でないため全体的に確度が低い地域に含まれる。干ばつの予想に高い確度が得られない理由は、定義問題、観測データの欠如とモデルに干ばつに影響するすべての要因が含まれていないことである（IPCC 2012）。

独自の社会形態や生活スタイル、土地利用をもち、アジアや世界各地のほとんどの国における一般的な見解に当てはまらないモンゴルに着目した研究は不可欠である。特に将来のシナリオに関する強調された研究結果は断言的ではなく最適的にとらえることができるのがこの点の結論である。次のIPCCの結論に特に注意を払うことはモンゴルにとって重要かもしれない。両半球における温帯低気圧の平均発生数が減少するというやや確度の高い予測がある。温帯低気圧の活動についての詳細な地理的予測の確度は低いが、温帯低気圧の進路が極に向けて移行するという予測の確度はやや高い（IPCC 2012）。海からユーラシア大陸に水をもたらす低気圧を作り出す強さは赤道と極の温度差によって制御されている。もしそれが事実なら、緯度方向に狭い形のためにモンゴルが国全体で降水パターンの移行を経験するかもしれない。もう一つの指摘（IPCC 2012）によると、大雨の頻度やすべての雨に対する割合は、21世紀に全球の多地域で増加する。この傾向は特に高緯度域と熱帯、冬にはモンゴルが位置する北半球の中緯度域でみられると記されている。頻度の低い大雨を伴うモンゴルにおける夏の降水量の減少は砂漠化とダメージを与える局地的な洪水のリスクを増加させる。冬季の大雪の増加（可能性は先に議論されている）は伝統的な家畜の飼育と流通や工業などの他の経済分野に更なる負荷を与えるだろう。

1–2 モンゴルの水資源

この節では、現在の気候変動によって今後生じうるモンゴルにおける水資

源問題と、特に最も水の枯渇した南ゴビ地方における鉱業活動の拡大に関連する問題について考察する。

(1) 水に関する問題

　全球の気候変動は人口の増加と土地利用が水資源に与える現在と未来の影響をより悪化させ、干ばつと洪水の頻度と重大度を増加させると予想されている。気候変動は降雨量の変化や土壌水分、氷河や氷、雪の融解、河川や地下水の流れの変化を通して水資源の供給量に影響を及ぼすことが予想される。今日では10億人近くの人々が飲用に浄化された水を得ることができない上に、1990年代末に比べて都市部で水道水が使えない人の数が増加している (UN 2012)。水の需要は都市部で多く、上下水道のための水が求められている。都市部の人口は全体の人口増加と都市周辺部からの人の流入により2009年の34億人から2050年には63億人に増大するだろうと予測されている。上下水道が整備されていない都市生活者の数は、ミレニアム開発目標が採択された2000年からすでに20%も増加している。

　水の供給能には水の質も大きく関わっている。汚染水は人々の健康を害するだけでなく、生態系サービスの低下も招いている。世界で80%以上の廃水が適切に回収・処理されていないと考えられており、水質汚染の特定可能な起源は主に都市部からの排水である。中東や北アフリカの国々での低品質の水による経済的支出はGDPの0.5~2.5%である。アジア、太平洋地域は急速な都市化、経済成長、工業化、大規模な農業開発が進んでおり、それに伴う集中的な水資源の利用が水域生態系を圧迫し、地域の需要に見合うだけの水供給能に影響を及ぼしている。そこで生み出された廃水のうち処理を受けるのは15~20%に過ぎず、ほとんどが有害物質を含んだまま廃棄されている。

　作物や家畜の生産は水を多く必要とするため、世界全体では農業用水、生活用水、工業用水の合計の70%が農業用水として使われている。とりわけ、家畜生産品の需要の増加により、水需要は増加している。全球の食料需要は

2050年までに70％増加することが見込まれている（UN 2012）。

　水は、エネルギー生産、原料の採取や他の鉱業活動を含む産業の多くの場面で必須である。いわゆる「仮想水（ヴァーチャルウォーター）」は何十億トンもの食料や様々な製品を通して世界中で取引されている。

　水に関する災害はすべての自然災害の90％に及び、その頻度と規模は増加していて、経済発展に深刻な影響をもたらしている。2010年だけでも1億7800万人の人々が洪水に見舞われた。1998年や2010年には損害は400億アメリカドルを超えた（WB 2011）。津波の被害者を除くと、アジア太平洋地域で2000年から2009年の間に年平均2万451人が水に関連する災害で亡くなっており、その数は世界の85％である。気候変化と過酷な気象条件の増加により、洪水や干ばつの規模や頻度が増すことが予測されている（IPCC 2012）。今のところ、気候変動が水に関連した災害による被害者の増加に直接影響するという証拠は無いが、災害の頻度と極端な災害の増加を受け、多くの国々が気候変動への適応の一環として災害時のリスクを減らそうと努めている。

　世界平均気温が2℃上昇した場合、それに適応するためには2020年から2050年の間で毎年700億から1000億ドルかかる。そのうち137億ドル（より乾燥したシナリオ）から192億ドル（より湿潤なシナリオ）が水供給と洪水管理に充てられるだろう（UN 2012）。

　これらのほとんどがモンゴルにも当てはまるが、うちいくつかについては後で述べる。モンゴルにおける将来的な水資源は気候などの要因の影響を受ける。水供給能と水質、流水量が気温や降水量の変化による影響を受けやすいことは間違いない。その他の重要な要因としては、人口増加による水需要の増大、鉱業や灌漑農業など水資源に影響を与えやすい産業の発展など経済構造の変化、河川集水域の物理的な変化、水管理方針の変更などが挙げられる。

(2) モンゴルの水資源の評価

地表の水資源

　モンゴルの地表水源は合計で毎年 608.3 km^3 と推定されており（Dorjsuren 2011）、主に湖（500 km^3）と氷河（62.9 km^3）で占められている。再生可能な水資源は、年平均で地表水が 32.7 km^3、地下水が 6.1 km^3 となっている。地下水の一部は基底流として年に 4 km^3 が河川に戻るため重複している。このことから、再生可能な水資源のは年に 34.8 km^3 であるといえる。これはモンゴル内の河川の流量（30.8 km^3）と隣国からの流入（ロシアと中国：4 km^3/年）から成っている。毎年 25 km^3 がロシア連邦へ、1.4 km^3 が中国へ流出していると推定されている（Myagmarjav and Davaa 1999; Davaa 2011）。

　モンゴルの土地面積あたりの再生可能な淡水資源の体積は 2 万 2249 m^3/km^2 であるが、その値は近隣のロシアや中国と比べると 11～13 分の 1、日本と比較すると 51 分の 1 しかない。しかし人口 1 人あたりの水資源を見てみるとイメージは異なる。モンゴルでは 1 人あたりの水資源は 1 万 2833 m^3 であり、ロシアと比べると 2 分の 1 だが、日本や中国と比べると 4～6 倍多い。このような水資源の利用数値からは、モンゴルにおける水の供給と消費に大きな差を生じない。現在のモンゴルにおける人口 1 人あたりの水の供給／消費レベルは、世界平均の区分によると、いわゆる「水ストレス」を抱える国々の 8～9 分の 1 である。その原因の一つは、水資源の不均一性である。中央部では大きな河川があるため水が豊富にある。しかし、南部、西部、東部の乾燥帯や砂漠地帯では水資源は乏しい。また、河川や湖では塩分濃度の上昇と水位の低下により水質も低い。それに加え、集中的、継続的なストレスに対する土地の不耐性による水循環と気候の季節変化がモンゴルの淡水の 74％ を占めるフブスグル湖のような大きな水資源の周りに大都市を建設することの障害となっている。フブスグル湖の水の体積は、関西に住む 1500 万人の人々に飲料水を供給し、淡水魚などの養殖に好適な環境を提供している琵琶湖の 14 倍に相当する（Kimura 2011）。

河川と流域

　モンゴルの河川は、ハンガイ-フブスグル、ヘンティ、アルタイの三つの大きな山脈から流れている（Myagmarjav and Davaa 1999）。河川は排水系によって、北極海、太平洋、アジア内陸の三つの集水系に分けられる。具体的には、モンゴルの領土内で形成される流水の60％はロシアや中国に流出し、40％だけがゴビにあるような内陸湖に注いだり地下の帯水層を涵養したりしている。

　モンゴル北部と中央部の北極海流域はエニセイ川流域としても知られ、モンゴルの水資源では最大の流域である。地表水資源の約50％はこの流域に由来する。集水域は国土の20％に及ぶ。北極海流域はフブスグル山の南東面、ハンガイ山の北面、ヘンティ山系の西面から流れるすべての河川から成る。河川の長さの合計はモンゴル全体の総河川長の50％にあたる3万5000kmに及ぶ。この流域の流量は国内の年間総流量の51.4％を占める。主な河川はセレンゲ川とその支流のオルホン川、イデル川、デルゲルムルン川である。

　太平洋流域はアムール川流域とも呼ばれ、国土の12％を占める。この流域の河川はモンゴルの地表水資源の11％を担っている。この流域はモンゴル東部にあり、ヘンティ山脈とヒャンガン山脈から流れる河川を含む。国内の年間総流量の約15％を占める。主な河川にはオノン川、ウルズ川、ハルハ川、ヘルレン川がある。これらの川は高い山々から流れているが、集水域のほとんどはモンゴル東部の草原地帯である。

　アジア内陸流域は最大の流域面積を持ち、国土の68％を占める。アルタイ山脈やハンガイ山脈の南面から流れる河川と、ブルナイ山脈、ハルヒラー山脈などの山脈から流れる河川がこの流域に属している（Myagmarjav and Davaa 1999）。ホブド川、ザブハン川、ボルガン川、ウエンチ川、ボドンチ川、ブヤント川などが流域内にある他、ハルオス湖やオブス湖、流域が隣国にまたがるプルントなどが含まれる。アジア内陸流域はモンゴルの湿地の78％を有する。

河川系ネットワーク

　モンゴルには4000以上の河川があり、その長さは合計6万7000 kmに達する。河道密度は平均0.05 km/km^{2}である。北部および西部のアルタイ山脈、ハンガイ・フブスグル山脈、ヘンティ山脈などにある小さな河川と渓流は、オルホン川（1124 km）、セレンゲ川（1024 km）、ヘルレン川（1090 km）、トール川（704 km）、ザブハン川（808 km）などの大きな河川を含むよく発達した水ネットワークを形成している。それに対して、南部、中央部、南東部は開水路がほとんど無い。モンゴル西部および南部のアジア内陸流域では、季節性または周期性の河川は塩湖になったり砂漠に消えたりしている。
　フブスグル、ハンガイ、ヘンティ山脈から流れる川の年流量の75％が降水由来であり、アルタイ山脈から流れる川の年流量の70％は融雪、氷解由来である。他の地域では降水、融雪、地下水由来の水が混ざり合って河川を形成している。平均すると、年流量の15〜20％が融雪由来である。地下水から流れ込む基底流は15〜40％であり、平均すると国内の年間流量の36.1％を占める（Myagmarjav and Davaa 1999）。北部にある河川は11月から5月の間凍結している。ゴビ地域の水はほぼ例外なく地下水を起源としている。

気候による河川の流量変動

　モンゴルの河川は凍結する冬季を除き蒸発したり地下に浸透したりして簡単に水を失うため、世界の他地域の河川と比べて非常に不安定である。北極海流域と太平洋流域の河川はアジア内陸流域の河川に比べれば安定している。アジア内陸流域の河川はモンゴル南部の厳しい乾燥を反映しているが、近未来における気候変動による正の傾向、特に降水量の増加は未だ予測されていない。それと同時に、この地域では過去においては流出傾向にあった人口が、採鉱ブームによる経済活動の活発化によって現在では流入に転じている。河川の流れの時間的変動ももう一つのリスクである。その要因は気候の世界的・地域的な変動と地方の人間活動が絡み合ったものである。国内の河川の総流量は1970年代の終わりから1990年代の初めにかけて増加した。その後1994年から現在まで長期にわたり（図1-21）、地域差はあるものの流

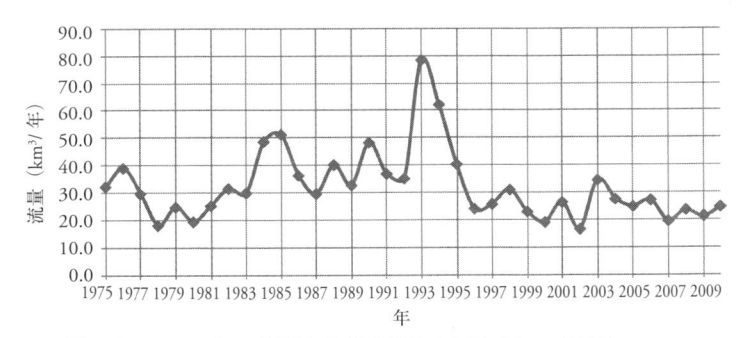

図 1-21　モンゴルの河川における流量の変化（Davaa 2011）

量が非常に少ない期間が続いている（Davaa et al. 2007; Davaa 2011）。

　1975年当時と現在を比べると、河川の流出量は、アルタイ山脈とフブスグル山脈から流れる河川では15～35%増加したが、ハンガイ山脈、ヘンティ山脈、大ヒャンガン山脈からの河川では30～40%減少した。アルタイとフブスグル地域での増加は気温の上昇に伴う氷河と永久凍土の融解に関係があるかもしれない。同様に、他の地域での流量の減少は降水量の変化と関連している可能性がある。

　水文学的な研究によると、1975年当時と比べて春の増水の発生が早まった（Batima and Dagvadorj 2000; Batima and Batnasan 2002; Davaa et al. 2007）。春の洪水はアルタイ山脈とハンガイ山脈の南面から流れる河川では20日程度早く、ハンガイ山脈とフブスグル山脈の北面から流れる河川では5～10日程度早く、ヘンティ山脈から流れる河川では5日程度早く始まった。前述のように、アルタイ山脈とハンガイ山脈の間に位置する大湖地域の低地において過去30年で5～8℃の気温の上昇が観察されている。トール川は気候変動による影響と人間活動による影響など複数の要因によって流量が変化したといえる最も良い例である。例えば、60年にわたる水文学的記録によると、トール川の春の洪水の開始日は、観測開始時点と比べて20日早まっている。変化は夏の増水でも起きており、その要因は春の洪水よりも複雑である。モンゴルのほとんどの地域では、降水量の季節変化に伴って7月から8月にか

けて流量が最大になり、年間総流量の70％に達する。驚くべきことに、最大流量を観測する日が、モンゴル東端の大ヒャンガン山脈から流れるハルハ川では遅くなる傾向がみられるのに対し、ヘンティ山脈南面から流れる河川では10日ほど早くなる傾向がみられている。地理的に近い二つの山脈でそのような明確な違いがみられた理由はまだ分かっていない。

降雨による増水の期間はほとんどの河川において5〜10日ほど短くなり、ピークは大きくなる傾向がみられる。降雨による洪水のピーク時の流量はハンガイ山脈、フブスグル山脈、ハンフヒー山脈の南面から流れる河川では毎秒30〜50 m^{3}上昇し、ヘンティ山脈南面から流れる河川では毎秒100 m^{3}上昇していた。また、ハンガイ山脈西面と北面から流れる河川とヘンティ山脈西面から流れる河川では毎秒50〜150 m^{3}減少していた。このような現象は関連データに基づくと一般化でき、この解釈は、西斜面と北斜面の風上からのサイクロンの風の影響を含めて西からの変化と結びついているだろう。それに対して、ヘンティ山脈南斜面での最大流量の大幅な上昇は、気温の影響で対流が変化したのが原因であると考えられる。すでに述べたように、ヘンティ山脈南斜面地域における最大流量を記録する日の変化は大ヒャンガン山脈のそれとは対応していない。このように、西と東で隔たりがあることから、ヘンティ山脈南斜面でのピーク流量の増加は、その地域特有の要因があると推察される。

モンゴルの湖と氷河

モンゴルには表面積が0.1 km^{2}以上の湖が3060あり、そのうち四つが1000 km^{2}以上、16が100 km^{2}以上、27が50 km^{2}以上となっている。最も大きい湖は3518 km^{2}あるオブス湖で、流出河川の無い塩湖である。フブスグル湖は体積（384 km^3）と深さ（139 m）が最大である。34％の湖が山地にあり、残りは草原とゴビに位置する。

高山地帯は蒸発散量が年降水量を下回るため、湖が干上がることはなく、乾季でも存続する。しかし、大湖低地のような場所では逆で、乾期には湖の水位が非常に低下する。大湖低地にある、オログ湖、ターチンツァガーン湖、

図 1-22 モンゴル西部にあるウレグ湖。湖の中に見える環礁は約 50 年前には岩石でできた岬であった。(2011 年著者撮影)

アジーンツァガーン湖や、ウラン湖などの中規模の湖は 11～12 年に一、二度干上がり、それにより数百万の魚、水草、水生動物が塩分の濃縮された泥の中に隔離され、死に至るという生態学的な危機を招くことがある (Davaa et al. 2007)。

　ハンガイ・フブスグル山脈やドルノド草原における永久凍土や季節凍土、雪解けの変化や、アルタイ山脈における氷河の変化はそれらの地域の湖の水位を上昇させる。最大の表面積を誇るオブス湖はアルタイ山脈とハンノヒー山脈由来の河川流入により成り立っているが、その水位は 200 cm も上昇した。オブス湖から近い (距離約 100 km) が、山脈 (高度差約 666 m) により隔離されているウレグ湖も過去数十年で水位が上昇した。例えば、この湖の南西岸にある岩石でできた岬は過去 50 年の間に小さな島になった (図 1-22)。永久凍土地帯に位置する最も深い湖であるフブスグル湖の水位は過去 40 年間で 60 cm 上昇した。

湖の凍結日と解氷日も変化した。秋の凍結日は5〜20日遅くなり、春の解氷日は5〜10日早くなった (Batnasan 2001)。

モンゴルには262の氷河があり、総面積は659 km^2 に及ぶ。氷河に貯蔵されている水資源は、国内で現在使用可能な地下水の5倍にあたる62.9 km^2 と推定されている (Dashdeleg et al. 1983)。氷河は標高2750 m以上、平均気温 −8℃、年間降水量約380 mmの地域に形成されている (Baast 1998)。モンゴルでは、北緯46°25′〜50°50′、東経87°40′〜100°50′、標高2750〜4374 mの地帯に氷河が分布している。氷河の分布は散発的で、北西から南東にかけて減少する。モンゴルの氷河の厚さの平均は55.8 mと推定されている。氷河について新しく更新された信頼できるデータはないが、氷河は後退を続けていると推定されており、多くの小さな氷河は完全に消滅してしまったようだ。1945年から1985年にかけて、氷河の面積は6％減少した (Baast 1998)。氷河の後退はここ数十年でその速度を増している (Davaa 2011)。地球温暖化により、氷河の末端は2004年と2005年にそれぞれ54 cmと89 cm後退した。ツァムバガラフ山脈では氷河の消失が最も大きかった。その背景には上で記したように気温の上昇と前述した他の要因が絡んでいると考えられる。上部が平坦なタイプの氷河は谷氷河に比べて氷河の発達・消失の境である平衡線（雪線）高度の変化に鋭敏である。これは、平衡線高度の小さな変化がモンゴルに多い平坦なタイプの氷河に広範囲に影響する原因であると考えられる (Kadota and Davaa 2007)。

永久凍土の変化予測には、様々な方法と様々なシナリオが使用されてきた。気候変動シナリオによると、モンゴルの永久凍土地帯は2040年までに1990年と比べて24〜28％減少し、2070年までにはさらに16〜25％減少するといわれている。この研究では、不連続な永久凍土は2040年までには消滅するとされている。IPCC排出シナリオの予測によると、連続的な永久凍土地帯は2020年までに1〜4.4％に減少し、2050〜80年までに消失するとされている。季節的な凍土地帯や永久凍土が存在しない地域は2020年までにほぼ2倍になり、2080年までに3倍になる (Ganbaatar 2003)。永久凍土地帯の末端は高標高と北に急速に移動し、2070年までにほぼ消失する (Ganbaatar

2003; Mijiddorj and Ulziisaikhan 2000)。

　永久凍土と氷河の解氷はまず河川の流量を増加させるが、最終的には氷が無くなることで流量も減少させる。これらの水に依存している下流域、モンゴルの西部と北部のほとんどの地域は、好ましくない状態になる。モンゴル西部では春の解氷の量と速度は増し、解氷時期が早まることで水資源も増加して春の増水を引き起こすことが推定される。他の季節における農業用水の不足はないものと予想される (UNEP 2011)。

地下水資源

　モンゴルの地下水資源は 1958 年にロシア人科学者の A. T. Ivanov によって初めて推定された。彼はモンゴルには 5.58 km^3 の地下水があり、そのうち 0.6 km^3 が利用可能であると結論づけた。1973 年、モンゴルの水利省にある水開拓研究所がモンゴルの地下水資源は合計 12.93 km^3 であると推定した。1975 年の終わりには利用可能な地下水資源は 6.88 km^3 と推定され、1977 年には 6.28 km^3 に更新された。最近では、モンゴルの地下水資源は約 12.0 km^3 と推定されている (Myagmarjav and Davaa 1999)。また、地下水資源は他の方法でも推定されている (Jadambaa 2002; Jadambaa and Buyankhishig 2007)。その方法は国土全体で 5〜7 km ごとの水分状況を調べ、水を含んだ岩の種類と水の流出率も考慮に入れたものである。それによると、地下水資源は 10.79 km^3 と推定され、この数値が現在の参考データとして使われている。河川の流出と降雨のデータによる水のバランスの研究によると、平均して 70〜90％の降雨が地表から蒸発し、残りが地下水と河川に流入していることが示された (Batima and Dagvadorj 2000; Sugita 2003)。再生可能な地下水（滞留時間の短い地下水は比較的速く補充される）は、年 10.8 km^3 と推定されている (Jadambaa 2002)。

　モンゴルの地表水はすべて年に約 6 か月は氷に覆われる。従って地下水が都市部や工業中心部、酪農・畜産業地域への水供給の主要な資源である。地下水は容易にアクセスでき、質も高いことが多い。最も浅い地下水は沖積の帯水層にある。河川流域の沖積堆積層はウランバートル、エルデネト、ダル

ハンなどの主要都市の水の供給源となっている（Batsukh et al. 2008; UNEP 2011）。

　モンゴルにおける再生可能な地下水と化石水の比率はよく分かっていない。中国のゴビ砂漠における比較可能な気候条件での研究によると、年1～2 mm の涵養がみられた（Ma et al. 2008; Gates 2008）。モンゴル南部のほとんどの地域で年降水量が100～150 mm と少ないことを考えると、地下水への水の供給は非常に小さいことが推測されるが、南部の表面積の大きさを加味すれば再生可能な水はかなりの量になる。マンダルゴビ地域の研究（Kaithotsu 2003）は、より高い率で地下水への水の供給が行われていると結論している。高い涵養率は沖積堆積層（透過性の高い帯水層）で年40～60 mm みられる。そのような帯水層は河川のある谷部や湖に面した窪地に分布している。良い地下水資源は、小さな河川の氾濫原や、大きな河川や湖の中程度の透過性をもつ様々な厚さの沖積または洪積堆積層の台地にある（GoM 2009）。古来より、モンゴルの人々はそのような地形をよく知っており、地下水が利用できる場所を簡単に見つけることができた。いわゆる「民俗井戸」と呼ばれる場所がモンゴルの各地に多くあり、地下水面を変化させることなく長年にわたって利用されている。長距離移動経路や旅行用の道沿いの井戸は近隣の人々によく知られていて、道行く人に水を供給している。

　残念なことに、気候変動によるモンゴルの地下水涵養への影響はよく分かっていない。涵養には、降水量の変化、気温と蒸発の関係、土壌特性とその変化、都市化と森林管理や農作業の変化など多くの要因がある。高い気温と干ばつは蒸発散量を増加させる。激しい降雨も帯水層に水が染み透る前に流出してしまうため涵養作用を減少させる。

モンゴルにおける地下水の研究

　モンゴルにおける水文地質学の研究は、次の5段階で進められてきた。
1. モンゴルの国土全体の水文地質学地図を作成し、続いてウランバートル地域やゴビなどと同じような地域単位の水文地質学地図も作成した。
2. 牧草地の散水と農地の灌漑の需要に見合わせるために地下水の開発を

行った。期間中、計 12 万 5000 のボーリング調査が行われ、4 万以上の井戸が建設されて、遠隔地域で水が利用できるようになり、利用可能な牧草地の活用を促進した。
3. 地下水開発の次のステップとして、都市と町、産業用、また都市の市水用の利用可能な地下水資源の推定を目標とした。140 以上の潜在的地下水資源が開発され、1 日 150 万 m^3 の水資源が利用可能であると推定された。
4. モンゴルにおける最近の鉱山景気により、水がほとんど無いゴビなどの乾燥地帯や砂漠地帯では水供給需要が高まっている。世界規模の採鉱設備のあるタバン・トルゴイやオユ・トルゴイ、またその近隣の新開地では、膨大な量の水が必要になる。モンゴルは、そのような有益かつ想像がつかぬほど出費のかさむ事業に対し、水の供給の失敗によるリスクを最小限にするため、利用可能な水資源について信頼のできる情報を得る必要がある。
5. 観光やレクリエーション活動はモンゴルでは比較的新しい産業である。伝統的には鉱泉や泥などが健康のために使われてきた。しかし、観光面、特に外国人旅行客に対してはそれらはあまり使われてこなかった。観光やレクリエーション活動を目的とし、それらの位置を特定する調査がいくつか行われた。その結果、最近温泉が 5 か所、冷たい鉱泉が 7 か所見つかった（GoM 2009, 2010）。

(3) モンゴルの水質

地表水の質

河川の水はカルシウム、マグネシウム、ナトリウム、カリウムなどの陽イオン、炭酸水素、硫酸、塩素などの陰イオンを含む。それらは地質、気候、地理条件の違いにより、各地の地表水で大きく異なる。一般的には、モンゴルの河川の水はカルシウムイオンと炭酸水素イオンが多い。ほとんどの河川では最大濃度は許容濃度上限を超えないが、アルタイ山脈から流れる河川とすべての河川の上流部ではカルシウムイオンの夏の平均濃度は許容濃度下限を大きく下回る（Batima 2002）。1 年のほとんどの期間、ほとんどの河川にお

表 1-1　飲料水中イオンの許容濃度上限と下限

イオン (mg/L)	カルシウム	マグネシウム	硫酸	塩素
上限	100	30	350	500
下限	25	10	−	−

いてマグネシウムイオンの濃度は許容濃度下限を下回る。飲料水に関する国内基準で、いくつかのイオンの上限と下限が決められている（NSA 1998、表 1-1）。

　河川の水質は、これらの主なイオンに加え、アンモニア、硝酸塩、リン酸塩、溶存酸素、過マンガン酸塩、生物化学的酸素要求量（BOD）と微量金属などの要素について監視される。モンゴルの河川におけるアンモニア濃度は窒素態の中では高い値を示している（Batima 2002）。アンモニア濃度は 0.1～1 mg/L 以上だが、0.5 mg/L 以上になることは稀であった。硝酸塩は 0.184～1.670 mg/L と幅があり、国内平均では 0.479 mg/L であった。リン酸塩の平均濃度は 0.025 mg/L で、世界の河川の平均より少なく、汚染されていない河川での平均と同じくらいであった（UNEP 2011）。

　伝統的にモンゴルの人々は多少慎重にではあるが河川の水を飲料水として利用してきた。習慣的に、地元の人々は純粋な湧水以外を沸かさず飲むことはない。キャンプ場に隣接する井戸でさえ、ある期間使われていなかった場合には人々が使う前に検査、清掃されてきた。これは恐らく家畜や他の野生動物と生息域を共有していることから来る水の生物的汚染によるあらゆる病気を避けるための非常に単純な予防法であろう。幸いにもモンゴルのほとんどの河川の水源は新鮮で純粋な水で成り立っている。しかし、多くの河川と一部の小川は、急速な都市化や工業、採鉱などによって汚染されている（7章 7-4 節参照）。近年では、多くの流域で金、銅、石炭、宝石類、砂利、その他の自然資源の集中的な採掘が行われている。200 以上の小さな金鉱採掘会社が 600 万 ha もの土地で採掘しており、合計 800 ほどの企業が採鉱を行っている。一部の金鉱採掘会社では金の抽出に水銀を使用しているという報告がある。地表水の調査によると、金鉱採掘はモンゴルの三つの県にある 28

表 1-2　地表水の水質（NWC 2008）

地域	河川（＋支流）	溶存固体 mg/L	pH	硬度 mg/L
北極海流域	セレンゲ、シィシュゲド・フレムテェイエル	50–300	7.4–8.3	115
太平洋流域	オノン、ウルズ、ヘルレン、ハルハ	120–300		100
中央アジア内陸流域	ボルガン、ウエンチ、ボドンチ、ブヤント、ホブド、ツェンカー、ツァガーン、サグサイ、ソゴート	60–450		40–190

の河川、特にオルホン川上流、トール川下流、セレンゲ川流域のユロー川を汚染していた（MNE 2007; WB 2006）。蒸発量が多く、降水量が少なく、平坦な土地が多いことから、塩分や溶存固形物総量がモンゴルの水質の主な汚染源である（表 1-2）。

地下水の水質

　地下水の化学組成は地表水と比べて溶存固形物総量が多いことが特徴である（Batima 2002; Basandorj and Davaa 2005）。溶存固形物総量の平均濃度は 100〜800 mg/L と各地域で異なり、最高値も山岳地帯で 1000 mg/L、ステップ地帯で 950 mg/L、ゴビ砂漠で 1120 mg/L となっている（表 1-3）。モンゴルの地下水について栄養塩や他の化学汚染物質を調べた研究は無い。溶存固形物総量は鉱山による人口の流入で地下水利用が大幅に増えることが予想される南ゴビ地域で深刻な問題になっている。

　その他の水質に関する懸念はフッ素、ヒ素、マグネシウム、硬度である。ヒ素とフッ素は毒性があり、人々の健康を害する。ヒ素は少数の井戸でのみ見つかったが（JICA 2003）、少数に留まったのはヒ素の調査が十分に行われなかったからかもしれない。フッ素は南ゴビ地域を含めより広範囲にわたって問題となっている。高いフッ素濃度は特に南ゴビ県北東部において多数の井戸で検出されているほか、ドンドゴビ県とドルノゴビ県でも見つかっている。硬度とマグネシウム濃度の高さ、蒸発後の遺物はドルノゴビ県で特に報告されているが他の県でも起こっている（JICA 2003）。一般的に、滞留時間

表1-3 地下水の水質を示すパラメータの平均値（NWC 2008）

地域	特徴	溶存固体 mg/L	硬度 mg/L	その他
ハンガイ・ヘンティ山脈地域	主に森林ステップ	450	225	
アルタイ山脈地域	モンゴル・アルタイ、シールヘム、ハルヒラ、ツルゲン、ゴビ・アルタイ山脈	640	240	
西部モンゴルステップ		950	280	イオンが多い
ゴビ地域	主にステップ	1,120	270	ヒ素、鉄、他

が長いために鉱物をより多く含む深い帯水層より、地下水の帯水層が浅い方が水質が良い。

(4) モンゴルでの水利用

伝統的な水利用

　気温、降水量パターンと融雪の変化は水の可用性に大きな影響を与えうる。水供給全体への総合的な影響は、降雨の総量、形態、季節的なタイミングの変化を含む降水量の変動に依存している。降水量が変わらないか減少する地域では、水供給総量は減少し、水需要の果てしない増加に応えることは難しくなる。気温の上昇は積雪の量と期間を変化させ、結果的に河川水流のタイミングに影響する。先に述べたように、雪塊氷原が流量の決定に重要な地域では、最大流量のタイミングがずれるかもしれない。流量の変動は水と洪水の管理、灌漑、計画において重要である。もし水供給が減少すると、灌漑農業のような流出水の利用と、水力発電、レクリエーション、その他定期的な人間活動などといった河川内での水利用が最も直接的に影響される。

　現在、モンゴルで利用されている水の量は5億〜5.4億 m^3 であり、これは国内において推定される再生可能な水資源の1.5％にも満たない（GoM 2010; UNEP 2011）。モンゴルでは水は飲料水や生活用水、農業用水（畜産と灌

表 1-4　モンゴルにおける 2010 年の水利用（Dorjsuren 2011）

番号	水を利用する分野		総水利用量（100 万 m^3）
1	飲料水		71.5
2	農業用水	畜産	113.0
		灌漑農業	129.0
3	工業用水	加工業、製造業	35.8
		採鉱	93.8
		エネルギー生産、発電	27.6
		水力発電	80.0
4	観光（温泉リゾートを除く）		1.68
5	緑地		0.27
6	自然と生態系機能		推定されず

合計：552.65

漑）、工業用水に利用されている（表 1-4）。現在のところ、河川や湿地の基底流や野生動物のための水、都市の緑化など、環境への水の必要性についてはデータがないため推定は行われていない。

　生活用水はモンゴルの水利用の 18.1％を占める。70％の住民は自分の井戸を持つか公共機関から水を得ている。全人口の 30％が輸送管からの水の供給を受けている。上下水道の両方を利用できるのは都市人口の 40％である（MNET 2011）。

鉱業における水利用

　現在、GDP に占める鉱業の割合は 21.8％で農業の 16％より大きい。鉱業景気により、モンゴルでは高い経済成長率を誇る（2007 年に 9.9％、2008 年に 8.9％）。2009 年から 2010 年にかけて冬の寒さが厳しく、モンゴルでは家畜全体の 22％にあたる 1000 万頭以上の家畜が失われ、2009 年の GDP は 1.6％落ち込んだ。2010 年には再び成長を見せ、2009 年に比べて GDP は 25.3％上昇した。2011 年には経済成長率は 14％に達した。しかし平均 12％ものインフレ率により GDP の成長は削られ続けている。残念なことに鉱業景気による GDP の急成長は今のところ国民一人ひとりの生活を豊かにはしていな

い。現在、最も多く水を利用しているのは117の砂金採取所と、エルデネト、トモルテイオボー、オロンオボート、ボローなどの大きな鉱山会社である。鉱山活動は拡大を続け、運搬や新しい居住地、水資源のためにより多くの土地を急速に占めている。2010年の終わりまでに鉱床利用と探鉱に関するライセンスは全部で4137発行され、その総面積は2600万ha以上に及ぶ（MNET 2011）。これは保護エリアの総面積（2010年時2270万ha）より11.5％広い。鉱業の生産のほとんどは銅と金、石炭が占めている。金生産は主に砂金採取によって行われる。

　水文形態の変化は、特に砂金採取において未だに大きな問題である。現在の採鉱は非効率的で、多量の水を用いる方法であり、そのため地表水と地下水を過剰に使用し、さらに過度の廃水を生むため管理できない懸濁液の流出の脅威を孕んでいる（WB 2006）。それに加え、河川が違法に採鉱され、選鉱滓が地表水に排出された場所では、濁り水が主要な問題となっている。廃岩の山と選鉱滓は、雨が砂礫や土を谷へと洗い流す際に、汚染の元になっている。酸性鉱山廃水、砂鉱採掘や硬岩掘削における水銀の違法使用、採鉱における他の有毒な化学物質の使用がモンゴルの懸念材料となってきている。

農業用水

　畜産業分野はモンゴル全体の水消費量合計の24.0％にあたる水を消費している。2010年の終わりには家畜頭数はゾドによって1030万頭を失いおよそ3300万頭になっていた。つまりモンゴルには平均して4000万頭の家畜が飼育されていることになる（NSO 2011）。伝統的には開水域が家畜の唯一の水資源であったため、遊牧民はその近くに住んでいた。北部やアルタイ、ハンガイ、ヘンティ山脈地域では家畜用の水は地表水が利用された。南部、特に水資源を地下水だけに頼るゴビ地域では、水供給は深刻な問題であった。地表水が利用不可能な地域では、人々は井戸の近くに住んだ。1970〜1980年代に遊牧地の水供給は大きく改善された。この期間、モーター付きの深いものも含む2万9000もの井戸が建設された。さらに何千もの配水ポイントが設置された。その結果、遠隔地も含む65％以上の遊牧地で水が供給され

表 1-5　モンゴルの作物生産における水の消費（Baranchuluun 2011）

年	小麦	家畜の飼料	じゃがいも	野菜	果物	面積 ha	水消費 百万 m^3
1990	10,849	17,092	1,248	1,762.7	688.1	39,341.8	106.5
1995	4,129.6	1,326.0	393.9	858.3	155.8	11,393.2	31.34
2000	3,631.5	746.7	330.0	708.2	153.0	5,569.4	17.91
2005	4,463.7	1,148.4	5,119	4,244.1	150.7	15,221.7	52.28
2010	9,428	3,766.5	9,954	6,131	589.3	37,567	44.7

るようになり、遊牧地の効率的な利用と過放牧の防止に役立った。これらの設備は 1990 年代に牧畜共同組合の崩壊によって放棄、破壊された（GoM 2010）。そのことから、現在の過放牧による放牧地の圧迫は水管理問題とも関連している。政府は現在 4 万 1000 の井戸からなる井戸のネットワークを再構築しようとしている。

　モンゴルは常に遊牧民と遊牧地の国であった。にもかかわらず、灌漑農業もすべての歴史的発展段階において存在してきた（表 1-5）。1990 年代以前には灌漑農業は州の農業団体を通じて政府から支援されていた。4 万 5000 ha の土地が灌漑用に整備され、1 万 6000 ha は地表水によって灌漑が行われた。灌漑用水はモンゴル全体の水消費量合計のおよそ 17％にあたる。耕作用地はモンゴル国土の 0.8％にあたる 130 万 ha であるが、2010 年に実際に耕された土地は 31 万 5300 ha であった（NSO 2011）。ほとんどの農地は灌漑可能なセレンゲ、オルホン、ハラー、ヘルレン、オノン、ハルハ、ブヤント川流域にある。政府は 2013 年までに灌漑農地を 10 万 ha 増やし野菜と果物の 100％、小麦の 30％の生産をまかなう予定である（Baranchuluun 2011）。

(5) 天然資源の存在量と限界の対立

水と有益な鉱物

　モンゴルの南ゴビ地域には、鉱物資源は豊富にあるが水資源はほとんど無い。南ゴビ地域はドルノゴビ、ドンドゴビ、南ゴビの三つの県にまたがる 35 万 km^2 の地域で、2010 年現在人口は 15 万 6800 人である（NSO 2011）。

長い間、主な経済活動は畜産であったが、近い将来に急速な経済成長が見込まれている。過去において人々はより快適な環境を求めて流出する傾向にあった。しかし近年、モンゴルのあらゆる地域や国外から南ゴビ地域へ著しい人口の流入がみられている。

南ゴビ地域における水供給は、1年の多くの時期に地表水が無いため、ほとんどを地下水（および湧水）に頼っている。水は伝統的に主に生活用水と家畜用水として使われてきた。

南ゴビ地域は、オユ・トルゴイ（銅と金）、タバン・トルゴイ（石炭）など未開発の鉱山地が世界一広く分布する地域である。最近では、モンゴル政府はアイバンホー・マインズやリオ・ティントとオユ・トルゴイ鉱山開発のための何十億ドルもの投資協定を結び、タバン・トルゴイ鉱山の開発計画も大詰めを迎えている。それらの鉱山は、新たな雇用を生むなどモンゴルの経済を変革させる可能性を秘めている。これらについての徹底的な宣伝は将来の水供給のリスクや環境への負荷をある程度覆い隠している。

推測される南ゴビ地域の地下水資源

地下水は南ゴビにおける主要な水源である。ほとんどすべての地下水が「化石」でほんのわずかの涵養を受けるか、全く涵養されない（GoM 2009）。唯一の涵養源は雨だが、降雨量は限られており、平均で年に115〜150 mm程度、そのうち地下水に供給されるのは年に1 mmと推定されている。地下に供給される水のうちほとんどは上流部の地表から0〜20 mの河床帯水層を巡回し、少量が浅部帯水層（20〜50 m）や深部帯水層（50 m以上）に浸透する。現在のダランザドガド、マンダルゴビ、サインシャンドに供給される都市水の需要は1日6500 m^3（町の合計人口は5万5000人）である。飲料水の基準を満たすためには井戸水の処置が必要である。

南ゴビ地方での新しい水需要

将来の水の需要は経済と社会的生産基盤の発展によるが、鉱山業の発展が最も重要な水消費源になり、人口増加や新たな工業、経済発展の引き金にな

ることは明白である。鉱山での水の需要は新たな鉱山の数や拡大率、使用される技術に依存する。

　地下水の供給能は大雑把に年2億～5億 m^3 と推定されている。このような大きな幅があるのは現在のデータでは確かなことが分からないからである。実際、南ゴビにおける地下水資源の詳細な調査でも、調査時期によってデータに大きな幅がある。それぞれのデータが、民間企業や個人的な専門家など異なる団体や施設によって保管され、情報のギャップが生まれているという問題もある。このような障害を乗り越えるために、各々が団結して、地下水の存在と可能性について総合的な調査を行う必要がある。年2億 m^3（1日55万 m^3）という値は地下水研究と実際の涵養率が 1 mm/年の30%という保守的に算出された推定値である。水需要は現在1日8万 m^3 程度であり、2020年には最大40万～45万 m^3 になると推定されている（GoM 2009）。このような数値を見ると、南ゴビの地下水はこの先10～12年の水需要をまかなう能力があるものと考えられる。ここで浮かんでくるのは地下水が枯渇した後の次のステップとして水供給の保障のためには何をすべきかという問いである。

　南ゴビの2020年時の水需要は 6000 L/秒 であり、そのうち地下水から供給できるのはその3分の1にあたる 2000 L/秒 のみであると推測される。需要の50%は鉱業とエネルギー生産用である。この推定は、南ゴビの地下水が経済発展を長期的に支える資源とはなりえないことを示している。南ゴビには四季を通じて存在する地表水がないことから、国土中央部の河川から水を引いてくる以外に方法はない。水を南ゴビに運ぶ案は二つある。ヘルレン–ゴビ・パイプライン・プロジェクトとオルホン–ゴビ・パイプライン・プロジェクトである。ヘルレン–ゴビ・パイプライン・プロジェクトはヘルレン川からシベオボ、サインシャンド、ザミンウデに 540 km のパイプとツァガーン・スブラガへの枝分かれのパイプを通して、1500 L/秒 の水を運ぶ計画である。オルホン–ゴビ・パイプライン・プロジェクトはオルホン川から 2500 L/秒 の水を吸い上げ、タバン・トルゴイとオユ・トルゴイへの 740 km のパイプとマンダルゴビとダランザドガドへの枝分かれのパイプを通して、水を

運ぶ計画である。このシステムは 20 メガワットの水力発電所も含まれる。これらのプロジェクトは、2020 年以降足りなくなる 4000 L/秒の水を補うように設計されている (GoM 2009; NWPSC 2007)。

これらのプロジェクトの実行は総合的な分析と経済的コスト、社会的利益、川から水供給地までのすべての環境へのリスクなどについての真剣な政策の検討によって決めるべき問題である。

越境水問題

モンゴルからロシア共和国や中国に流れる河川は 210 もある (Janchivdorj 2011)。越境水に関する最初の国際協定がモンゴルとソビエト連邦の間で結ばれたのは 1974 年のことであった。これは水利用とセレンゲ川流域の保護を規定したもので、両国の経済および工業の発展にとって重要な意味を持っていた。この協定は世界一体積の大きな淡水湖であるバイカル湖の主要な流入水源であるセレンゲ川に限定されており、セレンゲ川の水利用についてダムのような施設を建設することに関して制約を設けるものであった。モンゴルの最大の農作地帯もセレンゲ川流域にあった。セレンゲ川の支流であるトール川の流域は国土の 3.19％ にしか過ぎないが、全人口の半分以上がそこに暮らしている。モンゴルの首都ウランバートルはトール川流域にあり、モンゴルの全人口 278 万人（2010 年時）のおよそ 41.4％ にあたる 115 万人の人々がそこに暮らしている (NSO 2011)。

モンゴルとロシア連邦との間の越境水協定は、モンゴル各地の 100 以上の小さな河川を含む広い範囲を扱った内容で 1995 年に結ばれた。そこには水利用の明確な規制は盛り込まれなかったが、両国で水質のモニタリングをすること、洪水予報などの情報を共有することなどの取り決めがなされた。現在の両国の経済発展や土地利用の変化を反映し、両国のバランスを取って協定を新しく更新する必要がある (Batjargal 2007; Janchivdorj 2011)。モンゴルとロシア共和国との間の越境河川の流域は、モンゴルの国土のおよそ 3 分の 1 にあたる。

モンゴルと中国との間では、1994 年、ボイル湖、ヘルレン川、ボルガン川、

ハルハ川、その他国境付近の 87 の小さな湖と川の越境水資源の保護を目的にした協定が結ばれた。中国との間で越境水を共有しているのは、ドルノド、ホブド、バヤン・ウルギー県にある地表水と、ゴビ・アルタイ、ウムヌゴビ、バヤンホンゴル、スフバートル、ドルノゴビ県の地下水資源である。次の例は水の状態の科学的なモニタリングが水の実用面だけでなく越境水問題でも重要であることを示している。モンゴルと中国の水の専門家たちはモンゴル側はボイル湖の水位が、中国側はダライ湖の水位がそれぞれ重要であることがよく分かっていた。現在中国側はボイル湖からシャリルジ川を通じてダライ湖へ移動する水の量が減少していることを案じている。しかし過去のその辺りの記録によると、ダライ湖は 1934 年に 230 km^2 だったのが、1952 年に 1700 km^2、1970 年に 2210 km^2（ほぼ 10 倍）に増大していた。その間、ボイル湖の面積は 1052 km^2 から 630 km^2 になり、水位も 1.5 m 下がり、塩分濃度やその他の水質パラメータが変化した（Janchivdorj 2011）。人工的にボイル湖の流出量を増やすようなことをすれば、ボイル湖の水はますます減り、生態系も悪化してしまうだろう。

モンゴルにおける水政策と機関

　1999 年に締結され、2010 年 5 月に更新された国立水プログラムは主要な政策イニシアティブである。このプログラムは、水資源、水質、水利用、水資源の水質低下と汚染からの保護など水管理活動に関連した問題を反映している（Dorjsuren 2011）。プログラムでは 2 段階（2010〜2015 年と 2016 年〜2021 年）に分けて目的を遂行するために優先事項を定めた。

　その目的は、次の三つである。1. 水資源の保護。2. モニタリングネットワークの拡大による情報の増加と管理効率の上昇。3. 貯水量の増加による水供給と水質の改善。

　国立水プログラムの実行計画が水プログラムの成功のための鍵として政府に認可されたのは 2010 年のことである。1987 年以前は水利省が水分野を担っていた。現在では水に関する政策とその実行はいくつかの省庁に分かれている。最も重要なのが自然・環境・観光省、食料・農牧業・軽工業省、建

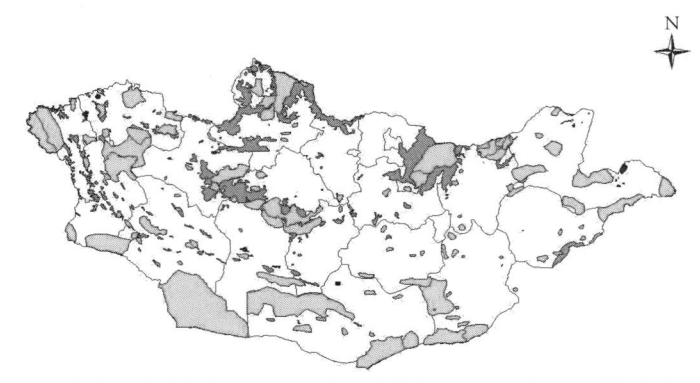

第 1 部　草原と森林の生態系ネットワーク

図 1-23　保護地域（▥）とモンゴルの河川水資源の 70% が集まる地域（▦）

設・都市計画省である。

　自然・環境・観光省は、生物多様性、保護区、森林、環境影響評価、水など環境管理を担当する省である。都市部における空気、水、土壌の汚染の緩和、水資源の適切な利用と保全が省の中間ゴールである（MNET 2011）。自然・環境・観光省は自然保護、環境保護の政策と実行への総合的な取り組みを推進している。自然生態系における有機的なつながり、特に森林伐採と水資源の減少、地力の低下と社会システムの圧力、生物多様性の損失と生息地をめぐる競争、その他の相互依存などがはっきりとしている中、自然・環境・観光省はそれらのバランスが取れたシステムを保護区において作ろうとしている（図 1-23）。1995 年に新しく制定された保護区に関する法律に基づいて、トール川、オノン川、ヘルレン川の集水域に保護区が定められたが、例えば、ハーンヘンティ保護区もその一つである。図 1-23 で示すように、水資源やその他の天然資源がある地域は保護区となっている。

　2005 年、水関連機関と国立水プログラムのモニタリング結果を結びつける目的で国立水委員会が設立された。国立水委員会は自然・環境・観光省が議長を務め、首相に報告する。

　同じく 2005 年に自然・環境・観光省内に設立された水管理公社は水管理のすべての権限を持つ。しかしながら、環境法の遵守が義務付けられており、

州監査機関によって監視されている。

　国立気象水文環境モニタリング局は水文学的観察システムを含む国内の水文気象サービスによって国内の天気や気象を観察するネットワークであり、1936年に設立された。国内モニタリングネットワークの各地点は世界気象機関やユネスコなどの国連の組織の調整のもと、世界的なモニタリングネットワークの一部としても機能している。これによって質が高く互換性のある観測データを得ることができ、さらに隣国や他の国の観測データと組み合わせることで、より確実で高度に検証された総合的な結果を導くことができる。

　食料・農牧業・軽工業省は経済成長の見込める地方の発展を支援して、持続可能な食料供給や農業分野の発展のための適切な環境を作り出すことを目的としている。食料・農牧業・軽工業省のまず最初の目標は灌漑の規模を拡大し、地方での水管理と責任感を向上させることである。

　建設・都市計画省は公共サービス、都市開発、住宅供給、水供給、公衆衛生などの政策の枠組みを作る上で政府に助言を行う。水力発電力に関する政策は燃料エネルギー省が管轄し、公衆衛生と環境衛生の一部は厚生省が担当している。

　水に関する初めての法律ができたのは1974年のことで、水資源の効率的な開発に重点が置かれていた。1992年にモンゴルの新しい憲法ができたのを受け、1995年に新しい水法が制定された。そのコンセプトは市場経済の原理に基づいたものであった。その法律は水の保全や環境保護問題をより包括的に反映している。

　1995年、水および鉱水使用料法も制定され（2004年に更新）、市民、企業体、その他の組織からの水の使用料が定められた。水法は2004年に改正され、それに伴って省庁が改編され水事業機関が設立された。改編された水法は総合的な河川流域管理の実行と、生態系保護と両立しうるより良い水資源利用を目的としている。この水法は水の経済的価値にも注目し、水分野の能力強化を求め、水管理の分散化に重点を置き、環境影響評価を推進し、水法の違反者に対する新たな罰則を規定した。この水法は、他の環境法と一緒に

2012年6月にさらに改定された。この最新の改定では、水を国内の他の鉱物資源と同じ戦略的資源と位置づけている（Batbayar 2012）。モンゴルにおける水資源問題は他の法文書によっても規定されている。

- 環境保護法：1995年に制定。1998年、2002年、2003年、2005年に改定。
- 環境影響評価法：1998年制定。
- 都市部と集落における水供給と下水ネットワークに関する法律：2002年制定。2005年改定。
- 水文学、気象学およびモニタリング調査に関する法律：1997年制定。2003年改定。
- 鉱泉法：2003年制定。
- 航海法：2003年制定。2005年1月改定。

上記の水法に加え、政府は20以上の法令と条例を制定し、水分野に関し20以上の基準を設けた。それらの法令はほとんどの水資源開発および管理に関連した規制問題をカバーしている。主な制約はそれらの法律や条例の履行、執行の部分にある。

水関連の問題は、国発展プログラム（2004年国会で可決）や国安全構想（2010年国会で可決）をもとにしたミレニアム開発目標のような政策資料でも強調されている。

流域（分水界）という土地を基準にした視点は水資源の効率的な管理を可能にする。包括的水資源管理と生態系産物およびサービスは現代の水資源管理の枠組みにおける強力な政策概念になりつつある。モンゴルでも、限られた水資源を適切に管理するために、そのような高等な手段を試してみようという動きがある。例えば「モンゴルの包括的水資源管理の強化」という新しいプロジェクトは、それらの問題を周知し、水事業機関の包括的水資源管理の分野における能力強化を通じてモンゴル政府を支援することを目的としている。ドイツ連邦教育研究省が資金提供する「モンゴルをモデル地域とした中央アジアにおける包括的水資源管理」は、持続可能な水利用のために、集水域をもとにした出資者所有戦略の開発に貢献することを目標にしている。

最近になって自然・環境・観光省とモンゴル国連開発計画は国連の適応資金をもとに共同で「モンゴルの重要な集水域における水の安全性のための維持生態系ベースの適応手法」という新しいプロジェクトを立ち上げた。このプロジェクトは、アルタイ山脈にあるハルヒラ川とトゥルゲン川流域、東部ステップのウルズ川流域に焦点を当てている。これらのサイトはモンゴル領土の西端および東端に位置し、中心地から離れていることで近代工業の影響が少ないだけでなく、地球温暖化に異なる反応を示しているという点でとても独特である。そのような点から、これらのサイトは環境変動への適応と地元コミュニティの反応の最適なモデル地域となりうる。日本の総合地球環境学研究所の「人間活動による生態系ネットワークの崩壊と再生」というプロジェクトの結果の一部はこれらのサイトでも試験し応用することができるかもしれない。例えば、ネットワークをもとにした社会生態学システムのレジリアンスを、生態系サービスが最大になるように理論的にモデル化することで、この地域に最適な施策を見つけることができるようになると考えられる。

1-3 草原の水循環

(1) 森林、草原そして砂漠

　ある地域の植生は、それを構成している植物の生育型から森林、草本などに分類される。実際にある地域に着目したときに、そこでどの植生が卓越するのかは古来より多くの自然科学者が抱いてきた興味の対象であった。そして、それを決めているのは基本的にはエネルギーと水の多寡である。さらにここに人間活動などが考慮されるべきであり、これを簡単にまとめたのが、図 1-24 である。
　エネルギーも水も十分な熱帯では、多様な樹木、中層林、下層植生につる植物なども含まれる熱帯林が発達する。一方、水の量はある程度確保されているがエネルギー量が少ない冷温帯では、比較的単純な樹種から構成される

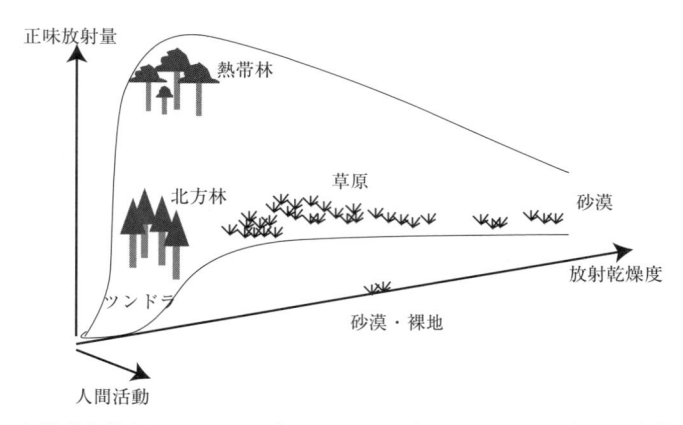

図1-24 生態系を規定しているのは何か。Budyko (1956, 1959, 2010) の図を簡略化・加筆。放射乾燥度は正味放射量と、降水量に蒸発の潜熱を乗じて得られる降水量のエネルギー換算量の比で定義される。

針葉樹林が広がる。草原が発達するのは森林地域と比較して乾燥が進んだ地域である。さらに乾燥が進むと砂漠へと移行する。日本のような湿潤地域では、草原は放っておけばやがて森林となるが、火入れや刈り取り、放牧などの人間活動が入ることで、草原を維持することもできる。同様に、乾燥地域で卓越する草原に高い放牧圧などの外圧がかかれば、植生の劣化が進み裸地へ移行する可能性がある（図1-25、1-26）。これも砂漠化の一つである。

さて、モンゴル高原は、図1-27に示すように、タイガ林、草原、砂漠が南北方向わずか500〜1000 kmの間に出現するエコトーン（植生の移行帯）地域に位置する。首都ウランバートルの北側にはカラマツ林が存在するが、南下するにつれ、樹木は姿を消し、一面の草原となる。さらに南下すると、草本の被度が減少し、砂漠地帯に入っていくことになる（図1-28）。モンゴル高原の場合、このような変化を引き起こしているのは主に降水量である（Sugita et al. 2007）。

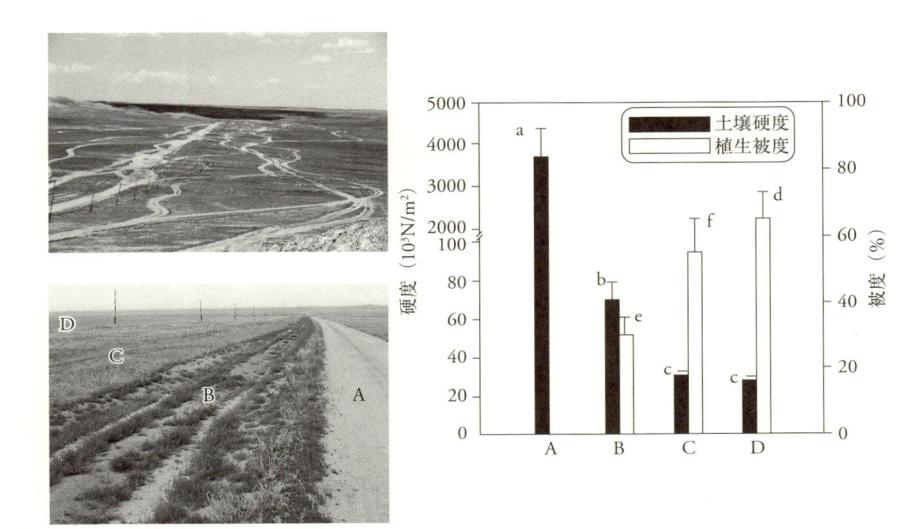

図 1-25　自動車による草原の砂漠化。左上写真：モンゴル高原で見られる道路の広がり。道が悪くなると、道路脇の草原を車が走るようになり、道路の広がり、複数の車線が生じてしまう。左下写真：A は現在主に使われている道路。B は 3〜5 年前に、C は 10〜15 年前に放棄された道路。D は道路脇の自然状態の草原である。右の図は A〜D（左下写真）で調査した山中式土壌硬度計による表層 4 cm までの土壌硬度と植生の被度を示しており、棒グラフが 30 地点（土壌硬度）、10 地点（植生被度）の調査区の平均値を、先端につけたエラーバーが標準誤差を、また小文字の記号が同じ場合（この事例では、土壌硬度の C と D 地点）、有意水準 0.05 でその 2 者には有意な差が無いことを表す。この図から、自然状態のステップ草原の土壌と比べて道路の表層土壌が 150 倍ほど硬いこと、被度は逆の関係になること、道路の使用をやめても、10〜15 年しないと元に戻らないことが分かる。（Li et al. 2006 に基づき作成）

(2) 水循環プロセス

　乾燥地域の植生を支配する水であるが、その動きを少しミクロの視点で見てみよう。図 1-29 は、モンゴルの森林（1 地点）と草原（3 地点）の降水量と土壌水分量の季節変化を示している。春先にまず地温が正に転じると、融雪水の浸透が生じ、大小の違いはあるものの表層の土壌水分が上昇するのが各

第1部　草原と森林の生態系ネットワーク

図1-26　放牧による草原の砂漠化。井戸や宿営地の周辺は放牧圧が高くなるため、地表面で植生の劣化、裸地化がしばしば観察される。右写真：冬の宿営地の夏の様子。モンゴル北東部にて。左写真：ハンホンゴル近くの草原の井戸周辺の様子。

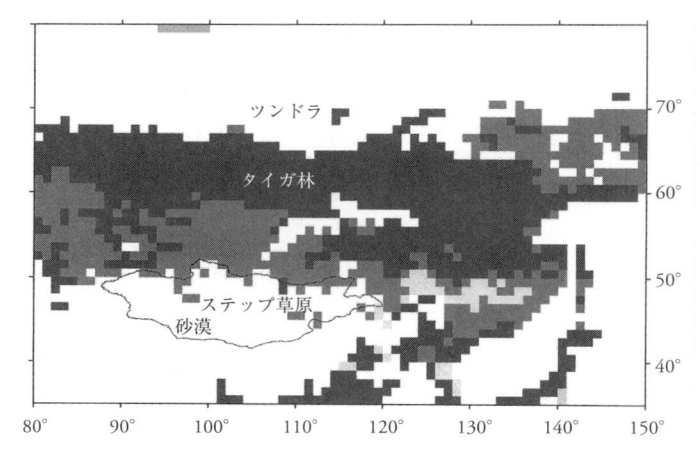

図1-27　北東アジアに広がるエコトーン（植生の移行帯）。横軸は東経、縦軸は北緯をそれぞれ示している。またモンゴル国の国境線を示してある。

地点で認められる。これが春先の草原の芽吹きにつながる場合が多い。しかし、モンゴル高原では年降水量の70％以上は夏に降るため、土壌水分が本当に大きくなるのは主にこの期間である。そして、この期間が植物の生育期にもあたっているのである。さて、この図に示す森林と草原は、年降水量か

第 1 章　水資源と水循環

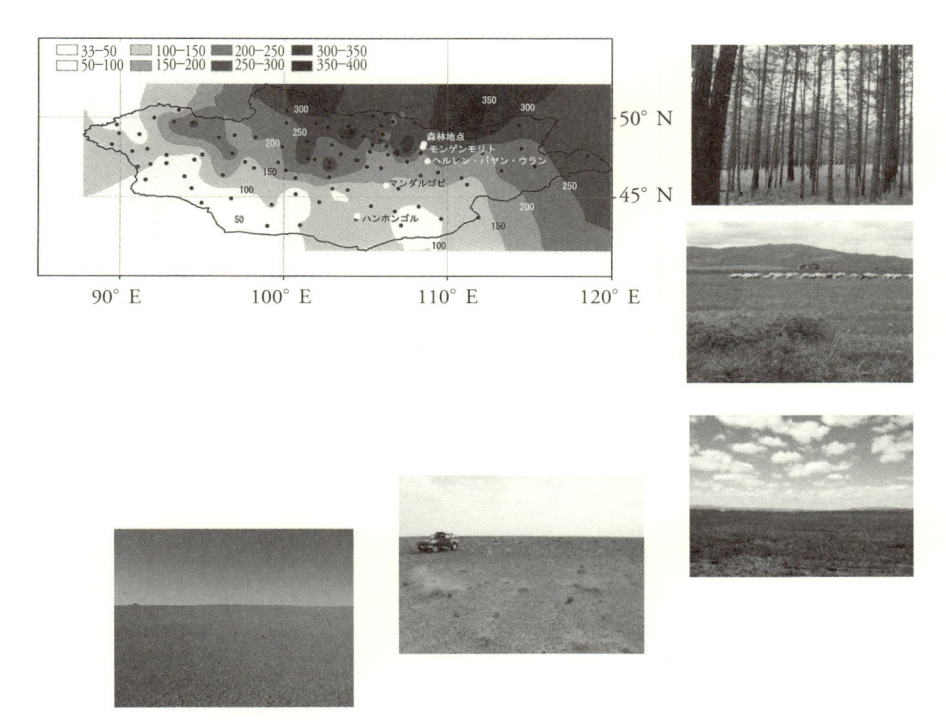

図 1-28　モンゴル高原にみられる南北方向の植生変化（写真）と年降水量（mm/ 年）分布（左上）。降水量の測定地点（小さい●）と写真撮影地点（大きな白抜き○）が降水量分布図に示してある。図は（Saandar and Sugita（2004）をもとに作成）。

らみれば、森林が 280 mm、草原が 181 mm、153 mm、126 mm と、最大値と最小値でわずか 150 mm 程度の違いしかないが、土壌水分の振る舞いに大きな違いがあるのに気がつくだろう。森林では 1 m の深さまで降水に応じて土壌水分が変化するのに対して、草原では変化が及ぶ範囲は概ね 20〜30 cm 止まりである。つまり、降雨があっても、多くの場合濡れるのは地表面付近の土壌だけということになる（図 1-30）。これをモンゴル国中部のマンダルゴビ（Mandalgobi）のデータでさらに詳細に調べてみると、この草原地点の降水量から蒸発散量を減じて求めた正味の土壌への浸透量のほぼ 85〜

87

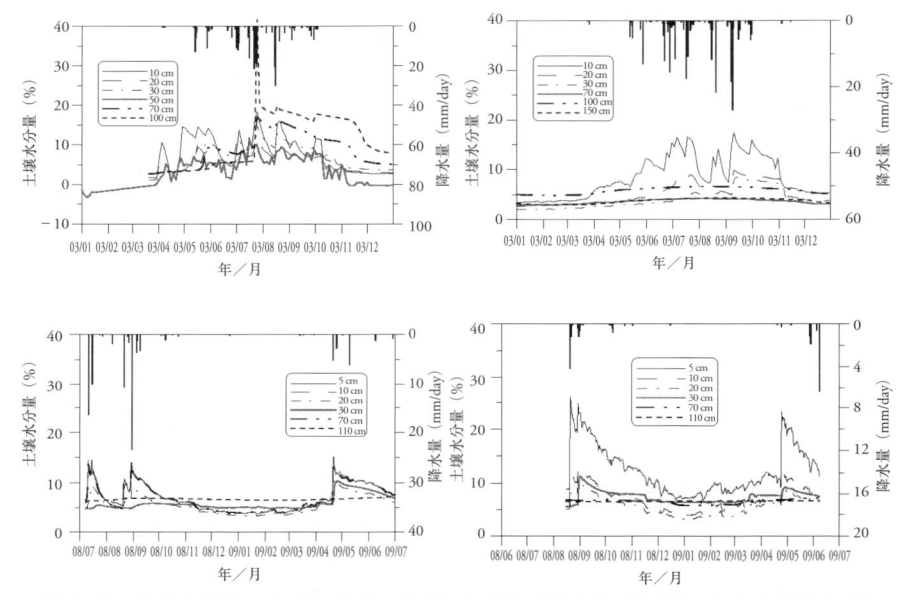

図 1-29 森林（左上）1 地点と草原 3 地点における日降水量（棒グラフ）と土壌水分（曲線；測定深度は凡例参照）の変化。測定地点は図 1-28 に示されており、左上：森林地点、右上：ヘルレン・バヤン・ウラン、左下：マンダルゴビ、右下：ハンホンゴルである。降水量の軸が地点により異なることに注意。

90％が地表面から 25 cm までの土壌水分の変化として現れており、さらに 60〜90 cm 深度まで考慮するとその割合が 95〜100％に達することが分かる。つまり、深い所には水はまれにしか浸透していかないし、地面の蒸発や蒸散に使われる水も表層土壌にある水ということになる。そして、この表層土壌水分が、後述するように根から吸い上げられ蒸散を通して植物の生理活動を支えているのである。

さて、本節のテーマから少し外れるが、モンゴル草原の放牧で夏季に利用される主要水源は地下水である。乾燥地域では常に流れのある恒常河川はまれにしか存在しないため、10 m 程度の深さの井戸から汲み上げた地下水が利用されるのである。ところが、上の説明では草原の雨はせいぜい 30 cm

第 1 章　水資源と水循環

図 1-30　降雨直後の土壌の濡れの様子。マンダルゴビ（左）は総雨量 6.6 mm（最大降雨強度 2.7 mm/10 分）の降雨後、ハンホンゴル（右）は、総雨量 3.0 mm（最大降雨強度 0.3 mm/10 分）の降雨後の様子。左は Satoh（2010）より引用。降雨が浸透した部分（左が 10 cm くらい、右が 2.5 cm 程度）が黒くなっているのに対し、その下は乾燥して白っぽいことが見て取れる。

位までしか浸透しないという。すると地下水はどこから来るのだろうか。実は、30 cm 位までしか浸透しないのが通常の姿であるが、そうではない、10 年に 1 度といった大雨がまれに降る。その時に地形の低い部分に水が集まり、地下水面まで達する浸透が生じると考えられているのである。実際、マンダルゴビで観測された 1651〜1995 年の日降水量を用いて降雨の確率を計算してみると、日雨量 27 mm を超すような降水が生じる確率は 3 年に 1 度である。同様に、日雨量 44 mm、66 mm を超すような降水はそれぞれ 10 年、50 年に 1 度の確率で生じうる。つまり、地下水はまれに生じる大雨の時に涵養され、遊牧民は地下水のかたちで貯留された降雨を次の大雨までに利用しているのである。実際のところ、家畜数、1 頭あたりの必要水量、地下水貯留量などからマンダルゴビの草原流域で水収支試算してみると、放牧の水使用量は年間で見ると降水量の 0.1% 程度と驚くほど少ないため、これにより地下水を使いすぎて水が涸れてしまうということは考えにくい。

(3) 植生の水利用

前述の通り、植物は根から吸水し、茎を介して葉から蒸散する過程を通し

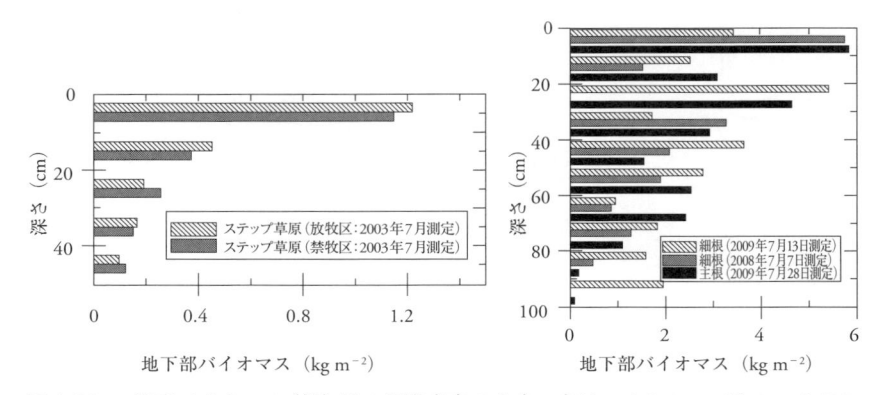

第1部　草原と森林の生態系ネットワーク

図1-31a　地下バイオマス（根）量の深度方向の分布。左はヘルレン・バヤン・ウラン（Kherlen Byana-Ulaan）の草原地帯で測定された結果。卓越種はスティパ（*Stipa krylovii*）、カレックス（*Carex sp.*）など。禁牧区は柵で草原を囲い込んだ禁牧処理後1年経過した時点での測定値。放牧区は禁牧処置の行われていない地点の測定値（RAISE Database (http://raise.suiri.tsukuba.ac.jp/DVD/top/home.htm) 収録データより作成）。右はマンダルゴビで観測されたカラガナ（*Caragana microphylla*）の測定値（Satoh et al. 2013）。

て水を利用している。この吸水により植物体内の水分量があるレベルに保たれれば、植物が枯れることなく、生長するのである。

　図1-31a、31b、31cはモンゴルの草原で観測された植物の根系分布を示している。草本系の植物は地表から20 cm位までにその根系の80%程度が集中しており、深くてもせいぜい50 cm程度までしか達していない。これに対して、カラガナ（*Caragana*）のような灌木になると、より深いところまで根が伸びていることが分かる（しかし、最深部でも1 m程度である）。ところが、同じ灌木でもハンホンゴル（Hanhongor）でみられるカリディウム（*Kalidium foliatum*）やアナバシス（*Anabasis brevifolia*）では、草本系と似て、地表面近くの浅い深度にしか根が分布していない。藤田ら（Fujita et al. 2013）は、これを各地点の土壌特性（粒径分布）と植物の光合成タイプの違いにより説明している。表層が細砂で構成される土壌に生えたカラガナは深部まで根が伸びているのに対し、シルト質土壌の土壌でみられたアナバシス、カリディウムやリ

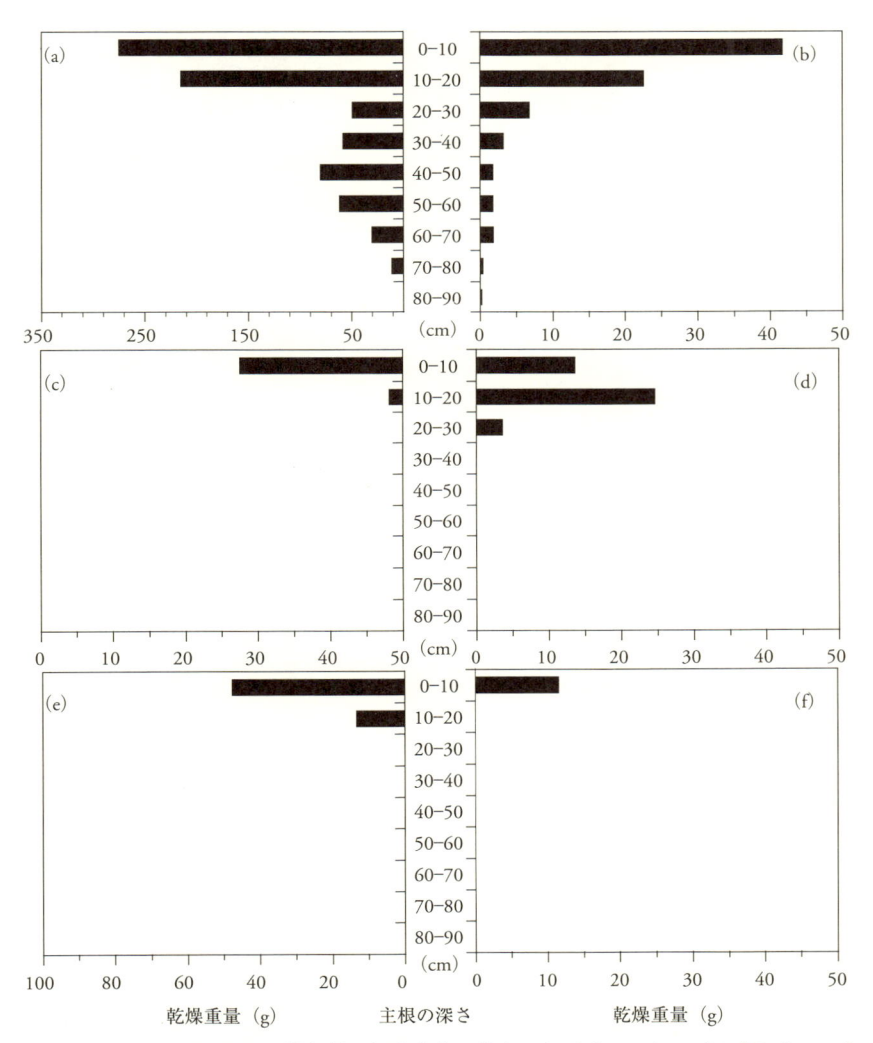

図 1-31b 地下バイオマス（根）量の深度方向の分布。左下はハンホンゴル（Hanhongor）で観測された灌木の主根の分布（Fujita et al. 2013）。(a) カラガナ（*Caragana stenophylla*）、(b) カラガナ（*Caragana leucophloea*）、(c) カリディウム（*Kalidium foliatum*）、(d) リウムリア（*Reaumuria soongorica*）、(e) カリディウム（*Kalidium gracile*）、(f) アナバシス（*Anabasis brevifolia*）。

第 1 部　草原と森林の生態系ネットワーク

図 1-31c　地下バイオマス（根）量の深度方向の分布。写真左はカラガナ（*Caragana microphylla*）の、右はアリウム（*Allium*）の根系写真である。

ウムリアは浅い根系しか持たない。この説明として、細砂が卓越する土壌は、シルト質の土壌に比べて深部まで降水が浸透しやすく、その浸透した水分を利用しようとして根を伸ばすのかもしれない点を指摘している。また、C_4 植物であるカリディウムとアナバシスは耐乾性が高いため、浅層部土壌にしか根茎が無くても良いのかもしれない。

　以上、根系分布から、植物がどの深度の水を吸水しているのか、おおよその姿が分かってきた。一方、水素や酸素の安定同位体比をトレーサーにした研究（終章 1 節（1）参照）から、より精度良く吸水深度を確かめることができる。これらの安定同位体は水分子を構成し、水と一体となって移動し、蒸発などある特定の水循環プロセスでその成分の比率が変化する。そこで、植物体内の水分とともに、降水、様々な深度の土壌水、地下水、空気中の水蒸気を採取しその水素・酸素同位体比を測定し相互に比較することで、植物体内の水がどこから吸水されたのかを調べることができるのである。図 1-32 はマンダルゴビで観測されたその一例である。この図から草本類であるアリウム（*Allium*）内の水分が地表面ごく近傍の土壌水と最も近い同位体比を示しているのに対し、カラガナのそれは 80 cm 程度のより深い深度の土壌水の同

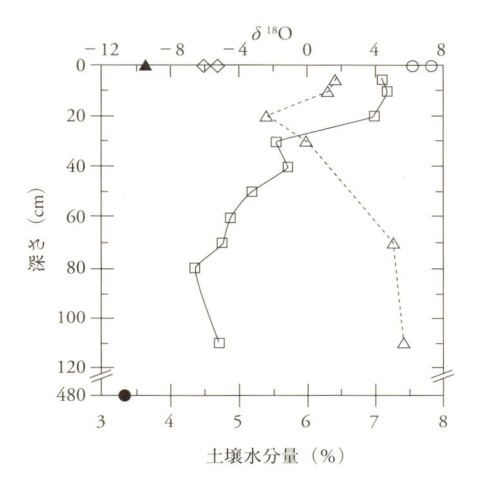

図 1-32 マンダルゴビのアリウムとカラガナの共存する地域で観測された酸素の安定同位体比と土壌水分量の鉛直分布。測定は総雨量 4.4 mm の降雨 1 週間後の 2009/7/25 に行われた。白ダイアモンドがカラガナの幹、○がアリウムの茎、土壌水は□、地下水が●、降水 (7/31) は▲である。また土壌水分量は△で示されている（Satoh et al. 2013）。

図 1-33 アリウム（*Allium*）、カリディウム（*Kalidium*）とリウムリア（*Reaumuria*）が同一地点に共存しているハンホンゴル。

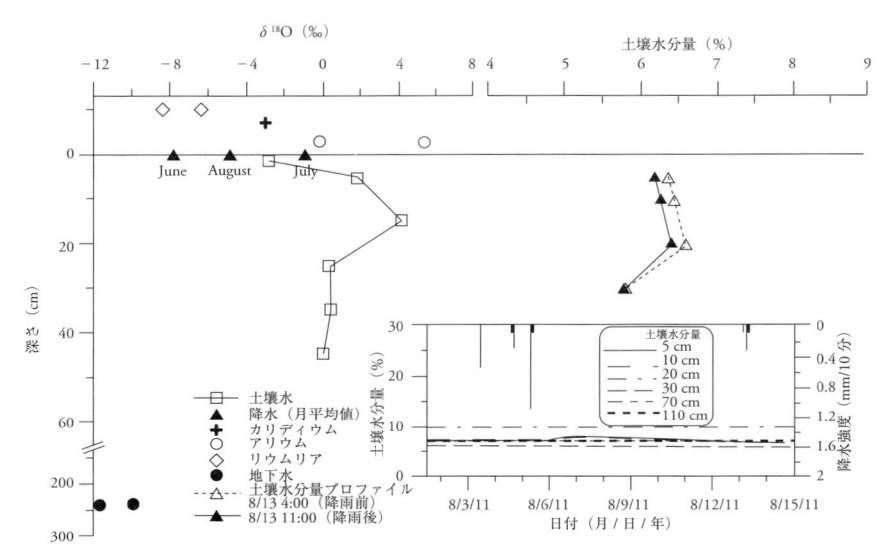

図 1-34 ハンホンゴルのアリウム、カリディウムとリウムリアが共存する地域で観測された酸素の安定同位体比と土壌水分量の鉛直分布。測定は無降雨期間約 1 週間後の 2011/8/13 に行われた。挿入図は測定日 2 週間前の降雨、土壌水分の変化を示している。

位体比と近いことが分かる。すなわち、草本類は浅い土壌水を、灌木はより深い土壌水を主に利用していることが推定できるのである。

前述のハンホンゴルの場合も興味深い。この調査地点では、灌木であるカリディウムとリウムリア（*Reaumuria*）、そして草本のアリウムが同一地点に共存している（図1-33）。マンダルゴビの場合と異なるのは、それぞれの根系が地表面下 10〜20 cm 程度に集中しており、根系分布としては、吸水範囲の棲み分けがなされていない点である。このような場合、水はどのように植物間に分配、利用されるのであろうか。

図1-34 は、1週間ほどの無降雨期間の後にあった 2.9 mm の降水終了後 2〜4 時間の間に、土壌水、植物体内の水、地下水を採取し、その酸素安定同位体比を比較したものである。同時に、6、7、8月それぞれの月降水量の

酸素安定同位体比も示してある。この降雨では、降水は地表面から2.5〜3 cmまでしか浸透せず（図1-30右写真参照）、最も浅い深度（5 cm）に設置された土壌水分計のデータも土壌水分の上昇をとらえていない。さて、植物体内の水と近い酸素同位対比を持つ水がどこに存在していたのかという観点から図を見てみると、降雨終了2〜4時間の間に、リウムリアとカリディウムは地表面近傍（0〜3 cm）に浸透した降水を吸い込んでいたらしいことが分かる。ところが、アリウム体内の水は浸透水が及んでいないやや深い深度（5〜15 cm程度）の水と同じ酸素同位体比を持っている。すなわち、リウムリアとカリディウムは雨が降るとすぐにその水を吸水して利用していたのに、アリウムだけは、2〜4時間経過してもまだ土壌中に浸透した直近の降水を吸っていなかったということを意味する。このことは、同一地点で同一深度に根が分布していても、吸水のタイミングがずれることで水利用の競合を避けているのだという見方もできるのである。そして、これが可能なのは、おそらく、他よりアリウム体内の貯留水分が多いためすぐに吸水する必要性が低いためと考えられる。実際、アリウムは瑞々しい植物で、茎を切断すると水があふれ出てくるような様子を見ることができる。リウムリアやカリディウムにはそのようなことはない。なお、他の仮説もありうる。アリウムの蒸散速度が他より遅いのですぐに吸水しなくても良い、という可能性である。しかし、後述するマンダルゴビの観測からはアリウムの蒸散速度が大きいことが示されており、この仮説はどちらかといえば成り立たないように思われる。

さて、森林の場合の吸水戦略は、草本類とは異なるのだろうか？　モンゴル北東部のカラマツ林で行われた結果（図1-35）を参照してみよう。根の深さは1 m程度であったが、水分量の多い7〜8月は20〜30 cmの浅い土壌水分を、相対的に乾燥する6月や9月には30〜70 cmのやや深い深度の水を利用しているという季節変化が得られている。このように、深い深度まで根が伸ばせる木本類は、様々な深度の水利用ができるという点で草本類より圧倒的に有利なのである。

なお、灌木や森林を構成する高木は根が深く伸びているため地下水を直接

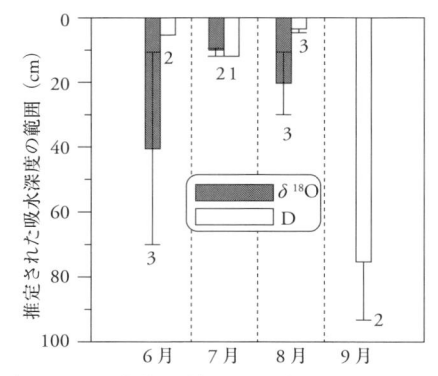

図 1-35 カラマツ林（図 1-28 の森林地点）での研究結果。土壌水と植物体内の水分の水素（D）と酸素（$\delta^{18}O$）の安定同位対比を決定し、これに吸水源決定のためのモデルをあてはめることで求められた吸水深度の分布（Li et al. 2007）。エラーバーとそこに付した数字はモデルで得られた複数解の標準偏差とその数を表している、この地点の根系は少なくとも 1 m 深度まで達していた。

利用しているといわれることがある。しかし、マンダルゴビの場合、地下水面深度は 5 m 程にあり、これは根系の最深部よりさらに 4 m 程深いため、毛管上昇を考慮してもこの地点では根系による地下水の直接利用が生じていないだろうことが分かる。

ところで、図 1-32 には、土壌水分量の鉛直分布も同時に示されている。地表面のごく近傍は降雨直後のためやや水分量が高いが、全体をみると、上層は水分量が低く、下層に行くと多くなる傾向にある。つまり地表面付近は水分が少なく、さらに降水とその後の乾燥過程でその量が変化する。これは図 1-29 からも見て取れる。これに対して深層の水は相対的に多く、しかも降水による変化は小さい。このことが、カラガナなどの灌木と、アリウムなどの草本の生活様式の違いをもたらす。図 1-36 は無降雨期間が 1 か月ほど続き、草本類であるアリウムの地上部がほぼ枯れてしまった夏の観測例である。7/16〜7/17 にかけてほぼ 1 か月ぶりのまとまった降水があったわけだが、土壌水分量が増加し、すっかり枯れていたアリウムが、降雨 2 日後には 5 cm 程まで伸びてきた様子がうかがえる。この時蒸散も非常に盛んになる。

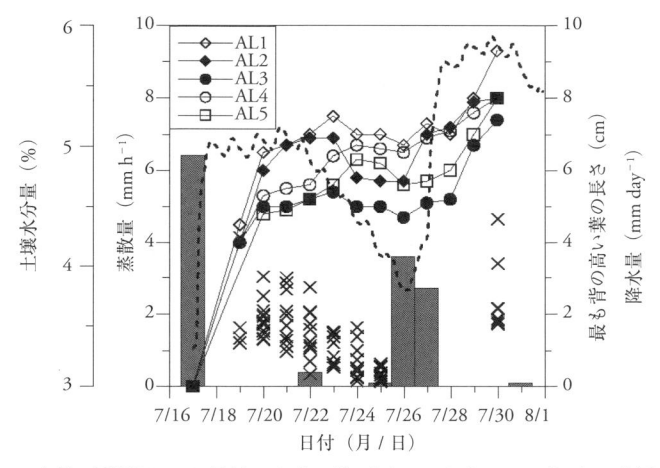

図 1-36 無降雨期間が 1 か月続いた後の降雨イベントと 10 cm 深度の表層土壌水分（点線）、光合成有効放射量が 1400 μmol/m²/s の時にチャンバーで測定された蒸散量（×）、アリウム 5 個体（AL1〜AL5）の最大草丈の変化（Satoh et al. 2013）

ところが 7/18〜7/25 にかけて晴天日が続くと土壌水分は再び減少し、蒸散も減少していく。それでも草丈はまだ維持されている。ところが、7/26〜27 に再びまとまった降雨があり土壌水分が増加すると、アリウムの生長も盛んになり草丈が再度伸び始めた様子が見て取れる。このように、草本類の場合、地表面付近の浅い層の水分量の増減により、地上部バイオマスが枯れたり、生長したりを繰り返すのである。これは植物が水ストレスを回避する戦略の一つでもある。これが可能なのは、地下部バイオマスが無降雨期間でも残存しているからである。

これに対して、灌木のカラガナは全く異なる反応を示す。図 1-37 はチャンバーにより測定した 7/19、7/26〜27 の降雨前後の日射および光合成有効放射量と蒸散または土壌面蒸発の関係を示している。乾燥時である 7/25 には、日射が増大しても土壌面蒸発やアリウムの蒸散はあまり増加しないことが分かる。これに対して同じ 7/25 にカラガナでは、他の相対的に湿潤な日

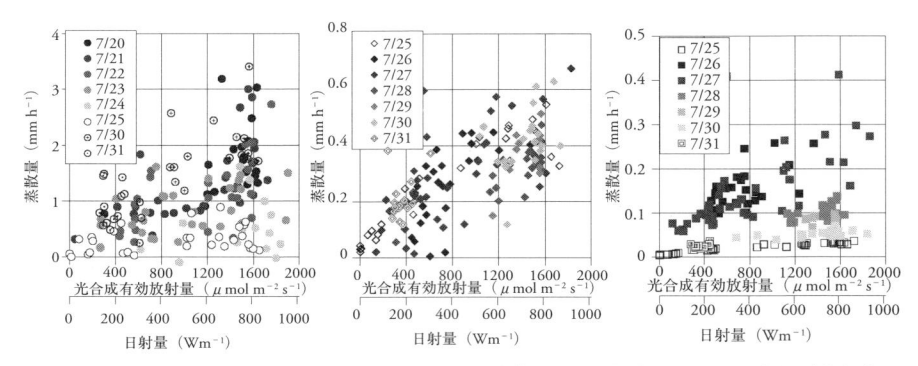

図 1-37 マンダルゴビのアリウムとカラガナが共存する地域で観測された日射量（光合成有効放射量）と蒸散、蒸発量の関係（Satoh et al. 2013）。左：アリウム、中央：カラガナ、右：土壌面。

にみられるような、日射増加に伴う蒸散の増加がみられる。前述の通り、深層の水を利用できるカラガナは、地表付近が乾燥しても影響を受けずに蒸散を続けられるのである。このため、カラガナ、アリウムが混在した地域では、無降雨期間にアリウムが地上から姿を消しても、カラガナは緑の葉をつけている様子が観察されるのである。実はこのことは、放牧にも有利に働く。通常家畜類は刺のあるカラガナの葉を好んで食べることはない。カラガナとアリウムがあればアリウムの葉を選んで食べる。ところが、アリウムが枯れたらどうするか。カラガナの葉を食べるという（2章 2-2節参照）。次の雨でカラガナが再び芽を出すまでのつなぎとして、カラガナのような灌木が役割を果たしているのだと思われる。

（4）群落の広がりと水

マンダルゴビにおいては、カラガナやアリウムは異なる水源から水を吸水しているのであるから、両者はうまい共存関係にあるといえるのだろう。ところが、群落の生育しているやや広範囲で全地表面あたりの植生が覆ってい

る割合である植生被度を調べて見ると、カラガナで3～4％、アリウムで最大でも＜1％であった。すなわちこの地域は真上から見れば9割以上は地面が露出しているのである。相互に水を奪い合っていないのであれば、もう少し地面が植物で覆われても良さそうなものであるが、そうならないのはなぜだろうか。

例えば、地表面がすべてアリウムで覆われたらどうなるのだろうか。この想定は実はありえない。というのも、植覆率100％を仮定したとすると、夏の日蒸散量は5 mm近くになってしまうからである。すると1か月の蒸散量は150 mmとなり、これは年間の降水量とほぼ等しくなってしまう。植生がまばらに生えているからこそ、土壌に蓄えられている水が枯渇することなく植生を維持しているのである。つまり、降水は植生の種類のみならずその被度までも規定しているのだということが分かる。

なお、同じ気象条件では、植被率100％としたときの単位面積あたりの蒸散量と裸地面の蒸発量を比較すると、土壌面＜カラガナ＜アリウムの順位となる（図1-37）。しかし、実際の植生の被度を考慮に入れた地域全体の蒸発散量の内訳を調べると、土壌面からの蒸発が64～85％、カラガナが15～31％、アリウムが＜13％とその関係は逆転する。これは植生の被度が小さいためであり、また、アリウムは乾燥状態で地上部が枯れてしまうためでもある。

(5) 蒸発、蒸散と水収支

従来、水やエネルギーは所与の物として、それが植物にどのように利用されるのかという視点での研究が多かったが、実は逆の関係も当然重要である。ここではある地域を対象にしたとき、植生が異なることで蒸発散量（蒸散量と地面蒸発量の和）の内訳にどのような違いが生じるのかを検討してみよう。このような視点は、水循環過程を考える際に非常に重要である。蒸散が気孔の開閉を通じて水移動を制御するのに対し、土壌面蒸発では、土壌中の分子拡散の遅さが主要な蒸発の制御メカニズムであり、両者の振る舞いは当然大

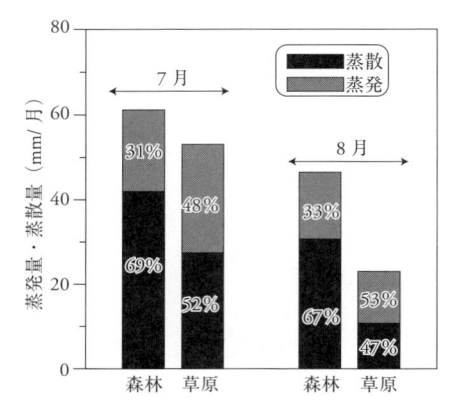

図 1-38 $\delta^{18}O$ から推定された草原と森林の蒸発量と蒸散量の蒸発散量に占める割合（佐々木 2004; Tsujimura et al. 2007 をもとに作成）

きく異なっている。

図 1-38 は前述の森林地点のカラマツ林、ヘルレン・バヤン・ウラン（Kherlen Bayan-Ulan）の草原で推定された 7〜8 月の月蒸発散量の蒸散と地面蒸発への分離結果である。ここでも、酸素の安定同位体比が利用されている。これによると、森林では蒸散の蒸発散量中に占める割合が 60〜73 %と高いのに対し、草原では 35〜59 %と小さな値をとることが分かる。カラマツ林の葉面積指数（LAI）は最大で 2.2〜2.7、平均樹高 20 m であり、一方、草原では LAI は 0.5〜0.57 程度、被度 47〜52 %、地下 5 cm の土壌水分量が 14〜17 %程度であった。これに対して、前述のマンダルゴビのチャンバー測定や被度から推定された値は大きく異なり、蒸散の蒸発散量中に占める割合はわずか 15〜35 %である。この差は、マンダルゴビの草原がより乾燥状態にあり、表層土壌水分が 4〜5 %程度とはるかに小さいこと、それに伴い、植生の被度もまた裸地に近い値であることによるのである。

(6) まとめ

以上、モンゴル高原の植生を題材にして、草原の水循環の様子を、特に植

生の水利用の観点から見てきた。確かに森林と比較すれば草原の水循環、水利用が大きく異なることは明らかである。一方で、草原の中に注目すれば、草本類と灌木類での違い、同じ灌木でも違いがある点など、非常に多様な状況があることが分かる。さらに、本章ではあまりふれなかったが、同一地点でも、年、季節による植生の生え方に違いがみられる点に注意が必要である。多くの場合、降雨の降り方の違いがこのような植生の違いを生み出している。いろいろな面で乾燥地域においては、水の多寡が植生の主要な規定要因となっているのである。

参考文献・資料

1-1 節

Basandorj, D., Davaa, G. (2005) *The Tuul River Basin*. Admon Publishing, Ulaanbaatar, Mongolia.

Batbayar, Z. (2012) Structure of the law and regulations on river basin management. Presentation at the inception seminar on the project "Ecosystem based adaptation approach to maintaining water security in critical water catchments in Mongolia" MNET and UNDP. June 15, 2012, Ulaanbaatar.

Bates, B. C., Kundzewicz, Z. W., Wu, S. and Palutikof, J. P. (eds.) (2008) Climate Change and Water. Technical paper of the Intergovernmental Panel on Climate Change, IPCC Secretariat, Geneva, 210 pp.

Batima, P., Dagvadorj, D. (2000) *Climate Change Impacts in Mongolia*. JEMR Publishing, Ulaanbaatar.

Batima, P., Natsagdorj, L., Gombluudev, P., Erdenetsetseg, B. (2005) Observed Climate Change in Mongolia. AIACC Working Paper No. 12.

Batjargal, Z. (2001) Lessons learnt from consecutive dzud disaster of 1999-2000 in Mongolia. Presentation at the Symposium "Change and sustainability of Pastoral Land Use Systems in Temperate and Central Asia", IISNC, Ulaanbaatar, Mongolia.

——— (2007a) Climate condition and human activities are the principal factors for fragility of ecosystem and desertification risk in Mongolia. pp. 137-153. In *Fragile Environment, Vulnerable People and Sensitive Society*. KAIHATU-SHA Co, Ltd., Tokyo, Japan.

——— (2007b) Eco-politics and nature conservation in Mongolia. Presentation at the Conference "Asian Green Belt: Its Past, Present and the Future" 30-31 October, RIHN, Kyoto, Japan.

Batjargal, Z., Jugder, D., Chung, Y. (2006) Dust storms are an indication of an unhealthy environment in East Asia. *Environmental Monitoring and Assessment*, 114(1-3): 447-460.

Batjargal, Z., Bulgan, T. (2007) Acid rain issues in Mongolia. pp. 185–195. In *Fragile Environment, Vulnerable People and Sensitive Society*. KAIHATU-SHA Co., Ltd., Tokyo, Japan.

Chen, F., Yu, Z., Yang, M., Ito, E., Wang, S., Madsen, D. V., Huang, X., Zhao, Y., Sato, T., Birks, J. B., Boomer, I., Chen, J., An, C., Wünnemann, B. (2008) Holocene moisture evolution in arid central Asia and its out-of-phase relationship with Asian monsoon history. *Quaternary Science Reviews*, 27(3–4): 351–364. doi: 10.1016/j.quascirev.2007.10.017.

Chen, F., Wang, J., Zhang, Q., Li, J., Chen, J. (2009) Rapid warming in mid-latitude central Asia for the past 100 years. *Frontiers of Earth Sciences in China*, 3(1): 42–50. DOI: 10.1007/s11707-009-0013-9.

Dagvadorj, D., Mijiddorj, R., Natsagdorj, L. (1994) Climate change in Mongolia. *Papers on Meteorology*, 17: 3–10.

D'Arrigo, R., Jacoby, G., Frank, D., Pederson, N., Cook, E., Buckley, B., Nachin, B., Mijiddorj, R. and Dugarjav, C. (2001) 1738 years of Mongolian temperature variability inferred from a tree ring width chronology of Siberian pine. *Geophys. Res. Lett.*, 28(3): 543–546.

Fagan, B. M. (2008) *The Great Warming: Climate Change and the Rise and Fall of Civilizations*. Bloomsbury Press, New York, USA.

────── (1999) *Floods, Famines, and Emperors: El Nino and The Fate of Civilizations*. Basic Books, New York, USA.

Ganbaatar, T. (2003) Impact climate change on permafrost: potential impacts of climate change, vulnerability and adaptation assessment for grassland ecosystem and livestock sector in Mongolia. project. *AIACC annual report*. Ulaanbaatar. 51p.

Gates, J. B. (2008) Estimating groundwater recharge in a cold desert environment in Northern China using chloride. pp 893–910. In *Hydrogeology Journal*. 08–16.

Gomboluudev, P. (2006) Future climate change of Mongolia under Special Report Emission Scenarios (SRES). Proceedings of Fifth Mongolia-Korea Joint Seminars on Environmental Changes of Northeast Asia. October 10–14, Ulaanbaatar, Mongolia.

Grunert, J., Lehmkuhl, F. (2004) Aeolian sedimentation in arid and semi-arid environments of Western Mongolia. pp. 195–218. In *Paleoecology of Quaternary Drylands*. Springer Berlin. DOI 10.1007/b92353.

Han, Y., Fang, X., Zhao, T., Kang, S. (2008) Long range trans-Pacific transport and deposition of Asian dust aerosols. *Journal of Environmental Sciences,* 20(4): 424–428.

Hansen, J., Ruedy, R., Sato, M. and Lo, K. (2010) Current GISS global surface temperature analysis. NASA Goddard Institute for Space Studies, New York, USA

Hartmann, J., Kunimatsu, T., Levy, J. (2008) The impact of Eurasian dust storms and anthropogenic emissions on atmospheric nutrient deposition rates in forested Japanese catchments and adjacent regional seas. *Global and Planetary Change*, 61(3): 117–134.

Herzschuh, U. (2006) Palaeo-moisture evolution in monsoonal Central Asia during the last 50,000

years. *Quaternary Science Reviews*, 25(1-2): 163-178.
IPCC (2007a) Climate Change 2007: Synthesis Report. Contribution of Working Groups, IPCC, Geneva, Switzerland.
———— (2007b) Climate Change 2007: The Physical Science Basis. Working Group I Contribution to the Fourth Assessment. Report of the IPCC, Cambridge University Press, UK and NY, USA.
———— (2012) Managing the Risks of Extreme Events and Disasters to Advance Climate Change Adaptation. A Special Report of Working Groups I and II of the Intergovernmental Panel on Climate Change [Field, C. B., Barros, V., Stocker, T. F., Qin, D., Dokken, D. J., Ebi, K. L., Mastrandrea, M. D., Mach, K. J., Plattner, G. -K., Allen, S. K., Tignor, M. and Midgley, P. M. (eds.)]. Cambridge University Press, Cambridge, UK, and New York, NY, USA, 582 pp.
Jadambaa, N. (2002) Ground water of Mongolia. pp. 199-214. In *White Book of Mongolia*. Ulaanbaatar, 2002.
Joseph, M. P. (2009) *Paleoclimate Investigation and Interpretation of Lacustrine Sediment from Lake Telmen and Lake Ugiy, Mongolia*. OhioLINK Electronic Thesis and Dissertation Center University of Akron ETDs, 2009-04-09T20: 56: 48Z.
Kadota, T., Davaa, G. (2007) Recent glacier variations in Mongolia. *Annals of Glaciology*, IGS., 46(1): 185-188.
Kimura, R., Shinoda, M. (2010) Spatial distribution of threshold wind speeds for dust outbreaks in Northeast Asia. *J. Geomorphology*, 114: 319-325.
Li, J., Chen, J., Li, J., Yang, J., Conway, T. M. (2009) Natural and anthropogenic sources of East Asian dust. *Geology*, 37(8): 727-730. DOI: 10.1130/G30031A.1.
Ma, J., Edmunds, W. M. (2006) Groundwater and lake evolution in the Badain Jaran Desert ecosystem, Inner Mongolia. *Hydrogeology Journal*, 14(7). Springer, Berlin.
Mijiddorj, R. (2000) *Climate Change and Sustainable Development*. Ulaanbaatar.
Miiddorj, P., and Ulziisaikhan. (2000) Impact climate change on snow cover and permafrost: Climate change studies in Mongolia project. Annual Report. Ulaanbaatar.
MNET (2009) Heavy pollution suppresses light rain in China: observations and modeling. Mongolia Assessment Report on Climate Change 2009. Ministry of Environment, Nature and Tourism of Mongolia (MNET), Ulaanbaatar.
Myagmarjav, B., Davaa, G. (1999) *Surface Water of Mongolia*. Interpress, Ulaanbaatar.
NAMHEM (2010) Information note on weather condition of winter 2009-2010 in Mongolia. Ulaanbaatar.
———— (2012) Information note on weather condition in Mongolia for 2010-2011. Ulaanbaatar.
Natsagdorj, L. (1980) A problem of classification of the atmospheric circulation patterns over nthe Central Asia. pp 15-36. In *Proceedings of the IMH*, No. 4. Ulaanbaatar.

Natsagdorj, L. (2009) *Climate Change in Mongolia*. pp. 24-26. Admon Publishing, Ulaanbaatar.
NWPSC (2007) Long distance water transmission pipelines and applications for the Gobi and steppe regions of Mongolia. Mongolian National Water Programme Support Center, Ulaanbaatar.
NASA (2009) Aerosol robotic network (AERONET). Dataset Publisher: NASA GSFC, Online Resource: http://aeronet.gsfc.nasa.gov.
────── (2010) 2009: Second Warmest Year on Record; End of Warmest Decade. Research News. NASA Goddard Institute for Space Studies, New York, USA.
Natsagdorj, L., Jugder, D. (1991) Dust storms in Mongolian Gobi. Presentation at the symposium "Global change- Gobi desert", December 19, Ulaanbaatar. State Committee for Nature and the Environmental Control. Proceedings of the Symposium, 25-30.
NOAA (2010) NOAA's Natioanal Climatic Data Center, Asheville, N. C, USA.
Qian, Y., Gong, D., Fan, J., Leung, L. R., Bennartz, R., Chen, D., Wang, W. (2009a) Heavy pollution suppresses light rain in China: observations and modeling. *Journal of Geophysical Research*, 114. D00K02, doi: 10.1029/2008JD011575.
Qian, W., Ding, T., Hu, H., Lin, X., Qin, A. (2009b) An overview of dry-wet climate variability among monsoon-westerly regions and the monsoon northernmost marginal active zone in China. *Advances in Atmospheric Sciences*, 26(4): 630-641.
Sato, T., Kimura, F., Hasegawa, A. (2004) Cloud frequency in eastern Mongolia and its relation to the orography. Proceedings of the 3rd International Workshop on Terrestrial Change in Mongolia, Tsukuba, Japan.
Shindell, D., Faluvegi, G. (2009) Climate response to regional radiative forcing during the twentieth century. *Nature Geosciences*, 2: 294-300, doi: 10.1038/ngeo473.
Schwanghart, W., Schütt, B., Walther, M. (2008) Holocene climate evolution of the Ugii Nuur basin, Mongolia. *J. Advances in Atmospheric Sciences*, 25(6), DOI: 10.1007/s00376-008-0986-4.
START (2006) *Climate Change Vulnerability and Adaptation in the Livestock Sector of Mongolia*. A Final Report Submitted to Assessments of Impacts and Adaptations to Climate Change (AIACC), Project No. AS 06, Published by the International START Secretariat. Washington, DC USA.
Sugita, M. (2003) Interaction between hydrologic processes and ecological system. *Science J. Kagaku.*, 73: 559-562.
Sugita, M., Asanuma, J., Tsujimura, M., Mariko, S., Lu, M., Kimura, F., Azzaya, D., Adyasuren, T. (2009) An overview of the rangelands atmosphere-hydrosphere-biosphere interaction study experiment in northeastern Asia (RAISE). *Journal of Hydrology*, 333(1): 3-20.
Tuvdendorj, D., Myagmarjav, B. (1986) Atlas of the Climate and Water Resources in the Mongolian People's Republic. Ulaanbaatar.

Wang, N., Zhang, C., Li, G. (2005) Historical desertification process in Hexi Corridor, China. *Chinese Geographical Science*, 15(3): 245–253.
WMO (2010) WMO Statement on the Status of the Global Climate in 2009. WMO Information Note, March 2010. Geneva, Switzerland.
――――― (2011) The state of greenhouse gases in the atmosphere using global observations through 2010. Greenhouse Gas Bulletin, No. 7, November 2011. Geneva, Switzerland.
――――― (2012) WMO Statement on the Status of the Global Climate in 2011. WMO Information Note No. 1085, March 2012. Geneva, Switzerland.
Wu, M. C., Yeung, K. H., Leung, Y. K. (2007) Changes in East Asian Winter Atmospheric Circulation. International Conference on Climate Change, Hong Kong, China, 29–31 May 2007, Reprint 709.
Xu, B., Cao, J., Hansen, J., Yao, T., Joswia, D. R., Wang, N., Wu, G., Wang, M., Zhao, H., Yang, W., Liu, X., He, J. (2009) Black soot and the survival of Tibetan glaciers. www.pnas.org_cgi_doi_10.1073_pnas.pnas.0910444106.
Yang, B., Shi, Y., Li, H. (2001) Climatic variations in China over the last 2000 years. *Chinese Geographical Science*, 11(2), DOI 10.1007/s11769-001-0028-y.

1-2 節

Baast, P. (1998) Modern glaciers of Mongolia. Research report, Institute of Meteorology and Hydrology, Ulaanbaatar.
Baranchuluun, S. h. (2011) Water use in agriculture sector of Mongolia. Presentation at the conference "The water resources, water use and management in Mongolia", November 1, 2011, Ulaanbaatar, Mongolia.
Basandorj, D., Davaa, G. (2005) *The Tuul River Basin*. Admon Publishing, Ulaanbaatar, Mongolia.
Batima, P. (2002) Nutrients in water of the Orkhon river in the Arctic Ocean basin of Mongolia. Agricultural efects on ground and surface waters. Research at the edge of science and society. IAHS. pp. 373–378.
Batima, P., Dagvadorj, D. (2000) *Climate Change Impacts in Mongolia*. JEMR Publishing, Ulaanbaatar.
Batima, P., Batnasan, N. (2002) *Climate Change Impacts in Ice Regime of the Rivers in Mongolia*. Proceedings of the 16th International Symposium on Ice, Dunedin, New Zealand. pp. 164–179.
Batjargal, Z. (2007) Future of water related problem: conflict for profit or survival? pp. 35–56. In *Fragile Environment, Vulnerable People and Sensitive Society*. KAIHATU-SHA Co, Ltd., Tokyo, Japan.
Batnasan, N. (2001) Water resources variability of large lakes in Mongolia, 9th International Conference on the Conservation and Management of Lakes, Conference Proceedings, Sessiion 5, November 11–16, 2001, Otsu City, Shiga, Japan, P33–36.

Batsukh, N., Dorjsuren, D. and Batsaikhan G. (2008) Water Resources, Use and Conservation in Mongolia: First National Report, National Water Committee, MNE, Ulaanbaatar.

Davaa, D. (2011). The surface water resources of Mongolia and a potential for use. In Proceedings of the conference "Water resources, water use and management in Mongolia". November 2011, Ulaanbaatar, Mongolia.

Davaa, G., Oyunbaatar, D., and Sugita, M. (2007) Chapter "Surface water of Mongolia", Environment book on Mongolia, Tsukuba, Japan.

Dashdeleg, N., Evilkhaan, R. and Khishigsuren, P. (1983) Modern glaciers in Altai mountain. Proceedings of IMH, No. 8. Institute of Meteorology and Hydrology, Ulaanbaatar, 1983, pp. 121–126.

Dorjsuren, D. (2011) The Government policy on water and priority areas in water sector. In Proceedings of the conference "Water resources, water use and management in Mongolia", November 2011, Ulaanbaatar, Mongolia.

Ganbaatar, T. (2003) Impact climate change on permafrost: Potential Impacts of Climate Change, Vulnerability and Adaptation Assessment for Grassland Ecosystem and Livestock Sector in Mongolia. project. AIACC annual report. Ulaanbaatar. 51p.

Gates, J. B. (2008) Estimating groundwater recharge in a cold desert environment in Northern China using chloride. pp. 893–910. *In Hydrogeology Journal:* 08–16.

GoM (2000) The National Action Programme on Climate Change (NAPCC) of Mongolia. Ulaanbaatar.

——— (2009) Groundwater Assessment in the Gobi Region. Background document for the preparation of a Regional evironmental Assessment (REA) for the Gobi region to support the development of a Regional Development Strategy by theWorld Bank Authors: Albert Tuinhof, Buyanhishig Nemer Government of Mongolia, January 2009.

——— (2010) *The National Water Programme*. MNET/NWC. Ulaanbaatar, Mongolia.

Jadambaa, N. (2002) Ground water of mongolia. pp. 199–214. In *White Book of Mongolia*. Ulaanbaatar, 2002.

Jadambaa, N. and Buyanhishig, N. (2007) A review on hydrogeological investigations of groundwater resources and regimes in Mongolia. In Geological Issues in Mongolia. Mongolian Academy of Sciences, Ulaanbaatar.

JICA (2003) The study for improvement plan of livestock farming in rural areas. Japan International Cooperation Agency Interim Report. Pacific Consultants International, Mitsui Mineral Development Engineering Co., LTD.

Janchivdorj, L. (2011) Government policy on transboundary water issues. In Proceedings of the conference "Water resources, water use and management in Mongolia", November 2011, Ulaanbaatar, Mongolia.

Kimura, Y. (2001) *Biwako-Sono Koshō No Yurai-* [Lake Biwa, the origin of its name]. Hikone.

Sunrise Publishing. ISBN 4-88325-129-2.
Ma, J., Ding, Z., Gates, J. B. and Su, Y. (2008) Chloride and the environmental isotopes as the indicators of the groundwater recharge in the Gobi Deserts, northwest China. *Environmental Geology*, 55: 1407-1419.
Mijiddorj, R. (2000) *Climate Change and Sustainable Development*. Ulaanbaatar.
MNE (2006) *State of the Environment of Mongolia*. Ministry of Nature and the Environment of Mongolia (MNE), Ulaanbaatar.
MNET (2011) *State of the Environment of Mongolia for 2009-2010*. Ministry of Nature, Environment and Tourism of Mongolia (MNET), Ulaanbaatar.
Myagmarjav, B., Davaa, G. (1999) *Surface Water of Mongolia*. Interpress, Ulaanbaatar.
NWC (2008) *Water Resources, Use and Conservation in Mongolia*. First National Report. National Water Committee, MNE, Ulaanbaatar.
NSA (1998) *National Water Quality Standard*. Ulaanbaatar, MNS-458698: 5.
NSO (2011) *Statistical Year Book*. National statistical office, Ulaanbaatar.
Sugita, M. (2003) Interaction between hydrologic processes and ecological system. *Science J. Kagaku*. 73: 559-562.
UNEP (2011) Urban water vulnerability to climate change in Mongolia. Author(s): Batimaa, P.; Myagmarjav, B.; Batnasan, N.; Jadambaa, N.; Khishigsuren, P. 91 p.
UN (2012) United Nations' World Water Development Report "Managing Water under Uncertainty and Risk". UN-Water, NY.
WB (2006) *Mongolia, a Review of Environmental and Social Impacts in the Mining Sector*. Ulaanbaatar.
―――― (2011) World Bank report "Cities and Flooding: A Guide to Integrated Urban Flood Risk Management for the 21st Century". Washington DC., USA.

1-3 節
佐々木リサ（2004）モンゴル・ヘルレン川流域における水循環に伴う安定同位体比変動プロセス．p. 58. 筑波大学環境科学研究科．
Budyko, M. I. (1956) Тепловой баланс земной поверхности．（日本語翻訳版：内嶋善兵衛訳，ブドウィコ（1959）地表面の熱収支．p.181. 河川水温調査会；ブディコ（2010）地表面の熱収支．p. 280. 成山堂書店）
Fujita, N., Amartuvshin, N. and Ariunbold, E. (2013) Vegetation interactions for the better understanding of a Mongolian ecosystem network. In Yamamura, N., Fujita, N., Maekawa, A. (eds.) The Mongolian Network: Environmental Issues under Climate and Social Changes. *Ecological Research Monographs*: 157-184. Springer, Tokyo.
Li, S.-G, Tsujimura, M., Sugimoto, A., Davaa, G., Oyunbaatar, D. and Sugita, M. (2006) Natural recovery of steppe vegetation on vehicle tracks in central Mongolia. *Journal of Biosciences*, 31: 85-93.

Li, S.-G., Hugo, R.-S., Tsujimura, M., Sugimoto, A., Sasaki, L., Davaa, G. and Oyunbaatar, D. (2007) Plant water sources in the cold semiarid ecosystem of the upper Kherlen River catchment in Mongolia: a stable isotope approach. *Journal of Hydrology*, 333: 109–117. doi: 10.1016/j.jhydrol. 2006.07.020.

Saandar, M. and Sugita, M. (2004) *Digital Atlas of Mongolian Natural Environments*, (1) Vegetation, Soil, Ecosystem and Water, CD-ROM. Monmap Engineering Service Co., Ltd., Ulaanbaatar 210646, Mongolia.

Satoh, T. (2010) Study on Vapor Transfer Processes into the Atmosphere from Vegetated Surface in an Arid Region. MS Thesis, p. 98. Master's Programe in Environemntal Science. University of Tsukuba.

Satoh, T., Sugita, M., Yamanaka, T., Tsujimura, M., Ishii, R. (2013) Water dynamics within soil-vegetation-atmosphere system in a steppe region covered by shrubs and herbaceous plants. In Yamamura, N., Fujita, N., Maekawa, A. (eds.) The Mongolian Network: Environmental Issues under Climate and Social Changes. *Ecological Research Monographs*: 43–63. Springer, Tokyo.

Sugita, M., Asanuma, J., Mariko, S., Tsujimura, M., Kimura, F., Lu, M., Azzaya, D. and Adyasuren, Ts. (2007) An Overview of the Rangelands Atmosphere Hydrosphere Biosphere Interaction Study Experiment in Northeastern Asia (RAISE). *Journal of Hydrology*, doi: 10.1016/j.jhydrol. 2006.07.032.

Tsujimura, M., Sasaki, L., Yamanaka, T., Sugimoto, A., Li, S.-G., Matsushima, D., Kotani, A. and Saandar, M. (2007) Vertical distribution of stable isotopic composition in atmospheric water vapor and subsurface water in grassland and forest sites, eastern Mongolia. *Journal of Hydrology*, 333: 35–46, doi: 10.1016/j.jhydrol. 2006.07.025.

第 2 章　草原と遊牧の環境学

藤田　昇

草原の生産性は降水の有（左）無（右）と家畜の摂食に強く影響を受ける。
撮影：藤田昇　2006 年 7 月（左）6 月（右）　ドンドゴビ県アダーツァック

第1部　草原と森林の生態系ネットワーク

　第1章で示された水環境に対応して草原植物は自ら生きるために一次生産を行っている。第2章では、草原植物の生産と遊牧による畜産（二次生産）を可能にしている家畜の摂食について説明する。2-1節では、草本を中心とした草原植物の生産に対する降水量と家畜の摂食の影響について議論する。家畜の摂食が草原の生産に影響を与えるのか、家畜の摂食様式の違いによって遊牧する草原の地形が異なるのか。遊牧という家畜が移動する牧畜は適応的な意味があるのか、などが論点である。2-2節では、草原ではあまり注目されてこなかった灌木に焦点を当て、家畜の餌としての灌木の重要性を議論する。また、ヤギとヒツジの比較では、灌木への影響はヤギが高いが、草本に対する過放牧の影響は違いがないこと、飢餓状態を招く過放牧の防止が第一であることなどが議論される。

2-1 遊牧草原の生産

　序章で述べたように、ウクライナのステップは穀倉地帯で、ステップでは農業が広く行われている。人間が直接食料とする作物を生産する農業の方が、植物を食べて成長した家畜を食料とする牧畜よりも、間に家畜を介在させないぶん、より多くの人間を養える。このことは、農業が基本の中国と牧畜が基本のモンゴルの人口密度の大きな違いにも反映されている（2011年現在、中国が140.35人/km^2、モンゴルが1.78人/km^2）。では、モンゴルはなぜ牧畜、しかも遊牧なのだろうか。一つには、降水量が多いとか土壌の水の排泄がよいとかの条件がなければ、モンゴルのような乾燥地での農業には塩害のため持続的でなくなるリスクがつきまとうからである。もう一つは、遊牧は移動式であり、移動式の遊牧は草原の劣化を生じにくいからである。

草原の生産量の求め方

　遊牧の目的は家畜を生産することである。家畜の生産量は基本的にどれだけ餌を食べて成長したかによって決まるので、餌となる草原植物の年生産が

高いほど、そしてそれが持続的なほど、年々の家畜生産は高くなる。生物界の稼ぎのもととなる植物の生産は一次生産といい、植物を食べての家畜の生産は二次生産という。遊牧を考える上で、草原の生産の高さと持続性がどうなっているかは重要な問題である。植物の生産を測定する方法はいくつかあるが、草原の場合は、植物が手の届くサイズで測定がしやすいので、植物の生長量の測定によって生産量を求めることができる。生長量と言っても地下部は測定が困難なので、普通は地上部の生長量である。植物は地上部と地下部でやりとりがあり、地下部から貯蔵物質を地上に転流したり、地上での生産量を地下に回すことがある。また、日々の呼吸による消耗分は生長量からマイナスになる。したがって、地上部の生長量は正確な生産量ではない。しかし、測定が容易でもあり、家畜は通常地上部を食べることから、地上部の生長量をもって生産量と扱っている。

(1) 降水量と草原の生産

　植物が光合成を行う際は、土壌から吸収した水を使っている。光合成以外にも水は植物の体の主成分なので、植物の生産にとって土壌水分の供給源である降水量は重要である。降水量が草原の生産を左右していることは間違いないと思われる。

降水量の生産への影響
　降水量が草原植物の生産にどの程度影響しているのかを調べてみた。場所は森林ステップ（ウランバートル）、ステップ（マンダルゴビ）、乾燥ステップ地帯（ダランザドガド）で、それらの降水量が連続的に測定されている付近に家畜の食害を防ぐ実験柵を設けて、2006年から2009年までの4年間、半月間隔で、高さ3 cmで草を刈り取り、草の生長量と降水量を比較した。草の高さ3 cmというのはヒツジとヤギが普通に食べる高さである。植物の生長に有効な降水量をどう求めるかであるが、降水の後に土壌から水を吸って植物の生長が始まり、土壌に保持された水を使い続けるので、草を刈り取った

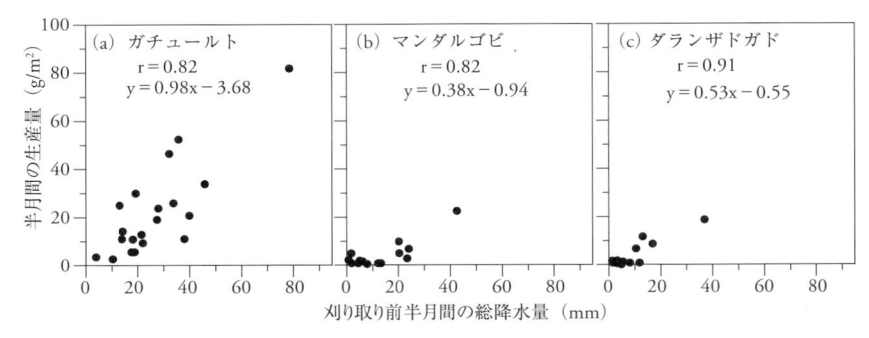

図2-1 降水量と草原生産量の関係。rは相関係数、yは回帰直線。

時点の降水量と比べても意味がない。したがって、半月単位の刈り取り日の前日から15日間の総降水量と刈り取り量を比較した（図2-1）。

その結果、次のようなことが明らかになった。

(1) 草の15日間の地上部生長量は刈り取り前15日間の降水量ときれいに正の相関を示した。この期間は15日でなくても、1週間でも1か月でも正の相関はみられたが、15日の相関が最も高かった。正の相関の回帰直線の傾きに差があり、ガチュールトで大きく、ダランザドガドで最も小さいのは、降水に反応して生長する植物量（地下の貯蔵量）がガチュールトで多く、ダランザドガドで最も少なかったからと考えられる。

(2) 相関直線が頭打ちになっていない。このことは、2006年から2009年の4年間よりも降水量がもっと多くなると草の生産がもっと高くなるという潜在的な生産力を持っていることを示す。

(3) 15日間の降水量が総計10 mmを超えてから草の生産が上昇し始める。この10 mmの降水量を閾値といい、地表面からの水の蒸発により、少ない降水量では土壌への水の貯留が十分でなく草の生産に使われないことを示す。このことは、1か月に20 mm降水があるとして、月の前半と後半の半月に10 mmづつ降水があるより、どちらかの半月に20 mmまとまって降水がある方が草の生産は良くなることを意味する。

(4) 2006年から2009年は降水量が平年より少ない年ではあったが、マン

ダルゴビとダランザドガドでは、15日間で30 mm以上の降水があった時期は4年間で1回しかなく、10 mm以上でも年1回程度であった。ステップと乾燥ステップでは明らかに降水不足によって植物の生長が限られている。2006年から2009年の間で、ダランザドガドで最も草が生長した唯一の1回は、短期間に30 mm以上の降水があって、洪水が発生し、低地の道路が冠水して通行不能になるという災害が発生した際である。モンゴルでは日本と違って1日で数十ミリメートル程度の降水で災害が発生するが、草原の生産にはそのようなまとまった降水が土壌を長期に湿らせて有効である。

降水量の時間的・空間的変動

　モンゴルの草原の降水量が近距離で空間的にどの程度変動するかを調べるため、バヤンウンジュールの草原で、20 km平方の区画を5 km間隔の格子に区切り、その交点計16か所で降水量を2009年に1年間連続測定した。夏季の降水量を15日間ごとに区切って、それぞれの15日の総降水量を16地点間で比較し（実際には3地点でデータの一部欠落があり13地点）、同時にその時点のウランバートル、マンダルゴビ、ダランザドガドの降水量、および各地点の120日間の総降水量を示した（図2-2）。どの地点も、降水量が少ない期間は0から数ミリメートル、多い期間は30 mm超と、季節的・時間的な変動は大きかった。全体で8回の期間のうち、植物が生長できる10 mmを超えた期間はバヤンウンジュールでは4回で、2回のマンダルゴビと1回のダランザドガドよりは多かったものの、夏季の半分が植物の生長に対して水不足であったことになる。これらに比べてウランバートルでは、より降水量の多い北方に位置するため植物の生長が停止する9月を除いては10 mmを下回る期間はなかった。バヤンウンジュールでの降水量の空間的変動については、5月22日から6月5日、9月4日から9月18日の期間はどの地点でも10 mm未満、6月6日から6月20日の期間はどの地点でも30 mm超と、地点間の差は小さかった。しかし、それ以外の期間は地点間で変動が大きかった。少なくともどこかの地点で10 mmを超えたケースは6月6日から6月20日までの期間を除いて3回あり、13地点間で大きくばらついた。まとまっ

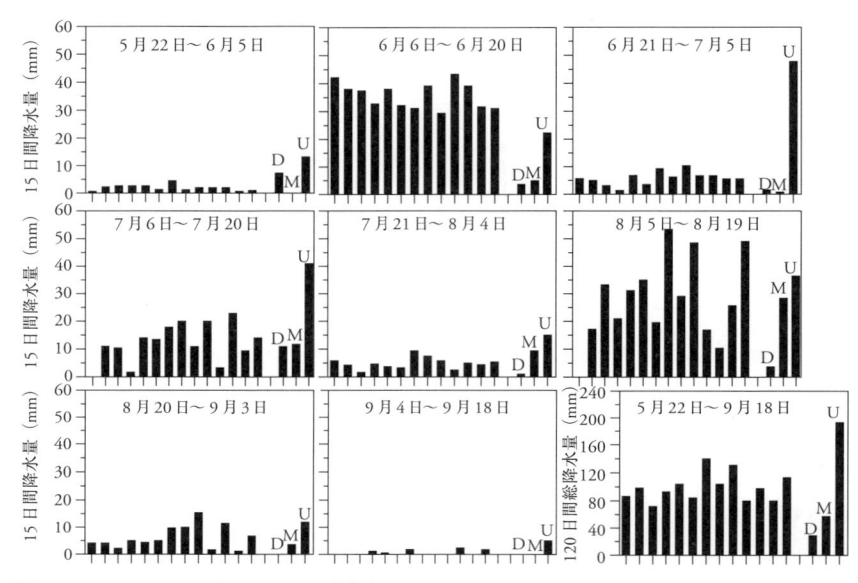

第1部　草原と森林の生態系ネットワーク

図2-2　バヤンウンジュール13地点とウランバートル、マンダルゴビ、ダランザドガドの2009年5月22日から9月18日までの15日間隔の降水量。U、M、Dはウランバートル、マンダルゴビ、ダランザドガド。

た降水をもたらす要因としては、6月は低気圧の移動が、7月と8月は積乱雲による降水が考えられる。積乱雲による降水の場合は5 km離れただけで差が大きくなるもので、時間的だけでなく、空間的にも降水はばらつくのである。こうした時空間的な変動により、バヤンウンジュールでは、5 kmや10 kmの短い距離を移動するだけである程度植物が生長した場所に到達できると考えられる。

気温の影響

　日本でも、春に暖かくならなければ、落葉樹の開葉や桜の開花が始まらないように、気温も植物の生長に影響する。降水量と草原生産の関係を調べたのと同じモンゴルの3地点で、気温と草原生産の関係を調べた（図2-3）。植物の生長には気温は必要で、モンゴルの草原でも、15日間の平均気温が

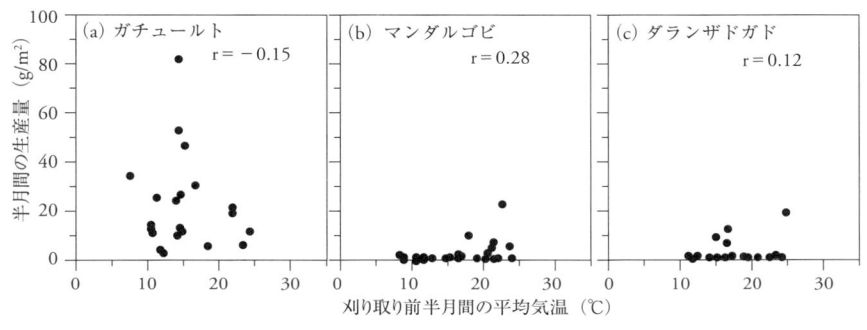

図 2-3 気温と草原生産量の関係。r は相関係数。

10℃近くなければ植物の生長は生じなかった。しかし、刈り取り前 15 日間の平均気温と草原植物の生産量との間に全く相関がなかったことから、気温は植物の生育に必要な暖かさがあれば十分で、気温が高ければ高いほど草の生長が良くなるというわけではなかった。すなわち、気温も降水も両方の条件がそろわないと草は生長できないが、生長が良くなるのは降水量が増加した場合に限られる。したがって、草の生産量を決めているのは降水量である。気温は春に上昇し、秋に低下する。気温は春の生長開始と秋の生長停止を決め、草原植物の生育期間の長さには影響する。2008 年には 5 月にウランバートルの降水が少なく、気温は十分暖かくなっているのに、カラマツや草原の開葉が 6 月にずれ込んだ。また、8 月に降水が少なくて、まだ気温が十分高い 8 月中に植物の地上部が枯れた年もある。夏季に 10 mm 以上のまとまった降水量があると植物は一斉に生長し、有効な降水がない期間が続くと、小低木は葉を残しても、草本は地上部を枯らせてしまう（図 2-4）。

(2) 草原生態系への家畜の影響

本節では保護柵を設けて家畜が食べないようにして刈り取り実験を行い、草原植物の生産を調べている。植物を刈り取って重さを測るという刈り取り実験は昔から行われている普通の方法である。ただし、ここでの目的は植物

第 1 部　草原と森林の生態系ネットワーク

図 2-4　左：ドントゴビ県で 7 月のまとまった降水後に一斉に生長したネギ属 (*Allium polyrrhizum*)、右：7 月下旬にまとまった降水がなく地上部を枯らして地下部だけ残ったネギ属 (*Allium mongolicum*)。

の生産に対する家畜の摂食の影響を調べることで、家畜にこちらの実験意図通りに食べさせることができないので、家畜が食べる代わりに人間が植物を刈り取る次第である。植物の生長期の終わりに年 1 回だけ刈り取ってその時の現存量でもって植物の生産量を求めることがよく行われている。しかし、家畜は草が伸び始めてから周期的に草を食べ続けている。植物が生育期の途中で家畜に食べられる場合と食べられない場合を比べると生産量が変化する可能性がある。食害を受けると現存量が減るので、その後の生産量が減るかもしれない。逆に、食べられた結果若い葉を生じたり、地下部の貯蔵物質を地上部に回したりして生産量が増えるかもしれない。いずれにせよ、家畜の摂食下での植物の生産量を知るためには、8 月 1 回の刈り取りだけでは分からない。したがって、家畜の摂食にあわせて 1 年に何回か刈り取る実験を行った。草原なので刈り取る単位は 1 m^2 と小さくし、一つの実験に 1 か所の刈り取りでは差が出ても有意かどうか検定できないので、5 か所で繰り返した。芝刈り機のような機械を利用できると省力化できるが、無理だったので、はさみを使って人力で刈り取った。労力はかかるが、刈り取り回数や高さを変えるとか、森林ステップから乾燥ステップまで違った気候帯を対象とするとか、10 年以上刈り取り実験を行った結果、いろいろなことが分かってきた。

家畜の摂食と草原植物の種多様性

　自然に放置することが自然保護だと考えると、家畜が草原の植物を食べることは自然破壊にあたる。しかし、その通りなのだろうか。ある面積あたりに何種いるかは生物の種多様性の一つの物差しとなる。種多様性を比べる面積の単位は生物のサイズや移動の有無によって異なるが、草原の場合は $1\,m^2$ など小さな面積で比較できる。生物の種多様性は攪乱の強度によって変わることが熱帯林や潮間帯で知られている。草原での家畜の摂食は1種の攪乱と考えられるが、草原の生物多様性への影響はどうだろうか。

　攪乱の強度となる家畜の摂食圧はどう求めればよいのだろうか。家畜がよく食べると草丈は小さくなり、あまり食べないと草丈は大きくなるので、草丈は家畜の摂食圧の目安となりうる。同じ環境と思われる、森林ステップに位置する平坦な草原で、$1\,m^2$ の調査枠を多数設けて、枠内の草丈と植物の種数の関係を調べると、中程度の草丈で種多様性は最大となった（図2-5）。すなわち、モンゴルの草原では中規模の攪乱で種多様性が最大となり、これは熱帯林の森林の樹木や潮間帯の生物で知られていた攪乱と種多様性の関係と同じであった。

　森林ステップの草原で、乾燥して植物の生長が劣る斜面の上部と湿潤で植物の生長がよい平坦な沢沿いに家畜のグレイジングを排除する保護柵を設けて1年後の柵内と柵外を植物の種数を比較した。保護柵内では家畜の摂食がある柵外に比べて、斜面上部では草の種数が増加し、沢沿いでは減少した（Fujita et al. 2009）。斜面上部と沢沿いでは土壌水分が異なり、草の生長は沢沿いで良くなる。ヒツジとヤギの家畜はどちらも同じように歩き回っているので、摂食圧は同じでも草の種数に対する摂食効果は逆であった。家畜の摂食効果としては、食べることによる植物の排除と草の背丈や密度を低下させることによる草の光競争の緩和が考えられる。土壌水分量が少なくて生長が悪い斜面上部では保護柵によって摂食で排除されていた草が出現して種数が増加し、一方、土壌水分量が多くて生長がよい沢沿いでは保護柵によって植物の光競争が強くなり、背が低くて光競争に弱い草が除去されて種数が低下したと考えられる。摂食圧が変化した場合、中間の摂食圧で植物の種数で

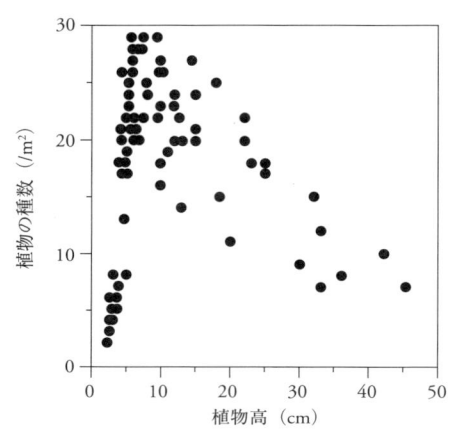

図 2-5　植物の高さと種多様性の関係

見た多様性は最大となる（これを中規模攪乱説という）が、斜面上部ではより小さい摂食圧で種数は最大となり、沢沿いではより大きな摂食圧で種数は最大になると考えられる。

家畜の摂食と草原の生産

　植物の種多様性は家畜の中規模の摂食圧で高まることが分かったが、植物の生産量に対してはどうだろうか。家畜の摂食圧が草原の草の1年間（といっても春に生長してから秋に枯れるまでの間）の生産（年生産）にどう影響するかを調べるため、森林ステップの草原（ガチュールト）に家畜が食べないように保護柵を設け、斜面上部と沢沿いという異なった地形で、1 m^2 の枠内を、3 cm の高さで刈り取った。刈り取り回数は、生育期の5月下旬から8月まで、刈り取りの間隔を5日、10日、15日、30日、45日と変えて刈り取りを続けた。同時に、無摂食区として実験期間中は刈り取らず、実験の最後だけ刈り取る枠（コントロールという）を設けた。刈り取り日ごとに刈り取った草を持ち帰り、乾燥させて重さを測定し、それぞれの刈り取り実験ごとに刈り取り回数分を積算して年生産を求めた。斜面上部でも沢沿いでも、30日間隔での刈り取りで年生産は最大となり、それより間隔が短くても長くても年生

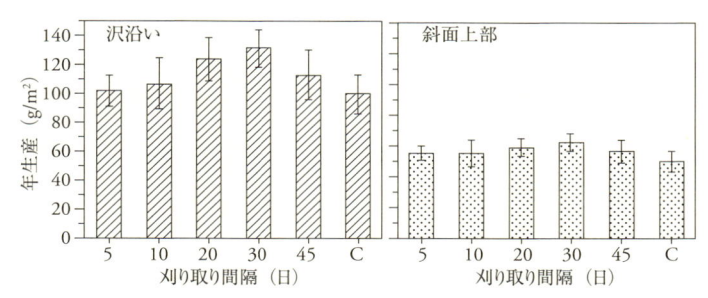

図 2-6 草原植物の刈り取り間隔と年生産の関係。Cはコントロール区。

産は低下した（図 2-6）。生育の途中で刈り取りを行わなかったコントロール区の年生産は刈り取り区より小さかった。この結果は、森林ステップの草原では、家畜に食べさせずに放置するより家畜に定期的に食べさせた方が、年生産量が2、3割高くなることを意味する。ただし、食べさせる頻度が問題で、月1回よりも多くても少なくても年生産は低下する。5日間隔のように頻繁に食べさせると刈り取り回数は増加するが、積算した年生産は月1回より低下する。このように種多様性と同様に家畜の中規模の摂食圧で草原の年生産は最大になることが分かった。草原がどの程度生産できるかは、草原の扶養力といって、その草原でどの程度の家畜を飼えるかの目安となる。生産量の増加分は2、3割程度ではあるが、草原の面積は広いので、この違いはモンゴル全体で見ると非常に大きくなる。家畜が摂食することが草原の劣化になるのではなく、適度に家畜に食べさせることが草原の種多様性や生産にとって好ましいのである。

中規模の家畜の摂食圧で草原の生産が最適化されるという説は以前にも提唱されている（Loreau 1995）。その根拠として、家畜が植物を食べて排泄するリサイクルにより栄養塩の回転がよくなることが挙げられている（de Mazancourt et al. 1998）。しかし、刈り取り実験では刈り取った草を重さの測定のために草原から持ち出しているので、刈り取りによる栄養塩のリサイクルはない。したがって、刈り取りで植物の下層まで光条件がよくなるとか、新しい葉が伸びて若返るとか、植物の光合成が刈り取りで盛んになるからと

考えられる。特に、イネ科やネギ属、スゲ属の植物は序章で述べたように葉の生長点が基部にあるので、葉の先ほど老化している。植物の光合成効率は若い葉ほど高く老化とともに低下するので、先を食われて葉の基部の若い部分が伸びると光合成が活発化し、生産効率が上がる。これらの植物は葉の先が食われても葉が伸びるだけでなく、葉が若返ることができるのである。

ヒツジ・ヤギとウシの違い

　モンゴルには5畜といわれる様々な種類の家畜が放牧されているが、家畜の種類によって草原の生産量との関係に何か違いがあるのだろうか。草がよく生長している森林ステップの草原で家畜の群れの食べ残しの高さを調べると、ヒツジ・ヤギが普通に食べると食べ残した草丈が3cm程度、一方、ウシとウマの食べ残しは5cm程度になった（図2-7）。ウシは口が大きい上に歯ではなく舌で絡め取って食べるため食べ残しの草丈がヒツジ・ヤギより大きくなるようである。ウマ以外は比較的まんべんなく均一な高さで食べたが、ウマはばらつきが大きかった。食べ残しの平均値はウシなみに大きかったが、これはまんべんなく食べなかったためで、しっかり食べた場所ではヒツジ・ヤギとあまり変わらないようである。大型家畜と小型家畜の食べ方の違いが草原の生産に影響しているかを調べるため、ガチュールトの森林ステップの草原で、斜面上部と沢沿いに保護柵を設けて、これまでと同様の方法で、2003年に月1回、3cmと5cmの高さで刈り取り実験を行った。斜面上部では3cmの高さで刈り取った方が大きかったが、沢沿いでは5cmの高さで刈り取った方が年生産は大きくなった（図2-8）。草の生長が同じだと3cmと5cmの高さで刈り取ると当然3cmで低く刈り取る方が刈り取り量は大きくなる。6月の1回目の刈り取りでは3cmの高さで刈り取る方が斜面でも沢沿いでも大きかったが、2回目以降には違いを生じた。沢沿いでは5cmの高さで刈り取った方が1年を通すと大きくなったのである。これは草の生長量と関係があり、斜面では草の高さが10cmに及ばないが、沢沿いでは10cmを超えた。草の生長が良い場所では、刈り残しが3cmより5cmある方が刈り取り後の再生長がより大きくなったのである。

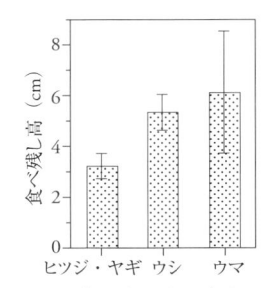

図 2-7　草原の食べ残し高の家畜による違い

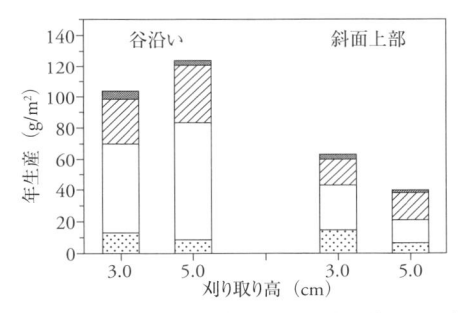

図 2-8　月1回の刈り取り（計4回）での刈り取り高による年生産の違い

　ヒツジ・ヤギの群れは尾根まで斜面をよく登って草を食べている。斜面上部ではヒツジ・ヤギに食べられた方が草の年生産が上がる。ウシは斜面をあまり登らないが、それは体が重いからというより草丈が低いとあまり食べられないからと考えられる。斜面上部でも夏季には暑さを避けて森林内にウシをよく見かけるが、森林内の草は背が高い。ヒツジ・ヤギは尾根に、ウシは沢に追えというチンギス・ハーン時代からの言い伝えが存在するが、その言い伝えは意味があったのである。このことは、ヒツジ・ヤギを沢沿いで食べさせると二重の意味で損であることを意味する。谷沿いの草の生産が下がるだけでなく、ウシにとっては迷惑となり、ウシの成長が低下する。現にヒツジ・ヤギの群れとウシの群れが同じ場所に来ている草原では、ウシは滞在時間の割には草をあまり食べていないと考えられる結果も得られている（コラ

ム1参照)。

摂食耐性植物の混交と摂食植物の生産

　家畜の摂食圧が強くなり、裸地が生じると、毎年種子で冬越しをする一年草が増えてくる。多年草では、家畜の摂食に対する防御を高めた摂食耐性植物が増える。これらの植物は家畜に食われないので家畜に食べられる植物より背丈が大きく目立っている。このような摂食耐性植物が摂食植物に混じって生えると、背の低い摂食植物は摂食耐性植物の陰になるなど圧迫され、生産量が低下してしまうのではないだろうか。これを確かめるため、両者が混じった集団において、摂食耐性植物を刈り残した場合と摂食耐性植物も摂食植物と同時に刈り取る場合で、刈り取った摂食植物の生産に違いが出るかどうかを2003年にガチュールで調べた。実験を行う保護柵は森林ステップの斜面上部と沢沿いに設け、刈り取りは月1回で、3 cmと5 cmの高さで刈り取った。

　結果、沢沿いでは、5 cmでの刈り取りでは摂食耐性植物を刈り残すと予想通り摂食植物の生長は低下したが、3 cmでは差がみられなかった。しかし、斜面では、5 cmでは差がなかったが、3 cmでは摂食耐性植物を刈り残した方が逆に摂食植物の年生産が大きくなったのである(図2-9)。このように、摂食植物の生産に対する摂食耐性植物を刈り残したマイナスの影響は谷沿いの5 cmに現れ、斜面上部の3 cmでは逆に摂食耐性植物の刈り残しがプラスの影響となった。2003年の7月に測定した土壌水分には違いがあり、谷沿いの両3は21.6％、片3は20.1％、両5は21.9％、片5は20.8％、斜面上部の両3は16.1％、片3は13.6％、両5は17.8％、片5は17.1％であった。斜面上部では、5 cm高の刈り取りで、摂食耐性植物を刈り残した方で土壌水分が高く、刈り取り後の生長に土壌水分がプラスに働いたと思われる。植物量が多いほど蒸発散量が大きくなる(1章1-3節参照)ので、摂食耐性植物を刈り残した方で土壌水分が高かったのは土壌保水力などに違いがあったためと考えられる。実際には、家畜は人間が刈り取るほど細かく食べ分けができないし、どの程度刈り残すかという比率も影響するため、この実験の結果

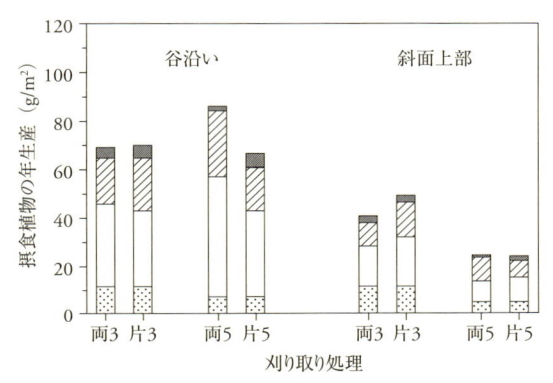

図 2-9 摂食耐性植物を同時に刈り取った場合と刈り残した場合の月 1 回、計 4 回の刈り取りでの摂食植物の年生産。両は両方刈り取り、片は摂食植物のみ刈り取り。3 は 3 cm 高での、5 は 5 cm 高での刈り取り。

は一般化しにくい。しかしこの実験は、摂食耐性植物が草原に生育していて摂食植物と混じることは、単純にマイナスとばかりはいえないことを意味している。

過放牧の影響

　過放牧が草原の生産にどう影響するかを調べるため、刈り取り高と刈り取り間隔を変えた組み合わせの刈り取り実験を行った。過放牧で予想されるのは、家畜の摂食頻度が増えることと、摂食高が低くなることである。したがって、刈り取り頻度は月 1 回条件に加えて半月に 1 回という条件を組み合わせ、刈り取り高は 3 cm に加えて 0 cm という条件を加えた。刈り取り高 0 cm は、後に述べるヤギとヒツジの飢餓実験でみられたような、家畜の強い摂食圧に相当する。実験柵は、森林ステップに位置するウランバートル（ガチュールト）だけでなく、ステップのマンダルゴビ、乾燥ステップのダランザドガドでも平坦部に設置した。刈り取りの継続的な影響を知るために、1 年だけでなく、2006 年から 2009 年まで 4 年間継続して同じ刈り取り実験を行った。植物の種数は、毎年 8 月の刈り取り前に調べた。

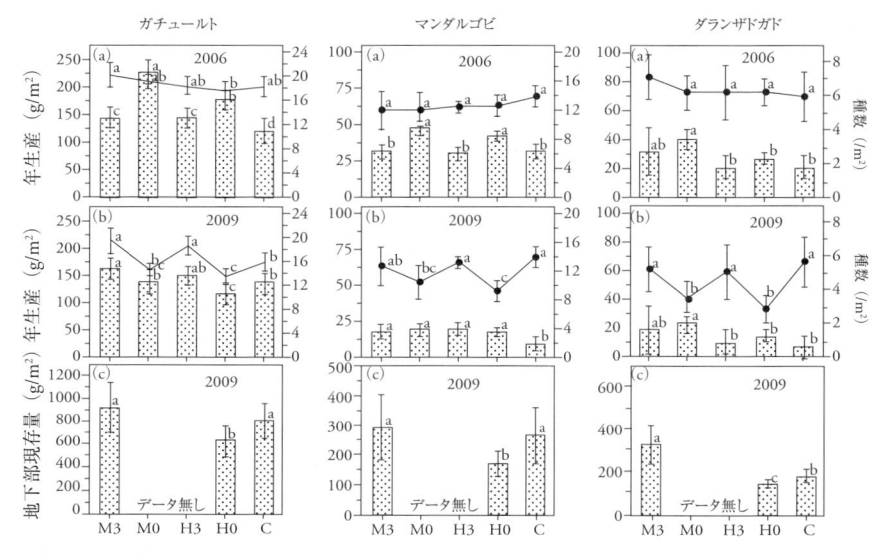

第1部　草原と森林の生態系ネットワーク

図 2-10　5月中旬から9月中旬まで刈り取り間隔と刈り取り高を違えて4年間続けた刈り取り実験の草原植物の年生産と種数の変化と4年後の地下部現存量。2006年が最初の年で、2009年が最後の年。Mは月1回、Hは半月1回の刈り取りで、Cは途中は刈り取らずに1年の最後のみ刈り取ったコントロール。3は3 cm高、0は30 cm高での刈り取り。a、b、cは5%水準での有位差。

　3地点の結果（図2-10）を見ると、草原植物の種多様性については、3地点とも、1年目（2006年）は実験区の間で違いがなく、4年目（2009年）には0 cm高の刈り取り地点で、3 cm高の刈り取りとコントロールよりも種数が低下した。3 cm高の刈り取り地点とコントロールの比較では、ガチュールトのみコントロールの方が少なかった。ガチュールトの方がマンダルゴビとダランザドガドよりも湿潤で植物の生長が良いため、ガチュールトの斜面と平坦部の違い（Fujita et al. 2009）のように、刈り取りのないコントロールでは光競争による排除があったためと思われる。年生産については、1年目は、3地点とも、0 cm高での刈り取りで、3 cm高の刈り取りとコントロールよりも大きかったが、4年目には、ガチュールトでは、0 cm高の刈り取りの方が3 cm高の刈り取りとコントロールよりも低下し、マンダルゴビとダラン

ザドガドでは、0 cm 高の刈り取りは 3 cm 高の刈り取りとコントロールとは差がなかった。4 年後の秋に掘り取って地下部現存量を比べると、3 地点とも、半月 1 回の 0 cm 高の刈り取りが、月 1 回の 3 cm 高の刈り取りとコントロールより有意に小さかった。

　1 年目に 0 cm の刈り取りで年生産が大きくなったのは、その年の光合成の稼ぎが大きかったからではなく、地下部からの転流による補償生長によったと思われる。地表面の高さで刈り取ると 3 cm 高の刈り取りに比べて植物の地上部が大幅に減ってしまう。したがって、植物は必死で地上部を再生させようとし、そのために地下の貯蔵物質を大きく消費したのだろう。そのため、1 年目の地上部の見かけの生産量はよくても、4 年間も続くと、補償生長が低下して年生産も低下し、地下部貯蔵量が減少したと考えられる。ステップのマンダルゴビと乾燥ステップのダランザドガドにおいて、0 cm 高の刈り取りで年生産の低下速度が森林ステップのガチュールトより遅かったのは、ステップと乾燥ステップではまとまった降水の期間が限られ、その結果植物が生長した期間も限られていて、同じ 1 年間でも、有効な摂食圧の頻度が低かったためだと思われる。ガチュールトでは、ほぼ毎回結構な量の地上部が刈り取られたが、マンダルゴビとダランザドガドでは、年 1〜2 回であった。一方、3 cm の高さで月 1 回の刈り取りは、生長期間中刈り取りを行わなかったコントロールに比べて、値のばらつきが大きくて有意性に差はあるが、3 地点とも地下部重量がやや大きかった。3 cm の高さで月 1 回の刈り取りはコントロールよりも年生産が高くなるので、地下の貯蔵量も大きかったと考えられる。

過放牧と草原の劣化

　地表面（0 cm 高）での刈り取りを数年間続けると多年生植物の地下部重（貯蔵物質の量）が減少して生産が低下したことは、継続的な家畜の過放牧によって草原が劣化することを裏付けた。継続的な過放牧による草原の劣化には、生産力の低下以外に植物の種組成が変化して家畜の摂食植物から摂食耐性植物に変化することや土壌がアルカリ性化することが挙げられる（3 章 3-2

節参照)。また、過放牧とは草原の生産でまかなえる家畜扶養力以上に家畜が多くなっていることを意味するが、言葉通りに家畜の数が扶養力を上回ることは不可能なはずである。しかし、補償生長による地下部貯蔵物質からの転流によって草原植物の地上部の見かけの年生産が実際の光合成による稼ぎよりも大きくなったことは、ある場所の本来の光合成による草原植物の生産力を超えた家畜の利用が可能なことを意味する。すなわち、その場所での一時的な過放牧が可能になるのである。家畜が過剰な過放牧状態になっても、数年間もしくはそれ以上の期間、家畜が養える。地下部の貯蔵量では草原の劣化が進んでいるのに、地上部の見かけの生産量では分からないのである。もちろん、地下部からの転流には限りがあるので、補償生長が無理になると養える家畜数は減少する。この一時的に過放牧が可能なことが草原の劣化を進めることになる。

2-2 草原の小低木と遊牧

　モンゴルの草原の場所によっては小低木が生育し、多いところでは小低木の林冠の土地に対する被度が20％を超える。小低木が生育している草原としていない草原で何が違うのか、また、小低木が生育している場合に草原の生産に対して小低木がどの程度寄与しているかを明らかにする必要がある。森林ステップは草原と森林が混在するが、立地条件としての違いが草原と森林にあるのかどうか、また、森林と草原の比率、関係は昔から変わらなかったのかどうかを明らかにする必要がある。この節では草原と樹木の関わりをまず草原と森林の関係から、次に草原の小低木の役割から考える。

(1) 森林と草原

　モンゴルの森林ステップはその名の通り森林と草原が混じっているが、森林ステップでの森林の分布には規則性がみられる。首都ウランバートルの玄

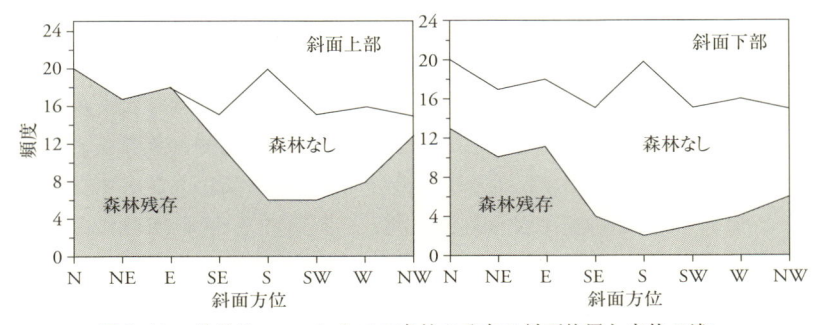

図 2-11 ボグド・ハーン山での森林の分布の斜面位置と方位の違い

関口チンギス・ハーン空港から市内まで行く途中の右手（トール川の南）にボグド・ハーン山の北面が見える。この山には立派な森林が存在する。衛星写真で森林が分布する斜面位置と方位をボグド・ハーン山の西部で調べた結果、斜面上部と下部では斜面上部に多く、斜面方位では北向きと東向きに多かった（図2-11）。モンゴルの森林では落葉針葉樹のカラマツが最も広く分布するが、この地点には常緑針葉樹のトウヒとマツの仲間が分布する。斜面の北向きと南向きでは太陽の日射量が異なり、日射量が大きい南向き斜面の方では地表面からの蒸発散が大きいため土壌が乾燥する。そのため、森林は土壌水分が高い北向き斜面に分布している。東向き斜面と西向き斜面では日射の入り込む時間帯は異なるが日射量に違いはない。地表面からの蒸発散には日射以外に温度や風速が影響し、朝方より温度の高い夕方に日射を受ける西向き斜面の方で土壌が乾燥しやすい。そのため土壌水分量が多い東向き斜面の方で森林が分布すると考えられる（4章4-3節参照）。

モンゴルの森林ステップはどのようにして成立したのだろうか。森林ステップの草原がもともと昔から分布していて森林とステップが存在していたのか、近年の人間活動によって森林の中にステップが広がったのかが問題である。モンゴルはシベリアの永久凍土地帯につながり、その周縁部に位置する。永久凍土は森林ステップの森林部分には存在するが、草原部分では欠ける（Ishikawa et al. 2005）。永久凍土が不透水層となるので、永久凍土が存在す

る方が土壌水分量は多くなる。ただし、永久凍土は森林が壊れて草原化して地表面が暖められると消えていくので、その場所がもともと草原だったのか、森林が壊れて草原になったのかは現在の永久凍土の有無だけでは決められない。亜寒帯の森林の乾湿傾度としては、バイカル湖周辺では、トウヒやゴヨウマツの仲間の常緑針葉樹、カラマツの仲間の落葉針葉樹、ヨーロッパアカマツの常緑針葉樹の順で乾燥立地に分布することが挙げられる（Fujita 1997）。斜面の下部にトウヒやゴヨウマツの仲間の常緑針葉樹林、上部にカラマツの落葉針葉樹林という植生分布、あるいは、山の北斜面にカラマツの仲間の落葉針葉樹林、南斜面にヨーロッパアカマツの常緑針葉樹林とか、山の北斜面にヨーロッパアカマツの常緑針葉樹林、南斜面に森林が欠けるという植生分布はみられたが、山の北斜面にトウヒやゴヨウマツの常緑針葉樹林があるが、南斜面には森林が欠けるというような極端な違いは考えにくい。現に、ボグド・ハーン山の保護地域では南斜面にトウヒの仲間の常緑針葉樹林が分布している。斜面の上部と下部を比べると土壌水分は斜面の下部ほど高くなる（Yanagisawa and Fujita 1999）ので、自然条件としては斜面下部の方が森林分布に適している。しかし、森林ステップの森林は斜面の上部に多く分布しており、斜面下部や平坦部には少ない。このことは斜面下部や平坦部の森林は人為的要因（伐採や家畜の食害）によって失われたことを示唆している。社会主義時代にはウランバートル北東のヘンティ山脈で盛んに伐採が行われ、伐採された材木がトール川やヘルレン川を通って筏で大量に運ばれていたそうである。現地に行くと今でも当時の伐採道路が残っている。ウランバートルの北西部には南斜面にヨーロッパアカマツの林が残っている地域もある。遊牧の冬営地・春営地は、日当たりが良く、風を受けにくく、春の草の芽吹きが早い南向き斜面に位置する。これらのことから、森林ステップ地帯の平坦地と南向き斜面では森林が人為的要因で壊された可能性が考えられるが確かな証拠はない。モンゴルの森林は社会主義時代以降大規模な森林伐採を受けてきた（4章4-1節参照）。森林伐採が少なかったアルタイとフブスグル地域では過去数十年にわたって河川の流出量が増加しているのに対し、伐採が激しかったヘンティ山脈とハンガイ山脈では大きく減少している（1

章 1-2 節参照）ことは、森林の残存量と河川の流出量が負の相関を示すことを示唆している。

　森林は草原より土壌水分が多い。したがって、斜面上部や集水域の上流部に存在する森林が斜面下部や集水域の下流部の草原に対して水を供給している可能性が考えられる。実際、ウランバートル東部のガチュールトでの調査によると、森林の下部の草原と草原の下部の草原の土壌水分を比較した結果、森林の下部の草原の方が土壌水分が良く、森林ステップで上流に森林が存在すると森林から草原に土壌水分が供給されて、森林のない草原よりも草原植物の生長に好適であることが分かった（4章4-3節参照）。しかし、現在森林面積は減少しており、ウランバートル近郊の草原に面した森林でも、家畜の食害による若木の生育の阻害や違法伐採も目立つ（4章4-2節参照）。

　モンゴルで優良な遊牧地はどこかと尋ねると多くの人はアル（北）ハンガイと答える。アルハンガイ地域は森林ステップに位置する。モンゴルの森林ステップの草原はステップと乾燥ステップより面積は小さいが（序章図6参照）、草原の生産量ははるかに大きい（図2-9参照）。森林ステップの草原はステップと乾燥ステップよりも土壌水分が良く、草原植物の生長が良いためと考えられるが、その根本的な要因は森林が草原と共存していることである。したがって、森林ステップ地帯では森林を保全することが遊牧による草原利用にとっても好ましい。

(2) 草原の小低木

小低木の分布

　森林の林床には低木（灌木ともいう）が分布するが、草原にも草だけでなく、低木も分布する。低木といっても大きい場合は高さ4〜5mに達するが、モンゴルの草原では数メートルに達する *Haloxylon ammodendron*（モンゴル語ではザグ、高木ではないが、モンゴルでは森林に扱われている）を除いて人間の背丈より低い小低木が多い。小低木の分布は地域・環境に応じて異なる。ウランバートルの南から南ゴビ地方まで、ステップと乾燥ステップに優占する小

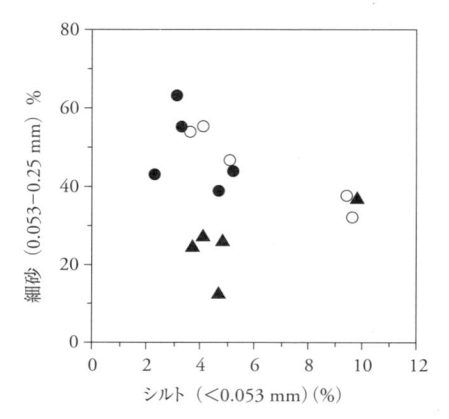

第 1 部　草原と森林の生態系ネットワーク

図 2-12　小低木の生育場所の表層土壌の粗砂（0.25-2 mm）、細砂、シルト以下（粘土も含む）に区分した場合の粒径分布（○：*Caragana stenophylla*、●：*Caragana stenophylla*、▲：*Kalidium foriatum*・*Reaumuria soongorica*）

低木は三つのタイプに分けられる。ウランバートルからマンダルゴビにかけてのステップはマメ科ムレスズメ属の 1 種（*Caragana microphylla*）が優占するタイプであり、マンダルゴビからダランザドガドにかけての乾燥ステップには二つのタイプが分布する。一つは、ムレスズメ属の別種（*Caragana stenophylla*）が優占するタイプで、*Caragana microphylla* より葉が細く小型化し、乾燥型である。もう一つは、アカザ科（*Kalidium foliatum*）とギョリュウ科（*Reaumuria soongorica*）の小低木が優占するタイプで、多くは両者が混交する。乾燥ステップの二つのタイプの違いは、表層土壌（深さ 10 cm と 30 cm）の粒径分布である（図 2-12）。粗砂、細砂、シルト以下（粘土を含む）に区分すると、*C. stenophylla* では粒径が 0.25 mm より小さく、0.053 mm より大きい細砂が多く、それに反して *K. foliatum*・*R. soongorica* では 0.25 mm より大きく 2 mm までの粗砂が多いか 0.053 mm より細かいシルトと粘土が多かった。表層土壌の粒径は、雨で土壌深くに浸透した水が土壌表面から蒸発して失われる速度と関係する。粗砂が多いと土壌中の空隙が大きくなり、水が直接蒸発しやすい。一方、シルトや粘土が多いと水は土壌中を毛管現象で上昇する。細砂が多いと毛管水が連続しなくなり、毛管現象による水の上昇が妨げられるの

図 2-13　小低木の主根（a: *Caragana microphylla*、b: *Caragana stenophylla*、c: *Kalidium foliatum*、d: *Reaumuria soongorica*）

に加え、空隙がそんなに大きくないために直接の蒸発も小さくなる。したがって、細砂が多いと土壌深くの水が失われにくいと思われる。すなわち、土壌深くの水が長期間保たれやすい。その違いを反映してか、両者には主根の深さに違いがある。細砂に分布する *C. stenophylla* と *C. microphylla* は主根が深さ 1 m まで達し、深い土壌から吸水できるのに対し、粗砂とシルト以下に分布する *Kalidium* と *Reaumuria* は深さ 20 cm 程度で草と変わりがなく土壌表層からのみ吸水する（図 2-13）（図 1-31b 参照）。ステップに分布する *C. microphylla* は、ウランバートルに近いステップ北部ではシルト以下が優占す

る土壌にも分布した。ステップ地帯でも北部では森林ステップに近くなり相対的に降水が多くて土壌水分条件が良くなるからであろう。このように、小低木の分布には気候と土壌の乾燥程度に対応して、三つのタイプがあり、*C. microphylla*、*C. stenophylla*、*K. foliatum*・*R. soongorica* の順で乾燥が強くなる。最も乾燥程度が強い環境に生える *K. foliatum* は乾燥に強い C4 植物である。なお、浅根の *K. foliatum* と *R. soongorica* は降水が少量で土壌表層にしか浸透しない場合に表層で効率よく吸水できるそうである（1 章 1-2 節参照）。

家畜の餌としての小低木

草本に家畜が好む種と好まない種があるように（3 章 3-2 節参照）、低木にも家畜が好む種と好まない種がある。世界的に家畜の過放牧によって草本の草原が劣化し、低木が優占するという報告（Anser et al. 2004）があるが、それは家畜の摂食に強い抵抗性がある低木についてであって（序章 1 節参照）、モンゴルの草原で調べるとモンゴルの小低木は逆に家畜に食べられている。特に *Caragana* 属はよく食べられる（図 2-14）。モンゴルには家畜が多く分布するのに、他国でみられるような摂食抵抗の激しい低木が見当たらないことは、モンゴルでの低木に対する家畜の摂食圧が歴史的に強烈ではなかったためと考えられる。もし、強烈な摂食圧が続いていれば摂食抵抗の強い低木が出現したはずである。それは後述するが、遊牧が行われ、それによる家畜の移動が続いてきたおかげといえる。

草原には小低木と草が混じって生えているため、小低木と草がそれぞれどれほど生産しているかを比較した。小低木は主に葉を食べられるので、小低木の葉と草の生産量を同じ場所で測定した。ステップと乾燥ステップの *C. microphylla*、*C. stenophylla*、*K. foliatum*・*R. soongorica* が生えているそれぞれの草原に家畜の食害から保護した実験柵を 2008 年の秋に設け、2009 年から毎年比較した。小低木はパッチ状に生え、草のように地面一面に生えるわけではない。したがって、小低木の葉の生産量は草の刈り取りを行った 1 m^2 よりも小さい面積（例えば 20 cm^2）で葉が埋まっている部分を対象として葉全体を刈り取って求め、葉が占めている部分の面積あたりの小低木の葉の生産量

図 2-14 家畜に食害された乾燥ステップ地帯の *Caragana stenophylla*

を計算した。さらに、小低木の葉の面積が柵内の面積全体のどの程度を占めているかという比率から、地面 1 m² における小低木の葉の生産量を計算した。また、実際に家畜が草と小低木の葉をどの程度食べたかについては、保護柵の外で、草については食べられて残っている草高を毎月測定し、柵内でその高さで毎月刈り取り、その刈り取り量を 1 か月間の摂食量と推定した。小低木の葉の摂食量については、5×10 m² の柵を毎月取り払って家畜が摂食できるようにし、パッチ状の葉の総面積を取り払う直前と取り払った 1 か月後に測定し、減少した面積分を 1 か月間の摂食量と推定した。ただし、実際には 1 か月の間に葉と枝の横方向の生長があるが、その増加分の葉の面積は測定できていないし、パッチの上の縦方向にも生長と摂食があるが、その分も測定できていない。したがって、小低木の葉の摂食量の推定は過小評価と考えられる。測定法の困難さもあり、小低木の葉の家畜の摂食量はマンダルゴビの *C. microphylla* 優占地でのみしか測定しなかった。

ステップ地帯のマンダルゴビでの 2009 年の日降水量 (5 月～8 月)、草の半

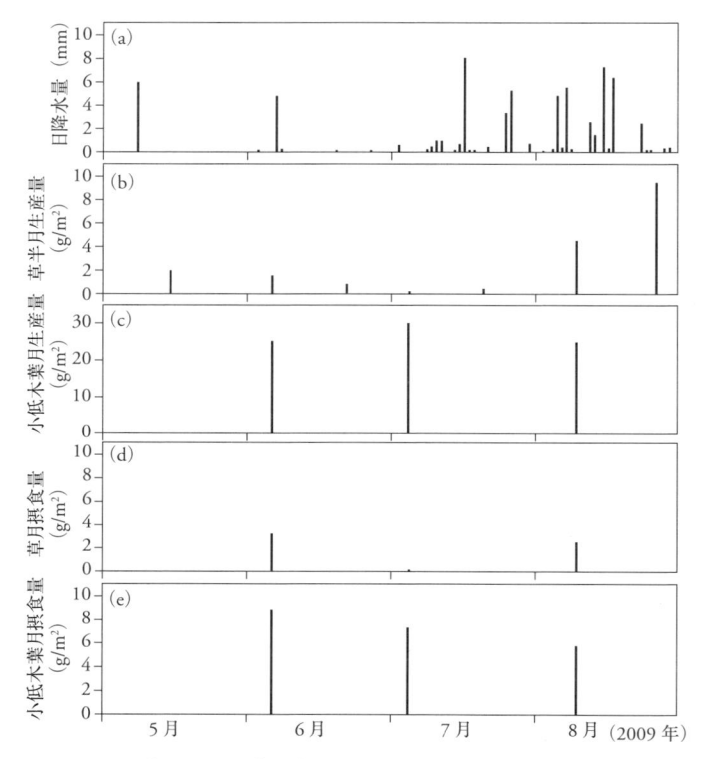

第 1 部　草原と森林の生態系ネットワーク

図 2-15　マンダルゴビでの 2009 年 5 月から 8 月までの日降水量、草半月生産量、小低木葉月生産量、家畜による草の月摂食量、家畜による小低木葉の月摂食量

月単位の生産量 (5 月～8 月)、小低木葉の月単位の生産量 (6 月～8 月)、家畜の草の月単位の摂食量 (6 月～8 月)、家畜の小低木葉の月単位の摂食量 (6 月～8 月) を調べた (図 2-15)。草の生産量は 5 月から 7 月までは小さく、8 月に上昇した。7 月上旬までは日 5 mm を超える降水があったがそれも月 1 回で、半月 15 mm を超えるまとまった降水がなかったため、草の生産がよくなかった。7 月下旬以降は 5 mm 程度の降水が半月に複数回あったため、8 月の生産がよくなった。一方、小低木の葉は、降水量とは関係なく、葉が占める樹冠面積では 6 月から 8 月にかけて毎月 150 g/m^2 の生産があった。樹

冠面積は土地面積の約 20％だったので、土地あたりでもおよそ 30 g/m² となり、最大の 8 月でも 15 g を超えない草の生産よりもはるかに大きかった。家畜が実際に食べた摂食量も、草は多い月で 13 g/m² であったのに、小低木の葉は 6 g を下回ることがなかった。このように、小低木の葉の生産量は草よりも大きく、実際家畜にもたくさん食べられていた。小低木が分布する草原の草の生産量は小低木が分布しない草原よりも小さくなる傾向がある。しかし、同じマンダルゴビで、小低木が分布しないがそれほど劣化していない草原の草の年生産量は少し高いが 30 g/m²（図 2-11）であり、土地面積あたり計算しても小低木に及ばない。2009 年の小低木各種の葉の 8 月の現存量は、樹冠の葉面積あたりで、バヤンウンジュールの *C. microphylla* が 264.9 g/m²、マンダルゴビの *C. microphylla* が 216.3 g/m²、フルドの *C. stenophylla*、が 203.0 g/m²、ダランザドガドの *K. foliatum* 1 が 414.0 g/m²、同じくダランザドガドの *R. soongorica* が 356.7 g/m² といずれも大きかった。実際には樹冠が土地面積に占める比率で土地面積あたりの年生産は変わってくる。低木の *Caragana* は深根であるため、降水がなくても以前の降水時に土壌深くに浸透した水を利用できる（1 章 1-2 節参照）。そのため、降水が少なくて草の生産が小さい時期にも、葉の生産が大きかった。小低木は冬季にも生きた枝と幹を地上部に展開しているので、冬季には枯葉だけでなく、生きた枝と幹が家畜の餌となり、小低木の枝の摂食に適していない食べ方のウシでも無理に食べている。小低木の葉、特にマメ科の *Caragana* の葉と花は栄養価が高い。このように、小低木は量的だけでなく、草が生育していない時期を含めた遊牧における通年の家畜の餌として非常に貴重になっている。

家畜の摂食による小低木の衰退

　小低木が家畜の摂食によって衰退するかを調べるため、保護柵の内側と外側の一定面積において 2009 年から 2011 年まで毎年 8 月に個々の小低木パッチの葉の面積と高さを測定した。ステップ地帯のバヤンウンジュールで、保護柵内外の 1500 m² を調べた結果、2009 年 8 月から 2011 年 8 月の 2 年間で、柵内の総葉面積の土地面積に対する比率は 0.94％から 0.93％と変わらなかっ

たのに対し、柵外は 1.03％から 0.95％に有意に減少した。この葉の面積の減少は、葉だけでなく枝や幹を食べられたためと考えられ、小低木パッチの樹冠の葉高の平均値は 2011 年に柵内で 27.9 cm だったのに対し柵外では 22.4 cm と有意に低かった。柵外で葉高が低くなっているのは家畜に横だけでなく上部からも食べられているためと考えられる。小低木パッチの総数は、柵内で 2009 年の 49 から 2011 年の 48 とほとんど変わらなかったのに対し、柵外では 55 から 65 と逆に増加しており、柵外では、家畜に食べられて小低木の小さいパッチが分断されて分離し、パッチ数が増加したと考えられる。2010 年と 2011 年の夏はともに柵の周辺に遊牧民のゲルがあり、家畜が摂食していた。家畜の密度・摂食圧にもよるが、この 2 年間は小低木が葉だけでなく、枝と幹が食べられて、小低木が縮小傾向にあることは明らかである。土地面積で小低木が 2 年間に 0.08％減少し、0.95％残っているということは、単純計算でこのまま減少すると、今後 24 年たてば小低木が消滅することを意味する。

長期間での小低木の減少、絶滅

　小低木は家畜の摂食によって減少しうる。小低木が現在どの程度分布しているかを知ることは、モンゴルの過去と今後の遊牧を考える上で必要である。ウランバートルからマンダルゴビまでのステップ地帯、マンダルゴビからダランザドガドまでの乾燥ステップ地帯でどの程度小低木が分布しているかを知るため、2008 年 8 月にウランバートルからマンダルゴビを経由してダランザドガドまで車で南下し、道路沿いの小低木の種と密度を調べた。ステップ地帯は主な分布は *C. microphylla* のみであったので、その密度を目視で高（おおよそ土地面積の 10％以上）・低（おおよそ土地面積の 1〜10％）・稀（おおよそ土地面積の 1％以下）・無の 4 段階に区分し、密度が変わる地点を GPS で記録した。乾燥ステップ地帯は、小低木の種が *C. stenophylla* と *K. foliatum*・*R. soongorica* で変わる地点および同じ種であっても密度が変わる地点を GPS で記録した。GPS の記録から小低木の種と密度が一定で連続する距離（道路に沿った測定だが距離は直線距離）を求め、それぞれの総距離を計算した。同

第 2 章　草原と遊牧の環境学

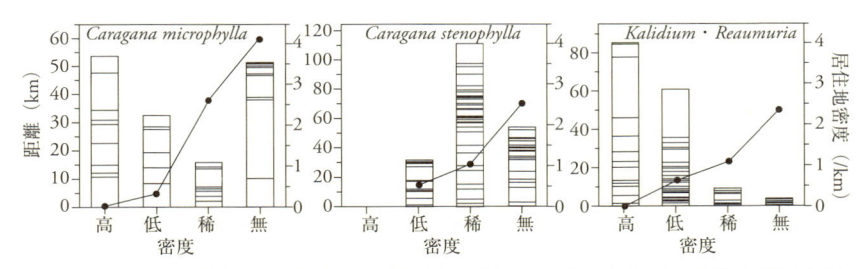

図 2-16　三つの小低木タイプの密度の距離分布（棒グラフ）と遊牧民の居住地頻度（折れ線グラフ）

時に、遊牧民の居住地である、夏営地のテントおよび残存している冬営地の小屋と柵が道路沿いに存在（およそ道路から片側 1 km の範囲）すればその位置も GPS で記録した。その結果を、三つの小低木タイプ別に示す（図 2-16）。ステップの *C. microphylla* では、高密度、低密度と稀密度の合計、無密度のそれぞれの距離がほぼ等しかった。乾燥ステップでは、*C. stenophylla* は高密度が存在せず、低密度も 15％程度で、稀密度が半分以上、無密度は全体の 3 分の 1 程度であった。一方、*K. foliatum*・*R. soongorica* は高密度が半分を越え、低密度も大きく、稀密度と無密度はあわせて 10％程度と少なかった。遊牧民の居住地は全体として無密度と低密度に多く存在した。すなわち、乾燥ステップの *C. stenophylla* が最も低密度で、乾燥ステップの *K. foliatum*・*R. soongorica* が最も高密度、ステップの *C. microphylla* が中間であった。*C. microphylla* よりも刺と葉が細くなり、*C. stenophylla* に似た生活型の *Caragana leucophloea* はステップで *C. microphylla* と同じ場所に混交するが、その場合は *C. microphylla* よりも家畜の摂食を強く受けている。*C. stenophylla* が *C. microphylla* より密度が低下しているのは、このように摂食耐性がより弱いことと乾燥ステップの方が草の少なさのため小低木への家畜の摂食圧が強いためであろう。*K. foliatum*・*R. soongorica* は密度は高いが、食痕はあり、家畜に食べられていないわけではない。ただ、マメ科の *Caragana* の方が家畜にとって良い餌であろう。

遊牧民の居住地が小低木の密度が小さい場所に多かったことは何を意味す

るか。一つは、家畜は小低木を餌にしないので、小低木の密度が高い場所には居住地が少なく、小低木の密度が小さい場所に居住地が多いのであるという解釈。もう一つは、家畜が小低木を食害するので、居住地の場所では密度が小さくなり、居住地が無い場所で小低木の密度が大きく残っているという解釈。どちらの解釈が妥当なのか。今回の結果から、家畜が小低木を好まず食害しないというのは明らかに誤りで、家畜が小低木を強く摂食していることは明らかである。また、遊牧民は夏や冬の居住地に同じ場所を繰り返して使うことが多いので、居住地を中心に摂食圧が強くなり、それが何年も続く。多くのソムセンター周辺では小低木が分布せず、家畜が好まない摂食耐性植物が分布しているのも長年の家畜の摂食圧の高さのためと考えられる。野生の大型草食哺乳類が主役であった時代のステップの原植生はおそらく小低木が全体に分布していたのではないだろうか。移動する大型草食哺乳類に比べて、家畜と人間の影響は強く、集中的である。そのため、小低木が近年減少したと考えられる。ただし、モンゴルのステップは小低木が減少しているとはいえ、ユーラシアの他地域のステップに比べてかなり多く残っている。これは、モンゴルでは歴史的に遊牧が行われてきた結果であり、定住型の牧畜が早くから行われてきた他のユーラシア地域との違いである。

小低木の砂防効果

　ステップと乾燥ステップでは風が強いと砂塵嵐が発生する。モンゴルでは特に春に強風が吹き、これが偏西風にのって日本まで到達すると黄砂として降り積もる。小低木のパッチは土壌を抱いてマウンドを作って盛り上がっている。このマウンドは土壌がシルト質より砂質に近づくほど高くなる。土壌を集積するステップの小低木は砂防効果があり、逆に小低木が失われると砂塵嵐がひどくなるかもしれない。それを確かめるために小低木のマウンド付近の土砂の堆積と流出を調べた。小低木のマウンドは風下側に土壌が堆積するので風下側に生長する。マウンドが壊れる場合は風上側から始まる。家畜の摂食などにより小低木の葉や枝が枯れると壊れ始める。*Caragana microphylla* のマウンドの樹冠面積が土地面積の20％を占め、マウンドの密

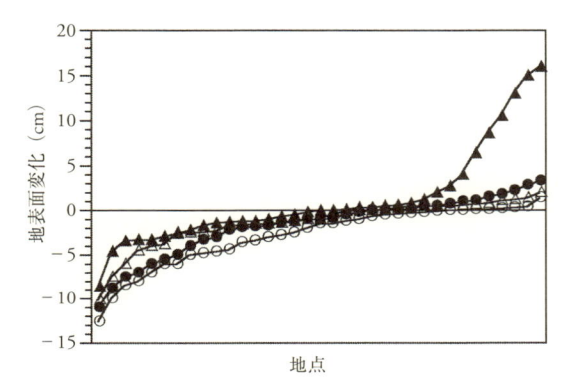

図 2-17 小低木 *Caragana* のマウンド付近の地表面の変化。三角印がマンダルゴビ、丸印がフルド。黒塗りが健全なマウンド、白抜きが壊れたマウンド。左側が風上、右側が風下。

度が高く健全なマンダルゴビの小低木地帯と *Caragana stenophylla* のマウンドの樹冠面積が土地面積の5%しか占めず、マウンドの密度が低く、孤立したマウンドが散在するフルドの小低木地帯で、樹冠の広がりの80%以上を葉が占めている健全なマウンドと樹冠の広がりの20%以下しか葉が占めていない壊れたマウンドをそれぞれ五つ選んだ。マウンドを横切った断面で一つのマウンドで7地点に鉄棒を差し込み、地表面の2009年10月から2011年8月まで2年間の変化を調べた（図2-17）。35地点の平均値は、マンダルゴビの健全なマウンドが＋1.2 cm、壊れたマウンドが－1.3 cm、フルドの健全なマウンドが－1.7 cm、壊れたマウンドが－2.8 cmであった。すなわち、マウンドの地点によってプラスマイナスはあるが、平均すると、マウンドが密度高く存在する場合には健全なマウンドは高さ方向に成長し、壊れたマウンドは風蝕を受けた。一方、マウンドが散在する場合には、健全なマウンドであっても風蝕を受けていたのである。土壌はよそに飛ばされ、よそから運ばれる。平均値はその結果であり、プラスであっても砂塵のもととなることに変わりがないが、小低木が健全にマウンドを作って生育しているとその場所の砂防効果があるが、小低木が枯れてくると表層土壌は浸食される。

日本に飛来する黄砂

　浸食されたマウンドの土壌はモンゴルでの砂塵嵐の元となる。大気中を土壌がどれだけ飛来するかは土壌粒子のサイズによって決まり、細かな粒子ほど遠くまで飛来する。中国から飛来する黄砂は直径 20 μm 以下と、スギ花粉の平均 30 μm より小さい。中国より遠い中東から飛来する黄砂は数マイクロメートル以下と、中国からの黄砂より小さい。ただし、中国からも細かい粒子は飛来しており、PM2.5 と呼ばれる 2.5 μm より小さい粒子も飛来している。モンゴルの表層 30 cm までの土壌は 50 m 以下のシルトや粘土に相当する細かい粒子は量的に非常に少ない。すなわち、表層から細かい粒子は歴史的にすでに多くが飛ばされており、モンゴルで砂塵嵐が生じても日本にまで飛来するモンゴル起源の黄砂はあまり多くないと思われる。ただし、30 cm より深い土壌には粘土層も存在するので、農耕地の開墾や鉱山開発のように土壌を深くから攪乱すると表層に細かな土壌粒子が供給されるであろう。

乾燥地の小低木による緑化

　モンゴルでは森林に分類されているアカザ科の *Haloxylon ammodendron* は、*Caragana* 同様に乾燥ステップの砂土に分布するが、マンダルゴビからダランザドガドまでの道路沿いでは、小さな木をわずか 2 個体見つけただけであった。もともとは多く分布していたはずである。家畜が食べるだけでなく、燃料材として重要なので、ほとんど切り尽くされたのかもしれない。乾燥地の緑化にはよくポプラの仲間が使われる。マンダルゴビにもポプラの苗床があり、ポプラの植林が考えられているようである。しかし、ポプラは生長が良いが、水を浪費する。そのため、乾燥地で育てるためには散水が必要であり、土壌から水を奪って乾燥させるので他の植物が生育できない（図 2-18）。また、育っても軟弱な材で有用ではない。中国でも以前はポプラばかりが植えられたが、近年は他の樹種も植えられるようになった。ステップ、乾燥ステップの植林には、水を浪費するため地下水が浅くて豊かな場所しか生育できず、材の有用性の低いポプラよりも、家畜の重要な餌となり遊牧に役立つ

第 2 章　草原と遊牧の環境学

図 2-18　中国内モンゴルで植林されたポプラ。葉からの水の蒸散が高く、土壌から水を浪費して土壌を乾燥させるので、林床に他の小低木や草が侵入しない。

本来の植生の小低木を植えて植生を回復すべきである。特に、有用であるが上に衰退している *Caragana* や *Haloxylon* は、現存の部分は保全するとともに、自然に生育できる砂質土壌の部分では植林によって回復していくべきである。

(3) ヤギとヒツジの草原生態系への影響

ヤギとヒツジの比較

　モンゴルでは、ヒツジとヤギは一つの群れとして一緒に飼われている。それは、ヤギは賢くて草原の草の状態を把握し、良い草が食べられる場所に群れを誘導していくので、ヤギを混ぜることによってヒツジの成長が良くなるからといわれている。確かに、群れの移動を観察していると、ヤギが先に立ち、ヒツジが後を追っているようである（図 2-19）。そのための適正な比率はヤギが 20〜30％ぐらいで、ヤギが多くなりすぎるとヤギが先に餌を食べ

第 1 部　草原と森林の生態系ネットワーク

図 2-19　ヤギが先導するヒツジとヤギの混群。モンゴルのヒツジは白い。白いヤギもいるが、黒や茶の色はヤギで、確かに群れを先導している。

てヒツジの成長が悪くなるといわれている。また、ヤギは寒さに弱く、夜間にヒツジと一緒に狭い柵内に閉じ込めて脂肪の多いヒツジを布団代わりにしてヤギを保護する。この目的のためには、ヤギの比率が 30％程度がよいといわれている。2010 年のゾドではヤギが多く死亡した。これはヤギのヒツジに対する比率が 50％を超えたためかもしれない。しかし、食肉としてはヒツジの方がヤギよりも少し高く売れるが、毛は羊毛よりヤギのカシミヤの方がはるかに高く売れる。そのため、ヒツジよりもヤギを飼う方が収入が大きく、近年、ヤギの頭数増加が著しい（5 章 5-1 節参照）。

　ヤギは、草を地下部まで根こそぎ食べ、また樹木を食べて枯らすので、植物への破壊インパクトがヒツジよりはるかに大きいとして、悪者にされている。ヤギの悪者説は常識になっているが、その証拠は意外に不十分である。そこで、ヤギとヒツジの草原に対する影響がどう異なるかを調べた。ヤギも植物が十分に得られる状態では、高さ 3 cm 程度で草を食べ、地下部を食べることはない。問題は、過放牧になって餌不足の状態の場合の影響である。

したがって、小さな柵の中にヒツジとヤギを閉じ込め、短期間で餌を食い尽くして空腹になるという条件でステップに位置するバヤンウンジュールの草原で比較実験をした。小低木と草への影響の違いを比較するため、2010年は小低木の生えている草原で、2011年は草だけの草原で実験を行った。

低木の葉を好むヤギと多年草を好むヒツジ

　小低木と草に対するヤギとヒツジの影響の違いを短期間で調べるため、2010年8月に、小低木（*Caragama microphylla* が主）が分布する草原に、10 m平方の柵を22か所設け、ヒツジとヤギを前もって体重を測ってから、それぞれ1頭ないし2頭をそれぞれ五つの柵に入れた飢餓実験を行い、柵内の植物の摂食量とヤギとヒツジの体重の変化を調べた。なお、柵内の小低木の葉面積の土地に対する比率は20％から3％まで五つの柵で変わるようにした。草はイネ科やキク科などの多年草であった。用いたヒツジとヤギには体重差があり、ヒツジは43.5 kg、ヤギは35.2 kgでヒツジの方が重かった。飼育4日目の柵内の植生は、ヤギの柵では *Caragana* の葉がほとんど食われ、ヒツジの柵では多年草の被度が小さくなった（図2-20）。両者が混在する状態でヤギは *Caragana* の葉をより好み、ヒツジは多年草をより好んだ。その違いは4日後の体重変化に現れ、体重減と柵内の *Caragana* の樹冠葉の被度との関係がヤギとヒツジで異なった（図2-21）。ヒツジは *Caragana* の被度と関係なく、平均10％程度の体重減がみられた。一方、ヤギは *Caragana* の被度が大きいと1頭区では体重減がなく、2頭区でも体重減が小さかった。同じ1 m^2 あたりの乾重で換算すると、多年草の17 gに対して *Caragana* の葉は265 gと10倍以上大きかったので、*Caragana* の葉をどれだけ食べたかが大きく影響した。柵内の *Caragana* の葉と多年草の被度の減少から求めた実際の家畜の摂食量とヤギとヒツジの体重減との間には負の相関があり、*Caragana* の葉をたくさん食べたヤギは体重減がみられず、*Caragana* の葉が少なかったヤギと多年草を食べたすべてのヒツジは摂食量が大きくなれず、体重減となった。しかし、飼育6日後には、非常に飢えたためか、ヒツジもヤギも草は地下部まで、*Caragana* の葉はほとんど食べつくし、ともに体重を減らした。

図 2-20 飼育 4 日後のヤギの柵 (a) とヒツジの柵 (b)。ヤギの柵は *Caragana* の葉がほとんど食べられたが、多年草は緑を保つ程度に残っている。ヒツジの柵は *Caragana* の葉は多く残っているが、多年草は地面がすけるほど食べられた。

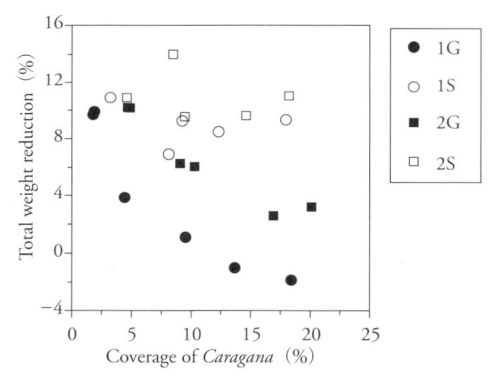

図 2-21 柵内の *Caragana* の被度と飼育 4 日後のヤギとヒツジの体重減の関係。丸印が 1 頭区、四角印が 2 頭区。黒塗りがヤギ、白抜きがヒツジ。

すなわち、多年草と *Caragana* が存在すると、ヒツジは量が少なくて少し体重を減らしてもまず多年草を好んだが、ヤギは *Caragana* の葉を好み、小低木の葉が十分にあれば体重を減らさなかった。どちらも日数が経って空腹が強くなれば草と *Caragana* の葉を食べつくした。ヤギは本来 *Caragana* の葉を多年草より好むのか、*Caragana* の葉の量が多かったためまず *Caragana* の葉を食べたのかは分からない。

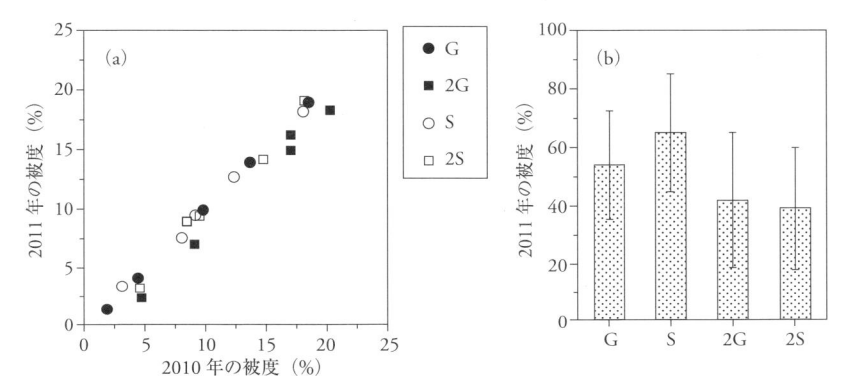

図2-22 実験後1年間を柵で保護した2010年のヤギとヒツジ実験柵内の *Caragana* の2010年と2011年の被度 (a) と2011年の多年草の被度 (b)。(b) のGと2Gはヤギ1頭と2頭、Sと2Sはヒツジ1頭と2頭の実験柵。

2010年のヒツジとヤギの比較飼育実験の柵を実験後も1年間残し、*Caragana* と多年草が家畜に食べられなければ1年でどの程度回復するかを調べた（図2-22）。*Caragana* の樹冠では2010年の実験時に葉のすべてと小枝まで食べられたにもかかわらず、家畜の食害がない1年の間に、残った幹と枝から回復した樹冠の葉の被度はほぼ実験前の状態にもどった。しかし、多年草は地下部まで食べられたため、実験前には *Caragana* の樹幹下を除いてほぼ100％であった被度が低下した。多年草の被度は1頭だと40％、2頭だと60％程度減少し、ヒツジとヤギの柵では差はなく、ヒツジも強く飢えるとヤギ同様に多年草の地下部を食べることが分かった。多年草が消えた場所には一年草の *Artemisia scoparia* がおそらく休眠していた種子から多数生長し、開花した（図2-23）。*A. scoparia* は柵外でもみられたが、家畜に食べられるため、開花した個体はまれであった。

多年草の *Stipa* を好むヒツジと一年草を含めて何でも食べるヤギ

2011年に同じバヤンウンジュールではあるが、*Caragana* が生えていない草原で、10×20 mの柵内に、ヒツジ2頭、ヤギ2頭、ヒツジとヤギ1頭ず

第 1 部　草原と森林の生態系ネットワーク

図 2-23　ヤギとヒツジの飢餓実験後 1 年間を柵で保護した場合の植生回復。緑の *Caragana* の葉の被度はほぼ回復したが、地下部を食害された多年草の回復は悪い。黄色の花は多年草の消滅場所に現れた一年草（*Artemisia scoparia*）。

つを入れた 3 条件で 3 日間の飢餓実験を行った。小低木のない草原は劣化しているため、春の開葉前から柵で囲うと、多年草だけでなく一年草も被度で半分程度出現した。現地の遊牧民長老の話によるとヒツジ・ヤギ 2 頭がいればその面積では 3 日間で草を食い尽くすとのことであったが、実際には 3 日後に草は多く残り、飢餓実験にはならなかった。しかし、ヤギとヒツジの違いはみられた。すなわち、ヤギには体重減はみられなかったが、ヒツジには体重減がみられたのである。ただし、すべての柵のヒツジの体重が減少したわけではなく、イネ科の多年草のハネガヤ属（*Stipa*）の草が多かった柵では減少せず、少なかった柵で減少した（図 2-24）。すなわち、ヒツジはハネガヤ属を好み、ハネガヤ属が少ないと他の草があってもあまり食べずに体重が少し減少したのだろう。一方、ヤギはハネガヤ属が少ない柵でも一年草（アカザ科アカザ属、*Chenopodium*）を食べるため、体重減がみられなかった（図 2-25）。すなわち、ヤギは一種の悪食で何でも食べるのだが、ヒツジはヒツジ

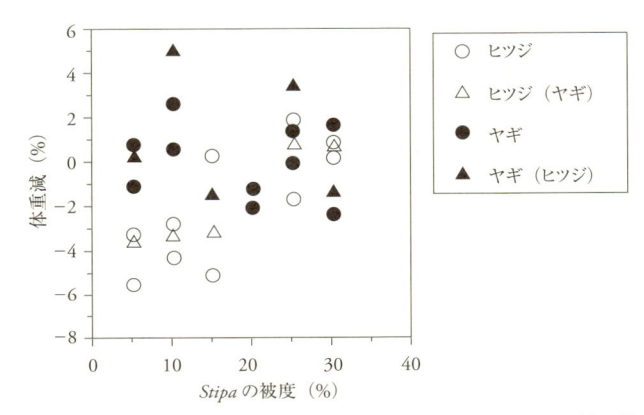

図 2-24 *Stipa*の被度とヒツジ・ヤギの体重減の関係。ヤギとヒツジは 1 頭の値。ヒツジ（ヤギ）はヤギと同柵のヒツジ、ヤギ（ヒツジ）はヒツジと同柵のヤギを意味する。体重減がマイナスは体重増を示す。

図 2-25 *Stipa*を集中的に食べたヒツジ (a) とまんべんなく食べたヤギ (b)

なりにグルメで、好みの草は好むが、少々腹を減らしても好みでない植物は食べないのである。また、ヒツジの体重減はヒツジだけでもヤギと同じ柵でも生じた。ヤギとヒツジの群れでは、ヒツジはヤギに先導されて移動するが、ヒツジの食性はヤギには影響されなかった。今回は試していないが、ヒツジも強く飢えると *Chenopodium* を食べることは間違いない。小低木が失われて劣化した草原では、柵を設けると、草の量自体は 90 g/m^2 程度存在し、小低

木の葉には及ばないが、草自体の量は小低木が優占する場所より多かった。しかし、草の半分程度はアカザ属の一年草で、柵で囲われたため目立って増えたと思われる。一年草の種子は広く存在しているようであるが、開花・結実前に家畜に食べられると地下部を残す多年草と違って一年草は種子が残らないので翌年度には消える。したがって、一年草は家畜の餌としては持続性に欠ける。

ヤギはヒツジより悪者？

　ヤギとヒツジの比較では、乾燥地にはヤギが適しているといわれている。ヤギはヒツジより水の消費量が少ないという報告（Gihad 1976）と多いという報告（McGregor 1986）があり、必ずしも、ヤギがヒツジより水消費が少ないとはいえないようである。しかし、今回のヤギとヒツジの飢餓実験からは、ヒツジは少々体重を減らしてもおいしい餌を好むが、ヤギは餌があれば体重を減らさずに何でも食べることが分かった。乾燥地ではおいしい餌は限られる。したがって、乾燥地ではヤギの方がよく成長すると思われ、その意味ではヒツジより乾燥地に向いているといえる。一方、ヤギは植物の地下部や樹木を食べるので植生を劣化させる悪者であるとされている。それは、半分は正しい。ヒツジも空腹になれば小低木を食べるが、遊牧の餌として重要な小低木に対する食害はヤギの方がヒツジより大きいからである。確かに、小低木は葉だけでなく、特にヤギの柵では小枝も食べられていた。しかし、ヤギだけが地下部を食べて有用な多年草を殺すわけではなく、ヤギとヒツジのどちらも空腹が強くて飢えれば大差なく草の地下部を食べてしまう。小枝まで食べられても小低木の葉は保護されれば1年でほぼ回復するが、地下部を食べられた多年草は回復しない。したがって、小低木や多年草が減少するという草原の劣化を起こさせないためには、家畜が腹を空かせる過放牧状態を避けること、少なくともその継続や繰り返しを避けることが肝要で、食い尽くす前に移動するか、毎年は使わない必要がある。このように、ヤギが悪いのではなく、人間の飼い方しだいで草原の劣化は防ぐことができる。

(4) 草原の劣化

　草原の劣化とは、これまで見てきたような植物の種多様性の低下、植物生産量の低下に加えて、摂食耐性植物への種組成の変化（3章3-2節参照）などを含む現象で、遊牧に関しては家畜扶養力が低下することである。草原が劣化する過程としては以下の三つが代表的である。一つ目は、先に述べたヤギとヒツジの実験の場合のような餌不足で家畜が飢餓状態に陥って生じる過程で、家畜が多年草の地下部や小低木の枝まで食害することによって多年草と小低木が衰退する。この過程は、数日という短期間でも生じ、実際の遊牧では、夏季の干害や冬季のゾド、または長期に移動しないなど強い餌不足の場合に生じると思われる。二つ目は、地表高での刈り取りを繰り返した場合のような家畜の過放牧状態が継続した場合で、多年草の地下貯蔵物質の低下によって年生産が低下し、摂食耐性植物への移行や土壌のアルカリ性化を伴う。この過程は数年以上という期間に家畜の過放牧が継続することによって生じ、実際の遊牧では、同じ営地を何年も繰り返して使うとか、ウランバートル周辺のような家畜の過密状態が続くことによって生じる。三つ目は、家畜の過放牧状態が継続し、小低木が衰退・消滅する場合である。小低木が消滅した場所では必ず二つ目の草本の劣化も起こっているのに対し、二つ目の草本の劣化が生じている場所でも小低木が残っている場合があることから、三つ目の過程は二つ目よりも進行に時間がかかると思われる。実際の遊牧では、毎年繰り返して使っている冬の家畜小屋や住民が定住しているソムセンター周辺は小低木が消滅している。ただし、設立の歴史が浅いソムセンター周辺では小低木が残っている場合がある。

　草原が劣化したというためには、時間の経過とともに悪くなったという変化を示すことが必要である。現在のモンゴルでは、ウランバートル周辺は民主化以後に遊牧民が集中して植生が劣化したと誰もが言う。現に、都市や主要道路周辺で植物の現存量が低く、家畜の食害の影響が大きいという報告はある。しかし、家畜が多ければ家畜の影響が大きいのは当然である。民主化以後に家畜が増えすぎたために植生が劣化したという時間的な変化の裏付け

が必要であるが、意外に見当たらない。データ（裏付け）に基づいた議論でなければ科学的とはいえない。過去の変化の裏付けが難しければ、現在の条件で将来どうなるかというシミュレーションが有効である（終章3節（2）参照）。

　草原を保全するためには、家畜を排除すればよいのだろうか。草原は人為によって維持されている。完全に保護すれば、日本の里地・里山で問題とされているような放牧・草刈り・火入れなどの人為的影響がなくなって、草原が森林への遷移を始め、今まで普通にみられていた里地・里山の植物が絶滅危惧植物となる逆の問題が生じる。モンゴルの草原を保全するための有効な手段は、過放牧に陥らない程度に牧畜に利用することである。植生の生産性が高いほど植物の種多様性が高くなるかについては議論があるが、モンゴルの遊牧で利用する草原は、中規模の摂食圧で草原植物の種多様性と年生産が最大となる典型的な生態系である。

(5) 地球環境問題としての一般性

　環境や生物は多様であり、それぞれに特殊性を持っている。モンゴルの草原やモンゴル各地の草原、各地のそれぞれの立地には特殊性が存在する。人間の側も何を問題と感じるかは人それぞれで多様である。したがって、地域研究やモンゴル研究の中には特殊性の解明を目指すものがある。しかし、地球環境問題として解決を目指すためには、環境や生物の無限にある多様性の個々の特殊性のすべてを問題としたり、70億を超える世界人口の個別の人のすべての問題を取り上げることは難しい。この章では、具体的にはモンゴルのある地点を対象としたが、その問題は、似た環境や社会、モンゴル全域、世界の草原に一般に通じる。その解決策は、地球環境問題として、1地点、1地域に限らず、広くモンゴルや世界に一般に当てはまる実際的で有効なものであろう。もちろん、限定されて一部にしか通用しない話と一般に通用する話は区別しておかなければならないが。

参考文献・資料

2-1 節

De Mazancourt, C., Loreau, M., Abbadie, L. (1998) Grazing optimization and nutrient cycling: when do herbivores enhance plant production? *Ecology*, 79: 2242–2252.

Fujita, N., Amartuvshin, N., Yamada, Y., Matsui, K., Sakai, S. and Yamamura, N. (2009) Positive and negative effects of livestock grazing on plant diversity of Mongolian nomadic pasturelands along a slope with soil moisture gradient. *Grassland Science*, 55: 126–134.

Gihad, E. A. (1976) Intake, digestibility and nitrogen utilization of tropical natural grass hay by goats and sheep. *Journal of Animal Science.*, 43: 879–883.

McGregor, B. A. (1986) Water intake of grazing Angora wether goats and Merino wether sheep. *Australian Journal of Experimental Agriculture.*, 26: 639–942.

Loreau, M. (1995) Consumers as maximizers of matter and energy flow in ecosystems. *The American Naturalist.*, 145: 22–42.

2-2 節

Anser, G. P., Elmore, A. J., Olander, L. P., Martin, R. E., Harris, A. T. (2004) Grazing systems, ecosystem rsponses, and global change. *Annual Review of Environment and Resources*, 29: 261–299.

Gihad, E. A. (1976) Intake, digestibility and nitrogen utilization of tropical natural grass hay by goats and sheep. *Journal of Animal Science.*, 43: 879–883.

McGregor, B. A. (1986) Water intake of grazing Angora wether goats and Merino wether sheep. *Australian Journal of Experimental Agriculture.*, 26: 639–942.

Ishikawa, M., Sharkhuu, N., Zhang, Y., Kadota, T., Ohta, T. (2005) Ground thermal and moisture conditions at the southern boundary of discontijuous permafrost, Mongolia. *Permafrost and Periglacial Processes*, 16: 209–219.

Yanagisawa, N., Fujita, N. (1999) Different distribution patterns of woody species on a slope in relation to vertical root distribution and dynamics of soil moisture profiles. *Ecological Research*, 14: 165–177.

● コラム 1 ●

家畜の密度と摂食量

幸田良介・藤田　昇

　モンゴルにはヒツジやヤギ、ウシやウマと様々な家畜がいるが、そもそもどんな家畜でもたくさんいればいるだけ、多くの草原植物が食べられることになるのだろうか。家畜の入れない柵を用いて家畜の食べた草の量を推定し、同時にその場所にどんな家畜がどのくらい来ていたのかを糞の数から調べることで、そんな素朴な疑問を検証してみることにした。

摂食量の推定

　ウランバートル近くの森林ステップ地域と、少し南のステップ地域の草原に、家畜の入れない柵を設置した。柵内の植物は、家畜に食べられることがないため背が高く成長する。一方で柵周辺の植物は、家畜に食べられて一定の高さに抑えられる。すなわち、家畜の種類ごとに分けることは難しいが、柵内外の差分が概ね家畜に食べられた植物の総量であるといえるだろう。そこで、柵周辺の家畜に食べられた草丈を測定し、柵内の植物をその高さで刈り取ることで、家畜の総摂食量を推定した。刈り取りは、植物が芽吹く5月から約ひと月間隔で8月まで繰り返し行い、期間ごとの総摂食量を調査した。

家畜密度の推定

　モンゴルの草原は遠くまで見渡すことができるので、周辺一帯にどれだけの家畜がいるのかは直接目で見て数えてしまうことができる。しかしながら、特定の場所を特定の期間に各家畜がどの程度利用しているのかを調べることはなかなか難しい。そこで、ここでは糞塊除去法 (Koda et al. 2011) という方法を利用して、柵周辺に実際に草を食べにやってきた家畜密度を推定することにした。刈り取りを行った柵周辺に調査区を設け、調

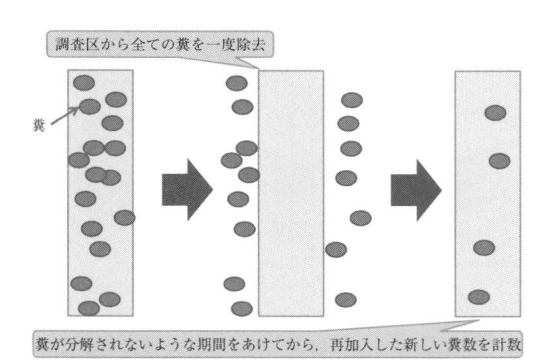

図1 糞塊除去法の調査手順。一度すべての糞を除去することで、糞の分解速度を気にすることなく特定の期間の密度を推定することができる。

査区内の糞をすべて除去し、約ひと月後に再加入した新しい糞の数を計数した（図1）。落ちている糞の数は、加入量を決める家畜の数と、減少量を決める糞の分解速度とのバランスで決まってくる。この手法では、一度すべての糞を除去して新しい糞数のみを計数することで、糞の分解速度を気にせずに家畜密度を推定することができる。また、除去から再調査までという特定の期間に、その場所を利用した家畜の密度を調べることが可能である。そこで、糞の除去と計数を刈り取りの間隔と合わせることで、各期間の総摂食量と各家畜の密度をそれぞれ比較できるようにした。

密度と摂食量の関係

図2は各家畜の密度と家畜に摂食された植物量の推定結果である。家畜の種構成は地域によって異なっており、ステップ地域ではほとんどヒツジやヤギばかりであったが、森林ステップではウシやウマも調査した草原をよく利用していた。一方で総摂食量は、どちらの地域でもヒツジやヤギの密度と非常に似かよった変動パターンを示していた。特に森林ステップ地域の7〜8月では、ウシの密度が増加しているにもかかわらず、総摂食量はヒツジやヤギの密度と同様に減少していた。

これらのことから、草原植物の摂食量は家畜の密度、特にヒツジやヤギ

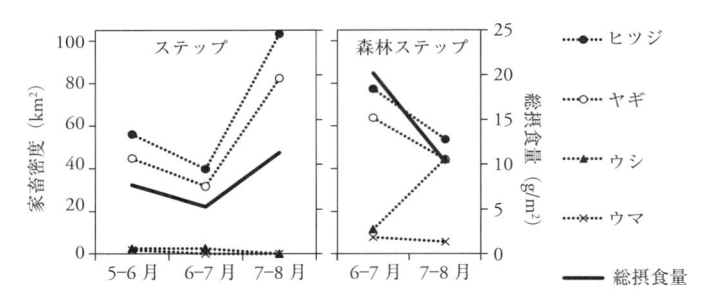

第 1 部　草原と森林の生態系ネットワーク

図 2　ステップ地域（左）と森林ステップ地域（右）での、調査期間ごとの各家畜密度と総摂食量の変動。どちらの地域でも総摂食量は家畜の密度、特にヒツジやヤギの密度が高い時に大きくなっている。一方で、森林ステップ地域の 7〜8 月では、ウシの密度が増加したにもかかわらず総摂食量は低下している。

　の密度と概ね対応した関係にあることが確認できた。一方でどんな家畜でも密度と摂食量の間にきれいな対応関係があるわけではない、ということも分かってきた。調査した森林ステップ地域の 7〜8 月は降水量が少なく草原の植物量が少なかった。ウシの摂食高は約 5 cm であり、ヒツジやヤギの摂食高（約 3 cm）よりも高くなっている（図 2-7 参照）。そのため、この時期には大半の植物が地面近くまでヒツジやヤギによって食べられてしまい、摂食高の高いウシは草原にやってきたもののほとんど何も食べられなかったのだと考えられる。このように、家畜が 1 日に食べる草の量というのは常に一定なのではなく、草原の生産性や草原を利用する家畜の種構成によって変動しうるものなのだろう。

参考文献

Koda, R., Agetsuma, N., Agetsuma-Yanagihara, Y., Tsujino, R., Fujita, N. (2011) A proposal of the method of deer density estimate without fecal decomposition rate: a case study of fecal accumulation rate technique in Japan. *Ecological Research*, 26: 227−231.

第3章　土壌の環境学

3-1　田村憲司・三好隼平
3-2　幸田良介・藤田　昇

本来栗色の表層土が厚い草原（左）だが、劣化すると表層土が失われてしまう（右）。
撮影：田村憲司　（左）2005年7月　スフバートル県ツーメンツォグト
　　　　　　　　（右）2011年7月　トゥブ県フスタイ国立公園

本章では、草原植物の生産を支える土壌について説明する。3-1 節では、過放牧や耕作および耕作放棄によって土壌がどのように劣化するかを表層土壌の土壌構造と A 層土壌に注目して議論する。3-2 節では、過放牧により草原植物の組成と表層土壌の pH がどう変化するかを家畜による草原植物の摂食性と表層土壌のアルカリ性化に注目して議論する。

3-1 土壌の劣化

(1) モンゴルの土壌と気候 —— 植生系列

序章で見たように、モンゴルは、北から南に向かうにつれて降水量が少なくなり、植生は森林から草原、そして砂漠へと移り変わり、土壌も変化する（浅野 2008）。その中でかなりの広大な面積を占めているのがステップ、つまり温帯草原である。この壮大な草原の代表的な土壌は、表層土壌の土色が暗褐色の栗色土（カスタノーゼム）である（図 3-1）。栗色土の特徴は、栗色の表層土（A 層土壌）と炭酸カルシウムが集積したカルシック層と呼ばれる灰褐色の下層土（B 層土壌）の 2 層からなることである。カルシック層は土壌中の無機鉱物から遊離してきたカルシウムイオンと降水中の炭酸イオンが結びついて溶解度の低い炭酸カルシウムが生成し、それが土壌中で沈積してできたものである。栗色の表層土壌中には、植物の生育に欠かせない窒素が多く含まれている。また、アルカリ性の成分となる塩基類（カルシウム、マグネシウム、カリウム、ナトリウムなど）が下層に溶脱（溶け出して下方に移動すること）しているため、pH が中性から弱アルカリ性になっている。下層土壌には窒素分が少なく、多量に集積した炭酸カルシウムのため、pH は 9〜10 と強アルカリ性を示す。

森林と草原の境界域（森林ステップ）では、A 層の土色が濃くなり、また、厚くなる。降水量が多く、土壌中に供給される植物遺体などの有機物が多く

第 3 章　土壌の環境学

図 3-1　栗色土の土壌断面（ツーメンツォグト、モンゴル）

なるためである。また、カルシック層は、降水量が多くなればなるほど、土壌中深くに出現する。さらに降水量が多くなるとファエオゼムと呼ばれているカルシック層がみられない肥沃な土壌が分布する（図 3-2）。一方、草原とゴビ砂漠の境界のゴビステップと呼ばれる植物体量が少ない乾燥した草原では、淡い褐色の表層の土壌（カルシソル）がみられる。ここでは、降水量が少ないため、カルシック層もごく浅い層から出現する。A 層土壌の厚さが薄く、土壌生産力が低いのが特徴である。また、カルシウム含量が多いため、アルカリ性を示す。このようにモンゴルでは南に行くほど土壌の肥沃度が低くなり、脆弱な生態系となっていることが明らかになっている。

(2) モンゴルにおける土壌劣化の要因

モンゴルでは、1990 年代、民主化以降、家畜頭数が増加し、2000 年代になって過放牧による草原の荒廃が顕在化してきた。本章 3-2 節で述べるように、草原が荒廃し始めると植物現存量が減少し、イネ科草本（*Stipa* 属）が優占する草原からヨモギ（*Artemisia* 属）の優占する草原へと退行し、さらには、

北 ←――――――――――――――――――→ 南

　森林　　　　森林ステップ　　　ステップ　　　　ゴビステップ

　ファエオゼム　　カスタノーゼム　　カルシソル

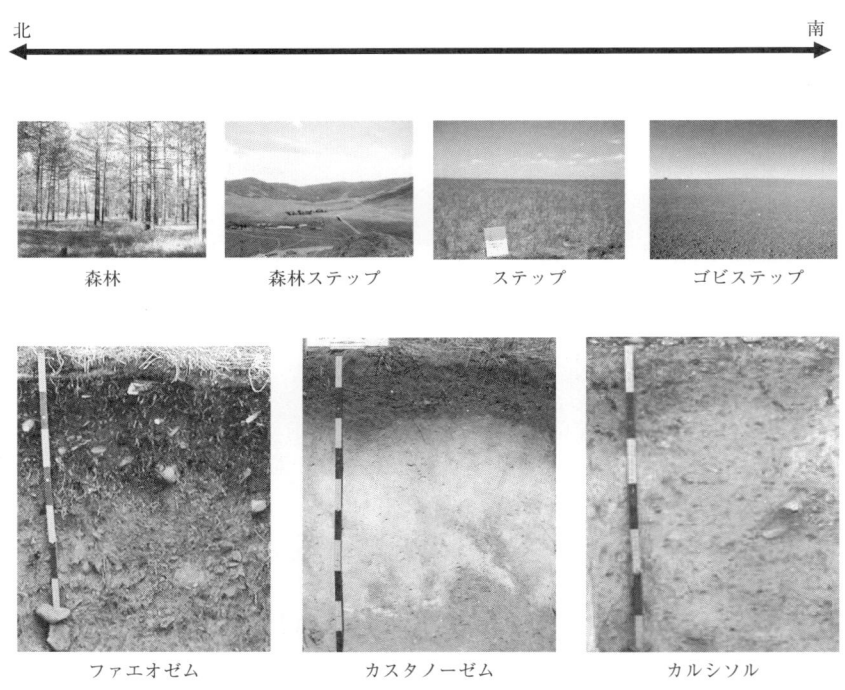

図 3-2 モンゴル東部平原の植生─土壌系列

裸地化していく（図 3-3）。

　草原土壌の表層には、草原のイネ科植物の根が密に分布していて、根の周りには、ふわふわな丸みを帯びた団粒と呼ばれる土壌動物や植物の根によって形成される構造が発達している（図 3-4a）。この団粒構造は柔らかく、植物の根系の発達を促すだけでなく、土壌中の隙間、つまり土壌孔隙量が多く、保水力も高い。しかし、草原の退行とともに、土壌が圧密化して土壌表層から硬くなり、壁のような構造になる（図 3-4b）。このような土壌では、植物の根系はまばらである。過放牧により土壌構造が壁のようになった表層土壌の緻密度は、根系が伸長できないほどに高い値（土壌硬度計 25〜30 mm 以上）となっている。

第 3 章　土壌の環境学

図 3-3 (a) モンゴルに分布している放牧圧のほとんどない *Stipa* 草原（バルーン・ハーン）、(b) および過放牧の *Artemisia* の優占した草原（ヘルレン・バヤン・ウラン）。過放牧地帯では植物がまばらに点在し、土壌が露出している。

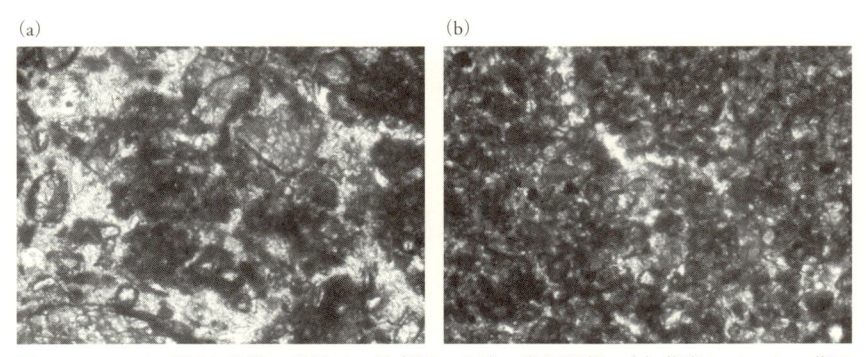

図 3-4 フスタイ国立公園の草原下の最表層の土壌の微細形態。(a) 荒廃していない草原の団粒構造。白い部分は土壌孔隙。(b) 荒廃した草原の密粒子構造。団粒が破壊されて、圧密化し、無構造化した単粒が密に分布して孔隙がほとんどない。（井佐 2012）

　小長谷（2010）によるとモンゴルでは社会主義時代にソ連などの協力で市住民への畜産物の安定供給を目的として、放牧地を作物耕作地に変える大規模な事業が行われ、農業機械の導入による農業の近代化と国営農場方式による大規模な集約的畜産農場の設立が進んだ（第一次アタル政策）。しかしながら近代化に伴う都市人口の増加と需要の拡大に対応するため、新たに未開墾地を開拓し、農産物を増産することを目的として首都圏に集中して開墾が行

われ始めた（序章参照）。耕作地が消費地に近いという社会条件が大きく作用し、栽培効率の悪さが軽視され、十分に検討されることはなかったため、決して好ましい収穫を得ることができなかった（第二次アタル政策）。その後、その多くが市場経済移行に伴って徐々に民営化されていった結果、事業に投資する資金の不足や栽培効率の低さなどの理由によって、多くの農地が放棄され、耕作放棄地として残ることとなった。それに伴い、小麦の国内生産が激減したことから、モンゴル国は小麦の国内需要の大半を輸入や食糧援助で賄ってきた。しかし、2007年に入ってからの小麦国際価格の高騰の中、同年末に主要な小麦輸出国が国内供給を優先させるために小麦の輸出規制に踏み切ったことで、モンゴル国は食糧安全保障の危機に直面し、小麦などの自給率向上が喫緊課題となった。これにより、モンゴル政府は小麦の自給達成を目指し、耕種農業の低迷により急増した耕作放棄地の復活させ、ジャガイモ、食用野菜、小麦の完全国内自給を目指して生産拡大に取り組んでいる（小長谷 2010）。

しかしながら、未だ市場経済移行前（1989年）の農作物の作付け面積である約84万ヘクタールの33%程度を活用するにとどまっており（National Statistical Office of Mongolia 2010）、耕作地の復活にはほど遠い。また、都市近郊の広大な放棄地やヘンティ県のステップ地帯のような、穀物の育つ条件を満足しない生産性の低い土壌が分布している地域においては、放棄された土地を再び耕作しても、生産性向上は期待できない。一方で、農耕に最も適しているモンゴル北部セレンゲ地方では、自然条件を最大限に利用して、耕地として開発されてきたことが確認されている（小長谷 2010）。

このような背景の下、耕作放棄地および耕作地の土壌劣化が顕在化している。草原下の土壌では、草本植物の根系によって土壌構造が発達し、土壌侵食に対する抵抗力を獲得しているが、耕作により、表層土壌の構造が破壊され、風食を受けやすくなる。現在、モンゴル国においては、荒廃した草原の拡大による飛砂の増加が深刻になっている。

(3) 土壌劣化と黄砂の発生

　北東アジアの大陸においては 2000 年代初め以降砂嵐 (図 3-5) が多発しており、大気中へ巻き上げられた砂塵 (黄砂) の日本への飛来も頻繁に観測されている。2002 年 3 月には近年で最大規模の砂嵐発生および砂塵飛来があり、その影響は北東アジアの広範囲に及ぶほどの深刻なものであった (図 3-8)。従来は中国西部の砂漠 (タクラマカン砂漠など)、ゴビ砂漠および黄土高原が主要な砂塵の発生地として考えられてきたが、この 2002 年のケースも含め、近年では砂漠地帯よりもモンゴルや中国北部の草原域において目立って砂嵐の発生頻度が高い傾向にある (図 3-1)。その主な理由として当該地域における春季の強風発生頻度の増大、および干ばつや人為による植生減少や土壌劣化などの砂漠化が考えられている。

　しかしながら、これらのいずれが原因であるのか、また原因が複合しているのであれば各々がどの程度の寄与を持つのか、といった定量的な観点からの究明は国内外の研究ともに不十分である。著者らは、2002～2006 年にかけての 5 年間、砂漠化プロセスの解明を目的としてモンゴル東部の森林や草原、砂漠を対象に調査を実施した (筑波大学 CREST-RAISE プロジェクト (代表者　杉田倫明氏))。この結果を踏まえ、気象条件の変動や人為的インパクトが及ぼす植生や土壌への影響を評価したところ、降水量変動や放牧強度に対する植生の感受性はステップやゴビステップなどの草原においてきわめて高いという知見が得られた (図 3-6)。

　また干ばつや過剰な放牧による負荷を受け植生被覆が脆弱化した草原では、強風による土壌侵食 (風食) が容易に進行することが判明した。この風食の進行は、大気への土壌粒子の移行としてとらえ直すことができる。これらの研究から、黄砂現象の根本的原因が大陸の草原域における砂漠化にあることが示唆された。

第 1 部　草原と森林の生態系ネットワーク

図 3-5　強風により舞い上がる飛砂（モンゴル国フスタイ国立公園（2010/5/8））

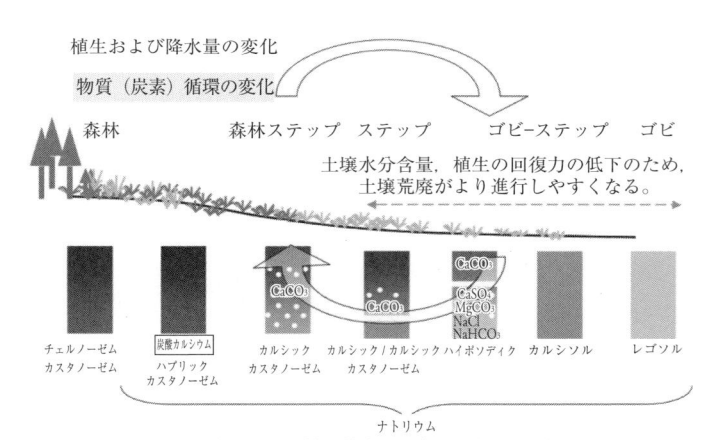

植生および降水量の変化
物質（炭素）循環の変化

森林　　　森林ステップ　ステップ　　ゴビ-ステップ　　ゴビ

土壌水分含量，植生の回復力の低下のため，
土壌荒廃がより進行しやすくなる。

チェルノーゼム　ハプリック　カルシック　カルシック/カルシック　ハイポソディック　カルシソル　レゴソル
カスタノーゼム　カスタノーゼム　カスタノーゼム　カスタノーゼム

炭酸カルシウム

$CaCO_3$
$CaSO_4$
$MgCO_3$
$NaCl$
$NaHCO_3$

ナトリウム

土壌の理化学性は植生及び気候と相互関係にある。
気候変動・人為インパクト植被率の低下による
土壌侵食・強アルカリ性土層（カルシック層）の露出

図 3-6　気候―植生と土壌の諸性質との関係性（浅野（2008）を改変）

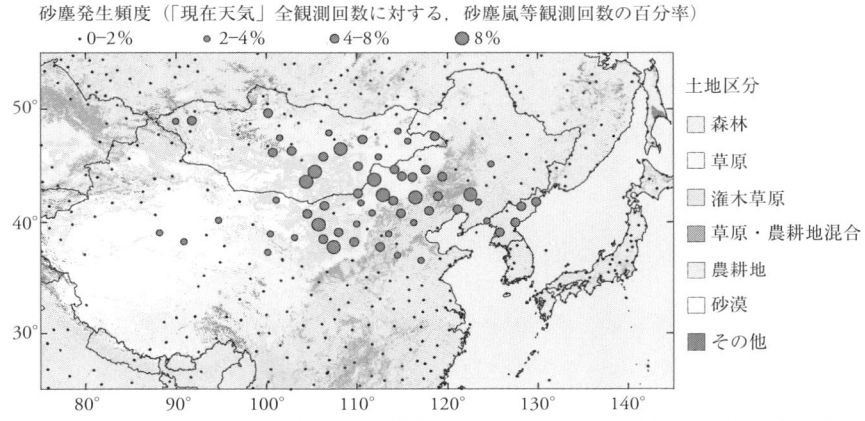

砂塵発生頻度（「現在天気」全観測回数に対する，砂塵嵐等観測回数の百分率）
・0-2%　● 2-4%　● 4-8%　● 8%

図 3-7　2002 年 3 月における砂塵発生頻度分布（Fujiwara 2009）（カラー図は巻末を参照）

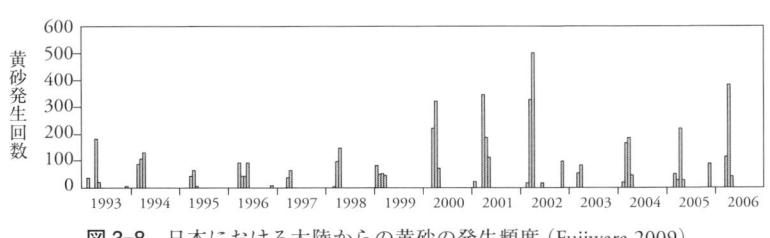

土地区分
□ 森林
□ 草原
□ 灌木草原
▨ 草原・農耕地混合
□ 農耕地
□ 砂漠
■ その他

図 3-8　日本における大陸からの黄砂の発生頻度（Fujiwara 2009）

(4) モンゴルの土壌保全

　以上のように、モンゴルにおいて、土壌の劣化のプロセスとして、植生の荒廃に伴う表層土壌の土壌構造の破壊と無構造化、さらに、風食によるA層土壌の喪失が上げられる。A層の喪失とともに、土壌肥沃度が急速に低下する。過放牧や耕作および耕作放棄によるA層の劣化を防ぐことが、モンゴル国の土壌の持続的利用のポイントであるといえよう。モンゴル国においては、近年、環境教育の必要性が叫ばれているが、土壌の環境教育の普及・啓発が急務の課題であると思われる。モンゴル人、特に、遊牧民が草原の持

続的利用や土壌の保全に対して昔から抱いていた認識を、もう一度、学んでいくことで、モンゴル国土の保全がなされていくものと信じている。また、その手助けとして、土壌保全に関する最新の知見をより多くのモンゴル国の人々に理解していただくことが我々のなすべきことであると思っている。

3-2 過放牧による摂食耐性植物の優占と土壌のアルカリ性化

　野生のシカやガゼル、そしてモンゴル草原でみられる家畜などの大型草食獣は、植物を食べるという採食行動に加えて、移動に伴う地面の踏みつけや、糞や尿の排出を通じて、生態系の様々な側面に大きな影響を与えうる（Côté et al. 2004; Mysterud 2006）。その影響は様々であるが、直接的なものとしては植生への影響と土壌への影響の二つが挙げられる。植生への影響としては、例えばモンゴルにおいて家畜が草原の植物を摂食することで草原の生産量が変動する（2章2-1節参照）というような量的な影響と、家畜が好きな植物は減って嫌いな植物が増えるというような植物種組成の変化、つまり質的な影響の二つがある。土壌への影響としては、排泄される糞や尿による影響のほか、大型草食獣が植物を食べることで植物の質や量が変動することに由来する影響もあり、栄養塩循環や炭素、窒素、pH などの様々な土壌特性への影響が知られている（例えば Hobbs 1996; Hiernaux et al. 1999、後述のコラム 2 を参照）。一方でこれらの影響はそれぞれ独立に生じるものではなく、土壌の性質の変化が植生に強く影響することもある。とりわけモンゴル草原では、家畜の過放牧によって土壌がアルカリ性化することが、その後の草原植生の回復過程に影響していることが分かってきた。

　本節では、まず家畜などの大型草食獣の採食によって植物種組成が変化し、摂食耐性植物が増加する様子を解説する。次に土壌 pH と草原植生、家畜の利用頻度の関係を調べた結果や土壌 pH の回復にかかる時間について調べた結果を紹介し、モンゴル草原において遊牧を持続的に行っていくために重要なことについて考えていきたい。

(1) 大型草食獣の採食と植物種組成の変化

　家畜などの大型草食獣は、その名の通り植物を主な餌とするが、そこに生えている植物なら何でも見境なく食べているわけではない。私たち人間に食べ物の好き嫌いがあるのと同様に、彼らにも好きな植物と嫌いな植物があるのである。そのため大型草食獣が増えると、まず彼らの好きな植物種が優先的に食べられて減少してゆく。一方で嫌いな植物種、特に毒や刺などで防衛しているような植物はほとんど食べられないので増加してゆく。これらの植物種は、毒や刺など大型草食獣に対する防衛に投資している分、生長が遅いなど他の植物との競争には弱くなってしまう。そのため普段はあまり出現できないが、草食獣によって競争相手である他の植物が食べられる場合には増加できるのである。

　このような大型草食獣の好き嫌いに応じた植生の変化については、野生のシカと森林植生の相互作用系でよく研究されている。図3-9は日本のシカと樹木の稚樹植生との関係を調べた例である（Koda and Fujita 2011）。シカが好きなグループAやBの植物は、シカが少ない場所でもよく食べられており、シカが増えるにつれて相対優占度が減少して森林内から姿を消してしまう。一方でシカが嫌いなグループDはシカが多い場所でもほとんど食べられておらず、グループAやBの植物がほとんどみられない場所で急激に増加して優占していることが分かる。このように大型草食獣はその採食行動によって植生を変化させ、その中で食べ物を柔軟に変化させていくのである。

　モンゴル草原でも同様に、家畜の増加に伴う植生の変化が観察できる。例として、ステップや乾燥ステップに広く分布する餌植物であるイネ科ハネガヤ属やネギ属の変化を紹介しよう。家畜が少なく灌木が分布するような草原では、ハネガヤ属では *Stipa glareosa*、ネギ属では *Allium mongolicum* が優占するが、家畜が比較的多く灌木が消失した草原になると、それぞれ *S. gobica* や *A. polyrrhizum* へと入れ替わる。なお、ネギ属2種の形態を比べると、*A. polyrrhizum* の方が葉は細くて地下部が多く乾燥耐性が強い生活型であり（図3-10）、摂食耐性と乾燥耐性が似た生活型を示しているのが興味深い。ステッ

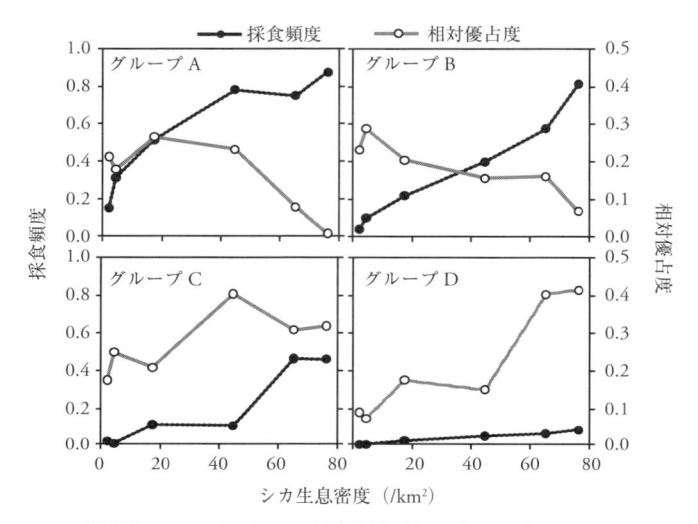

第 1 部　草原と森林の生態系ネットワーク

図 3-9　シカの嗜好性グループごとの、採食頻度（どのくらい食べられているか）と相対優占度（どのくらいよくみられるか）の変化。グループ A がシカが最も好きな植物で、グループ D はほとんど食べられない。Koda and Fujita (2011) の Fig. 3 を改変。

プや乾燥ステップでは灌木の存在が家畜にとって大きいが（2 章 2-2 節参照）、灌木の消失後もハネガヤ属とネギ属が残存していれば降水のあとにはそれなりの生産量が保たれる。しかしながら、家畜による摂食圧がさらに高い過放牧状態が続くと、これらの餌植物は姿を消してしまい、家畜に食べられにくい「摂食耐性植物」が優占してくる。このようにモンゴルでも、家畜の好き嫌いにしたがうかたちで家畜の摂食圧によって草原植生が変化するのである。

(2) 土壌のアルカリ性化による植生回復の遅延

過放牧による土壌 pH と植生の変化

　では、モンゴルで家畜の過放牧状態が続いた場合、上述のような家畜と植生の間の「食う・食われる」の相互作用に基づく草原植生の変化が生じるだ

第 3 章　土壌の環境学

図 3-10　ネギ属 2 種の形態の違い。左が *Allium mongolicum* で、葉が肉質で地下部が少なく桃色花を咲かせる。右が *A. polyrrhizum* で、葉が細く地下部が多く花は白色である。

けなのだろうか。大型草食獣が大きな影響を与えるもう一つの要素、土壌に関しても変化が生じていないのだろうか。ここでは代表的な土壌特性の指標の一つであり乾燥地で問題になりやすい土壌 pH について、家畜の利用頻度や植生の変化と合わせて調べることにした。

モンゴルではヒツジやヤギなどの家畜は、毎日夕方になると遊牧民が暮らすゲル周辺に戻ってきて夜を過ごす。そのためゲルに近い場所は家畜の利用頻度が高く、離れると利用頻度が低いという関係がみられる。これを利用して、家畜による草原利用が土壌 pH や草原植生にどのように影響しているのかを調べてみた。ウランバートル近くの森林ステップ地域において、3 か所のゲルの横から 10 m 間隔で 1 m×1 m の調査区を 100 m 先まで設置した。それぞれの調査区において、表層土壌を蒸留水と混合し、その上澄み液の pH を測定した。合わせて調査区内の植物の被覆割合や高さを植物種ごとに記録した。

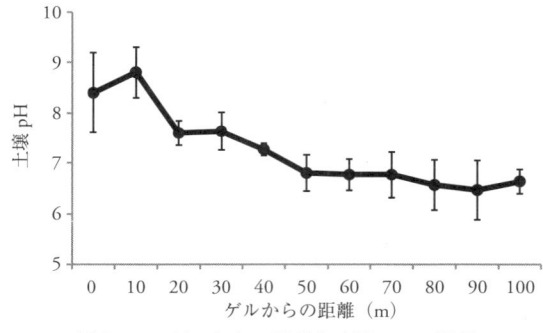

図 3-11 ゲルからの距離と土壌 pH の関係

　図 3-11 はゲルからの距離と土壌 pH の関係を調べた結果である。ゲルの近くでは土壌 pH が 7 以上のアルカリ性を示しているのに対し、ゲルから離れた場所では土壌 pH は概ね 7 を下回り弱酸性を示していることが分かる。統計的にも土壌 pH とゲルからの距離の間には有意な負の相関がみられた。すなわちゲルに近く家畜の摂食圧が高い場所ほど土壌がアルカリ性化されていることが明らかになった。降水量に比べて蒸発量が極端に多く土壌中の水分が上方に移動する場合、水は地表から蒸発していく一方で、水に溶けて一緒に上昇したアルカリ性の塩類は土壌中に取り残されて表層に集積するため、土壌はアルカリ性に傾くことになる (Wang et al. 2009)。モンゴルと同様に乾燥気候で草原の広がる中国東北部では、攪乱などによって草地が裸地化すると蒸発量が増加して土壌がアルカリ性になることが指摘されている (Wang et al. 2009)。以上のことから、家畜の摂食圧や踏みつけ圧が高く、草原が攪乱されて裸地化しやすいゲルの近くでは、土壌がアルカリ性になってしまうのだと考えられる。前節では、乾燥気候の草原で土壌がアルカリ性になりやすいことが述べられているが、比較的降水量の多い森林ステップ地域でも、家畜が過度に利用する環境では土壌がアルカリ性化されてしまうようである。

　草原の植生も土壌 pH と同様に、ゲル近辺とゲルから離れた場所では大きく異なっていた (図 3-12)。ゲルに近く土壌がアルカリ性になった場所では

第 3 章　土壌の環境学

図 3-12　ゲル近辺（左）とゲルから離れた場所（右）の草原の様子。土壌がアルカリ性になったゲル近辺では家畜の好まない摂食耐性植物や一年草を中心に数種類の植物しかみられないが、ゲルから遠く土壌がアルカリ性化していない場所では家畜が好む種を含め多くの植物がみられる。

　アカザ科の仲間である *Axyris amaranthoides* や *Chenopodium acuminatum* などあまり家畜が好まない摂食耐性植物が優占的にみられ、ゲルから遠く土壌がアルカリ性化されていない場所ではイネ科（*Stipa krylovii*）やカヤツリグサ科（*Carex duriuscula*）の仲間、ヨモギ属の *Artemisia frigida* など家畜にとって良い餌とされる植物種が優占的にみられた（表 3-1）。このように家畜の利用頻度や土壌 pH の変化に伴って、草原植物の種組成が変化していることが分かってきた。
　同様の結果は、様々な草原に 1 m × 1 m の調査区を多数設けて、土壌 pH と摂食耐性植物の相対優占度の関係を調べた調査でもみられている（図 3-13; Fujita et al. 2012）。土壌 pH が 7 未満の弱酸性の場所では摂食耐性植物はさほど多くないが、土壌 pH が 8 以上の強アルカリ性を示す場所ではほとんど摂食耐性植物しかみられない。この調査では刈り取り調査を同時に行うことで、地上 3 cm 以上の植物現存量についても調べているが、現存量としては家畜にほとんど食べられない摂食耐性植物が優占している場所の方が高い傾向がみられる。この点は、植物現存量だけで草原の劣化状況を判断することはできないことを意味しており、衛星写真などから草原の状態を把握する（終章 1 節（3）参照）ことの難しさにも関係しているだろう。

169

表 3-1　ゲルからの距離ごとの主要 20 種の植物量の変化。ここでは各植物種の被覆割合と高さ (cm) をかけ合わせることで植物量の指数として扱い、それぞれ九つの調査区の値を合計して比較した。空欄は全く分布していなかったことを示す。

種名	ゲルからの距離		
	0〜20 m	40〜60 m	80〜100 m
Agropyron cristatum	0.1	9.7	14.5
Arenaria capillaris		0.0	0.5
Artemisia dracunculus	1.7	8.7	0.8
Artemisia frigida		3.1	3.3
Artemisia laciniata		0.0	5.9
Axyris amaranthoides	2.7	0.3	0.0
Bupleurum bicaule		0.1	0.2
Calamagrostis macilenta		0.0	0.6
Carex duriuscula	0.5	10.0	4.9
Chenopodium acuminatum	62.1	2.2	
Chenopodium album	5.2	0.2	0.0
Filifolium sibiricum		0.3	1.3
Galium verum		0.3	1.9
Kochia prostrata	0.9		
Leontopodium leontopodioides		0.0	1.1
Leymus chinensis	17.6	20.7	6.2
Potentilla bifurca	0.1	0.9	0.7
Ptilotrichum canescens		0.0	0.5
Rheum undulatum	1.6		0.1
Stipa krylovii	0.0		15.1

　以上のように、家畜の利用頻度が非常に高い場所では植生の変化に加えて土壌のアルカリ性化という変化が生じていることが分かった。そして家畜の好まない摂食耐性植物の優占は、土壌のアルカリ性化という環境の改変を伴っているということが明らかになった。

アルカリ性化した土壌 pH と劣化した草原植生の回復速度

　では、過放牧によってアルカリ性になった土壌や劣化した植生は、どのくらいの期間でもとに戻るのだろうか。単純に家畜と植生の間の「食う・食われる」の相互作用だけで考えれば、摂食耐性植物の優占状態は、家畜の数が減少したり、家畜がその場所を利用しなくなったりすれば、しだいに回復し

第 3 章　土壌の環境学

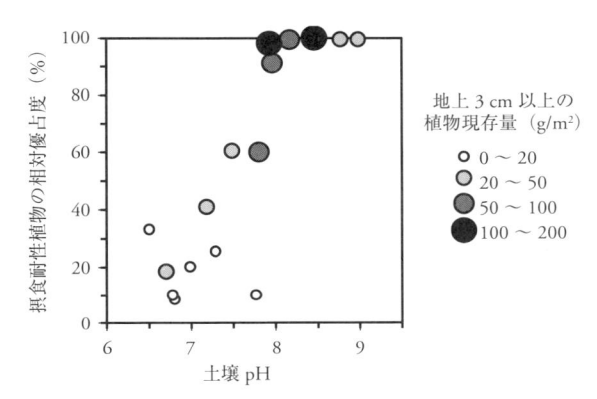

図 3-13　土壌 pH、摂食耐性植物の相対優占度、および地上部植物現存量の関係。Fujita et al.（2012）の図 7 を改変。

ていくはずだと考えるのが妥当だろう。過放牧によって土壌 pH にも変化が生じていることが、植生の回復過程に影響を与えるのだろうか。

　この回復速度についての情報を得るために、ウランバートル近くの耕作放棄農地を利用した。農地は当然耕作のために土壌が耕されるのだが、これが地表を攪乱し裸地化することになるため土壌がアルカリ性になるのである。そこで、継続的に利用され続けている農地、耕作放棄されてから約 20 年経過した放棄農地、そして一度も耕作に利用されていない草原という 3 か所が近接している場所を選び、それぞれの場所に 1 m×1 m の調査区を 10 m 間隔で 11 個設置した。すべての調査区で表層土壌の pH を測定し、放棄農地と草原の調査区では生育している植物相についても調査した。

　図 3-14 はそれぞれの場所で測定した土壌 pH の平均値を示している。一度も耕作されていない草原の土壌 pH は 6 台の弱酸性を示していたのに対し、農地では 9 に近い値、そして放棄農地でも 8 台と強アルカリ性を示していた。統計的な手法でこの 3 か所の土壌 pH を比較したところ、草原の土壌 pH のみが他に比べて有意に低く、農地と放棄農地の間には有意な差はみられなかった。また、草原にはイネ科の *Leymus chinensis* やヨモギ属の *Artemisia frigida* といった家畜の良い餌とされる草本種を中心に 16 種がみられたもの

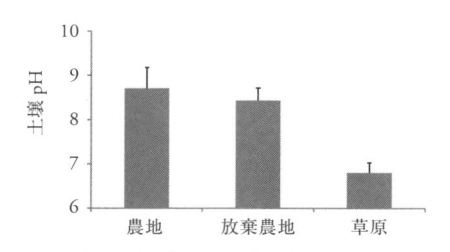

第 1 部　草原と森林の生態系ネットワーク

図 3-14　農地、放棄農地、未耕作の草原の土壌 pH

の、放棄農地では家畜の好まないヨモギ属の二年生草本の 1 種（*Artemisia macrocephala*）のみがほぼ全体を覆っており、他 3 種がかろうじてみられるだけであった。

　土壌がアルカリ性になっていない場所での草原植生の回復状況はどうだろうか。この点について、毎年ずらして設置されている冬の家畜小屋と、耕作放棄後の農地において、草原植生と土壌 pH の回復過程を調べた研究結果を紹介しよう（図 3-15、Fujita et al. 2012）。放棄農地では図 3-14 と同様に、pH が 8 前後と土壌がかなりアルカリ性に傾いており、放棄後 20 年経過しても土壌はアルカリ性のままであった。そして植物種数もあまり回復しておらず、20 年経過しても元の半数にも満たないレベルであった。一方で、冬の家畜小屋を毎年横にずらして設置している草原では、土壌はアルカリ性化されることなく、無攪乱の周辺草原と変わらない弱酸性の値を示していた。そして、家畜小屋を設置した翌年の場所では裸地の比率が高く、一年生の植物が数種類みられるだけであったものの、年を経るにつれて植物の種類が増加し、4 年で周辺の草原と同等のレベルにまで植生が回復していた。

　以上のように、耕作によって土壌がアルカリ性化した場所は放棄後 20 年経過してもまだほとんど土壌 pH が回復しておらず、植生も単純なままで家畜の遊牧には向かない状態が維持されてしまっていることが明らかになった。一方で、土壌がアルカリ性化していない草原では、いったん植生が劣化しても数年程度で素早く回復できることが分かった。もちろん植生や土壌 pH 回復の速度は攪乱の強度や継続期間の違い、アルカリ性化された度合い

第 3 章　土壌の環境学

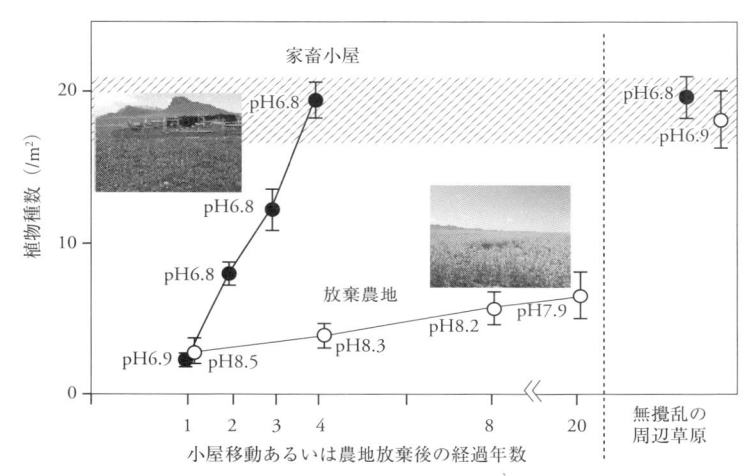

図 3-15　冬の家畜小屋移動後と農地放棄後の植物種数と土壌 pH の回復過程。斜線の部分が攪乱前の植生の状態を示す。Fujita et al.（2012）の図 8 を改変。

によって異なると考えられるが、モンゴルでは一度アルカリ性化された土壌が元に戻るのにはかなりの長期間がかかることは事実だろう。このように、過放牧によって土壌がアルカリ性になった土壌 pH がなかなか回復せず、結果的に摂食耐性植物の優占状態を長続きさせてしまうのだと考えられる。

(3) 摂食耐性植物と家畜にとっての価値

多様な摂食耐性植物

以下では、摂食耐性植物の多様さや家畜の摂食を逃れる様々な工夫、そして家畜の餌としての価値について、もう少し詳しくみてみよう。

過放牧によって優占する摂食耐性植物は、環境によって変化する。例えば同じキク科ヨモギ属でも、森林ステップでは *Artemisia dracunculus*、ステップでは *A. adamsii*、乾燥ステップでは *A. pectinata*、放棄農地では二年草の *A. macrocephala* とそれぞれ別種が摂食耐性植物として優占する。ヨモギ属以外のものとしては、森林ステップでは、前年の茎が堅くなって食べられにくい

第 1 部　草原と森林の生態系ネットワーク

図 3-16　森林ステップ地帯でよくみられる代表的な摂食耐性植物。ほとんど食べられることがないため、背が高くよく目立つ。

イネ科の *Achnatherum splendens*、湿った場所によくみられるアヤメ属の *Iris lactea*、小さな刺に毒成分を持つイラクサ属の *Urtica cannabina* が、乾燥ステップではハマビシ科の *Peganum nigellastrum* がよく目につく（図 3-16）。

　摂食耐性植物としては、刺や毒を持つことで物理的・化学的に家畜の摂食を避けるものが分かりやすいが、家畜の口が届きにくいように工夫することで、摂食をまぬがれているものもある。例えば草原にみられるタンポポは、地表面にロゼット葉を広げて摂食されにくくしている。さらにタンポポの花をよく観察してみると、蕾の時には花茎が伏せており、開花時にはこれが立ち上がり、花が終了すると再び伏せ、そして種子を散布する時に再び立ち上がるという運動をしていた（図 3-17）。伏せた花茎の高さは 3 cm よりも低くなっていたので、これを実験的にヒツジやヤギの採食高である 3 cm（2 章 2-

図 3-17 モンゴル草原に生育するタンポポ（*Taraxacum collinum*）。開花中の花は立ち上がっているが、開花前の蕾（矢印 a）と開花終了後の頭花を持つ花茎（矢印 b）は伏せている。

1 節の図 2-7 参照）以上に持ち上げてみたところ、予想通りよく食べられた。開花中の黄色の頭花は 5 cm 以上の高さであるにもかかわらず食べられていないので、開花時には何らかの防御物質を持つのだろう。黄色い花が警戒色になっているのか、花弁の黄色が見えている際にはほとんど食べられることはない。このように、戦略的に花茎の高さをかえることで、家畜の摂食から逃避するという生態的な戦略もみられる。

　また、家畜の嫌いな葉で花を守ることで摂食を逃れる工夫も指摘できる。代表的な摂食耐性植物の例として先に挙げたアヤメ（*Iris lactea*）は、花を葉よりも低い地面近くでひっそりと咲かせている（図 3-18）。実験的に葉を刈り取って花を露出させてみたところ、ほとんどの花が家畜に食べられてしまった（図 3-19）。やはり家畜の嫌いな葉で花を隠すことで、家畜の摂食から逃避しやすくしているようである。多くの植物は花を高い位置で咲かせるが、これには送粉効率や種子散布効率を高める意味があるようだ。モンゴル草原のアヤメが花を低い位置で咲かせている背景には、繁殖効率を優先させるか家畜の摂食から逃れることを優先させるかという葛藤があり、送粉効率のよいマルハナバチ媒ということもあいまって、結果的により適応的な形態をと

第 1 部　草原と森林の生態系ネットワーク

図 3-18　モンゴル草原に咲くアヤメのなかま（*Iris lacteal*）。花は葉に囲まれた地面近くで咲いている。

図 3-19　葉を刈り取った直後の様子（左）と、数日後に訪れた際の様子（右）。たくさんあった花が短期間で食べつくされてしまった。

るようになったのだろう。

　実際に先に挙げたタンポポやアヤメのなかまでも、摂食圧の有無によって異なる形態を持つ種類がみられる。家畜があまりいない森林内や都市の中に生えるタンポポは、花茎や葉を 3 cm 以上の高さに保っており、草原のタンポポほど伏せることはしていない。家畜がほとんどやってこないので、草原

にみられるような逃避戦略をとる必要がないのだろう。実は日本在来のカンサイタンポポもモンゴル草原のタンポポと同様の運動をしているのだが、面白いことに伏せた花茎と葉の高さは 5 cm 程度とモンゴル草原のものよりも高くなっている。5 cm というと、ウシの採食高と一致する（2 章 2-1 節の図 2-7 参照）。もしかしたら日本の畔に咲くタンポポは、農作業のためによく飼われていたウシの摂食に対応したのかもしれないし、近年では家畜に食べられることはなくなったので伏せる性質が薄れてきているのかもしれない。なお、外来種で都市に良く生えているセイヨウタンポポには花茎を伏せる性質は弱く、モンゴルの都市や森林にみられる種類と同じであった。やはり花茎を上下させる性質は、家畜に摂食される環境において適応的な特徴なのだろう。アヤメのなかまでも、家畜の摂食がない日本でみられる多くのアヤメはすらりと伸びた花茎の先に美しい花を咲かせているが、エヒメアヤメは花が葉よりも低くなっている。エヒメアヤメは満鮮要素（満州や朝鮮半島由来の草原性の植物種群）だとされているので、モンゴルと同様に家畜の摂食圧に対応した結果なのかもしれない

家畜の餌資源としての摂食耐性植物

　様々に工夫して家畜の摂食を逃れる植物たちだが、家畜の餌としての栄養価と好き嫌いの関係についてはどうだろうか。栄養価にもいろいろな要素があるが、タンパク質と食物繊維を調べた研究結果を見てみよう（表 3-2）。小低木のなかでは、家畜がよく食べる *Caragana microphylla* のタンパク質と繊維含量が高くなっている。この種はマメ科であり、空気中の窒素を根粒菌の働きで固定する（取り込む）ことができるので、タンパク質含量が高いのだろう。また、家畜の良い餌といわれるイネ科植物は全体的に食物繊維が豊富に含まれているようだ。摂食耐性植物が多いヨモギ属の中にあって、家畜が好んで食べている *Artemisia frigida* は、タンパク質と食物繊維がともに比較的高くなっている。ネギ属は 2 種ともにタンパク質が豊富であるが、特に家畜に好まれる *Allium mongolicum* の方が *A. polyrrhizum* よりも食物繊維が高くなっている。すなわち過放牧になって家畜の好まない種が増加してくること

表 3-2　小低木と草本の葉のタンパク質および食物繊維含量（乾重あたりの％）。Jigjidsuren and Johnson（2003）をもとに作成。

種名	生活型	系統群	タンパク質	食物繊維
Caragana microphylla	小低木	マメ科	23.0	23.2
Kalidium foliatum	小低木	アカザ科	10.6	12.2
Reaumuria soongorica	小低木	ギョリュウ科	17.6	18.8
Allium mongolicum	多年草	ネギ属	26.3	24.8
Allium polyrrhizum	多年草	ネギ属	26.6	12.7
Stipa krylovii	多年草	イネ科	10.7	27.9
Agropyron cristatum	多年草	イネ科	10.1	31.3
Achnatherum splendens	多年草	イネ科	11.5	39.5
Carex duriuscula	多年草	カヤツリグサ科	11.3	22.9
Galium verum	多年草	アカネ科	15.3	21.5
Polygonum angustifolium	多年草	タデ科	7.2	35.7
Aster alpinus	多年草	キク科	12.7	23.4
Artemisia frigida	多年草	キク科	16.3	26.3
Anabasis brevifolia	多年草	ヒユ科	5.3	19.3

は、家畜の餌としての栄養価が低い草原になってしまうことになるといえる。

　摂食耐性植物は、家畜にとっては食べにくいものだし、栄養価としても良い餌ではないが、それでも家畜たちは飢えるとほとんどの植物を食べてしまう。例えば先に紹介したイネ科の Achnatherum splendens は、他に植物が多く生えている森林ステップではあまり食べられないが、他の植物が少ない乾燥ステップでは食べられてしまう。この植物は群生することが多く、地下水の浅い場所に生育するためか降水が少なくても葉を出すことがあるので、乾燥地ではむしろ貴重な餌植物となっている。

　また、摂食耐性植物は生育期間の間は家畜に食べられないものの、地上部が枯れた秋や冬には堅い茎や刺を除いて家畜に食べられる。一般的に多年生の植物は、地上部を枯らす前に養分の一部を地下部に回収する。どの程度の重量が枯れた後にも残されているのかを大まかに把握するために、2009 年 8 月の枯れる前と 10 月の枯れた後に各植物が密生している場所で地上部を刈り取り、乾重を比較してみたところ、Artemisia dracunculus で 32.6％、Carex driuscula で 26.1％、Stipa krylovii で 36.6％と、枯れた後でも約 3 割が地

上部に残されていることが分かった。摂食耐性植物は夏季にはほとんど食べられない分、量としてはたくさんあるため、家畜の冬季の餌としては貢献していることになるのかもしれない。とはいえ、家畜にとって貴重な成長期はやはり夏季なので、この期間に良質な餌植物が食べられなくなる摂食耐性植物の優占は、遊牧をもとに成り立っている人々の生活を維持するためにも、できる限り避けることが望ましいのは言うまでもない。

(4) 持続的な遊牧のために

　以上のように、モンゴルにおいて家畜の利用頻度が高く過放牧になっているような場所では、単純に家畜による過度の摂食によって植生が変化して摂食耐性植物が優占してくるだけではなく、土壌のアルカリ性化が同時にもたらされることが明らかになった。そして一度土壌がアルカリ性に傾くと、土壌 pH がなかなか回復しないために劣化した草原の回復が遅れてしまうのだと考えられた。摂食耐性植物は家畜が好まず餌としても低質であるため、土壌がアルカリ性化されることは遊牧の持続可能性を低下させることにつながるといえる。一方で、土壌がアルカリ性化されていない場所では、家畜の摂食によって一時的に草原植物の種数が減少して植生が劣化したとしても、草原植生は数年程度ですばやく回復することができる。したがって、モンゴル草原において遊牧を持続的に行うためには、過度の過放牧状態が長期間継続されて土壌がアルカリ性化してしまわないような遊牧様式をとることが必要であるといえる。遊牧を行う上で、家畜を囲い込む柵内や冬の家畜小屋、家畜の水飲み場などの周辺のように、家畜が集中して一時的に過放牧状態になる場所が生じることは避けられない。問題は、過放牧な状態が一時的なものなのか、長期的に継続するのか、そしてその結果として土壌がアルカリ性化してしまうかどうかだといえるだろう。終章で後述されている土地の私有化や定住化の問題とも関連するが、ゲルを季節的に、また年々移動させて遊牧を行うことは、土壌のアルカリ性化を避けるという意味でも非常に重要なことなのである。

参考文献・資料

3-1 節

浅野眞希（2008）モンゴル東部地域の土壌と水文環境．『モンゴル遊牧社会と馬文化』（長沢孝司・尾崎孝弘編）pp. 88-101.

Fujiwara, H. (2009) Atmospheric deposution of radioactive Cesium (^{137}Cs) associated with dust evenys in East Asia. 筑波大学大学院生命環境科学研究科博士論文，p. 83.

井佐芙美佳（2012）モンゴル国フスタイ国立公園における生態系管理の違いが土壌の諸性質に与える影響．筑波大学大学院生命環境科学研究科修士論文，p. 81.

小長谷有紀（2010）モンゴルにおける農業開発史：開発と保全の均衡を求めて．国立民族学博物館研究報告，35(1): 9-138.

National Statistical Office of Mongolia (2010) *Mongolian Statistical Yearbook*, National Statistics Office, Ulaanbaatar, 2009, p. 447.

3-2 節

Côté, S. D., Rooney, T. P., Tremblay, J.-P., Dussault, C., Waller, D. M. (2004) Ecological impacts of deer overabundance. *Annual Review of Ecology Evolution and Systematics*, 35: 113-147.

Fujita, N., Amartuvshin, N., Ariunbold, E. (2012) Vegetation interactions for the better understanding of a Mongolian ecosystem network. pp. 157-184. In Yamamura, N. et al. (eds.), *The Mongolian Ecosystem Network: Environmental Issues under Climate and Social Changes*. Springer, Tokyo, Japan.

Hiernaux, P., Bielders, C. L., Valentin, C., Bationo, A., Fernández-Rivera, S. (1999) Effects of livestock grazing on physical and chemical properties of sandy soils in Sahelian rangelands. *Journal of Arid Environments*, 49: 231-245.

Hobbs, N. T. (1996) Modification of ecosystems by ungulates. *Journal of Wildlife Management*, 60: 695-713.

Jigjidsuren, S., Johnson, D. A. (2003) *Forage Plants of Mongolia*. Admon, Ulan Bator.

Koda, R., Fujita, N. (2011) Is deer herbivory directly proportional to deer population density? Comparison of deer feeding frequencies among six forests with different deer density. *Forest Ecology and Management*, 262: 432-439.

Mysterud, A. (2006) The concept of overgrazing and its role in management of large herbivores. *Wildlife Biology*, 12: 129-141.

Wang, L., Seki, K., Miyazaki, T., Ishihama, Y. (2009) The causes of soil alkalinization in the Songnen Plain of Northeast China. *Paddy and Water Environment*, 7: 259-270.

● コラム2 ●

家畜放牧と草原の窒素循環

近藤順治・廣部　宗

　放牧された家畜が草を食べたり排泄物を供給したりすることはその草原生態系にどのような影響をおよぼすのだろうか？　ここでは、生態系内の窒素循環と植物の一次生産に注目して見てみよう。
　陸域生態系において土壌は最も大きな養分集積場所であり、固着性である植物の一次生産は生息場所の土壌における養分の利用可能性に強く影響を受ける。草原生態系において、放牧家畜を含む大型草食獣は、摂食や排泄などの活動（以降、大型草食獣の活動と呼ぶ）によって土壌の養分利用可能性、特に窒素の利用可能性を変化させ、草原生態系の一次生産を促進または抑制する。大型草食獣に摂食された植物組織は、動物の消化器官を通過することで分解されやすい状態に変化し、排泄物として土壌表面へ供給される。そのため、排泄物は土壌における窒素の無機化を加速し、窒素の利用可能性が高くなることで、一次生産を促進する（図1a）。また、大型草食獣は栄養価の高い植物種を好んで食べることが多く、これらの植物種（嗜好性の高い植物）は一般的に成長速度が速いため、被食を受けた植物の旺盛な補償成長によって一次生産を促進する（図1a）。さらに、補償成長した部位は柔らかく栄養価が高いため、大型草食獣により再び選択的な被食を受け排泄物として、あるいは摂食を逃れ高養分濃度の分解されやすい有機物として土壌に供給され、窒素無機化速度の加速に貢献する（図1a）。
　一方、嗜好性の高い植物が大型草食獣に選択的に摂食されることで、嗜好性の低い種の優占度が高くなる場合もある（図1b）。嗜好性の低い植物種の多くは、養分濃度が低いばかりでなく、刺や化学的防御物質または硬い木質組織などといった被食抵抗性を持っており、これらの植物が土壌に

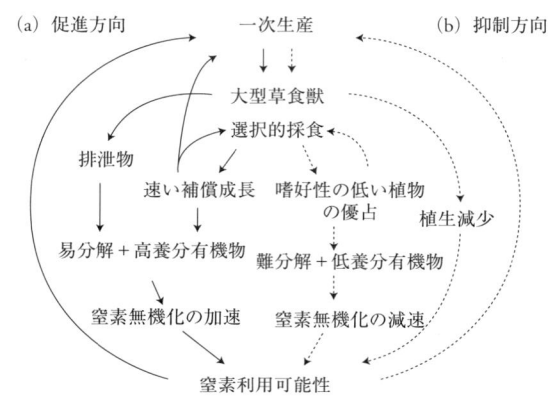

第1部　草原と森林の生態系ネットワーク

図1　草原生態系において大型草食獣の活動が及ぼす促進方向 (a、実線矢印) または抑制方向 (b、破線矢印) への影響。

供給する有機物の分解速度は遅いので、嗜好性の低い植物種の優占は植物から土壌へ供給される有機物の質的・量的な低下を招く。そのため、土壌における窒素の無機化速度は減速され、窒素の利用可能性が低下することで、一次生産も抑制される (図1b)。また、摂食による植生の減少は直接的に一次生産を抑制する。なお、実際の草原生態系ではこれら双方の経路が同時に作用しており、大型草食獣の活動が草原の一次生産に促進方向あるいは抑制方向のどちらに影響するかは、対象の生態系で個々の経路が相対的にどの程度重要かによって変化する (図1)。

　これらの個々の経路の相対的な重要性を変化させ、大型草食獣の活動が草原生態系の窒素利用可能性や一次生産に与える影響の方向を決定する要因として、対象地域の降水量や土壌肥沃度、またはこれらの相互作用などがある。例えば、比較的降水量が多く肥沃な土壌を持つ地域では、大型草食獣の活動によって窒素無機化速度は加速され一次生産は促進されるが、降水量が少なく土壌肥沃度の低い生態系では抑制される場合が多い。また、同程度の土壌肥沃度であっても、例えば中央ケニアのサバンナにおいて、一次生産は多雨年 (682 mm/年) には促進され、寡雨年 (296 mm/年) には抑

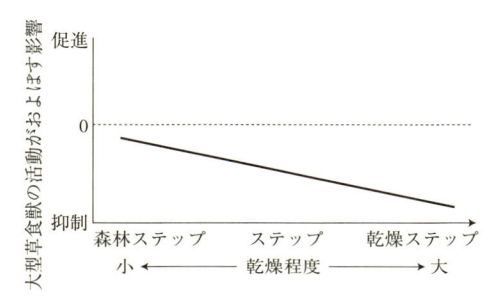

図2 乾燥程度が異なるモンゴル草原生態系において大型草食獣の活動が及ぼす影響(模式図)。

制されたという報告もある (Augustine and McNaughton 2006)。

　モンゴル国は北から南へと降水量が減少するとともに気温が上昇するため、乾燥の程度が強くなる。これに伴い草原生態系のタイプも北部の森林ステップ、中部のステップ、南部の乾燥ステップと変化する。また、草原生態系のほぼ全域で家畜の放牧が行われており大型草食獣の活動がある。そこで、モンゴルの異なる気候条件(乾燥程度)の草原生態系において窒素の動態を含む表層土壌の化学的特性に注目し、大型草食獣の活動が窒素の利用可能性に及ぼす影響を明らかにすることを試みた結果、以下のことが明らかになった(近藤ら 2011)。

　モンゴルの草原において大型草食獣は有機態炭素および土壌養分濃度に対しては顕著な影響を及ぼしていなかった。しかし、土壌pHおよび無機態炭素濃度などは、乾燥が強い中部以南の草原では大型草食獣の活動によって上昇していた。また、窒素の利用可能性に対する影響は比較的湿潤な北部の森林ステップでは大きくないものの、乾燥の強い中部以南の草原では顕著であり、大型草食獣の活動によって低下していた。乾燥の強い地域では、大型草食獣の摂食による地上部植生の減少とそれに伴う蒸発量の増加、および高濃度塩類を含む排泄物の供給の結果、土壌pHは上昇することが多い。上昇したpHは土壌中での微生物活性を低下させ、その結果、窒素の無機化速度も減速される。これらのことから、中部以南の草原では

大型草食獣の活動は図1aの経路に加え、土壌pHの上昇より窒素利用可能性を低下させたと考えられた。

このように、モンゴルの草原生態系における現状の放牧は、比較的湿潤な森林ステップでは窒素の利用可能性や一次生産に対して深刻な影響は及ぼしていないが、乾燥の強いステップおよび乾燥ステップでは抑制方向に影響を及ぼしている（図2）。そのため、現状の放牧が継続すると図1における抑制方向の経路の働きが繰り返されることより、今後さらに草原が劣化していくだろう。また、現状以上の放牧圧条件下あるいは地球環境変動による温暖化・乾燥化が進行した場合には、抑制方向の経路がより強く働くと予想され、森林ステップにおいても注意が必要だろう。

参考文献

Augustine, D. J. and McNaughton, S. J. (2006) Interactive effects of ungulate herbivores, soil fertility, and variable rainfall on ecosystem processes in a semi-arid savanna. *Ecosystems*, 9: 1242–1256.

近藤順治，廣部宗，Uugantsetseg Khorloo，Amartuvshin Narantsetseg，藤田昇，坂本圭児，吉川賢（2011）乾燥程度の異なるモンゴル草原生態系において放牧の有無が表層の土壌特性に与える影響．日本緑化工学会誌，36: 406-415.

第4章　森林の環境学

4-1　J. ツォグトバータル
4-2　音田高志・廣部　宗・幸田良介
4-3　石井励一郎

萌芽力の強いシラカンバ林の成立は、人間活動と深く関わっている。
撮影：音田高志（坂本圭児氏提供）　2007年5月　ウランバートル

本章では、草原とともにモンゴルの植生となっている森林について説明する。4-1 節では、モンゴルの森林の現状、特に森林の分布、森林破壊の歴史と森林再生への取り組みが議論され、モンゴルの森林への理解が深められる。4-2 節では、森林に対する伐採や山火事、家畜の食害といった人為的な攪乱の影響が議論され、強度の人為攪乱によって森林が破壊される様子と、逆に適度な人為攪乱があることで維持される森林があることを詳述する。4-3 節では、森林と草原（ステップ）が併存する森林ステップ地帯での森林と草原（ステップ）の相互作用を説明する。森林と草原の立地の違い、森林から草原への土壌水分の供給、降水量と家畜の摂食が変化した場合の森林と草原の移り変わりを議論する。

4-1 モンゴルにおける森林破壊と劣化した森林の再生

(1) モンゴルの森林資源

モンゴルの主な森林地域はモンゴル北部、ロシアとの国境付近に位置し、シベリアタイガ林と中央アジアステップ帯の移行帯を形成している。モンゴルの森林は国土の割合からすると比較的限られたものであるが、広大な国土と様々な地形の中に広がっているため森林環境はある程度の多様性を有しており、国の環境安定性を支えるうえで非常に重要なものである。

植生によって大まかに分けると、モンゴルは灌木草原（約 53%）、森林（約 12%）と砂漠植生（約 34%）に分けられ、約 1% が人間の居住地と穀物栽培に使われている。放牧はこれらすべての植生タイプで行われている。天然の草原はモンゴル領土の約 83% を占め、その植生タイプごとの分布状況は表 4-1 に示されている。

モンゴルの山林は、森林の位置する標高によって、高い方から亜高山帯、タイガ帯、亜タイガ帯と疑似タイガ帯の四つに分けられる。最も低い境界線は海抜約 650 m に位置し、最も高い境界線である森林限界は約 2600 m でみ

表4-1 植生タイプごとの天然草原の分布状況。データは Ministry of Nature and Environment (2002) を参照した。

植生タイプ	割合（％）
山地林	5.3
森林ステップ	27.1
ステップ	22.8
砂漠ステップ	19.5
砂漠	19.4
移行帯	5.9

られる。

亜高山帯

モンゴルでは亜高山帯はしばしば森林限界の上限に及ぶ。耐寒性を持つ植物や浅い土壌に生息する植物、コケや地衣類がみられ、その更新はゆっくりである。亜高山帯は、河川上流域の土壌を守り、水資源を維持するうえできわめて重要である。

タイガ帯

永久凍土の上にあるタイガ帯ヘンティ県、フブスグル県東部とハンガイ県南東部にみられる。この地域の林分の天然更新は適切に行われている。しかしながら、火災や伐採といった森林の攪乱が生じると、針葉樹はしばしばカバノキの仲間に置き換わる。タイガ帯ではカバノキやカラマツの仲間が優占するが、シベリアマツやモミの仲間のような耐寒性樹種も一般的にみられる。

亜タイガ帯

モンゴルでは亜タイガ帯が最も広く分布している森林タイプであり、商業伐採上も重要である。亜タイガ帯はステップ帯との境界に位置し、低標高の乾燥による森林下限をなしているため、人間活動の影響を強く受けており、しばしば森林火災が発生している。亜タイガ帯の森林はカラマツやマツ、カバノキの仲間で構成され、モンゴルの他の森林に比べて種組成が豊かである。

天然更新の状況は良好であるものの、森林火災や伐採といった人間による負の影響の後には、ほとんどの針葉樹がカバノキやポプラの仲間のような落葉広葉樹に置き換えられてしまうことがある。場合によっては、森林が成立せずにステップ草原になってしまうこともある。亜タイガ帯では人間による攪乱が生じた際には、森林の修復や再生のための活動を計画する必要がある。

疑似タイガ帯

この山地林は特殊な遷移様式と途切れなく続く永久凍土を持ち、モンゴル（特にハンガイ中部とアルタイ山脈）にのみ存在する。主な優占樹種はカラマツである。疑似タイガ帯における森林の天然更新は、選択的な伐採を行った場合か人間による負の攪乱がない状態でのみ保つことができ、皆伐をしてしまうとカバノキなどが入ることもなく、直接ステップ草原に置き換わってしまう。実際、強度の伐採を受けたアルタイ山脈の森林は、この地域の厳しい気候状態の影響もあって、天然更新されることなくステップ草原に置き換わってしまった。

これらの各種タイガ帯の基本的な構成種はシベリアカラマツとシベリアマツである。森林は北向きで日陰になる斜面で最も卓越する。最も広範囲に分布している種はシベリアカラマツで、次がシベリアマツ、他にはトウヒや、マツ、モミの仲間が混在している。落葉広葉樹としては、カバノキや、ヤマナラシ、ポプラの仲間がみられる。

モンゴルの森林被覆面積は 1750 万 ha（国土の約 11.2％）であり、そのうち 1240 万 ha（国土の約 8.1％）は疎林ではなく閉鎖林となっている（図 4-1）。

森林の立地と性質はモンゴル国内でも地域によって大いに異なる。表 4-2 は主要樹種の国内分布状況を示しており、カラマツ林がモンゴルの森林面積の多くを占めていることが分かる。カラマツはモンゴルの最も寒い気候条件にも耐えることができるのである。

針葉樹林と広葉樹林の平均材積は 1 ha あたり約 103 m^3 と推定されている。シベリアカラマツ（*Larix sibirica*）、ヨーロッパアカマツ（*Pinus silvestris*）、シベリアマツ（*Pinus sibica*）、シベリアトウヒ（*Picea obovata*）、シベリアモミ（*Abies*

第 4 章　森林の環境学

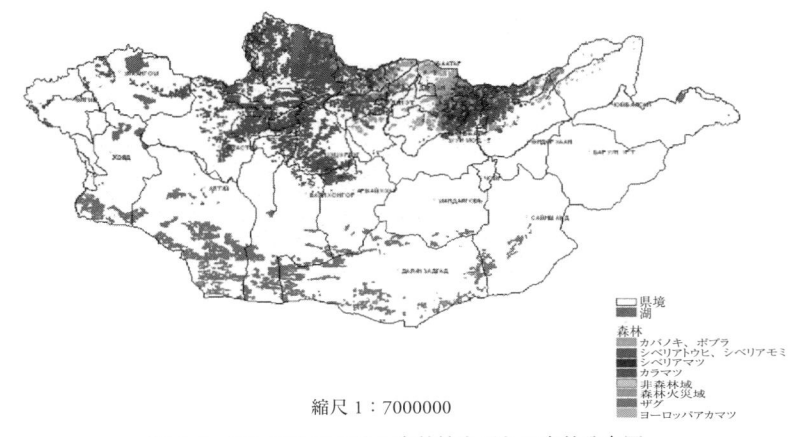

縮尺 1 : 7000000

図 4-1　モンゴルにおける森林植生ごとの森林分布図

表 4-2　主要樹種ごとの閉鎖森林の面積とモンゴルの森林に占める割合

樹種	面積（ha）	割合（％）
シベリアカラマツ（*Larix sibirica*）	7,526,899	61
ヨーロッパアカマツ（*Pinus silvestris*）	662,113	5
シベリアマツ（*Pinus sibica*）	984,658	8
シベリアトウヒ（*Picea obovata*）	27,872	<1
シベリアモミ（*Abies sibirica*）	2,337	<1
カバノキやポプラの仲間	1,198,720	10
ザグ（*Haloxylon ammodendron*）	2,028,823	16
合計	12,431,422	100

sibirica）、シラカンバ（*Betula platyphylla*）、ヨーロッパヤマナラシ（*Populus tremula*）、コトカケヤナギ（*Populus diversifolia*）、ヤナギ属（*Salix*）といった主な樹種ごとの材積は表 4-3 に示されている。

（2）森林破壊を引き起こす要因

　モンゴルにおける森林の劣化や消滅は、森林の経済的、生態学的な重要性

表 4-3　モンゴルの主要樹種ごとの材積量とその割合。データは Ministry of Nature and Environment (2007) を参照した。

樹種	材積量 (1,000 m^3)	割合 (%)
シベリアカラマツ (*Larix sibirica*)	1,033,016.6	74.90
ヨーロッパアカマツ (*Pinus silvestris*)	97,085.4	7.03
シベリアマツ (*Pinus sibica*)	150,524.8	10.91
シベリアトウヒ (*Picea obovata*)	3,434.2	0.24
シベリアモミ (*Abies sibirica*)	375.2	0.02
シラカンバ (*Betula platyphylla*)	89,404.5	6.48
ポプラの仲間 (*Populus* sp.)	1,814.3	0.15
ヨーロッパヤマナラシ (*Populus tremula*)	1,509.3	0.13
ヤナギの仲間 (*Salix* sp.)	613.3	0.04
ザグ (*Haloxylon ammodendron*)	1,404.1	0.10
合計	1,379,181.7	100

から、国全体でも地域的にも大きな問題となっている。モンゴルにおいて森林の破壊と劣化をもたらす主な原因は、森林やステップ草原で発生する火災であり、他に害虫や疫病によるダメージ、建材利用のための不適切な商業伐採や薪炭材用途の違法伐採、森林での非管理の放牧、土地劣化が挙げられる。

気候変動

　モンゴルの大陸性気候は、気候変数と気象の著しい変動によって特徴づけられる。モンゴル南部のゴビ砂漠地方では、干ばつが数年にわたることもある一方、北部の山間地域では大雨や洪水がしばしば生じる。モンゴル国土の大半では年間平均降雨量が 200 mm を超えることはなく、降水量の 90％は蒸発散によって失われる。

　1940 年代以降、モンゴルは地球温暖化による著しい変化を受けてきた。モンゴルにおける気候変数の変化の程度は、その地理と標高のため、地球規模の平均よりやや大きい (Dagvadorj et al. 2009)。温暖化傾向の強さはモンゴルの生態学的な地域区分と気候帯で異なり、また季節によっても変動する。モンゴルにおける気候変動調査の主要な結果を以下に述べる。

第4章　森林の環境学

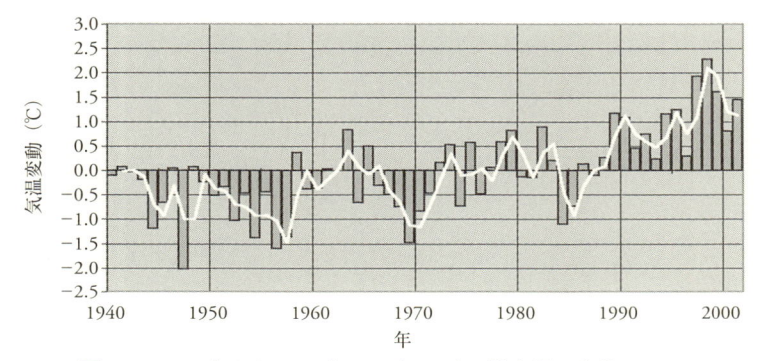

図4-2　1961年から2000年にかけての年平均気温の変動パターン

- 1940年から2007年の間に年平均気温は2.1℃上昇した（図4-2）。平均気温の上昇が最も顕著だったのは冬で、3.6℃上昇した。その他、春では1.8℃、秋で1.3℃、夏で0.5℃の気温の上昇がみられた。
- 年降水量の変化は、ある地域では減少し、隣接する他地域では増加するなどきわめて多様である。季節的には、秋と冬の降雨量は4～9％増加し、春と夏では7.5～10％減少した。
- 年間降雨量は1940年から5～25％の範囲で減少、もしくは増加した（図4-3）。中央部では30～90 mm 減少し、最西部では2～60 mm 増加し、最南東部でも30～70 mm 増加した。
- 最長連続乾燥日数の平均には統計的に有意な変化はみられなかった。最長連続乾燥日数は、年平均降雨量が減少した中央モンゴルで少し増加し、年平均降雨量が増加した南東モンゴルで減少した。
- 潜在的蒸発散量は7～12％増加した。

森林劣化と商業伐採

　森林の劣化や商業伐採によるダメージは、不適切な資源利用や資源管理によって起こる。森林の消滅ほど顕著な影響ではないものの、これらは環境に対して深刻な影響をもたらしうる。過去100年の人間によるモンゴルの生

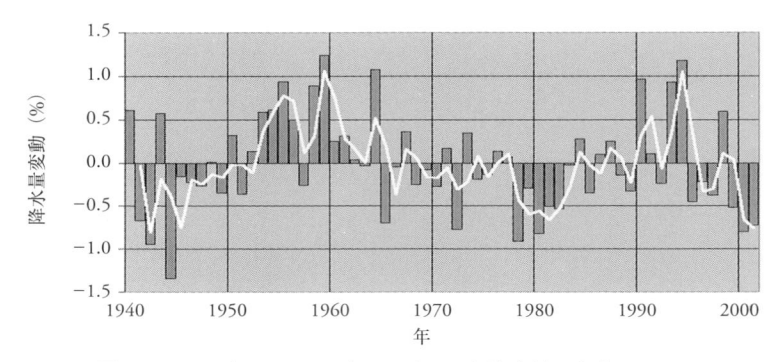

図 4-3　1961 年から 2000 年にかけての年降水量の変動パターン

態系への影響の調査によると、森林の 40％が何らかの人間活動による影響を受けている。人間活動による撹乱をうけた森林のうち再生できていない面積は、火災によるダメージをうけた森林で 68 万 4000 ha、皆伐された森林で 25 万 ha にのぼる。針葉樹林のうち、173 万 7000 ha がカバノキやポプラなどの落葉広葉樹林に、15 万 9000 ha がステップ草原や砂礫荒原に、123 万 ha が現存量の減少した針葉樹林に置き換わった。耐寒性を持つタイガ林は縮小しており、森林生態系の 16％が森林以外の生態系に置き換わった (Krasnoschekov et al. 1992)。

　序章で述べたように、1950 年代、モンゴル政府はソ連型経済モデルを採用し、いくつかの中央北部の県（アイマグ）に労働者のための居住区（林業集落）を含む 12 の国営企業を設立した。森林をより集約的に管理するため、機械による収穫施業や電動の製材加工が導入された。これらの製材加工場は大量の材木の処理を可能とし、1980 年代半ばには伐採量は年間 200 万 m^3 に達した (Erdenechuluun 2006)。

　現在のモンゴルの森林は、齢構造をみるとほとんどの森林が成熟林であり、土壌の浸食リスクが高い場所やアクセス困難な急斜面によく分布している。アクセスしやすい地域の木材資源は、過去の森林の開拓において、大規模な機材と輸送システムが導入された結果、枯渇してしまったのである。1990 年から 2009 年の間に約 1340 万 m^3 の材木が国の施業区から伐出された。森

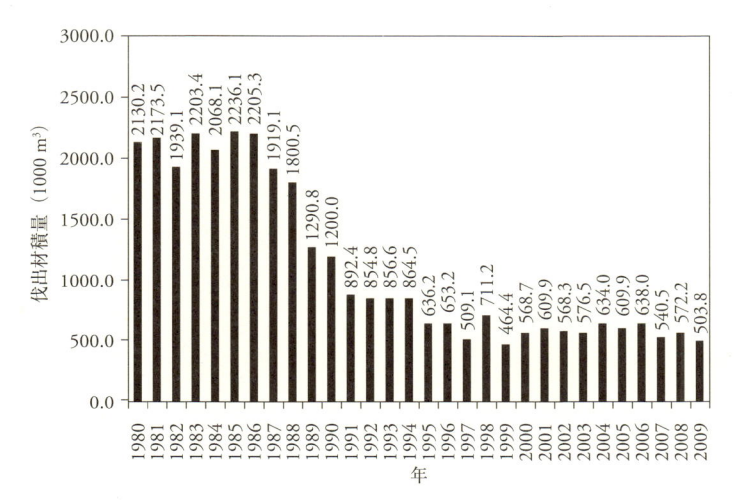

図4-4 モンゴルにおける年間伐出材積量の経年変化

林の天然更新がうまく進んでおらず、ステップ草原に置き換わるなどの生態系の退行遷移が生じていることからも分かるように、今もなお森林管理の質は不適切である。木材生産記録から、施業区に指定された面積が縮小したために木材生産量が減少してきたことが分かる（図4-4）。

一般的に皆伐施業はモンゴルの山地林に対して適用することはできない。なぜならば、皆伐は針葉樹林から落葉広葉樹林への遷移、森林からステップ・乾燥ステップへの置き換わり、土壌表面や斜面での土壌流出などを促進し、森林面積を減らすことにつながるからである。したがって、モンゴルで造林・森林利用活動を行うにあたっては、森林生態系のもつ様々な機能を破壊しないような、かつ、森林の天然更新を可能にするような、特殊な伐採手法やシステムを考えることが必要であるといえる。

中程度の材積伐出・立木密度40～50％程度の択抜・傘伐施業を行えば、植物群落を急激に変化させることなく、森林環境の基本的な性質や森林が果たす機能を保持した上で、次世代を担う樹木の成長に適した条件を整えることが可能である。

しかしながら、このような施業手法は簡単にアクセスできる一部の地域に制限されていて、施業のモニタリングとコントロールがほとんどなされていないため、無駄の多い過度な伐採が生じている。またモンゴルでは、統計には残らない違法伐採も一般的にみられる。

森林火災や放牧、生物多様性の減少、砂漠化といった森林破壊や森林劣化の原因・インパクトの一部には、このような背景が関連している（Tsogtbaatar 2004）。

砂漠化と土地の劣化

過度な放牧と不適切な土地利用に伴う森林の消失は、砂漠化と、不毛で浸食された荒れ地の形成をもたらす。過去40年間でモンゴルの砂漠面積は3万8000 ha増加し、今や土地面積の約41％が砂漠である。砂漠化によって利用可能な牧草地は過去30年間で690万 ha減少したと推定されている。面積にして牧草地の30％が不適切な利用によって劣化している。

無秩序な放牧と土地破壊

モンゴルの経済の主な基盤は牧畜で、今も経済・雇用・輸出歳入において重要な役割を果たしている。2009年の統計によると、GDPの約21.1％が農牧業生産で、うち約82.5％が牧畜生産である。2009年の牧畜統計によると家畜の総合計は4400万頭で、前年より73万5400頭（1.7％）増加した。

モンゴルの放牧地草原の健全性は全般としてあまり良くなく、約3000万頭の家畜が無規制に放牧されており、家畜による摂食後に草本が再成長できないような草原も多い（図4-5）。1918年の時点でモンゴルには1億3000万 haの牧草地面積に対し約960万頭の家畜が存在していた（Avaadorj et al. 2006）。この値はその後急激に変化し、2000年には1億2730万 haの牧草地面積に対して3020万頭の家畜が（Avaadorj et al. 2006）、2004年には1億1120万 haの牧草地面積に対して2800万頭の家畜が存在するという状況に変わった（図4-6）。

およそ35～40％の家畜（約1200万頭）は、森林の内部や周辺で採食してい

第 4 章　森林の環境学

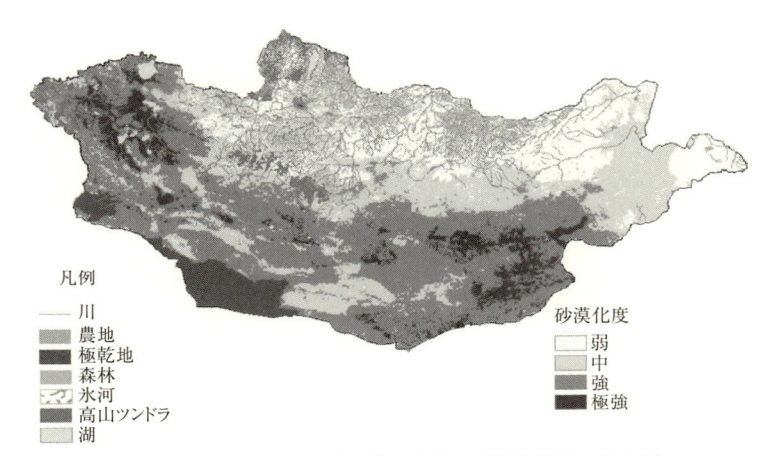

凡例
- 川
- 農地
- 極乾地
- 森林
- 氷河
- 高山ツンドラ
- 湖

砂漠化度
- 弱
- 中
- 強
- 極強

図 4-5　モンゴルにおける草原劣化・砂漠化状況の分布図

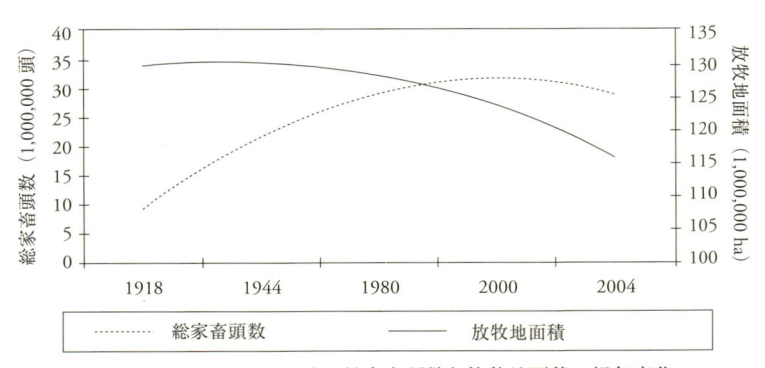

図 4-6　モンゴルにおける総家畜頭数と放牧地面積の経年変化

る状況にあり、若木や実生を踏み倒し、環境に大きな負荷を与えている（図4-7、図4-8）。アクセスできる保護区でも採食が起きており、手つかずのままであった地域までをも食い荒らしつつある。

　森林を放牧のダメージから守るためには、適切な牧草地の管理や牧草地の質の向上、計画的な放牧や輪牧、飼料の開発や他の科学的知見に基づく手段を推進するなどのことが必要であり、森林の境界線を越えて様々な方策を考

第1部　草原と森林の生態系ネットワーク

図 4-7　森林内での非管理の放牧の様子

図 4-8　劣化した土地に集まる家畜の様子

表 4-4　植樹地点ごとの樹木の生残率と、放牧強度や森林からの距離との関係

地点番号	森林からの距離	標高 (m)	放牧強度	生残率 (％)
1	0.1 km	1,560	弱	83.3
2	5.0 km	1,680	強	5.0
4	0.1 km	1,750	中	50.5

えねばならない。

　表4-4は、放牧強度と森林からの距離が栽植した稚樹の生存率に強く影響を及ぼすことを示している。放牧をさせないことが、植樹を成功させるうえで最も重要な要因であるといえる。植樹林に近接する天然林は風除けになり、水が限られている場合は給水源になるため、可能な限り植樹林は天然林の近くに形成した方が良い (Dae 2005)。

森林火災

　森林火災はモンゴルの森林に最も深刻な影響を及ぼす現象である。モンゴルにおける森林火災は自然現象であることは少なく、主には遊牧民や地域住民による不始末や放火に起因するものである。森林の低層を焼く低強度の森林火災（地表火災）の場合は、木の幹を軽く焼く程度でそれほど深刻なダメージを与えることはないが、森林の上層までを焼く火災（樹冠火災）の場合には、木々の枝や葉が焼かれてしまうため、成長が阻害される。さらに深刻な火災が生じると、その影響は樹木成長の阻害に留まらず、森林を完全に焼きつくしてしまう。このような火災によってダメージを受けた地域でも、影響を受けた植物が回復し、天然更新が進むことによって森林が再生する場合もある。

　一方で、軽度の森林火災でも害虫や疫病を招くことがあり、火災によって弱った植物はこのような影響をうけやすくなる。そのため森林火災が起こると、しばしば元の針葉樹林がカバノキなどの落葉広葉樹やステップ草原に置き換わってしまう。結果的に森林火災は、家畜の放牧と同様に土壌浸食の増加につながりうるのである。

　1980年に昆虫によってダメージを受けた森林の面積が11万5000 haで

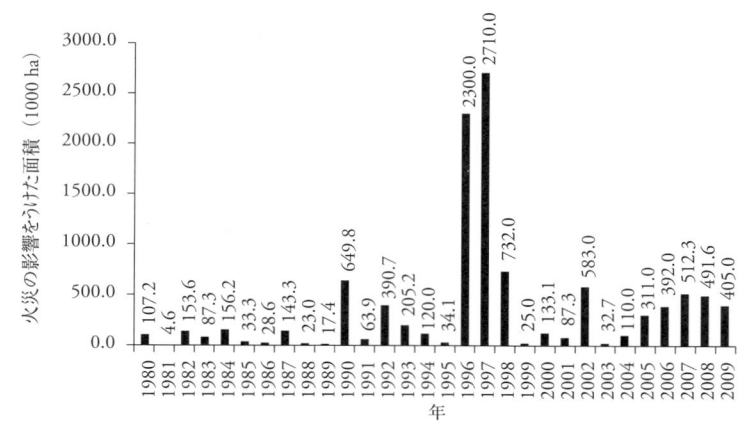

第 1 部　草原と森林の生態系ネットワーク

図 4-9　モンゴルにおいて森林火災の影響を受けた土地面積の経年変化

あったのに対し、火災によってダメージを受けた面積は 10 万 7200 ha だった。同様に、1990 年には 3 万 3100 ha に対し 64 万 9800 ha、1994 年では 13 万 5000 ha に対し 12 万 ha だった。1994 年以降、乾燥した気候状態と地域住民の不注意が原因で、1990～1992 年や 1996～1999 年など、歴史的な大規模森林火災が多数発生している（図 4-9）。

　1996 年の火災によって影響をうけた面積は合計 1020 万 ha であり、そのうち森林面積は 230 万 ha（残りは草原地帯）であった。1996 年の火災では 25 人が死亡し、700 人が家を失った。この火災により 3 億 700 万 m^3 の木材が焼かれ、うち約 2200 万 m^3 は完全に焼失した。1997 年の火災では総面積 1240 万 ha が焼かれ、270 万 ha の森林が影響を受け、60 万頭の家畜と多数の野生動物が犠牲になった。

(3) 森林修復と植樹

　モンゴルの植物群落と遷移の進行に影響を与える主な要因として、森林火災、伐採、放牧が挙げられる（Tsogtbaatar 2004）。森林火災や伐採をうけたシ

ベリアカラマツ林の劣化パターンは、主に (1) シベリアカラマツの二次林、(2) カバノキ林、(3) 灌木林、(4) 草原 (ステップ) の4段階で進行する。どの段階となるかは劣化の程度と天然更新の潜在能力に強く依存して決まってくる。

　劣化が極度に進行し、灌木林やステップ草原に至ってしまうと、その後の森林への回復には非常に時間がかかるかほとんど不可能となってしまう。そのため、天然再生を期待するかわりに、人工的な修復を緊急的に行うことが必要であろう。

　モンゴルの森林を管理する上で重要な問題は、土地条件があまり良くない中でいかにして森林を再生するかということである。乾燥がちな生育環境のため、伐採や森林火災の後にマツやカラマツなどの有用樹種がしっかりと天然更新できることはあまり多くない。そのためカバノキやヤマナラシなどの落葉広葉樹種が占める割合が増加し、一部は草原に置き換わってしまう。そのような状況においてうまく更新を手助けしてやるためには、有用樹種を人工的に植樹または播種することが必要となる。

　モンゴルの森林再生活動は、最初の材木加工場の設立と商業伐出の開始から約48年後の1971年に始まった。植樹の合計面積は1971年にはたったの67 haであったが、それ以降植樹速度は急速に増加し、2008年には9512 haになった (図4-10)。植樹された主な樹種はヨーロッパアカマツ (*Pinus silvestris*)、シベリアカラマツ (*Larix sibirica*)、ポプラ (*Populus* spp.) やニレの仲間 (*Ulmus pumila*) である。2009年の終わりまでに記録された植樹面積合計は約14万1490 haだった。

　約40年の間に植樹されたこの面積は、過去20〜30年間で120万haという破壊速度と、残存するアクセス可能な森林の劣化度に比べるとかなり小さいと言わざるをえない。その期間に伐出された面積だけを考慮しても森林再生速度は過小である。そのため将来的には、年間の植樹面積を増大させていかなければならないことは明白である。

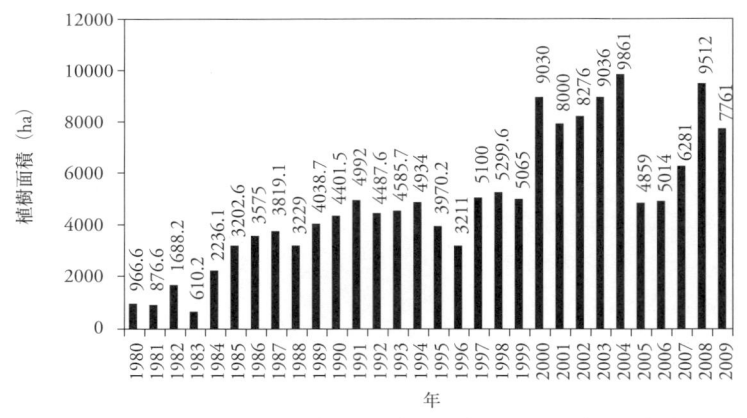

図 4-10　モンゴルにおける森林再生事業で植樹された面積の経年変化

(4) 森林再生・植樹事業における問題点

　モンゴルにおける森林再生事業や植樹の現時点での問題と限界は、適格な種子の収集と活力の高い稚樹の生産が難しいことである。それ以外の問題としては、植樹活動への支援資金や報償が無いことや、時間のかかる手法を用いていること、労働集約型手法を用いており技術的に習熟した労働者が不足していること、有効な一般への参加呼び掛け手段がないこと、林業と畜産の軋轢、金銭面での配当が限られていること、維持管理が十分に実施されず土地管理システムも貧弱であることが挙げられる。

　効果的な森林再生に向けては、以下のようなステップが必要となるだろう。すなわち、地域ごとに適した植栽種を選定し、モンゴルの変わりゆく気候に沿った適切な植樹時期や維持管理手法を選定し、さらに再生した森林の保護と維持管理を行うことである。しかしながら、これらのことは未だに十分に検討されていない。森林再生の成功率を上げるためには、樹種選択基準として、高い適応力や耐乾性、やせた土壌への適応性などの性質、また、植樹後の樹木の定着、再生の成功に注意を払う必要がある。

(5) これからの森林管理に向けて

　以上のようなモンゴルの森林状況の分析結果から、現存する政策では持続可能な森林管理ができていないことは明白である。そのため、森林管理政策の見直しとその失策の原因を解明する必要がある。モンゴルにおいて持続可能な森林管理を行うために重要なポイントとして、以下の四つが指摘できる。

- 森林範囲と樹木被覆率の増加
- 土壌と水資源の保全と維持管理
- 森林の生態系機能と持続力の維持管理と促進
- 適切な政策と法的、制度的なフレームワーク

　そして森林政策は、特に以下のことに着目して包括的・全体論的に取り組まれるべきものであろう。

- 森林の土地利用と管理（森林資源に基づいた所有権や機能的分類；森林資源の拡大；生産性の向上；管理計画；多くの地域住民の参加）
- 森林保護と土地修復（森林機能の保護；保護と土地修復のための植樹）
- 環境保全（保護地域システム；環境保全基準の改善；環境保全と所得の創出）
- 森林産出物の利用（材木；森林由来の加工産業；非木材森林産物と森林サービス；貿易とマーケティング；効率的な森林産出物の消費）
- 林業の社会経済的な貢献（生活必需品の提供；雇用と所得の創出、貧困の緩和；事業欲と人々の参加）
- 制度的な協定（制度的な再構築；法や規則、規制の改定；計画、モニタリングと評価；投資と資金問題）

(6) 今後に向けて

　モンゴルにおいて、過放牧や不適切な土地利用とあいまった森林の劣化・減少は、砂漠化や土地の劣化に大きく影響する問題である。それゆえ、気候

変動と人間の福祉という面からも、モンゴルの森林を保全し修復していくことは非常に重要な課題である。森林破壊と土地の劣化状況の現状を見るに、森林再生・植樹手法が管理可能なスケールで確立されることが必須である。このことは、効果的な植樹事業を行っていく上できわめて重要な役割を担うものとなるであろう。

　森林再生と植樹を実施するためには、林学的な専門知識や技術支援を導入し、森林再生を目的とした長期にわたる地域密着型の森林共同体を築くことが必要である。そしていかなる場合においても、専門的な知識や技術を導入し、植樹活動において何を目指すのか、どのような要因がその場所での森林再生の成否に影響しうるのかを検討し、森林再生に取り組んでいかなければならない。

4-2 森林の動態に対する人為攪乱の影響

　前節で述べた通り、近年モンゴルでは伐採や人為的森林火災などの強度の人為攪乱（anthropogenic disturbance）によって大きな面積で森林が破壊されており、行き過ぎた人間活動による大規模の森林破壊を防止する必要がある。一方、森林を"一時的に"破壊する攪乱には、人為によるものだけでなく、自然発生的なもの、すなわち自然攪乱（natural disturbance）もあり、火山の噴火や落雷による森林火災、地滑り、強風被害および害虫の大発生などが該当する。人為攪乱は我々の努力によって制限することが可能だが、自然攪乱を防ぐことは不可能であり、また、人為攪乱が問題となるずっと以前から自然攪乱による森林の一時的破壊は繰り返し発生してきた。自然攪乱により破壊された森林は、遷移（succession）と呼ばれる過程を経て再生し、元の姿に戻っていく。つまり、攪乱自体は長期的な森林の動態において、規模や強度は様々だか普遍的に生じる出来事なのである。しかしながら、人為攪乱と自然攪乱には異なる点があるため、モンゴル国における強度の人為攪乱による森林破壊について、森林破壊の防止という視点からだけではなく、その後の森

林再生過程という視点からも取り組む必要がある。

　以上を踏まえて本節では、まず北方林における自然攪乱とその後の森林再生について、モンゴルに生育する森林と類似したシベリアタイガ林の例を挙げて紹介する。次に、人為攪乱が森林再生過程に与える影響について、筆者らの研究成果を交えて紹介する。最後に、森林生態系保全と現地住民による持続的な森林資源利用との両立を可能にする森林管理の検討、それらに関するモンゴル政府の取り組みを紹介し、その展望について考察する。

(1) 北方林における自然攪乱と森林再生

　シベリアや北米の北方林では、主に自然火災や強風被害、虫害などの自然攪乱が、数十年から数百年の間隔で定期的に発生し、そのたびに広大な面積の森林が破壊されてきた (Schulze et al. 2005; Shorohova et al. 2009)。しかし、そのような攪乱の後、森林は天然更新 (natural regeneration) による遷移過程を経て自然に再生していく。代表的な例として、中央シベリアの"暗いタイガ林 (dark-taiga)"における自然攪乱と、その後の森林再生、発達過程を見てみよう (図 4-11)。"暗いタイガ林"とは、暗緑色の葉を持つトウヒやモミ、マツなどの常緑針葉樹が優占する北方林のことである。この地域では、大規模な森林火災が約 425 年のサイクルで、風害と虫害が約 150 年のサイクルで発生すると推定されている。森林火災によって森林が破壊されると、まずカンバ類やポプラ類といった初期成長の速い落葉広葉樹、すなわち先駆種 (pioneer) によって森林再生が始まり、その後比較的安定した地表と暗い光環境でも継続的に発芽、定着が可能な、トウヒやモミといった常緑針葉樹の遷移後期種 (late-successional) が優占する元の姿の森林へと移行していく。また、風害や虫害の後には、主に常緑針葉樹の更新によって森林が再生し、再び元の常緑針葉樹が優占する"暗いタイガ林"へと戻っていく。このように健全な北方林は、攪乱によって一時的に森林が破壊されたとしても、自然に再生し、元の姿に戻っていく復元力 (レジリアンス "resilience") を備えているのである。

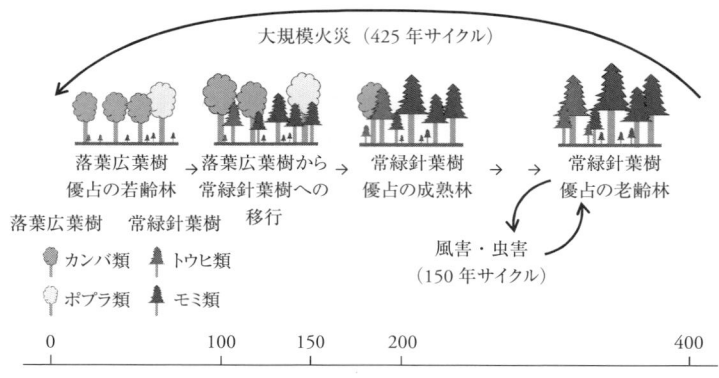

第 1 部　草原と森林の生態系ネットワーク

図 4-11　中央シベリアの"暗いタイガ林"（dark-taiga）における自然攪乱後の森林再生、発達プロセス（Schulze et al. 2005 を改変）

（2）強度の人為インパクトによる森林のレジリアンスの喪失

　一方で近年の研究によって、自然の攪乱体制（disturbance regime、攪乱の種類や規模、強度のこと）の下で発揮されていた森林の"レジリアンス"が、自然の攪乱体制とは全く異なる強度の人為攪乱によって失われ、結果的に攪乱後の森林再生が正常に起こらなくなることや、元の状態とは全く異なる状態で安定してしまう（レジームシフト"regime shift"と呼ばれる）危険性があることが分かってきた（森 2010）。そのため、前節で紹介されたモンゴルの森林における人為火災の頻発や過度の違法伐採および放牧家畜による強度の食害が、森林の"レジリアンス"に大きな影響を与えるであろうことは容易に想像できる。ここでは、モンゴルの森林における人為攪乱やそれらが森林の"レジリアンス"に与える影響について、具体的な事例を挙げながら見ていこう。

　人間活動と森林火災の関係については、アメリカとモンゴルの共同研究チームが人による利用履歴の異なる森林において、森林火災によって損傷を受けた年輪から火災発生年を推定することによって解明を試みている（Hessl et al. 2012）。その結果によると、現地住民によって頻繁に利用されてきた森

林では10〜20年に1回という短い間隔で火災が発生していたが、歴史的に利用が制限されてきたボグド・ハーン山のある森林では1760年代以降、250年にわたって火災の形跡が全くみられなかった。また、調査された三つの森林で火災発生年が同調しておらず、火災が必ずしも干ばつ年に起きているわけではないことも明らかにされた。つまり、モンゴルでは気候条件よりはむしろ現地住民による頻繁な森林利用が火災頻度の増加につながったと考えるのが妥当だといえる。

また、モンゴルの森林では違法伐採が火災の発生と関係している可能性が世界銀行の報告書で指摘されている (Erdenechuluun 2006)。森林火災が発生した場所では、政府からの許可を得て、火災跡地における整備のために、枯死した、あるいは損傷の激しい樹木を伐採することがある (これを salvage logging という)。ところがこの制度を悪用して、損傷の激しい樹木ではなく、損傷の少ない、あるいは無傷の樹木を商業目的で伐採することがあるようだ (図4-12)。悪質な場合は、故意に小規模の火災を発生させることがあるらしい。このような行為が横行すれば森林火災の頻発につながるだろう。また、伐採対象となるような大きな樹木 (成木) で火災を生き延びたものは、種子の供給源となり火災後の森林再生に貢献することができる。すなわち、火災を生き延びた成木を伐採することは、それだけ火災後の森林再生を遅延し、妨害することにつながるのである。

次に、筆者らがウランバートル近郊の北方林において強度の人為攪乱がその後の森林再生、発達過程に与える影響を調査した結果を紹介する (Otoda et al. 2013a)。モンゴル国の森林における違法伐採は、主な市場である首都ウランバートルの周辺で活発であるといわれており (Erdenechuluun 2006)、ウランバートルの北約50 kmに位置する筆者らが調査した森林でも、主に針葉樹の切り株が多数確認され、強度の伐採が行われていることが窺えた (図4-13)。また、この森林では、2005年に人為と思われる大規模な森林火災が発生し、850 ha以上の森林が焼失した (図4-13)。火災跡地および隣接する成熟林下において稚樹の出現状況を調査したところ、先駆種である落葉広葉樹のシラカンバやポプラ、落葉針葉樹のシベリアカラマツは火災跡地にみられ

第1部　草原と森林の生態系ネットワーク

図4-12　森林火災後に伐採が行われたウランバートル近郊のシベリアカラマツ優占林。無数の切り株の中には真新しいものがあったほか、林内には車で乗りいれた轍の後が多数みられた。

図4-13　ウランバートル近郊の北方林で2005年に発生した大規模火災跡地（左）。針葉樹の切り株が多数みられたことから、この森林が以前から現地住民によって利用されていたことが窺える（右）。

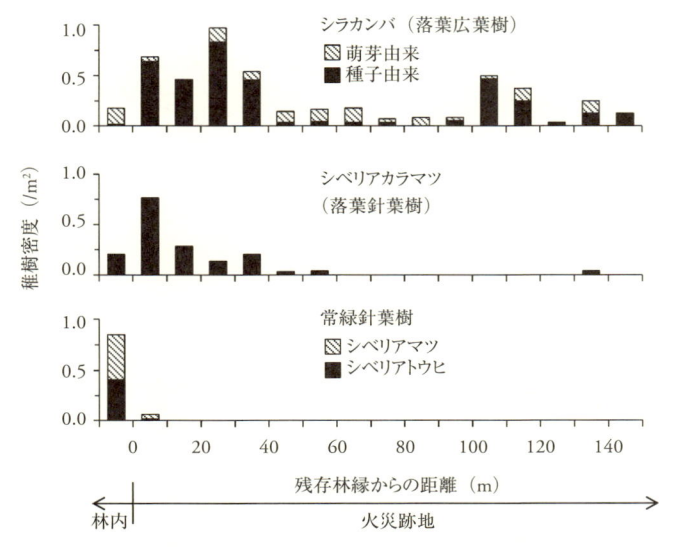

図4-14 ウランバートル近郊の北方林の大規模火災跡地における主要4樹種の稚樹(樹高2 m以下)の密度(音田ら未発表)。シラカンバは火災跡地において、種子と栄養枝(萌芽)によって更新した。シベリアカラマツは火災跡地において更新がみられたが、その稚樹の多くは林縁からの距離が50 m以内にとどまっていた。シベリアトウヒとシベリアマツは、残存林の内部で更新がみられるが、火災跡地の更新はほとんどみられなかった。

たが、遷移後期種である常緑針葉樹のシベリアトウヒ、シベリアマツの稚樹は成熟林下のみでみられ、火災跡地にはほとんどみられなかった(図4-14)。また火災跡地では、火災後に伐採されたシベリアカラマツの切り株が多数みられた。

シベリアカラマツの成木は非常に厚い樹皮を持つため、火事に対する耐性が高い。加えて、シベリアカラマツの種子は比較的大きく散布距離が短いので、火事を生き残った成木が火災跡地の再生のための重要な種子供給源となる。本調査地でみられた火災後の成木伐採は貴重な種子供給源を奪ってしまい、シベリアカラマツの火災跡地における更新を大きく妨げてしまうだろう。一方、シラカンバやポプラといった先駆的な落葉広葉樹は、非常に小さな種

子を大量に生産し、その一部は種子供給源から遠く離れた場所にも到達することができる。また、これらの樹種の種子は火災によって地表の落ち葉や枯れ枝が一掃され、鉱質土壌が露出した場所で発芽しやすいので、火災跡地で旺盛に更新することができる。加えてこれらの樹種は火災によって地上部が枯死したとしても、生き残った地下部の根元や側根から栄養枝（萌芽）を発生させることで、火災直後にすばやく再生することができる。

　以上から、恒常的な針葉樹の伐採と森林火災の増加によって、針葉樹が減少して先駆的な落葉広葉樹が優占する森林が拡大し、火災跡地での針葉樹成木伐採が一層その傾向に拍車をかけることで、森林のレジリアンスが失われてしまうことが分かった。このような先駆的落葉広葉樹林のみの拡大は、元来の複雑な森林景観を均一な森林景観へ一変させてしまうだろう。先駆的落葉広葉樹林化というレジームシフトによる景観スケールでの森林組成の変化は、針葉樹林に依存する動植物の排除による生物多様性の減少といった生態系機能の低下につながる恐れがある。また、モンゴルの落葉広葉樹は、幹が真っ直ぐではない、心材が腐朽しやすいなどの理由から、用材として利用されることがほとんどなく経済的価値が低い。そのため、落葉広葉樹林の拡大は、森林の経済的価値も低下させることになる。その結果、残存する針葉樹林への人為インパクトがますます増加する悪循環につながり、決して持続的とはいえない森林資源利用を促進させると考えられる。このように、強度の人為攪乱は、森林生態系保全においても、森林資源に依存する現地住民の生活維持においても、悪影響を与えるといえるだろう。

　さらに、近年の急激な家畜頭数の増加（序章2節や5章5-1節参照）もまた、草原生態系だけでなく、森林生態系、特に次世代の森林を担う稚樹の消失や、攪乱後の森林再生の不成功といった悪影響を及ぼすことが懸念されている（図4-15）。これまでに、森林の更新に対する食害の悪影響を定量的に評価した研究例はないものの、それを示唆する研究例はいくつかある。例えば、モンゴル北部のカラマツ林では、1960年以降シベリアカラマツの更新が停止しており、この時期は家畜頭数の劇的な増加と一致していたことが明らかになっている（Sankey et al. 2006）。この結果は、1960年代以降に急増し、2000

第 4 章 森林の環境学

図 4-15 森林内に侵入し採食するヒツジとヤギの群れ（左）と、先端の枝葉を採食されてうまく成長できていないシベリアカラマツの稚樹（右）。

年代まで高い密度が保たれていた家畜による強い食害圧が、シベリアカラマツの更新を阻害し続けてきた可能性を示している。また、家畜による食害の悪影響に関して特に注目すべきは、カシミヤ生産のためのヤギの頭数増加である（5 章 5-1 節参照）。他の主な家畜であるウマやウシ、ヒツジは木本植物よりもイネ科草本を比較的好むのに対し、ヤギは食物の選択性が低く、樹木の新芽もまたよく食べるといわれている（2 章 2-2 節参照）。同様に木本植物をよく食べるシカによる樹木被害が、日本を含む様々な森林で報告されていることからも（Rooney and Waller 2003; Takatsuki 2009）、ヤギの頭数増加がモンゴル国の森林生態系に与える影響について、より注目していく必要があるだろう。

(3) 人間活動によって維持される "半自然 (semi-natural)" 森林生態系

先ほど、自然攪乱とは全く異なる強度の人為インパクトによって、もともとあるべき姿の森林が維持されなくなる可能性について紹介した。その一方で、適度な人間活動によって維持されている森林生態系もまた存在する（森

2010）。例えば、日本の里山二次林や、アルプス山脈の森林などがそうである。これらの森林は長期間、薪炭林として、また、その他の森林資源利用や放牧などの目的で、現地住民が定期的に山に入り手を加えてきた森林である。これらの森林は定期的に人の手が加わることを前提に成立した"半自然"生態系であり、人間活動が加わらなくなることで維持されなくなる可能性がある（森 2010）。モンゴルの"半自然"と思われる森林生態系について見てみよう。

森林ステップ地域の南限付近に行くと、北部の森林とは種組成の異なる森林がしばしば出現する。それらの森林は、シラカンバとポプラの落葉広葉樹のみで構成され、落葉針葉樹であるカラマツも、トウヒやマツなどの常緑針葉樹も全くみられない。森林ステップ地域の南限では北部の森林地域と比較して、平均気温が 1～2℃ 高く、年降水量も 50～100 mm 減少するため、そのような強い乾燥ストレス条件下では針葉樹が生育できないと推測されている（De Vries et al. 1996）が、気候要因だけがこれらの森林の成立要因であるかは明確に結論づけられていない。先に述べたように、シラカンバやポプラは、山火事などの攪乱後に、種子の発芽や栄養枝（萌芽）で更新することができる。ところが一度森林が成立すると、林床には落ち葉や枯れ枝が堆積し、これらの樹種の種子発芽に適した環境（例えば、鉱質土壌が露出したような場所など）が失われてしまうため、世代交代が上手く行われなくなる。トウヒなどの遷移後期種の針葉樹はこのような環境下でも、種子の発芽・定着やその後の成長が可能なのだが、残念ながらこれらの森林にはそのような遷移後期種が存在しない。そのため、一度森林が成立してから十分に長い期間攪乱が起きなければ、彼らの寿命とともに森林が消滅する可能性があるのだ。

筆者らは森林ステップ地域の南限付近に位置するフスタイ国立公園（Hustai National Park; 詳細は補論 1 参照）で、このような先駆的な落葉広葉樹のみで構成されているいくつかの森林の樹齢構成を調査した（図 4-16、Otoda et al. 2013b）。その結果、近年の攪乱の形跡がみられなかった森林では過去半世紀にわたって更新が停止していることが分かった（図 4-17）。そのため、これらの森林は現在 60～100 歳前後の比較的老齢な個体によって構成されており、若い個体が全くみられない。また、これらの森林では多くの立ち枯れ

第4章　森林の環境学

図 4-16 森林ステップ地域の南限に位置するフスタイ国立公園（Hustai National Park）にパッチ状に広がるシラカンバ林（左）。一部の森林では大規模な衰退傾向がみられる（右）。

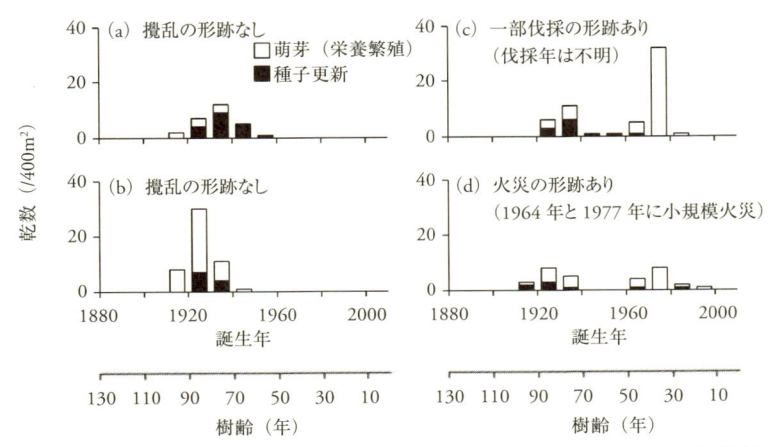

図 4-17 フスタイ国立公園内のシラカンバ林の樹齢構成（Otoda et al. 2013b を改変）。攪乱の形跡がみられなかった森林（a と b）では、1910 年から 1950 年の間に誕生した樹木によって現在の森林が構成されている。それらの樹齢は 60 歳から 100 歳で比較的老齢な個体が多く、それより若い個体は全くみられない。一方、伐採や火災の痕跡がみられた森林（c と d）では、1910 年から 1950 年に誕生した老齢集団に加えて、1960 年から 1980 年の間に誕生した若齢集団もみられた。

木がみられた。シラカンバの寿命は80～100年と比較的短いため、現在生き残っている個体の大多数もあと数十年で萌芽更新せずに枯死してしまい森林ではなくなってしまうだろう。一方で、伐採や火災の痕跡がみられた森林は、老齢個体と、1960～1980年に更新した若齢個体の二つの集団によって構成されていることが分かった。この結果は、1960～1980年に伐採や火災などの攪乱が生じ、その後に種子発芽や切り株から発生した栄養枝（萌芽）によって森林の一部が更新・再生したことを示唆している。以上を踏まえると、これらの森林は周辺の草原を利用していた遊牧民による薪採取のための伐採や、偶発的な人為火災などによって維持されてきた可能性が高いと考えられる。もしかしたらこの地域にもかつては遷移後期種の針葉樹が生育していた可能性も否定はできないが、現在の森林には種子供給源となる針葉樹が全く存在しないことからも、これらの森林を今後も維持していくためには、定期的に適度な範囲で利用していくことが有効だといえる。

(4) 森林保全と持続的な森林資源利用との両立に向けて

ここまで、強度の人為攪乱によってレジームシフトする森林と、むしろ適度な範囲で定期的に人の手が加わることで維持される先駆種のみで構成された森林の例をそれぞれ紹介した。森林保全といえばすぐに、柵で囲って人の手が加わらないようにする、というようなことを考えがちであるが、実際には個々の森林が置かれている状況に応じて、人間活動を制限することも、あるいは定期的に山に入って手を加えることも必要だと考えられる。もちろん、大規模な国立公園化などの方法で人間活動をできるだけ制限し、仮に人間活動に依存してきた部分が失われようとも、自然の流れに任せるべきだという考え方もあるだろう。しかし、現実には森林資源に依存して生活している現地住民が多く存在し（Erdenechuluun 2006）、森林から人間を完全に排除することは実際的ではない。そのため、森林生態系を総体として保全し、森林の景観や様々な機能を維持しつつ、森林資源に依存する人々の持続的な森林利用を可能にするような森林管理の在り方を検討することが重要であろう。

第 4 章　森林の環境学

　モンゴル政府は新たな法律の制定や改定を通して、前述のような森林生態系保全と、持続的で効率的な森林資源利用の両立を模索している（Ykhanbai 2009）。その一例として、2007 年 8 月の森林法改定が挙げられる。その改定における主な方針は、地域コミュニティーによる森林管理（community-based forest management）、すなわち、政府から地域コミュニティーへの森林管理における権限と責任の移譲である。この新たな取り組みについて、筆者らはモンゴル人研究者やその他の外国人研究者から賛成と反対の両方の意見を耳にした。賛成意見としては、この取り組みによって、森林保全に対して積極的な地域住民が違法伐採や人為火災、行き過ぎた放牧などの過度の人為攪乱をよりしっかりと監視できるようになるという声がある。また、この取り組みの中には、適切な計画に基づいて商業的伐採を行い、それによる利益を地域住民が得られるようにする枠組みの構築も含まれているため、それによって地域住民の森林管理に対するモチベーションが向上し、地域住民がよりいっそう森林管理に真摯に取り組むようになるのではないかと期待されている。反対意見としては、これまでの森林衰退の原因は主に政府による監視の不十分さと行動の鈍さであるとの指摘（Erdenechuluun 2006）を踏まえて、政府から地域住民への権限移譲によって政府による監視力が一層低下してしまうのではないかという懸念がある。公的機関による監視力が低下した状態で、万が一、知識と技術が不足している、あるいは心無い地域住民に森林管理を任せてしまった場合、違法行為の増加や過度の森林利用の促進につながることにもなりかねない。地域コミュニティーによる森林管理を促進する枠組みの中には、地域住民への林業技術指導も含まれているが、その成否が重要な鍵となりそうである。

　いずれにせよ、モンゴル政府は、草原生態系と遊牧の関係だけでなく、森林生態系保全と持続的な森林資源利用の両立という視点からも、人と自然との共存を模索し、その目標に向かって舵を取り始めたように思う。効果の検証についてはもう少し時間経過が必要であり、今後の展開に引き続き注目していきたい。

4-3 気候と人間活動の変動を取り入れたモンゴルの植生変動モデル

モンゴルの植生は、降水量や気温などの気候条件に加え、遊牧や森林の伐採など、そこに暮らす人間の活動の影響を大きく受けていると考えられている。現在モンゴルでは、都市域を中心とした人口増加、家畜数の増大や遊牧の形態の変化が進んでいる一方で、今後数十年のスケールで気候変動による小雨乾燥化も危惧されている（IPCC 2007）。これら環境の変動要因の変化に伴って、モンゴルの植生がどのように変化するのかを予測するにはどうすればよいであろうか。まず必要となるのは、独立に変動しているこれらの二つの環境の変化を比較可能な方法で組み込むことができ、また実際の生態系の観察によって検証することができるような植生モデルであるが、これまでそのようなモデルは存在しなかった。その理由の一つは、これらの環境変動がもたらす環境要因の分布と植生の関係のモデル化が、特定の空間スケール設定を必要とすることと関連している。いま問題となる二つの要因では、植生に対して効果が現れる空間スケールが異なるのだ。

我々が植生の変動を強く認識するのは、その植生を構成する植物個体のサイズや密度が作り出す空間分布パターンが変化したときである。しかし、植生状態の指標となるこの植生の分布パターンは、同じ場所でも観測するスケールによって、様々な様相を示す（図4-18）。そこで、植生モデルを構築する際には、着目する植生の状態変数と環境パラメーター、その間に働いているメカニズム、そしてそれをとらえるのに最も適した植生パターンがみられる空間スケールと、"いつまでの期間"について予測したいか、に合わせた時間スケールを設定することが必要になる。

しかし、次のように考えることはできないであろうか？　どのような観測のスケールの植生の分布パターンであろうと、元をたどれば植生を構成する植物個体の成長と死亡とに帰着することができるはずである。したがって上に挙げた気候変動も人間活動の増大も、一つひとつの植物個体にとっての成

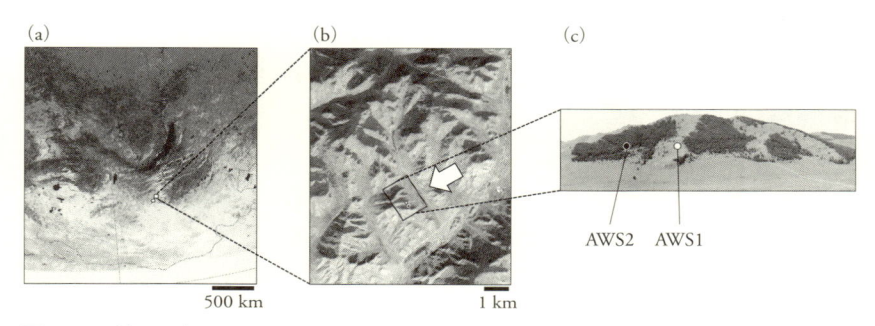

図 4-18　様々な空間スケールでみるモンゴルの植生。(a) 衛星からみた大陸スケールでのモンゴルの植生は、針葉樹林（濃灰色）から南に向かうにしたがって草原（灰色）、更に南へ向かうとゴビ砂漠（白）へと連続的に移行している。(b) 森林とステップの移行帯を拡大すると森林（黒）と草地（濃灰色）はパッチ上に不連続に分布していることが分かる。(c) 不連続な移行帯を現地で (b) の矢印の方向からみたところ。森林と草地は斜面の尾根・谷の地形に沿って入れ替わっている。AWS1、AWS2 はそれぞれ草地と森林内に設置した自動気象観測システムの位置を示す（詳細は本文参照）。

長と死亡の局所的な条件を変化させることでしかその影響は発現されない。そうであるならば、もし環境変動の効果を個体レベルまでスケールダウンしてそのダイナミクスの変化を評価し、そこから再度スケールアップして得られる巨視的なパターンを再構築する、ということをモデル内で行うことが可能であれば、複数の要因の変動を取り入れた予測が可能であるのではないか、と。

　しかしそれは、今のところは、不可能である。実際に植物個体の成長や死亡に関与する因子は、着目するもの以外にも多く存在し、また植生を構成する個体自体も、それが置かれた環境も大きくばらついている。そのため、着目する要因を各々分離して抽出し、それぞれの影響を定量的、かつ実証的に評価を行うには膨大な操作実験が必要となる。さらに、その短期間 / 小範囲の操作実験の結果から得られる環境・植物パラメーターから、長期間 / 広範囲の代表するパラメーターを推定する際のスケールの変換時にも多くの不確実性がはいってくる。つまり、すべての観測可能なパラメーターを取り入れ

て、かつ複数の空間スケールをまたぐ（"トランススケール"）タイプの植生モデリングの開発は非常に困難であり、少なくとも現在は現実的ではないのである。

将来の環境変動に対する応答予測を目標とする"植生モデル"では、すべての種、個体の動態をすべての環境因子とともに記述することはしない。むしろ可能な限り、着目する観測可能な環境パラメーター（例：気候条件、人口密度……）と植生の状態の指標（例：面積あたりのバイオマスや一次生産速度）との間の、定量的で機序が明らかな生理学的、生態学的な応答反応（因果関係）を絞りこみ、必要最低限まで構造を単純化することになる。このことは、着目する環境変動に対して見込まれる植生の応答の不確実性を低減することにもなっている。したがって、植生モデルを用いた将来の植生予測では、着目する一つの環境パラメーター以外の条件は固定して、この環境パラメーターの変化に対して植生の状態の指標がどのように応答するかをシミュレーションすることが常套手法となってきた。

(1) スケールによって異なる植生の分布パターンを決定する環境要因

植生状態の指標となる植生分布パターンと環境パラメーターのいずれもが観測可能で、相互の量的関係が把握しやすいスケールの設定が重要になる。私たちが生態系を観察する際の空間スケールについて考えてみると、そこには必ず、観測範囲と解像度の間にトレードオフの関係があることに気づくであろう。すなわち、広い範囲を見ようとすれば詳細の様子は見られなくなり、逆に、詳細に見ようとすれば一度に見える範囲は狭くなる。このことは、野外で直接観測する場合でも調査区サイズの取り方で植生の見え方が変わることから実感できるが、野外観測と衛星観測の間での見え方の違いはそれよりさらに顕著となる。実際の例をみてみよう。

最初に挙げたモンゴルの植生変動の二つの主要な環境変動要因のうち、まず気候要因、特に乾燥域に位置するモンゴルで重要となる降水とそれに伴う

水条件と植生との関係について考えてみることにする。一般にグローバルまたは大陸スケールとも呼ばれる広域スケールについて考える場合、植生の分布は現在では通常、人工衛星により観測された情報を用いる。そのときの解像度は、一つの画素がおよそ1 kmから30 m四方に対応し、したがってとうぜんながら植物個体は識別できない。このスケールでの植生は、一つひとつの画素単位で得られる平均的な光合成能力、地上バイオマスなどの指標や、それらから推定される各画素を代表する主要な植物群集の類型（植物群系）としてとらえられることになる。これをモンゴルでみてみると、植物群系は北部から南部へと緯度が下がるとともに、常緑針葉樹林（タイガ）から典型草原、乾燥草原、そして砂漠へと徐々に変化することが広域の衛星画像からも見てとれる（図4-18）。この大きなスケールでの空間的な植生移行パターンは、年間降水量分布が示す、北部で多く南部で少なくなる空間パターンとよく対応している。植物が利用可能な水が、中央アジア乾燥域の植物成長の主な制限要因であり、降水が土壌水分の主なソースであることから、モンゴル全域という大きなスケールでの植生移行パターンは降水量分布から説明することができるのである（Sugita ら 2007）。降水量と気温に代表される気候条件は、モンゴルに限らず、グローバルスケールでの植物群系（Whitteker 1962）の分布を決定する主要な要因であるため、その変動は植物群系が平行移動する"バイオームシフト"という影響をもたらすと考えられる（例えば、Parmesan ら 2003）。この大きなスケールでの植生変動は、計算資源の増大に伴い近年急速に発展している全球スケールでの気候システムの数値モデル研究と組み合わせることによって、動的全球植生モデル（DGVM）に取り入れることができる。例えば今後100年以上の時間スケールで、地球規模の気候が乾燥化、温暖化の方向に変化するならば、この対応関係に基づけば、植生は、乾燥した気候条件のそれに向かってシフトする可能性が検討される（IPCC-AR4 2007）。しかしこのような大きなスケールでのパターンの一致、すなわち植生パターンと環境要因の相関が、そのまま小さいスケールでも当てはまるわけではない。広域の気候データは、まばらな気象ステーション（モンゴル全体で300点未満）の観測データを補間して構築するため、その空間分

解能は十分高いとはいえず、微視的な環境要因の変動を考慮しなければならない細かい空間スケールでの現象に適用することはできない。

　一方、植生を観察する最も小さい空間スケールとしては、主に生態学の観察で用いる調査区（方形区）が考えられる。その範囲は通常1辺が数十センチメートルから数百メートルで、これは上記の衛星画像の画素でいえば、広くともせいぜい数画素の範囲の中を見ていることになる。言い換えれば、衛星画像では、"画素として潰されていた情報"の内部をより詳細に観察していることになるのである。以後この通常植生の野外調査で用いる観察のスケールを"局所スケール"と呼ぶことにする。局所スケールでは、植物の種組成やサイズの分布まで把握でき、観察される植生は、植物群系よりずっと細かく、その内部の種と個体の分布によって特徴づけられる。私たちが実際にモンゴルの野外で植物群集の構造を観察する場合には、一つひとつの調査区は通常それぞれ「カラマツ林」「イネ科草原」といった植物群集の中に入る。したがって私たちが直接観察する局地スケールでの植生パターンは、そのなかの植物個体の種組成や密度、個体サイズの分布によって特徴づけられる。このスケールでの植生パターンはどのように決まっているのであろうか。観察されるスケールに関わらず、モンゴルでの植物の成長は常に水によって制限されているが、局所スケールの調査区内には、広域スケールの場合と異なり、降水自体が環境傾度の分布を作り出すことはない。また調査区が平坦な場所に設置されていれば、その内部では各植物個体のおかれている気候条件の不均質性は一般に無視することができる。そのような中で植物にとって利用可能な水の分布は、調査区の平均的な物理的水収支（降水・流出・蒸発）に加え、植物自体に規定されることになる。局所的な土壌水分条件は、近隣にある他個体の存在によって間接的に変化するからである。植物個体の分布と土壌水分の相互作用には、大きく2種類あり、それは水をめぐる植物間競争による"負のフィードバック"作用と、降水の浸透や土壌からの直接の蒸発を妨げる促進効果による"正のフィードバック"作用である。水制限がかかる乾燥域で頻繁にみられる、植物の有無が作り出すドットや縞模様といった局所スケールでの空間パターンの生成や、降水量の減少後の急激な裸

地化のような、環境傾度に対して非線形な応答を示す現象はこの二つの相互作用から説明が可能であることが知られている（例えば、Klausmeier 1999）。これらの理論的研究による指摘で特に重要な点は、正のフィードバック作用が十分大きいときには、降水量条件によっては裸地（植被なし）と草原（植被有り）二つの定性的に異なる植生状態が、初期値依存で安定に存在する"双安定"状態が起こりうる、ということである。そのような範囲に降水量があるならば、環境条件としての降水量からは、一義的にはこのスケールで植生状態が決まらない。

では、仮に地球規模の気候変動によって、モンゴルに少雨化が引き起こされたとき、これを一つひとつの調査区の平均的な物理的水収支変化を介して、それが植生へ与える影響を推定することは可能なのであろうか。調査区の水収支のパラメータと現在の植生状態のいずれもが把握できていなければならないが、大きいスケールの気候条件の分布のみからは推定できないので、これらを正確に知るには調査区での気候因子（温度・湿度・風速・放射量）や土壌の構造の観測が必要になる。しかし、1か所の調査区でこれらを精緻に測定しても、それらの値を適用できる範囲は広くない。斜面の方位や勾配といったより局所的な地形条件にも依存するからである。また現在の水収支のパラメータと植生状態のわずかな違いが、雨量変化に対する植生の応答に大きな差異をもたらす場合があるので、やはり気候変動に対するこのスケールでの植生応答のモデル化は容易ではない。局所的な気候条件の推定と、植物自体によるフィードバックの二つが障壁となるのである。

このように、水条件と植生パターンという関係を一つとっても、モンゴルの国全体という広域スケールでは、地球規模での変動を考えやすい気候システムとの関係が支配要因として着目され、野外調査区のような小さいスケールでは、個体間の相互作用がもたらす土壌水分の分布が着目される。同じ植生についてその制限要因となる水分条件の分布パターンとの関係を考えるときにも、重要になる相互作用のメカニズムは空間スケールに応じて異なることが分かる。

次に家畜による植食圧が植生に与える影響について考えてみよう。家畜の

植食圧は草本植物の直接的死亡要因として植生に大きく関与していて、放牧圧が高いと草地のバイオマスが減少することは、草原におけるこれまでの操作実験の結果からも知られている (Fujita et al. 2009)。モンゴルでは林内放牧が一般的でないこともあり、木本植物への植食の影響についての知見は多くないが、家畜の背丈より低い位置のバイオマスは食害を受けること、またそれより大きなサイズの個体への影響は大きくない。モンゴルでは、草原のバイオマスを利用するヒツジ、ヤギなどを含む家畜が遊牧民とともに国全体に広く分布しているため、家畜密度の分布は、国スケールでの植生パターン形成に、降水の分布同様の効果を持っている可能性が考えられる。しかし遊牧状態の家畜の空間分布の把握は非常に困難である。家畜は、そのサイズの小ささと高い移動性から、衛星画像からの直接的な分布推定は不可能であり、特に1年の間に100 km以上も移動するモンゴルでは、面積あたりの家畜頭数とその滞在時間は容易には推定できない。地方行政区分ごとの登録家畜数の年単位の統計データに基づいて作成された家畜の種別ごとのモンゴル全域の分布推定図はある（例：FAO 2007）が、降水の広域分布の場合と異なり、モンゴルでの植食圧の分布と植生の分布パターンの相関は広域スケールの分布パターンから議論することは難しい。その理由は、広域での家畜の分布と植生の豊かさの間の関係が一義的ではないことにある。野生の植食獣の個体群であれば、長期的にみればその分布は餌となる植物バイオマスの分布と正の相関をもつことが想定されるが、遊牧されている家畜の密度と分布の関係はより複雑である。遊牧民は家畜を植物バイオマスの豊かな方へと移動させ、そこで採餌させるため、しばらくすると植物のバイオマスを減少させる効果をもつ、というように短い周期で原因と結果が入れ替わる。さらに家畜の分布は草原バイオマスとの間の増加／減少の相互作用のみに規定されておらず、遊牧民の経済状況や社会インフラへの依存度など、家族ごとに異なる条件にも左右される。このように、国全体として家畜数が急速に増加している現在、それが広域での植生に与える影響は直感的には分からないし、このスケールでは家畜の植食圧が植生の分布パターンに与える影響は、実証的に観測することも、その効果を植生モデルに取り入れることも困難である。し

がって、家畜の植食圧密度が植生に与える影響を定量的に推定できるのは、調査区のような局所スケールで、となる。調査区では柵を用いた家畜の密度を操作し、その条件下で植物バイオマスの変化を直接測定することで、その間の関係を調べることができる。広域スケールでは困難な、植生モデルへの植食効果の取り込みも、このスケールを対象としたものでは可能となるが、そこで得られた植食効果を広域の植生モデルへ取り込むためには、家畜の分布についてスケールアップが課題となる。

ここまで見てきたように、現在、モンゴル全体の規模の植生への影響が懸念される、気候変動と家畜の増加について、両方の影響を同時に評価できる植生モデルはその空間スケールの設定の困難さが大きな障壁となってきたことが分かる。前者は広域スケールではより取り組みやすく、後者は局所的スケールでのみ定量的なモデルへの取り込みが可能であったといえる。このままでは、両環境変動要因の間にあるかもしれない相乗効果や、拮抗効果などは取り扱えず、おのおのの影響を過小、あるいは過大に評価する可能性と、そのことにより持続的な生態系の利用が妨げられる可能性が大きくなる。この二つの環境変動要因を同時に取り込める植生モデルを作るには、まず、環境因子となる土壌水分と植食圧の分布推定と関連づけられる植生分布パターンを観測できる空間スケールを探さなければならない。

(2) 地形スケールでの不連続移行パターン

実際にモンゴルの植生で、植生の分布パターンとそれをもたらす支配要因が、観察する空間スケールによって変化する例は、モンゴル北部では容易に見ることができる。広域を衛星画像を用いて見ると、降水量の傾度に応じて常緑針葉樹林と草原の移行帯が東西に横たわっていることが分かる。この移行帯を現地で観察すると、植生が斜面の方位に応じて不連続な移行（図4-18）を示すことが認識される。北側斜面は主にシベリアカラマツ（*Larix sibirica*）の純林が覆い、南側斜面は主にイネ科の草本が覆っている。この北斜面と南斜面の植生はそれぞれ、シベリアを覆うタイガと、モンゴル中央部

に広がる典型的な草原の植生の一部とみなすことができるが、この地域では、尾根線と谷線を境界に、全く異なるこれらの二つのタイプの植生が不連続に交互に入りながら共存している。以後、上で挙げた広域スケールと局所のスケールの中間のスケールで、地形に沿った植生移行がみられる観測スケールを「地形スケール」と呼ぶことにする。ここで扱う地形スケールは、範囲は数〜数十キロメートル、解像度が約 100 m とし、一つのメッシュに、上で紹介した調査区に対応する局所スケールの範囲がおおよそ 1〜10 程度入るスケールとなる。そして、このスケールで特異的に観察される地形に沿った森林—草原の分布パターンを以後、「不連続移行パターン」と呼ぶことにする。議論をより分かりやすくするために、この植生分布パターンについて、以下の二つの問いを立てておこう。

　　Q1：なぜ、この斜面方位に依存して不連続に変化するのか？
　　Q2：なぜこの地域のタイガ—ステップ移行帯で顕著にみられるのか？
これらの問いに答えながら、広域スケールと局所スケールの中間となる地形スケールで特異的にみられる、この不連続移行パターンを土壌水分と植食圧の環境傾度と関連付けてモデル化できれば、あらたな植生モデルのヒントが得られるだろう。

(3) 不連続移行パターンに関するこれまでの説明

　不連続移行パターンは、それ自体のモンゴルの同地域での存在は以前から広く知られており、その成因についても植物の水利用の面から何度か説明が試みられている (Ishikawa et al. 2005; Gunin et al. 1999)。上の Q1 として挙げた、不連続性の生成の理由に関しては、森林と永久凍土層の間の"共生"的関係に起因するという可能性が指摘されている。森林が存在することで、被陰された地表面温度がより低い状態に維持され、その結果、夏季に不透水面である永久凍土表面が浅く保たれ、その上部（活動層）に土壌水分は保持されやすくなるため、限られた降水量であっても木本が水を利用しやすくなる、という効果である。このような正のフィードバック作用が森林と永久凍土の形

成に働くことにより、この両者が互いの安定な存在を促進するというメカニズムである。そうだとすれば、森林や永久凍土層のいずれかが維持できなくなったとき、すなわちこの相互依存関係が破綻したとき、地表面は他の安定した状態、すなわち、永久凍土のない草原へと移行することが想定される。永久凍土もタイガも、その分布はシベリアから連続してその南の両端がモンゴル北部で一致していることから、これらが双利共生の関係にあるとするこの仮説は、広域スケールでのパターンと一致しており、合理的であると考えられる。我々がガチュールト谷（北緯48.0°、東経107.1°）で、隣接したシベリアカラマツ林（北東向き斜面）と草原（南東向き斜面）の2点で観察を行ったところ、同じ降水量にもかかわらず、体積土壌含水率（Soil Water Content, SWC）は森林内の方が有意に高い値を示した。この斜面方位のみが異なる2地点の環境の最も明確な違いは、森林内が草原に比べ、土壌が厚く含水率が高く、風速が小さいことであった（図4-19、Ishii et al. 2013）。この地域での永久凍土層表面の深さはカラマツの根の分布域よりもはるかに深く、永久凍土の有無がこのSWCの差異を引き起こす必要条件となるほど植生の決定要因として重要であるかは不明である。しかし、植生のバイオマスと土壌水分量の間に正のフィードバックがはたらいていることは示唆された。

　前節でも触れたように、物理環境の大きな不均質性が無視できる局所スケールでは、植生バイオマスの増加が土壌水分を増加させる効果を持ちさらなる植生の発達を促すような、植物バイオマス―土壌水分間の正のフィードバック（降水の茎や根を伝っての土壌浸透の促進や、被陰による土壌表面からの蒸発抑制など）が働く場合に、降水量の不連続な植生分布パターンが自己組織化され、そのパターンが降水量によって大きく変化することが、理論的な研究から示唆されている（例えば、Klausmeier 1999）。モンゴルの地形スケールでみられる不連続パターンの生成にも、同様の植物バイオマス―土壌水分間の正のフィードバックが働いていると考えれば、不連続性を説明できる可能性がある。では斜面方位依存性についてはどうであろうか。北向き斜面にだけ森林が存在する理由について、斜面方位依存性については、南向き斜面の方が日射の受光量が大きいため乾燥しやすいのではないかということが考

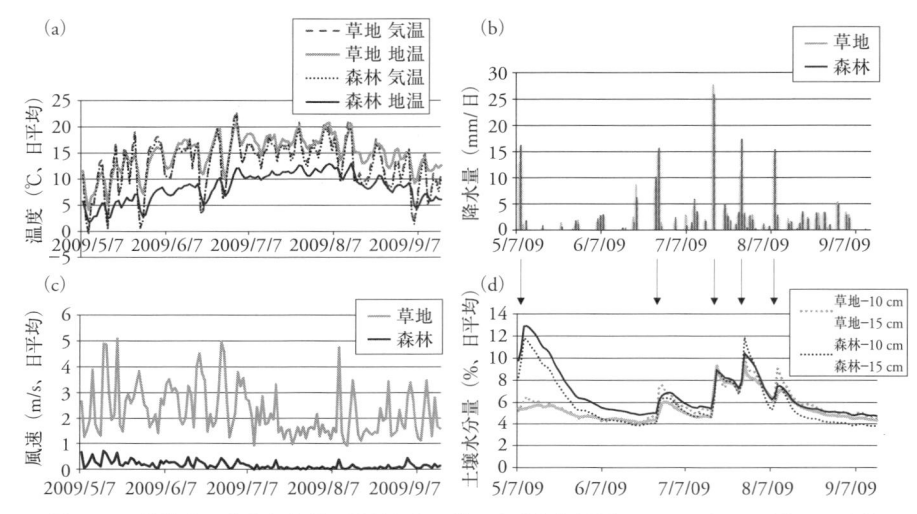

第1部　草原と森林の生態系ネットワーク

図 4-19　隣接する草地と森林に設置した2基の自動気象観測システム（AWS、図 4-18（c））で取得した 2009 年夏季（5/7-9/7）の気象・土壌環境の時系列データ（Ishii ら 2013 より改変）。(a) 気温と地表面温度 (b) 降水量 (c) 風速（地上 2 m）(d) 深度 10 cm と 15 cm での土壌水分量（体積含水率）。気温は草地と森林で差がないが、地温は森林で低い。森林による被陰の効果と考えられる (a)。風速は草地で森林より大きく、森林により風が遮断されている効果がみられる (b)。降水量は草地と森林で差がなく、いずれの植生でも土壌水分量は降水イベント（例 b）と (d) の間の↓）に応答して上昇し、蒸発散と浸透などにより下降していくが絶対値はおしなべて森林で高い。

えられるが、このことを明示的に説明した先行研究事例はない。

　家畜による植食が、不連続移行パターンの実現に重要な役割を果たしているという報告もある。一方、植食効果によっても、不連続な植生をもたらしうる双安定性の条件があたえられることが、モンゴルではないが、草本と木本が安定して混在してみられるサバンナを対象とした研究から示されている。そのメカニズムの一つとしては植食者による植物選択性が、もう一つは植物密度と植食者によるアクセスしやすさとの関係が指摘されている。前者は、木本植物が稚樹から成長するに伴って、植食者によって利用されにくくなること、すなわち、木本植物の個体サイズと被食による死亡率が負の相関

第 4 章　森林の環境学

にあることにより、森林が一旦成立するとその安定性が保たれやすくなるというものである (van de Koppel et al. 1997)。一方後者の説明では、サバンナのように木本植物がオープンな環境で孤立する場合では、すべての個体が植食動物のアクセスを受けやすいが、密な森林が成立し外部から植食者が入りにくくなれば、稚樹を含め木本個体の死亡率は下がり、やはり森林である状態が保たれやすくなる、というものである (Walker 1989)。いずれの説明も、木本植物の個体サイズと個体群密度の増加が木本植物の死亡率を低下させるため、木本植物に関しては、その成長と、植食回避による生存率の間に正のフィードバック作用がはたらくことで、これに起因する森林あり/なしの"双安定性"状態が仮定できるのである。この他の説明としては、モンゴルの北部地域の人間活動に関する資料をもとに、遊牧民が森林地帯に入ったときに、選択的に南側斜面を伐採し、そのあと継続的に放牧したことで森林の回復が妨げられている、というものもある (Hilbig 2000)。これは、上の問い Q1、Q2 のいずれにも答える説明であるが、このことが不連続移行パターンの生成にとって必要条件 (すなわち「不連続移行パターンがみられるところは必ず人間が南側斜面を切ったところである」) という明確な証拠はない (Dulamsuren et al. 2005)。

　このように従来の研究では、地形スケールでみられる不連続移行パターンの生成には、気候変動と植食圧の変化の両方が働いていることが示唆されてきた。しかしまだ両方を含めたメカニズムから議論した研究はなかったといえる。したがってこの不連続移行パターンを生み出すメカニズムを、土壌水分と家畜による放牧圧に基づいて説明できれば、両要因を取り込んだ植生モデルの構築の道が開かれるにちがいない。なぜなら、このパターンのある場所では、数百メートル程度の解像度で異なるタイプの植生の不連続な変化が確認できるため、衛星画像による広域の定量的な分布の特定が、バイオマスや一次生産を指標にした場合に比べて容易であり、環境要因の分布との関係を定量的に把握しやすいからである。

　次節では、それらの作用を同時に取り込んだ、地形スケールでの植生モデルの説明を行う。

(4) 地形スケールでの植生モデル

　ここで構築する植生モデルは空間スケールの異なる二つのサブモデルからなる。サブモデル1は，局所スケールでの植物バイオマスのダイナミクスを，水分条件と植食圧によって与えられる環境変動下で解析するための数理モデルである。物理環境が均質とみなせる空間スケールである約100 m四方空間内を考える。サブモデル2は，地形の影響を考慮して降水量から物理的水収支を計算するもので，そのパラメーターは，モンゴル北部の森林ステップ移行帯にあるガチュールト谷に設定したサンプル領域での値を取り込む。つまり，サブモデル2を用いて斜面スケールでの水分条件の分布を推定したサンプル領域について，これを約100 mグリッドで切ったその一つひとつのメッシュを局所スケールと見なしてサブモデル1を適用し，これに基づいて植物のダイナミクスを計算し，その定常状態を推定するものである。

サブモデル1：局所スケールでの植物バイオマスのダイナミクス

　ここでは，より重要な相互作用だけをできるだけ単純化し取り上げ，以下の仮定の下に定式化を行う。局所的スケールでの物理環境は均質であると仮定し，草本と木本の2種類の植物が土壌水分のみを成長の制限要因として競争している。この草本バイオマスを$P1$，木本バイオマスを$P2$，そしてこれらに利用される土壌水分をWとし，植物による土壌水分の利用がミカエリス・メンテンの関数型で表されるとすると，それらのダイナミクスは次のような連立微分方程式で定式化できる：

$$\frac{dP1}{dt} = g_1 \frac{W}{W+k_1} P1 - (m_1 + m_{11}P1 + m_{21}P2 + h_1) P1 \qquad (1)$$

$$\frac{dP2}{dt} = g_2 \frac{W}{W+k_2} P2 - (m_2 + m_{12}P1 + m_{22}P2 + h_2) P2 \qquad (2)$$

$$\frac{dW}{dt} = W_{in}(P1, P2, \varphi) - W_{uptake}(P1, P2, \varphi) - W_{runoff}(P1, P2W) \qquad (3)$$

ここで、g_i、k_i、m_i、h_i はそれぞれ種 i（以下 i, j = 1, 2）の最大成長速度、ミカエリスメンテン関数の半飽和定数、自然減少率、植食による減少率を表す。競争係数 m_{ij} は種 i が種 j に対してもつ相対的競争力を示し、この値が大きいほど種 i が、種 j にとって脅威となる。

　土壌水分量（W）の動態は、土壌水分の収支を決める次の三つの要素によって決まることとする：地表面からの浸透による増加（W_{in}）、植物の吸水による減少（W_{uptake}）、深部への鉛直浸透や水平方向の流出による減少（W_{runoff}）。この三つの要素は、それぞれ降水量（φ）、2 種類の植物のバイオマス（$P1, P2$）、そして土壌水分量（W）の関数となる。植物による吸水は種類に関わらずバイオマスの飽和型増加関数になる。一方、W_{in} と W_{runoff} には、前節で触れた"土壌水分と植物バイオマス間の正のフィードバック"効果を取り入れるため、W_{in} は植物バイオマスの飽和型増加関数、W_{runoff} は飽和型減少関数と仮定すると、式（3）の三つの要素はそれぞれ、次のように表すことができる：

$$W_{in}(P1, P2, \varphi) = \varphi \frac{P1 + P2 + k_s w_0}{P1 + P2 + k_s} \tag{3-1}$$

$$W_{runoff}(P1, P2, W) = rw\left(1 - r_a \frac{P1 + P2}{P1 + P2 + r_b}\right)W \tag{3-2}$$

$$W_{uptake}(P1, P2, \varphi) = \frac{u_1 W}{W + u_1}P1 + \frac{u_2 W}{W + u_2}P2 \tag{3-3}$$

ここで、$w0$、rw は植物バイオマスが存在しないときの降水の浸透と土壌水分の流出速度を示すパラメータで、k_s、r_a、r_b、u_i はそれぞれの飽和関数の半飽和定数であるこれらを式（3）に代入すると、局所スケールでの植物バイオマス（$P1, P2$）と土壌水分量（W）の 3 変数の動態を、降水量（φ）と植食圧（h）の二つのパラメーターで与えられる環境条件下で調べることができる。

(5) 局所的な植生と土壌水分量の定常状態

まず、植食圧のない（$h=0$）条件下で降水量のみ変化させたとき、連立微分方程式（式(1)〜(3)）について、植物バイオマス（$P1, P2$）と土壌水分量（W）の平衡状態とその安定性を調べてみると、その定常状態は図3のように図示することができる。環境パラメータの降水量を横軸にとり、縦軸には土壌水分量を示してあるが、これは植物バイオマスの増減と対応している。式(3)の連立微分方程式系の平衡点として求められる植生・土壌水分量の定常状態には、安定なものと不安定なものがある。前者は、外的要因によってある程度の異なる状態へゆらいでも元の定常状態が復元されるが、後者では少しでもこの点からずらされるとますます離れてしまうという特性がある（図4-20では安定な定常状態を実線、不安定な状態を点線で示す）。以下、図4-20を用いながら、降水量が変化した時の、植生と土壌水分量の*状態の振る舞いを説明する。

任意の降水量（横軸）に対して、植生と土壌水分量は少なくとも一つの安定定常状態を持ち、降水量の増加にしたがって、それらの安定な状態も、草本・木本ともバイオマスがゼロである「裸地」から、草本だけが正の値をとる「草地」、そして最も降水量の多い時には木本のみが正のバイオマス値をとる「森林」へと変化することが分かる。ここで注意しなければならないのは、植生の安定定常状態が一つしかない"単安定"となる降水量の範囲と、つぎの"単安定"の範囲の間に、二つの異なる植生状態（とそれに対応した土壌水分）がともに安定に成立しうる"双安定"の降水量域の範囲（以下、双安定降水量域）があることである（図4-20左の矢印で示した部分）。ここでいう"双安定"とは、一つの降水量の値に対して、二つの離散した植生・土壌水分量の安定な状態が、その間に不安定な状態を挟んで存在することを指す。双安定領域での植生・土壌水分量の状態は、二つの安定状態のいずれかに収束していくが、そのどちらが実現されるかは降水量だけでは一義的には決まらず、どのような状態から出発するかに依存する（初期値依存性）。

このことは、Q1「不連続なパターンの生成メカニズム」に対して、非常

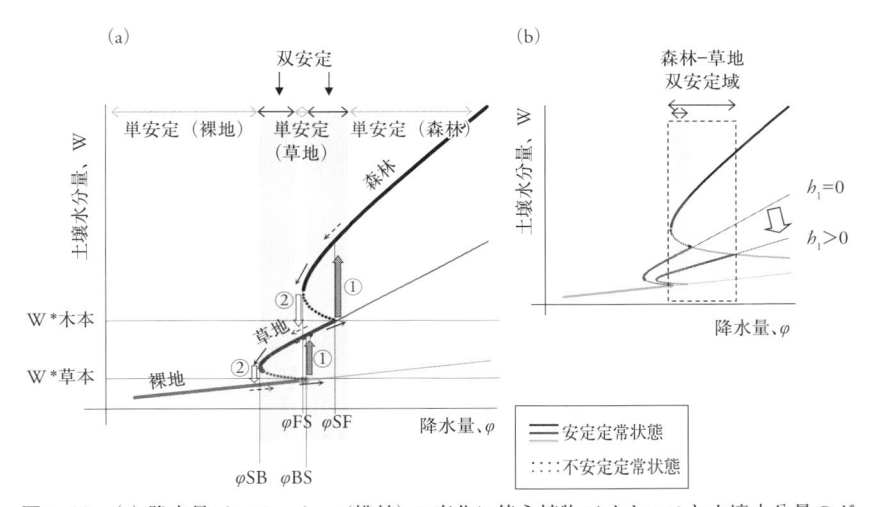

図 4-20　(a) 降水量パラメーター（横軸）の変化に伴う植物バイオマスと土壌水分量のダイナミクスを示す連立微分方程式（式 (1)〜(3)）の定常状態の変化を、土壌水分量（縦軸）で代表して示している。安定定常状態は実線、不安定定常状態は点線で示している。草本植物、木本植物が生息できる最小の土壌水分量をそれぞれ $W^*_{草本}$、$W^*_{木本}$としている。降水量の変化に対して実現される定常状態が不連続に変化する（矢印①、②）ときの閾値となる降水量値はそれぞれ以下の通り：裸地→草地：φBS；草地→裸地：φSB；草地→森林：φSF；；森林→草地：φFS。安定定常状態が一つのみ存在する降水量範囲を"単安定"、二つ存在している降水量を"双安定域"として両矢印で示している。(b) 草本への植食圧が森林—草地双安定域に与える影響。草本バイオマスのダイナミクスを示す式 (1) の中の植食圧パラメーター、h_1のみ正値とした場合の定常状態（$h_1>0$）は、植食圧のない条件下（$h_1=0$）に比べて、草地の土壌水分値が低くなり、森林へ移行する降水量値が大きくなり、その結果、双安定領域が拡大する。

に重要なヒントを与えている。このサブモデル1で取り入れた「植物バイオマスと土壌水分条件の間の正のフィードバック作用」が、植生の双安定となる場合を可能にし、この双安定な降水量範囲内であれば、全く同じ降水条件でも、森林と草原という不連続で定性的に異なる植生がともに安定して存在しうることが示されたからである。

　もう一度図 4-20 を見て、降水量が増減に対して植生がどう変化するかを

見てみよう。双安定な二つの定常状態のうち、必ず一つは隣接する降水領域の単安定の定常状態と連続し、もう一方は不連続であることに着目すると、以下のことが分かる。

　降水量がこの単安定域から双安定域に変化する場合、植生と土壌水分の移行は必ず連続的な変化となるが、一方、双安定域から単安定域の間へと降水量が変化するときの植生と土壌水分の移行には、条件によって連続的と不連続といずれのにもなりうる。前者では、バイオマスのみが変化し、植生のタイプは定性的には変化しない。一方、後者の場合には、植生のタイプの変化を伴うバイオマスと土壌水分の両方が急激で不連続な変化をしめす。そして、双安定領域の両側の単安定平衡状態は同じではないことにも気づくであろう。今、降水量が増加し、(i) 単安定領域→ (ii) 双安定領域→ (iii) 単安定領域と移るとすると、植生と土壌水分の平衡状態は、(i) → (ii) では連続的、(ii) → (iii) では不連続な変化を起こす（矢印①）。逆に降水量が減るときには、(iii) → (ii) では連続的、(ii) → (i) では不連続な変化を起こすことになる（矢印②）。つまり、(ii) の植生は、降水増加時には少なかった時の植生 (i) と、降水減少時には多かった時の植生 (iii) の状態とそれぞれ連続的となり、履歴効果（ヒステリシス）と呼ばれる現象が現れる。このように、裸地から草地に切り替わる降水量（φBS）と、草地が裸地に切り替わる降水量（φSB）には差ができる。同様に草地から森林に切り替わる降水量（φSF）と、降水量が減少して森林から草地に切り替わる降水量（φFS）も異なることになる。いずれの場合も、二つの降水量の差、すなわち双安定域の範囲が広くなるほど、一旦両立した二つの植生は安定して存在しやすくなることが分かる。

　つぎに、このモデルの中で植食効果がもたらす影響についてみてみよう。草本と木本のバイオマスのダイナミクスを表す式 (1)、(2) には植食による減少の効果を示すパラメーターhが入っていた。ヒツジやヤギのような家畜が、基本的に草本植物を食べ、木本にはあまり影響を及ぼさないことから、$h1>0$、$h2=0$ として、植物バイオマスと土壌水分の定常状態がどのように変化するかを、$h1=h2=0$ の場合（図4-20 (a)）と比較したのが図4-20 (b) のグラフである。草本のみが存在する草原状態ではバイオマスの平衡状態が

植食により低下するため、土壌水分が木本の侵入できる閾値をこえるためには、より多くの降水量が必要となる。一方で木本自体のバイオマスが土壌水分の増加に対してもたらす効果は植食の影響を受けないため、木本の定常状態の集合の曲線は変わらない。その結果、草本が植食圧を受ける条件下では、草原状態と森林状態の双安定を与える降水量の範囲は植食圧のないときに比べて広がっており、上で述べたように、双安定の範囲が広がり、より不連続な植生の分布が観察されやすくなることとなる。つまり、家畜による草本に偏った植食圧の存在は、この地域で「不連続植生パターン」が観察されやい要因となっている可能性を示唆している。

サブモデル1の解析から、土壌水分と植生バイオマスの間に正のフィードバックが働いている場合、同じ降水量でも森林と草原という異なる植生が安定して存在しうること、また草本に偏った植食圧はその可能性を高めていることが示された。つぎに、それが斜面方位に依存して成立するメカニズムについて、地形に沿った水収支をモデル化したサブモデル2を使って説明する。

(6) 森林—草原移行帯での地形効果による土壌水分の空間不均一性

同一な降水条件下で植生の状態が双安定性を示すことは、Q1に答えるために必要な条件ではあるが、直接斜面方向への依存性を説明していないため、十分ではない。斜面方位と土壌水分の分布の関係とともに、実際の植生の分布とを比較することで初めて、斜面方位依存植生分布が、土壌水分の分布と双安定性によって実現されているかどうかを議論することができる。

この地形スケールでの空間的異質性を扱うサブモデル2を実際に当てはめる作業は、ウランバートルの約30 km北東に位置するガチュールト谷に、矩形のサンプル調査区（南北11 km×東西8 km、北緯47.9765°〜48.0823°、東経107.126°〜107.234°）を設定して行った。ここには森林と草原の不連続移行パターンが含まれ、両植生内に自動気象観測システム（AWS）が設置されている（図4-18 (c)）。

サブモデル2では、地表面の水収支の要素のうち、最も斜面方位依存性が

明確な日射の直達成分の受光量の不均質性に着目し、これによってもたらされる地表面からの潜在的蒸発量 (PEd) の不均質性を推定する。SWC の空間的不均一性を定量化するために、我々は気温や放射からの潜在的蒸発散量を推定する Hargraves-Samani (1982, 1985) の式を採用した。この式は、特定の生態系のために最適化されたパラメータが必要となるが、ここではモンゴル草原の値 (Tsuya et al. 2006) を代入したものを利用する：

$$ET_0 = 0.0023^* \ 0.408 RA^* \ (T_{AV} + 17.8) T_D^{1/2}$$

(RA、T_{AV}、および T_D はそれぞれ、外部からの放射量、毎日の平均温度と温度差)
ここでは土壌表面からの蒸発の寄与が大きい、疎な草原の値をパラメーターとして用いるが、それは、植生が発達する以前の、地形による水収支の初期条件の不均質性を知るためである。気温値は、調査区に設けた AWS と、モンゴル気象水文局から近傍の気象台の観測値が入手できる。また、面積あたりの直達光受光量は、太陽角と斜面の方位と勾配から推定することができる (Corripio 2003)。地形データには、緯度経度 3 秒の空間解像度を持つ全球をカバーする SRTM (NASA) のデータベースを用いる。この解像度は、北緯約 50 度に位置するモンゴルでは約 90 m になる。この 90 m グリッドに囲まれたほぼ正方形のセルひとつひとつの平均勾配と斜面方位を計算し、受光量を太陽の動きに沿って積分することで、1 日の晴天条件下での受光量を推定することができる (ただし、この 90 m スケールより小さい微地形は省略する)。この地域の降水は夏季 (6 月〜9 月) に集中しており、植物の成長もこの期間に限定されているので、夏季の PEd の季節変化を計算することができ、地形スケールでは斜面の方位と勾配に応じて、土壌水分の保持されやすさの一つの指標として PEd の分布図を作ることができる。

次に、サンプル領域内の各セルの植生の状態を比較することによって、PEd と植生の関係を見てみよう。サンプル領域内の植生分布は、2006〜2009 年の 7 月に LANDSAT-ETM (NASA) によって得られた画像データを使用し、二つのバンド 3 (赤) と 4 (近赤外) のデータから、各ピクセルの正規化植生指数 (Normalized Differential Vegetation Index, NDVI) の分布から取得した。

モンゴル北部の同じ植生帯での先行研究によると、夏の NDVI の値が 0.6 より大きい NDVI を示すセルをカラマツ林として草原から区別する基準として使用することができる (Davaasuren 2001)。そこで、4 年間の年に少なくとも一度 NDVI＞0.6 となったセルを森林、一度も NDVI＞0.05 とならなかったセルを裸地、それ以外を草原とした。現地でその判別が妥当であることの確認を経て得られたサンプル領域の植生分布がえられる。

(7) 森林草原ゾーン予測可能蒸発量と植生分布との比較をもちいた、植生モデルの定量化

これら地形スケールでの同じ領域について得られた PEd と植生分布の二つの図を重ね合わせて見てみよう。図 4-21 では、地の色が濃灰色が森林 (F)、薄灰色が草地 (S) として植生の分布を示し、その上に 7 月の 1 日の PEd の値を白色の等値線で示している。三つのパネルはそれぞれ異なる PEd を閾値としており、等値線で囲まれている範囲は各閾値より PEd が小さい (乾燥しにくい) 場所を表している。比較的 PEd の大きいメッシュでは草原が、PEd の小さいメッシュでは森林被覆がみられること、また、PEd が中間の値を示すセルでは、どちらの植生タイプも存在していることが分かる。この結果とサブモデル 1 の結果にあった図 4-20 の降水の植生双安定域とが類似していることに注意していただきたい。図 4-20 では、降水量の中間の範囲で植生の双安定状態がみられたが、図 4-21 では、場所場所の日当たりの程度による"乾きやすさ"という環境傾度において、その中間状態で森林と草原のどちらもが観察されているのである。前者では土壌水分のインプットである降水量を変化させたのに対して、後者ではアウトプットである蒸発量について考えているので、どちらも土壌水分を決定する水収支の要素を横軸にとっていることに違いはない。ただし後者 (図 4-21) では、降水量の不均質性が仮定できない地形スケールでも、土壌水分条件の不均質性が再現できることに注意してほしい。このサンプル領域内では、斜面方位以外の地形の特徴は大きく異ならないことから、PEd の変化が、植生が成立する以前の、局

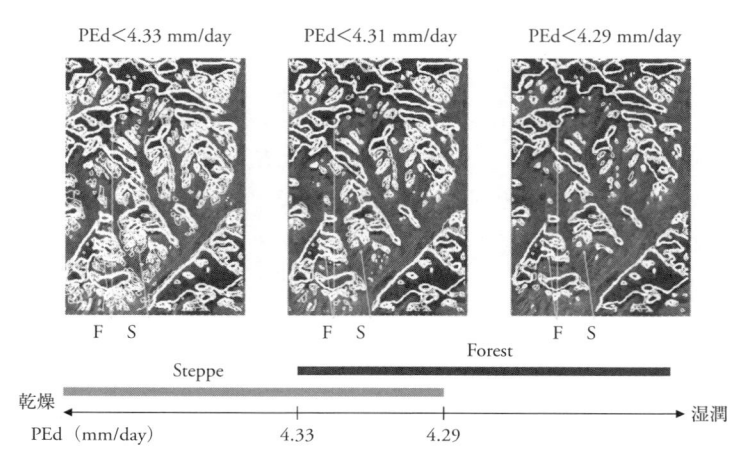

第 1 部　草原と森林の生態系ネットワーク

図 4-21　ガチュールトのサンプル領域（南北 11 km 東西 8 km）の植生分布（地色）と、7月の太陽放射の直達成分による 1 日の可能蒸発量（PEd）分布（白色等値線）。濃灰色は森林（F）を、単灰色は草地（S）を示す。PEd 等値線に囲まれた領域はは各パネル上部に示された閾値より小さい範囲を示す。相対的に乾燥しにくい条件である PEd<4.29（右パネル）では等値線内部はすべて森林であるのに対し、乾燥しやすい PEd<4.33（左パネル）では等値線外部はすべて草地である。しかしその中間では森林、草地のいずれもが成立している。

所的な各場所の土壌水分条件を決定する初期的な主要な因子であると仮定することができるからである。本章では、簡単のため、この PEd をもって SWC の空間的不均質性を与える物理的要因を代表させることにし、図 4-20 の横軸の降水量傾度（φ）を、放射の直達成分による可能蒸発量（PEd）に置き換えたものを図 4-22 に示す。ここでは、7 月の平均値に対応するように月降水量（Prec）は 60 mm で固定し、単一植生の境界となる値（PEd）を合わせて再計算している（Ishii et al. 2013 参照）。

こうして、現在の気候条件のもとで与えられるサブモデル 2 から得られる土壌水分の不均質性の分布から現在の植生分布を最も再現できるように、サブモデルのパラメーターを一旦最適化しておくことができれば、着目する環境要因だけを変化させた時の植生の分布を推定が可能になるであろう。降水

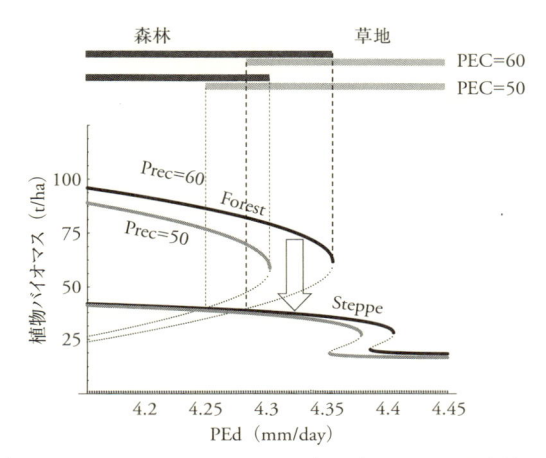

図 4-22 地形（斜面方位と勾配）で決まる PEd（横軸）の変化に伴う植物バイオマスの定常状態を（縦軸）示している。ガチュールト地域の観測値に基づいて 7 月の平均降水量 Prec を与えている（黒色）。図中の灰色線は Prec＝50 としたときのバイオマスの定常状態。降水量の減少が起こったとき、下向き矢印で示された PEd の場所では植生が急激に森林から草地へ移行することが予測される。このように気候変動による植生の変化は、地形に応じて変化する可能性が示唆される。

量を変化させた場合について、その例を見てみよう。

図 4-22 には、7 月のガチュールト調査区について、降水量が現状の場合（黒：Prec＝60）に加え、これが減少した場合（灰色：Prec＝50）を並べて示している。横軸の右には南向きの乾燥しやすいセル（90 m 格子で区切られた場所）、左には北向きの乾燥しにくいセルでは、いずれのケースでも草原と森林が成立していることには変わりがない。しかし、中間の乾燥しやすさを持つ斜面方位と勾配を持つセルでは、森林と草原の境界が、より PEd の小さい、すなわち乾燥しにくい方向に移動している。つまり、降水量が減少する場合には、森林に覆われた斜面の一部は急激に草原に変わることが予測される。

つぎに、この結果をサンプルサイトに適用した分布の変動のモデル結果を示す。

(8) ガチュールトサイトのための数値モデルからの予備的結果

　ガチュールトのサンプル領域の各セルの植生について、サブモデル 2 から推定される PEd のもとでサブモデル 1 を適用すれば、この領域全体の植生の分布がモデル化できる。そこで、様々な降水条件と植食圧のパラメーターを外部要因として与えれば、それぞれの条件に対応した植生分布の変動のモデル出力を予測として得られるであろう。降水量と家畜密度をいくつか変動させた時に、植生がどのような平衡状態を持つかをモデル結果として示したのが図 4-23 である。

　降水量のみを変動させた場合、30％減という大幅に変化に対しても、8×11 km の領域全体で植生が一様に変化することはなく、より乾燥しやすい南側斜面から急激に森林の草地化、草原の裸地化が進み、乾燥しにくい北斜面ではわずかではあるが、森林は残るであろう。しかし、家畜密度も同時に増加させた場合には、森林が残る可能性は非常に小さくなり、一方で裸地の部分が大きくなることが予測される。

　この章で紹介したサンプル領域の植生モデルについても、まだすべてのパラメーターが定量化できたわけではない。しかし、この予備的な結果からもこの手法が持つ新しい特徴が現れている。それは、従来の広域で粗い解像度でのモデルではバイオマスなどに依拠した指標の量的変化をモデル化するよりほかなかった植生の変動が、この地形スケールでは、検証が容易である定性的な植生クラス（「森林」、「草地」、「裸地」など）の間の不連続な移行としてモデル化が可能で、したがって、より精度の高い植生の変化を予測できる可能性があるということである。また、この地形スケールの植生モデルでは、それが環境の変化の二つの異なるタイプの相対的な重要性を提供することができるだろう。

　今後、それが定量的に信頼できるようにするために、モデルでは、植物のダイナミクス、植食性の影響、および気候変動に関するパラメーターについては、更新し、検証することによって改善する必要がある。

第 4 章　森林の環境学

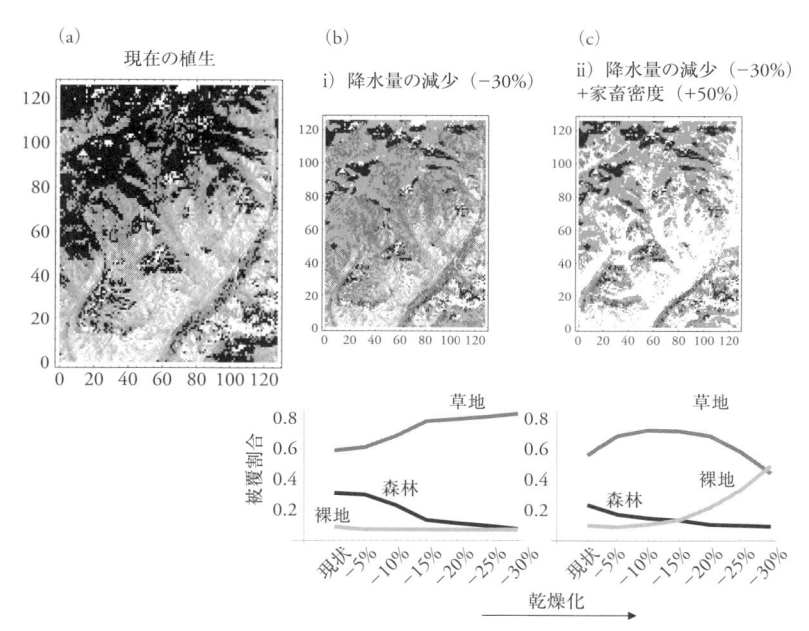

図 4-23　ガチュールトのサンプル領域の植生分布（森林は黒、草地は灰色、裸地は白で表示）の現在の状態 (a) と、植生を決定する環境因子である降水量と家畜密度を変化させたときの予測植生図 (b, c)。予測には図 4-22 で示した地形に依存する PEd と植物バイオマスの関係を適用。(b) 現状に比べて降水量を 30％減少させた条件下で予測されたサンプル領域の 40 年後の植生分布（上）と、降水量を 5％ずつ段階的に減少させたときのそれぞれの 40 年後の 3 種類の植生の割合（下）。(c) 現状から降水量を 30％減少、さらに家畜による草本植物の植食圧を 50％増加させた条件下でのサンプル領域の 40 年後の植生分布（上）と、降水量を 5％ずつ段階的に減少させた（家畜密度は +50％で固定）ときのそれぞれの 40 年後の 3 種類の植生の割合（下）。

参考文献・資料

4-1 節

Avaadorj, D., Badrakh, S., Baasandorj, Y. (2006) *Changes of Physical Property of Pastureland Soil in Mongolia*. Khokh Sudar Printing, Ulaanbaatar. (in Mongolian)

Dagvadorj, D., Natsagdorj, L., Dorjpurev, J., Namkhainyam, B. (2009) *Assessment Report on Climate Change: Mongolia*. Ministry of Nature, Environment and Tourism of Mongolia.

Erdenechuluun, T. (2006) *The Legal and Illegal Economies: Wood Supply in Mongolia.* Discussion papers. World Bank.

Krasnoschekov, Y. N., Korotkov, A. E, Dugarjav, C. (1992) Principles of Ecological Assessment of Forest Ecosystem of Mongolia. *Scientific Proceedings on Ecology and Nature Management.* Puscshino. pp 70–81. (in Russian)

Tsogtbaatar, J. (2004) Deforestation and reforestation needs in Mongolia. *Forest Ecology and Management*, 201: 57–63.

Ministry of Nature and Environment. (2002) State of Environment. Ministry of Nature and Environment, Mongolia. (in Mongolian)

——— (2007) State of Environment. Ministry of Nature and Environment, Mongolia. (in Mongolian)

4-2 節

De Vries, W. M. F., Manibazar, N. and Dügerlham, S. (1996) The vegetation of the forest-steppe region of Hustain Nuruu, Mongolia. *Vegetatio*, 122: 111–127.

Erdenechuluun, T. (2006) Wood supply in Mongolia: The legal and illegal economies. Mongolia Discussion Papers, East Asia and Pacific Environment and Social Development Department, Washington, D. C. World Bank.

Hessl, A. E., Uyanga, A., Brown, P., Oyunsannaa, B., Green, T., Jacoby, G., Sutherland, E. K., Baatarbileg, N., Maxwell, R. S., Pederson, N., De Grandpé, L., Saladyga, T. and Tardif, J. C. (2012) Reconstructing fire history in central Mongolia from tree-rings. *International Journal of Wildland Fire*, 21: 86–92.

森章 (2010) 撹乱生態学が繙く森林生態系の非平衡性．日本生態学会誌，60: 19–39.

Otoda, T., Doi, T., Sakamoto, K., Hirobe, M., Baatarbileg, N. and Yoshikawa, K. (2013a) Frequent fires may alter the future composition of the boreal forest in northern Mongolia. *Journal of Forest Research*, 18: 246–255.

Otoda, T., Sakamoto, K., Hirobe, M., Undarmaa, J. and Yoshikawa, K. (2013b) Influences of anthropogenic disturbances on the dynamics of white birch (*Betula platyphylla*) forests at the southern boundary of the Mongolian forest-steppe. *Journal of Forest Research*, 18: 82–92.

Rooney, T. P. and Waller D. M. (2003) Direct and indirect effects of white-tailed deer in forest ecosystems. *Forest Ecology and Management*, 181: 165–176.

Sankey, T. T., Montagne, C., Graumlich, L., Lawrence, R. and Nielsen, J. (2006) Lower forest-grassland ecotones and 20th century livestock herbivory effects in northern Mongolia. *Forest Ecology and Management*, 233: 36–44.

Schulze, E-D., Wirth, A. C., Mollicone, A. D. and Ziegler, A. W. (2005) Succession after stand replacing disturbances by fire, wind throw, and insects in the dark taiga of Central Siberia. *Oecologia*, 146: 77–88.

Shorohova, E., Kuuluvainen, T., Kangur, A. and Jõgiste, K. (2009) Natural stand structures, disturbance regimes and successional dynamics in the Eurasian boreal forests: a review with special reference to Russian studies. *Annals of Forest Science*, 66: 1-20.

Takatsuki, S. (2009) Effects of sika deer on vegetation in Japan: A review. *Biological Conservation*, 142: 1922-1929.

Ykhanbai, H. (2009) Mongolian forestry sector outlook study. Bangkok, FAO/Forest Policy and Coordination Division, Ministry for Nature and Environment.

4-3 節

Corripio, J. G. (2003) Vectorial algebra algorithms for calculating terrain parameters from DEMs and solar radiation modelling in mountainous terrain. *Int J Geogr Inf Sci,* 17: 1-23.

Dulamsuren, Ch., Hauck, M., Mühlenberg, M. (2005) Ground vegetation in the Mongolian taiga forest-steppe ecotone does not offer evidence for the human origin of grasslands. *Applied Vegetation Science*, 8: 149-154.

FAO Gridded Livestock of the World (Wint, W. & Robinson, T. Eds.) 2007 FAO, Animal Production and Health Division, Rome.

Fujita, N., Amartuvshin, N., Yamada, Y., Matsui, K., Sakai, S. and Yamamura, N. (2009) Positive and negative effects of livestock grazing on plant diversity of Mongolian nomadic pasturelands along a slope with soil moisture gradient. *Grassland Sci.*, 55: 126-134.

Gunin, P. D., Vostokova, E. A., Dorofeyuk, N. I., Tarasov, P. E., Black, C. C. (1999) Vegetation dynamics of Mongolia. *Geobotany*, 26. Kluwer, Dordrecht.

Hargreaves, G. H. and Samani, Z. A. (1982) Estimating potential evapotranspiration. *J Irrig Drain Eng* ASCE, 108 (IR3): 223-230.

――― (1985) Reference Crop Evapotranspiration From Temperature. *Appl. Eng. Agric.,* 1: 96-99.

Hilbig, W. (2000) Forest distribution and retreat in the forest steppe ecotone of Mongolia. *Marburger Geographische Schriften*, 135: 171-187.

IPCC AR4 (2007)

Ishii, R. and Fujita, N. (2013) A possible future picture of Mongolian forest-steppe vegetation under climate change and increasing livestock: results from a new vegetation transition model at the topographic scale. *The Mongolian Ecosystem Network:* 65-82.

Ishikawa, M., Sharkhuu, N., Zhang, Y., Kadota, T., Ohata, T. (2005) Ground thermal and moisture condi-tions at the southern boundary of discontinuous permafrost, Mongolia. *Permafrost and Periglacial Processes*, 16: 2089-216.

Klausmeier C. A. (1999) Regular and irregular patterns in semiarid vegetation. *Science*, 284: 1826-1828.

Parmesan, C. and Yohe, G. (2003) A globally coherent fingerprint of climate change impacts across natural systems. *Nature*, 421, 37-42.

Scheffer, M., Carpenter, S., Foley, J. A., Folke, C., Walker, B. (2001) Catastrophic shifts in ecosys-

tems. *Nature,* 413: 591-596.
Sugita, M., Asanuma, J., Tsujimura, M., Mariko, S., Lu, M., Kimura, F., Azzaya, D. and Adyasuren, T. (2007) An overview of the rangelands atmosphere-hydrosphere-biosphere interaction study experiment in Northeastern Asia (RAISE). *J. Hydrol.*, 333: 3-20.
Tuya, S., Batbayar, J., Kajiwara, K., Honda, Y. (2006) A comparison of five potential evapotranspiration methods and relationship to NDVI for regional use in the Mongolian grassland. International Archives of the Photogrammetry Remote Sensing and Spatial Information Science, Volume XXXVI.
van de Koppel, J., Rietkerk, M. and Weissing, F. J. (1997) Catastrophic vegetation shifts and soil degradation in terrestrial grazing systems. *Trends Ecol. Evol.*, 12: 352-356.
Walker, B. H. (1989) pp 121-130. In Weston, D. & Pearl, M. (eds.) *Conservation Biology for the Twenty-First Century*, Oxford University Press, Oxford.
Whittaker, R. H. (1962) Classification of natural communities. *Bot. Rev.*, 28(1): 1-239.

補論 1　モンゴルの野生動物
——フスタイ国立公園の今

幸田良介

　広大な草原が広がるモンゴルで出会う動物といえば、一体何が思い浮かぶだろうか。古くから遊牧が続けられてきたモンゴルでは、やはり真っ先に浮かぶのは、ウマやヒツジなどの家畜だろう。人口が 300 万人足らずなのに対して、家畜の数はその 10 倍以上の約 4000 万頭にもなるモンゴルでは、ひとたび町や主要道路から離れれば、確かに人よりも家畜の方が簡単に見つけられるほどである。そんな家畜の天下ともいえるモンゴルだが、もちろん草原や森林には様々な野生動物たちも暮らしている。

　現在モンゴルで確認されている野生の哺乳類は約 140 種（WWF Mongolia Programme Office 2010）。日本に生息する陸生哺乳類は約 130 種なので、家畜の他にもほぼ日本と同じくらいの多様な野生動物がモンゴルにも生息していることになる。種類が多いのはネズミやモグラ、コウモリのなかまなどの小型の哺乳類ではあるが、家畜と同じような大きな草食獣たちも多数存在している。モンゴルの家畜といえば、ウマ、ウシ、ラクダ、ヒツジ、ヤギの 5 畜であるが、モンゴルにはそれぞれの野生版と言うかのように、野生のウマやロバ、野生のラクダ、野生のヒツジ、野生のヤギが分布しており、その他ガゼルやシカ、イノシシなども各地に生息している。そして、これらの草食獣や小型哺乳類の天敵として、オオカミやヒョウ、オオヤマネコ、キツネなどの様々な肉食獣も分布している。しかしながら、モンゴル草原では家畜ばかりが目立つように、これらの野生動物たちの中には非常に希少な存在となってしまったものも少なくない。

　近年の人間活動の活発化は、世界各地において数多くの野生動物の個体数や生息域の激減を引き起こしている（Prugh et al. 2008）。IUCN（国際自然保護

第 1 部　草原と森林の生態系ネットワーク

図 1　フスタイ国立公園に再導入されたタヒ（モウコノウマ）。家畜のウマに比べると脚や首が短く、口先が白い。

連合）のレッドリストによると、現在地球上に生息する約 5400 種の哺乳類のうち、25％が「危急種」以上にランクされる絶滅の危険性の高い状態にある。日本でも 20 世紀前半にニホンオオカミが絶滅し、2012 年 8 月末にもニホンカワウソが「絶滅種」に指定されてしまったが、モンゴルにおいても、タヒ（モウコノウマ；図 1）と呼ばれる野生のウマが 1968 年に野生下で絶滅したほか、多くの野生動物たちが個体数や生息域を大きく減少させている。例えばアカシカ（図 2）というシカは、1986 年にはモンゴル全土に約 13 万頭が生息していたが、その後 20 年足らずで 92％も個体数が減少してしまったとされている（WWF Mongolia Programme Office 2010）。その他、アジアノロバと呼ばれる野生のロバも 1990 年代から現在にかけて個体数が半減、野生のラクダも絶滅に瀕しており、現在でも 30 万～50 万頭と比較的個体数の多いモウコガゼルも、1940 年代には約 150 万頭もいたものが減少してきた結果のようである（Ito et al. 2005 参照）。

　このように、モンゴルの人口や家畜数が激動の中で増加してきた一方で、

補論 1　モンゴルの野生動物

図2　冬のフスタイ国立公園にみられたアカシカ（オトナオス）。体サイズも角もニホンジカより大きく立派である。

多くの野生動物たちが個体数の減少にあえいでいる。それゆえモンゴルにおいては野生動物の保全もまた、草原や森林の保全とともに重要な課題の一つとなっている。このような背景のもと、モンゴル政府は国土の30％を保護区にすることを目標に掲げて保護区の制定を各地で進めており、2009年末には全61か所、総計でモンゴル全土の約14％を占める21.9万 km^2 の地域が保護区に指定されている（図3、WWF Mongolia Programme Office 2010）。これらの保護区のうち、首都のウランバートルから比較的近く訪れやすいものの一つにフスタイ国立公園（Hustai National Park）がある。フスタイ国立公園は、アカシカやマーモットなどの野生動物が多数生息しているほか、1992年以降、野生下で絶滅したタヒをヨーロッパの動物園から再導入しようという試みが続けられている場所である。そのため、モンゴルで少なくなってしまった野生動物たちの暮らしぶりや他の動植物との関わりあいの様子を知るにはうってつけの場所であり、夏季には多くの観光客が訪れているだけでなく、世界各地から多くの研究者が調査に訪れている場所でもある。本補論で

第1部　草原と森林の生態系ネットワーク

図3　モンゴルの保護区とフスタイ国立公園の位置図。モンゴルには4種類の保護区があり、厳重保護区（Strictly Protected Area）が最も保護ランクが高く、国立公園（National Park）、自然保護区（Nature Reserve）、天然記念物（Natural Monument）の順で保護の厳しさは低下する。

は、フスタイ国立公園に生息するアカシカやタヒを中心に野生動物たちの生息状況について紹介するとともに、人間活動が野生動物たちに与えた影響について考えてみたい。

1　フスタイ国立公園と野生動物

　フスタイ国立公園は、モンゴルの首都ウランバートルの南西約100 kmに位置する面積約506 km^{2}の国立公園である（図3）。公園の中央部は山岳地帯、南部はトール川沿いの平原であり、標高は1100 m〜1840 mとなっている（図4）。年平均降水量は約230 mm、年平均気温は0.2℃であり、森林ステップ地域の南限に位置している。そのため公園内の大部分がステップ草原であるものの、シラカンバを中心とする森林や、背丈程度の灌木がまばらに広がる灌木林も公園内にパッチ状に分布している（森林についての詳細は4章4-2節を参照）。公園内コアエリアでの家畜の遊牧は禁止されているものの、遊牧民は公園の境界付近で生活をしており、しばしば家畜が公園内に侵入している状況にある。公園内での狩猟は厳しく禁止されるなど野生動物の保護地域

補論 1　モンゴルの野生動物

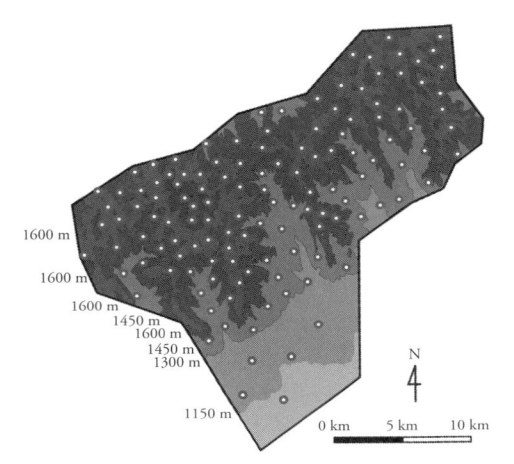

図 4　フスタイ国立公園の標高帯分布と、アカシカの分布状況を調べるために設置した調査区の位置（白丸）。

であり、アカシカやタヒ、マーモットやオオカミなど、16 科 44 種の野生哺乳類が確認されている（Bandi 2010）。特にアカシカについてはモンゴル有数の生息地となっており、公園内に多くのアカシカが生息している。

　モンゴルに生息しているアカシカは、ヨーロッパ各地に生息するアカシカ（*Cervus elaphus*）と同種として扱われることが多く、博物館の展示のほか、多くの研究論文でも学名については *Cervus elaphus* と表記されている（例えば Sietses et al. 2009; van Duyne et al. 2009）。しかしながらミトコンドリア DNA を対象に行われた系統解析によると、どうもモンゴルのアカシカはヨーロッパのアカシカとは異なり、北米に分布するエルクと呼ばれるシカ（*Cervus canadensis*）と同じグループに属するようである（Ludt et al. 2004）。そのためヨーロッパのアカシカよりもむしろニホンジカ（*Cervus nippon*）と近縁な関係にあるが、体サイズはニホンジカに比べてかなり大きく、立派なオス成獣では体長 2 m 以上、体重 300 kg 前後にもなる。北海道に生息するニホンジカ（エゾシカ）でも 140 kg 程度なので、遠目に見ただけでも少々圧倒される大きさである。なお、フスタイにはアカシカの他にもノロジカ（*Capreolus capreolus*）

が若干数生息しているようである。ノロジカはアカシカに比べると体サイズははるかに小さく、体重 30〜40 kg 程度とニホンジカと同程度か小さいようである。

　フスタイ国立公園は、野生下で絶滅したタヒ（*Equus ferus przewalskii*）の再導入が進められていることでもよく知られている。タヒは現存する唯一の純粋な野生種のウマである。体長 2.2〜2.8 m、体重 300 kg 前後になり、家畜のウマに比べると脚や首が短く、口先が白くなっているのが特徴である。1879 年にロシアの博物学者プルジェワルスキー（N. M. Przewalskii）によって発見されたことから、ヨーロッパなどでは「プルジェワルスキーウマ」と呼ばれている。かつてはアルタイ山脈周辺を中心に多くのタヒが生息していたが、家畜の増加や狩猟の影響によってどんどんと減少し、1960 年代にモンゴル草原から姿を消してしまった。しかしながら、1898 年〜1904 年の間にヨーロッパに送られた 53 頭のタヒが、動物園で飼育されて生き残っていたことから、飼育下で計画的に繁殖が進められ、モンゴルへの再導入が試みられることになった。1992 年にまず 15 頭のタヒがフスタイ国立公園に移され、その後、2 年おきに数度に分けて計 84 頭のタヒがオランダからフスタイへと移された。再導入から約 20 年を経た現在、スタッフたちの努力の甲斐もあってタヒは順調に増え続け、現在では 200 頭以上のタヒが生息するに至っている（Bandi 2010）。

　アカシカやタヒよりもっと小さな哺乳類としては、マーモット（タルバガン；*Marmota sibirica*）がよく目につく。マーモットはリス科に属するげっ歯類の一種で、体長 50 cm 程度と北アメリカに生息するプレーリードッグを一回り大きくしたような体つきをしている。地面に巣穴を掘って生活をしており、外敵や危険を察知するとすぐに巣穴に逃げ込んでしまう。肉や毛皮を目的とした乱獲を受けて個体数は 1940 年ごろには 4000 万匹いたものが 2001 年には 500 万匹程度まで激減しているようだ（Clark et al. 2006）。確かにモンゴル各地の草原では巣穴はあるのにマーモットは乱獲されてしまっていて見つからないということも多いが、フスタイ国立公園では比較的簡単にマーモットに出会うことができる。巣穴の方へと一目散に走る姿は、見ていると

なんともかわいく思えるが、モンゴルの一部地域（アルハンガイ）ではノミを介するなどしてペスト感染してしまう危険性があるため近寄ったり触ったりするには注意が必要である。マーモットは巣穴を中心として活動し、主に草食性で巣穴を掘るという性質を持つため、巣穴付近の土壌の物理的・化学的性質を変えたり、草原植生を変化させたりすることが知られている。またその影響は、巣穴の分布状況や (Yoshihara et al. 2010a) 人による乱獲の影響によるマーモットの活動性の変化 (Yoshihara et al. 2010b) によって変化することも調べられている。このように、マーモットは小さい哺乳類であるものの、その生息によって様々な植生が複雑に分布する多様性の高い草原が成立するといえる。

　そしてこれらの草食動物の天敵として、タイリクオオカミ (*Canis lupus*) が生息している。オオカミはモンゴルの代表的な肉食獣であり、大きいものでは体重 80 kg にもなる。かつてはモンゴル全土に分布していたが、1990 年までの社会主義時代には毎年 2 月の第 1 週に捕獲が続けられ、多くの地域では絶滅してしまった (Hovens and Tungalaktuja 2005 参照)。民主化以降はこのような捕獲がなくなり、オオカミの個体数は徐々に回復してきているという指摘がある (Hovens and Tungalaktuja 2005 参照) 一方で、現在でもオオカミの捕獲は禁止されていないため個体数は減少傾向にあるという指摘もある (van Duyne et al. 2009 参照)。いずれにしても他の野生動物と同様に、近年の生息状況はあまり良くないようである。フスタイ国立公園には周辺地域よりも高密度でオオカミが生息しており、その個体数は 50 頭程度であると見積もられている (van Duyne et al. 2009)。

2 アカシカとタヒは共存できている？

　フスタイ国立公園にタヒが再導入されたことで、比較的個体数の多い大型の野生草食動物として、アカシカとタヒが共存することになった。どちらも貴重なモンゴルの野生動物だが、両者はうまく共存できているのだろうか。

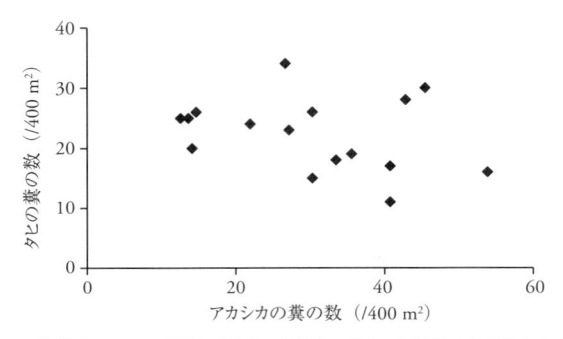

第 1 部　草原と森林の生態系ネットワーク

図 5　アカシカの糞数とタヒの糞数の関係。両者の間には明確な関係はみられなかった。

　アカシカとタヒの利用環境に違いがあるのかどうかを確かめるために、公園の各地に点在する森林の林縁に沿って、森林内部とすぐ外の草原でアカシカとタヒの糞の数を数えて比較してみた。糞の数や分布は、シカなどの草食動物の生息密度や利用頻度を調べるために利用することができる（コラム 1 参照）。もしアカシカとタヒの利用環境が似かよっていたり、一方が競争的に他方を排除しているようなことがあれば、両者の糞の分布状況には何か関連がみられるはずである。調査の結果、アカシカの糞はすぐ外の草原よりも森林内部で多かった一方で、タヒの糞は草原部分でやや多いものの、森林内部とはあまり大きな差はなかった。そして両者の糞数の間の関係を調べてみたところ、特にはっきりとした関係はみられないことが分かった（図 5）。すなわち、アカシカは主に森林を、タヒは森林も草原も同程度に使っており、両者は同じ場所を奪い合うような積極的な競争関係にあるわけではないようである。
　アカシカとタヒの使う場所は似かよっていないようだが、では採食する植物についてはどうだろうか。家畜のような人慣れした動物であれば、どんな植物を食べているのかを直接観察することができるが、相手は警戒心の強い野生動物なので、採食の様子を直接観察することはなかなか難しい。特にフスタイ国立公園で出会うアカシカは、すぐに逃げてしまうことが多く、ゆっくりとその姿を観察することすらままならない。しかしながら、それぞれが

補論1　モンゴルの野生動物

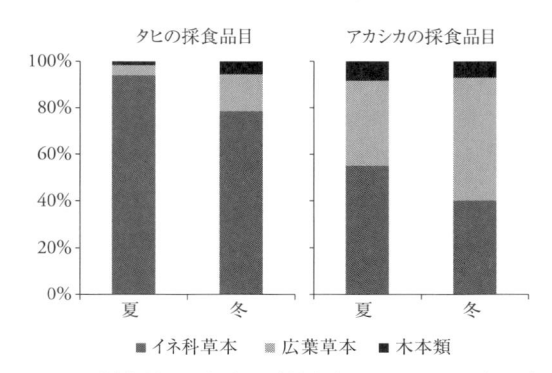

図6　タヒとアカシカの採食品目の割合の季節変化。Sietses et al. (2009) の表2を改変。

　大まかに何を食べているのかは、糞の中に消化されずに残っている植物断片を顕微鏡で観察して分類することで調べることができる (Sietses et al. 2009)。当たり前だが糞は逃げないので、ゆっくりと時間をかけて観察することができるのだ。この方法を用いた研究によると、タヒは主にイネ科草本を食べているのに対して、アカシカはイネ科以外の広葉草本や、樹木や灌木も比較的よく採食しており、両者の食性は異なっているようである (図6)。この傾向は夏場の方が顕著で、餌資源の種類が制限される冬場には食性が多少似てくるため、餌資源をめぐる競合が生じる可能性は完全には排除できないと指摘されている。とはいえ、今のところ両者は同じ利用環境や同じ餌資源を奪い合うことなく、野生下でうまく共存できているようである。

3 オオカミは何を食べている？

　前述のように、フスタイ国立公園には約50頭のタイリクオオカミが生息している。アカシカやタヒなどの野生動物たち、そして公園周辺で遊牧されている家畜たちは、オオカミによってどのくらい捕食されているのだろうか。この点についても、オオカミの糞の中に残る動物の毛を顕微鏡で識別す

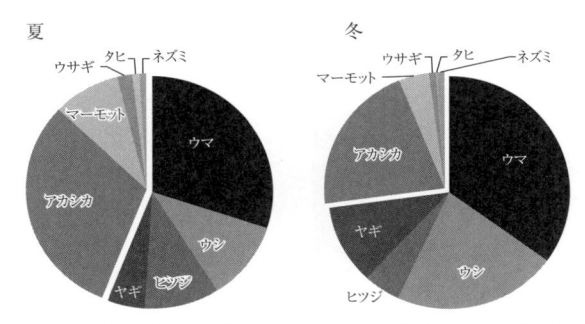

第1部　草原と森林の生態系ネットワーク

図7 フスタイ国立公園におけるオオカミの採餌品目割合の季節変化。van Duyne et al.（2009）の表2を改変。

ることで調べることができる（van Duyne et al. 2009）。ただし、ネズミなどの小さな動物とシカやウマのような大きな動物では、体重あたりの毛の量がかなり違ってくるので、餌となる各動物種の体重に応じた補正をすることで、オオカミの餌資源としている各動物種の割合を糞中の毛から推定していく。

図7は2003年から2005年にかけて集められたオオカミの糞から推定された、夏と冬のオオカミの採餌品目の構成割合を示している。これを見ると、オオカミの採餌品目の半分以上が家畜によって占められており、特に冬場には家畜が主要な餌資源となっていることが分かる。特に家畜ウマの占める割合が大きいが、これはヒツジやヤギが基本的に遊牧民に連れられて毎日放牧されているのに対して、ウマは特に管理されることなく夜間も自由に動き回っているため、オオカミに襲われやすくなっているからだろう。各動物種の個体数から考えると、オオカミはアカシカやマーモットを選択的に捕食しているようではあるが、野生動物よりも圧倒的に数の多い家畜の方が、餌資源としては多くを占めているようである。野生動物の中ではアカシカやマーモットが主要な餌資源となっており、タヒの割合は現状ではかなり小さいといえる。しかしながら、今後何らかの影響でアカシカが減少してしまった場合には、タヒへの捕食圧が高まってしまい、再導入の成否に影響する恐れがあることも指摘されている。

食物連鎖の上位に位置するほどその生物の窒素安定同位体比は大きくなる

補論 1 モンゴルの野生動物

図8 フスタイ国立公園内におけるアカシカ（左）、ヒツジ・ヤギ（中央）、森林（右）の分布パターン。色が濃い場所ほどよく分布しており、一番薄い色の場所には分布していない。

（終章1節（1）参照）。オオカミと遊牧民を比べると窒素安定同位体比はオオカミの方が小さい（終章1節（2）参照）。この違いは同じ肉食でも食物（餌）の違いによると思われるがよく分かっていない。

4 アカシカの分布に対する森林と家畜の影響

　それではフスタイ国立公園において、アカシカはどのように分布しているのだろうか。どんな場所によく生息していて、どんな場所には生息していないのかを調べれば、アカシカの生息環境を保全することにも役立てられるだろう。

　アカシカの分布状況を調べるために、2009年8月に公園全域に万遍なく分布するように50 m×4 mの調査区を、それぞれの間隔が1 km以上離れるように計128か所に設置した（図4）。各調査区を利用する動物の指標として、調査区内に落ちている糞の数を動物種ごとに記録した。なお、ここでは見た目による糞の区分の難しさから、家畜ウマとタヒ、そしてヒツジとヤギはそれぞれまとめて計数した。従ってここで糞の計数の対象としたのはアカシカ、ウマ、ウシ、ヒツジ・ヤギの4種類である。また糞の計数とあわせて、各調査区周辺に広がる森林面積、灌木林面積、斜面の傾斜や方位、調査区の地形

といった様々な環境データも記録した。これらの情報から、アカシカや他の家畜動物が公園内にどのように分布しているのか、そしてアカシカの分布状況は何によって左右されているのかを調べてみた。

　図8は各調査区で得た糞の計数結果や森林面積の情報から、逆距離加重法（Inverse distance weighting）という手法で推定（空間補間）したフスタイ国立公園内でのアカシカ、ヒツジ・ヤギ、そして森林の空間分布パターンである。アカシカの分布パターンを見てみると、アカシカの分布は国立公園の中心部に集中しており、周辺域にはほとんど分布していないという非常に偏った分布状況にあることが分かる。一方で各家畜の分布パターンはアカシカのそれとは大きく異なっており、特にヒツジ・ヤギは国立公園周辺域をよく使っているものの、中心部にはほとんど入り込んでいなかった。そして森林と灌木林の分布パターンについて見てみると、森林は主に公園東部と中央部に局所的に分布しているに過ぎないこと、灌木林はまばらながら公園各地に広がっていることが見えてきた。これらの結果を踏まえて、アカシカの分布に影響する要因について解析したところ、アカシカの分布パターンには斜面の傾斜や方位、地形といった物理環境はほとんど影響しておらず、森林の分布と灌木林の分布がプラスに、ウマの分布とヒツジ・ヤギの分布がマイナスに影響していることが分かった。すなわち、図8からも予測されるように、森林や灌木林がよく広がっている場所ほど、またヒツジ・ヤギなど家畜の利用が少ない場所ほど、多くのアカシカが分布しているという状況にあることが明らかになった。

　森林や灌木林の広がる場所にアカシカが多い理由としては、以下の2点が考えられる。一つめは、樹木や灌木の存在がアカシカの隠れ家として機能しているということである。森林被覆の存在がオオカミなどの捕食者や狩猟者からシカが逃げるために重要な役割を果たしていることが報告されているため（Borkowski and Ukalska 2008）、アカシカがオオカミや密猟者を恐れて樹木や灌木のない草原にあまり出てこないのだと予測できる。もう一つは、樹木や灌木がアカシカにとって必要な餌資源であるということである。図6にあるように、アカシカは典型的な草原のイネ科草本の他にも、広葉草本や樹木、

灌木も比較的よく採食している。このように、森林や灌木林の存在は、アカシカの生息にとって住みかとしても、餌資源としても非常に重要なようである。

　家畜の多い場所にアカシカが少ない理由としては、草原植生という餌資源をめぐる競争が可能性として挙げられるだろう。一般に、動物2種の食性が重なっていて餌資源が限られている場合には競争が生じる（de Boer and Prins 1990）。過放牧が続いて草原植生が劣化すると、アカシカは家畜が少なく草原植生が豊かな場所しか使えなくなるのかもしれない。実際にモウコガゼルと家畜の間に競争関係が生じていることも示唆されている（Yoshihara et al. 2008）。一方で家畜が多い場所というのはすなわち人間が近くで生活している場所ということでもあるので、人間による狩猟などを警戒してアカシカが近づかないだけなのかもしれない。公園内の草原植生はまだ豊かで餌資源が限られているようには見えないので、家畜との競合よりも人間への警戒という要素の方が大きいようにも思われる。この点については更なる調査を進める必要があるが、ここにも人間活動が野生動物の生息や分布に大きな影響を与えているという事実を見て取れるだろう。

5　モンゴルの保護区から学ぶべきこと

　ここまでフスタイ国立公園に現在生息している野生動物たちの暮らしぶりを紹介してきた。一方で、現在のモンゴルにおける生態系ネットワークの中で草原や森林の生態系と密接に関わっているのは、野生動物ではなくたくさんの家畜たちである。家畜の摂食などが草原や森林の生産性や種組成、土壌などにどのように影響するのかについては、ここまでの第1部の各章で紹介されてきたとおりである。その点では、フスタイ国立公園で観察できる野生動物どうしの相互作用や草原や森林の生態系との相互作用は、現在のモンゴルにおいては半ば特殊なものともいえるかもしれない。しかしながら、かつて家畜が登場する以前には、今はわき役となり絶滅を危惧されているアカシ

カヤタヒなどの野生の草食動物たちが、序章で述べられているように、生態系ネットワークの主要な構成要素として現在の家畜と同様の役割を担っていたのだろう。フスタイ国立公園をはじめとしたモンゴル各地の保護区は、現在のモンゴルから失われつつある生態系ネットワークの別の側面を私たちに垣間見せてくれる貴重な場所なのである。

またアカシカの分布状況の調査からは、生息に欠かせない森林の減少、狩猟圧や家畜の増加といった人間活動により、アカシカが直接的、間接的に大きな影響を受けていることが分かってきた。野生動物と草原・森林生態系の間で成立していたネットワークに人間や家畜が入ってきたことで、家畜との競争や人間による狩猟圧といった直接的な相互作用と、人々の生活に伴う草原の劣化や森林の減少を介した人間との間接的な相互作用が加わったのである。その結果野生動物たちが受けた影響は、当然ながらアカシカに限らず森林や草原を利用するモンゴルの他の野生動物にも生じうるものであり、タヒの野生絶滅のほか、多くの野生動物たちがその個体数を大きく減少させてしまった背景には、同様の影響があったのだろう。すなわちモンゴルの野生動物の保全を考える上では、直接的な狩猟圧と間接的な生息環境の劣化という両面の影響について合わせて考慮しておくことが必要だといえる。このような重要な情報を与えてくれる場としても保護区の重要性が指摘できるだろう。

加えて、モンゴルにおける野生動物の減少要因を知ることは、我々日本人と野生動物との関わり合いの歴史についても重要な示唆を与えてくれる。日本ではモンゴルとは逆に、シカ個体数の増加が大きな問題となっている (Takatsuki 2009)。増えすぎたシカが農林業被害や森林生態系被害を引き起こしているというのだ。ところが日本でもモンゴルと同様、過去に一度シカの個体数が絶滅寸前まで大きく減少し、その後個体数が回復した結果、現在の状況になっているということが分かってきた (Tsujino et al. 2010)。過去に日本でなぜシカが大きく減少し、そして今なぜシカの増加問題が生じているのか。おそらくこの変動の背景にも、モンゴルの野生動物が今受けているような人間による直接的、間接的な影響があったのだろう。人間活動がいかに野

生動物の生息に影響を与えてきたのかをモンゴルから学ぶことは、私たちが日本における野生動物とのこれからの共存を考える上でも、大きな意味を持ちうるのではないだろうか。

参考文献・資料

Bandi, N. (2010) *Hustai National Park*. Munkhiin Useg Group, Mongolia.
Borkowski, J., Ukalska, J. (2008) Winter habitat use by red and roe deer in pine-dominated forest. *Forest Ecology and Management*, 255: 468–475.
Clark, E. L., Munkhbat, J., Dulamtseren, S., Baillie, J. E. M., Batsaikhan, N., Samiya, R., Stubbe, M. (compilers and editors) (2006) *Mongolian Red List of Mammals*. Regional Red List Series Vol. 1. Zoological Society of London, London, UK.
de Boer, W. F., Prins, H. H. T. (1990) Large herbivores that strive mightily but eat and drink as friends. *Oecologia*, 82: 264–274.
Hovens, J. P. M., Tungalaktuja, K. (2005) Seasonal fluctuations of the wolf diet in the Hustai National Park (Mongolia). *Mammalian Biology*, 70: 210–217.
Ito, T. Y., Miura, N., Lhagvasuren, B., Enkhbileg, B., Takatsuki, S., Tsunekawa, A., Jiang, Z. (2005) Preliminary evidence of barrier effects of a railroad on the migration of Mongolian gazelles. *Conservation Biology*, 19: 945–948.
Ludt, C. J., Schroeder, W., Rottmann, O., Kuehn, R. (2004) Mitochondrial DNA phylogeography of red deer (*Cervus elaphus*). *Molecular Phylogenetics and Evolution*, 31: 1064–1083.
Prugh, L. R., Hodges, K. E., Sinclair, A. R. E., Brashares, J. S. (2008) Effect of habitat area and isolation on fragmented animal populations. *Proceedings of Natural Academy of Sciences*, 105: 20770–20775.
Sietses, D. J., Faupin, G., de Boer, W. F., de Jong, C. B., Henkens, R. J. H. G., Usukhjargal, D., Batbaatar, T. (2009) Resource partitioning between large herbivores in Hustai National Park, Mongolia. *Mammalian Biology*, 74: 381–393.
Takatsuki, S. (2009) Effects of sika deer on vegetation in Japan: a review. *Biological Conservation*, 142: 1922–1929.
Tsujino, R., Ishimaru, E., Yumoto, T. (2010) Distribution patterns of five mammals in the Jomon period, middle Edo period, and the present, in the Japanese Archipelago. *Mammal Study*, 35: 179–189.
van Duyne, C., Ras, E., de Vos, A. E. W., de Boer, W. F., Henkens, R. J. H. G., Usukhjargal, D. (2009) Wolf predation among reintroduced Przewalski horses in Hustai National Park, Mongolia. *Journal of Wildlife Management*, 73: 836–843.
WWF Mongolia Programme Office (2010) *Filling the Gaps to Protect the Biodiversity of Mongolia*.

Admon Printing House, Ulaanbaatar, Mongolia.
Yoshihara, Y., Ito, T. Y., Lhagvasuren, B., Takatsuki, S. (2008) A comparison of food resources used by Mongolian gazelles and sympatric livestock in three areas in Mongolia. *Journal of Arid Environments*, 72: 48–55.
Yoshihara, Y., Ohkuro, T., Buuveibaatar, B., Undarmaa, J., Takeuchi, K. (2010a) Clustered animal burrows yield higher spatial heterogeneity. *Plant Ecology*, 206: 211–224.
Yoshihara, Y., Ohkuro, T., Buuveibaatar, B., Undarmaa, J., Takeuchi, K. (2010b) Spatial pattern of grazing affects influence of herbivores on spatial heterogeneity of plants and soils. *Oecologia*, 162: 427–434.

第2部
人間活動と生態系ネットワーク

第 2 部の主な調査地

ウンドゥルシレートとバヤンウンジュール、セルゲレンは 6 章 6-1 節、バヤンウンジュールは 6-2 節、マルチンとブレグハンガイは 7 章 7-1 節の調査地。8 章の調査地は、8 章の図 8-1 を参照。

第5章　市場経済下の牧畜業

5-1　西前　出
5-2　草野栄一

市場経済化以降、道路沿いでヤギが著しく増加している。
撮影：幸田良介　2009年7月　ウランバートル

第2部　人間活動と生態系ネットワーク

　第1部では生態系の変化そのものに着目したが、第2部ではこのような変化を引き起こす人間活動に焦点を当てる。序図12に示されるとおり、人間の社会・経済的な活動と生態系の相互関係は複雑で、多様な切り口から解釈することができる。ここでは一つの切り口として、1991年の市場経済化によって、牧畜業を中心とする人間活動が大きく変容したというところから議論を始めよう。

　モンゴルの生態系が、市場経済化以降急速に増加した家畜の影響を受けている可能性については、広く議論されている（第1部）。このような議論は、ともすると「市場経済化＝生態系への圧力」と単純に解釈されるかもしれないが、人間活動と生態系の関係をより詳細に把握するため、本章では家畜頭数や畜産品などの基本的な統計データを用い、マクロな視点から牧畜業の実態把握が試みられる。はじめに、衛星データによる家畜頭数の動態と畜産品価格や道路距離などのデータにより、市場経済化以降、主要な道路沿いでヤギが増加してきたという、家畜の空間分布の特徴が明らかにされる。続いて、市場経済下におけるモンゴルの畜産業の動向が、畜産品の生産・消費・貿易・流通の観点から整理される。

5-1 ｜ 家畜の分布と密度 ── 統計資料を空間分析で読み解く

　果てしなく続く大草原を牧畜民は馬で駆けめぐり、家畜の群れがのんびりと移動する。私達がモンゴルの遊牧に抱く印象は、このようなものではないだろうか。確かにモンゴルを訪れるとまさにその通りの光景を目にすることができる。しかし、実際には遊牧を取り巻く環境は、近年めまぐるしく変化している。一見するだけでは分かりにくいものの、国土を通した遊牧に関する統計資料を詳しく読み解けばその変容は顕著に表れてくる。

　序章で解説されているように、モンゴルは年降水量200〜220 mm、平均気温0.8℃の、寒冷地かつ乾燥地という世界的にも珍しい国である。加えて、夏場は40℃を超える場合もあり、年間を通した寒暖の差も大きい。植物の

第 5 章　市場経済下の牧畜業

　生育期間が非常に限られているため、耕種農業の普及には限界がある。このような厳しい気候条件下において、遊牧は 1000 年以上にわたってモンゴルの自然環境に適応し、モンゴル人の智恵と経験により伝統的に営まれてきた。現在も、国内総生産の約 20％を遊牧に関連する牧畜業が占めており、モンゴルにとって重要な基幹産業の一つとなっている。

　1992 年の民主化後、産業構造が大きく変動し、自由主義経済への移行に伴って私有家畜の頭数の制限が無くなったことから、家畜数は爆発的に増加した（Rossabi 2005）。1999 年から 3 年間続いたゾドにより家畜数は大幅に減少したものの、2003 年以降はまた増加に転じる[1]。2010 年に再び発生したゾドにより、また家畜数は激減したが、牧畜民を取り巻く社会が現行のシステムである限りは家畜数が増えていく流れは止まらず、ゾド被害が終息すれば再び増加に転じるものと予想される。元来、モンゴルの自然環境はきわめて脆弱性が高く、国土の大部分を占める草原ステップでは、家畜が増えすぎたために、草地の生産力を上回る放牧がなされる状態が続く、過放牧が地域的に発生している可能性も指摘されており、草原の劣化が危惧されている（鬼木・双喜 2004）。

　将来にわたって草原劣化や砂漠化を回避し、持続可能な遊牧を営むためには、民主化後の家畜数の変遷と空間的な分布を定量的に把握し、その原因の把握と対策を講じることが必要である。本節では、モンゴルの家畜の空間的な分布と密度に着目し、統計資料の分析を通じて民主化後の家畜数の変化

---

[1]　1999 年から 3 年間続いて発生したゾドにより、全国的に牧畜民は甚大な被害を受け、彼らの私有財産である家畜を多く失うこととなる。元来遊牧は、自然災害からの影響を受けやすく安定的な産業とは言い難い。毎年のように経験する暴風雨、あるいは干ばつ、洪水、猛吹雪など数多くの自然災害に牧畜民は対処しなければならない。かつては、この様な条件下でリスクや保険として国とネグデルが効率的に機能していた。自然災害などで家畜を失った牧畜民が再び家畜を増やすのを助け、乾燥飼料を供給し、病気の家畜がいれば獣医を派遣していた。遊牧経済に伴うリスクを最小限にする活動を担っていたわけである。しかし、完全に自営となった牧畜民は、こうした手厚い援助を受けることができなくなり、厳しい気象条件への対応が未熟な牧畜民は多くの家畜を失うこととなった（Rossabi 2005）。

広域的に俯瞰する。

(1) 統計でみる家畜数の変化

　モンゴルの遊牧で牧畜民が飼養するのは、ラクダ、ウマ、ウシ（ヤクを含む）、ヒツジ、ヤギが主要な5畜と呼ばれており、全体の家畜数のほとんどを占めている。一部地域ではトナカイなどを保有する牧畜民もみられるが全体数からみれば些少な数である。かつては、ネグデルの指導に基づき、1種類だけの家畜を専門的に飼う牧畜民も多くいたが、現在は、それぞれの家畜の用途とその必要性に応じて、これら5畜のうち数種類を組み合わせるかたちで遊牧が営まれており、1種類の家畜のみを所有している牧畜民は、ほとんど草原で目にすることは無い。また、家畜数の規模であるが、1世帯あたり、数十頭の場合もあれば、1000頭以上を保有する牧畜民もいる。一般に家畜数が多いほど裕福な牧畜民であるといえるが、多数の家畜をモンゴルの気象条件に合わせて育てていくだけの知識と経験が必要となる。一方で、貧困ラインといわれる50頭から75頭程度の家畜しか所有していない牧畜民は、自家消費や生活費を賄うだけで家畜を消費するため、その数を増やすことは困難であり、場合によっては群れを維持できなくなる。牧畜民世帯が畜産品を売って生活していくためには、諸説あるが少なくとも100頭から200頭程度は必要であるとの試算が一般的にいわれている。

　モンゴル国家統計局は、毎年12月に集計した郡別の家畜数を家畜の種類ごとに公開している（図5-3）。所得税法では、牧畜民の所得額を直接算定せずに、単に牧畜民の保有するすべての家畜頭数に対して課税の方法を定めている。牧畜民は、家畜を売却することでも利益を得るが、課税方法はそういった牧畜民の付加価値生産や、あるいは新たに生まれた家畜を対象とするのではなく、保有家畜全頭数に対して課税方法を定めている（吉野・ジャミアン 2006）。保有する家畜の頭数自体が課税の対象になることから、全国の家畜数は国家によって統計的に把握されている。一方で、既存家畜から得られる羊毛やカシミヤなどの原料、および乳製品の販売、家畜の肉や毛皮などの販

第 5 章　市場経済下の牧畜業

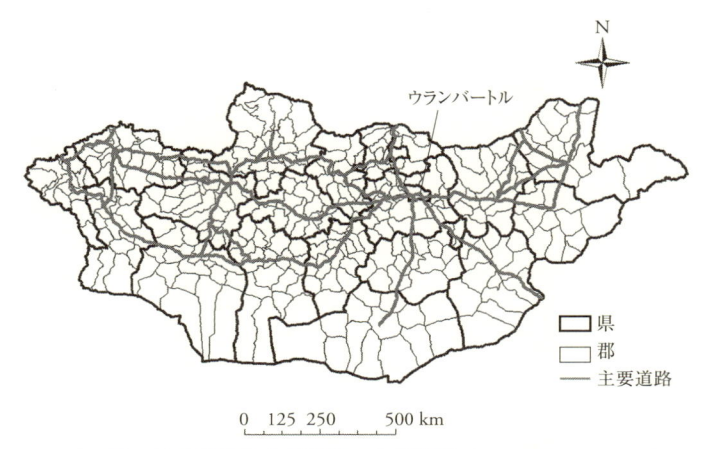

図 5-1　モンゴル国の行政単位と主要道路。主要道路は、Administration of Land Affairs, Geodesy and Cartography Mongolia 作成の道路地図において「Primary Road」に分類された道路としている。

売によって得られる収入については、支出の記録が実施されていないために牧畜民の正確な所得は政府によって把握されていない。

　一般的に、牧畜民は畜産物売却による経済活動以外にも自家消費や移動手段としても家畜を利用しており、所有する数種類の家畜を個人の裁量で増やすことができる。牧畜民にとっては、家畜を必要以上に所有すると多く納税せねばならず、かつ遊牧の手間も大きくなることから、得られる付加価値がより高くなる家畜、あるいはそれぞれの牧畜民が高い付加価値があるであろうと個々に判断した家畜を増やそうとするインセンティブが働きやすい税制になっている。

　また、牧畜民はより良い餌場を目指して、居住している郡の外に移動する場合もある。しかし、納税の利便性や子どもの教育の場を確保する必要があり、恒常的にどこか別の郡へと移り住む場合には、移動先の郡にて新たに住民登録を行う。したがって、遊牧を営む上で頻繁に移動したとしても、郡別の家畜数統計は信頼性の高いものとなっており（吉野・ジャミアン 2006）、かつ正確な実態把握を努めた調査を実施するために国家統計局により必要な実

263

第 2 部 人間活動と生態系ネットワーク

図 5-2 モンゴルの陰影段彩図。USGS 提供の GTOPO30 を使用。ArcGIS10 にて陰影段彩図を作成。国土のほとんどが 1000 m 以上の標高にあり、西部に標高の高いアルタイ山脈、ハンガイ山脈の二つの山脈がある（カラー図は巻末を参照）。

施予算も確保されている（小宮山 2005）。

　図 5-3 に家畜数および遊牧を行っている世帯数の民主化後の推移を示している。民主化した 1992 年には、5 畜のうちヒツジの頭数が圧倒的に多く約 1466 万頭に至り、家畜数全体の約 57％を占めている。これは、モンゴル人は伝統的に牛肉よりも羊肉を好んで食すこともあり、食料生産上、ヒツジの頭数を維持することが国策として重要であったことが要因である。1999 年までヒツジの頭数がほぼ横ばいである一方で、自由主義経済への移行後は、ヤギの頭数が急激に増加している。ヤギからはヤギ肉やミルクも生産するが、中でも重要な生産物としてカシミヤが得られるため、市場での需要の高まりとともにヤギの付加価値が著しく上昇した。したがって、牧畜民は先述の課税制度にも鑑み、高い付加価値が得られるヤギを意図的に増やしてきた。特に、遊牧で得られる羊毛やカシミヤは、他の乳製品や家畜の肉に比べて製品の劣化が遅く、重量も軽いので輸送のための管理コストが少ない。つまり市場を選ばずに国土のどこで生産してもそれなりの価格で販売できる。このこ

第 5 章　市場経済下の牧畜業

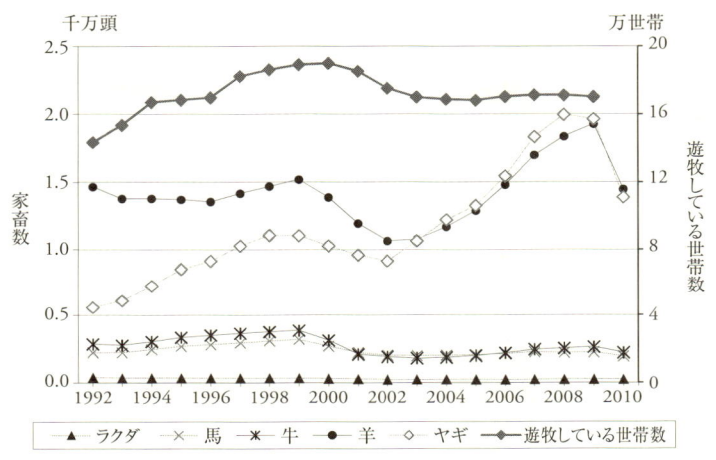

図 5-3　家畜数と遊牧している世帯数の推移。2 度のゾドの影響で、1999 年から 2002 年、および 2010 年に大きく家畜数が減少している。ヤギの増加が著しいことも分かる。

とが、ヤギ増加の傾向に拍車をかけた要因の一つといわれている（Saizen 2010）。

　遊牧を行っている世帯数も 1999 年までは継続的に増加しており、多くの職を失った国民が新たに草原へ回帰したことが統計上にも示されている。ウマとウシの頭数もこれに伴って増加しているが、ヒツジやヤギに比べると需要や付加価値は低く、牧畜民はこれらを積極的に増やすことはなかった。特に 2000 年代に入るとその数はほぼ横ばいで変わっていない。ラクダに関しては、1991 年の約 47 万頭から、1999 年には約 36 万頭、2009 年には約 28 万頭と、徐々にその数は減少している。

　民主化後から 1999 年までの 1 世帯あたりの家畜数は、ラクダは 2.9 頭から 1.9 頭に減少、ウマは 15.3 頭から 16.7 頭に、ウシは 19.7 頭から 20.2 頭にそれぞれ微増、ヒツジは 102.2 頭から 80.3 頭に減少している。一方でヤギは 1 世帯あたり 39.1 頭から 58.3 頭に大きく増加している。もちろん、牧畜民によって所有する家畜数には大きな差があるが、全国的な傾向としては、ヤギだけを積極的に増やしてきた結果が表れている。

1999年から発生したゾドで、牧畜民は多くの家畜を失うこととなった。壊滅的な被害が記録されており、約1200万頭の家畜が3年間で死亡し、1999年時点で遊牧を行っていた約19万世帯のうち約1万1千世帯が、所有するすべての家畜を失う事態となった (Lise et al. 2006)。全体の家畜数自体も民主化以前の数字まで減少した。新たに参入した多くの牧畜民は、自然災害への対応ができるだけの経験と知識を有しておらず、家畜を大量に失い、ついには群れを維持できなくなり、遊牧を辞めざるをえない状況になったのだろう。

2003年以降はウマとウシも若干増加しているものの、ゾド以前の数までには回復していない。一方で、ヒツジとヤギの頭数が劇的に増え始めている。特にヤギの頭数は2004年に初めてヒツジの頭数を上回って5畜で最も多くなり、その後も急激に増加し続けていることが分かる。2002年から2009年までの1世帯あたりの家畜数は、ラクダは1.4頭から1.6頭に、ウマは11.4頭から13.1頭に、ウシは10.8頭から15.3頭に、それぞれ微増している。一方で、ヒツジは、60.7頭から113.3頭に、ヤギは52.2頭から115.5頭に大幅に増加している。2003年以降は、ヤギと共にヒツジも増加していることが興味深い。この期間は、遊牧している世帯数は微減しているため、世帯あたりの家畜数が大きく増加することとなった。

社会主義時代には、家畜頭数はほぼ一定であったことが知られており (Rossabi 2005)、社会状況の変化と共に、遊牧を営む牧畜民にとっても劇的な変化が起きていたことが統計上示されている。2010年に再び発生したゾドにより、家畜数は5畜ともそれぞれ減少することとなるが、前回のゾドと比較して、単年度での減少率がきわめて高いことがグラフからも読み取れる。特に、ヤギの減少率が高く、1999年から始まったゾドでは2002年時点で最も減少し最大値から約17.2％の減少率を記録したが、2010年のゾドでは1年で約29.4％も減少している。

民主化以降は、社会的な背景を要因とした家畜数の増加と2度のゾドによる家畜数の減少により、結果的に2010年時点での家畜数は民主化直後の数字からそれほど増えていない。実は、ヒツジとヤギが増えただけで、他の家

畜数は減少している。この中でも特にヤギの増加は著しい。家畜のなかには、草原が疎な場合や春先の家畜の食料が少ない時期には、地際の近くまで草本植物を食べるものもおり、そのため草原に強い負荷を与え、草原劣化を引き起こす主要な原因の一つとなっている。草原劣化は、土壌のアルカリ化を引き起こし、新たな草本の進入を妨げていくため、先述の乾燥・寒冷の気候条件も要因となり砂漠化を引き起こしていくこととなる（2章、藤田 2006）。

(2) 家畜の空間分布の変化

　社会主義時代には、地域を越えた牧畜民の移住が制限されていたため、地域的に特定の家畜が偏在することは少なかった。家畜の私有化が認められて以降、牧畜民は家畜ごとの用途や利益を鑑み、その保有数や家畜の構成をそれぞれの事情に合わせて調整し、地域を越えた移動も自由に行ってきた。したがって、家畜私有化や移動の自由化の影響は家畜の空間分布の時系列変化として地表面に投影されている。

　そこで、家畜の特徴や環境への適応力を論じると共に、郡単位の家畜統計を用いて、5畜それぞれの空間分布の時系列変化を地図化して観察することにする。民主化後の2度のゾドは、特異な自然現象による家畜数の変化であるため、この影響も考慮し、民主化後の1992年、1度目のゾドの期間である1999年と2002年、2度目のゾドの直前の2009年の統計を用いた4時点を観察年とする。

ラクダの空間分布

　モンゴルのラクダは、中央アジアが原産で背中に二つのこぶを持つフタコブラクダである。乾燥に適応した特徴を持ち、厳寒の気候に対応するためヒトコブラクダに比べて毛が長く、毛製品の生産もできる。ミルク、肉、皮も利用されるが、主に人や荷物を運搬させるために飼われている。数日間水を摂取しなくても耐えることができ、ゴビやその周辺の砂漠地域の環境で主に

第 2 部　人間活動と生態系ネットワーク

| 1992年 | 1999年 | 2002年 | 2009年 |

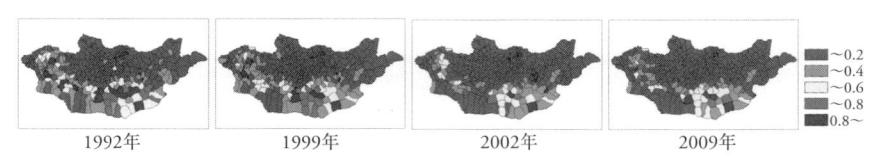

図 5-4　ラクダの空間分布（1 km^2 あたりの頭数）。南部のゴビ地域に相対的に多く分布するが、全体的に 1 km^2 あたり 0.8 頭未満の密度の地域が多い（カラー図は巻末を参照）。

飼養されてきた[2]。近年は、トラックを所有する牧畜民が増えたことから、運搬に用いるという需要は減り、飼育頭数は年々減少している。また、医薬の原料として中国に売られるようになったことも減少の一因として挙げられる。

　ラクダの頭数は、全家畜数の1%弱〜2%弱を占めるに過ぎないため、概してどの地域でも密度は 1 km^2 あたり 0.8 頭未満と低い（図 5-4）。相対的に密度の高い地域は南部のゴビ地域に集中しており、主に乾燥地帯で分布していることが分かる。乾燥地帯以外では、ラクダを増やし飼養する必要性は少ないため、分布密度はきわめて低く、遊牧されているラクダを目にすることはあまりない。経年的にみても、その頭数は徐々に減少しており、ラクダの草原への負荷は小さくなっている。乾燥地帯に相対的に多いという分布の特徴は時を経ても変わっておらず家畜私有化や移動の自由化はラクダの分布にそれほど影響を与えていない。

---

[2]　モンゴル全体をマクロな視点でみると、北部の針葉樹林帯から南に向かって、草原ステップ、ゴビ砂漠へと続く連続的な植生移行帯（エコトーン）が形成されている（Peters 2002）。北からおよそ山地帯 8%、森林ステップ 15%、草原ステップ 35%、砂漠ステップ 23%、砂漠地帯 19%といった構成になっており、そのうち約 75%は遊牧のために家畜の餌場として利用され、草原は常に家畜の摂食圧の影響を受けている（Fernandez-Gimenez and Allen-Diaz 1999）。特にハンガイ山脈に源を発するオルホン川の流域は、支流も多く水源が豊富で、国内でも「最も恵み豊かで美しい自然が残る土地」として知られる肥沃な土地である。夏になると緑の深い草原が広がり、家畜の食料となる草地や水も豊富で遊牧にも適した地域である（図 5-2）。

第 5 章　市場経済下の牧畜業

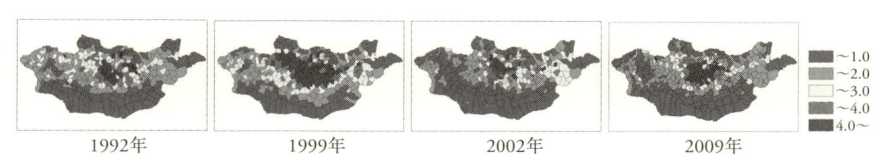

図 5-5　ウマの空間分布（1 km² あたりの頭数）。ウランバートル周辺に多く分布している。1999 年には最も頭数が増え、オルホン川流域にも高い分布がみられる（カラー図は巻末を参照）。

ウマの空間分布

　牧畜民は主に乗馬、旅行、競馬、馬肉、馬乳酒などの用途でウマを飼養する。牧畜民が馬に乗り、雄大な景色の中を駆けめぐる光景をテレビなどで目にしたこともあるであろう。競馬は日本で想像するものとは趣が異なる。5歳から 13 歳の間の年齢の子ども達が馬を操り、競争する。子どもとは言っても、幼少期から馬に乗り慣れているので乗馬技術は高い。走行距離は馬齢によって変わり、例えば、6 歳馬以上になると約 30 km もの長距離を走るため世界的にみても騎手と馬にとって非常に過酷なレースとなる。しかし、国家祭典ナーダムの競技の一つとして開催される競馬は、上位に入賞すれば馬と共に調教師も大変な名誉を得る。

　馬肉、馬乳酒は自家消費だけでなく、現金収入として販売する場合も多い。また、家畜を 1000 頭以上保有するような裕福な牧畜民は、自らのステータスとしてウマを増やす傾向もある。1992 年時点ではウマの分布はウランバートル周辺か近隣の郡に集中していた（図 5-5）。現金収入としての馬肉や馬乳酒は日持ちがしないため、都市から遠い地域では、こうした用途を理由としてウマを増やしても付加価値が小さい。1999 年にその数は最大となり、オルホン川流域の肥沃な草原地帯を中心として多く分布している。これは、この時期までの牧畜民の増加と彼らによる乗馬用途での利用が原因と考えられる。2002 年までにゾドで減少した後、若干増加に転じるものの、1992 年と比較しても空間分布の状態にそれほど変わりはなく、全体数としても微増に留まっている。ウランバートル周辺に多く分布するという特徴に変わりはない。

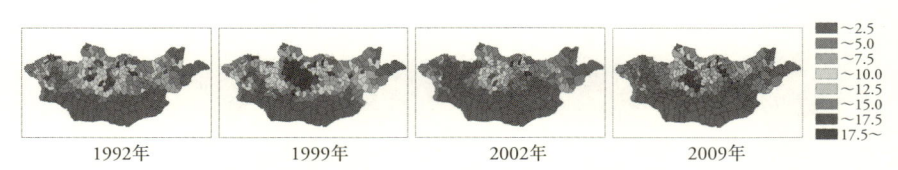

第 2 部　人間活動と生態系ネットワーク

図 5-6　ウシの空間分布（1 km² あたりの頭数）。オルホン川流域を中心とした分布が目立つ（カラー図は巻末を参照）。

ウシの空間分布

　モンゴルのウシには、他のウシと比べて、寒冷期の熱吸収率が高くなる茶褐色や黒色の体を持つ個体が多い。そのため、高山の気候にも上手く適応している。ウシは、牛乳、牛肉、革が主な生産物となる。これらは、いずれも長距離での運搬にはコストがかかり、自家消費以外で飼養する場合には、大都市とのアクセスが良い地域の方が牧畜民にとって都合がよい。空間分布をみてみると、1992 年にはハンガイ山脈の麓で高い分布を示しており、その後も 1999 年までは都市部の経済発展とともに牛肉や牛乳の需要が高まり、同地域の頭数は全体的に増加している（図 5-6）。特に、ウシの飼養には多くの牧草を必要とするため、草原の豊かな、オルホン川流域を中心として分布している。

　ウシは 5 畜の中では寒さや牧草不足の影響を最も受けやすいため、1999 年から 2002 年のゾドの影響で激減（-51%）しており、地図上に赤色で示す密度の高い郡において大きく減少している。その後、増加に転じるが、微増に留まっている。近年はウランバートル近郊で集約的畜産が急増し、特に酪農を行って安定的な牛乳の供給をはかっているが、モンゴルは小麦生産が限られ、飼料の供給を輸入に頼っている部分が大きく課題も多い。現時点では、統計上は集約的畜産の影響は分布には映し出されていない。増減により密度の変化は激しいが、空間分布自体には特徴的な変化はみられない。

ヒツジの空間分布

　ヒツジは、羊肉、羊毛が主要な生産物であり、ミルクも生産するが夏の短

第 5 章　市場経済下の牧畜業

1992年　　　1999年　　　2002年　　　2009年

~2.5
~5.0
~7.5
~10.0
~12.5
~15.0
~17.5
17.5~

図 5-7　ヒツジの空間分布（1 km² あたりの頭数）。民主化後は 5 畜の中で最も頭数が多く、全国的に広い範囲で分布している（カラー図は巻末を参照）。

い時期に 1 頭あたり総量約 40 kg が取れるだけで、牧畜民によって自家消費される場合が多い。革は厚めであるので、衣服などに用いられる。羊肉は伝統的にモンゴル人に愛されて食されており、地方の都市で食堂に入るとたいては羊肉の独特の臭いが立ちこめる。宗教的に子羊は食べないので、大人になったヒツジを食べる。従って、肉は硬く、その特徴的な臭いに慣れない日本人も多い。牧畜民は仲買人にヒツジを売ったり、自らウランバートルなどの都市近郊まで出向きヒツジを販売する。羊毛は運搬が容易であり、その生産によって家畜を減らすことはないという利点もあるが、需要が限られ牧畜民にとってあまり儲かるものではないといわれている。

　図 5-7 に示すように、ヒツジは 1992 年時点で、5 畜のうち最大の頭数であった。その分布は西から東へと広い地域にわたって高い分布を示している。1999 年まではほぼ増減がないまま推移し、2002 年にはゾドで減少するので赤い色で示す高密度の郡は減少する。その後、2009 年まで急激に増加したため、もともと、密度の高かった地域を中心として増加しており、空間分布自体には大きな変化はみられない。

ヤギの空間分布

　ヤギからは、牧畜民にとって最大の現金収入となるカシミヤが採取できる。肉や皮、ミルクも利用するが、カシミヤに比べるとかなり利益は少ない。そのため、民主化後は 5 畜のうちヤギの頭数が劇的に増加していることが統計上示されている。民主化直後の時期にあたる 1992 年のヤギの分布をみると、アルタイ山脈がある山岳地帯に沿ってやや高い分布がみられる（図 5-8）。モ

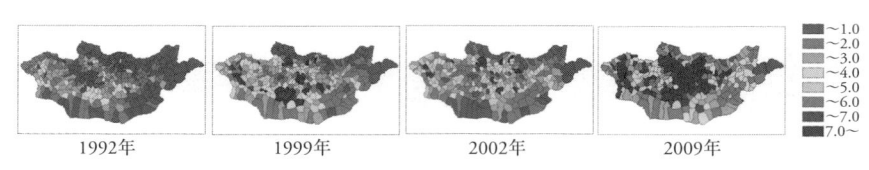

図 5-8　ヤギの空間分布（1 km^2 あたりの頭数）。山岳地帯に多く分布していたが、頭数が増えると共に、全国に拡大している様子が分かる（カラー図は巻末を参照）。

ンゴルのヤギは元来、南部のゴビや山岳地帯などの傾斜地を起源とし分布していた（Badarch et al. 2003）。そのため、その本来の生息地の名残がこの時期は観察されていたことが分かる。また、ハンガイ山脈より北東のオルホン川流域にも狭い範囲でやや高い分布がみられる。草原の牧養力と関連して植生の豊かな地域にも多く分布していたわけである。しかしながら、1 km^2 あたり 8 頭以下程度の密度を示す郡が圧倒的に多く、特定の地域への極端な集中は観察できない。

次に、1999 年の分布をみてみると、全体的に分布密度が高くなっていることが分かる。図 5-1 の主要道路と比較すると、特にウランバートルよりも西に向かう主要道路に沿って密度が高くなっており、また、オルホン川流域とハンガイ山脈沿いにおいて、広域にわたって増加している。2009 年のヤギの密度分布をみると、同じく主要道路沿いに高い分布がみられ、ウランバートルより西部からオルホン川流域にかけてのヤギ密度がさらに大きく増加していることが分かる。ほぼ同数のヒツジの分布（図 5-7）と比べても高い密度の郡が広範囲に広がっていることが分かる。もともとの分布と比較すると、ヤギの空間分布は大きく変化しており、家畜私有化や移動の自由化の影響が端的に表れている唯一の家畜であるといってよい。

(3) ウランバートルへの距離と畜産物価格

次に、主要な畜産物として、カシミヤ、羊肉、牛肉、牛乳の畜産物の価格について考えてみる。これらはそれぞれ、月別の生産者価格が県単位で集計

されている。上述のように民主化後は、二度の大きな自然災害が発生しており、畜産物の価格にも影響を与えている。そこで、ゾドの影響がなかった期間の、2005 年から 2008 年までの月別生産者価格の平均を取り、ウランバートルから各県への距離と価格について関連性を調べた（図 5-9）。距離は、ウランバートル中心部から県都への直線距離を算出して使用している。図をみるとカシミヤ価格とウランバートルからの距離には、ほぼ関連性はないことが分かる。単相関も 0.14 となり統計的にも強い相関はみられない。カシミヤは他の畜産物に比べても軽く、劣化しにくいため、運搬が容易であり、各県間での価格の差異も小さいことが分かる。つまりは、ウランバートルとの距離に依存せず、国内のどこでもヤギを増産すれば、仲買人がトラックで買いに来てくれて買い取ってくれるため、それなりに牧畜民にとって利益になるわけである。

　羊肉、牛肉の場合、ウランバートルからの距離との単相関はそれぞれ －0.52、－0.59 となり負の相関が観測された。つまり、ウランバートルに近いほど羊肉、牛肉の価格は上がり、離れるほど価格は下がることを意味する。これらは劣化が早いことやそれなりの重量があるため、ウランバートルから遠く離れた地域から運搬するのは難しい。畜産物として売却するためには、それなりにウランバートルから近い地域に居住する必要がある。ウランバートルに近い地域で生産者価格が高くなるのは、都市の需要の高さに起因するのであろう。したがって、ウランバートルから遠く離れた牧畜民にとっては、羊肉、牛肉から得られる利益は小さく、肉供給を目的として積極的にヒツジやウシを増やすことはなくなる。

　最後に、同じくウシの畜産物としての牛乳をみると、単相関は 0.49 と正の相関を示す。つまりウランバートルに近い地域ほど牛乳の価格は下がり、遠くなるほど価格が上がる。牛乳は羊肉や牛肉のように、カシミヤと比べて運搬のコストがかかる。しかし、羊肉と牛肉とは逆の正の相関を示している。牛乳は、民主化後に多くの工場が倒産したことにより、安定的な生産が難しくなった。このため、モンゴルではロシアや中国から大量に牛乳を輸入している。また、ウランバートル近郊での酪農の増加もあり、単純にウラン

第 2 部　人間活動と生態系ネットワーク

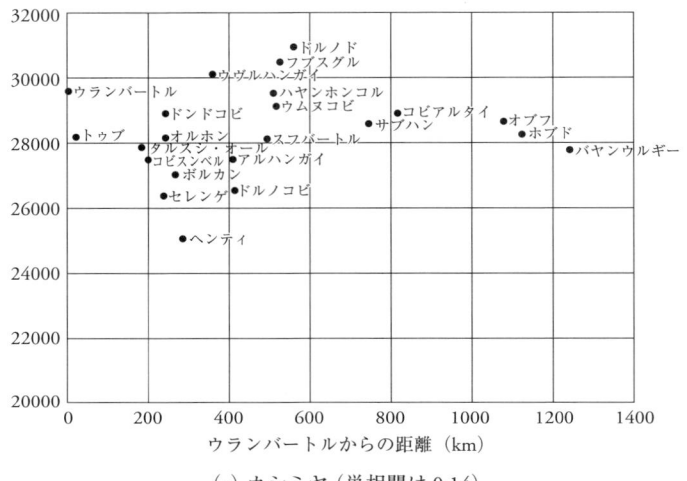

(a) カシミヤ（単相関は 0.14）

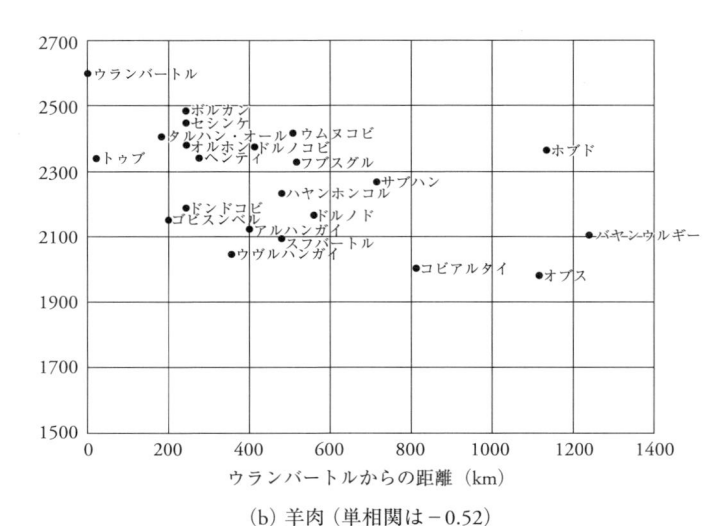

(b) 羊肉（単相関は −0.52）

図 5-9　畜産物価格とウランバートルからの距離。縦軸は 1 kg あたりの価格（トゥグルグ）。1 トゥグルグは約 0.07 円（2013 年 6 月現在）。

第 5 章　市場経済下の牧畜業

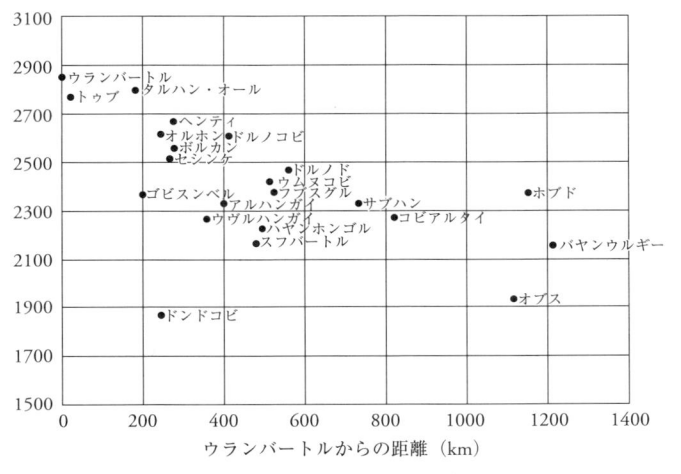

(c) 牛肉（単相関は－0.59）

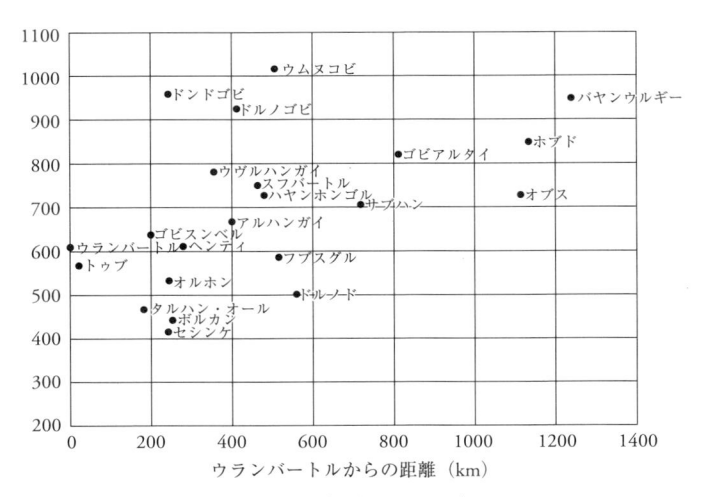

(d) 牛乳（単相関は 0.49）

図 5-9　（続き）

バートルからの距離だけでは価格の傾向が読み取れない。しかし、外国からの輸入牛乳との価格競争が都市部で起こっており、生産者価格が低下している可能性も考えられる。なお、酪農を行って牛乳を生産している農場も増えてはいるが、規模も小さく生産量もモンゴル人の需要を満たすような供給を果たしていない。

(4) 主要道路への距離との関連

 5畜の家畜数の変化と畜産物の価格を統計的に俯瞰し、その空間分布を観察すると、民主化以降は特にヤギの増加が著しく、その空間分布も特徴的に変化していることが分かる。ヤギの主要産物であるカシミヤはウランバートルからの距離とは明確な関連がみられないが、空間分布を時系列で観察すると、主要道路沿いに増えている傾向が視覚的に推察できる[3]。そこで、これを定量的に確認するために、郡の政治経済活動の中心部にあたるソムセンターと主要道路の最短距離を計測し、ヤギ分布の時系列変化を検証した。

 表5-1に示すとおり、主要道路からの最短距離（km）の自然対数をとり、その値によってAからFの六つの距離帯に分け、それぞれの距離帯別のヤギ密度を集計した[4]。1 km^2 あたりのモンゴル全体のヤギ密度は、1992年時

---

[3] モンゴルの交通手段は発達しておらず、南北に走る1本の横断鉄道がロシアと中国との国境を結んでいるが、それ以外は短い支線が鉱山や炭坑などを地方都市へ結び、東部の都市から東北中国およびシベリア鉄道へつなぐ短い路線が施設されているだけである。道路はウランバートル周辺や一部都市地域では舗装道路が整備されているが、その他の都市部を除くほとんどの地域では砂利道などの未舗装道路が広がっている（図5-1）。国内での畜産物などの輸送は、これらの道路を利用する陸送に頼ることが多い。

[4] いわゆるTobler（1970）の地理学の第一法則「すべてのものはそれ以外のものと関連しており、近くにあるものは遠くにあるものよりも強く関連している」に基づき、自然体数を採用している。これにより距離が遠い場合よりも近くなるほど、2点間の影響の差異を相対的に高く評価することができ、より説得力のある関係を導くことができる。

第 5 章　市場経済下の牧畜業

表 5-1　主要道路からの距離帯別のヤギの分布と増加率

距離帯[注]	1992 年		1999 年		2009 年		1992-1999 年		1999-2009 年	
	ヤギ頭数(千頭)	ヤギ密度(頭/km²)	ヤギ頭数(千頭)	ヤギ密度(頭/km²)	ヤギ頭数(千頭)	ヤギ密度(頭/km²)	増加数(千頭)	増加率	増加数(千頭)	増加率
A（〜1）	723	4.8	1,543	10.3	2,925	19.5	821	113.6%	1,382	89.5%
B（〜2）	650	3.3	1,330	6.8	2,620	13.4	680	104.6%	1,290	97.0%
C（〜3）	397	4.0	819	8.2	1,762	17.6	422	106.4%	942	115.0%
D（〜4）	1,174	3.8	2,453	8.0	4,723	15.4	1,279	108.9%	2,270	92.5%
E（〜5）	2,040	3.8	3,760	6.9	5,917	10.9	1,720	84.3%	2,157	57.4%
F（5〜）	619	2.3	1,128	4.2	1,705	6.4	509	82.3%	576	51.1%
全体	5,603	3.6	11,034	7.1	19,652	12.6	5,431	96.9%	8,618	78.1%

注）道路距離 (km) の自然対数をとり、その値（カッコ内の数値）により A〜F の距離帯を設定している。

点では 3.6 頭、1999 年には 7.1 頭、2009 年には 12.6 頭となり、時系列で徐々に増えている。さらに、A から F の距離帯別にみると、その空間分布の特徴がみえてくる。1992 年に最もヤギ密度の高い距離帯 A では 1 km² あたり 4.8 頭であり、最も低い距離帯 F で 2.3 頭と、その差は 2 倍程度であるが、1999 年には距離帯 A と F でそれぞれ、10.3 頭と 4.2 頭と差が広がり、2009 年には、19.5 頭と 6.4 頭と 3 倍以上に拡大している。

いずれの時点においても主要道路に最も近い距離帯 A においてヤギ密度は最も高く、道路から最も離れている距離帯 F においてヤギ密度は低く、その差は時系列で徐々に拡大していることが分かる。また、距離帯 B から E のヤギ密度は、3.3 頭から 4.0 頭と 1992 年時点ではほとんど差がみられないが、1999 年には特に距離帯 C と D においてそれぞれ 8.2 頭、8.0 頭と大きく増加し、2009 年にはそれぞれ 17.6 頭と 15.4 頭とさらに倍程度増加している。1992 年と 1999 年時点では主要道路により近い距離帯 B は、距離帯 F に次いで低かった点を考慮すると 2009 年には大きく増加していることが分かる。全体的にはどの距離帯においてもヤギ密度は増加しているが、その程度は主要道路からの距離と密接な関連がある。

ヤギ密度の増加率は、1992 年から 1999 年の変化が 1999 年から 2009 年の変化に比べて高いが、これは、もともと 1992 年時点では、ヤギの頭数が少なく母数が小さいためであり、1999 年から 3 年間のゾドの家畜数の減少

第 2 部　人間活動と生態系ネットワーク

図 5-10　ヤギの分布（2009 年）と主要道路。主要道路に沿って高い分布が確認できる。道路沿いにヤギが集中する傾向は時系列で進んでいる。

を加算しているにもかかわらず、増加したヤギの頭数としては、いずれも後者の期間の数の方が大きく上回っている。しかしながら、距離帯 E および F では、増加率が 57.4％、51.1％と主要道路に近い他の距離帯に比べてヤギ密度の増加率は鈍化しており、主要道路により近い郡においてヤギが増加している傾向が読み取れる。（図 5-10）

　一方、同様にヒツジに着目してみる。もともと、ヒツジの頭数は 5 畜の中では最も多く、民主化後の増減はあまりなかったものの、2000 年代に入ると大きく増加に転じている。このことを踏まえて主要道路との関連を調べてみた（表 5-2）。1 km^2 あたりの全国のヒツジの密度は、1992 年時点では 9.4 頭、1999 年には 9.4 頭と横ばいで、2009 年には 12.3 頭となり増加している。A〜F の距離帯別にみると、最も密度が高いのは、1992 年には距離帯 C、1999 年には距離帯 A、2009 年には距離帯 C となっており、また、距離帯 A〜D は全体的に増加傾向にあるが、それぞれ比較すると、距離帯 B の密度は他の距離帯の密度と比べてどの時点も比較的小さい値のままである。距離帯 E、F の密度はほぼ変化していない。また、1992 年から 1999 年までの変化率をみると、距離帯 A が 7.5％と最も高いものの、1999 年から 2009 年までの変化率は距離帯 C が最も高く、次いで距離帯 B、D と続く。これらの距離帯別の密度の変化をみるとヒツジの変化は道路距離とは関連がみられ

第 5 章　市場経済下の牧畜業

表 5-2　主要道路からの距離帯別のヒツジの分布と変化率

距離帯[注]	1992 年		1999 年		2009 年		1992-1999 年		1999-2009 年	
	ヒツジ頭数 (千頭)	ヒツジ密度 (頭/km²)	ヒツジ頭数 (千頭)	ヒツジ密度 (頭/km²)	ヒツジ頭数 (千頭)	ヒツジ密度 (頭/km²)	増加数 (千頭)	増加率	増加数 (千頭)	増加率
A (〜1)	2,163	14.4	2,325	15.5	3,004	20.0	163	7.5%	678	29.2%
B (〜2)	2,032	10.4	2,117	10.8	2,822	14.5	85	4.2%	705	33.3%
C (〜3)	1,477	14.8	1,450	14.5	2,034	20.3	-27	-1.8%	583	40.2%
D (〜4)	3,860	12.6	4,074	13.3	5,361	17.5	214	5.5%	1,288	31.6%
E (〜5)	4,445	8.2	4,551	8.4	5,406	9.9	107	2.4%	854	18.8%
F (5〜)	680	2.5	674	2.5	648	2.4	-6	-0.9%	-26	-3.8%
全体	14,657	9.4	15,191	9.4	19,275	12.3	535	3.6%	4,083	26.9%

注) 道路距離 (km) の自然対数をとり、その値 (カッコ内の数値) により A〜F の距離帯を設定している。

表 5-3　主要道路からの距離帯別の「遊牧をしている世帯数」の分布と変化率

距離帯[注]	1992 年		1999 年		2009 年		1992-1999 年		1999-2009 年	
	世帯数	密度 (戸/km²)	世帯数	密度 (戸/km²)	世帯数	密度 (戸/km²)	増加数	増加率	増加数	増加率
A (〜1)	17,940	0.12	24,368	0.16	22,896	0.15	6,428	35.8%	-1,472	-6.0%
B (〜2)	21,099	0.11	27,579	0.14	23,803	0.12	6,480	30.7%	-3,776	-13.7%
C (〜3)	14,139	0.14	16,998	0.17	16,177	0.16	2,859	20.2%	-821	-4.8%
D (〜4)	39,059	0.13	51,121	0.17	45,065	0.15	12,062	30.9%	-6,056	-11.8%
E (〜5)	44,373	0.08	58,291	0.11	51,892	0.10	13,918	31.4%	-6,399	-11.0%
F (5〜)	6,830	0.03	10,805	0.04	10,325	0.04	3,975	58.2%	-480	-4.4%
全体	143,440	0.09	189,162	0.12	170,158	0.11	45,722	31.9%	-19,004	-10.0%

注) 道路距離 (km) の自然対数をとり、その値 (カッコ内の数値) により A〜F の距離帯を設定している。

ず、もともと分布の高い地域で徐々に増加している傾向が読み取れる。
　続いて、ヤギの主要道路沿いの増加が牧畜民の数の増加によるものなのかを調べるために、同様に主要道路からの距離帯別の「遊牧をしている世帯数」の分布を調べた (表 5-3)。1992 年から 1999 年の間には、全体で 31.9％増加していることが分かるが、距離帯別に増加率が大きい順に、F、A、E、D、B、C となり、主要道路との関連は観察できない。また、ヒツジ、ヤギの数が 1999 年から 2009 年の間に大きく増えている一方で遊牧している世帯数は全体で 10％減少している。距離帯別にみても、最も減少しているのは距離帯

第 2 部　人間活動と生態系ネットワーク

Bの−13.7％であり、次いで距離帯 D、E、A と続く。主要道路に近い郡でヒツジや牧畜民が増えているという結果は得られなかった。

(5) ヤギの空間分布と植生指数

　牧畜民が家畜を効率的に増やし、畜産物から利益を得るためには家畜を養う上で十分な牧草のある地域を選ばなければならない。食料の豊富な場所を探し求め移動していると仮定するならば、道路だけでなく植生とヤギの分布にも時系列で関連が観察されるであろう。そこで、NDVI（Normalized Difference Vegetation Index）（終章 1 節 (3)）を算出し、ヤギ密度の分布との関連を調べた。

　郡ごとの NDVI 値の算出方法は、およそ 1 辺が 250 m の分解能を持つ MODIS[5]データ単位ごとに、最も植生が豊かな時期となる 7 月末の 1 週間の NDVI 値を算出し、これを郡ごとに集計して平均を取っている。NDVI 値は、熱帯林のような緑が濃く植生密度が高い地域では値が飽和し、その利用の限界が広く知られているが、モンゴルでは草原ステップの占める割合が高く、いくつかの過去の研究にも植生を示す指標を NDVI 値とみなしたものが多く存在する（Tachiiri et al. 2008; Iwasaki 2009）。

　図 5-11 に算出した郡ごとの NDVI 値（2009 年）を示す。ウランバートルよりも北東に位置する一部の針葉樹林帯や降雨量の比較的多い北部地域では NDVI 値が高く、南部に移行するに従ってその値は徐々に低くなり、ゴビ地域では最も値が低くなっていることが分かる。また、オルホン川流域では、

---

[5] 地球観測衛星 Terra に搭載されている MODIS（The Moderate Resolution Imaging Spectroradiometer）センサーによって得られた衛星画像を処理して NDVI を算出した。データは衛星 Terra が打ち上げられた 2000 年より利用可能なため、ゾドの期間を除く 2003 年から 2009 年までの各年の郡ごとの NDVI 値を用いた。データ上の制約もあるが、ゾド期間の家畜の減少は特異なイベントであること、また、前節の分析結果より、ヤギの増加数がこの期間にきわめて著しいことから移動の特徴が観測されやすいだろうとの推測に基づいて設定している。

第5章　市場経済下の牧畜業

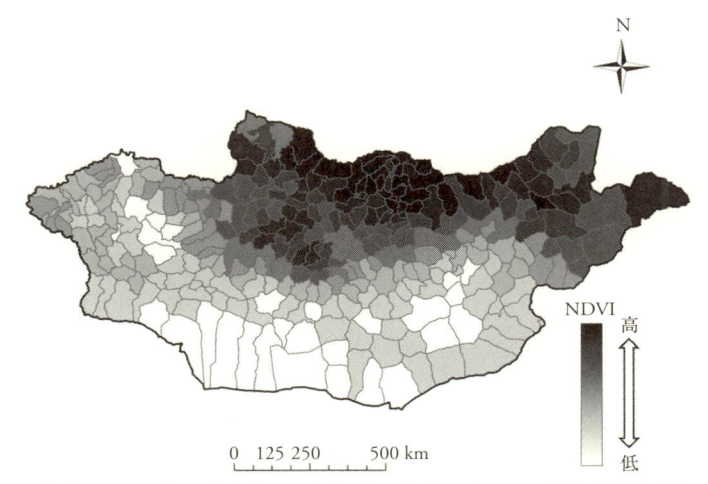

図 5-11　郡別の NDVI 値の分布（2008 年）。北から南に向かって植生が疎となり、なだらかな植生移行帯を形成している。

植生が豊かであるため、NDVI 値も高くなっている。

表 5-4 に 2003 年から 2009 年までの各年の NDVI 値とヤギ密度との相関係数を示している。2003 年から 2009 年までの 7 月末での NDVI 値の最大値は 0.628 から 0.728 で、最小値は －0.470 から －0.417 といずれも年ごとの大きな違いはみられない。相関関係の強さを示す相関係数は、どの年度も －0.047 から 0.153 程度と小さく、統計学的には両者の相関関係を棄却できないが、少なくとも両変数に高い相関はみられないことが分かった。

(6) 遊牧と草原の持続性

モンゴルの家畜数は社会主義の時代から 1992 年の民主化に至るまでは、安定的に推移していたが、自由主義経済の下、牧畜民が増えると共に、家畜数も増加した。1999 年から 3 年間続いたゾドにより多くの牧畜民は遊牧を辞めることとなり、その後、牧畜民の数は横ばいとなるが、2009 年までは

表 5-4　ヤギ密度と NDVI 値の相関係数

年	相関係数	NDVI 最大値	NDVI 最小値
2003 年	0.064	0.628	−0.417
2004 年	0.036	0.634	−0.443
2005 年	−0.047	0.672	−0.470
2006 年	0.094	0.668	−0.443
2007 年	0.064	0.736	−0.451
2008 年	0.132	0.727	−0.438
2009 年	0.153	0.728	−0.442

ヒツジとヤギだけが急激に増えることとなった。また、所有家畜数に課税されるという所得税制上の背景もあり、牧畜民は経済的利益を得るためには家畜を増やすだけではなく、より高い付加価値の得られる家畜を優先的に増やすようになった。そのために、カシミヤが採取できるヤギが全国で爆発的に増加することとなった。

　特に、仲買人に売却しやすい主要道路からの距離とヤギの増加には因果関係があり、大都市への流通に便利な主要道路近辺の群で徐々に増加していることが示された。家畜から得られる乳製品や食肉、皮は重量があり、かつ乳製品や食肉に至っては品質が劣化しやすいため運搬距離に影響され、その生産は市場までの距離に制約を受けやすい。したがって、適切な流通システムが整備されない限りは、こうした製品が得られる家畜が全国的に一律に増加することは今後も考えにくい。これに比べて、カシミヤは日持ちが良いことと運搬が容易であることから、その飼養場所は都市近郊などの地理的条件に縛られることはない。したがって、元来ヤギが多く生息し、順応していた山間部に遊牧の場所が限定されることもなく、都市から離れていたとしても主要道路周辺の便利な場所で、ヤギは全国的に増加することとなったと考えられる。

　モンゴルは乾燥地帯に属し、かつ寒冷地にも属する極限的な環境にあるため、草原自体の脆弱性も高い（篠田 2007）。このまま、自由主義経済のシステムの中で遊牧を営み続ければ、草原の劣化を引き起こし、砂漠化が加速し、遊牧自体の持続性を失う可能性がある。少なくとも、牧畜民が植生の豊かな

地域で、家畜を増やしているのであるならば、草原の持続性は、まだしばらくは担保されるかもしれないが、植生量を示すNDVIとヤギの分布に高い関連を読み取ることはできなかった。マクロな視点で国土全体をみた限りにおいては、豊かな植生は、牧畜民の移動場所の強い誘引要素とはなっておらず、カシミヤ売買の容易さを追求した結果が空間的に投影されたものと考えられる。一方で、主要道路との関連は、ヒツジと牧畜民の分布、およびその変化についてはみられず、ヤギだけにみられる特徴である（分析の詳細は割愛するが、ラクダ、牛、馬についても主要道路との関連はみられなかった）。地域的に特有の様々な分布状況や変化はあるかもしれないが、国土全体でかつ民主化後約20年の大局的な動きをみれば、牧畜民がヤギを連れて主要道路に近い郡に移っていったというよりも、主要道路に近い郡に住む牧畜民がヤギを優先的に増やしていった傾向が統計上示されている。家畜が大幅に増加した場合に、その土地の牧養力を超えているのかどうかは、その地域の雨量や気温にも左右されるため、安易に判断できないが、少なくとも1990年代から現在まで、草原の持続性を維持できるような体制が必ずしも確立されていない状況が続いている。

　近年、5畜のうち最も増加が顕著であるヤギによる草原の劣化が指摘されている上、牧畜民はヤギを増やせば増やすほど不安定なカシミヤの国際市場に依存を深めることになり、経済の面でもその脆弱性は高まることとなるであろう。課税の方法を、牧畜民の所得を基として算出する体制に改正する、あるいは、政府が牧畜民に対して一定程度の家畜数保有の制限を行うなどの対策を講じる必要があるであろう。

　本節は、広域的な視点からモンゴルの5畜の空間分布変化の傾向を明らかにした。微視的な視点から検証すれば、地域的には本結果と相容れない場合もあるかもしれない。あくまでも、国土全体の傾向について統計資料を用いて導き出した結果であると理解していただければ、地域を限定した研究にも役立つであろう。今後、家畜数と摂食圧、地域の牧養力や植生バイオマスとの関連、草原が砂漠へ至る閾値の解明など、より実証的な検証を行っていくことが求められる。

5-2 畜産品の需給動向

　モンゴル国民の生計や草地保全を考える上で、畜産業の動向把握は欠かすことができない。2010年時点で家畜を保有する家庭数は22万戸に上るが、これは総家庭数の29％、農村地域の家庭数の78％にあたる。農村地域の住民の畜産業を含む自営業由来の貨幣所得は1戸あたり330万トゥグルグ/年（約20万円/年）[6]に上り、総貨幣所得の36％を占める。また、モンゴルでは1990年代初頭の計画経済体制から市場経済体制への移行に伴い、家畜頭数が急増して畜種構成が大幅に変化し（5章5-1節、6章6-1節）、草地生態系の変化が引き起こされたといわれている（2章、3章3-2節）。

　モンゴルの畜産業の動向を整理した研究は少なくない。例えば、森・ブルネーバータル（2002）は食肉などの流通や国外輸出の可能性について考察した上で、牧畜民の組織化を通した畜産品の流通活性化が牧畜民の収入増加につながると指摘している。JBIC（2003）は畜産品貿易や国内流通の経路を包括的に示し、より効率的な加工・貿易のために畜産品加工企業の活性化や牧畜民の組織化が重要であると指摘している。Komiyama（2011）は主に国際比較によってモンゴルの畜産品生産性の相対的な低さを明らかにし、これを高めるための手段として集約的畜産業の可能性を指摘している。これらはモンゴルの畜産業を理解する上で重要な研究であるが、市場経済が一定程度浸透した状況下での畜産品需給動向や、価格や所得のような経済変数が畜産品需給に及ぼす影響には、いまだ不明瞭な点が残されている。

　経済学では一般的に、競争的な市場経済の下では農産物の価格は需要と供給のバランスで決定され、需給バランスは価格の影響を受けて変化すると理解されている（土屋1981）。モンゴルの畜産品価格は計画経済時代には政府によって決定されていたが、1991年1月以降自由化されており、このような市場メカニズムがある程度機能していると考えられる。本節ではこのよう

---

[6]　1トゥグルグは約0.06円（2012年10月現在）。

な市場メカニズムの機能を念頭に置いて、主に統計データからモンゴルの畜産品需給動向や、経済変数がそれに及ぼす影響を読み取る。

(1) 畜産品の需給バランス

家畜頭数と屠畜の影響

　家畜頭数と屠畜頭数の把握は、畜産品の生産を理解する上で重要な意味を持つ。前節でみたように、市場経済化後の1990年代初頭以降、モンゴルではヤギは増加、ヒツジは停滞の後増加、ウシやウマ、ラクダは停滞というトレンドで推移してきた（5章5-1節　図5-3）。このような家畜頭数の増減は、畜産物の収益性や流通システムの変化といった市場経済化の影響と（鬼木・双喜 2004、6章6-1節）、ゾドのような自然災害の影響（Tachiiri et al. 2008）の視点から説明が試みられてきた（5章5-1節）。しかし、家畜頭数が屠畜のような人為的な要因と、自然災害など人の意志とは無関係な要因から、それぞれどの程度影響を受けているかはよく分かっていない。

　そこで、ここでは1年間を期間とし、各期末における家畜頭数に対する「その年に出生して生き残った家畜頭数」（プラスの寄与）、「屠畜した家畜頭数」および「自然死または失踪した家畜頭数」（マイナスの寄与）のそれぞれの割合を推計した。図5-12には、各期における家畜頭数の変化率と前述の各構成要素の寄与度が示されている。図からは、いずれの家畜でも2000～2002年と2010年のゾドの期間は家畜頭数変化率が大きなマイナスの値を取り、出生し生き残った家畜と自然死・失踪家畜頭数の変化がこれに大きく寄与していることが分かる。一方、ゾド期間以外の平常年を見ると、家畜頭数変化に与える影響は、自然死・失踪家畜頭数よりも屠畜頭数や出生し生き残った家畜頭数の方がはるかに大きいことが確認できる。すなわち、平常年におけるモンゴルの家畜頭数は人為に左右される屠畜頭数によって規定される部分が大きく、価格などの経済変数が畜産品供給量に影響を及ぼすという、経済学的な調整メカニズムが機能する余地が十分にあるといえる。

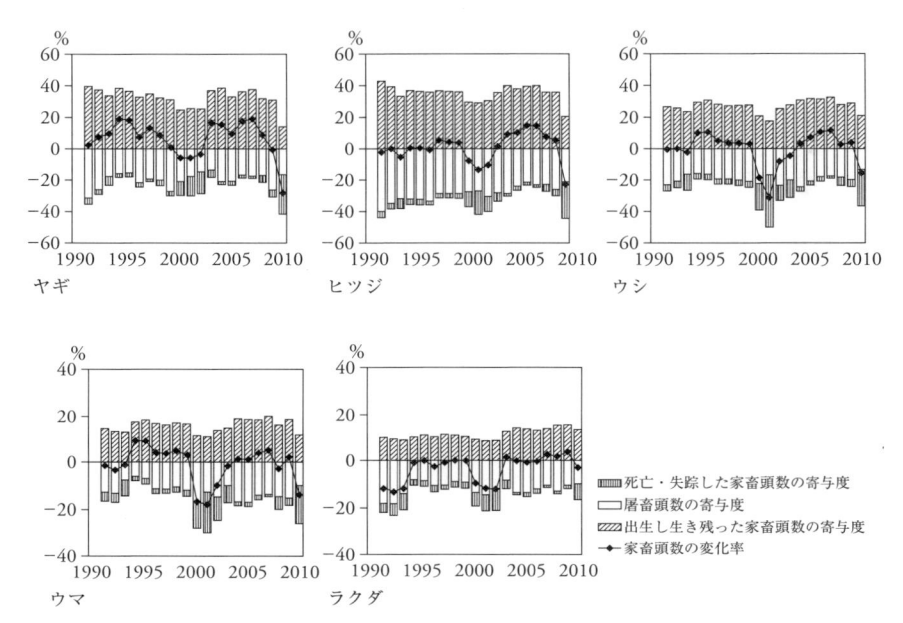

図 5-12　家畜頭数への寄与度（1991〜2010 年）。家畜頭数の変化の構成要素の増減が、家畜頭数の変化率を何％ポイント変化させているかを表す。（例：屠畜頭数の寄与度（％）＝屠畜頭数の増減／前期の家畜頭数× 100）。
資料：NSO（2004）、NSO（2012b）、NSO（2010-2011）。

畜産品の生産

　畜産品生産量は経済的要因の影響を受けている可能性があることが分かったが、その度合いはどの程度だろうか。図 5-13 には主要畜産品の生産量、図 5-14 には主要畜産品の生産者価格とカシミヤの市場価格の推移が示されている。価格としては、インフレによる貨幣価値の低下を差し引いた実質価格を示している。図 5-13 からは、畜産品生産量はいずれの品目に関してもゾド期間（2000〜2002 年、2010 年）の前後に減少し、それ以外の期間には増加するという傾向があることが分かる。ゾド期間と平常期間で明白なトレンドの変化がみられる畜産品生産量に比べ、畜産品の価格は激しく上下している（図 5-14）。羊肉や牛肉の生産者価格は 1996〜1997 年の急落の後 2003 年

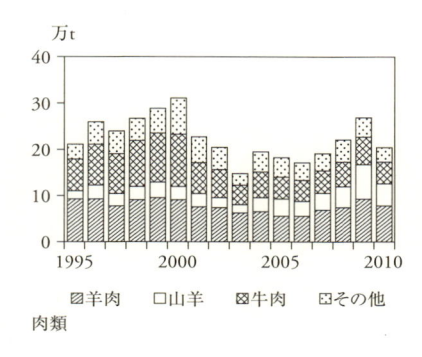

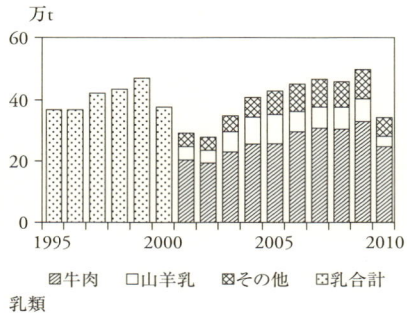

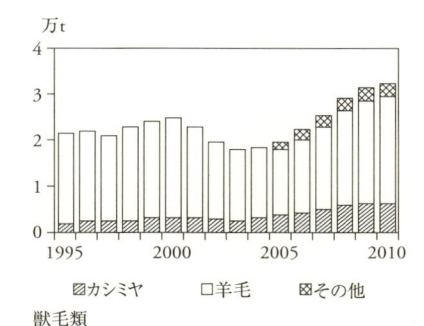

図 5-13 畜産品の生産量（1995～2010年）。獣毛類の 1995～2004 年の値には「その他」のデータが含まれていない。

資料：肉類生産量：FAO (2012)。乳類 (2001-2004)：各品目の割合 (NSO 2012b) に応じて総生産量 (NSO 2012d) を案分したもの。乳類 2005-2010: NSO (2012b)、NSO (2009-2011)。乳合計：NSO (2004)。カシミヤ、羊毛：NSO (2004)、NSO (2012d)、NSO (2012b)、NSO (2009-2011)。

まで停滞を続け、2004～2008 年の間に大幅に上昇している。乳類の生産者価格は 1995～2006 年の間は停滞しているが、2007～2009 年に約 3 倍にまで上昇している。羊毛の生産者価格は 1995～1997 年の急落の後、概ね停滞傾向を示している。カシミヤの市場価格は 1996～1998 年に下落し、1999～2000 年に一度急上昇したものの 2001 年に再度急落し、その後緩やかな下落傾向を示している。図 5-13 と図 5-14 からは畜産品生産量や価格の推移を個別に把握することができるものの、これらがどのような関係にあるかを読

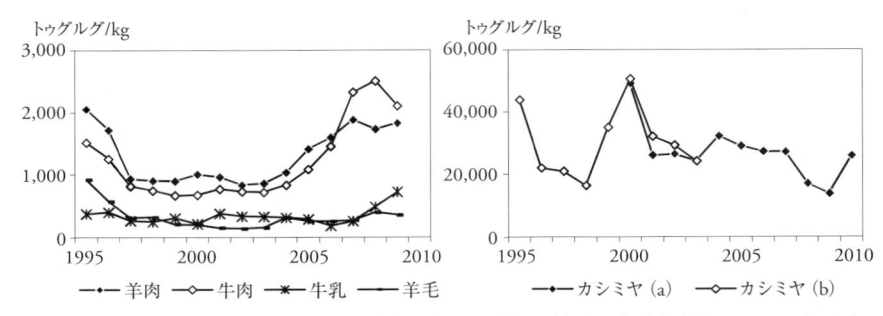

第 2 部　人間活動と生態系ネットワーク

図 5-14　畜産品の価格（1995〜2010 年）。肉類・乳類・羊毛は生産者価格。カシミヤは市場価格。価格は 2005 年水準に実質化。
資料：生産者価格（カシミヤを除く）：FAO（2012）。カシミヤ価格 (a)：県別月次灰色カシミヤ市場価格の単純平均値（2000 年 1 月〜2010 年 12 月）（NSO 2012c）。カシミヤ価格 (b)：カシミヤ原毛市場価格（Yondonsambuu and Altantsetseg 2003）。CPI: IMF（2011）。

み取るのは難しい。

　畜産品生産量と価格の関係を把握するためには、まず牧畜民が価格変化というシグナルを受け、畜産品生産のどのプロセスで生産量を調整しているかの想定が重要になる。屠畜頭数あたりの肉類生産量や家畜頭数あたりの乳類や獣毛類生産量が、技術的な要因に大きく規定されており人為が加わりにくいと考えると、経済的な要因が影響を及ぼしやすいのは屠畜頭数や家畜頭数と想定できる。家畜頭数は先述のように屠畜頭数と生残子畜頭数の影響を大きく受けて変化しているが、このうちより人為的に短期的な調整をしやすいのは屠畜頭数であると考えられる。そこで、肉類の生産量が多く、牛乳や羊毛、カシミヤなどを生産するウシ・ヒツジ・ヤギを対象として、屠畜に影響を与える要因の同定を試みた。

　経済学では、ある変数が 1％変化するときに、それと因果関係がある変数が何％変化するかを表したものを弾力性と呼ぶ。ここでは、回帰分析（異なる変数間の関係の強さを明らかにする分析手法）を用いて、屠畜頭数の畜産品価格などに対する弾力性を推計した[7]。推計の結果、ウシ・ヒツジ・ヤギの

---

[7]　被説明変数は各家畜の屠畜頭数、説明変数は各畜産品の生産者価格とカシミヤ市場

屠畜頭数はいずれも肉類やカシミヤ、羊毛、牛乳の価格変化に反応しているとはいえないことが明らかになった。一方、ウシ・ヒツジ・ヤギの屠畜頭数は、それぞれの家畜頭数1%の増加に対し、それぞれ0.9%、0.9%、2.5%増加する可能性があることが明らかになった。これは、家畜頭数が増加傾向にある場合には屠畜頭数を増やして頭数を減らし、減少傾向にある場合には屠畜頭数を減らして頭数を増やすという、家畜頭数を一定水準に抑えようとする人為的な圧力が存在する可能性があることを意味している[8]。

価格、前年家畜当数である。推計は最小二乗法による。推計式は主に両対数型であり、残差系列相関が疑われる場合には被説明変数・説明変数共に対数階差をとった。推計結果は以下の表の通りである。

i	係数 定数項	頭数$_{i,t-1}$	価格 肉$_i$	カシミヤ	羊毛	牛乳	adj. R^2	D.W.
牛 (1)	0.24	0.87***	−0.16**	0.00		0.05	0.88	2.99
(2)	0.41	0.87***	−0.14**				0.89	2.81
(3)	−1.12	0.94***					0.85	1.99
羊 (4)	−0.38	0.98***	−0.36**	0.05	0.25***		0.70	1.60
(5)	0.50	0.94***	−0.36***		0.25***		0.72	1.52
(6)†	−0.01	0.91***					0.43	2.03
山羊 (7)	−3.93	1.30***	−0.12	0.04			0.73	1.52
(8)	−3.44*	1.20***					0.75	1.41
(9)†	−0.08	2.53***					0.53	1.95

ここで、上付き†は：対数階差モデル（n = 14, 1996-2009）を用いたことを意味する。他の式は両対数型のモデル（n = 15, 1995-2009）を用いている。下付き i は当該家畜を、t は年を、t−1 は1年前の値を意味する。価格は、「肉 i」、「羊毛」、「牛乳」は生産者価格であり、「カシミヤ」は市場価格である。また、上付き*は10%、**は5%、***は1%水準で有意であることを表す。推計に用いられたデータは、屠畜頭数と家畜頭数は NSO（2004）、NSO（2012b）、NSO（2010-2011）で、カシミヤを除く生産者価格は図4と同じである。カシミヤ市場価格は図5-14のカシミヤ市場価格のカシミヤ（a）（1995-1999）とカシミヤ（b）（2000-2009）を接続したものを用いた。価格はすべて CPI（Consumers Price Index：消費者物価指数）（IMF 2011）により2005年水準に実質化したものを用いた。推計結果からは、式（3）、（6）、（9）は統計学的な問題が比較的小さいことが分かる。

[8] 家畜頭数の増加が屠畜頭数を増加させるという推計結果は、飼養家畜の増加に伴って追加的に必要になるコストが増加すること（限界費用の逓増）を反映していると解釈できる。もし牧畜民が考えるコストに草原の資源（生産要素）としての価値が含まれているならば、6章6-3節で指摘されるように、牧畜民は「自らの知識と経

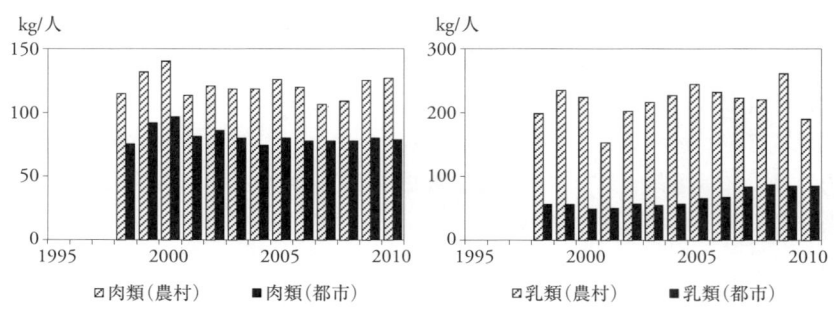

図 5-15　畜産品の 1 人あたり消費量（年間）（1995〜2010 年）。消費量は大人 1 人あたりのデータ。価格は 2005 年水準に実質化。
資料：消費量：NSO (2012d)、NSO (2010-2011)。

畜産品の消費

　次に、畜産品の消費量について概観する。カシミヤなどの獣毛類は採取後に洗う、ほぐす（カード）、そろえる（コーム）、紡ぐ、撚りをかける（合糸、撚糸）などの過程を経て糸になる。糸は編まれることで編物になり、縫い合わされるなどして縫製品になる。獣毛類は加工の過程が複雑な上、各段階で国外に輸出される量が多いと考えられ、国内外での消費に関する十分なデータは得られない。

　肉類と乳類に関しては、都市・農村別に 1 人あたりの年間消費量がどのように推移してきたかを把握することができる。図 5-15 からは、肉類・乳類ともに農村の消費量が都市の消費量を大きく上回ることが確認される。肉類の 1 人あたり年間消費量は、農村で 120 kg、都市で 90 kg 前後の水準で横ばいに推移している。乳類の消費量は、農村ではゾド期間に大きく減少する傾向が、都市では 2000〜2008 年に緩やかに増加する傾向がみられる。このような消費量の変化は、所得水準や畜産品価格などの経済変数の影響をどの程度受けているだろうか。図 5-16 には都市・農村別の 1 人あたり現金所得の

験に基づく環境収容力に準じて家畜数を調整している」という解釈もできると考えられる。

推移が、図 5-17 には主な肉類・乳類の市場価格の推移が示されている。現金所得は、都市では 2004〜2006 年や 2010 年などしばしば短期的に減少しているが、中長期的には増加のトレンドを示している。農村では 2003 年までは緩やかな増加のトレンドがみられたが、それ以降は停滞している。畜産品価格を見ると、肉類は 1995〜2002 年の下落と停滞の後に上昇、牛乳は概ね横ばいであることが分かる。生産量の場合と同様、図 5-15〜17 からは 1 人あたりの消費量や所得、価格の推移を個別に把握できるが、これらの関係を読み取るのは難しい。

現金所得や価格などの要因が肉類・乳類の 1 人あたり消費量に与える影響を明らかにするため、回帰分析により所得および価格に対する弾力性を推計した[9]。推計の結果、肉類と乳類の消費量はいずれも所得変化と意味のある

[9] 被説明変数は都市および非都市住民の 1 人あたり消費量であり、説明変数は都市・非都市住民の所得、主要畜産品の市場価格と生産者価格、ゾド期間のダミー変数である。また、消費の習慣形成を加味し、前期 1 人あたり消費量を説明変数に加えた。推計は最小二乗法により、推計式は両対数型とした。推計結果は以下の表の通りである。

i	係数 定数項	所得	市場価格	生産者価格	消費量$_{t-1}$	ダミー	adj. R^2	D.W.(D.H.)	期間	n
肉類 農村										
(1)	7.35**	−0.13	−0.11			−0.02	−0.06	1.74	1999-2010	12
(2)	5.60***		−0.12*				0.21	1.86	1999-2009	11
都市 (3)	6.68***	−0.05	−0.20**				0.46	1.98	1999-2010	12
(4)	6.12***		−0.23***				0.49	1.99	1999-2010	12
乳類 農村										
(5)	3.94	0.15	−0.08		−0.25**		0.51	1.30	1998-2010	13
(6)	5.01***			0.06	−0.36***		0.69	1.80	1998-2009	12
都市 (7)	2.27	0.11	−0.52**	0.90***			0.86	−0.98†	1999-2010	12
(8)	3.06*		−0.46*	0.98***			0.87	−0.09†	1999-2010	12

ここで、下付き i は当該品目を、t は年を、t−1 は 1 年前の値を意味する。「ダミー」はゾド期間のダミー変数（2001、2010 = 1、その他 = 0）を表す。「消費量 t−1」は 1 人あたり消費量を表す。肉類の「生産者価格 i」は、2005 年を基準年とする羊肉と牛肉のラスパイレス指数である。D. W.（D. H.）の欄の上付き † は D. H.（Durbin's h-statistic：ダービンの h 統計量）を表し、それ以外は D. W.（Durbin-Watson ratio：ダービンワトソン比）を表す。上付き * は 10％、** は 5％、*** は 1％水準で有意であることを表す。推計に用いられたデータは、1 人あたり消費量は NSO（2012d）、NSO（2010-2011）、1 人あたり所得は都市・農村ごとの家庭あたり現金所得と人口、家庭数（NSO 2012d, NSO 2010-2011）から推計した。1 人あたり所得は GDP デフ

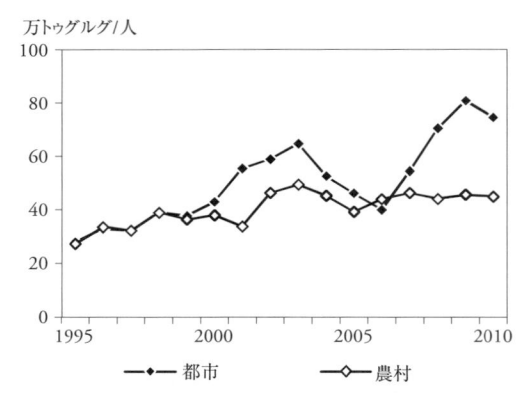

第 2 部　人間活動と生態系ネットワーク

図 5-16　1 人あたり現金所得（年間）。GDP デフレータにより 2005 年水準に実質化。
資料：1 人あたり現金所得：都市・農村ごとの家庭あたり現金所得と人口、家庭数（NSO 2012d、NSO 2010–2011）から推計。GDP デフレータ：IMF (2011)。

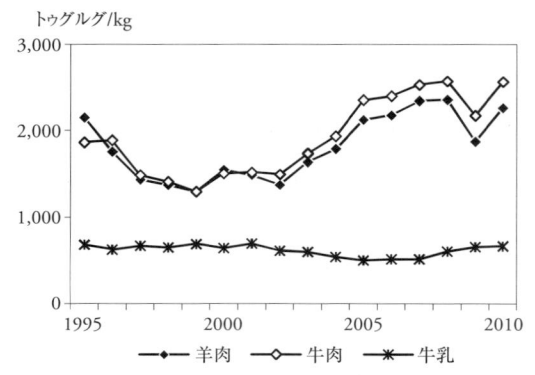

図 5-17　肉類および乳類の市場価格。CPI により 2005 年水準に実質化。
資料：市場価格：NSO (2004)、NSO (2012d)、NSO (2010–2011)、CPI: IMF (2011)。

関係を持たないということが明らかになった。日本や韓国、中国などでは所得水準の上昇に伴う肉類や乳類などの畜産品消費量の増加が観察されるが、モンゴルではこれまでのところそのような現象は起きておらず、所得変化の影響を受けずに一定量消費されてきたといえる。アジア人としては非常に多い肉類・乳類消費量[10]からも、モンゴルの食料における肉類・乳類の位置づけは他のアジア諸国とはやや異なるといえる。

また、都市における肉類と乳類の消費量は、それぞれの市場価格1％の上昇に対してそれぞれ0.2％、0.5％減少する可能性があることが明らかになった。農村ではこのような市場価格に対する消費量の明白な反応は確認できなかったが、生産者価格の上昇に対してわずかに（0.1％）消費量が減少する可能性があることが確認された。これは、生産者価格の上昇に対し、自分たちで消費するよりも販売することを選択するためであると解釈できる。また、乳類の消費に関しては、都市では過去の消費習慣が現在の消費水準に与える影響が大きく、農村では所得や価格よりもゾドの発生により1人あたり消費量が大きく減少することが確認された。消費量に関する一連の分析結果からは、都市での消費は比較的市場メカニズムの影響を受けやすいが、農村での消費は市場経済が浸透した近年においても市場よりも生産物の生産量そのものに規定される部分が大きいということが読み取れる。

需給バランスと国際貿易

モンゴルの国際貿易の相手国や貿易量は、1990年まではソ連や東欧など

レータ（IMF 2011）により2005年水準に実質化したものを用いた。市場価格はNSO（2012d）、NSO（2010-2011）、生産者価格はFAO（2012）をもとにし、CPI（IMF 2011）により2005年水準に実質化したものを用いた。肉類のラスパイレス指数はFAO（2012）をもとに推計した。推計結果からは、式（4）、（6）、（8）は統計学的な問題が比較的小さいことが分かる。

[10] 2007年のモンゴルの1日あたり肉類・乳類消費量はそれぞれ190 g/人と400 g/人である。これは、アジア平均の80 g/人、140 g/人だけでなく、日本の130 g/人、210 g/人、韓国の150 g/人、70 g/人、中国の150 g/人、80 g/人などと比べても非常に大きい（FAO 2012）。

社会主義諸国による貿易体制（コメコン体制）の下で国家により決定されていた。しかし、1991年のソ連解体およびコメコン体制の崩壊に伴い、モンゴル国民は自由な貿易活動を行えるようになった。モンゴルは1997年1月にWTO（世界貿易機関）に加盟し、2002年にはアルタンブラク郡（セレンゲ県）やザミンウード郡（ドルノゴビ県）、ツァガーンノール郡（フブスグル県）を関税免除などを通して貿易を促進させるための自由貿易地域に設定するなどし、隣接するロシアや中国を主な相手国として貿易活動を行っている（県の名前と位置は序章の図8を参照）。

　ここまで畜産品の生産量と1人あたり消費量を個別に追ってきたが、モンゴル全体では生産された畜産品のうちどの程度が国内向けに供給され、どの程度が国外に輸出されているのだろうか。また、国外から輸入される畜産品の量はどの程度だろうか。図5-18には、純輸出量（＝輸出量－輸入量）と、生産量から純輸出量を引いて推計した国内向けの供給量が示されている。また、図5-19には純輸出量の品目ごとの内訳が、表5-5と表5-6には、各品目の主な貿易相手国が示されている。

　まず、肉類の国内需給バランスと貿易量、貿易相手国を整理する。図5-18からは、馬肉と牛肉が一定程度輸出されているものの、肉類は全体として国外への純輸出量は少なく、主に国内で生産され国内向けに供給されているということが分かる。肉類の純輸出量をより詳しく見ると、1990年以降大幅な減少と増加を繰り返していることが分かる（図5-19）。牛肉の輸出量は増減を繰り返しながらも1990年初頭以降一貫して大きな割合を占めている。1990年代初頭に多かった羊肉の輸出量は貿易自由化とともに急速に減少し、代わって2000年代初頭以降馬肉の輸出量が増加している。また、肉類は貿易自由化後しばらくの間ほとんど輸入されていなかったが、2006年以降家禽肉の輸入量の増加が目立つようになっている。表5-5からは、近年は牛肉と馬肉はロシアが、羊肉はイランとサウジアラビアが主な輸出相手国であることが分かる。また、近年輸入量が増えている鶏肉は、主にアメリカからのものである。

　乳類は、輸入量が輸出量よりも多い（純輸出量がマイナス）が、その量は国

第 5 章　市場経済下の牧畜業

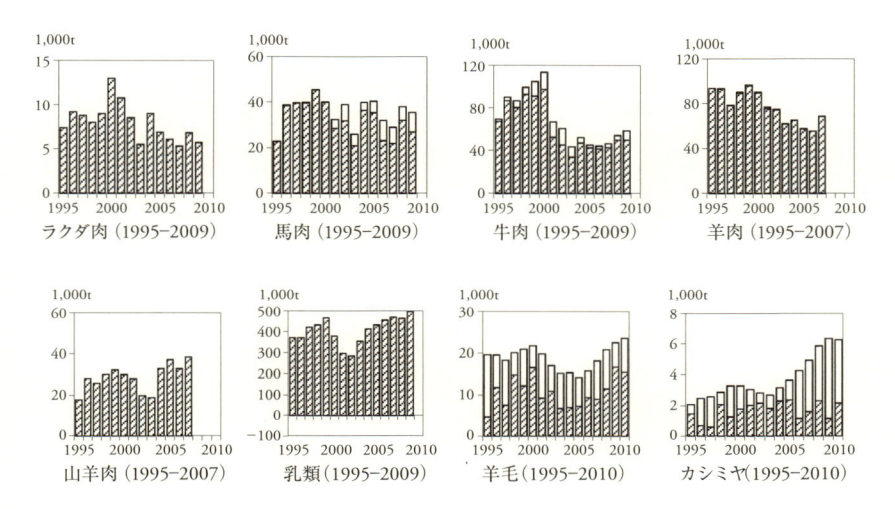

図 5-18　畜産品の国内供給量と純輸出量（1995～2010 年）。国内供給量は生産量から純輸出量を減じて推計した。カシミヤの純輸出量はカシミヤ原毛、コームしたカシミヤ、カシミヤトップの輸出量の合計値で代替した。

資料：生産量：図 5-13 と同じ。ラクダ肉の純輸出量：データが得られないためゼロと仮定。1995-2007 の馬肉・牛肉：FAO（2012）。2008-2009 の馬肉・牛肉：NSO（2012d）、NSO（2009-2010）（FAO（2012）の推計値と NSO（2012d）の公表値に大きなかい離があるため）。羊肉・山羊肉：FAO（2012）。乳類：FAO（2012）。羊毛：NSO（2004）、NSO（2012d）、NSO（2010-2011）。カシミヤ原毛・コームカシミヤ：NSO（2004）、NSO（2012d）、NSO（2010-2011）、　カシミヤトップ：NSO（2012b）、NSO（2009-2011）。

内供給量と比較すると非常に少ない（図 5-18）。ただし、国内供給量と比較して輸入量が少ないということは、必ずしも輸入の必要性が小さいということを意味するものではない。腐敗しやすい生乳などは、例え十分な量が生産され供給可能な状態にあっても、需要がある地域が遠く輸送が困難な場合、最終的には消費されないかもしれない。乳類の輸入には、このようにして生じる地域的な供給不足を補うという役割や、国内では十分に生産できない種類・品質の乳製品の需要に応えるという役割がある。乳類は 1990 年代初頭から半ばにかけては全脂無糖練乳やバター、脱脂粉乳などが多く輸入されていたが、1990 年代末にはこれらの輸入量が大幅に減少し、乳類全体の純輸入量はそれまでの 4000 t 前後から 2000 t 以下の水準に減少した（図 5-19）。

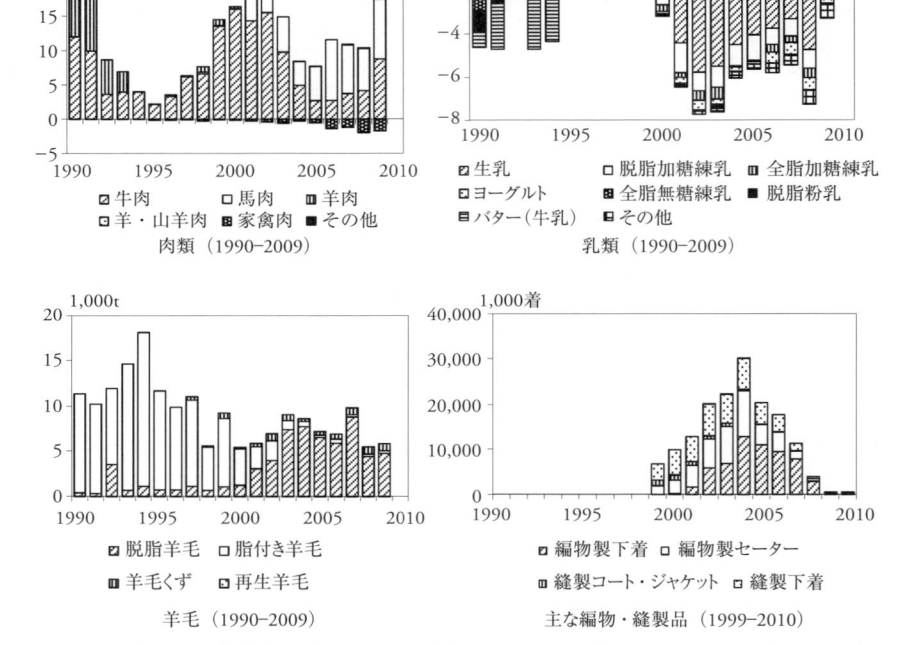

第 2 部　人間活動と生態系ネットワーク

図 5-19　畜産品の純輸出量（1990～2010 年）。マイナスの値は、純輸入量を表す。羊毛、主な毛織物、カシミヤ、主なカシミヤ製品の純輸出量は、輸出量の値。

資料：羊肉・山羊肉 2008-2009: NSO（2012d）、NSO（2009-2010）（FAO（2012）推計値の NSO 実績値からの大きなかい離による）。家禽肉・その他肉類：FAO（2012）。羊毛：FAO（2012）、主な織物・縫製品：NSO（2012d）、NSO（2010-2011）。主なカシミヤ製品：Customs General Administration（モンゴル国、http://www.ecustoms.mn/）の担当者から入手。その他：図 5-18 と同じ。

2000 年以降は大量の生乳と一定量の加糖練乳やヨーグルトが輸入されるようになり、純輸入量は 6000 t 前後の水準で推移してきた。近年、乳製品のほとんどはロシアと中国から輸入されているが、脱脂加糖練乳はニュージーランドと韓国、脱脂牛乳のチーズはドイツからの輸入量が多いという特徴がみられる（表 5-5）。

　羊毛とカシミヤは、肉類や乳類と比べると貿易量の割合が多い（図 5-18）。

第 5 章　市場経済下の牧畜業

カシミヤ（1990-2010）

主なカシミヤ製品（1990-2009）

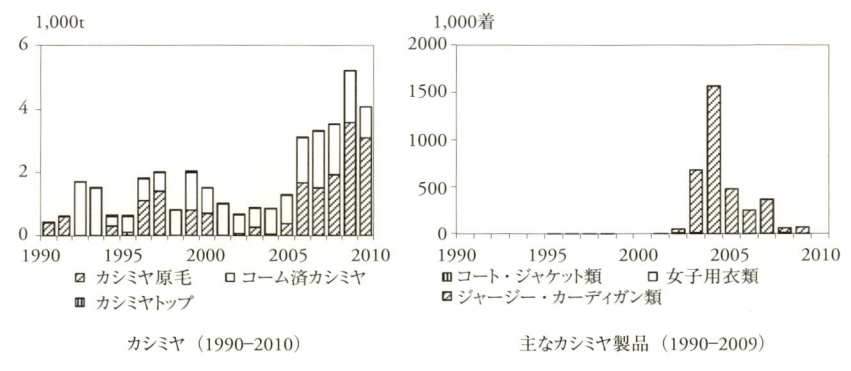

図 5-19　（続き）

表 5-5　相手国別主要畜産品の貿易量（2005～2007 年平均）

		合計	ロシア	中国	アメリカ	ニュージーランド	韓国	ドイツ	その他
輸入									
生乳	t	3,701	3,192	483	0	0	9	0	17
脱脂加糖練乳	t	907	134	45	1	328	167	1	230
ヨーグルト	t	385	377	8	0	0	0	0	0
全脂加糖練乳	t	230	152	41	0	0	0	1	36
チーズ（脱脂牛乳）	t	171	52	0	0	0	0	101	18
鶏肉	t	890	0	41	832	0	0	0	17
牛	頭	113	14	99	0	0	0	0	0
馬	頭	80	59	18	0	0	0	0	3

		合計	ロシア	中国	カザフスタン	イラン	サウジアラビア	エジプト	その他
輸出									
牛肉	t	3,126	3,039	6	80	0	0	0	0
牛肉（乾燥、塩漬、燻製）	t	313	114	0	199	0	0	0	0
馬肉	t	6,949	6,837	0	95	0	0	0	17
羊肉	t	37	0	0	0	21	10	0	6
羊毛	t	7,978	691	7,064	0	0	0	81	141

羊毛は "Wool Degreased（脱脂羊毛）"、"Wool, greasy（脂付き羊毛）" and "Wool; Hair Waste（羊毛くず）" の合計とした。
資料：FAO（2012）

表5-6 相手国別カシミヤおよび製品輸出量（2007～2009年平均）

		合計	中国	イタリア	イギリス	日本	ドイツ	フランス	その他
カシミヤ原毛	t	2,339	2,339	0	0	0	0	0	0
コーム済カシミヤ	t	1,680	796	643	133	36	7	0	64
ジャージー・カーディガン類	1,000着	156	0	17	5	14	40	45	35
女子用衣類	1,000着	6	0	0	1	0	1	1	2

資料：CGA（2007-2009）

　羊毛の輸出量は1994年をピークに減少している（図5-19）。輸出される羊毛は、2000年までは脂付き羊毛が多かったが、2003年以降は洗浄後の脱脂羊毛がほとんどを占めるようになった。最終製品である編物や縫製品の輸出量は2000年前後から2004年までの間に急増したが、その後2009年までの間に急減した。表5-5からは、羊毛は近年主に中国に輸出されていることが分かる。

　カシミヤの輸出量は2005年前後から急増し、2006年以降国内供給量を大きく上回るようになっているように見える（図5-18）。図5-19からも、1990～2005年の間は概ね2000ｔ以下の水準で推移していた輸出量が、2006年に急増していることが確認できる。しかし、統計に表れるデータ以外にも多くの原毛が中国に密輸出されていたとする指摘（World Bank 2003）も多く、実際に急激に輸出量が増加したのか、密輸出分が統計データに反映されるようになったのかははっきりと分からない。少なくとも、2006年以降はコームされる前の段階のカシミヤが多く輸出されており、トップ（コーム段階でできる太いひも状の繊維を巻き取ったもの）のように加工された繊維はほとんど輸出されていないことが分かる。輸出されるカシミヤの最終製品としては、ジャージー（ジャージー編みの外衣。スポーツ用衣類のみを意味するものではない）やカーディガン、プルオーバー、ベストなどがほとんどを占めていたが、羊毛製品同様2004年のピークの後に急減した（図5-19）。近年ほとんどのカシミヤ原毛は中国に輸出されているが、コームしたカシミヤは中国以外にもイタリアやイギリスに比較的多く輸出されている（表5-6）。また、カシミヤ製ジャージー・カーディガン類は、フランスとドイツに多く輸出されている。

(2) 地域別の需給バランスと国内流通

地域ごとの需給バランス

　ここまでモンゴル全体の畜産品需給について考えてきたが、ここではより詳細に県別の需給バランスの把握を試みる。人口が集中する首都ウランバートル市における需要の一極集中は容易に想像できるが、県別の畜産品の生産量および消費量の統計データは入手が難しいため、各市・県の需給バランスを統計データに基づき論じた研究は少なかった。そこで、ここではまず県別に入手可能なデータを用いて畜産品の需給量を推計した。

　まず畜産品生産量について、肉類は屠畜頭数、乳類は母畜頭数、獣毛類は家畜頭数をもとに推計した。図5-20には、推計された各家畜由来の肉類・乳類と羊毛およびカシミヤの県別の生産量が示されている。図からは、フブスグルやアルハンガイのようなハンガイ山脈の北部・東部や、ボルガンやセレンゲ、トゥブといった大都市周辺の森林地域では、南部のゴビ地域などと比較して多くの肉類や乳類が生産されていることが分かる。なお、乳類の生産量は上記の地域に加え、東部の森林・ステップ地域（ヘンティ、スフバートル、ドルノド）でも多い。羊毛生産量は北部・中部、カシミヤは東部・中部の広い範囲で生産量が多いことが確認される。

　次に、全国の都市農村別の1人あたり肉類・乳類消費量と、各県の都市農村別人口のデータを用い、県別の肉類・乳類消費量を推計した。先ほど推計した県別の肉類と乳類の生産量から、ここで推計した消費量の値を引いて、県別の肉類・乳類需給ギャップを推計した[11]（図2-21）。図からは、肉類・乳類ともに首都ウランバートルで大幅に、大都市であるオルホンとダルハン・オールでやや需要量が供給量を超過していることが分かる。これらの市・県を除くと、概ね北東の広い範囲で供給が超過気味、南西で需要が超過

---

[11]　ここで推計された結果は、全国の1人あたり消費量のデータをもとに各県の消費量を計算しているため、おおよその傾向を把握することはできるが厳密な議論に堪えるものではない。

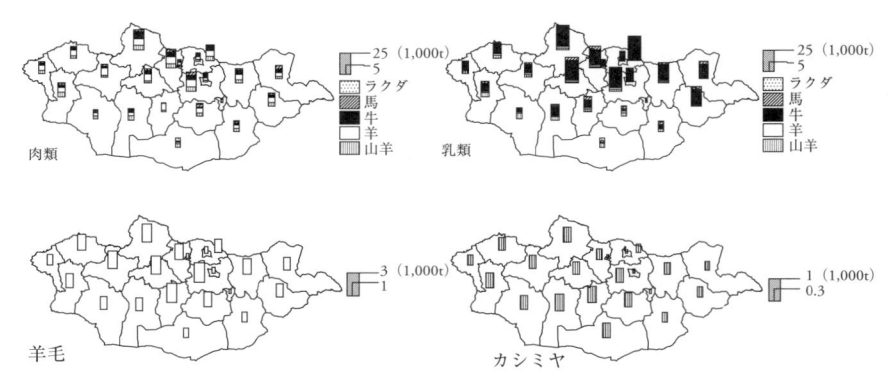

第 2 部　人間活動と生態系ネットワーク

図 5-20　県別畜産品生産量（2010）
　1）県別生産量は以下の手順で推計した。
$$QP_{i,j,k,t} = \Sigma_k QP_{i,j,k,t} \cdot YL_{i,j,k} \cdot NP_{i,j,k,t} / \Sigma_k (YL_{i,j,k} \cdot NS_{i,j,k,t})$$
　ここで、$QP_{i,k,t}$：生産量。$\Sigma_k QP_{i,k,t}$：総生産量。$YL_{i,k}$：家畜あたり畜産品生産量。$NP_{i,j,k,t}$：畜産品を生産する家畜頭数（下付き文字 i：1 = 屠畜頭数、2 = 母畜頭数、3 = 家畜頭数）。下付き文字：i：畜産品種類（1 = 肉類、2 = 乳類、3 = 絨毛・羊毛・カシミヤ）。j：家畜種類（1 = ラクダ、2 = ウマ、3 = ウシ、4 = ヒツジ、5 = ヤギ）。k：県（1BO, …, 22DD）。t：年。
　2）家畜あたり畜産品生産量の欠損値は、他の品目の生産性が類似する他地域の値で代替した。
資料：総生産量：図 3 と同じ。家畜あたり畜産品生産量（県別）：NSO and FAO（2000）。屠畜頭数・母畜頭数・家畜頭数（県別）：National Statistical Office in Mongolia の担当者から入手。

気味であるという地域的な特徴がみられる。肉類には主に国内で生産され国内で消費されるという特徴があることを考えると、ウランバートルなどにおける大きな需要は供給が超過している県からの移入によりまかなわれていると考えられる。乳類に関しては、需要が超過している県は、周辺の県からの移入に加え、ロシアなどの国外からの輸入によりまかなわれていると考えられる。

国内流通

　図 5-21 にあるような畜産品の地域的な需給ギャップを解消するための移送は、具体的にどのように行われているだろうか。NSO（2012b）によると、モンゴルでは 2007 年時点で牧畜民が販売する家畜の 75％、肉類の 67％、

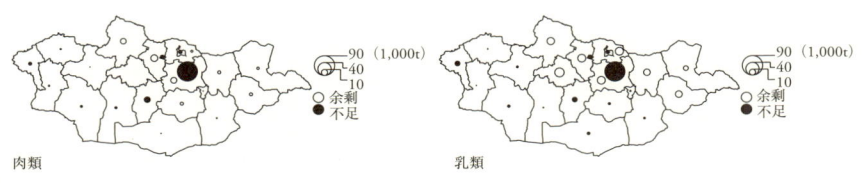

図 5-21 肉類・乳類の県別需給バランス（2010 年）

$QG_{i,k,t} = QP_{i,k,t} - QC_{i,k,t}$、 $QC_{i,k,t} = PR_{i,k,t} \cdot QR_{i,t} + PU_{i,k,t} \cdot QU_{i,t}$

ここで、$QG_{i,k,t}$：生産量・消費量ギャップ。$QP_{i,k,t}$：生産量。$QC_{i,k,t}$：消費量。$PR_{i,k,t}$：非都市人口。$QR_{i,t}$：非都市住民1人あたり消費量。$PU_{i,k,t}$：都市人口。$QU_{i,t}$：都市住民1人あたり消費量。

資料：生産量：図10と同じ。非都市・都市人口：NSO（2009-2010）より推計。1人あたり消費量：NSO（2009-2010）。

　羊毛およびカシミヤの62％が仲介業者に流れている。この際、牧畜民は完全に仲介業者の言い値で畜産品販売を行っているわけではなく、一定の価格交渉力を持っている可能性があると考えられる。なぜなら、多くの牧畜民は首都ウランバートルや各県の商品価格を放送するラジオ番組を聞ける状況にあるといわれているためである（World Bank 2003）。

　肉類や乳類、カシミヤは、それぞれの流通経路を持つ[12]。肉類は牧畜民から食肉加工場の仲介業者や地方の商人を経てウランバートルの卸売市場に流れており、そのうち80％程度がフチト・ションホール市場で扱われているといわれている。仲介業者・商人は家畜を生きたまま屠畜場まで移動させ、屠畜した後に枝肉をトラックなどで卸売市場に輸送する。ヒツジは他の家畜よりも頻繁に水を飲む必要があり長距離移動に適していないため、牧畜民が卸売市場から遠い地域でヒツジを屠畜し、トラックなどで輸送する場合も多い。生乳の集荷システムは、1990年代の市場経済化に伴う国営農場の民営化などにより機能を停止した。民営化以降はウランバートル市やダルハン市（ダルハン・オール県）、エルデネト市（オルホン県）などの大都市郊外におけ

---

[12] 流通に関しては、肉類はJBIC（2003）とBaljinnyam and Izawa（2006）、バルジンニャム（2011）、生乳はJBIC（2003）とSer-Od and Dugdill（2009）、カシミヤはWorld Bank（2003）をもとに整理した。

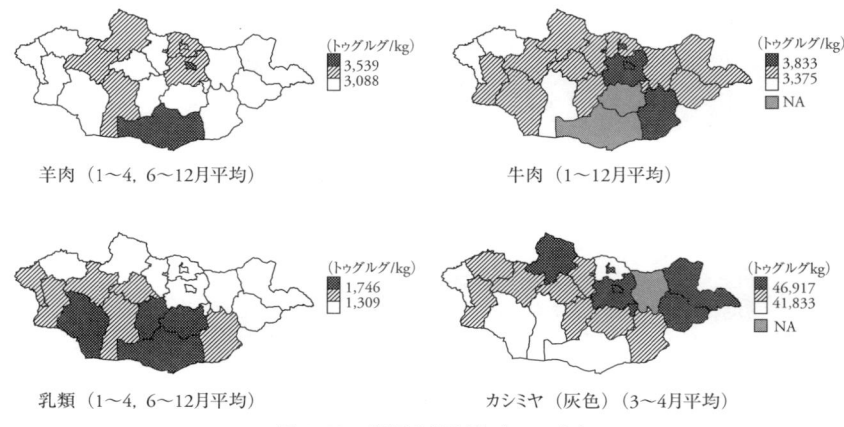

第 2 部　人間活動と生態系ネットワーク

羊肉（1〜4，6〜12月平均）　　　　　　　牛肉（1〜12月平均）

（トゥグルグ/kg）
3,539
3,088

（トゥグルグ/kg）
3,833
3,375
NA

乳類（1〜4，6〜12月平均）　　　　　　　カシミヤ（灰色）（3〜4月平均）

（トゥグルグ/kg）
1,746
1,309

（トゥグルグ/kg）
46,917
41,833
NA

図 5-22　県別市場価格（2010 年）
資料：NSO（2012c）の月次データの単純平均値。

る、都市中心部から 50〜100 km 程度の酪農家は生産物を自分たちや仲介業者を介して移送し、県中心部から 20〜80 km の酪農家は自分たちでウマやバイクを使って乳類を移送しているといわれている。カシミヤ原毛は主に仲介業者を通して加工業者や輸出業者に販売されるといわれているが、仲介業者は特定の大市場やカシミヤ加工業者に属していない場合が多い。モンゴルにおけるカシミヤの大市場は、ウランバートルのツアイツ市場や、ドルノゴビの中国国境に位置するザミンウードにある。

　図 5-22 に示した各畜産品の県別の市場価格からは、移出入の流れを推測することができる。首都ウランバートルやその周辺のトゥブ、ウムヌゴビやドルノゴビなどのゴビでは羊肉や牛肉価格が高く、当該地域における需給が相対的にひっ迫している可能性があると解釈できる。乳類においては、需給ギャップと価格のより明白な関係が確認できる。乳類価格は南西の広い地域で高いが、これは図 5-19 の乳類が不足している地域とほぼ一致する。ウランバートルなど大都市において需要超過にあるにもかかわらず価格が相対的に低いのは、ロシアからの輸入や近隣の県からの移入が速やかに行われているためと解釈できる。なお、カシミヤ価格は南西の地域で低いが、これはカ

シミヤ生産量が多い地域と一致する。

地域間市場取引の活発さと道路状態

　各県の市場価格からは、畜産品の取引についてより多くの情報を読み取ることができる。本章の第5-1節ではヤギが主要道路沿いで増加した要因として、市場取引におけるカシミヤの優位性が想定されたが、ここではこのような想定の妥当性を検証するために、カシミヤが乳類や肉類と比べて広域的に取引されていること確認した上で、道路の状態が市場統合度に与える影響を考察する。

　モンゴルの主要道路は、総延長1万1200 kmのうち舗装路は約20％で、草原にできたわだちが56％を占めるといわれている（ADB 2011）。わだちでの平均的な移動速度は、時速15～50 km程度といわれることから、距離だけでなくこのような道路状況が市場取引の活発さに与える影響は小さくないと考えられる。Kusano and Saizen（2013）は、計量経済学の手法を用いて市場価格の分析を行い、畜産品ごとの各県の市場取引の活発さ（市場統合度）を計測し、このような市場統合度に道路状態がどのような影響を与えているかを計測した[13]。

　市場統合度の最も簡単な計測法は、二つの市場の価格に意味のある相関があるかを調べるというものである。例えば、ある一定の期間、羊肉がA市場からB市場に速やかに販売されていたとする。この時、B市場の羊肉価格は、A市場の羊肉価格に取引コストを足したものになる。仮に取引が行われていた期間の取引コストが安定的ならば、A市場とB市場の羊肉価格には、意味のある相関が観察されるはずである。

　ここでは、ゾドの影響を受けない期間（2005年5月～2009年11月）の月別の市場価格のデータを用い、羊肉、牛肉、牛乳、カシミヤを対象に市場統合度を計測した。計測は、22個のモンゴルの市・県のうち、連続的にデータ

---

[13]　各県の間の市場取引の活発さは取引量や取引額で測られるのが理想的だが、このような統計データは入手できない。

第2部　人間活動と生態系ネットワーク

が入手できる市・県のすべての組み合わせを対象に行った。計測の結果、他の市・県と統合的な市場の組み合わせが最も多いのはカシミヤで、最も少ないのは牛乳であることが、統計的に確認された。この結果は、5-1節の、カシミヤは軽量で腐敗しにくいため輸送が容易であるという説明や、集乳システムは市場経済化と共に機能を停止した上に、牛乳は腐敗しやすいため輸送が困難であるという説明と整合的である。地域別に見ると、肉類や乳類市場は、人口が集中する首都ウランバートル近辺で統合的であると判断されたが、これに加えて西のオブスや東端のドルノド、北のセレンゲのようにロシアと線路でつながる地域でも統合度が高い。カシミヤは首都よりも、中国と接する南から西にかけての広い範囲で他市場との統合度が高いと判断された。

このような市場統合度に、道路距離と道路舗装がどのような影響を与えているかを明らかにするために行った回帰分析の結果、いずれの品目も市場間の道路距離が遠いほど統合度が低くなることが確認された。また、道路舗装率が高くなると、短期的にはカシミヤや羊肉の、長期的には牛乳の統合度が高くなる可能性があることが示唆された。

(3) 市場経済のモンゴル畜産業への影響

冒頭で述べたように、畜産業の動向把握は、モンゴル国民の生計や草原生態系の議論と密接に関係している。特に、計画経済体制から市場経済体制への移行に伴うヤギ頭数の増加は、草原生態系に大きな影響を与えるものとしてしばしば議論の対象とされる（本章5-1節、6章6-1節）。本節では、マクロ統計データに基づき市場経済下のモンゴル畜産業の実態を明らかにすることで、このような議論に寄与することを目指した。

市場経済下においては、畜産品の生産量を規定する要因として当該畜産品の価格を想定するのが一般的であるが、モンゴルを対象にした計量分析からは、価格変化は畜産品生産量にさほど大きく影響していないということが明らかになった。このことは、市場経済化を畜産品価格の自由化や、国際市場からの価格の波及とだけとらえるのは十分ではないということを示唆してい

る[14]。一方、畜産品の国内需要については、経済成長と共に畜産品需要が増加してきた日本など他のアジア諸国とは異なり、モンゴルでは所得増加が消費量に大きな影響を及ぼさない可能性があることが明らかになった。畜産品の国際貿易については、カシミヤ輸出を中心とした多くの国との活発な取引が確認された。国内流通についても、人口が集中する首都ウランバートルから離れた地域間の市場統合が確認され、畜産品の取引という観点からは市場メカニズムがよく機能していると解釈できそうである。モンゴルのわだちが多い道路は国内流通を阻害しているということが確認されたが、現在モンゴル政府が進めている舗装路の延長計画は、国際貿易・国内流通を促し、牧畜民の行動、家畜頭数、草原の状態へと、多段的に影響を及ぼす可能性がある[15]。

　モンゴルにおける市場経済化と畜産品需給や家畜頭数との関係には、マクロ的・定量的には十分に明らかになっていない部分が残されている。例えば、畜産品価格と屠畜の関係については、家畜の資本財でもあるという性質（終章4節）を考慮した上で、ある畜産品の相対的な収益性の高さがモンゴルの牧畜民の行動にどのような影響を与えるかが定量的に分析される必要がある。また、農村の畜産品消費に関しては、所得や価格をシグナルとした市場メカニズムが十分に機能していない可能性が確認されたが、この点をより明確にするためには、畜産品以外への消費支出を体系的にとらえる、より包括的な分析が必要となる。市場経済化の畜産業への影響については、定性的な側面からの分析も欠かすことができない。次章ではまず土地制度に着目して、制度変化が家畜や草原の管理に与えた影響が考察される[16]。

---

[14] 流通システムの崩壊は、市場経済化に伴う社会構造の大きな変化の一つだが、これと家畜頭数増加の関係については、次節（6章6-1節）で考察されている。

[15] 政府は、ウランバートルを中心とした東西南北方向と、東端の3県（バヤン・ウルギー、オブス、ホブド）をロシア・中国に接続するように延長しようとしている（ADB 2011）。

[16] Maekawa（2012）のような現地調査の結果も、モンゴルの牧畜民が、各畜産品から得られる利潤の相対的な高さを考慮して家畜頭数を決定する可能性を示唆してい

第2部　人間活動と生態系ネットワーク

参考文献・資料

5-1節

Fernandez-Gimenez, M. E. and Allen-Diaz, B. (1999) Testing a non-equilibrium model of rangeland vegetation dynamics in Mongolia. *Journal of Applied Ecology*, 36: 871-885.

藤田昇（2006）草原利用からみたモンゴルの遊牧の持続性.『モンゴル環境保全ハンドブック』（小長谷有紀編）pp. 114-124. 見聞社, 京都.

Iwasaki, H. (2009) NDVI prediction over Mongolian grassland using GSMaP prediction data and JRA-25/JCDAS temperature data. *Journal of Arid Environments*, 73: 557-562.

小宮山博（2005）市場経済下におけるモンゴル国の農牧業統計：生産統計の信頼性について. 国際開発学研究, 5(1): 55-71.

Lise, W., Hess, S. and Purev, B. (2006) Pastureland degradation and poverty among herders in Mongolia: Data analysis and game estimation. *Ecological Economics*, 58: 350-364.

鬼木俊二・双喜（2004）中国内モンゴル及びモンゴル国における地域的過放牧. 農業経済研究, 75(4): 198-205.

Peters, D. P. C. (2002) Plant species dominance at a grassland – shrubland ecotone: an individual-based gap dynamics model of herbaceous and woody species. *Ecological Modelling*, 152: 5-32.

Rossabi, M. (2005) *Modern Mongolia–from khans to commissars to capitalists*. The Regents of the university of California, USA.

Saizen, I., Maekawa, A., Yamamura, N. (2010) Spatial analysis of time-series changes in livestock distribution by detection of local spatial associations in Mongolia. *Applied Geography*, 30: 639-649.

篠田雅人（2007）世界の乾燥地から見たモンゴルの気候―生態システム：その研究の潮流と展望. モンゴル植生遷移域ワークショップ資料, pp. 37-38.

篠田雅人・森永由紀（2005）モンゴル国における気象災害の早期警戒システムの構築に向けて. 地理学評論, 78-13: 928-950.

Tachiiri, K., Shinoda, M., Klinkenberg, B. and Morinaga, Y. (2008) Assessing Mongolian snow disaster risk using livestock and satellite data. *Journal of Arid Environments*, 72: 2251-2263.

Tobler, W. (1970) A computer movie simulating urban growth in the Detroit region. *Economic Geography*, 46(2): 234-240.

Tumurjav, M. (2003) Traditional animal husbandary techniques practiced by Mongolian nomadic peoples. p. 95. In Badarch, D., Zilinskas, R. A. and Balint, P. J. (eds.) *Mongolia Today-Science, Culture, Environment and Development*. RoutledgeCurzon, London.

吉野悦雄・ジャミアンガンバト（2006）モンゴルにおける税制度とGDP計算方法. 経済学研究, 55(4): 31-41.

　る。

5-2 節

ADB (Asian Development Bank) (2011) *Mongolia: Road Sector Development to 2016.* Mandaluyong City, Philippines.

バルジンニャム・マイツェツェグ (2011) モンゴルにおける食肉流通・卸売市場の変容：ウランバートル市の卸売市場調査をもとに．日本農業経済学会論文集，2011 年度：360-363．

Baljinnyam, M. and Iizawa, R. (2006) Changes and actual state of Mongolian meat market and distribution system: A case study of Ulaanbaatar city's "Khuchit Shonhor" food market. International Association of Agricultural Economics, 2006 Annual meeting, Queensland, Australia: 12-18.

CGA (Customs General Administration) (2007-2009) Foreign trade statistics, Ulaanbaatar.

FAO (Food and Agriculture Organization of the United Nations) (2012) FAOSTAT. http://faostat.fao.org/

IMF (International Monetary Fund) (2011) World Economic Outlook Database September 2011. http://www.imf.org/

JBIC (Japan Bank for International Cooperation) (2003) Pilot study on microfinance for livestock and its related industries in Mongolia. Research reports, Achid Finance Group.

Komiyama, H. (2011) The future direction of animal husbandry in Mongolia. pp. 212-240. In Du, F., Oniki, S., Komiyama, H. and Gensuo (eds.) *Sustainable Development of Animal Husbandry in Northeast Asia.* Inner Mongolia Publishing Group and Inner Mongolia People's Publishing House, Inner Mongolia, China.

Kusano, E. and Saizen, I. (2013) Spatial market integration of livestock products and road condition in Mongolia, *Japan Agricultural Research Quarterly*, 47(4), (in press).

Maekawa, A. (2012) The cash in cashmere: Herders' incentives and strategies to increase the goat population in post-socialist Mongolia. pp. 235-247. In Yamamura, N., Fujita, N. and Maekawa, A. (eds.) *The Mongolian Ecosystem Network: Environmental Issues Under Climate and Social Changes.* Springer-Verlag.

MoFALI (Ministry of Food, Agriculture and Light Industry) (2010) National Mongolian Livestock Program (Draft). http://www.mofa.gov.mn/mn/images/stories/busad/mmeng.pdf/

森真一・ブルネーバータル・ガントゥムル (2002) 第Ⅱ部遊牧の市場経済化への試み．『遊牧がモンゴル経済を変える日』（小長谷有紀編）pp. 65-137．出版文化社．

NSO (National Statistical Office) (2004) "Mongolia in market economy" Statistical Yearbook 1989-2002. Ulaanbaatar.

――― (2009-2011) Хөдөө аж ахуйн салбар [Agricultural sector], 2008-2011, Ulaanbaatar. ［モンゴル語］

――― (2010-2011) Mongolian statistical yearbook, 2009-2010, Ulaanbaatar.

――― (2012a) Bulletin 2000-2011, Database of users, http://www.nso.mn/

――――（2012b）Livestock 1990-2007, Database of users, http://www.nso.mn/
――――（2012c）Review 2001-2011, Database of users, http://www.nso.mn/［モンゴル語］
――――（2012d）Yearbook 1998-2008. Database of users, http://www.nso.mn/
NSO and FAO (2000) Agricultural sample survey and economic accounts. Ulaanbaatar, Admon.
鬼木俊次・双喜（2004）モンゴルにおける市場経済移行後の地域格差と過放牧問題：パネルデータによる推計結果．日本農業経済学会論文集，2004 年度：460-466.
Ser-Od, T. and Dugdill, B. (2009) Mongolia: Rebuilding the dairy industry. pp. 63-75. In FAO (ed.), Smallholder dairy development: Lessons learned in Asia. RAP Publication 2009/02, Bangkok, Thailand.
Tachiiri, K., Shinoda, M., Klinkenberg, B., and Morinaga, Y. (2008) Assessing Mongolian snow disaster risk using livestock and satellite data. *Journal of Arid Environments,* 72(12): 2251-2263.
土屋圭造（1981）『農業経済学（改訂版）』経済学入門叢書 20．東洋経済新報社．
World Bank (2003) From goats to coats: institutional reform in Mongolia's cashmere sector. 26240-MOG.
Yondonsambuu, G. and Altantsetseg, D. (2003) Survey on production and manufacturing of the wool, cashmere, and camel hair. Mongolian Wool and Cashmere Association/Mongolian-German Project on "International Trade Policy/WTO", Ulaanbaatar.

● コラム 3 ●

統計データでみる家畜と遊牧民
―― 首都への集中度の変遷 ――

幸田良介

　モンゴルでは 1990 年代の市場経済化以降、ヤギを中心とした家畜頭数の急激な増加や、首都のウランバートルへの人口の集中がみられている。その中で、家畜や遊牧民についても市場化以降ウランバートルへの集中が進んでおり、ウランバートル周辺で草原の劣化が生じている、ということが半ば一般論的にしばしば述べられている。確かに人口はウランバートルに集中しているし (7 章 7-3 節)、家畜密度もウランバートル周辺では高くなっているようだが (5 章 5-1 節)、果たして家畜や遊牧民は市場化以降ウランバートルに集中し続けているのだろうか。市場化以前から長期的に見ると、ウランバートルにおける遊牧民数や家畜頭数はどのように変化してきたのだろうか。本コラムでは、あまりしっかりと確認されていなかったこれらの疑問点について、利用可能な統計データをできるだけ長期にわたってまとめることで調べてみることにした。

家畜数の変化

　図 1 はモンゴル全体とウランバートルにおける家畜数の変化を示している。これを見ると、市場化前の社会主義時代にはモンゴル全体の家畜頭数はほぼ一定であったが、ウランバートルの家畜頭数は 1960 年頃から徐々に増加し始め、ウランバートルへの集中が少しずつ進んでいったようである。そしてモンゴル経済が市場化されると、ウランバートルの家畜頭数は、モンゴル全体での増加に先立つかたちで急激に増加したようだ。詳細についてはさらなる調査が必要であるが、ウランバートルではネグデルの解体時期 (序章 2 節参照) が比較的早かったのかもしれない。一方で、ウランバートルの家畜頭数は、それ以降はモンゴル全体と同様に、全体としては増加

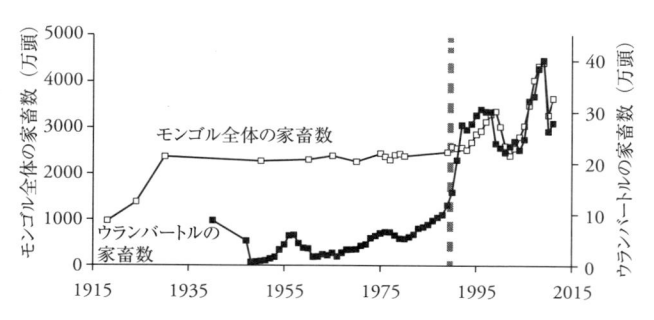

図1 モンゴル全体およびウランバートルの家畜頭数の変化。灰色の破線は市場化への移行時期を示す。

傾向を保ちながらもゾドの影響をうけた変動パターンを示している。結果的に、全家畜頭数にウランバートルが占める割合は、社会主義時代に比べると現在の方がはるかに高い水準にあるものの、市場化直後に急激に増加したのち緩やかに低下するような傾向にあるということが分かった（図3）。ウランバートルの家畜頭数そのものは、ゾドの影響を別にすれば増加傾向にはあるようなので、ウランバートル以外の地域での家畜頭数の増加率の方が近年はウランバートルよりも顕著であるということなのだろう。

牧畜民世帯数の変化

同様に、図2はモンゴル全体とウランバートルにおける牧畜民世帯数の変化を示している。ウランバートルのデータは1986年以降しか入手できなかったが、社会主義時代はモンゴル全体に対して低い水準に保たれていたようだ。そして市場化以降は、モンゴル全体の牧畜民世帯数が市場化以降ゾドの発生する2000年まで次第に増加していったのに対して、ウランバートルの牧畜民世帯数は市場化直後、特に1991年から1992年にかけて非常に急激な増加を示している。これも詳細についてはさらに調べてみる必要があるが、ネグデルの解体時期に加えて、都市部での国営企業の民営化や財政難による失業者の増加（序章3節参照）が影響しているのかもしれない。その後1993年頃からは、ウランバートルの牧畜民世帯数は増減

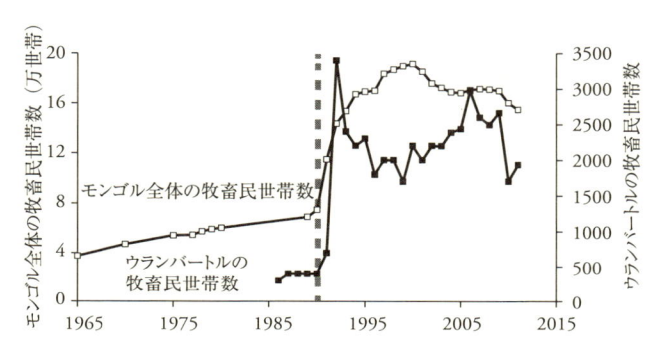

図2 モンゴル全体およびウランバートルの牧畜民世帯数の変化。灰色の破線は市場化への移行時期を示す。

を繰り返しながらもほぼ一定水準に保たれているようである。モンゴル全体の牧畜民世帯数にウランバートルが占める割合の変化を見てみても、全体的に市場化以降の方が高い水準にあるものの、特に増加し続けているという傾向にはないようだ（図3）。

おわりに

以上のように、統計データを読み解くと、ウランバートルの家畜数と牧畜民世帯数は市場経済化直後に急増し、社会主義時代をはるかに上回る数の家畜と遊牧民が現在もウランバートルに存在しているということが明らかになった。一方でその増加が顕著なのは市場化直後に限られており、その後もモンゴル全体を上回る水準で増加を続けているわけではないこと、すなわち、ウランバートルへの家畜と遊牧民の集中が進行し続けているわけではないことも分かってきた。もちろん、牧畜民世帯数など一部の統計データに関しては、あまり信頼性が高くないという指摘（小宮山 2005 など）があることを踏まえ、注意して扱う必要がある。とは言え、このような長期的な変動を数値データとして知るためには、統計データは非常に有用なものである。信頼性には注意しつつ、統計データから変動傾向を定量的に把握し、その背景にある社会の変化や、その変動で生じうる生態系への影

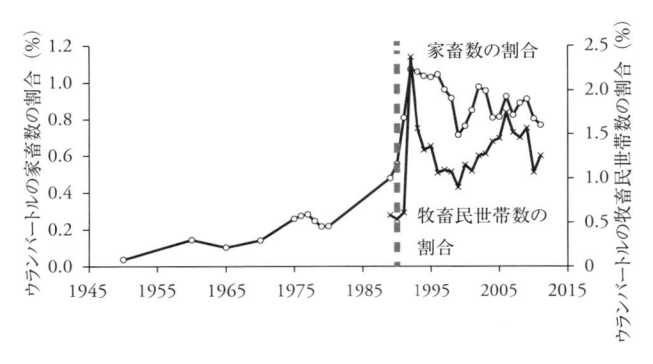

第 2 部　人間活動と生態系ネットワーク

図 3　ウランバートルの家畜頭数と牧畜民世帯数がモンゴル全体に占める割合の変化。灰色の破線は市場化への移行時期を示す。

響を考えていくことは、研究を発展させるためにも有意義であろう。

本コラムで使用した統計データの出典

- 1980年まで：Central Statistical Board under the Council of Ministers of the MPR（1981）と Department of Statistics, Information and research of Ulaanbaatar（2004）
- 2002 年まで：National Statistical Office of Mongolia（2004）
- 2012 年まで：National Statistical Office of Mongolia（2006, 2009, 2012）

引用文献

Central Statistical Board under the Council of Ministers of the MPR (1981) National economy of the MPR for 60 years (1921−1981). Anniversary statistical collection, Ulaanbaatar, Mongolia.

Department of Statistics, Information and research of Ulaanbaatar (2004) *Statistical Handbook of Ulaanbaatar*. Ulaanbaatar, Mongolia.

小宮山博（2005）市場経済下におけるモンゴル国の農牧業統計：生産統計の信頼性について．国際開発学研究．5: 19-35.

National Statistical office of Mongolia (2004) *Mongolia in a Market System, Statistical Yearbook*. Ulaanbaatar, Mongolia.

――― (2006) *Mongolian Statistical Yearbook*. Ulaanbaatar, Mongolia.

―――― (2009) *Mongolian Statistical Yearbook*. Ulaanbaatar, Mongolia.
―――― (2012) *Mongolian Statistical Yearbook*. Ulaanbaatar, Mongolia.

第6章　牧畜・農業と土地利用

6-1　上村　　明
6-2　G. U. ナチンションホル・L. ジャルガルサイハン
6-3　児玉香菜子
6-4　小長谷有紀

モンゴルでは伝統的に、移動しながら草を食わせる遊牧が行われてきた。
撮影：藤田昇　2002年5月　ウランバートル

第 2 部　人間活動と生態系ネットワーク

　第 5 章では、市場経済化に伴うヤギの増加が確認されたが、このような家畜の増加は草原にどのような影響を与えるのだろうか。「モンゴルのように出入りが自由な草原で、牧畜民が自分の利潤を最大にしようとすると、家畜が際限なく増えて草原が劣化する」。このような仮説は、「コモンズの悲劇」として広く知られている。この「悲劇」は共有地を私有化することで解消すると考えられ、中国の内モンゴル自治区などにおける、牧地の私有化・細分化の理論的な根拠となった。

　本章では、牧地や農地の管理理論の妥当性や問題点が、モンゴルや内モンゴルの実例をもとに検証される。文献研究や現地調査からは、「コモンズの悲劇」論や近年開発のモデルとして提唱される「コミュニティを基盤とした自然資源管理モデル」が抱える問題や、モンゴルで伝統的に行われてきた遊牧の草原や家畜を管理する上での意義が明らかにされる。牧地が私有化された内モンゴルの事例調査からは、干ばつに際して牧畜民が市場を利用し家畜頭数を適切に管理していた実態が浮き彫りになるが、同時に牧地私有化がはらむ問題も明らかにされる。加えて、モンゴルにおいてもすでに土地私有化が進んだ農業の歴史が概観され、「コモンズの悲劇論」の延長線上にある「環境容量」概念と農業の関係が考察される。

6-1 ｜ 土地制度の歴史と現在

　1990 年代初めの社会主義から資本主義への体制転換のなかで、歴史上初めての市民による近代的な土地私有が 1992 年の新憲法によって認められた。しかし、牧地は私有の対象から除かれている。牧地は私有になじまないという国民に広く共有される認識があったからである。それにもかかわらず、新自由主義的経済政策が支持される国際的な時代状況を背景に、モンゴル政府に援助を提供する国際開発機関は、牧地を私有化するべきだという市場原理主義的なメッセージを様々なかたちで発してきた。その影響は、政治家、政府や地方の役人たちに浸透し、現在も牧畜民の牧地をめぐる行動の変化に表

れている。

　モンゴル国の牧地は、国土の70％強を占める。古くから建設されていた軍事的拠点は例外として、定住地としての都市がモンゴルに出現し、もっと最近になっては鉱山の開発が大規模に行われるようになるまで、土地問題とはすなわち牧地問題であった。また、そういった新しい土地問題も、牧畜民の側から見ると、牧地問題そのものといえる。都市が拡大したり、鉱山が開発されると、それまで牧地として使用されてきた土地や牧畜資源が利用できなくなるからである。

　しかしながら、同じ牧地問題とはいえ、その性質は全く異なる。いちど転用された牧地は元にもどすことは難しい。また、牧畜民は多くの場合、新しい牧地問題をネゴシエートする手段も力も与えられていない。牧畜民が非牧畜セクターに対抗しようとすると、かえってその論理に取り込まれてしまうことになりかねない。その典型的な例が、内モンゴルであろう。内モンゴル東部では、18世紀半ばごろから漢族農耕民が流入してきたことによって、土地を占有する彼らに対抗するためモンゴル人の牧畜民も農耕を始めなければならなくなった。一方、現在のモンゴル国では、20世紀の初め、清朝政府が大規模な漢人の入植と開発を進めようとしたが、モンゴル人たちの反発に遭い撤回された。1924年からの社会主義時代には、ソ連の影響下で農耕や都市・定住地の建設が進められ、牧畜の集団化が行われた。それでも、移動しながら牧地を利用するという基本的なかたちは変わらなかった。しかし、1990年代からのモンゴル国における土地制度の改革の動きは、それまでの牧畜のあり方を根本から変えてしまう可能性がある。この点で、20世紀初頭の清朝政府による「蒙地開発計画」と共通するところが多い。

　モンゴル国における牧地問題は、現地の人間がグローバル化や開発にどのように対応するかという問題の一つの例といえる。ここでは、20世紀初めの清朝によるモンゴルの土地政策とモンゴル人の反応に触れてから、1990年初めからの国際機関を中心とする牧地に排他的な財産権を設定しようとする動きに焦点をあて、モンゴルの土地・牧地制度について考えていく。

(1) 清朝のモンゴルに対する土地政策 —— 蒙地開発計画

　モンゴル人牧畜民は、モンゴル人王侯が領民として治めていたが、17世紀末以降、現在のモンゴル国の領域に住む人々は、清朝の支配下へ入り、盟旗（めいき）制度という行政・軍事組織に再編されていった。複数の旗（き）からなる上位の行政単位が盟（めい）である。モンゴルの王侯は、それまでの領地と領民が属することになった旗を管理する管旗公（ザサグ）として封爵され世襲が認められた。その際、旗の土地は、王侯から皇帝に一度ささげられ、旗の地図が清朝に提出された。そして、皇帝から旗の領地が「給地」されるとともに、彼らは旗長として理藩院を経て皇帝によって任命され旗を治める印章が下付される。ただ、これは旗の土地・管旗公・皇帝の関係を象徴的に表した図式であって、実際には、乾隆年間（1736〜1795年）から旗の境界が定められた際に地図が作られたことが文献にあるものの、当時の地図はほとんど残っていない。嘉慶年間（1796〜1820年）までは旗と旗の境界はまだ係争中のところが多く、また、西部の地方では、盟と盟との境界は決められていても、旗の境界はそもそも定められないことが普通であった。

　光緒年間（1875〜1908年）の後半まで、清朝は、モンゴルを遊牧の行われる場所として理解していたといえる。モンゴルの土地は、近代の国民国家のように主権のおよぶ空間としての「領土」である前に、遊牧の民が遊牧を営む「牧地」であったのである。牧地は名目上皇帝から給付されたものではあるけれど、遊牧という生業に皇帝は直接関与せず、牧地の利用はモンゴル人自身が調整していた。旗の境を越えて遊牧すれば厳罰に処すという法令があったものの、実際には牧地の境界は弾力的に運用されていたのである。例えば雪害や干害といった自然災害の際は、盟が主導して旗の外にその領民と家畜を移動させることもまれではなかった。

　しかし、1860年ロシア帝国と清朝政府の間で北京条約が締結されると、ロシアは、現在のモンゴル国の地への影響力を強め、その後タルバガタイ条約（1864）、ホブド界約、オリアスタイ界約（1869）などロシアにとって有利な国境条約が清朝と結ばれる。このようなロシアの南下政策に対抗するため、

第6章　牧畜・農業と土地利用

清朝は、モンゴルへの統治を強化する必要性に迫られた。かつて、清朝の為政者である満洲人にとって、モンゴル人は、圧倒的多数の漢人に対抗するための軍事的同盟者であった。そのため、モンゴルへの漢人入植を禁止してモンゴル人の牧地を保護するとともに、モンゴル人と漢人の接近を恐れて、「漢字漢文の禁」、「蒙漢通婚の禁」、漢人のモンゴル貿易制限といった隔離政策をとってきた。ところが、アヘン戦争（1840～1842 年）以降状況は大きく変化した。日清戦争（1894～1895 年）の賠償金の負担などで、財政が破綻し、漢人の不満が高まるとともに、モンゴルの騎馬軍事力の重要性が相対的に低下して、漢人に対抗する満洲人の同盟者としてのモンゴル人の地位に変化が生じた。モンゴルの騎馬軍事力の重要性が相対的に低下したのである。その結果、清朝は、それまでの政策を 180 度転換し、モンゴルに漢人を多数入植させることによって、ロシアの南下政策の圧力に対抗し、モンゴルに対する主権を守ろうとした。

光緒 32 年（1906）、理藩部は、モンゴルの各旗の事情について、各地の将軍や大臣を通じて各部の盟長に照会して調査した。この調査の結果を待って、宣統 2 年（1910）、それまでの盟旗制度を廃止して、立憲君主制のもとでの漢人官僚によるモンゴル直接統治の体制に移行するための政策的な研究を始めた。この年にはモンゴル人と漢人とを隔離する法律も全廃された。こうして現在のモンゴル国の地において、漢人による統治が始まろうとしたのである。つまり、清朝にとって、モンゴルの地は、牧地であることをやめ、直接統治と開発の対象の空間となったのである。これに対してモンゴルでは、既得の権利を奪われる領主たちだけでなく、経済的な負担の増大や生活の基盤が失われることを恐れた一般のモンゴル人の不満も高まり、外モンゴルでの新政はほどなく撤回されることになった。そして、1911 年の清朝崩壊の際のモンゴル国独立宣言へとつながってゆくのである（上村 印刷中）。

(2) 市場経済への移行と「コモンズの悲劇」

1990 年代国際援助機関から土地私有化の圧力は、このような清朝時代の

歴史的な記憶をモンゴル人に呼び起こしたといえる。1997年土地法が改正されると、国会議員で著名な詩人であったO. ダシバルバルは、「土地戦争」が始まり、伝統的な遊牧文化の美点が失われ、中国人に土地が奪われてしまうと、モンゴル人の民族主義的な感情に訴えた。彼の一連の発言は、広い支持を得た。それは、彼の言説が、民族的排他的意識をあおり、伝統文化を無条件に賛美する典型的な本質主義言説ではあるけれども、土地私有化によって遊牧ができなくなるという多くのモンゴル人が抱く直観に基づいていたからである。

　モンゴル国は、新しい国家の目標を資本主義市場経済体制での発展とする一方、民族文化を国民統合の手段とした。遊牧は民族文化の基盤と位置づけられ、1992年の新憲法では、5条5節において、「畜群（家畜）は国民の富であり、国家の保護を受ける」とし、6条3節では牧地の私有化を認めていない。

　これは、モンゴル国の市場経済化を支援する国際機関の目には、矛盾と映ったことだろう。スニース (Sneath 2001: 42) は、ADB（アジア開発銀行）が1994年度のモンゴル国の農牧業部門についての調査報告書の中で、土地の私的所有のための新土地法の制定を強く提唱していたことを指摘する。そして、その法律の目的を「生産性を最大化し、土地を損傷や悪化から保護するプラスのインセンティブを、牧畜民・農民およびその他の者に与えるため」と、報告書から引用する。これは、憲法による禁止にもかかわらず、ADBの土地私有化の視野には、牧地も入っていたことを意味する。

　1994年11月11日、新土地法は、土地改革に関連したローンの絡むADBの圧力をモンゴル政府が受け入れるかたちで成立した。しかし、実際に成立した土地法には、ADBの要求した土地の所有権も、牧地利用についても満足する規定はなかった。土地法は、所有権、保有権（長期の排他的使用権）、使用権の三つを定義しているが、規定があるのは保有権、使用権の二つについてだけである。ADBはこの法律の規定のあいまいさ、一貫性のなさを批判し、それをうけて1997年1999年2002年と三度にわたる改正が行われた (ADB 2002: 4-5) が、所有権についての規定が追加されることはなかった。

第6章　牧畜・農業と土地利用

1997年の改正では、冬営地と春営地の家畜囲いなどの建造物の下の土地に対する保有権が認められ、土地料支払法、不動産登記法、測地・地図法など他の土地に関する法律が制定された。ダシバルバルが「土地戦争」が始まると喧伝し始めたのは、このころである。2002年3度目の土地法改正では、農地の保有権の移転と担保が認められた。この2002年の土地法改正に伴い、居住地と農耕地について期限つきの私有化を行う土地私有化法が制定され2003年3月から施行された。この法律の対象には、もちろん牧地は含まれていない。

　この法律によって居住用の土地がモンゴル国市民に無料で私有化されたにもかかわらず、首都ウランバートルなど都市やその周辺を除き土地の私有化は進まなかった。そして、2005年、2008年、2012年とこの法律も3度改正され、当初の2003年5月1日から2005年5月1日までの無償私有化期限が、それぞれ2008年、2013年、2018年まで延長された。ダシバルバルは土地戦争が始まると予想したが、無料といっても手続きに時間と経費がかかり、それほどのコストを払ってまで土地を手に入れようという国民は少なかったからである。将来市場価値がでることが見込まれる、地下資源を埋蔵する土地や首都ウランバートルなどの都市やその周辺は、かなり早い時期に囲い込まれすでに取得されてしまっていた。「土地戦争」は、一般の市民が参戦する前に決着がついていたのである。

　ADBの強引な土地私有化政策は、新自由主義経済学を奉じていたIMF（国際通貨基金）や世銀（世界銀行）に主導され、ロシアなど旧社会主義国の経済に壊滅的な影響を与えた「ショック療法」的市場経済化政策の一環といえる。私的所有が市場経済の基盤であれば、モンゴルの市場経済化を貫徹するには、牧地も私有化の例外ではありえない。有名なハーディンの「コモンズの悲劇」テーゼは、環境保全の面からもそれを正当化する論理を与えた。

　牧畜民は、共有牧地の悪化に構わず、自分の家畜を増やすという自己の利益を最大化する経済的合理行動をとり、そしてその結果として牧地が荒廃してしまう『悲劇』が起こるというのが、ハーディンの説く「コモンズの悲劇」である。このような悲劇を回避するため、「共有地」を私有化するか、国有

321

化つまり政府による規制が必要とされる。家畜が私有なのに土地は共有のままなので悲劇が起こるわけだから、「共有地」も私有化すればその土地が適正に管理維持されるようになる。土地を私有する主体にその管理を任せれば、計画的な長期利用をするだろう、つまり牧地の私有化が環境悪化の解決策と考えるのである (Hardin 1968: 1244)。

フラトキン (Fratkin 1997) によれば、1970〜1980年代アフリカの乾燥地帯において、牧畜に対して行われた、国際援助による大規模開発は、その多くがこのテーゼから発想を受けていた。世銀やUNEP (国際連合環境計画) による土地の全面私有化や牧畜生産の商業化プログラムの根拠となったのである。それらは、牧地の私有化、牧畜の商業化、遊牧民の定住化に重点をおいていた。その背景となったのが、当時重要な環境問題とされていた、1970年代サヘルに起きた干ばつによる「砂漠化」であった (Fratkin 1997: 236-240; 太田 1998)。

牧畜開発における当時の主流的な考え方は、「世界の大多数の牧地は砂漠化が進んでいる。多くの場合、それは過放牧に原因があり、過放牧の原因は家畜の増加である。砂漠化に対する技術的な対抗手段はあるが、牧畜民の伝統的経済・社会的システムがその採用を阻んでいる。特に問題なのは、土地の共有制度である。土地の私有化によってその問題は解決できる。中央官僚組織を通じた、家畜数制限などについての科学的助言によって、牧地利用が行われるようになるから」(Fratkin 1997: 250) というものであった。しかし、世銀によって強力に提唱された私有化・市場経済化政策、つまり経済発展・牧地経営改善のためとされる政府の牧畜民に対する干渉政策は、ほとんどが惨憺たる結果になった。環境悪化・経済的不均衡・食糧供給の不安定が起こり、牧畜民が土地への権利を失うという事態が増加した。多くの援助機関はこの結果を見て、乾燥地域への援助はその効果がほとんどみられないとして手を引いた (Fratkin 1997: 250-251)。

ハーディンのこのテーゼは、内モンゴルでも牧地の個人への割り当ての根拠とされた (6章6-3節)。その結果、当初の期待に反する、牧地環境の大規

模な悪化が発生している[1]。多くの牧畜民は、子供が都市の給与所得者になることを望んでいるため、環境保全という長期的利益より土地の過剰利用による短期的な利益を優先させ、教育に投資する傾向があることも指摘されている（Humphrey and Sneath 1999: 273; 山田 1996）。

　社会学では、このテーゼは、2人間ゲームである「囚人のジレンマ」をN人に一般化した「社会的ジレンマ」として定式化される。研究では、このゲームを演ずる実際の人間は、古典的なゲーム理論で想定されているような合理的人間でないこと、協調により多くの利益を得る状態が社会的に作り出されることが指摘されている（山岸 2002）。また、協力という非合理的行動をとる傾向は、(1) 状況に関する情報や知識の提供、(2) 他者の行動に対する期待や信頼の増大、(3) 集団凝集性や集団帰属意識の増大、(4) 意思決定の公表といった条件のもとで強化されることも研究されている（盛山・海野 1991）。

　ハーディンのいう「悲劇」は、「合理的行動をとる経済的主体」という前提から不可避的に帰結される結論であって、その前提自体が人間のある特定の性質を一般化した「特殊な」前提であるといえる。これは、経済学における古典的な主体であり、新自由主義経済政策と親和性を持つとともに、一見分かりやすい論理として現在も強い影響力を持っている。

　ハーディンのテーゼのアフリカにおける開発への応用については、牧畜地域での土地悪化は、一般化された過放牧ではなく、むしろ機械井戸や町の周

---

[1] 内モンゴルでは、いわゆる「生態移民」政策が依然継続して行われている一方、それまでの中国における牧地政策、つまり牧地の割当て政策を批判する論調も中国の研究者や地方政府の役人からさえも出始めている。例えば、*Nomadic Peoples* 誌の特集号 (12)2, 2008, *Movement and Settlement among Mongolian Herders in China and Mongolia* 掲載の Xie and Li 2008 や Zhizhong and Wen 2008 を参照されたい。前者は、シリン・ゴル盟で牧地の割当て政策以降も牧畜民は必要に迫られ行政区の境を越える長距離のオトルを行なってきたが、以前のように容易にはできなくなったため、それが原因で牧畜民の収入減と牧地の悪化をまねいたと指摘する。後者は、現在の牧地請負制度と牧地の柵を撤廃し、'free nomadism' に回帰するべきだと主張する。ただし、牧畜民の数は減らし、優秀な牧畜民だけを残すことが必要だとしている。

辺に人・家畜が集中する人・家畜分布の不均衡によるという批判が出されている (Fratkin 1997: 241)。これらは、現在のモンゴルの状況にもあてはまるだろう。さらに、気候学者たちからは、砂漠の南下は誇張されているし、1970〜1880年代のサヘルの干ばつの原因は、一般にいわれているような「過放牧」ではなく、エルニーニョなどの地球規模の気候変化によるという批判が提出された (Fratkin 1997: 242)。これも、砂漠化の原因を牧畜民に押しつけるという点で、現在内モンゴルで行われている「生態移民」をめぐる状況にも通じる (6章6-3節)。

(3) 1990年代以降のモンゴル国における牧畜の状況

家畜の増加と畜種構成比の変化

　以下に、モンゴル国の牧畜に開発が必要とされた背景について概観しておこう。1992年新憲法の発布によって、モンゴルは、社会主義国であることをやめ、国名もモンゴル人民共和国からモンゴル国となった。市場経済体制への移行の結果、牧畜民世帯数は、1990年の7万5000から2001年には18万5500とほぼ倍になった (World Bank 2003: 16)。新参者のもつ家畜の数ははじめから少なかったこと、また牧畜経営の責任が牧畜民個人に帰されたことで、牧畜民それぞれの経験や技術によっても貧富の差は広がったといわれる。

　一方、1993年からゾドが起こる直前の1998年まで、家畜の数は劇的に増加している。この一番の原因は、ネグデル（牧畜協同組合）の担っていた流通システムが崩壊したことである。

　上に述べたように、1990年代初め、牧地を私有化し土地市場に流通させることは、モンゴル経済の市場経済化の貫徹であり、牧畜民にとっては土地に対する権利の保障、牧地管理や投資の成果の保障、また土地を担保にした信用形成につながるとされた。牧地の私有化は、結局モンゴル人や外国のモンゴル研究者たちの反発にあって実現されなかったが、クリントン時代のワシントン・コンセンサスに則ったIMFや世銀の主導によって行われた、フ

第6章　牧畜・農業と土地利用

リードマン流の「ショック療法」は、ネグデルの解体や家畜の私有化にとどまらず、牧畜経営を成り立たせてきた制度や社会インフラ、教育・医療などの社会サービスを根こそぎ消滅させるに近いものだった。

その結果、国レベルでの家畜頭数が増加し、研究者の中には、家畜を私有化したことが牧畜民の牧畜経営に対するインセンティブを高め、それによって牧畜の生産力が上がり家畜数の増加つまり牧畜の発展をもたらしたのだと主張するものもいた[2]。皮肉なことに、1990年代末から2000年代初めのゾド以降、現在では、家畜頭数の増加は、環境に対する負荷の増大として、ネガティブな価値が与えられることがほとんどである（上村 2008）。

家畜頭数増加の最大の原因は、牧畜民の牧畜経営に対するインセンティブが高まったことではなく、畜産物の流通ルートがなくなったからである[3]。

ネグデルが担っていた、地方から中央への流通システムによって、肉などの牧畜産品は、牧畜民の手元から集荷され市場に送られ、逆に、工業製品などの商品は中央から地方へ流通した。牧畜民には毎年高いノルマが課せられたが、冬の初めの一斉屠殺・出荷[4]によって越冬する家畜数が制限され、それがゾドの被害を少なくし、家畜全体の増加も抑制していたのである。1980

---

[2] 当時会った地方の役人や牧畜民のほとんどがこの見解を否定した。彼らは、「社会主義時代に建設された生産力を上げるためのいろいろなインフラが壊れたので、牧畜民の生産能力が上がっているはずがない。むしろ落ちているはずだ」と言った。かといって、彼らが市場経済化に反対し社会主義の時代を手放しで賛美していたというわけではなく、市場経済化の方向性そのものには賛成していた。日本でもテレビなどのメディアが市場経済化の負の面も伝えるようになり、このように実態を把握せず市場経済化を賛美することは少なくなった。

[3] この当時短期間でもモンゴル国で生活したことのある人なら、食料品店に肉やその他の食料品がほとんどなかったことを思い出すだろう。食料品を買うには、配給切符が必要だった。この様子は、日本のテレビでもしばしば放映された。都市に住むモンゴル人は、親族関係を頼って肉を入手した。

[4] 冬・春の間は牧地の草の量は減っていき、家畜の体重も増加することはない。また、冬のはじめ、1日の最高気温が零度を下回るようになると、家畜の肉が凍り腐ることはない。それで、この時期に越冬用の食料として家畜をまとめて屠殺する習慣がある。牧畜民のネグデルへの家畜の出荷もこの時期に行われた。

第 2 部　人間活動と生態系ネットワーク

年代末に地方人口を上回った都市人口の需要を支え、さらに高い水準の輸出を維持できたのも、このシステムがあったからである。それが崩壊し、年間総家畜頭数の数％に達する旧ソ連圏への輸出も、ロシアの経済の混乱とともに停止した[5]。

　また、ネグデル解体・家畜私有化の際に家畜の割り当てを受けた、所有家畜頭数の少ない世帯が数多く生まれた。彼らは、早く家畜頭数を生計維持水準以上に引き上げようと、家畜を売らない「生計維持的」な経営方針をとった。所有する家畜の数を減らさず、毎年生まれ増加する家畜の増加分だけで、自家消費と必要な現金収入を得るには、どれだけ少なく見積もっても、ヒツジ・ヤギを 100～200 頭以上保有していることが必要だ。その水準に達するまで、家畜を多く所有する家族や親類縁者に頼って自分の家畜は減らさないでおこうとするのである。将来への不安も、資本としての家畜をなるべく減らさないでおこうという戦略に拍車をかけた。さらに、国際市場があり価格が高いわりに重量が軽いため流通ルートが早い時期に形成されたヤギからとれるカシミヤ毛が限られた現金収入の手段となった。ヤギは、ヒツジに比べ、肉がモンゴル人に好まれないこともあって消費されず、カシミヤを取るには屠殺する必要もないため、数が急増し、それまでの家畜の構成比に大きな変化を与えた。

　家畜数増加のもう一つの要因は、1990 年代初めの急激なインフレである。その結果、価値が急速に目減りしていく貨幣に畜産物を換えること、つまり売ることは得ではない状況が生まれ、かわりに物々交換が広く行われるようになった。これを見てモンゴルにはいまだ貨幣経済が浸透していないと評する経済学者まで現れた。貨幣による商品売買に比べ物々交換は効率が悪く、これも牧畜民が家畜を売らず、家畜頭数が増える原因となった。

---

[5]　ハンフリー・スニース（Humphrey and Sneath 前掲書: 232）によれば、19 世紀末少なく見積もってヒツジ換算で百万頭の家畜が、毎年現在のモンゴル国にあたる外モンゴルから中国に「輸出」されていた。これは、当時の総家畜頭数のおおよそ 5％にあたるという。また、ネグデル時代の 1985 年でも、全国家畜頭数ヒツジ換算で約 4500 万頭のうち、4.7％にあたる家畜が、精肉あるいは生体として輸出されていた。

ネグデルの崩壊によって、牧畜民は自分で畜産物の販売ルートを開拓しなければならなくなったが、自力でそれができる牧畜民は限られていた。物々交換によって、牧畜民は、県やソムセンターからやってくる商売人たちに、家畜を安く買いたたかれ、粗悪な中国製の日用品を高く買わされた。

1990年代初めのショック療法的な市場経済化政策によって、その影響を考慮し対策を講ずることなく、ネグデルが解体された結果、かえって市場の基盤となる商品流通そのものが壊れてしまったのである。

家畜と牧畜民の移動

さらに、中央計画経済による畜産物や商品の価格統制が廃止され、価格自由化が行われた。その最大の影響として、特にモンゴルの西部地方からウランバートルのような大きな市場に近い中央部への家畜と牧畜民の移動が起こっている（7章7-1節）。この移動は、温暖化による南から北への移動のように、住民登録をともなわない一時的なものではなく、住民登録そのものを中央部の県に移す転入であり、一つには1992年憲法によって住居選択の自由が保障された結果である。

価格自由化によって、市場から遠い地方に住む牧畜民は、それまでいわば国が負担してきた輸送コストをみずから負担しなければならなくなった。それも二つの方向で、つまり、畜産物を売るときには市場までの輸送コスト分安い価格で売り、日用品などの商品を買う場合には輸送コスト分高い価格で買わなければならなくなったのである。それに地方の教育・医療といった社会サービスの質には、ウランバートルなどの都市と比べかなりの格差が現在でもみられる[6]。

西部地方から中部地方へ転入することによって、牧畜民世帯の牧畜部門収入は約2倍、非牧畜部門の収入は約3倍になるという（Fernandez-Gimenez et

---

[6] ただし、同じく市場から遠くても平原が広がり道路がよく中央への輸送コストが相対的に低いモンゴル国東部からの牧畜民の移動は少ない。東部は、牧畜を営む環境として優れているという理由もある。

al. 2008: 45)。これは牧畜部門における有利さだけでなく、牧畜以外のビジネスのチャンスが格段に増えることも意味している。もちろん、西部の牧畜民には家畜にかかる税の減額措置があるなど（2012年現在、ゾドの被害からの回復のため全国的に家畜への課税は停止されている）、全く対策がとられていないわけではないが、中央部への移住を止めることはできていない。

　この移住によって中央部の家畜密度が増え、牧畜民同士、特にもともとそこにいた牧畜民との牧地争いが起こるようになった。外から移住してきた牧畜民が多い地方は、相互信頼などの社会関係資本が少ない。住民登録を移し移住してきた彼らを包括した地方のコミュニティの形成が重要となっている。

　市場経済化という国家のスケールでの政治・経済的な変化のほか1990年代からモンゴルの牧畜がおかれている、もう一つの大きな変化はグローバルなスケールでの気候変化、つまり温暖化とそれによる乾燥化である。

　地球規模で進んでいる温暖化は、モンゴルでは他の地域より速い速度で進んでいるといわれる。その結果、不安定な気候、年間の降水パターンの変化、地下水レベルの低下、泉・湖・河川の消滅あるいは縮小といった現象が観察されている。

　温暖化は、土壌の水分の蒸発をうながし、乾燥化をもたらす。モンゴルにおいて、降水量が少ないにもかかわらず、牧草がよく生育する牧畜に都合のよい条件が成立しているのは、モンゴル高原という高度が高い場所に位置し、したがって年平均温度が低いからである。

　また、はっきりとしたデータはないが、年間の総降水量に大きな減少はないものの、降水量のピークが、5月半ばから8月半ばにかけてから9月以降に移動していることも、牧草の生育に大きな影響を与えているらしい。草の生育には、降雨・温度・日照の三つの条件がそろうことが必要である。9月半ばには1日の平均気温が落ち込むとともに日照時間も目に見えて短くなってくる。9月でも暖かいゴビ地方は別として、降雨のピークが9月以降になると、温度・日照の二つの条件が欠け牧草が育たない。モンゴルでは、夏だけが草の生育期で、夏生長した牧草を1年を通じて家畜の食糧とする。また、

草の生育期に雨が少ないことは、草の生産量全体が減るだけでなく、乾燥耐性のある「ホギーン・オルガマル」（家畜の食べない「ゴミの草」）や「ガショーン・ウブス」（毒性のある成分を含む「辛い草」（キク科ヨモギ属の植物 *Artemisia* spp.）やマオウ科マオウ属の植物（*Ephedra* spp.）など）を増やし、家畜が好むイネ科の植物（*Stipa glareosa, Stipa gobica, Agropyron cristatum* など）を減少させる。

　この温暖化・乾燥化が原因で、モンゴルの牧畜社会に大きな変化が起きている。乾燥化が進み恒常的な干害状態となった南から北への家畜と牧畜民の移動である。それが特に顕著にみられるのは、ドンドゴビ県に接するトゥブ県の南の地方である。恒常的な干害状態で十分な牧草が育たなくなったドンドゴビの牧畜民が、家畜を連れて北に隣接するトゥブ県の牧地にやってくるケースが増えているのである。ドンドゴビからの牧畜民は、自分たちの牧地に雨が降り草が生えれば、ドンドゴビに戻るのが普通だが、降雨がなく、3年間もトゥブ県に留まるケースもみられた。

　総体的な牧地の不足に加えて、越冬のために使用せずに保全しておいた冬営地や春営地周辺の牧地に、ドンドゴビからの牧畜民が家畜を入れて牧草を食べさせてしまう問題などが原因で、地元の牧畜民と衝突が生まれている。

　2006年9月調査したトゥブ県セルゲレンやバヤンウンジュールなどの郡では、8月の間に湖の周りの牧地にドンドゴビ県からの牧畜民が家畜を連れてやって来ていたが、ドンドゴビに雨が降り、ヨモギの一種モンゴル名アギ（*Artemisia frigida*）などの家畜の好む草が生えると南に戻って行った。

　しかし、2008年9月のトゥブ県ウンドゥルシレート郡では、地方選挙を前にして開かれた村会議でドンドゴビからやってきた牧畜民の問題が話し合われていた。ドンドゴビではその年もひどい干害で草が育たず牧畜民が家畜を連れてこの郡にやってきて、越冬のための冬営地の牧地で家畜に草を食べさせる例が後を絶たないと彼らは言う。第3村の会議では、強硬に彼らを追い出すことを主張するものもいたが、大方の参加者は、彼らを力ずくで追い出すことはできないという意見だった。それに対し、第1村の会議では、半数以上の出席者がなんらかの強制が必要だという意見に同調していた。この

ような状況が続けば自分たちの牧地も使えなくなりドンドゴビの牧畜民との共倒れになると主張して、自分たちが使ってきた牧地を外部の人間から守る防御的な立場をとらざるをえないとする。しかし、同時に、彼らはそれが両刃の剣であることも理解していた。2003年やはりドンドゴビからの牧畜民が大挙してやってきて、ここで「蹄のゾド」(ある場所に家畜が集中することによって発生するゾド)が起こり、彼ら自身も別の郡に移動せざるを得なくなった。そこでやはり地元の牧畜民の防御的・排他的な態度に苦しめられた経験があるからである。また、トゥブ県の北の地方の郡にある、旧国営農場の秋刈り取られた後の畑にオトル(緊急避難的移動)をする世帯もあり、ドンドゴビの牧畜民を追い出せば、立場が変わって自分たちもオトルができなくなってしまうのである。

　乾燥化の影響は、南の地方だけでなく、アルハンガイ県のような比較的降水量が多い地域でも表れている。2007年夏のイフタミル郡での調査では、それまで毎年夏使っていた牧地を流れる河川が部分的に干上がり、干上がっていない場所に家畜が集中することから、イフタミル川に夏営地を求めて移動距離をのばすという移動パターンの変化が必要になっていた。

　このように、地球規模の温暖化は、モンゴルの牧畜に大きな影響を与えている。市場経済化が西部からの移動を引き起こしたように、温暖化も南から北への牧畜民と家畜の移動を引き起こし、首都ウランバートル周辺の中部地方への一方向的な集中を加速させているのである。

(4)「コミュニティ」を基盤とした自然資源管理モデル(CBNRM)と牧地法案

　上で述べた状況も含め、新しい時代に適合した牧地使用調整のしくみの形成は、モンゴルの牧畜部門への国際援助における、大きな目的の一つとされている。しかし、開発の焦点は、1990年代初めの「中央計画経済」から「市場経済」への移行から、1990年代半ば以降は「環境」、「貧困」、そして「持続可能性」にと移されてきた。

第 6 章　牧畜・農業と土地利用

　1999 年から 2001 年にかけてふた冬連続してゾドが起こると、遊牧の自然災害に対する脆弱性が問題とされ、定住・集約的牧畜つまり酪農への移行の必要性が唱えられた。2001 年当時首相でのちに大統領となった N. エンフバヤル（2013 年 2 月現在収賄罪で収監中）は、牧畜民の数を全人口の 3 分の 1 から 10 分の 1 に減らし移動を制限して主要道路沿いに定住させる構想を発表した。これには、国の内外から批判が起こり具体化しなかった（ロッサビ 2007）。しかし、多くの牧畜民や国民に、定住化と酪農への将来の移行が政府の基本方針であるという印象を与えることになった。
　1990 年代のハーディンの「コモンズの悲劇」テーゼに基づいた牧地私有化政策の導入が失敗したことが明らかになると、国際機関はそれに代わり「コミュニティを基盤にした自然資源管理」"Community-based natural resource management"（CBNRM）という開発のモデルを提唱するようになった。そして、「1999 年以降、モンゴルは事実上コミュニティを基盤とした草地管理の実験場と化し、12 以上のドナーや NGO がスポンサーとなったプログラムにより、2000 以上の「牧畜民グループ」または「牧地利用者グループ」が組織された」（Fernandez-Gimenz et al. 2008: 3）のである。この間、CBNRM プログラムのドナーたち、例えば SDC（スイス開発協力庁）や UNDP（国連開発計画）は、牧地法草案の策定に深く関わっている。草案を作成するにあたっては、初期の段階で中国の草地法が模範とされた。2004 年には、牧畜民を動員して牧地法制についての国民大会を開催し、牧畜民の牧地への権利を強めるための、土地法の改正を求める決議を出させた。
　牧地法草案は、10～20 世帯からなる牧畜民グループに牧地を保有させようとするもので、2008 年 3 月 27 日の草案によれば、冬・春の牧地に「牧畜民グループ」による保有を認め、「牧畜民グループ」の社会的・地理的境界の画定、牧地使用計画の作成、「牧畜民グループ」と各成員間が契約を結ぶこと（13 条）、牧地の状態について国家認定を受けたのち当該地方の土地管轄機関と保有契約を結ぶこと（17 条）、保有した牧地を悪化させない義務（柵で囲うなどの対策）（18 条）、これに違反して牧地を悪化させた場合その牧地が没収されること（22 条）、牧地保有権利証書の譲渡を認めること（20 条）、

牧地の牧養力（Carrying Capacity）を越える頭数の家畜を飼うのを禁止すること（25条）が規定されている。「牧畜民グループ」が牧地保有（排他的利用）の主体となり、①成員・非成員の明確化と牧地境界（社会的・地理的境界）の明確化、つまり基本的に保有権が与えられた牧地から出ないこと、②国家によって認定された環境容量を越える数の家畜を飼わないという牧地環境保全の義務が定められているのである。

　牧地法草案の問題点は、まず保有した牧地が悪化したとき、その責任が保有者に課せられることである。アフリカの例でみたように、牧地悪化は、過放牧のような牧畜民による不適切な使用というより、温暖化など気候変化による乾燥化が主な原因であるケースが多い。仮に不適切な牧地使用があったとしても、それがどこまで牧畜民の責任によるものなのか、気候変化によるものなのかを区別することは不可能である。また、中国内モンゴルの例で報告されているように、柵で牧地を囲って保護することは、囲った自分の牧地を使わず共有地として残された土地をより激しく使うことで、牧地の総体としてはむしろ悪化がより進行する（Taylor 2006: 379）。さらに、囲いを建てる財力のある牧畜民の牧地は守られるが、囲いを建てる財力のない牧畜民の牧地は、他の牧畜民に共有地として使用されてしまい、そこから牧地全体の悪化が始まる。

　もう一つは、保有権の権原となる証書の譲渡と担保が認められていることである。牧地を担保にして資金を借入れることによって、牧畜民は牧地や牧畜経営への投資ができ、牧畜民にとって非常に有利な規定だと説明される。問題は、牧地に商品としての価格がつくかということである。第13条は、牧地保有のできる牧畜民グループの成員の条件として、その土地に生活し牧畜を営んでいる者であることを課している。一方、多くのCBNRMプログラムでは、ある牧畜民グループの地理的境界のなかに住む牧畜民は、すべて自動的にその牧畜民グループに属することが原則とされる。そうでなければ、牧地環境の有効な保全はできないと考えるからである。そうすると、買い手がその土地を牧地として使用するために買い取ろうとするならば、そこに生活し牧畜を営んでいなくてはならず、買い手と売り手は同じその牧畜民グ

第6章　牧畜・農業と土地利用

ループでなければならないということになる。そうでなければ、そこで牧畜を営む牧畜民を入れ替える必要が出てくる。そのようなことは現実的でなく、結局その牧地に商品としての価値は付かない。一般的に地方のすべての土地に価格がつき、土地市場が成立すると考えるのは幻想であろう。もし、銀行が牧地を担保に資金を貸すとしたら、牧地からの転用を見越して、ツーリストキャンプや鉱山としての価格がつく牧地のみに貸すであろう。この規定は、牧地をツーリストキャンプや鉱山として収容する手段としてもっぱら用いられることになり、そのような牧地を保有しない牧畜民がこれによって利益をえることは少ないと思われる[7]。

牧地法案は、CBNRM プロジェクトのドナーたちの牧地保全の理念を反映したものであるが、その理論的根拠には、オストロム（Ostrom 1990: 90）のいうコモンズ長期存続のための設計基準 ──「明確な境界」や小さな資源サイズ ── が使われている。CBNRM プロジェクトは、現行土地法で認められている短期の牧地使用権を援用しながら、この牧地法を先取りしたかたちで、牧畜民グループによる牧畜民保有権を実質的に実現させているのである。

しかしながら、これらのプログラムが成功しているとは言いがたい。実際、プロジェクトで結成された牧畜民グループが、プロジェクトが終了して資金援助がなくなったあとでも存続しているという例はまれだ。牧畜民グループが外国のドナーから金を取る方便に過ぎないという見解は、多くのモンゴル人が口にすることである[8]。また、プロジェクトが実施されている現場でも、家畜頭数制限による牧地保護は、1990 年代以降行政が積極的に行ってこなかった、季節による牧地使用制限（特に冬・春の牧地の夏・秋の間の使用制限）に読み替えられている（Kamimura 2013: 197; Schmit 2006: 20）。環境保全という同じ目的の実行可能な規制に置き換えられているのである。

---

[7] より最近の 2010 年 3 月 13 日付けの草案 14 条 1 の 1 では、権利証書の担保・売買・譲渡は明確に禁止されている（Kamimura 2013: 192）。

[8] 現地調査では、自分が牧畜民グループのメンバーにされていることを知らない牧畜民が何人もいた。さらに、グループのリーダーとして名前だけ貸していると答えた牧畜民もいる。

CBNRM プログラムがうまくいかないもう一つの理由は、牧畜民グループが牧地という環境を共同で適正に利用する単位としてだけでなく、経営の単位としてもみられていることであろう。実際、ほとんどのプロジェクトにおいて、牧畜民グループは、将来協同組合（ホルショー）に「昇格」することが期待されているが、牧地の適正利用と営利の二つの目的は一つの単位にうまく重ねることは難しい。さらに、貧困世帯の収入の多様化を支援するなどの貧困対策も牧畜民グループの重要な役割とされているが、効率的な牧地利用に結びつくとは思われない。収入を多様化すると、それだけソムセンターなどインフラのある場所への依存を強め、そこから離れて牧畜をする妨げになるからである。それに、家畜の多い世帯と少ない世帯とでは経営戦略が異なり、様々な場面で利害がぶつかる。
　しかし、一番の問題は、小規模なグループに小規模な牧地が割り当てられることによって、グループ内では合意を形成するのもそれが破られたときの罰則を課すのも容易になるが、その反面外部の人間に対する排他性が強まり、広域で牧地を効率的に使用することができなくなることである。
　2007 年夏調査したアルハンガイ県イフタミル郡の Green Gold プロジェクト・コーディネーターは、何度か牧畜民グループのサイズを変えてみた末にたどり着いた結論として、「牧畜民グループの規模を小さくすればするほど合意が形成されやすくなるが、それだけ牧地利用の調整が難しくなる」というパラドックスがあると語ってくれた。コミュニティを実体的に組織しようとすると、その規模は小さいほうがよい。情報の伝達や合意の形成に至る交渉コストが小さくなるからである。また、協調行動をモニタリングし協調行動を破った者を罰するコストも小さくて済む。ちなみに、これらのコストが最小なのが個人である。しかしその一方で、グループの境界を越えた移動が難しくなり、広域的な牧地利用を調整するコストは増す。
　2009 年 9 月に調査したトゥブ県ウンドゥルシレート郡では、2007 年 4 月からやはり Green Gold プロジェクトが実施され、四つのうちの三つの村に九つの牧畜民グループが組織された。2008 年一つの牧畜民グループが隣の牧畜民グループと合併して八つになった。前者の牧畜民グループが土地がせ

まいのに家畜頭数・世帯数が多く、それと比較すると後者の牧畜民グループが広い土地を少数の家畜・世帯で使っていたからである。この合併話は、プロジェクト開始のすぐ後から話し合われ始め、後者のメンバーを納得させるのにほぼ1年かかった。一度定められた境界は変更しにくいということが分かる。

　同時に、新しい境界による排他的な意識も強まっている。南東の三つの牧畜民グループが、南に隣接する牧畜民グループの境界内にある農耕放棄地に冬家畜を入れようとしたところ、自分たちが利用していないにもかかわらずその牧畜民グループの成員が強く反対し長い交渉の末にようやく利用することができた。また、ある牧畜民は、別の牧畜民グループの境界内にある自分の春営地を20年来使用してきたにもかかわらず、それを放棄するように要求されたという。そして、このようなことは以前なかったことだと不満を訴えた。排他的意識が高まることによって、郡や村全体で牧地を効果的にまんべんなく使用することができにくくなっているのである。

　2012年末の時点でのトゥブ県やウムヌゴビ県の郡の役人へのインタビューによると、CBNRMプロジェクトへの地元の最も大きな期待は、井戸などの牧畜に必要な設備を建設・補修するための資金源になることであり、牧畜民グループによる牧地管理に言及するものはない。牧畜の設備が整備されることには支持するが、一方でプロジェクトによって生じた不公正についても指摘する。例えば、プロジェクトからの補助により10％の出資で井戸を建設した牧畜民が、その地域の他の牧畜民に対して保有権を主張し井戸を使用させないといった状況も生まれている。他に水源がないなら、井戸を使用させないことは、実質的にその周辺の牧地も独占的に利用できるということになる。また、聞き取り調査によると、ほとんどの牧畜民グループは親族関係を中心に構成され、地域の他の牧畜民はグループから排除されているか、従属的な地位におかれていることが多い。これは、ネグデルの解体によって、ネグデルが構築してきた地域の協働ネットワークが溶解し、親族関係だけが残った結果であろう。

　ウランバートルのプロジェクト・コーディネーターたちも、牧畜民グルー

プがうまく機能しないことを自覚している。その原因として、優れたリーダーの不足、モンゴルのコミュニティー成員が流動的であること、政府の無関心、牧畜民世帯がそれぞれ離れて住んでいることを挙げる。また、ヘンティ県で村の3分の1近い土地を少数の牧畜民が要求するなど、牧畜民グループによる牧地保有のスキームを用いて発言力の強い牧畜民が地域のよい条件の土地を占有してしまう例が多々あることも指摘する。牧地保有権が必要である理由としていつも国際援助機関が挙げるのが、貧困世帯など弱者が牧畜資源を利用できるように保障することであるが、その逆の結果になってしまっているのである。

　もちろん、プロジェクトの実施方法がまずかったということもあるだろう。しかし、成功例が数少ないことを見ると、牧畜民グループによる牧地保有というスキームそのものがモンゴルの実情に合わなかったといえる。これを踏まえ、2012年末政府は、村単位で協同組合を結成するという新たな方針をプロジェクト・コーディネーターたちに伝え、ドナーにも説明するように求めたという。政府は、テレビなどのメディアを通じても、牧畜民に対して、畜産物の有利な出荷のために協同組合を結成するよう盛んに呼びかけている。

(5) 所有権アプローチと牧地利用

　以上のように、1990年代初め、欧米や日本から導入された牧地の私有化をはじめとする新自由主義的政策は、モンゴルの牧畜にも甚大な悪影響を与え、その余波は現在も続いているといえる。

　その一つが、牧地に対して所有権を設定する方針であり、それによって影響力のある牧畜民による牧畜資源の独占を促し、貧富の差の拡大に拍車をかけている。また、政府が推進している、より市場経済に適応した形態とみなしている定住的牧畜への移行も、牧地所有権が前提となり、その傾向をさらに強めている。そして、牧畜経営の政府から民間セクターへ、中央から地方への権限の移譲は、実際には国家による牧畜の切捨てであり（Mearns 2004）、

1990年代初めネグデルの解体によって流通の基盤と地域のネットワークを崩壊させただけでなく、中央から地方への財政支出の縮小などによって、牧地の効率的な利用を実現しうるはずの現行土地法を運用できなくさせている。

しかし、1990年代初めの牧地の私有化政策がだめだったからといって、牧畜民グループによるコモンズ所有にすれば問題は解決するというのは幻想に過ぎない。マッケイ（MacCay 2001）が「市場の失敗」にちなんで「コミュニティの失敗」というように、コミュニティがうまく機能しない場合もあるからである。そもそも遊牧民グループがいかなる意味でコミュニティといえるのか不明であるだけでなく、CBNRMプログラムそのものが、上に述べたような1990年代初めからの牧地所有権の設定という国際援助機関の方針に沿ったものといえる[9]。新制度派経済学流の所有権アプローチとして、牧畜民グループに牧地の排他的長期使用権（保有権）を与えその保全に責任を持たせようとする考えは、突き詰めるとハーディンの「共有地の悲劇」を回避するための私有化と同じ論理といえる[10]。しかし、それによって、グループ内部の結束は高まるものの、外部への排他性を高めてしまい、時空間的に変動する牧畜資源の効率的な利用や突然の気候変化から逃れるための、グループの枠を越えた牧地利用（移動）の妨げになってしまう。

もちろん、牧畜に関わる問題として緊急に対処しなければいけないのは、牧畜セクター外の活動によって侵害されている牧畜民の権利をどう守るかであることも事実である。鉱山開発では、牧畜民が知らないうちに、利用していた牧地が鉱山に変わり、また、牧地を採掘した後は原状復帰が鉱山法で課

---

[9] 牧地法法案の『趣意書』（2010年3月13日付）は、「（家畜が私有なのにもかかわらず）牧地を共同で無償で利用してきた伝統的な方法は現在の状況にあわなくなった」、「酪農経営を発展させる法的基礎を整えることが重要」とし、それに添付された『草案の理念』では、「牧地を経済的流通に乗せる……ための法的環境を整える必要がある」としている。http://www.parliament.mn/new/law/project/index/page/5

[10] 外部コストの内部化の必要性を説明するときハーディンの「共有地の悲劇」が例に挙げられる。

せられているにもかかわらず、それを行っている鉱山会社はほとんどない（8章）。さらに、トゥブ県やウランバートル近郊で牧畜民のゲルの目の前の牧地が夜のうちに耕されて畑となり柵で囲われて夏営地への移動ができなくなってしまったというケースや、牧畜の内部でも、政府の有力な大臣の所有する年間維持費が 6000 万トゥグルグかかるといわれる競走馬の大群が傍若無人に牧地を荒らしまわって困るという話も複数の牧畜民から聞いた。どのケースにも共通して言えるのは、相手は中央や地方の政府に相当の影響力があり、牧畜民がいくら訴えても無駄に終わることになる。いずれにしても、牧畜民はこのような活動によって被った被害を全く補償されない。現在のところ、牧畜民の利益を代表する政治組織も存在しない。

しかしながら、それへの対抗として、牧地に対する所有権を設定するのでは、現在農耕地帯になった内モンゴルがたどった道と同じ道をたどることになる。なぜなら移動牧畜を続けるのを難しくし、保有権の事実上の売買によって鉱山開発業者が牧地を取得するのをかえって容易にしてしまうからである[11]。むしろ、現行の土地法における地方行政による牧地利用規制を定めた規定を十分に運用することこそが必要といえる。

---

[11] ウムヌゴビ県では、牧畜民が冬営地を鉱山会社に売却した例を複数聞いた。土地法が冬営地に認めているのは建造物の下の土地の保有権であるが、現実にはその周囲の牧地も売買の対象とされている。また、権利者に処分権はなく牧地からの用途の変更もできないはずで、郡議会での承認などしかるべき手続きをとらなければ違法である。しかしながら、このような牧地の転用に対して郡行政が何らかの規制を行なっている形跡はない。いったん冬営地が鉱山になると、その周辺の牧畜民も牧畜を続けるのが困難になり、結局冬営地を売却することになる。さらに、冬営地を別の牧畜民から安く買い上げ、鉱山会社に転売するということも行なわれている。転売した牧畜民へのインタビューでは、買値は答えなかったものの、6000 万トゥグルグで鉱山会社に売却したという。これは、通常よりかなり高値ということだが、鉱山会社にとっては安い出費であろう。

6-2 モンゴルの遊牧における季節移動
──トゥブ県バヤンウンジュール郡の事例

　草原植生の生産力は年間降水量およびその分布に強く影響される（Sala et al. 1988）。冷涼な気候が卓越するモンゴル高原のおよそ7割は草原植生に覆われ（Yunatov 1976; Zhang 1990）、遊牧がそこで数千年にわたって営まれてきた（Tumerjav 1989, Douglas et al. 2006）。気候条件と自然植生の生産力の変動に適応し、放牧圧を柔軟に調節することが遊牧の特徴であり（Fernandez-Gimenez 2006）、自然環境の持続性に重要な役割を果たしている（Nachinshonhor 2012）。遊牧とは文字通り、家畜を移動させながら、採餌、飲水、塩分を摂取させる生産と生活の様式である。遊牧における移動は大まかに二つに分けられる。一つは気候、植生、水分、塩分などの環境条件の変化に合わせた季節移動、もう一つは日帰り放牧である。

　モンゴルの遊牧における移動を、吉田（1982）、利光（小長谷1983）、Kazato（2005, 2006）は文化人類学の観点から、Bazargur ら（1989）は地理学の観点から、Hamphrey and Sneath ら（1999）は社会人類学の角度から解析している。しかしながら、家畜に不可欠な牧草と水源の確保と密接に関連する移動の契機についての生態学的な視座からの研究はいまだに見当たらない。

　本節では、モンゴル国の乾燥草原において、1世帯の遊牧民の4年間の季節移動の記録を、聞き取り調査と調査地の近くで行った植生調査の結果に照らし合わせることにより、季節移動の仕組みを明らかにする。

(1) バヤンウンジュール郡の概況

　調査はモンゴル国の首都ウランバートルより南南西におよそ135 km離れたトゥブ県バヤンウンジュール（Bayan-Unjuul）郡（北緯47°02′20.36″、東経105°57′23.93″、標高1218 m）の自然草原で行った。調査地の平均年間降水量は187.5 mm（133.5 mmから244.8 mm）で、変動係数（CV）が26.3%であった

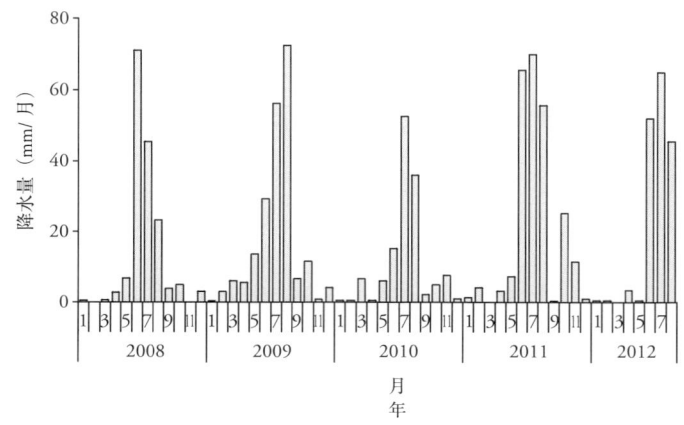

第 2 部　人間活動と生態系ネットワーク

図 6-1　バヤンウンジュール郡センターで観測した降水量（Institute of Meteorology and Hydrology of Mongolia）

（図 6-1、2008–2011、Institute of Meteorology and Hydrology of Mongolia）。

バヤンウンジュール郡では日本の村に相当する行政単位のバグ（Bag）が三つあり、調査地のツェール（Tseel）バグは郡センターの西側に位置する。村の南側に、北西から南東方向におよそ 60 km にわたってウンジュール（Unjuul）山脈が横たわり、最高峰のゾルゴル・ハイルハン（Zorgol Khairkhan）峰は標高 1623 m である。

ウンジュール山脈とその北部およそ 25 km 離れた場所を流れるトール（Tuul）川およびブゼンヒー（Buzenhii）湿地の間はツェール村の主な放牧地である。ここでは、暖季は山と川の間の緩やかに起伏する平原で過ごし、寒季は風を避けて南側の山の中で過ごすことが一般的な遊牧パターンである。

2007 年現在、ツェール村には 273 世帯 1060 人の住民が登録されていて（Statistical Offeci of To'v Prefecture, Mongolia, 2008）、そのほとんどが牧畜を営む遊牧民世帯である。バヤンウンジュール郡は、首都ウランバートルと南部のドゥンドゴビ（Dundgovi）県、およびオゥムノゴビ（Umnugovi）県をつなぐ主要道路沿いに位置し、家畜密度は国全体の水準に近い（図 6-2）。

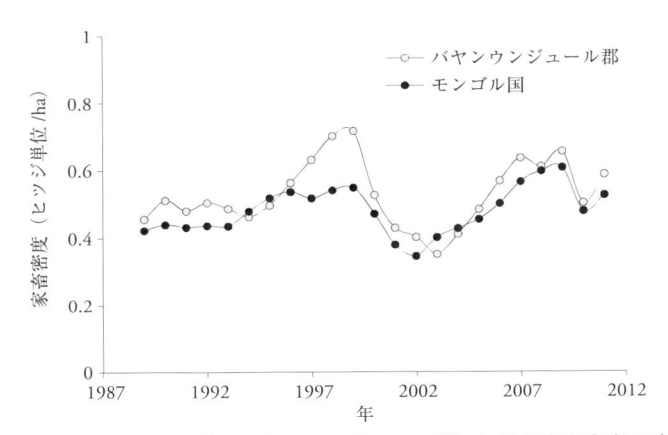

図 6-2　モンゴル国、トゥヴ県、バヤンウンジュール郡における家畜密度の時系列変化
（National Statistical Office of Mongolia 2008-2012）

(2) 季節移動のとらえ方

2007 年末現在、バヤンウンジュール郡では、1 世帯が平均でおよそ 283 頭の家畜を所有し、全体の 82% の世帯が 500 頭以下の世帯である（図 6-3）。採食圧の観点から、家畜の数が多い世帯ほど草原に及ぼす影響が大きいことを配慮し、世帯平均所有家畜数のおよそ 3 倍の 829 頭の家畜を所持する G 家を調査対象にした（図 6-4、6-5）。

それぞれの家畜は次の割合で（ヒツジ単位（SFUs: Sheep Forage Units））でヒツジに換算した：ウマ = 6.6 SFUs、ウシ = 6 SFUs、ヒツジ = 1 SFUs、ヤギ = 0.9 SFUs（Tserendash 2000）。

2008 年 8 月に G 家に携帯式小型 GPS（etrex VENTURE, GARMIN）を持たせ、2012 年 8 月までの 4 年間の季節移動を記録してもらった。それぞれの時期はその年の気象と植生条件によって多少異なった。前の年の 9 月から翌年の 8 月までを 1 遊牧年度と定義し、冬営地で過ごした期間を寒季、冬営地以外の宿営地で過ごした期間を暖季と定義した。

季節移動の契機と気象および植生条件との関係の他に、宿営地を決める基

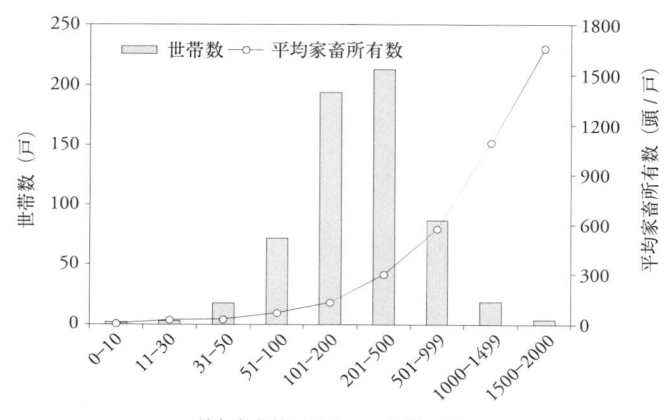

第 2 部　人間活動と生態系ネットワーク

図 6-3　バヤンウンジュール郡の異なる数の家畜を所有するグループにおける遊牧民世帯数と平均所有家畜数（2007 年 12 月現在、Statistical Office of To'v prefecture, Mongolia 2008）

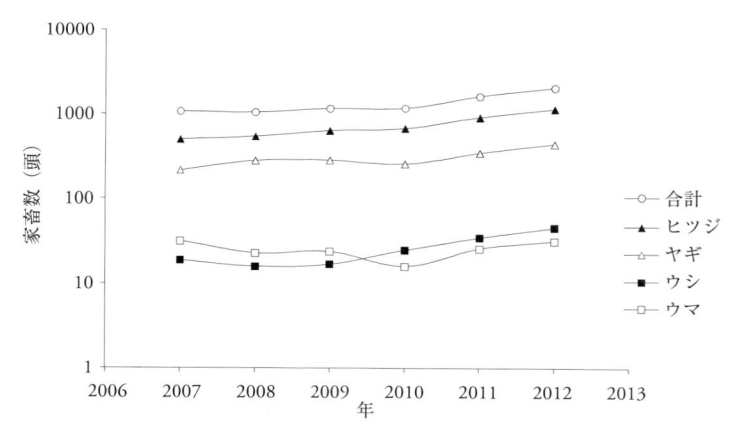

図 6-4　G 家の家畜頭数変遷（2007-2012）。縦軸は対数目盛。

第 6 章 牧畜・農業と土地利用

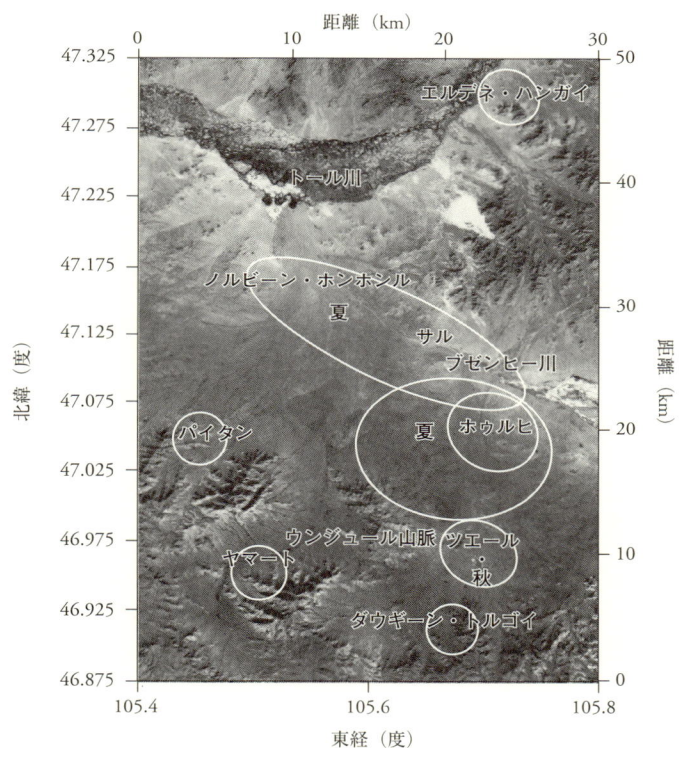

図 6-5 調査対象の遊牧民世帯 G 家が異なる季節に利用する放牧地（2008.8-2012.8）およびその周辺の状況。（地図はランドサットの画像データを用いて、KASHMIR 3D Ver. 8.9.8 により作成した。）

準などについて聞き取り調査を行った。また、草原群落の生産量が最大に達する毎年の 8 月 25 日前後に、調査対象として遊牧民世帯が主に暖季を過ごす放牧地より南およそ 25 km に設置した防畜柵内の草原群落の種組成を調べ、地上部現存量を測定した。

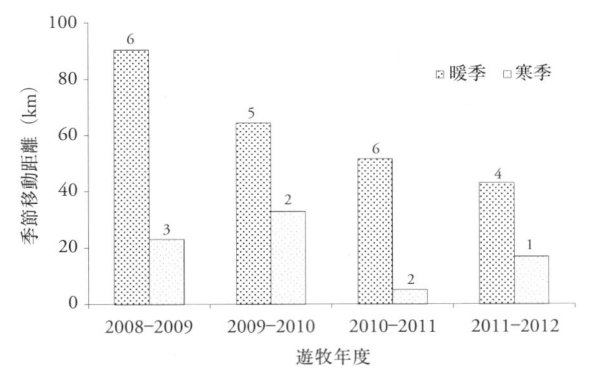

第 2 部　人間活動と生態系ネットワーク

図 6-6　異なる年と季節における調査対象世帯の移動距離。コラムの上の数字が移動回数である。

(3) 季節移動の実態と草原への影響

2008～2009 年と 2009～2010 年の遊牧年度は 100 km 前後の季節移動を行っていたのに対し、2010～2011 年と 2011～2012 年の遊牧年度は 60 km 以下の距離しか季節移動していなかった（図 6-6）。暖季の移動は 2008～2009 年に 6 回、2009～2010 年に 6 回、2010～2011 年に 7 回であったのに対し、2011～2012 年には 4 回であった。寒季にはいずれの年にも移動回数が 1～3 回と暖季に比べて少なかった。これらの結果について、調査対象とした世帯の世帯主 G 氏に聞き取りを行った。

2008 年 9 月～2009 年 8 月（図 6-7；括弧内は G 氏の話）
「2008 年と 2009 年の暖季に家畜が好まない一年草のルーリ（現地名：Luuli、学名：*Chenopodium* spp、アカザの仲間）が大量に発生し、家畜の好む牧草の割合が少なかった。降水量が少なく、水源としていつも利用している渓流が断流に近い状態だったので、牧草と水にアクセスするために移動の回数が多く、移動距離がのびた。2009 年の初雪は 10 月の後半だったが、その年の降雪量は少なかった。我が家の冬営地の草の量が少なかったので、知人の冬営地を使わせてもらった。」

第 6 章　牧畜・農業と土地利用

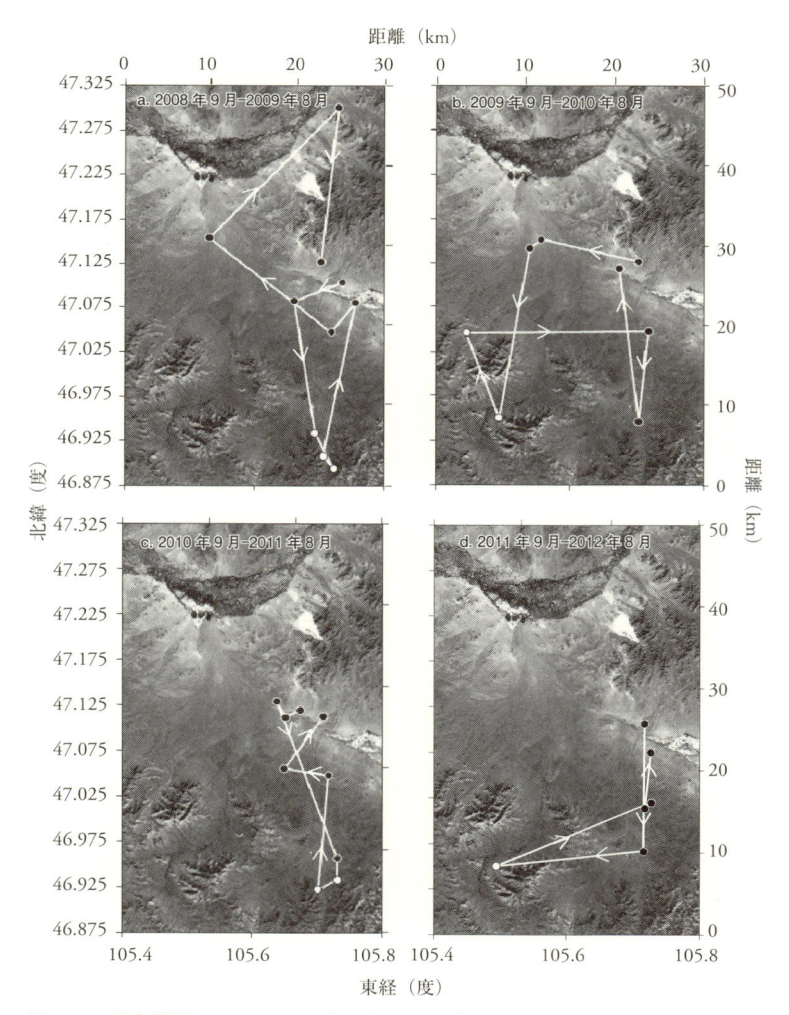

図 6-7　調査期間中における G 家の宿営地と季節移動経路。白丸は寒季、黒の丸は暖季の宿営地を示し、時間的に隣接する宿営地を白線で連結し、矢印は移動の方向を示す。（地図はランドサットの画像データを用いて、KASHMIR 3D Ver. 8.9.8 により作成した。）

345

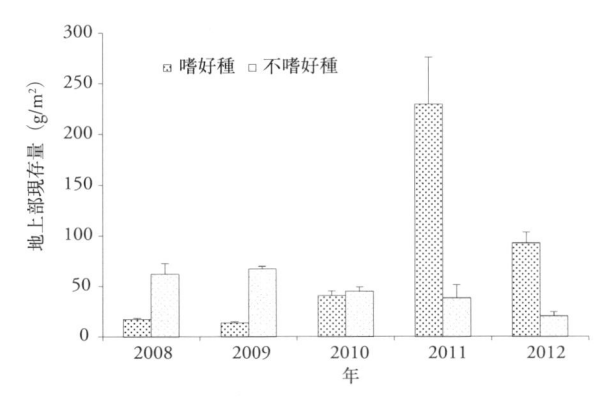

第2部　人間活動と生態系ネットワーク

図 6-8　G 家の夏営地からおよそ 25 km 離れた草原における不嗜好種と嗜好種の地上部現存量の年々変化。バーは標準誤差を示す。

　G 家が夏を過ごす草原より南へおよそ 25 km 離れた場所で行った植生調査の結果により、2008 年と 2009 年は家畜による嗜好性が低い種が群落を大きく占有したことが示された（図 6-8）。厳しい冬に備える夏の放牧期で栄養価の高い牧草を家畜に採食させるための手段として、移動が重要であることが明らかになった。

　モンゴルでは放牧地は共同で利用するが、冬営地は基本的に各遊牧民世帯によって占有されている。一年の中で最も厳しい季節を過ごす場所であるため、風が当たらず日当たりの良い場所を選んで、柵あるいはシェルターを整備している場合が多い。したがって、放牧地は基本的にいつでも、どこでも使えるが、冬営地だけは排他的な空間である。他人の冬営地で放牧や宿営することは非常識でタブー視される。一方、冬営地の排他性も地域によってかなり異なることも記すべきである。年間降水量が多く、植生の生産力が比較的に高くかつ安定している北方の森林草原では、冬営地は安定して利用する場所であり、他人に貸すことはほとんどない。しかし、降水量が少なく、植生の生産力が低い南方のゴビ地域では、冬営地を離れて遠距離遊牧を行う頻度が高い。そのため地元に 2、3 年帰って来ない場合さえあるため、冬営地に対する執着が比較的に薄い。バヤンウンジュールは、北方の森林草原と南

方のゴビ地域のほぼ中間に位置し、冬営地に対する執着は森林草原ほど強くないが、ゴビ地域よりも排他性が高い。他人の冬営地を借りるにあたっては、当事者同士の話し合いが行われ、有償な場合もあれば、無償の場合もある。

> 「11月の上旬に冬営地に向かったが、できるだけ冬営地周辺の牧草を残して冬本番に家畜に利用させるため、冬営地に向かう途中に滞在放牧しながら、1月上旬に冬営地に本入りした。」

冬営地は地表水から離れた場所に選定されることが多いため、人畜への水制限が解除される降雪が冬営地入りの契機であるともいえる。一方、冬営地周辺の草原を冬の最も厳しい時期に備えて節約するため、冬本番が到来する直前に冬営地入りすることが多い。また、秋営地から直接風除けの良い冬営地に入ると、家畜が暑く感じるので、少しずつ寒さに馴らせて、冬本番が到来する直前に冬営地に入れたほうは耐寒性が強くなるともいわれている (Zandansharav 2006: 119)。

> 「冬に積雪が少なく、春の雪融けが早かったため、2月の半ばに水不足となり、水源に近い春営地に移って家畜の出産を迎えた。3月の下旬に少し南側の渓流付近の牧草をねらって移動した。」

積雪が多いと牧草が雪に覆われて家畜が採食しにくくなるが、積雪が少ないと水不足となる。家畜の繁殖時期の春先は水への依存性が高まるため、雪が融けてしまうと地表水のある場所に移動せざる得なくなる。

渓流周辺は土壌水分条件が良く良質の牧草が多いので、3月下旬から4月の上旬は芽生えてくる牧草の新芽をねらって移動する。

> 「2009年の夏の前半に雨が少なく、6月の始めに渓流の断流が目立つようになったので、水源に近づくため北上したが、7月の末には牧草を追いかけてさらにトール川の近くまで北上した。8月の上旬に雨が降って牧草の状態が良くなったのでいつもの夏営地に移動した。」

暖季には水と牧草がともに牧畜の主な制限要因となる。2009年の春から夏までの6か月の間にG家は5回移動したが、これはFratkin and Mearns (2003:

119) が述べた時間的空間的に不連続に出現する水と牧草資源を集約的に利用する戦略である。このような移動による家畜の体力作りの結果は、この後の冬にやってくるゾドで試されることとなった。

> 2009年9月〜2010年8月（図6-7 2b、括弧内はG氏の話）
> 「2009年10月の中旬に雪が積もってヤマートにある我が家の冬営地に入ったが、11月に積雪の量が増えて家畜の放牧が困難になったので、積雪量が比較的少ない場所を探した。我が家の冬営地より北西におよそ20 km離れた場所で空いていた冬営地を使わせてもらうことにした。そこは積雪が少なく、草丈も比較的高かった。」

気象条件が平均的な冬には、家畜は冬営地周辺の枯れた牧草と積雪に依存する。しかし、モンゴルでは降水量の年変動が大きいのでいわゆる平均的な降水量の年は少ない。積雪量が少ないと、人と家畜の飲用水が不足し、次の春の牧草の成長に影響する。積雪量が多いと草が雪に埋もれて採食が困難となり、家畜の大量死をもたらす自然災害ゾドになる場合がある。草の高さにもよるが、乾燥草原では深さが小型家畜の蹄の高さ（4 cm）を超えない程度の積雪が最適といわれている（Sambuu 1945）。

> 「2009年から2010年の冬は積雪量が多いだけではなく、寒さも厳しくてゾドになった。2009年は11月から平年より寒くなっていた。寒さは1月にピークに達し、2月に入っても収まらなかった。直前の夏に十分な体力がつけられなかった家畜が寒さに耐えきれずに死んでいった。我が家が越冬した場所にはそれなりに牧草があったが、厳しい寒さを乗り越えられなかったヤギを82頭、ヒツジを8頭なくした。ほとんどが1歳未満の子畜であった。遠地放牧（Alsiin otor）に出した24頭のウマも11頭がなくなった。」

寒季には、低温が放牧の主な制限要因の一つとなる。暖季における牧草の生育状況と放牧の成果が冬の厳しい寒さで試される。

ゾドが発生した際、遊牧民の判断と努力が家畜の生死を決めるかなめとなってくる。この冬G家が借りた冬営地にはシェルターがなく、家畜を柵で囲い込んだ寝床に寝かせていたという。「前の晩に寝床に敷いた乾燥した

糞が、翌朝は排せつ物で湿ってしまうので掃除して、家畜を放牧に出したあと、家畜の体温で温められていたそれらを一つにまとめて、冷えてしまわないように気をつける。夕方にはそれらを再び寝床に広げた。寒さが最も厳しかった時期は冬営地周辺の一番いい牧草地で放牧した」。他にも、「霜がかかった牧草を採食させないように心がけたり、塩分を毎日与えたり、家畜に冷たい雪を舐めさせるばかりではなく、たまに井戸水を飲ませる」、などの措置を取っていたという。寒季の牧畜経営およびゾド災害対策として Sambuu (1945) がこれらの措置に言及している。

2010 年は、ゾド直後の春に生まれた子畜を含めても、前の年に比べてモンゴル国全体の家畜数は 21.1％、バヤンウンジュール郡では 23.1％減少していた。中でもウマとヤギの死亡率が高かった。G 家の場合、「牧草の消費量が多いウマが遠距離放牧先でエサ不足によって多数死んだ」という。また、ヤギの高い死亡率を「体重が軽いため寒さに弱い」と説明した。ヤギが同じ小型家畜のヒツジより体重が軽いことが先行研究でも報告されている (Zandansharav 2006)。ゾドに弱いといわれているウシに対して、G 家は綿入りのシート (Nemnee) を掛けるなどの保温措置を取ったので 1 頭も死ななかったという。このような物理的な措置の他にも、普段はあまり使わない複合飼料を購入して弱った家畜に与えたという。このような努力の結果、G 家の家畜の死亡率は 8.7％にとどまり、バヤンウンジュール郡全体の 17.3％の家畜死亡率 (Statistical office of To'v Prefecture, Mongolia. 2011) を大きく下回った。

> 「2009 年の冬は雪が多くて、4 月の初めまで残ったが、融ける雪の下から前の年の枯れ草と牧草の新芽が多く出てきたので、厳しい冬を越した家畜にとって実に良い春となった。寒さが和らぎ、牧草と水に困らなかったため、家畜の出産を終えた 4 月の初めに春営地に移動した。」

寒季の積雪は家畜の飲用水となるほか、春先の牧草の生育を促進する効果があるが、後続する降水がなければ牧草の成長が停滞することが多い。家畜の繁殖期にあたる春先には、移動を最低限に抑えることが妊娠家畜の出産と子畜の発育に重要である。

「その後、水源と新鮮な牧草を求めて5月の半ばに一旦ツェールまで南下したが、途中で水源が枯渇しそうになったので7月の後半にサルに北上した。7、8月は雨の量がそれほど多くなかったが、少量ながら連続的に降ったおかげで、家畜が好むモンゴル草（小型イネ科の種）が多かった。」

この夏にツェールの湧き水の量が減って、渓流が断流することが多かったという。降水は牧草の成長を促進できたが、地下水に影響を及ぼすほどの量ではなかったと考えられる。

雨の降り方については、G氏のみならず他の遊牧民も、その連続性が大事と話していた。同じ量の降水でも、短時間集中的に降るよりも連続的に少しずつ降ったほうは水分が土壌中に浸透しやすく、牧草の生産力への寄与が高いと考えられる。植生調査の結果では、2008年と2009年を比べると採食嗜好種の現存量が2倍以上増えていた（図6-8）。

2010年9月～2011年8月（図6-7c、括弧内はG氏の話）
「9月の初めにおよそ2km離れた場所へ場所替えし、近くでオトルをした。1か月後にそこからさらに北西に2kmほど移動した。10月上旬に降った雪がみぞれになって、下旬の雪が本格的に積もったので、11月の初めに冬営地に向かった。この冬は途中で滞在放牧しながらダヴギーン・トルゴイ（Davgiin tolgoi）にある兄弟家族と冬営地を交換して利用した。冬営地へは1か月かけて移動した。」

兄弟で冬営地を入れ替えて越冬したのは、体調を崩した親の近くにいるための選択だったという。自然要因の他に、遊牧に及ぼす人的、あるいは社会的要因の影響が示された。

「2010年から2011年の冬は極端に寒い期間が短かった。3月に春営地に移動し、家畜の出産ピークを迎えた。2011年の夏にはモンゴル草が過去10数年になかったほど多かったが、水場に接近するために2回移動した。」

気象条件が穏やかで、草原全体および採食嗜好種の生産力が高い夏でも、移動の回数を落とさず家畜にできる限り良質の牧草を与え、体力をつけさせる。ゾト直後の暖季であってこそこのような傾向が強かったとも考えられる

第6章　牧畜・農業と土地利用

　塩分の摂取が家畜の体力づくりと健康維持に不可欠である。G家の場合、夏は水場付近の塩分が噴出している湿地で摂取させるが、冬になると近くの塩湖から運んできて家畜に与えているという。暖季の放牧地周辺に塩分供給源がない場合、塩分を与えるために家畜を塩分のある場所に連れて行く作業項目が増える。

　2011年9月～2012年8月（図6-7d、括弧内はG氏の話）
　「9月の上旬にツェールに南下して秋を過ごしたが、牧草と水が豊富だった。11月の後半に冬営地に移動した。今年は至るところ牧草の成長が良かったので、直接冬営地に入った。積雪量が適切で、牧草の丈が高かったので、穏やかな冬を過ごせた。3月の後半に冬営地の雪が減って水不足になった。家畜は出産中だったが、春営地に移動した。そこで家畜の出産が終った6月の上旬に1km離れた場所に場所替えした。8月の上旬にサルへ移動した。暖季に、同じ場所に長く滞在すると家畜の踏みつけによって寝床周辺に植物が少なくなり、地面が硬くなる。また、家畜の排泄物がたまって病虫害が発生しやすくなる。これらが家畜のストレスをもたらすので、宿営地の場所替えが必要である。」

　牧草の現存量が少ない年は、冬営地の牧草を節約するために、冬営地に入る時期をできるだけ遅くするが、草原の生産力が高かった2011年は冬営地の牧草の量を気にせず、直接入ることができたのであろう。冬の積雪量が適切であったことが、放牧の負担と家畜の体力消耗を軽減されたと考えられる。

　春先の気温上昇による積雪量の減少は、家畜の飲水量が増える出産哺乳期において切実な問題である。幼畜を連れての移動は普段より労力はかかるが、それでも水不足を解消するための最もリーズナブルな選択肢である。

　モンゴル語で家畜が宿営する場所をボゥーツ（Buuts）という。長期にわたって同じボゥーツに滞在放牧することは問題視される。家畜が一日のおよそ半分を過ごす寝床の衛生状態が悪化し、健康に影響するからである。何十ないし何百頭の家畜の踏みつけと排泄物の蓄積の影響が家畜に跳ね返ってくる（Sambuu 1945: 109）ことを避けるためにボゥーツの場所替えが重視されて

きた。場所替えは、家畜の健康維持のみならず、撹乱された草原の回復に重要である。

　2012年の夏も草原の生産量が高く、ツェールの渓流も水が豊富だったので、場所替えしながらゆとりのある放牧ができたとG氏がいう。

(4) 季節移動の意義 —— 資源利用、家畜の健康、草原保全

　季節移動の回数と距離は当該遊牧年度の気象条件によって異なる。G家の場合は、乾燥した2008年、2009年、2010年には、草原の現存量、特に嗜好牧草種の現存量の低下と、渓流の断流によって、宿営地間での移動回数と距離が増えた。つまり、移動することで牧草と水の不足を避けることを目指した。一方、2010年には採食嗜好種の現存量が前の2年を大きく上回ったが、暖季の移動回数が減らなかった。2008と2009年の移動は牧草の量を求めるものだったとしたら、2010年の移動はより新鮮で良質な牧草を求めたものであろう。湿潤な2011年と2012年の夏は、採食嗜好性の高い種の現存量が高く、断流しがちだった渓流の水量も豊富だったことが、宿営地間での移動回数と距離を縮小させた。現存量が高く、家畜の採食嗜好種が豊かな草原が2年続くと、ゾトの記憶が薄まる傾向にあるともいえるであろう。

　これらの結果から、モンゴルの遊牧における季節移動が、降水量に左右される牧草量と水の量に強く依存していることが示唆された。一方、降水量が豊富で草原の現存量が高いなどの放牧に好都合な年にも、家畜の健康と草地の状態を考慮した場所替えが不可欠と認識されている。

　家畜の状態を良好に維持することが遊牧の努めであり、自然条件が好ましくない年に水と牧草を見つけること、自然条件が良い年に家畜の健康を考慮して同じ場所に長く滞在しないこと、これらが季節移動を通して実現されている。程よい頻度の季節移動が遊牧経済の持続性に寄与していることが示唆された。

第 6 章　牧畜・農業と土地利用

6-3 定住モンゴル牧畜民の現在 ── 過放牧論の解体

(1) 牧畜民の定住化問題

モンゴル牧畜民の定住化過程

　本節で取り上げる中国内モンゴル自治区では、政府の定住化政策の下、定住化が進み、遊牧は終焉を迎えつつある (Humphrey and Sneath 1999)。中国での定住化政策の始まりは 1958 年の人民公社化である (Banks 1997; Sneath 1999; 楊 2001)。それを決定的にしたのが 1980 年代からの土地の分配であった。これは土地使用権（用益権）を家長 1 人に与えるというものであった。そこには、個人に牧地を分配することによって牧地使用者に牧地の保護と育成の責任を持たせようという意図があった (Liu et al. 1993; Jiang 1999)。そのうえで、牧地の牧草生産力を回復させる方法として、中国語で「草庫倫」と呼ばれる牧地を柵で囲って家畜を締め出す方法が推奨された（周ほか 1995; 色音 1998）。この方法によって、囲い内の牧草の生産力は大幅に回復できるとされていた（周ほか 1995）[12]。

　この前提にある牧畜理解とは、具体的には以下のようにまとめられるであろう。移動は無秩序な放牧であり、伝統的な遊牧生活および牧畜業は非合理な土地利用である（清水・奥田 1995）。人口増加と経済開発のもとで、伝統的な土地の共同利用が環境破壊を引き起している (Jiang 1999)。これを支えるのがハーディンのコモンズの悲劇論で、共有地では、資源が過剰に利用されてしまうとされた (Hardin 1968)（6 章 6-1 節）。加えて、社会主義的市場経済への移行に伴い、牧畜民の生産意欲の向上による「過放牧 (overgrazing)」が生ずるという懸念があった（周ほか 1995）。過放牧とは一定面積の牧地の植物生産量から算出された飼養可能家畜数、つまり「環境収容力（牧養力、

---

[12]　牧地の囲い込みによる地域全体の牧地の保全効果については疑問が提出されている (Williams 1996)。

carrying capacity）」を超えた家畜数の放牧をいう。

　こうした牧畜理解に支えられた牧地の排他的な利用の推進は、モンゴル高原において初めてのことであったが（Humphrey and Sneath 1999）、あっという間にひろがった。実際には、自分の牧地を保全するために、他人の家畜を締め出そうと、各世帯が分配された牧地を柵で囲うというものであった。だが、他人の家畜が入らないということは、自分の家畜を外に出さないということでもある（ソーハン 2001）。この結果、分配された牧地を柵で囲ったところでは、柵内でしか放牧できないことになり、これまでのような自由な放牧は不可能となった。1997年には、各世帯に「草牧場承包合同書（草牧場請負契約書）」が配布され、30年間の土地使用権が確立する。ここで明らかになるのは、土地を個人に分配することとその牧地を柵で囲むことは牧畜民の定住化を引き起こすということである。

乾燥地における自然災害：干ばつ

　内陸乾燥地に暮らす牧畜民にとって、大きな自然災害の一つが干ばつである（伊谷 1982; 篠田・森永 2005）。その被害は、家畜の大量死というかたちで現れる。東アフリカの牧畜民トゥルカナの事例では、干ばつにおいて家畜所有者はその家畜の50％以上を失っている（マケイブ 2006）。冷温帯に属するモンゴル高原では、自然災害のなかでも、雪害[13]が家畜の大量死をもたらす。実際、中国内モンゴル自治区シリンゴル盟の事例では1977年の雪害で、総家畜数の25.4％が死亡している（包 2012）。モンゴル国では、1999年から2002年まで、激しい雪害に見舞われ、モンゴル国の総家畜の3分の1が死亡し（Batima et al. 2008）、ウシは40％も減少している（バトゥール 2005）。ただし、この雪害も、夏季の干ばつによる牧草の生育不良による家畜の栄養不

---

[13] 雪害には、ツァガーン・ゾド（白いゾド）とテムル・ゾド（鉄のゾド）がある。ツァガーン・ゾドとは、大雪、雪嵐などによる異常降雪によって、家畜が雪の下にある草を食べられなくなり死亡するものをいう。テムル・ゾドは異常低温で雪が凍結し、家畜が水分も草も採れなくなり死亡するものをいう（バトゥール 2005）。

良がその被害を増大させる[14]（Begzsuren et al. 2004; 阿拉坦冬雅ほか 2005; 篠田・森永 2005）。そうした意味では、干ばつ被害が雪害によって顕在化するといってよいであろう。

　このように、干ばつは牧畜民に甚大な危害をもたらす。しかし、乾燥地および半乾燥地において、干ばつは異常なことではなく、生態系の正常な働きの一部であり（Glantz and Orlovsky 1987; マケイブ 2006）、牧畜民は干ばつに対する対応を確立してきた。それが移動である。モンゴル高原には、自然災害を避けるためのオトルと呼ばれる緊急避難的移動がある（Jagchid and Hyer 1979; 利光 1983; 張 1986; 小長谷 1991; Fernandez-Gimenez and Batbuyan 2001、2004）。災害対策には、国と地方政府の支援も重要である。モンゴル国では、社会主義時代において政府が避難的移動や飼料の備蓄を積極的に講じていた（Sneath 2004）。そのためであろう、社会主義時代には自然災害による大きな被害を出していない。他方で、上述したように 1999 年から 2002 年の雪害で甚大な被害を出しているのは、社会主義崩壊後、地方政府と国による支援が十分に機能していないためであった（Sneath 2004）。災害からの回復においても、国と地方政府の支援が重要である[15]。モンゴル国では、それが十分に機能していないために、自然災害によって家畜を失った多くの遊牧民が牧畜をやめ、都市へ移住することを選択している（尾崎 2006; Batima et al. 2008）。

過放牧論解体
　牧畜民を取り巻く社会環境が大きく変わっても、自然災害は必ずやってくる。それでは、定住した牧畜民は災害にどう対応して、どのように回復を図るのか。筆者はすでに中国内モンゴル西南部オルドス市ウーシン（烏審）

---

[14]　干ばつはモンゴル語でガン（γang）、ガン・ガムシグ（γang γamsiγ）という。モンゴル語表記は内蒙古大学蒙古学研究院蒙古語文研究所編（1999）による（以下同じ）。
[15]　清代では、災害被害からの回復のために地方政府、中央政府が積極的に支援を行っていた（岡 2007）。具体的には、行政内で可能な限り、家畜を融通することによって対処させ、状況に応じて、銀両を支給し、家畜、穀物、茶を購入して分配させている。家畜を直接与えて生活を援助していたという報告もある（承志 2012）。

旗[16]の干ばつの事例から、定住モンゴル牧畜民[17]の対応を土地利用と水資源利用に焦点を当て明らかにしている（児玉 2009）。ウーシン旗の干ばつは一時的なイベントではなく、30年にもおよぶ降水量の減少であった（児玉 2005a, 2005b）。定住化のなかで構築されてきた干ばつ対策とは、牧畜を柵で細分化し、季節別に利用する輪牧、灌漑による飼料栽培、植林樹木の干草利用といった集約的な土地と水資源利用である（児玉 2009）。特筆すべきはこれら集約的な資源利用が家畜飼養のために行われたということである。というのは、家畜は牧畜民の重要な収入源であるからである。

他方で、先述したようにこの家畜飼養が「過放牧」とされ、環境劣化を引き起こす原因の一つとされてきた（例えば、Zhu and Wang 1993; Jiang 2005[18]）。しかし、「過放牧」が環境劣化の原因であるという言説はすでにアフリカの事例研究などから批判されている。過放牧批判の論点は以下の3つにまとめ

---

[16] 旗とは中国内モンゴル自治区の行政区画である。中国では県に相当する。
[17] 元来、モンゴル高原で牧畜を営む人びとは「遊牧民」もしくは「牧民」と表記されてきた。遊牧民という表記には、季節移動、つまり遊牧を営む民という意味が込められている。牧民に関しては、農民に対応して、採用されたか、もしくは、中国語の表記「牧民（mumin）」がそのまま日本語に導入されたものとも考えられる。他地域の牧畜研究をみると、牧畜を生業とする人びとは移動の有無を問わず、牧畜民と表記される（池谷 2006）。モンゴル語では、家畜飼養を生業様式とする人びとを「マルチン（malčin）」という。ここでいう「マル（mal）」とは、モンゴルで家畜とされるウマ、ウシ、ラクダ、ヒツジとヤギの5畜をいう。5畜全体を指して、「タブン・ホショー・マル（5種類の家畜の意）」ともいう。「チン」は接尾語で、これがつくと、「～する」人という意味になる。よって、「マルチン」という言葉は、家畜を飼養する人という意であり、移動の有無は含まれない。本事例では、農耕も営むゆえに「農牧民」とするのがふさわしいかもしれないが、自称は「マルチン」である。よって、本節では、乾燥地における牧畜民研究との統一とモンゴル語の表現をかんがみ、本節で取り上げる人びとを牧畜民と表記する。ただし、牧畜民という表記には移動の有無が反映されていないので、移動の有無を峻別する表記として、定住をつけて「定住牧畜民」とする。特に、民族名を記す場合は、モンゴル族の場合は、定住モンゴル牧畜民、漢族の場合は、定住漢牧畜民とする。
[18] 本節で取り上げるウーシン旗を同じくフィールドにしたジャン（2005）の論考では牧畜民の干ばつ対策である灌漑と植林も環境劣化の一因とされている。

られるであろう。まず、過放牧そのものが生じていないというものである（Goldstein et al. 1990; 古澤 2002）。というのは、降水量の変動が激しい乾燥地においては、移動牧畜が生態に適しており、定住を前提とした過放牧概念そのものが適さないというものである。乾燥地に移動が適しているという論の根拠にあるのが、乾燥地の「非平衡（disequilibrium）」生態系である（Ellis and Swift 1988; Behnke and Scoones 1993; 太田 2005; 縄田 2009; 孫 2012）。これまで、乾燥地において、放牧地の生態系を議論する際には、植物の生長を支える物理的な状況は比較的定常的であると仮定し、草食動物の消費が植物のバイオマスを決定するという「平衡採食系」の生態モデルが前提とされてきた（縄田 2009）。しかし、降水量が年ごとに激しく変動する乾燥地においては、植物のバイオマスと草食動物の個体数は降雨の偶発的な変動に左右される（孫 2012）。よって、雨と雨がもたらす植生にあわせて移動する放牧様式は、飼養家畜数を維持する、きわめて合理的な牧畜経営戦略なのである。アフリカの研究成果をモンゴルに適応したハンフリーとスニースの遊牧の再評価をした研究を皮切りに（Humphery and Sneath 1999）、近年、モンゴル高原にかかる研究においても、定住化とは全く逆に、移動こそが、乾燥地の土地利用において生態学的な成功をもたらす鍵と考えられるようになった（小長谷 2001a, 2003; ソーハン 2001; Wu 1997）（6-1 節）。次いで、「環境収容力」批判である。環境収容力の前提にある生態系モデルは「平衡採食系」であり、乾燥地の多様な自然環境と年降水量の激しい変動に合わせた形で、家畜飼養数を制限することは不可能に近い。また、家畜種間の食性の違いを無視したものである（太田 2005）。第3は、環境劣化の基準についてである。植生が劣化しているとしても、それは干ばつのためで[19]、干ばつが終息し、雨が降れば、植生は回復する（児玉 2012）。植生の回復に対する評価も研究者と政府役人と、現

---

[19] 実際、調査地で聞き取りをしたすべての人が牧地荒廃の原因として干ばつを挙げた（児玉 2009）。ただし、内モンゴルでは、ウーシン旗でも、土地の劣化の原因は気候学的な要因だけでなく、移住人口の増加と草原の開墾という歴史的社会的要因も大きい（児玉 2005a）。

地の人々の間で異なることが指摘されている (Williams 2002)。

　だが、定住化が乾燥地の資源利用と環境保全に不適切であり、いかに移動牧畜が適しているとしても、前述したように、これまで中国政府は、牧畜民の定住化を進めてきた。中国の内モンゴル自治区では、土地の分配をはじめとする定住化政策によって不可逆的に牧畜民の定住化が進行しているのが現状である (楊 1991, 2001; Jiang 1999; 小長谷 2001a, 2003; Williams 2002; Humphery and Sneath 1999)。事実、定住化は資源の過剰利用を引き起こし、牧地荒廃を引き起こしたという指摘もある (Sneath 1999)。

　さらに、中国政府[20]は、21世紀に入ると「過放牧」を環境劣化の原因とし、牧畜民を対象に退牧還草政策、生態移民などの環境政策を実施する (例えば、児玉 2007, 2012; 楊 2011)。その内容は環境収容力の設定による家畜数の制限、放牧の制限または禁止、舎飼いの推進、都市への移住である。これまでの定住化政策を見直し、移動牧畜を推進するものではない。これら政策にあるのは、家畜の放牧は牧地に負荷を与える、外部が規制しなければ、牧畜民はむやみに家畜を増加させ環境を劣化させる、という変わらない牧畜と牧畜民に対する理解である。

　家畜をむやみに増加させる要因とされるのが、市場経済化である (5章、6章 6-1節)。社会主義国のなかで、中国は1978年からの改革開放政策によって市場経済への転換がいち早く進んだ。内陸アジアの中で、内モンゴルは市場経済化が最も進んでいるとされている (Humphrey and Sneath 1999)。先述したように、土地の共同利用において、牧畜民の生産向上による過放牧が懸念されていた。他方で、定住化による環境劣化を論じたスニースは、内モンゴルを念頭において、市場経済化における土地の排他的な私的所有は、マーケットの要請によって過放牧をもたらすであろうと指摘している (Sneath 1999)。このように、土地の私有化に対して全く異なる見方にもかかわらず、同じように想定されているのは、市場経済化によって、定住牧畜民は家畜を無秩序

---

[20] 牧畜民を対象とする環境政策は内モンゴルだけでなく、青海省や四川省でも実施されている (Ptackova 2011)。

第 6 章　牧畜・農業と土地利用

に増加させ、短期的な利益のみを追及するとする、資本主義的な人物像である。筆者がフィールドワークを続けながら、ずっと疑問に感じていたのが、この前提である。果たして、定住牧畜民は回復不能なほどまでに牧地を利用し尽くすのであろうか。また、現在の中国の制度においては、土地の使用権は 30 年と限られたものであり、それ以後のことは分からないため、それまでに利用し尽くすであろうという懸念もあるかもしれない。しかし、牧畜民はそこまで貪欲なのであろうか。そうでなければ、そこまで貧しいのであろうか。事実、中国政府が進める環境政策において、環境破壊の背景には牧畜民の貧困があるとし、その対策として牧畜によらない産業の開発という経済開発が盛り込まれている（児玉 2009）。しかし、乾燥地の主要な生業は牧畜であり、牧畜は乾燥地に適した優れた文化である（松井 2001）。また牧畜は優れた生産力をほこる生業でもある（嶋田 1995, 2003）。筆者が 1997 年に初めて内モンゴルを訪れた際に一番驚いたのは、家畜と畜産品がもたらす富の大きさであった（児玉 2000, 2003）。何より、牧地は牧畜生産の基盤である。過放牧論で抜け落ちているのは、自然と社会の変動にさらされてきた、今生きる人びと —— 定住牧畜民 —— への視点である。そこにあるのは、利益を追求する資本主義的な姿ではなく、激しい干ばつのなかで、マーケットを活用して、様々な対応を講じながら、今を生きてぬいてゆく定住牧畜民の姿である（児玉 2009; Kodama 2012）。

　本節では、まず、内モンゴルおよびウーシン旗の自然・社会環境と干ばつの具体的な状況を概観する。次いで、干ばつ下にある定住牧畜民の「過放牧」を検証する。ここでいう「過放牧」とは、ある一定面積の牧地をもつ定住牧畜民が飼養する家畜数が環境収容力を上回っている状態をいう。検証にあたり、「環境収容力」が最も低い年の一つである 2001 年の大干ばつを取り上げる[21]。そのうえで、干ばつ下における定住牧畜民の家畜飼養を、干ばつの

---

[21]　同じ時期にモンゴル国と中国内モンゴル北東部では干ばつと雪害に見舞われていた（小宮山 2005; バトゥール 2005）。モンゴル高原の他地域と、被害と回復の様相を比較するうえでも重要な時期にあたる。

影響とその対応という視点から、経済活動および文化的側面について明らかにする。最後に、住民視点の災害対策の重要性を論じる。

(2) 中国内モンゴル自治区ウーシン旗の概要

内モンゴルの多様な自然環境

　内モンゴルは中国内陸乾燥地に位置し、モンゴル国とロシア連邦と 4200 km にも及ぶ国境を接する。その面積は 118.3 万 km^2、中国全体の 12% を占め、日本の 3 倍強の広さを持つ。全体として乾燥気候下にあるが、詳しくみてゆくと、その多様性はかなり大きい。

　内モンゴルの年降水量は、最も降水量が多い地域では大興安嶺山脈がある北東部のように年間 500 mm にまで達する。しかし、年降水量は内陸部の西に向かうに従い減少し、最西部ではわずか 50 mm 以下となる（内蒙古計委国土整治弁公室・内蒙古自治区測絵局 1987）。次に、平均気温をみると、降水量が最も多い北東部で最も低く −4 度、西に行くに従い上昇し、最西部では 8 度以上となる（内蒙古計委国土整治弁公室・内蒙古自治区測絵局 1987）。その差は 12 度以上にもなる。降水量と平均気温の分布と標高に対応して、非常に多様なのが内モンゴルの土地景観である。北東部は大興安嶺山脈の森林地帯、中央部から西南部の草原地帯、西南部から西部にかけては砂丘地帯が、最西部には礫砂漠地帯がひろがる（1：1000000 中国土地利用図編纂委員会主編 1990）。

オルドス市ウーシン旗の概要

　オルドス市の位置は内モンゴルの西南部、北上してきた黄河が大きく南へ湾曲する湾曲部内部にある。その面積は 8 万 7428 km^2 である。高原地帯で、オルドス地域の標高は西部が最も高く 2000 m 以上、東に向かうに従い低くなり、東部では 1000 m 近くになる。オルドス市の年降雨量は北西部では 150 mm 以下である。陝西省に接した南東部に向かうに従い増加して南東部では 400 mm 以上になる。そのなかで最も降水量が多いのが、本節で取り上

げるウーシン旗である。ウーシン旗は冷温帯に属するモンゴル高原の最南端に位置する。モンゴル高原全体からみると、比較的温暖で、降水量も少なくない。ここには、モーウス（毛烏素）沙地と呼ばれる流動砂丘地帯がひろがる[22]。降雨量が比較的多いため、流動砂丘の間に「湿原草原（Meadow）」と称される疎林や草原がみられる（児玉 2005a）。それ故、ここの牧畜民ははやくから農耕を取り入れた定着型の農牧複合を営んできた（モスタールト 1986;楊 1991）。流動砂丘地帯であるが、農業にとっても牧畜にとっても決して不利な地域ではない。

ウーシン旗の面積は 1 万 1645 km^2、秋田県とほぼ同じ広さである。人口は 12.5 万人[23]で、人口密度は約 10.7 人/km^2 である。

ウーシン旗では、人民公社設立から 24 年後の 1982 年、生産責任制の導入に伴い、まず家畜が分配され、次いで 1985 年に土地使用権が各世帯に分配された。土地は共有地を残さず、すべて分配された。そのため、内モンゴル東部で報告されているような残された共有地に家畜が集中するという現象は起きていない（Williams 1996）。土地の分配直後から、牧地の囲い込みが始まる。土地の分配が行われてから、すでに 25 年以上が経過した。現在、牧畜民は完全に定住化している。

自然災害「干ばつ」

ウーシン旗における主要な自然災害は干ばつである。1 月の平均気温は −9 度以下になる。とはいえ、モンゴル国や内モンゴル東北部ほど寒さは厳しくない。冬季の積雪量が少なく、雪害が起きることはほとんどない[24]。そ

---

[22] 砂丘地帯は中国語で「沙漠」と「沙地」と呼ばれる。「沙漠」と「沙地」は植生の被覆率が 5％以下の砂丘地帯であるが、流動砂丘地帯を「沙漠」、固定砂丘地帯を「沙地」という（1：1000000 中国土地利用図編纂委員会主編 1990）。
[23] ウーシン旗人民政府「2009 年国民経済と社会発展計画」http://www.wsq.gov.cn/wlws/qjmb/201203/t20120324_601230.html（2012 年 7 月 2 日最終閲覧日）
[24] モンゴル高原の全域が雪害に見舞われるわけではない。モンゴル国ウムヌゴビ県においても雪害被害がみられないことが報告されている（Sternberg et al. 2009）。

のかわり、ウーシン旗では10年のうち9年の春が干ばつといわれる（烏審旗誌編纂委員会 2001）。ウーシン旗は1970年代からおよそ30年間に及ぶ干ばつに見舞われてきた。ある50代の牧畜民女性いわく、「この30年、雨が降らなかった」という（児玉 2005b）。とりわけ、1990年代は1960年代と比較して、約4分の1近く減少している（児玉 2005a）。

定住牧畜民は30年間に及ぶ著しい降水量の減少を経験したわけだが、なかでも激しかったのが1999年、2000年と2001年である（図6-9）。1999年と2000年は年降水量が164 mm、179 mmと年平均降水量330 mmの半分前後しかない。翌年の2001年は、年降水量が422 mmと年平均より100 mm近く増加した。そのため、一見、干ばつには見えない（図6-9）。しかし、2001年の月別降水量を見ると、200 mmを超す雨が降ったのは8月であり、それまでに降った雨の量はわずか128 mmに過ぎない（図6-10）。夏雨型のモンゴル高原の最南端に位置するウーシン旗では、植物が芽を出し、一斉に成長するのは5月と6月である[25]。この時期に雨が降らなければ、干ばつになる。5月に降った降水量はわずか4.3 mm、6月は14 mmであった。さらに、2年連続の干ばつのために、地面は乾ききっていた。そのため、わずかに降った雨はすぐに蒸発してしまった。地元の牧畜民によると、雨が地下10 cm近くまで湿るほどに降らなければ、植物の生長には寄与しないという。モンゴル語でチーグ（ǟgig）と呼ばれる露も植物の生長に非常に重要であると認識されている。干ばつのため、この露もほとんど降りなかった。

(3) 定住牧畜民の家畜飼養

定住牧畜民の概観

調査地の定住牧畜民は家族単位で分散して居住している。内モンゴル東部のように村落を形成することはない（例えば、ブレンサイン 2003）。砂丘に囲まれた平らな窪地に瓦付きレンガ作りの固定家屋を構え、固定家屋の周囲に

---

[25] モンゴル国では植物の生長に最も重要な月は7月とされている（小宮山 2005）。

第 6 章 牧畜・農業と土地利用

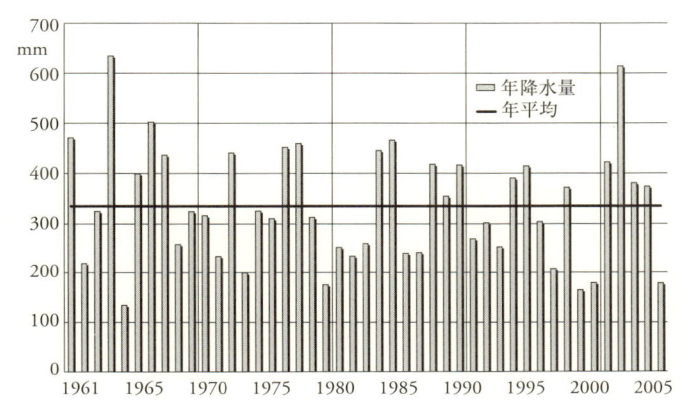

図 6-9 ウーシン旗の年降水量（1961 年～2005 年）。年間平均降水量：330 mm。

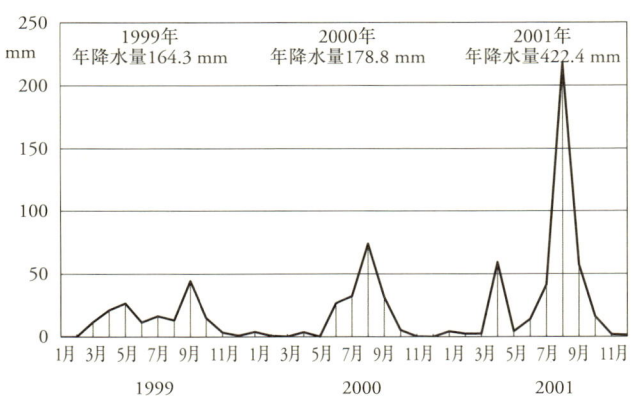

図 6-10 ウーシン旗の月別降水量（1999 年～2001 年）

第 2 部　人間活動と生態系ネットワーク

図 6-11　定住化したモンゴル牧畜民の固定家屋（2005 年 9 月）。左手、手前から家畜囲い、ブタ用畜舎。中央奥にトウモロコシ畑が広がる。

は畑と家畜小屋がある（図 6-11）。天幕家屋のゲル（*ger*）は姿を消している。完全に定住化し、季節移動を行っていない。

　ここで取り上げる家族は、ウーシン旗の S 小村と B 小村に居住する定住モンゴル牧畜民の 19 家族と定住漢牧畜民の 2 家族である（表 6-1）[26]。筆者は、2001 年からおおよそ 1 年間の住み込み調査、2002 年から 2012 年まで断続的に住み込み調査ならびに聞き取り調査を実施してきた。

　調査地における世帯あたりの平均牧地面積は 135 ha である（表 6-1）。

　主要な飼養家畜はヒツジ、ヤギ、ウシ、ウマ、ロバ、ラバ、ブタとニワトリである。ヒツジ、ヤギ、ウシとウマはモンゴル人にとって伝統的な家畜（*mal*）である。ブタとニワトリ、ロバ、ラバは、モンゴルのこの「家畜」カテゴリーに入らない動物である。モンゴルでは、移動に適さないブタと家禽

---

[26]　そのうちのモンゴル牧畜民家族 1 家族が後述するように 2002 年に旗中心へ移住している（表 6-1 の No. 4）。

第6章 牧畜・農業と土地利用

表6-1 定住牧畜民の概要 2001年冬*

No.	行政区画	世代	土地(ha)	ヒツジ	ヤギ	ウシ	ウマ	乳牛	ロバ	ラバ	ブタ	ニワトリ	トウモロコシ(ha)	キビ(ha)	灌漑面積(ha)*2	ハイヤ種導入	収入源
1	S小村	70	27	12,13(7,8)	3,4	0	1(0)	0	0	0	0	0	0.3	0	0	×	牧畜
2	S小村	70	49	28(6)	7(3)	0	0	2	0	0	0	3,4	0.5	0.5	0	×	牧畜、狩猟
3	S小村	60	62	65(23)	0	0	0	3(2)	1	0	0	0	0.7	0	0	?	牧畜
4	S小村	60	85	12(8)	9(0)	0	1(0)	1	0	0	0(1)	7セル2	0.5	0.4	0.5	○	牧畜、受託放牧
5	S小村	50	135	115(40)	0	7(3)	0	0	0	0	0	4	0.4	0.4	0.5	○	牧畜、年金
6	S小村	50	116	35(0)	39(1)	0	1(0)	0	1	0	0	0	0.5	0.5	0.2	×	牧畜、狩猟
7	S小村	50	200	60(0)	10(4)	5(1)	0	2	0	0	1	20,30	1.1	0.5	1.6	×	牧畜、受託放牧、木材、狩猟
8(漢)	S小村	50	133	30余(?)	4(?)	3(?)	1(0)	0	0	0	0	0	0.6	0.1	0.7	?	牧畜
9	S小村	50	84	100(0)	0	0	0	0	1	0	0	4	0.7	0.3	1	×	牧畜、狩猟
10	S小村	40	97	65(15)	15(5)	乳牛1	2(0)	2(0)	0	0	1(0)	5	1.3	0.2	0.5	○	牧畜、受託放牧、狩猟、ブタ肥育、木材
11	S小村	40	105	81(0)	101(30余)	2(0)	1(0)	2(0)	1	0	0	2	1.3	0.4	1.3	×	牧畜、狩猟、ブタ肥育、狩猟
12	S小村	40	167	33(7)	4(5)	0	2(0)	2(0)	1	0	2(5)	7,8	0.8	0.4	1.2	○	牧畜、ブタ肥育、受託放牧、狩猟
13	S小村	40	73	11(0)	14(1)	0	1(0)	1(0)	1	0	1(2)	20	0.3	0.5	0.3	×	牧畜
14	S小村	30	62	21(0)	10(4)	乳牛1	1(0)	1(0)	0	0	2(5)	3	0.7	0.2	0.9	○	牧畜、ブタ肥育・繁殖、狩猟
15(漢)	S小村	20	8	6(0)	5(5)	0	1(0)	1(0)	0	0	1	4	0.7	0.2	1.2	×	牧畜、賃金労働、農産物
16	B小村	60	180	60(20余)	0	4(0)	1(0)	0	0	0	1	?	0.5	0.1	0.6	○	牧畜
17	B小村	60	582	72(16)	80余(20余)	17(4)	4(0)	2.3	1	0	2	?	1	0.3	1.3	○	牧畜、狩猟
18	B小村	50	333	42(30)	0	10(4)	5(2)	1(4)	0	1	0	10余	1	0.4	1.4	?	牧畜、受託放牧
19	B小村	50	133	30(24)	0	2(1)	0	0	0	0	9	8	0.8	0.2	0.8	○	牧畜、ブタ肥育、木材、狩猟
20	B小村	40	107	24(16)	12(3)	4(0)	1(0)	1(2)	0	0	3(1,2)	13	0.6	0.3	0.9	?	牧畜、トラクター作業、狩猟
21	B小村	30	88	33(8)	6(4)	1(1)	1(0)	0	0	1	0(2)	20	0.5	0.3	0.8	×	牧畜、狩猟、退牧還林補助金
全家族調査平均*3			135	45(11)	15(4)	3(1)	1(0)	1(0)	0	0	1(1)	7	0.6	0.3	0.7		

* : No.5とNo.15のみ2001年夏に聞き取りしたもの。
*1 : 牧畜民は家畜数の正確な数字を提示することを忌避する。家畜数は聞き取りによる自己申告数である。総数に子畜含まない。子畜数は()内に表記。
*2 : 野菜と間作のジャガイモは含まない。
*3 : 家畜数がありえない場合は切り捨てにして算出した。幅がある場合は中間値をとった。小数点は四捨五入した。皮革の売却収入は除く。
*4 : 従来自家消費用にしていたブタを販売したもの。ブタの肥育と繁殖とは異なる。■:ブタの肥育・繁殖
(漢):漢族家族。他の調査家族はみなモンゴル族である。

365

類などは、伝統的に否定的に評価されていた（Humphrey and Sneath 1999）。定住モンゴル牧畜民は伝統的な家畜でない、否定的な評価をうけてきた動物を飼養しているということになる。

世帯あたりの平均農地面積は約 0.9 ha、そのうち灌漑面積は 0.7 ha である。主要な栽培作物は飼料用トウモロコシと食糧用のキビである。トウモロコシ栽培はほぼ灌漑、キビは天水栽培である。

調査地から一番近い小都市はウーシン旗中心のダブチャク（達布察克）鎮人民政府所在地である。筆者の滞在先である調査地中心宅から主要道路に出るまで約 5 km、主要道路から小都市まで約 13 km ある。自家生産以外の食料および生活必需品は主にここで購入される。

家畜飼養の現状

家畜飼養の現状をより詳細にみていこう（表 6-1）。

飼養家畜のなかで、すべての家族に所有されている家畜はヒツジだけである（表 6-1）。頭数も飼養家畜の中で 1 世帯あたり子畜も含めて 56 頭と一番多い。ヒツジの用途は生体、羊毛と皮革の売却による現金収入と肉とミルクの食料である。羊毛と皮革は以前、フェルト、衣服など様々な生活用品や牧畜用具製作のために自家消費されていたが、現在はほぼすべて売却されている。とりわけ、羊毛は重要な収入源である。

ヒツジに次いで多いのがヤギで、19 頭である。しかし、21 家族中 7 割に相当する 15 家族が所有しているに過ぎない。ヤギの利用はカシミヤ毛、生体と皮革の売却、肉とミルクの食料である。

このヤギとは別に、もう 1 種類、スー・ヤギ（*sü imaya*）、もしくは、ヤンギル・ヤマー（*yanggir imaya*）[27]と呼ばれる搾乳用のヤギ（以下、乳ヤギ）が飼

---

[27] モスタートによるオルドス方言の辞書（Mostaert 1942: 396）によれば、ヤンギル・ヤマーとはシャモアで、ヨーロッパの高山に生息するウシ科シャモア属のヤギに似た動物とされている。『蒙漢詞典』（1999: 1378）によると、中国語名は岩羊で、バーラル、アオヒツジをいう。現地でこのように呼ばれるのは、山岳地帯に生息、飼養されているヤギと認識されているからであろう。

第 6 章　牧畜・農業と土地利用

図 6-12　乳ヤギ（2001 年 4 月）

養されている。ピンク色をした大きな乳房を持つのが特徴的である（図6-12）。この乳ヤギは出産後すぐ子ヤギを取り上げられる。子ヤギがいなくても搾乳することができる。乳ヤギは1日2回搾乳でき、産乳量が多い。産乳期が長いのも特徴である。そのうえ、出産頭数が2頭から3頭と比較的多く、売却できる。飼養するのは、21家族中15家族で、ヤギと同数である。1世帯あたりの平均は1頭であるが、3頭飼養している家族もある（No. 3）。

　大型家畜では、ウシを所有する家族は21家族中12家族で、1世帯あたり平均4頭である。ウシを所有していない家族にその理由をたずねると、自分の土地が牧地に適していないという。というのは、ウシは草丈4cm以上の草しか食べられないため（児玉 2009）、草丈が高い草が広がる牧地がないと飼養できないからである。現在のウシの用途は生体と皮革の売却と肉とミルクの食料である。ウシはおとなしく、力が強く、開墾に適していることから、かつては農耕用の役畜としても利用されていた（モスタールト 1986）。しかし、作業に時間がかかり、土地の分配以降は新たな開墾がなくなったこともあり、1980年代以降は、後述するラバにとって代わられている。

　モンゴルには、「モンゴル人は馬上で育つ」、「モンゴル人の足は4本」（鯉

367

渕 1992: 26) ということわざがある。モンゴル人にとって、ウマのいない生活は「鞍のないのは昼間の乞食、妻のないのは夜の乞食」ということわざにあるように、草原を騎馬ではなく徒歩で行く姿は乞食とみなされる（鯉渕 1992: 26)。このように、モンゴル人にとってウマは民族のシンボル的存在であるにもかかわらず、ウマを所有する家族は 21 家族中 10 家族のみで、1 世帯あたり平均 1 頭に過ぎない。

　モンゴルの伝統的な家畜にラクダがある。この地域ではラクダは全く飼養されていない。すでに 50 年代には飼養されなくなっていた。ウーシン旗全体でも 1984 年以降ラクダの飼養は行われていない（烏審旗志編纂委員会 2001; 楊・児玉 2003, 2005a)。

　イヌはモンゴルでなじみのある動物である。イヌは番犬としてモンゴルに不可欠であったが (Jagchid and Hyer 1979; Fijn 2011)、わずか 1 家族が飼養するだけであった。狼や狐が絶滅し、家畜を襲う野生動物の心配がなくなったからである。

　モンゴルの伝統的な家畜以外では、ほぼすべての家族で飼育されているのがブタとニワトリである。ブタの利用は肉と後述する肥育と繁殖による販売である。ニワトリは卵と肉を利用する。売却されることはない。

　ほぼ半数の世帯で飼養されている家畜にラバがある。普及するのは 1980 年代からである。ラバの入手は南の漢族とウマとの交換によることが多い。ラバは乗馬も可能であるのに加え、力が強く、おとなしく、荷駄や農耕に適している。ウシに比べて、ラバは農作業が早い。街から購入した荷物を運ぶ荷車の牽引をするのもラバである。

ヒツジの減少：過放牧は起きていない

　では、過放牧は起きているのであろうか。大干ばつに見舞われた 2001 年の調査家族の平均家畜頭数は、子畜もふくめて、ヒツジとヤギの小家畜が 75 頭、大型家畜のウシとウマが 5 頭である（表 6-1)。1 ha あたりの家畜頭

数は羊単位[28]で0.7頭である。ウーシン旗の「環境収容力」はリモートセンシングによって算出された値によると1 haあたり2頭がふさわしいとされている (Kobayashi et al. 2005)[29]。過放牧は起きていない。

その理由は、世帯あたりの家畜数が少ないからである。この所有家畜数はモンゴル高原全体からみても少ない。内モンゴル東部における1世帯あたりの平均家畜所有数は300頭で、その半分にも満たない (色音 1998)。モンゴル国では、一般的に、貧困ラインは一世帯当たりの家畜数が50頭以下、100頭から150頭の家畜を保持していれば、一定水準の生活ができるとされるという (Suttie 2006; 小宮山 2005)。この基準に従えば、半数近くの世帯が一定水準の生活を送れない状況にあり、貧困ライン以下の世帯は3割近くにのぼる。

この家畜数の少なさは当該地域の家畜分配以後の過去20年をふりかえっても異常な状態である。実は、ウーシン旗では、1990年代は干ばつの進行にもかかわらず、1980年代と比較して家畜、とりわけヒツジが増加していた。それは灌漑の普及による飼料栽培によるところが大きかった (児玉 2005a)。それが1990年代から減少に転じる。具体的には、1990年代に最も家畜が多かった年と比較して、2001年のヒツジの頭数が減少に転じた家族は13家族で、3分の2に減少した家族が6家族、半分以下になった家族は3家族、3分の1以下になった家族は4家族にものぼる。そのうち、ヒツジを200頭以上飼育していた家族は4家族あったが、2001年には皆無であった。数の減少だけでなく、家畜体格の矮小化も起きている。80年頃にはヒツジの正体重が45 kg、正肉量は25 kgあった。しかし、現在はともに2割から3割も減少し、正体重が35 kg、正肉量が17 kgになっているという[30]。頭数の減

---

[28] 羊単位はモンゴルで広く使用されている。ヒツジ1、ヤギ0.9、ウシ5、ウマ6と計算する (Humphrey and Sneath 1999)。子畜はそれぞれ、その半数で計算。
[29] この「環境収容力」は降水量と家畜種を考慮に入れていない。この基準に合わせて子畜も含めてヒツジとヤギを1と計算し、大型家畜は羊単位で計算しても、1 haあたり0.7頭で、やはり過放牧は起きていないといえる。
[30] 80年代以前でも家畜の体重が減少していることが報告されている。例えば、オル

少と体格の矮小化は肉産量と羊毛産量の減少、つまり収入の減少を意味する。加えて、年々ヒツジ1頭あたりの搾乳量も減少し、搾乳期間も短くなりつつあるという。

ウマの減少

　家畜数の減少はヒツジだけでない。ウマも減少している。2001年現在、ウマを所有する家族は半分にも満たないが（表6-1）、1990年代までは所有していたという家族は3家族（No. 5、No. 7、No. 8）あった。No. 5家は、現在は1頭も所有していないが、1990年代前半にウマ6頭を所有していた。干ばつで、牧地がウマの飼養に次第に適さなくなり、次々にウマを手放さざるをえなかったという。

　ただし、ウマの減少の背景には、干ばつによってウマが好む草が減少したのに加えて、ウマの使用用途が減ってきていることがある。現在、牧地の囲い込みによる柵の設置が進み、ウマを自由自在に走らせることは不可能である。また、オルドス地域ではウマを食用しないのに加え、馬乳酒の製造も全く行われていない。ヒツジとヤギのように毛の売却による収入もない。ウマの減少にはこうした使用用途および経済価値の低下も影響している。ウマの減少は内モンゴル全体の現象で、季節移動を行う牧畜民はウマにかわって、バイク、四輪駆動車など近代的な乗り物を積極的に導入している（児玉 2000, 2003）。しかし、定住牧畜民の多くが2001年時点では、バイク、四輪駆動車、トラクターを導入していなかった。移動と放牧手段は主に徒歩で、運搬はラバやウマの牽引であった。定住化と干ばつによって、ウマの喪失ととともに、牧畜民の機動性を支える経済力が失われているといえよう。

　　ドス市オトク前旗では、60年代から70年代の間にヒツジの平均体重が40％減少した（Jiang 1999）。

第 6 章　牧畜・農業と土地利用

(4) 家畜飼養の変化からみる干ばつの影響と対策

干ばつによる影響

　干ばつ被害には、家畜の死亡、自然流産と不妊がある（マケイブ 2006）。とりわけ、子畜の死亡とそれによる母畜の停乳は乳製品に依存する牧畜民の食生活に多大な影響を与える（伊谷 1982）。だが、調査地では、子畜も含めた家畜の死亡は多くない（表 6-2）。そのうえ、自然流産もほぼ皆無であった。顕著な被害は不妊と少乳、停乳家畜の増加である。

①家畜死亡の少なさ：売却による家畜処分

　干ばつの被害として真っ先に挙げられるのが家畜の死亡である。しかし、調査地の家畜の急減は家畜の死亡によるものではない。大干ばつに襲われた 2001 年ですら、死亡家畜数は少なかった（表 6-2）。ヒツジの死亡は 21 家族中成畜が 3 家族 13 頭、子畜が 7 家族で 25 頭である。ヤギは 15 家族中、子畜がわずか 2 家族 2 頭のみである。1999 年から 2001 年までの干ばつと雪害で、家畜が大量に死亡している内モンゴル自治区シリンゴル盟やモンゴル国と比較すると、皆無に等しいといってよい。雪害被害がないゆえであろうか。冷温帯のモンゴル高原において、干ばつのみによる家畜死亡は 7% との報告がある（Begzsuren et al. 2004）。本事例でそれを上回るのは子ヒツジの死亡割合である。これは、灌漑設備がないために、飼料用トウモロコシを十分に備蓄できなかった家族（No. 3）で子ヒツジが 10 頭死亡し、割合を押し上げたためである[31]。

---

[31] この家族は干ばつ被害により 2001 年夏から家畜を知人に委託し、2002 年にウーシン旗人民政府所在地に移住した。この事例から、灌漑によるトウモロコシ飼料生産は家畜数の死亡を回避させるために重要であることが分かる。事実、灌漑が普及するのは干ばつが激しさを増す 1990 年代からであった。内モンゴル北東部シリンゴル盟でも、家畜施設の建設と飼料の備蓄の増加によって、過去と比較して 2001 年は家畜死亡数が大幅に減少していることが報告されている（包 2012）。同年、被害が大きかったのは施設がない、飼料の備蓄が十分でない牧場であった（阿拉坦冬雅

表 6-2　2001 年における家畜死亡数

家畜の種類	ヒツジ（子ヒツジ）	ヤギ（子ヤギ）
家畜死亡のあった世帯数 / 全世帯数	3 (7) /21	0 (2) /15
家畜死亡頭数合計	13 (25)	0 (2)
世帯あたりの平均死亡数	0.6 (1.2)	0 (0.1)
平均家畜数における平均死亡家畜数の割合	1.3% (11%)	0% (3%)

＊他にウシ 1 頭、ウマ 1 頭とブタ 1 頭が死亡している。

　ではなぜ急激したのか。それは、売却のためである。家畜の死亡は、死亡した家畜を食さないモンゴル牧畜民[32]にとっては得るところはほとんどない[33]。一方で、家畜の売却は処分としての意味だけでなく、一時的にはまとまった現金をもたらし、収入の確保につながってきた。体調の悪く、そのまま売却されれば、値がつかないようなやせた成畜も、飼料によって肥育してから売却すれば、現金収入になる。だが、再生産を超えての売却が長く続けば、売却可能な家畜は限られてくる。

②自然流産の少なさ

　自然流産もほぼ皆無であった。自然流産があったのは、2000 年に 1 家族のみでヒツジ 4 頭（No. 6）、2001 年も 1 家族のみ、ヤギ 3 頭（No. 17）である。内モンゴル東部のホルチン沙地では、牧地荒廃と 1995 年の干ばつによってヤギの 40％から 60％が流産し、最も牧地荒廃が激しい地域では 98％のヤギが流産したことが報告されている（川鍋ほか 1998）。筆者自身が確認した事例で、モンゴル国トゥブ県でも、2009 年から 2010 年にかけての干ばつと雪害で、ヤギが 9 割近く流産している。地域を問わず、自然災害によるヤギの流

ほか 2005）。
[32]　調査地では漢族牧畜民も家畜の死肉を食べることはないという。
[33]　毛が利用可能な場合は刈り取られ売却される。もしくは、革を剥いで皮革を売却する。

第 6 章　牧畜・農業と土地利用

産が顕著ななかで、調査地でヤギの流産が少ないのは特筆に値するであろう。その理由は、ヤギそのものの頭数が少ないこともあろうが、この地域に関しては、ヒツジと比較して、ヤギが干ばつに強いからではないだろうか。調査地で飼養されているヒツジは「オルドス細毛羊」と呼ばれる新しい品種改良種である。一般に、他地域から導入された品種は、寒冷に脆弱で、より多くの飼料を必要とすることが指摘されている (Telenged 1996; Humphrey and Sneath, 1999)。内モンゴル最南部に位置するウーシン旗においても、この品種は寒さに弱いといわれている。他方で、ヤギは 50 年代以前には最も飼育数が多い家畜であったにもかかわらず、後述するように 70 年代から、牧地に悪影響を与えるとして行政より処分の対象となってきた。その経済収益性の高さとともに、干ばつへの抵抗力は、再評価されてしかるべきであろう。

③不妊の発生と少乳、停乳家畜の増加

　2001 年に家畜の処分と大量の飼料備蓄をもってしても防げなかったのが、ヒツジとヤギ、とりわけヒツジの不妊である[34]。No. 6 家では、2001 年に、種オスが 2 頭おり、メスヒツジ 58 頭すべて妊娠するはずが、そのうち 17 頭しか出産せず、メスの約 7 割が不妊であった。半数以上 (No. 11) や 3 割程度 (No. 17) が不妊の家族もあった。2002 年にも、3 割程度が不妊だった事例がある (No. 5)。ヤギの不妊も 2002 年に起きており、19 頭のうち 15 頭が不妊だった家族がある (No. 6)。不妊の原因には、干ばつによる種オスとメスの体調不良が考えられる。不妊現象は、家畜の再生産に大きな支障をきたす。加えて、不妊は搾乳可能なメスの減少、つまり、ミルク不足をもたらす。不妊メスの増加によるミルク不足に加え、無事に出産しても、体調不良のために、ミルクを十分に出せないヒツジが多く観察された[35]。これは、子

---

[34]　家畜の不妊は内モンゴルの他地域でも報告されている。干ばつが続いたアラシャー地域では、2 年間群れ全体でヤギの不妊状態が続いた (小長谷 2001b)。
[35]　内モンゴル東部のホルチン沙地でも報告されている (川鍋ほか 1996; 押田ほか 2000)。

畜に与えるミルクがないことを意味し、家畜の再生産に大きな影響を及ぼす。

干ばつ対策

　干ばつによる「環境収容力」の低下に対して、牧畜民は売却によって家畜数を減少させ、家畜の死亡を回避してきた。他方で、家畜数の減少は様々な面で影響を及ぼす。家畜数が減少すれば、羊毛収入およびミルク産量も減少する。売却可能な家畜数も、自家消費用にまわす家畜も減らさざるを得ない。収入、ミルクと肉産量の減少に対して、牧畜民は売却と様々な家畜の導入で対応してきた[36]。

①マーケット利用：収入確保と売却処分

　大干ばつの2001年、現金獲得の手段として新たに出現したのが子ヒツジの売却である。調査家族20家族中15家族が子ヒツジを売却し、調査地の子ヒツジ総数の46％、ほぼ半数が売却された。そのなかで、子ヒツジをほぼすべて売却した家族は5家族にのぼる。モンゴルでは、従来、子ヒツジの食用ならびに販売は行われてこなかった。食用の対象となるのは、オルドス地域では伝統的にヒツジは4歳もしくは5歳からである。そのなかでも、去勢オスや不妊ヒツジ、妊娠期がおわったヒツジが対象となる。とりわけ、子ヒツジの食用は屠殺に対して心理的に抵抗が強く、忌避されてきた。それにもかかわらず、大干ばつに襲われた年に、牧畜民たちは子ヒツジを売却するという行動をとったのである。その背景として以下の四つの要因が指摘できる。

　第1に、子ヒツジ肉に対する需要が都市で生じていて、売却が可能になっ

---

[36] モンゴル国で顕著な都市への移住はきわめてまれであった。中国では、戸籍が生業と居住地によって都市戸籍と非都市戸籍に分かれる。社会保障は戸籍地でのみ受けることができる。都市戸籍をもたないものが都市へ移住しても、社会保障を受けることは困難である。よって、モンゴル国のように、牧畜民が中国の首都北京市など大都市に移住することを選択することは現実的ではなかった。

ていたことがある。中国では西北地方および沿岸部の北京市などを中心に「ラム肉」が流行し始めていた。北京市、内モンゴルの首府フフホト市などの大都市にあるレストランで、火鍋と呼ばれる中国風のしゃぶしゃぶにラム肉が登場するようになっていた[37]。

　第2に、子ヒツジの価格が低くなかったことである。1番低い価格は1頭60元であったが、平均的にだいたい90元から130元で取引されていた。1番高値がついた130元は、調子の悪い、やせた成畜140元と10元しか違っていない。

　第3に、売却可能な成ヒツジが限られていたことである。売却できるヒツジがなければ、現金収入を得ることができない。

　第4に、処分のためである。2001年8月には雨が降り、牧地はかなり改善されたものの、弱っている子ヒツジが冬を乗り切ることはできないと判断されていた。2001年、ヒツジの多くはモンゴル語でソクト・ウブス (*soytoyu ebesü*)[38] と呼ばれる草を食べていた。この草は干ばつになると繁茂し、他に食べるものがない家畜たちはこれを食べるようになる。この草は麻薬のようなもので、中毒になるとこの草しか食べなくなり、酔っ払ったようになる。特に子ヒツジが食べると、成長が止まり、それ以上に体格が大きくならない。こうした子ヒツジは売却された[39]。家畜の売却は収入の確保というだけでなく、弱った家畜や不要な家畜の処分でもある。災害によって自然淘汰されるべき弱った家畜が飼料によって生き残ることは必ずしも生産力の向上には結びつかないとされている (Bauer 2005)。しかし、中国内モンゴルでは、マーケットの存在によって売却による家畜の淘汰が可能になっている。しかも、単に子ヒツジを無駄死にさせないだけでなく、収入をもたらしてくれる[40]。

---

[37]　モンゴル国では、ラム肉の需要がなく、子ヒツジが売買の対象となることはまれである。
[38]　酔う草の意。中国語名は酔馬草。学名は *Achnatherum inebrians* (Hance) Keng、イネ科の多年生草本である。
[39]　子ヒツジの利用は肉であるため、おおよそ生後6か月以降から売却される。
[40]　成畜でも、体調不良のヒツジに加え、体格の悪いヒツジ、羊毛が太いヒツジ、産出

第 2 部　人間活動と生態系ネットワーク

②ミルク産量減少への対応：乳ヤギと乳牛の導入

　産乳量の減少に対応して導入されてきたのが乳ヤギである。1980 年代から飼養していた家族もあったが、乳ヤギを飼育し始めたのは、ほとんどの家族が 1990 年代後半からである。乳ヤギは放牧ではなく、飼料によって飼育できるため、干ばつの影響を受けずに、ミルクを確保できる。乳ヤギから搾乳されたミルクは停乳ヒツジの子畜にも与えた。乳ヤギは、乳製品の原料供給源としてだけでなく、家畜の再生産においても重要な役割を果たしている。乳ヤギを飼養していない家族は旗人民政府所在地や村中心で乳牛を飼育する酪農家から牛乳をもらい受ける、もしくは、購入した。酪農家とは旗人民政府所在地や村中心で、乳牛を飼育し、牛乳と乳製品を販売する家族をいう。2001 年頃からミルク産量を増加させようと乳牛であるホルスタイン種を新しく飼養する家族も現れた（No. 10 と No. 14）。

③肉産量減少への対応：ブタとニワトリの飼育

　家畜数の減少に伴う肉産量の減少に対応して導入されたのがブタとニワトリである。

　オルドス地域でブタが本格的に飼育されるようになったのは 1950 年代以降である（楊・新間 1995）。調査地では、1940 年代から飼育していた家族もあったが、ほとんどが 1950 年代以降、とりわけ文化大革命（1966-1976）の混乱により家畜が減少してからという。現在、ほぼすべての家族でブタ 1 ～ 2 頭を飼育している（表6-1）。えさは主に粉末にしたトウモロコシ、残飯、ジャガイモ、アーグ（*ayay*）と呼ばれるキビのふすまなどである[41]。ウマを飼養している家ではウマのフンもブタのえさとして与える。購入した飼料を与えることはない。ヒツジとは異なり、ブタの肥育期間が 8、9 か月であることに

　　　量が低いヒツジ、柵を越えるクセがあるヒツジも選択的に売却されている。選択的売却の基準には、囲い牧地との適合性も重要になっている。

[41]　人民公社時代のブタのえさはローリ（*luuli*）の葉と種、キビのふすま、じゃがいもなどであった。ローリとはアカザ科の 1 年生草本で、中国語名は藜、学名は *Chenopodium album* L. である。

加え、1頭あたりの肉生産量も多い。このように肥育期間が短い上に、肉生産量が多いことがブタの普及の理由である。現在、ブタ肉は定住モンゴル牧畜民の食生活において欠かせない存在になっている。年間の家畜の解体数をみると、80年半ば以降のウーシン旗における各家族の平均解体数は中型家畜10頭とウシ1頭であった（楊・児玉 2003）[42]。2001年は1世帯あたり平均ヒツジ約5頭、ヤギ1.2頭、ウシ0.6頭、ブタ1頭で、伝統的家畜の解体数は減少している。その減少分を補うものとして、新たに消費されているのがブタ1頭である。加えて、後述するように、1999年頃から、ブタを繁殖、肥育して販売する家族が現れた。

　ニワトリの飼育は干ばつが激しさを増す1990年代から普及した。放し飼いで、トウモロコシなどの飼料を与えて飼育される。乳ヤギと同様に、ブタとニワトリも飼料による肥育のため、干ばつの影響を回避し、干ばつ下において生産を確保できる。

④収入減少への対応：ヤギの再導入と肉用ヒツジ種の導入
　収入の減少に対して導入されたのがヤギである。ヤギは本来ウーシン旗で飼養頭数が最も多い家畜であった（児玉 2005a）。しかし、ヤギは1970年代から減少する。その背景には、ヤギには草を根こそぎ食べてしまう習性があり、牧地に対して不適切として、処分されてきたことがある（楊 1991; 楊・児玉 2003; Jiang 2004）。加えて、ヤギは柵で囲んだ牧地を容易に乗り越えてしまうことから、柵で囲われた牧地内の放牧には不適切である（児玉 2005a）。しかも、1980年代、ヤギ1頭あたりの価格が低く、ヤギ3頭でヒツジ1頭の価値しかなかったという。こうしたなかで、牧畜民自身がヤギを売却によって積極的に処分してきた。しかし、1990年代になると、ヤギを新しく飼養する家族や頭数を増やす家族が出現する。その背景には、カシミヤ毛の高騰がある。2001年現在、カシミヤ毛の価格は1頭あたり80元（2013年1月現在1元≒14.6円）で、1頭あたりの生産高は羊毛の2倍以上にも達していた。

---

[42]　この数字は内モンゴル中部の季節移動を行う家族と同数である（児玉 2003）。

ヤギ 2 頭から採れるカシミヤ毛の値段で、一番安いヤギ 1 頭が購入できた。もう一つ、ヤギはヒツジと比較して乾燥に強く（伊谷 1982; 松井 2011）、干ばつに強い（マケイブ 2006）。干ばつが長期化する中で、干ばつに強く、1 頭あたりの生産高が高いヤギが積極的に導入、飼養されるようになったといえるであろう。ただし、それでも 21 家族中 15 家族が所有するに過ぎない。それは、牧地にヤギがあわないといった理由やヤギが柵を越えるため放牧管理が難しいためである。

また、子ヒツジの販売に対応して、オルドス地域でハイヤン種といわれる体格の大きい肉用種のヒツジが積極的に導入されるようになった（表 6-1、図 6-13）。ハイヤン種は体格が大きいため、1 頭あたりの販売価格が比較的高く、かつ、1 回の出産で 2〜3 頭出産する比較的多産な種といわれていた。一方、この品種は羊毛がほとんど取れず、羊毛価格も低い。まさに、子ヒツジの売却に特化した品種であった。導入の方法は、他地域からの種オスの購入、もしくは、すでに種オスを購入している家族から借用する、の 2 通りである。

ただし、2011 年夏現在、ほぼ姿を消している。というのは、羊毛がほとんど取れず、価格も低いことに加え、期待された多産がほとんどみられなかったからである。現地の認識では、その理由は、寒冷な地域に適合していないためであろうとのことであった。新しく導入した品種を処分する方法も売却であった。

⑤ブタの肥育と繁殖：牧畜民から「ブタ飼い」へ

長い干ばつのなかで、1999 年頃から広まりつつあったのが、繁殖と肥育によるブタの販売である。ブタの肥育と繁殖の利点は、肥育をすべて飼料によっているため、干ばつの影響を回避でき、安定した収入を確保できることである。放牧用の牧地も必要でないため、牧地面積の大小に肥育頭数が左右されることもない。生産回転が速く、およそ 5〜6 か月で成長し、売却可能となるという。

2001 年には、No. 12 家、No. 13 家、No. 14 家、No. 19 家の 4 家族が実施

第6章　牧畜・農業と土地利用

図6-13　ハイヤン種（2001年4月）

していた。この4家族に共通することは、相対的に家畜数が少ないことである（表6-1）。2001年から始めたNo. 13家を除いて、ブタの売却による2001年の収入がNo. 12家では牧畜生産による収入の49％、No. 14家は29％、No. 19家は45％を占め、新しい、かつ重要な収入源になっていた。ブタの肥育と繁殖は家畜数の減少に伴う収入の減少を補うために導入されたことがうかがわれる。かれらは自らを、伝統的家畜（*mal*）を飼養する人という意味で遊牧民を意味するマルチン（*malčin*）ではなく、なかば冗談めかして「ブタ飼い（*γaxaičin*）」と称するようになった。

　ブタの繁殖と肥育には初期投資が必要である。例えば、No. 14家では、1999年に始めるにあたり、ブタ肥育専用の畜舎を4000元で建設した。繁殖にあたり、繁殖用の成メスブタ1頭を500元、種オス1頭を100元で購入した。2001年には1歳の種オス1頭を200元で購入している。

　もちろん、リスクもある。ブタの肥育の経験があるとはいえ、ブタの繁殖の経験がなかったためであろう。ブタの死亡や不妊、子ブタの死亡が少なくなかった。例えば、No. 12家では子ブタが生まれていない。No. 13家では、生まれた子ブタ13頭のうち4頭が病気で死亡し、その後にまた3頭死亡し

ている。繁殖に失敗すると、子ブタを購入して肥育することになり、頭あたりの利益は小さくなる。

　肥育には、大量の飼料と良質の飼料が不可欠である。肥育にあたっては、栽培したトウモロコシを与えるだけでなく、購入した飼料を与えなくてはならない。ブタの肥育と繁殖にかかる技術面を克服したのちに、ブタの肥育と繁殖を手掛ける牧畜民が直面した問題は、価格変動に対する脆弱性であった。ブタは一定の肥育期間をすぎるとそれ以上成長せず、飼料代がかさむだけなので、成長した時点で、価格の高低に関わらず、売却せざるをえない。飼料をできるだけ自給するため、それまでキビを栽培していた農地をトウモロコシ栽培に切り替えたり[43]、農地を新しく開墾する家族がみられた。この農地拡大の背景には、動力の転換があった。それまでラバと手作業による農作業が、トラクターにとってかわったのである。また、ブタのフンを肥料に使えるようになり、より広い面積のトウモロコシ栽培が可能になったこともあるという。ブタの肥育と繁殖は農地を拡大させ、灌漑面積を増やすという、土地と水資源の集約化をさらに強化するものであった。

⑥牧畜生産以外の多様な収入源

　定住牧畜民の主要な収入源は家畜と畜産品の売却であるが、牧畜以外に多様な収入源を確保している（表6-1）。牧畜以外の収入の内訳はウサギの狩猟、受託放牧、農産物の売却、植林樹木の売却、トラクター作業、賃金労働、退耕還林政策の補助金と年金である。こうした収入があるのは15家族である。

　狩猟による収入とは、狩猟によって捕獲したウサギを売却して得た現金収入をいう。10家族が狩猟によって収入を得ている。自然の冷凍保存が可能な冬季に狩猟が行われる。2001年冬では1羽6元前後で取引されていた。ウサギの狩猟には2種類ある。一つはワナによる捕獲で、もう一つは散弾銃による捕獲である。

---

[43] キビからトウモロコシへの作物転換には、スズメ害のために、キビ栽培を放棄したことも大きい。

第6章　牧畜・農業と土地利用

　受託放牧とは南に居住する漢族農民が飼養しているヒツジを、農繁期だけ受託放牧し、その謝金として現金を受け取るというものである。受託放牧を実施しているのは5家族で、牧地面積は広いが家畜数が少ない家族に多い。2001年の相場は、平均で1頭、1日0.2元であった。期間は5か月で、1頭あたり30元となる。受託頭数は一番少ないところで5～6頭、多いところで50頭と幅がある。例年、受託放牧を行っていたが、干ばつのために、2001年は実施していない家族もあった (No. 21)。
　農産物の売却は、漢族の牧畜民 (No. 15) がキビを近隣の家族に売却することによって得たものである。モンゴル族および他の漢族は農産物を売却していない。
　植林されてきたペキンヤナギとポプラも (児玉 2009)、買い手がいれば収入源になる。2000年にペキンヤナギの苗1000本が800元で売却されている (No. 12)。2001年は、他の旗に1500本が350元で売却された (No. 7)。また、ポプラが1040元分売却されている (No. 19)。樹木の売却も、植林の動機の一つである。
　他に、トラクター作業 (No. 20)、賃金労働 (No. 15)、退耕還林の補助金 (No. 21) と年金 (No. 5) がある。トラクター作業とは、所有するトラクターで草刈りなどを行い、賃金を得るものである。賃金労働は、近隣で労働力を提供し、賃金を得るというものである。退耕還林の補助金とは、ペキンヤナギ1ムー[44]の植林につき20元の補助金を支給するというものである。対象家族は50ムーの植林を行い、1000元の補助金を得ている。年金は公務員だった人にのみ支給されるものである。

⑦考察
　定住モンゴル牧畜民が飼養する家畜の用途をまとめると、表6-3のようになる。まず、伝統的な家畜は、単一種でさまざまな用途に開かれていることが分かる。ミルク、肉などの食料だけでなく、現金収入、移動および運搬

---

[44]　1ムーは約6.667アールに相当。

表6-3 定住モンゴル牧畜民の家畜利用

用途		伝統的「家畜」					非伝統的「家畜」			
		ヒツジ	ヤギ	ウシ	ウマ	乳ヤギ	ロバ	ラバ	ブタ	ニワトリ
自家利用	肉	○	○	○	○	×	-	-	○	○
	ミルク	○	○	○	×	○	-	-	-	-
	毛・皮革	×	×	×	×	-	-	-	-	-
売却	生体	○	○	○	○	×*	×	×	△	×
	毛	○	○	-	-	-	-	-	-	-
	皮革	○	○	○	○	-	-	-	-	-
荷駄		-	-	×	○	-	○	○	-	-
騎乗		-	-	-	○	-	○	○	-	-

○:利用　△:一部の世帯のみ利用　×:利用できるが、利用されていない　-:想定されていない用途　*ただし、子ヤギは売却。

と生活のあらゆる面を支えてきた。

　この生活を支える伝統的家畜を、定住牧畜民は干ばつ下において殖やし「過放牧」するどころか、売却によって処分し、家畜数を減らしてきた。その頭数は「科学的」に算出された値よりはるかに低い。だが、処分されてきた家畜はさまざまな用途に開かれているがゆえに、収入、肉とミルク生産の減少とその影響は大きかった。収入と肉とミルクを確保するために新しく導入されたのが干ばつに強いヤギと飼料で飼育できる非伝統的家畜であった。その飼料生産を支えるのが灌漑で、農作業の新たな動力として導入されたのがラバである。それらは、ヤギを除いて、一つの用途に特化したものである。さらに、牧畜生産に基盤をおいているとはいえ、牧畜民は狩猟、受託放牧、賃金労働、樹木の販売、政策補助金など牧畜以外の様々な生計活動により現金収入の獲得に努めているといえる。

政府による干ばつ対策

　最後に、災害回復において重要な役割を果たすべき政府の支援について、述べておく必要があるだろう。その答えは、政府からの支援はないに等しく、

第 6 章　牧畜・農業と土地利用

むしろほぼ皆無に近い社会保障と税金が重い負担となっていた。医療保険は当時まだ整備されておらず、No. 7 家の妻は 2000 年に肺の手術を受け、その費用に 2 万元かかっている。これはおよそ 2001 年の収入の 2 倍である。教育費も大きな負担であった。就学児のいる世帯の支出の大半が学費であった。税金には家畜所有にかかる牧畜税と羊毛などの畜産品にかかる農業特産税、草場税、灌漑農業の作付面積による農業税がある。税金の対象となる家畜頭数などは自己申告制である[45]。内訳をみると、牧畜税がヒツジ 1 頭あたり 3 元とヤギ 1 頭あたり 3.5 元、ウシ 1 頭あたり 15 元である。この他、ヤギには牧地荒廃の一因として管理費 1 頭あたり 7 元が加算される。よって、ヤギは 1 頭あたり 10.5 元となる。さらに、農業特産税として羊毛にかかる税金という名目でヒツジ 1 頭あたり 5 元、カシミヤ毛にはヤギ 1 頭あたり 9.5 元徴税される。すべてあわせると、1 頭あたりヒツジ 8 元、ヤギ 20 元となる。草場税は牧地面積による。農業税では灌漑作付面積 1 ムーにつき 5.1 元が課税される。この他、牧畜民たちが「人頭税」と呼ぶ税金があり、1 人に付き51.3 元である。この内訳は民工検軽費 5 元と民政優扶費 3 元、計画生育費 4.5 元、教育負加費 38.2 元、民兵訓練費 0.6 元の計 51.3 元である。この税金は村に戸籍登録されている人すべてに課される。この重い税負担が見直されるのは干ばつ終息後で、現地では 2002 年から税の減額が始まり、2003 年に廃止された。

　災害からの回復策として、中国政府がとった政策は、前述した一連の環境

---

[45]　ウーシン旗達鎮税務署の職員が税の徴収額を通知にバイクに乗って訪問する。モンゴル人の職員は、漢語の書類をみせ、安徽省で行われている税負担の軽減は現段階では行われないことをモンゴル語で説明した。この書類には税の徴収額が収入の 5 ％以下になるよう指示されていたが、職員はその点については触れなかった。厳格に家畜数を数える地域もあるが、調査地では自己申告で、牧畜民は多少こそあれ頭数などを過少申告していた。職員は申告された頭数に基づき、税負担額を算出し、期日中に支払うように指示した。税務署の職員は干ばつに見舞われ、砂丘がつらなる調査地の様子、バイクでの訪問にかなり難儀したようで、牧畜民たちの状況を思いやってか、牧畜民たちの言うままに頭数などの登録を行った。このため、この職員に対する評判が牧畜民の間でよかった。

政策であった。干ばつが終息するのもつかの間、牧畜民はこの環境政策への適応を迫られるようになる。

(5) 家畜繁殖を願う儀礼

　干ばつ対策から分かるのは、家畜こそが重要な収入源であることである。加えて、子どもたちが独立する際に分け与える貴重な財産であり、結婚式などの際の贈与に用いられる社会的文化的財である。干ばつからの回復は、家畜の増殖にかかっている。50代のモンゴル牧畜民女性は「家畜があれば、ミルクと肉、皮、毛が利用できる。子畜がうまれれば、どんどん殖えていく。モンゴル人から家畜をとったら何も残らない」と語る。

　ラバに代わりつつあるウマであるが、オルドス・モンゴル人にとってもやはりウマは敬愛の対象であり続けている（楊 2001）。このウマの地位がラバにとって代わられることは決してないだろう。2001年夏のナーダム（*nayadum*）と呼ばれる祝祭で競馬が行われた（補論1）。競馬といっても、騎乗者はみな中年男性だった。若い人でウマを上手に乗りこなせる人が少なくなっているのだ。牧地が柵に囲まれているため、300mほどの旧主要道路を走るだけであった。しかし、参加した騎乗者は自分の愛馬を誇らしげに乗りこなし、若い人も年寄りも走るウマを賞賛し、品評しあっていた。

　このように、モンゴル牧畜民にとって家畜は経済的にも、文化的に重要である。以下はモンゴル人がいかに家畜からの恵みによって生活が支えられているかを表現したことわざである。

>「モンゴル人が生活できるのは家畜の御蔭だ」（楊 2002: 17）
>「モンゴル人は家畜の力で生きている」（楊 2002: 17）
>「モンゴル人は家畜のお陰、モンゴル・ゲルは綱のお陰」（鯉渕 1992: 124）

　家畜は繁栄をもたらす象徴でもある。そのために、家畜の増殖を願った様々な儀礼が行われている。以下は筆者が観察した家畜の繁殖を願う儀礼であ

第 6 章　牧畜・農業と土地利用

る[46]。

　まず、去勢で子ヒツジからとりだした精巣を一つか二つ、アリの巣の上におく。家畜の種を取ってしまったため、こうすることで、家畜がアリのように増えるようにと願う。同日、子ヒツジに耳印をつけるために切り取られた耳の一部はシャル・トス (sira tosu) と呼ばれるバター、アメ、揚げ菓子、チョルマ (čurma) と呼ばれるチーズの一種と一緒にかまどにくべる[47]。家畜がもっと増えるようにと願ったものである。

　オルドス地域では祭祀儀礼、とりわけチンギス・ハーンに由来する政治儀礼が盛んである（楊 1999、2001、2004）。牧畜民たちにとってこうした祭祀儀礼は政治儀礼である一方、家畜とともに自分たちの安寧を願う家畜儀礼でもある。例えば、60歳代男性のあるモンゴル牧畜民が、子畜など死亡家畜がなかった理由を「迷信かもしれないが」と断りを入れてから、「ムハライ軍神にヒツジを献納していたからだ」[48]と語った。これを聞いていた50歳代男性は2001年春に家畜の死亡が多かったことから、2001年秋にムハライ軍神を祀る祭祀でヒツジを献納した。

　家畜を売却する際に、その家畜の毛を少し取る。家畜には福 (bayan xesig) があると考えられており、家畜を売却することによって、家畜の福を持って行かれないようにするためである[49]。ヒツジとヤギの場合は、頭もしくは首

---

[46]　調査地には、砂丘の上に、ヤナギ類によって作られたオボーがある。オボー祭りには干ばつに対して雨乞いの意味が込められていた。農作業に関しても儀礼がある。初めて収穫されたキビはシャラ・アーム (sira amu) と呼ばれるが、それを住居の前に立ててある軍師スゥルデの分身であるキー・モリにアルチャ (arča) と呼ばれる臭柏とともに燃やして供える。

[47]　このように、かまどにくべるのは、火がモンゴル人にとって非常に神聖なものと考えられているからである（バンザロフ 1971）。

[48]　ムハライ軍神とはチンギス・ハーンの左翼軍の長官である。調査地のモンゴル人はこの長官につき従っていた家来たちの末裔といわれている。この祭祀は別名「真の英雄」のスゥルデと言う（楊 2004）。

[49]　モンゴル国でも同じような行為をする。トゥブ県バヤンウンジュール郡の遊牧民（50代、男性）によると、ヒツジとヤギを販売するときにはデールの袖口でヒツジ

筋と腰の毛を取る。ウシとウマの場合は、しっぽの毛を3～4本取る。仏像があればそこに取った毛をおいておき、ある程度たまると、かまどにくべる。

　家畜は牧畜民にとって、生活の要として非常に重要な存在である。このように家畜数を減らしながらも、実際には家畜が繁殖し、増加することを願っているのである。そこには、生活を支えてくれる家畜への感謝の意もある。その好例が、モンゴル語でツァガーン・サル（*čayan sara*）と呼ばれる正月（旧暦の1月）を迎えるときである。シャル・トスをヒツジとウシ[50]の頭部につけるとともに、正月に自分たちが食べる様々なものを食べさせる（図6-14）。これは自分たち人間が新年を迎えた際に食べるよいものを与えて、家畜にも新年を迎えさせるためである。バターは乳製品のなかで取れる量が最も少ない。そのため、この地域では、最も象徴的価値が高い乳製品である。この行為は、モンゴル牧畜民が、家畜を自分たち人間と同等に考えていること（Fijn 2011）を体現しているといえる。

　家畜を解体して、肉を煮た際や餃子を作ったときには必ず食前にその料理の一塊をかまどにくべるとともに、屋外に出て、天に向かって投げる。これは天への供え物の意であろう。

　ことわざや儀礼で登場する家畜には、非伝統的な家畜であるブタとニワトリとラバは含まれない[51]。ブタ肉や鶏肉を使った料理がかまどや天にささげられることもない。1950年代から飼養されているブタが食生活に、経済的に重要になっても、ブタは儀礼の対象とはなっていない。自ら「ブタ飼いに

　　　とヤギの口をぬぐう。ウシとウマの場合は、しっぽの毛を抜いて、ゲルのなかに飾る。これらの行為には家畜の福を渡さずに取っておくという意味があるという。
[50]　この家族はヤギを飼養していないため、対象となっていない。ヤギを飼養していれば、対象とするという。
[51]　内モンゴル東部地域のオボー祭りでは、供物としてブタの肉やニワトリが供えられている。伝統的な家畜でないブタとニワトリに供物になっている背景として、農耕化の深化、地域における漢族の増加、増えた漢人への配慮が挙げられている（吉田2006）。

第 6 章　牧畜・農業と土地利用

図 6-14　ツァガーン・サルにて人間の食べ物を家畜に与える（2001 年 1 月）

なった」と語る人びとでも、ブタを「臭い」、「汚い」と表現する。その一つには、草しか食べない「家畜」と異なり、人のフンを食べるブタに対する不浄感もあるだろう。しかも、ヒツジの解体作業はモンゴル牧畜民の男性であるならば、誰でもできるが、ブタの解体作業は一部の男性しかできない。このように、牧畜民にとって、ブタが生活の要になりつつあり、自らを「ブタ飼い」と称するようになっても、まだブタを「家畜（mal）」としてみなしているわけではない。また、ラバはウマとロバの間に産まれた動物で、生殖能力を持たない。また、嘶く声もウマとは異なっている。特に生殖能力を持たないために、「ラバは生殖能力を持たないのだ。本当にかわった生き物だ」と気味悪く思われている。ラバは人のフンを食べるために、ブタと同様に汚いと考えられていた。

　定住モンゴル牧畜民の干ばつ対応における非伝統的な家畜の導入は、文化的規範を大きく逸脱したものであり、干ばつに対応していくために、牧畜民が仕方なく選択した戦略であるといえるだろう。

(6) 住民視点の災害対策に向けて

干ばつ対策からみる牧畜生産の特質

　2001年は1999年から2000年に降水量が平均年降水量を大きく下回る干ばつに続いて、大干ばつに襲われた。この大干ばつという環境収容力が一番下がり、かつ、生活が一番苦しいときに、定住牧畜民は、「環境収容力」にあわせて家畜数を減少させている。その「環境収容力」とは経験的に知っている自己の牧地内で飼養可能な家畜数であり、それはリモートセンシングを使って算出された値より低く設定されていた。つまり、「過放牧」を起こしてない。だが、家畜数の減少はそのまま収入の低下および肉の摂取とミルクの減少をもたらす。その対策として、伝統的な家畜の範疇を超えた多様な家畜を取り入れた。具体的には、食生活において、肉産量の減少を補うために導入されたのが、「伝統的に否定的評価を受けてきた」家畜、すなわちブタとニワトリである。なかでも、ブタは食料としてだけでなく、収入源において大きな役割を果たすようになっている。ミルク産量の減少に対しては、搾乳用に特化した乳ヤギとホルスタイン種が導入されている。収入の減少に対して実施されていたのがヤギと肉用ヒツジ種の導入とブタの肥育と繁殖である。それまで利用されていないかった子ヒツジの売却も収入の確保をもたらした。と同時に、処分による淘汰により家畜の死亡を回避させていた。

　多様な家畜飼養と収入源を支えるのがマーケットの存在である。マーケットによって、干ばつ下においても収入を確保すると同時に、家畜の処分による家畜死亡の回避が可能になっていた。さらに、降水量が回復すれば、家畜を再び増加させることが可能になる。このように、干ばつ下において家畜を処分しても、繁殖によって再増殖が可能である。

　定住牧畜民の干ばつ対策から、定住した現在も変わらない伝統的な家畜を基盤とする牧畜生産がもつ特質がみえてくる。一つ目は、すでに指摘したように伝統的家畜単一種で様々な用途に開かれていることである。二つ目は、家畜および畜産品の価値が大きいことである。三つ目は、多様な家畜を飼養することで、リスク分散が可能になっていることである。四つ目は、家畜の

増殖性という性質である。

　牧畜生産の特質の根幹にあるのがマーケットの存在である。これほどまでにマーケットを巧みに利用し、順応しているモンゴル牧畜民をみると、牧畜民によるマーケット利用の戦略がわずか20年で確立されたものとは思えない。牧畜生産は中華人民共和国以前においても商品経済というかたちで市場と密接に結びついていた。人民公社時代（1958～1981年）においても、畜産品が国家によって買い付けられていた。留意すべき点は、いつの時代でも牧畜民が自ら交易に従事することはほとんどなかったということである。交易の媒介者となってきたのは商人であり、現代においては牧畜民とネットワークを持つ都市化した牧畜民や漢族である（児玉 2000）。

　ただし、マーケットとの関係において伝統的家畜とブタの肥育と繁殖は大きく異なる。伝統的な家畜であれば、必要に応じて、必要な分だけを売却すればよい。もちろんこの「必要」にはこれまで論じてきたような環境収容力の必要もあれば、現金収入の必要性もあるだろう。必要がないのであれば、価格が低いときに損してまで売却する必要はない。家畜を売却しなければ、羊毛やカシミヤ毛、ミルクという畜産品をもたらしてくれる。伝統的な家畜飼養の特徴は家畜の用途が広く、食料にも収入にもなり、かつ収益性が高く、価格変動にも強いことである。つまり、伝統的な牧畜生産は市場経済に適応した高収益・リスク分散型であるといえよう。他方で、ブタの肥育と繁殖は、肉販売に特化したものである。高収益であるが、市場価格の変動に対して脆弱であり、リスクが高く、高収益・ハイリスク型といえる。そのため、ブタの繁殖と肥育は専業ではなく、伝統的家畜の飼養と平行して実施されている。

干ばつ対策の自然的・社会的・文化的背景

　定住牧畜民の干ばつ対策にはどのような自然的、社会的、文化的背景があるのか。

　伝統的家畜だけでなく、多様な新しい「家畜」の飼養を支えるのが、土地と水資源の集約的な利用である。ウーシン旗における資源利用は地下水に依

存している。これが可能なのはウーシン旗が水資源に比較的恵まれているからである（児玉 2005a; 2009）。

　社会的背景において、多様な家畜を飼養しそれを売却するにはマーケットが必要である。中国では、交通路の整備が進みマーケットへのアクセスが容易であるうえに、買い付けに従事する商人が複数存在する。また、肉と畜産品への大きな需要がある。

　こうした自然的および社会的背景に加えて、定住モンゴル牧畜民自身による農耕と非伝統的な家畜飼養という文化的背景がある。ウーシン旗においては、モンゴル牧畜民自身が15世紀から農耕に従事しており（楊 1991）、農業に対する忌避はなかった。家畜（mal）として認識されていないブタを飼養することは1950年代より開始されており、ブタがモンゴル牧畜民の重要な肉摂取源の一つとなって久しい。モンゴル人が伝統的に家畜として認めていない、否定的な評価を持つ家畜を受け入れる文化的背景がすでにあったのである。

　とりわけ、モンゴルの伝統的な牧畜とは相反するブタの繁殖と肥育が干ばつ対策の一つとして拡大した理由をまとめると以下の四つが挙げられるだろう。まず、一つ目は、少なくとも30年間以上の飼養経験があること。二つ目は、豚肉が食生活においてすでに重要な役割を占めていること。三つ目は、飼料の生産が可能であること。四つ目は、ブタ肉を消費する強大なマーケットがあり、過分なく結びついていること。

　だが、伝統的な牧畜生産と比較すると、ブタの肥育と繁殖は初期投資も大きく、価格変動に対して脆弱性が高い。食生活において重要な位置を占めるようになっても、儀礼の対象とはなっていない。儀礼の際にブタ肉が使用されることはない。ブタの飼養経験がなく、飼料の自給ができない地下水が限られたところにおいては、ブタの肥育と繁殖の導入は技術的にも文化的にも困難であるといえよう。

土地政策と自然災害対策

　最後に、土地所有制度の見直しや市場経済への移行が進められている旧社

会主義国の土地政策と災害対策に対して、この最も早くから市場経済化が進み、完全に定住化したモンゴル牧畜民の事例からの知見をまとめる。

これまで、中国の定住化政策と環境政策にあるように、牧畜地域における環境劣化の原因は往々にして市場経済化による過放牧に帰せられてきた。だが、定住牧畜民はマーケットの要請ではなく、自らの知識と経験に基づく環境収容力に準じて家畜数を調整している。それはリモートセンシングという「科学的」な水準より低く設定されていた。そして、この調整を可能にしているのがマーケットである。よって、マーケットの要請によって土地の排他的な私的所有が過放牧をもたらすであろうという指摘 (Sneath 1999) は間違った牧畜民像に基づく誤った推測である。本節で明らかになったのは、全く逆に、市場経済下のマーケットが家畜数の調節という役割を果たすことによって、「過放牧」が回避されているだけでなく、干ばつによる家畜の死亡という損失を回避させるとともに、収入をもたらしていることである。土地の排他的な私的所有においても、牧畜民は独自の家畜飼養基準の下に家畜数を調整しているのである。マーケットの重要性という点ではモンゴル国も同様である。モンゴル人民共和国（当時）の社会主義時代における中央マーケティングシステムが家畜数を抑制し、災害被害の軽減をもたらしていた（6章6-1節）。モンゴル国における1999年から2001年までの雪害被害は飼料や緊急移動へのサポートの欠如に加え (Sneath 2004)、牧畜業に対する国の支援として成り立っていた流通システムが解体したことも大きな要因であった（6章6-1節; 冨田 2010）。

この結論は土地の排他的な私的所有を決して支持しているわけではない。本事例のウーシン旗は、多様性に富んだモンゴル高原でも比較的温暖かつ降水量が多く、地下水に恵まれている。こうした条件を持たない地域における牧畜民の定住化は、干ばつに対する脆弱性を高めるといえる。なぜなら、干ばつの発生に対応して、「環境収容力」にあわせて、意図的にしろ、家畜の死亡という形にしろ、家畜数の減少が起こるからである。それは、現金収入の減少、肉とミルク産量の減少をもたらす。被害を減らすための飼料備蓄も地下水が限られている地域では経済的に困難である（児玉 2003, 2009）。かつ、

家畜の豊饒性を願う儀礼の対象とその目的にみられるように、定住モンゴル牧畜民の主体的対応といっても、文化的に大きな犠牲を払いながら、行ってきたものである。定住化は文化的にも多大な犠牲を強いるものである。

この牧畜民の定住化を決定的にしたのは土地の分配とそれに基づく牧地の囲い込みである。土地の分配と牧地の囲い込みは環境保全をもたらすのではなく、自然災害への脆弱性を高め、牧畜民の困窮化をもたらすであろう。定住化は、さらに、ウマの飼養を困難にする。それは、モンゴルのウマ文化の喪失だけでなく、夏に馬乳酒をメインとする食事をとるモンゴル遊牧民の食生活（石井・鮫島 2004）にも大きな変容を引き起こすであろう。

最後にあらためて強調したいのが、住民視点の災害対策である。干ばつは自然環境の劣化となって表面化するため、その原因が住民に帰されやすい。具体的には、住民の生業様式や文化的行動などは多様な側面から批判され（太田 2005; 児玉 2009）、近代的、先進的、つまり定住化した畜産従事者を目指した開発計画にさらされる。しかし、こうした開発計画は失敗におわってきた（太田 2005）。現在進行中である中国の政策の多くが、その目的とは裏腹に、牧畜民の貧困化と環境の劣化を引き起こす危険性を持つことをあらためて指摘しておきたい（児玉 2007）。

重要なのは、住民はその被害者であるとの認識に立ち、住民の主体的な取り組みを支えるような対策である。自然災害対策の一つとして、本節の事例から示唆されるのはマーケットの整備である。マーケットに自然淘汰と収入確保の役割が期待される。これは、アフリカの開発で進められたランチング・システム[52]の導入（太田 2005）を意味しない。ここでいうマーケットの整備とは、牧畜民による家畜飼養を土台に臨機応変的な対応を可能にするという

---

[52] ランチング・システムとは、広大な土地を利用してなるべく少ない労働力によって家畜を飼育して、市場向けの畜産物を生産する方式で、北米やオーストラリアなどの新大陸は発達したものである。その目的は牧畜民に移動生活をやめさせて定住化させ、自給自足的な生業経済を変容させて肉生産者として市場経済に組み込み、国家レベルでの経済成長に寄与させることである（太田 2005）。この経過は太田（2005）に詳しい。

第 6 章　牧畜・農業と土地利用

意味である。あくまでも主体性は現地住民にある。例えば、子畜の利用に関しては文化的な制約やマーケットの存在の有無もあるため、慎重を期す必要がある。どのような対策内容であれ、モンゴル高原の多様性を踏まえた自然的、社会的、文化的側面への深慮が肝要である。

6-4 　農業開発と環境保全

　2008 年 1 月 11 日、モンゴル国の S. バヤル首相は「アタル開拓第 3 次運動」（略して「第 3 次アタル」）を宣言した。アタルというのは、一般的には未経験を意味し、社会的には未開墾地を指し、政策的にはその開拓すなわち農業開発を指すモンゴル語である（序章 2 節）。

　2008 年当時、モンゴルでは、農業開発について推進派と慎重派とに世論が 2 分されていた。推進派とは、食糧安全保障の観点から、小麦などの自給率を高めるため、社会主義時代に放棄された農地の再開発を主張する立場である。一方、慎重派とは、自然環境の保全という観点から、適切な規模と適切な場所での耕作でなければならないとする立場である。耕作放棄地にはヨモギがはびこり、そのために花粉アレルギーの被害をもたらしていたため、過度な農業開発は、民主化以降、土地の私有化と並んで、危険視されてきたのだった。

　ところが、翌年になると、そのような議論は全く沙汰やみとなる。2009 年 12 月 11 日、S. バトボルド首相は国会で、小麦の 97％、ジャガイモの 100％、野菜の 50％を自給できる見通しを語った。降水量に恵まれて生産が増大した結果、環境保全の問題は忘れ去られたのである。ここに、ユーラシア乾燥地域における根源的な問題がひそんでいる。

　本節では、ユーラシア乾燥地域の環境保全をさぐる一助として、モンゴル国における農業開発について、プレ社会主義、社会主義、ポスト社会主義の

三つの時代に分けて概観しよう[53]。

(1) 民族誌に描かれたプレ社会主義時代の農耕

　1979年にモンゴルで刊行された『民族学・言語学地図帳』には、農具や農作物など農業関係の情報を示すシートが6枚含まれているので、それらをまとめて特徴を把握しよう[54]。

　図6-15を見ると、農具について三つのタイプが地域的にまとまっていることが分かる。小さい犂は西モンゴルで用いられ、幅の広い平らな板を用いて土を起す犂はモンゴル中部に広がっており、南部では犂を利用しない場合もある。

　一方、図6-16は、農作物や経営方法を組み合わせて6タイプにまとめたものである。公私という経営上の区別を超えて、農作物については東西の違いが明瞭である。すなわち、キビは中央から東部にかけて分布し、麦類は西部に分布する。

　図6-15と図6-16をさらにまとめると、以下のような三つのタイプが認められるであろう。第1に、西部タイプとして、小さい犂で大麦（私的）や小麦（公的）を栽培する農耕が認められる。第2に、北部タイプとして、セレンゲ川流域では大きな犂も用いられ、公私ともに、多様な作物の農耕が認められる。第3に、南部タイプとして、犂を用いないで私的経営によるキビを栽培する農耕が認められる。さらに、西部タイプと北部タイプのあいだ、

---

[53] 本稿は拙稿（小長谷2011）を大幅に縮めて一般向けに改稿したものである。詳細は拙稿（小長谷2011）を参照されたい。ただし、図6-18は新たなデータを加えて修正したものであり、図6-19は新たに作成したものである。なお、農業には一般に牧畜も含まれるが、本節では、特に断りのない限り、いわゆる耕種農業を指す。

[54] 『モンゴル人民共和国民族学・言語学地図帳』は1970年代までに実施された全国的な民族学および民俗学調査の結果を集大成した、いわば国定の資料集である。本節では、20世紀後半に刊行された民族誌などにおける農耕の記録を以って、20世紀後半に進展する農業開発に先行する状態とみなす（小長谷2011）。

第 6 章　牧畜・農業と土地利用

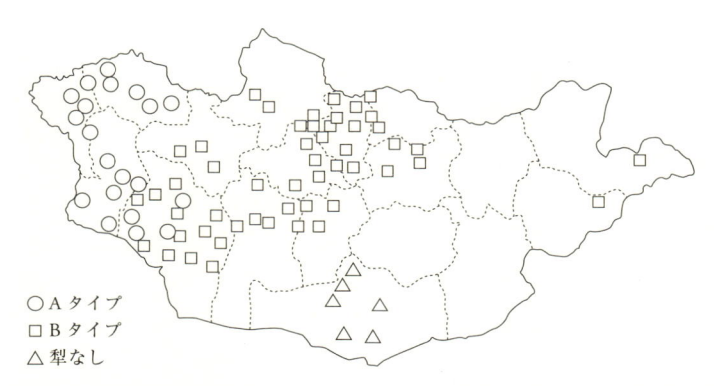

○ A タイプ
□ B タイプ
△ 犂なし

図 6-15　民族誌地図・農具の 3 タイプ。A タイプ＝小型犂、B タイプ＝大型犂（モンゴル木製犂）（モンゴル人民共和国民族学・言語学地図帳（1979）をもとに作成）

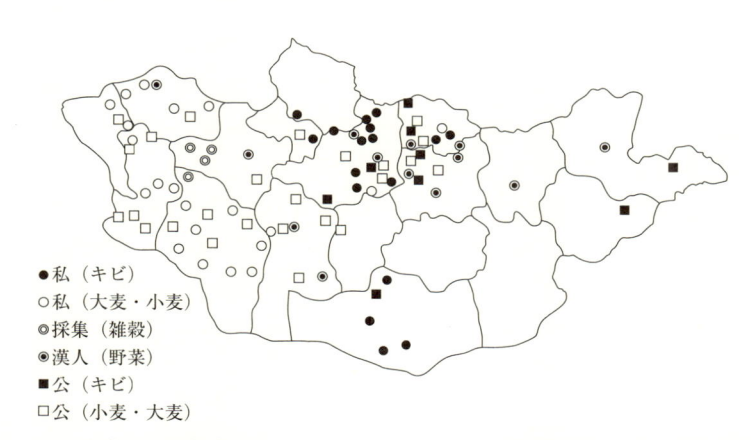

● 私（キビ）
○ 私（大麦・小麦）
◎ 採集（雑穀）
◉ 漢人（野菜）
■ 公（キビ）
□ 公（小麦・大麦）

図 6-16　民族誌地図・作物などの 6 タイプ（モンゴル人民共和国民族学・言語学地図帳（1979）をもとに作成）

ゴビ・アルタイ県やバヤンホンゴル県には、西部タイプの作物に北部タイプの農具が流入しているような複合タイプが認められる。以下に、類型ごとに知見を整理しておこう。

西部の農耕

　モンゴル国西部の諸集団に関する民族誌によれば (Badamkhatan 1996)、農耕に積極的に従事していたのは、オイラート・モンゴルとしばしば総称されるドルベド、ウールド、トルグード、バヤドなどの諸集団や、彼らから学んだとされるウリヤンハイ、アルタイ山脈の北麓に住むザハチンらである。その農耕は、大麦の栽培を中心とする灌漑農業であり、大型役畜を用いた犂耕をともなう。耕起から収穫まで数回灌漑し、それぞれに名称がついている。例えば「辮髪の水」とは、植えた植物が辮髪のように40〜50 cm 程度伸びた頃に与える給水のことで、これを3回目としているところが多い。

　1876年から翌年にかけてモンゴル北西部を旅行したポターニンは、同地域のハルオス湖付近で、タラチンと呼ばれる農耕集団がいることや、中国人の監督下で貧しい人びとが名目上、農作業に従事していることなどについて比較的詳細に記している (ポターニン 1945 (1881): 104 など)。また、オブス県ではホトンと呼ばれる集団に言及している (ポターニン 1945 (1881): 83 など)。彼らはオブス湖周辺に住み、オラーンゴムにある寺院の付近でテリン川から灌漑をして大麦を栽培するムスリムであった。

　タラチン（ないしタランチ）とはその職能に注目した名称であり、ホトンとはその宗教に注目した名称である。いずれも、他者から命名された、テュルク系ムスリムの農業移民である。ジューンガル帝国の傘下にあった農耕職能集団とも言うべき人びとの移住によって農業開発が行われ、それが西モンゴルのオイラート人にも広まったと推測される。

中央部の農耕

　モンゴル中央部に居住するハルハ・モンゴル人の農業には、土壌水分が少ないために灌水をよくするものと、降水量が恵まれるためそれほど灌水しないものの二つのタイプがあり、後者の典型としてオルホン川、セレンゲ川流域が挙げられている (Badamkhatan 1987: 86)。

　セレンゲ川流域では大麦 (*arvai*)、小麦 (*buudai*) の他に、ウヘル・タリャー (*uher tariya*)、エルチメイ (*erchimei*)、ハル・ボダー (*khar budaa*)、タングト・

タリャー (*tangt tariya*) が栽培されていた、とある。ウヘル・タリャーは直訳すると牛穀類という意味であるが詳細は不明である。エルチメイはロシア語のヤチメニ（赤大麦）であろう。ハル・ボダーはモンゴル・アモーの別名でキビを指し、タングト・タリャーとは直訳すればチベット穀類という意味であるから裸麦であろう。

1870～1873年にキャフタから張家口までモンゴルを踏査したプルジェワルスキーの記録によれば、「土壌は黒土質あるいは粘土質で、栽培によく適している。しかし、この地方ではまだ耕作は行われていない。わずかにキャフタを去る150露里〔約160キロメートル―引用者注〕の地点で、支那〔ママ―引用者注〕人の移民が数デジャチーナ（109.25アール、一町一段四部八―訳者注）の土地を耕しているのみである。」（プルジェワルスキー1939（1875）:9）

上述のような多様な穀類の栽培は、漢人による耕作を反映していると思われる。

南部の農耕

モンゴル国南部の農耕については情報が少ない。これについて注目していたのは、ロシア人地理学者のA. D. シムコフである。シムコフは、ソリヒル（ツォリヒルの方言。*Agriophylum pungens* (Vahl) Link ex A. Dietr. アカザ科スナヨモギ属）やハルマグ（ハマビシ科小果白刺、*Nitraria sibirica* Pall.）など、ゴビの豊かな水たまりで食料や薬に用いられる野生植物の採集活動についても記録している（Konagaya et al. 2007: 572-584〔オリジナルなシムコフの著作は1928年〕）。例えば、ソリヒルはキビに似ており、10月に収穫し、その粉は悪質な小麦粉よりも好まれる、とある。

以上のように、社会主義のもとでの農業開発が始まるまで、モンゴルでは、地域ごとの異なる自然環境に適応して、異なる農業が行われていた。特に、西部では灌漑農業によって穀物生産が積極的に実施されていたのだった。

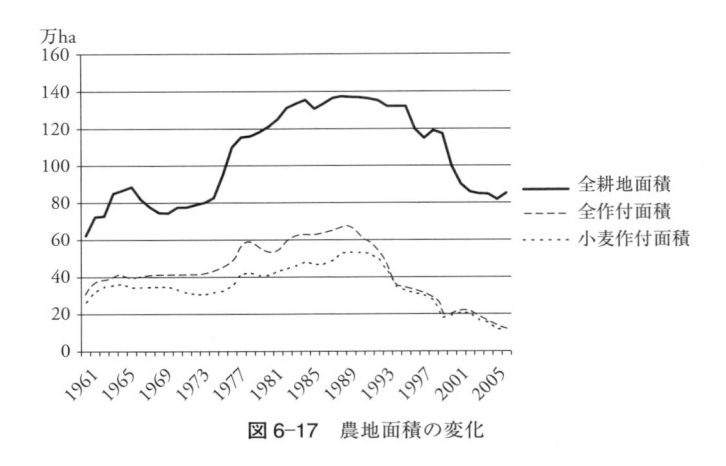

第 2 部　人間活動と生態系ネットワーク

図 6-17　農地面積の変化

(2) 社会主義的近代化としての農業開発

　モンゴル国における農業開発についてまとまった研究を残しているのはB. ロロムジャブ Rolomjav である。彼は「モンゴル人民共和国における農耕の発展に関するソ連学者の研究」(Rolomjav 1984) で 1920 年代から始まるソ連調査団の研究成果を概括し、最大の功績としてシュビンの研究『モンゴル人民共和国の農業』(Shubin 1953) を挙げている。のちに、それらの内容に社会主義時代の政策史を大幅に加えて『モンゴル人民共和国の農業簡史』をまとめた (Rolomjav 1987)。それまでモンゴル中央部において、農耕に従事していた中国人を追い出して、モンゴル人自身が共同で農業をするようになった、と指摘されている。耕作者が交替したものの、耕作地は踏襲されていた。

　しかし、1959 年以降は、ソ連における処女地開拓の政策がモンゴルにも導入されたため、全く新しい農業開発が進むこととなった。

　図 6-17 を見ると、耕地が急増した時期は 2 度あることが読み取れるであろう。1959 年から始まって 1965 年にピークを迎える波と、1976 年に始まって 1988 年頃にピークを迎える波とである。それぞれ第 1 次アタルと、第 2 次アタルに相当する。

民主化後に改定された5巻からなる新しい正史には、第1次農業開発に関してまとまった記載がある (Boldbaatar 2003: 312-313)。それによれば、1959年2月、党中央委員会と閣僚会議は「1959～60年にかけてわが国の耕作を揺るぎなく増大させるために採る若干の方策について」という決定を下し、続いて第3回党中央委員会総会において未開墾地を開拓し、耕作を発展させる課題が提起された。とりわけ若い世代に対して「未開墾地を占有し、農業を発展させるにあたって尽力することは、わが国の若者の英雄的行為であり、栄誉である」というスローガンが提示された。一つの産業セクターの課題にとどまらない、熱狂的な社会運動とする方針が採られたのだった。これは一般に「農業開発のための全人民的運動」と称されていた。

1959年から1961年の3年間に30万haを耕すという目標が設定されたが、大量の機械をソ連から供与されて奮迅した結果、1960年に早くも26万haの開拓に成功した。そのため目標は補正され、1961年に第2次開拓が計画され、1965年までに耕作地の面積は1960年の81%増（47万ha）に達した。この2度にわたる計画をまとめて「第1次アタル」として現在、理解されている。

1976年1月29日に開催されたモンゴル人民革命党中央委員会第11回総会での「未開墾地を開拓し農業生産を増加させる件」という議題では、五つの成果が掲げられた (Rolomjav 1987: 77)。第1に穀類の自給、第2に牧畜の高度化、第3に穀類および飼料に関する工業の発展、第4に機械化、第5に定住拠点の建設である。このように、農業開発生活や社会のが諸側面にわたって変容をもたらしたのである。

第2次アタルは、1976年から1982年、1982年から88年の2度にわたる5か年計画で推進された。民主化後に改定された新しい正史（第5巻）によれば (Boldbaatar 2003: 329)、1976年に「未開墾地を開拓し、農産物を増加することについて」議論され、新たに23万haの農地開拓が計画され、それを大きく上回る27万9千haが開拓された、とある。初年度にノルマを上回るほど強力に推進されたと判断される。

図6-18は、成立年代別の国営農場の分布とその名称などを示してい

る[55]。プレ社会主義時代の農具や農作物の分布を表す図6-15や図6-16と比べると、北部に偏っている。かつては、表層水を利用して灌漑農業が行われてきたため、全国に農耕地が点在していたが、社会主義時代になると、もっぱら機械化をともなう乾燥農法として推進されたので、降水量に依存するため、北部に偏在することとなったのである。

　第2次アタル以降の1970年代後半からは、もっぱら首都圏に集中して建設されている（図6-18）。首都ウランバートルの人口増加に加えて、ダルハンやエルデネトなどの工業都市が建設された結果、1976年にはこれら都市部の人口が地方部の人口を上回るようになった。つまり、第2次アタルは、都市人口の需要増大に対応する政策だったのである。後期に開発された国営農場は、自然条件よりもむしろ消費地に近いという社会条件が大きく左右していた、と推測される。

(3) ポスト社会主義時代の農業生産

　市場経済への移行に先立って、国営農場にも牧畜協同組合にもトゥレースという契約関係が推進されていた。社会主義体制のもとで、契約に基づく私的経営を推進し、生産性を向上させていたのである。しかし、1991年5月に民営化のための法律が国会で決議されると、国営農場や牧畜協同組合などの国営企業は、鉱物資源、運輸交通などを担う一部の企業を除いて、直ちに民営化された（Boldbaatar 2003: 422-423）。

　一般に、市場経済へ体制を移行する際、他のセクターに比べて先発的に回復する分野として、牧畜ばかりでなく穀物栽培のセクターは期待されていた（Russell 2000: 54）。しかしながら、実際のところ、農牧業のうちの耕種部門

---

[55] 国営農場の分布は、モンゴル人民共和国地図帳（1988）に依拠している。その具体的な名称などについてはモンゴル科学アカデミー歴史研究所所長チョローン氏にご教示いただいた。図6-18の詳細については、インターネット上で公開されているので参照されたい。http://ir.minpaku.ac.jp/dspace/handle/10502/4925

第6章 牧畜・農業と土地利用

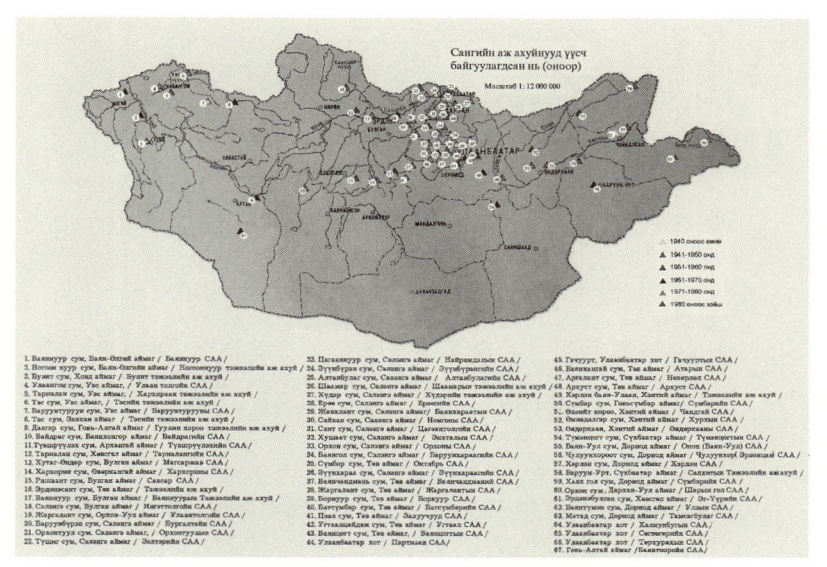

図6-18 社会主義時代に開発された国営農場の分布

については、図6-19に示されるように生産力がなかなか回復しなかった。

社会主義体制が維持されていた1989年の収穫面積は70万haであり、休閑地を含めると耕地は140万haと推定される。一方、第3次アタルが推進されるまでの2007年の作付面積はわずかに20万haであり、同じく休閑地を含めると40万haと推定される。その差100万haが耕作放棄地であった。約20年にわたって耕作が放棄されていた地域は、おおよそ図6-20のようにシャリルジ sharilj（ヨモギ属、Artemisia）のなかでもエーレム eerem・シャリルジ（ヨモギ属、Artemisia macrocephala、中国名では大花蒿）のおいしげる荒廃地となっていた。シャリルジは、日本におけるスギ花粉のように、その花粉がアレルギー源として市民の健康を脅かしている。日本の水田の総面積が190万haであることと比べれば、いかに広大な面積が放棄され、民主化後の20年間、荒廃していたが了解されるだろう。

旧国営農場がこうした荒廃地になってしまった原因は民営化の失敗にあ

第 2 部　人間活動と生態系ネットワーク

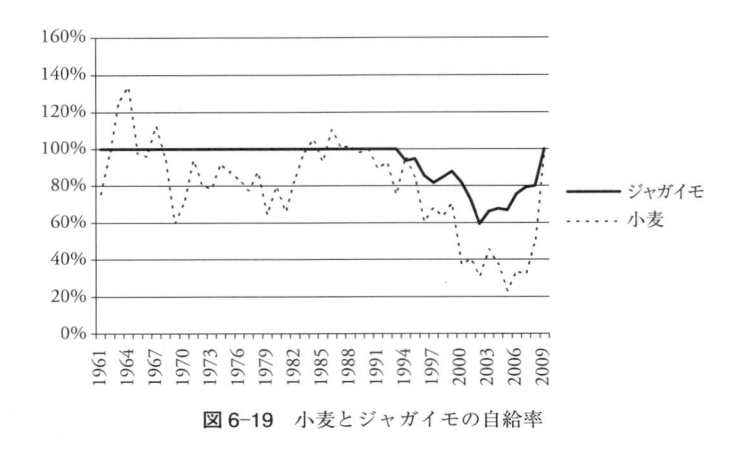

図 6-19　小麦とジャガイモの自給率

図 6-20　シャリルジ（トゥブ県ザーマル郡）

第6章　牧畜・農業と土地利用

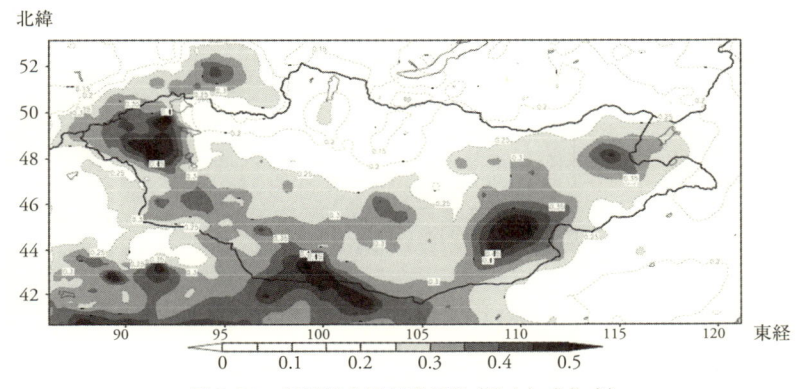

図6-21　年間降水量変動係数（秋山知宏作成）

る。そして、問題の所在は、資金調達の困難さにあった。銀行からの資金調達は、第1に高金利であること（年利30〜40％）、第2に短期返済であること（融資期間3か月）、第3に審査に手間取ることという問題をはらんでいた。乾燥農法にとっては第3の難点も大きく影響する。なぜなら、灌漑せずに天水に依存するために播種のタイミングがきわめて重要であり、間に合うように出資されなければ、大きな収穫減すなわち収入減につながり、返済不能に陥るからである。

　市場経済における市場とは、消費市場だけではなく、金融市場、すなわち資金調達の場も含まれていなければならないにもかかわらず、その整備がされないまま国営農場が解体された結果、経営破綻をもたらした。それゆえに、第3次アタル政策の焦点は、資金調達という問題の解消すなわち資金の提供となった。

　本節の冒頭で述べたように、第3次アタルの結果、自給率は向上した（図6-19）。これは降水量に恵まれた結果である。しかし、図6-21にみるように、乾燥地域においては降水量が大きく変動する。したがって、降水量に恵まれない年のことも大いに考慮しておかなければならないだろう。

　社会主義時代からポスト社会主義時代までを通じて、小麦の作付面積と生産量の関係はほぼ相関している（図6-22）。1961年から2007年まで一貫して、

第 2 部　人間活動と生態系ネットワーク

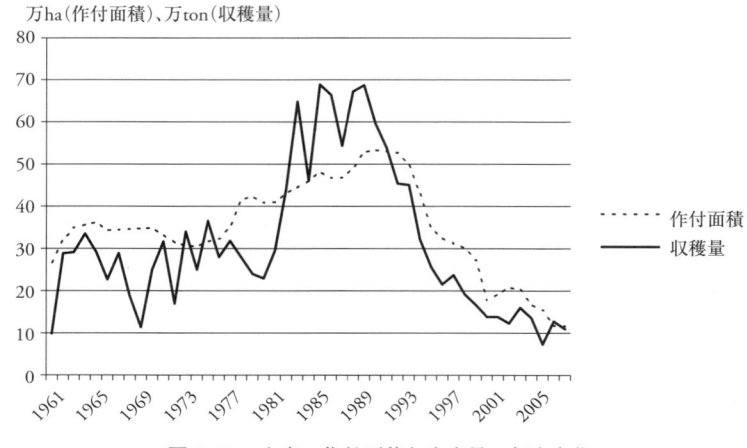

図 6-22　小麦の作付面積と生産量の年次変化

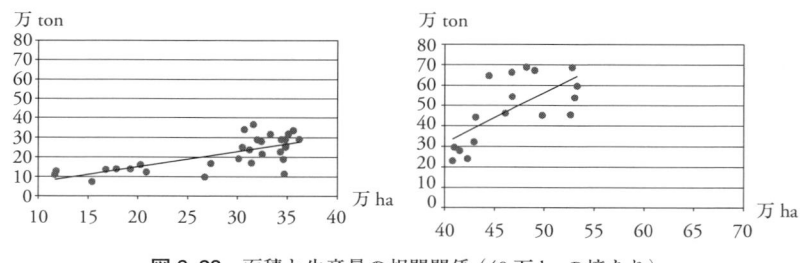

図 6-23　面積と生産量の相関関係（40 万 ha の境あり）

相関係数は 0.83 と高い相関を示す。しかし、40 万 ha を境にして、相関係数は 0.72 から 0.68 へと小さくなり、変動係数は 0.26 から 0.30 へと大きくなる（図 6-23）。生態学的な「非均衡モデル（終章 2 節）」が妥当とされる降水量の変動係数は 0.30 であることから見ると、まさに変動が問題となる閾値に入る。作付面積が 40 万 ha 以上になると、降水量などの自然条件の変動が大きく影響して、投機的な農業になることを意味している。

したがって、モンゴル国全体で生産量の安定性あるいは社会的な持続可能性という点を考慮するならば、一つの基準として、全土における小麦栽培の

作付面積はより適切な地域を選んだうえで 40 万 ha にとどめておくこと、そのための耕地面積は休閑地を考慮して 80 万 ha と設定しておくこと、が妥当ではないかと思われる。

(4)「ポスト移行期」の社会的課題

2012 年現在では、市場経済への移行に伴う経済的混乱もおさまり、ポスト社会主義期というよりもむしろ「ポスト移行期」にある。移行期を振り返って、遊牧を主たる生業としてきた社会にとって最も大きなインパクトを与えた社会的課題として、筆者はためらわず「土地の私有化」を挙げたい。

モンゴル国では 1992 年、民主化後の新憲法において土地私有化の方向性が提示され、続いて 1994 年に土地法が制定された。2002 年になると、当該土地法の改正と同時に手続法としての土地私有化法が制定され、2003 年から施行された。この 10 年にわたる長期的な法整備期間に、人びとは法に先駆けて土地への投機と実質的な私有化を展開した。これまで土地が私有化されたことのなかったモンゴル国では未曾有の大変換期を迎えた。筆者はこれを「不動産社会化」と名づけている。

土地私有化の流れは、ADB（アジア開発銀行）や IMF（国際通貨基金）などの国際金融機関による開発言説を受容する過程で決定的となった時代潮流である。私有化したほうがいいという国際的な助言は、「コモンズの悲劇」という考え方によって支持されていた (Sneath 2002)（6 章 6-1 節）。そして「コモンズの悲劇」を回避するために、「牧養力（キャリング・キャパシティあるいは環境容量）」という概念が導入されて、面積あたりの頭数制限が必要であるとされてきた（例えば Russell 2000: 173 など）。

しかし、そもそも遊牧には「コモンズの悲劇」や「環境容量」という考え方はなじまないものである。なぜなら、これらの考え方は、変動のない環境が想定されているという意味で典型的な「均衡モデル」に基づいているが（終章 2 節）、遊牧は自然条件の変動に対して自ら移動することで適応するため（6 章 6-2 節）閉じられた系を想定していないので、「非均衡モデル」の方

が適していると考えられるためである。その点を象徴するように、今日まで面積の単位を表すモンゴル語はなかった[56]。そのつど移動すればよいのだから、空間は無限であった。

ところが、今日では、土地私有化が進展し、土地への投資が進んでいる。遊牧にはなじまなかった諸概念もすでに妥当性を持つようになりつつある。先に述べた40万haという作付け面積の上限は、農業に関するキャリング・キャパシティといってもよいだろう[57]。これまで遊牧に対して不適切にも導入されてきた諸概念を農業に適用して環境保全に役立てることは可能であると思われる。

参考文献・資料

6-1 節

ADB (Asian Development Bank) (2002) Program Performance Audit Report on the Agriculture Sector Program (Loan 1409-MON[SF]) in Mongolia. PPA: MON 27536.

Fernandez-Gimenez, M. E., Kamimura, A. and Batbuyan, B. (2008) Implementing Mongolia's Land Law: Progress and Issues: Final Report, a Research Project of the Central for Asian Legal Exchange (CALE). Nagoya University, Nagoya. (Web version)

Fratkin, E. (1997) Pastoralism: governance and development issues. *Annual Review of Anthropology*, 26: 235-261.

Hardin, G. (1968) The tragedy of the commons. *Science*, 162: 1243-1248.

Humphery, C. and Sneath, D. (1999) *The End of Nomadism?: Society, State and the Environment in Inner Asia*. Duke University Press, Durham.

上村明（印刷中）地図の描き方と統治の手法：モンゴルの古地図をめぐって.『画像史料論』

[56] 日本の畝や、中国のムー（6章6-3節注[44]）のような、面積の単位を表すモンゴル語は現在でも存在しない。現在モンゴルでは、国際単位系（SI）に基づく km^2 などが使われている。

[57] モンゴルの可耕面積について、シムコフ時代は1000万haと見積もられたのに対して、シュビンは最大304.8万haと見積もった。一方、農業開発を実施するために1956年に農業管理局長に任命された Ts. ローホーズ Lookhuuz は55万haとみなしていた（ローホーズ 2007: 68）。こうした数値の開きはいかにも大きく、そもそも可耕面積という概念には科学的根拠が乏しいと判断されるため、本稿のような統計学的考察の余地もあろう。

（八尾師誠・千葉敏之・吉田ゆり子編）．東京外国語大学出版会．
(2008) 21世紀モンゴル国における牧畜：国際援助における"Property-rights Approach"批判．『日本とモンゴル』43(1): 15-30.
Kamimura, A. (2012) Pastoral mobility and pastureland possession in Mongolia. pp. 189-205. In Yamamura, N., Fujita, N. and Maekawa, A. (eds.) *Environmental Issues in Mongolian Ecosystem Network under Climate and Social Changes*. Springer.
Mearns, R. (2004) Decentralisation, rural livelihoods and pasture-land management in post-socialist Mongolia. *European Journal of Development Research*, 16(1): 133-152.
盛山和夫・海野道郎（編）(1991)『秩序問題と社会的ジレンマ』ハーベスト社．
太田至（1998）アフリカの牧畜民社会における開発援助と社会変容．『アフリカ農業の諸問題』（高村泰雄・重田眞義編著）pp. 287-318. 京都大学学術出版会．
Ostrom, E. (1990) *Governing the Commons: the Evolution of Institutions for Collective Action*. Cambridge University Press, Cambridge.
ロッサビ・モリス (2007)『現代モンゴル（明石ライブラリー）』（小長谷有紀・小林志歩 訳）明石書店．(Rossabi, M. (2005) *Modern Mongolia: From Khans to Commissars to Capitalists*. University of California Press, Berkeley.)
Schmidt, S. (2006) Pastoral community organization: livelihoods and biodiversity conservation in Mongolia's southern Gobi region. *USDA Forest Service Proceedings RMRS-P* 39: 18-29.
Sneath, D. (2002) Mongolia in the 'Age of the Market:' pastoral land-use and the development discourse. pp. 191-210. In Mondel, R. & Humphrey, C. (eds.) *Markets & Moralities: Ethnographies of Postsocialism*. Berg: Oxford, N.Y.
Taylor, J. L. (2006) Negotiating the grassland: the policy of pasture enclosures and contested resource use in Inner Mongolia. *Human Organization*, (65) 4: 374-386.
Xie, Y. and Li, W. (2008) Why do Herders insist on Otor? ―maintaining mobility in Inner Mongolia. *Nomadic Peoples* 12(2): 35-52.
山岸俊男（2002）社会的ジレンマ研究の新しい動向．『ゲーム理論の新展開』（今井春雄・岡田章 編著）pp. 175-204. 勁草書房．
山田高敬（1996）公共利益の発見と「共有地の悲劇」の回避．『創文』1996.11, pp. 11-14.
Zhizhong, W. and Wen, D. (2008) Pastoral Nomad Rights in Inner Mongolia. *Nomadic Peoples*, 12(2): 13-33.

6-2節

Bazargur et al. (1989) *Nomadic Pastoral People's Migration in the People Republic of Mongolia*. National Press House, Ulaanbaatar, Mongolia.
Dashzeveg, L. (1986) The study of forage plants palatability. Ulaanbaatar, Mongolia.
Douglas A. Johnson; Dennis P. Sheehy; Daniel Miller; Daalkhaijav Damiran (2006) Mongolian rangelands in transition, Science et changements planetaires/Secheresse. 17: 133-41.
Ellis, J. and Swift, D. M. (1988) Stability of African pastoral ecosystems: alternative paradigms and

implications for development. *Journal of Range Management*, 41: 450–459.

Fernandez-Gimenez, Maria, E. (2006) Land use and land tenure in Mongolia: A brief history and current issues. *USDA Forest Service Proceedings RMRS-P-*39: 30–36.

Fratkin Elliot and Mearns Robin (2003) Sustainability and pastoral livelihoods: lessons from East African Maasai and Mongolia. *Human Organization*, 62(2): 112–122.

Kazato, M. (2005) What is the O'VOLJOO for Mongolian herders? The right to land in pastoral regions in post socialist Mongolia. pp. 239–246. In Hiramatsu, K. (ed.), *Coexistence with Nature in a 'Glocalizing' World -Field Science Perspectives-*. Kyoto University.

────── (2006) The flexibility of pastoralists' social groupings and the difficulty of herding: labor organization and herd control for day-trip herding of sheep and goats in Arkhangai Province. *Mongolia, Asian and African Area Studies*, 6(1): 1–43.

Nachinshonhor, G. U. (2012) Use of steppe vegetation by nomadic pastoralists in Mongolia. pp. 145–156. In Yamamura, N., Fujita, N. and Maekawa, A. (eds.) *The Mongolian Ecosystem Network: Environmental Issues Under Climate and Social Changes*. Springer.

吉田順一（1982）モンゴルの遊牧における移動の理由と種類について．早稲田大学大学院文学研究科紀要 (28): 327–342．早稲田大学．

Sala, O. E., Parton, W. J., Joyce, L. A. and Lauenroth, W. K. (1988) Primary production of the central grassland region of the United States. *Ecology*, 69(1): 40–45.

Sambuu, J. (1945) Mal aj ahui deer yaaj ajillah tuhai ardad ugeh sanuulga surgaal. Richin Ed. Press House, Ulaanbaatar.

Statistical office on To'v Prefecture, Mongolia (2008) Introduction of economic and social condition of the Tov prefecture in the 2007.
http://web.nso.mn/portal/content_files/comppmedia/cpdf0x391.pdf

────── (2011) Introduction of economic and social condition of the Tov prefecture in the 2010.
http://web.nso.mn/portal/content_files/comppmedia/cpdf0x2548.pdf

利光（小長谷）有紀（1983）"オトルノート"：モンゴルの移動牧畜をめぐって．人文地理 35(6): 548–559.

Tserendash, S. (2000) Ecology and quality assessment for the capacity of Mongolian pasture land. Report of the Science and Technology Project 1999–2000. Ministry of Education, Culture and Science, Research Institute of Animal Husbandry, Ulaanbaatar, Mongolia.

Tumerjav, M. (1989) *Mongolian Pastoral Domestic Animals*, National Press House, Ulaanbaatar.

Ulzykhutag, N. (1985) Reference book of forage plants in the Mongolian People's Republic. Ulaanbaatar, Mongolia.

Yunatov, A. A. (1968) *Forage Plants in Pastures of the Mongolian People Republic*. Ulaanbaatar, Mongolia.

Zandansharav, D. (2006) *Managing Knowledge of Mongolian Pastoral Livestock*. Munkhiin Useg Press, Ulaanbaatar, Mongolia.

Zhang, Z. (1990) *Grassland Resource of Inner Mongolia*. Huhhot, China.
地図データソース：Global Land Cover Facility, Meryland University, USA.
　　ftp: //ftp.glcf.umd.edu/glcf/Landsat/WRS2/p132/r027/L71132027_02720050817.ETM-GLS2005/
地図作成ソフト：KASHMIR 3D Ver8.9.8, http://www.kashmir3d.com/

6-3節

1：1000000 中国土地利用図編纂委員会主編（1990）『1：1000000 中国土地利用図』科学出版社，北京．
阿拉坦冬雅・堀口孝春・槙島敏治・前田潤（2005）内モンゴルの自然災害と救援活動：内蒙古日報社および内蒙古電視台の取材資料調査より．室蘭工業大学紀要，55: 51-59.
Banks, T. (1997) Pastoral land tenure reform and resource management in Northern Xinjiang: a new institutional economics perspective. *Nomadic Peoples*, 1-(2): 55-76.
バンザロフ・ドルヂ・白鳥庫吉訳（1971）黒教或ひは蒙古人に於けるシャマン教．『シャーマニズムの研究』pp. 1-60. 復刻版新時代社，東京．
包海岩（2012）内モンゴルにおける雪害による家畜死について—シリンゴル盟を事例に．アフロ・ユーラシア内陸乾燥地文明研究，3: 69-80.
Batima, P., Bold, B., Sainkhuu, T. and Bavuu, M. (2008) Adapting to drought, zud and climate change in Mongolia's rangelands. pp. 196-210. In Neil Leary, James Adejuwon, Vicente Barros and Ian Burton (eds.) *Climate Change and Adaptation*. EarthScan, London.
バトゥール・ソイルカム（2005）モンゴル牧民経営の展開とゾド対応に関する考察：1990年代以降の市場経済化過程を対象に．農業経営研究，31: 1-21.
Bauer, K. (2005) Development and the enclosure movement in pastoral Tibet since the 1980s. *Nomadic Peoples*, 9-1, 2: 53-81.
Begzsuren, S., Ellis, J. E., Ojima, D. S., Coughenour, M. B. and Chuluun, T. (2004) Livestock responses to droughts and severe winter weather in the Gobi Three Beauty National Park, Mongolia. *Journal of Arid Environments*, 59-(4): 785-796.
Behnke, R. H. and Scoones, I. (1993) Rethinking range ecology: implications for rangeland management in Africa. pp. 1-30. In Behnke, R. H., Scoones, I. and Kerven, C. (eds.) *Range Ecology at Disequilibrium: New Models of Natural Variability and Pastoral Adaptation in African Savannas*. London, Overseas Development Institute.
ブレンサイン・ボルジギン（2003）『近現代におけるモンゴル人農耕村落社会の形成』風間書房，東京．
Ellis, J. E. and Swift, D. M. (1988) Stability of African pastoral ecosystems: alternate paradigms and implications for development. *Journal of Range Management*, 41 (6)：450-459.
Fernandez-Gimenez, M. E. and Batbuyan, B. (2001) The effects of livestock privatisation on pastoral land use and land tenure in post-socialist Mongolia. *Nomadic Peoples*, 5-(2): 49-66.
――――(2004) Law and disorder: local implementation of Mongolia's land law. *Development and*

Change, 35-(1): 141-166

Fijn, N. (2011) *Living with Herds: Human-Animal Coexistence in Mongolia*. Cambridge University Press, Cambridge, New York.

古澤鉱造（2002）岐路に立つ牧畜民と窮状打開への模索——タンザニアの事例．『村落開発と国際協力——住民の目線で考える』（草野孝久編）pp. 89-103. 古今書院，東京．

Glantz, M. H., and Orlovsky, N. S. (1983) Desertification: a review of the concept. *Desertification Control Bulletin*, 9: 15-22.

Goldstein, M. C., Beall, C. M. and Cincotta, R. P. (1990) Traditional nomadic pastoralism and ecological conservation on Tibet's northern plateau. *National Geographic Research*, 6-(2): 139-156.

Hardin, G. (1968) The tragedy of the commons. *Science*, 162-3859: 1243-1248.

Humphrey, C. and Sneath, D. (1999) *The End of Nomadism? : Society, State and the Environmentin Inner Asia*. Duke University Press, Durham, NC.

池谷和信（2006）『現代の牧畜民——乾燥地域の暮らし』古今書院，東京．

石井智美・鮫島邦彦（2004）家畜に依存するモンゴル遊牧民の食事の雪害による変化．日本栄養・食糧学会誌，57(4): 173-178.

伊谷純一郎（1982）『大旱魃：トゥルカナ日記』新潮社，東京．

Jagchid, S. and Hyer, P. (1979) *Mongolia's Culture and Society*. Westview Press, Boulder.

Jiang, H. (1999) *The Ordos Plateau of China: An Endangered Environment*. United Nations University Press, Tokyo; New York.

―――(2004) Cooperation, land use, and the environment in Uxin Ju: the changing landscape of a Mongolian-Chinese borderland in China. *Annals of the Association of American Geographers*, 94-(1): 117-139.

―――(2005) Grassland management and views of nature in China since 1949: regional policies and local changes in Uxin Ju, inner Mongolia. *Geoforum*, 36-(5): 641-653.

川鍋祐夫・押田敏雄・南寅鎬・寇振武・蒋徳明・高田―及川直子（1998）中国内蒙古の沙漠化の村の最近の牧畜経営事情．家畜衛生研究会報，48: 23-32.

Kobayashi, T., Nakayama, S., Wang, L., Li, G. and Yang, J. (2005) Socio-ecological analysis of desertification in the Mu-Us Sandy Land with satellite remote sensing. *Landscape and Ecological Engineering*, 1-(1): 17-24.

児玉香菜子（2000）現代都市モンゴル族の文化変容と社会経済的動態．沙漠研究，10-(4): 287-300.

―――（2003）中国社会主義市場経済下におけるモンゴル族牧畜民の社会経済的動態．沙漠研究，13-(1): 69-80.

―――（2005a）中国内モンゴル自治区オルドス地域ウーシン旗における自然環境と社会環境変動の50年．地球環境，10-(1): 71-80.

―――（2005b）「砂漠化」の現場から——オルドス地域モーウス砂漠．アジア遊学，75:

58-63.
―――（2007）開発型環境政策と貧困の悪循環―環境影響の事前評価の構築に向けて．『黒水城人文与環境研究』（沈衛栄・中尾正義・史金波主編）pp. 274-296．中国人民大学出版社，北京．
―――（2009）定住モンゴル牧畜民の砂漠化対策―中国内モンゴル自治区オルドス市ウーシン旗の事例から．『開発と先住民』（岸上伸啓編）pp. 137-155．明石書店，東京．
―――（2012）変わりゆく内モンゴル，オルドスの社会と文化．善隣，417: 12-19.
Kodama, K. (2012) Sedentarized Mongolian pastoralists' strategy to combat desertification. 『アフロ・ユーラシア内陸乾燥地文明研究』1: 129-145.
鯉渕信一（1992）『騎馬民族の心：モンゴルの草原から』日本放送出版協会，東京．
小宮山博（2005）モンゴル国畜産業が蒙った2000～2002年ゾド（雪寒害）の実態．日本モンゴル学会紀要，35: 73-85.
小長谷有紀（1991）『モンゴルの春』河出書房新社，東京．
―――（2001a）定住化過程におけるモンゴル族の牧畜経営．『現代中国の民族と経済』（佐々木信彰編）pp. 185-207．世界思想社，京都．
―――（2001b）モンゴル牧畜システムにおける水環境の危機．「モンゴル高原における遊牧の変遷に関する歴史民族学的研究」平成10年度-12年度科学研究費補助金基盤研究(A)(2)研究成果報告書，pp. 81-90.
―――（2003）中国内蒙古自治区におけるモンゴル族の季節移動の変遷．『民族の移動と文化の動態』（塚田誠之編）pp. 69-106．風響社, 東京．
Liu, O. Ma, R. and Simpson, J. R. (1993) Changes in the nomadic pattern and its impact on the Inner Mongolia steppe grassland ecosystem. *Nomadic People*, 33: 63-72.
マケイブ，J・ターランス（2006）災害と生態人類学：東アフリカ大旱魃（1971-81, 1984-85）と牧畜民トゥルカナ族．『災害の人類学』（スザンナ・M・ホフマン，アンソニー・オリヴァー＝スミス編・若林佳史訳）pp. 57-75．明石書店，東京．(McCabe. J. T. Impact of and response to drought among Turkana pastoralists: Implications for anthropological theory and hazards research. In Hoffman, S. M. and Oliver-Smith, A. (eds.) *Catastrophe & Culture: the Anthropology of Disaster*. School of American Research Press, Santa Fe, New Mexico; James Currey, Oxford.)
松井健（2001）『遊牧という文化』吉川弘文館，東京．
―――（2011）『西南アジアの砂漠文化：生業のエートスから争乱の現在へ』人文書院，京都．
Mostaert, A. (1942) *Dictionnaire Ordos: Tome Deuxieme* (J-Z). The Catholic University, Peking.
モスタールト・アントワーヌ，村上正二訳（1986）オルドス・モンゴルに関する民俗資料．モンゴル研究，17: 81-106.
縄田浩志（2009）干ばつ．『沙漠の事典』（日本沙漠学会編）p.20 丸善株式会社，東京．
内蒙古大学蒙古学研究院蒙古語文研究所編（1999）『蒙漢詞典』増訂版, 内蒙古大学出版社,

呼和浩特.〔モンゴル語,中国語〕
内蒙古計委国土整治弁公室・内蒙古自治区測絵局 (1987)『内蒙古国土資源地図集』内蒙古人民出版社,呼和浩特.〔中国語〕
岡洋樹 (2007) 清代史料にみえるモンゴルの災害に関する情報について.モンゴルの環境と変容する社会:東北大学東北アジア研究センター・モンゴル研究成果報告 II, 東北アジア研究センター叢書, 27: 45-74.
太田至 (2005).アフリカの牧畜民社会における開発援助と社会変容.『アフリカ農業の諸問題』(高村泰雄・重田眞義編) pp. 288-318.オンデマンド版京都大学学術出版会,京都.
押田敏雄・川鍋祐夫・南寅鎬・寇振武・蒋徳明・高田-及川直子 (2000) 内蒙古沙漠化の村における緑化と牧・農業振興.国際農林業協力, 22-(9): 56-66.
尾崎孝宏 (2006) モンゴル国東部牧畜地域における開発と移住.『東アジアからの人類学—国家・開発・市民』(伊藤亞人先生退職記念論文集編集委員会編) pp. 207-222.風響社,東京.
Ptackova, J. (2011) Sedentarisation of Tibetan nomads in China: implementation of the Nomadic settlement project in the Tibetan Amdo area; Qinghai and Sichuan Provinces. Pastoralism: *Research, Policy and Practice*, 1-(4): 1-11.
色音 (1998)『蒙古遊牧社会的変遷』内蒙古人民出版社,呼和浩特.〔中国語〕
嶋田義仁 (1995)『牧畜イスラーム国家の人類学』世界思想社,京都.
――――(2003) 砂漠と文明―「砂漠化」問題に即して.『地球環境問題の人類学』(池谷和信編) pp. 172-201.世界思想社,京都.
清水幸雄・奥田進一 (1995) 中国の草原環境保護制度―中華人民共和国草原法における草原保護の実効性について.清和研究論集, 2: 91-120.
篠田雅人・森永由紀 (2005) モンゴル国における気象災害の早期警戒システムの構築に向けて.地理学評論, 78-(13): 928-950.
承志 (2012) 中央ユーラシアにおける「国境」の誕生と遊牧の実態.『中央ユーラシア環境史第 2 巻国境の出現』(窪田順平監修・承志編) pp. 60-100.臨川書店,京都.
Sneath, D. (1999) Spatial mobility and Inner Asian pastoralism. pp. 218-277. In C. Humphrey and D. Sneath. *The End of Nomadism?: Society, State, and the Environment in Inner Asia*, Duke University Press, Durham, NC.
――――(2004) Property regimes and sociotechnical systems: rights over land in Mongolia's "age of the market". pp. 161-181. In Verdery, K. and Humphrey, C. (eds.) Property in Question: Value Transformation in the Global Economy. BERG, Oxford, New York.
孫暁剛 (2012)『遊牧と定住の人類学』昭和堂,京都.
Sternberg, T., Middleton, N. and Thomas, D. (2009) Pressurised pastoralism in South Gobi, Mongolia: what is the role of drought? *Transactions of the Institute of British Geographers*, 34-(3): 364-377.

Suttie, J. M. (2006) *Country Pasture/Forage Resource Profiles Mongolia.*
http://www.fao.org/ag/AGP/AGPC/doc/Counprof/PDF%20files/Mongolia.pdf, accessed on 5th Aug 2012.
ソーハン・ゲレルト（2001）過放牧発生の社会的背景．沙漠研究，11-1: 23-34.
Telenged, B. (1996) Livestock breeding in Mongolia past and present: the advantages and disadvantages of traditional and modern animal breeding practices. pp. 161-188. In Humphrey, C. and Sneath, D. (eds.) *Culture and Environment in Inner Asia*, Volume 1. The White Horse Press, Cambridge.
冨田敬大（2010）家畜とともに生きる―現代モンゴルの地方社会における牧畜経営．生存学．生きて在るを学ぶ，2: 207-221.
利光（小長谷）有紀（1983）"オトル"ノート―モンゴルの移動牧畜をめぐって．人文地理，35-6: 548-559.
Williams, D. M. (1996) Grassland enclosures: catalyst of land degradation in Inner Mongolia. Human Organization, 55-(3): 307-313.
―――― (2002) *Beyond Great Walls.* Stanford University Press, Stanford, Calif.
Wu, N. (1997) Indigenous knowledge and sustainable approaches for the maintenance of biodiversity in nomadic society Experiences from the Eastern Tibetan Plateau, *Die Erde*, 128: 67-80.
烏審旗誌編纂委員会（2001）『烏審旗誌』内蒙古人民出版社，呼和浩特．〔中国語〕
楊海英（1991）家畜と土地をめぐるモンゴル族と漢族の関係．民族学研究，55-(4): 455-468.
――――（2001）『草原と馬とモンゴル人』日本放送出版協会，東京．
――――（2002）オルドス・モンゴル族オーノス氏の写本コレクション．JCAS Occasional Paper no. 13，国立民族学博物館地域研究企画交流センター．
――――（2004）『チンギス・ハーン祭祀：試みとしての歴史人類学的再構成』風響社，東京．
――――（2011）西部大開発と文化的ジェノサイド．中国21，34: 117-134.
楊海英・児玉香菜子（2003）中国・少数民族地域の統計をよむ：内モンゴル自治区オルドス地域を中心に．人文論集：静岡大学人文学部人文学科研究報告，54-(1): 59-184.
吉田順一（2006）近現代内モンゴル東部地域の変容とオボー．『アジア地域文化学の構築』（早稲田大学アジア地域文化エンハンシング研究センター編）pp. 255-282. 雄山閣，東京．
張承志，梅村坦編訳（1986）『モンゴル大草原遊牧誌』朝日新聞社，東京．
周建中・大槻恭一・神近牧男（1995）中国内蒙古自治区における牧畜業の変遷．沙漠研究，5: 71-84.
Zhu, Z, and Wang, T. (1993) Trends of desertification and its rehabilitation in China. *Desertification Control Bulletin.* 22: 27-30.

6-4 節

ASM (Academy of Science in Mongolia) (ed.) (1979) Mongol Ard Ulsyn Ugsaatny Sudlal khelnii Shinjleliin Atlas, (*Atlas of Ethnography and Linguistics in the Mongolian People's Republic*), Ulaanbaatar.［モンゴル語］

Badamkhatan, S. (ed.) (1987) Mongol ulsyn ugsaatny zui(1), (*Ethnography of Mongolia*, vol. 1), Ulaanbaatar.［モンゴル語］

Badamkhatan, S. (ed.) (1996) Mongol ulsyn ugsaatny zui(2), (*Ethnography of Mongolia*, vol. 2), Ulaanbaatar.［モンゴル語］

Boldbaatar, J. (ed.) (2003) Mongol ulsyn tüükh(5), (*History of Mongolia*, vol. 5), Ulaanbaatar.［モンゴル語］

プルジェワルスキー（田村秀文・高橋勝之共訳）（1939（1875））『蒙古と青海（上巻）』生活社.

小長谷有紀（2011）モンゴルにおける農業開発史.『国立民族学博物館研究報告』35-1: 9-82.

小長谷有紀，S. チョローン（2013）『モンゴル国営農場資料集』SER110 号.

Konagaya, Y., Bayaraa, S. and I. Lukhagvasuren (eds.) (2007) (SER66) *A. D. Simukov Trudy o Mongolii i dlia Mongolii, Tom. 1* (*A. D. Simukov Works about Mongolia and for Mongolia*, Vol. 1), Osaka.［ロシア語］

ポターニン（東亜研究所訳）（1945（1881））『西北蒙古誌 第 2 巻 民俗・慣習編』龍文書局.

ローホーズ, Ts.（2007）追放を生き抜いた政治家.『モンゴル国における 20 世紀 (2)―社会主義を闘った人びとの証言』(小長谷有紀編) SER71 号 : 11-156.

Rolomjav, B. (1987) BNMAU-yn tarialangiin khuraangui tüükh (Brief History of Agriculture in Mongolia), *Tüükhiin Sudlal (Study of History)*, 20-1, Ulaanbaatar.［モンゴル語］

Russell, N. P., Adya, Y. and Tseveen, T. (2000) Role or the livestock and crop economy in the Mongolian economic transition. pp. 154-174. In Nixson, F. (ed.) *The Mongolian Economy: A Manual of Applied Economics for a Country in Transition.*

Shubin, V. F. (1953) *Zemledelie Mongoliskoi Narodnoi Respubliki, (Cultivation of the Mongolian Peoples' Republic)*, Moskva.［ロシア語］

Sneath, D. (2002) Mongolian in the 'Age of the Market': Pastoral Land-use and the Development Discourse. pp. 191-210. In Ruth, E. Mandel and Humphrey, C. (eds.) *Markets and Moralities*. Ethnographies of Postsocialism, Berg Publication.

# 第7章　牧畜民の移住と都市化

7-1　鬼木俊次
7-2　山村則男
7-3　堤田成政
7-4　伊藤雅之・陀安一郎・永田　俊

首都周辺への人口集中と都市の拡大が著しい。
撮影：堤田成政　2010年8月　ウランバートル

第 2 部　人間活動と生態系ネットワーク

　第 6 章で見たように、モンゴルでは伝統的に移動を伴う遊牧が行われているが、市場経済化以降急速に進んだ現象として、生活基盤そのものをより長期的に移動させる「移住」が注目されている。移住は産業の空間分布の変化や都市の肥大化をもたらし、第 1 部で論じられたような草原生態系の変化や、都市の環境問題の要因にもなっている。

　本章では、牧畜民の移住や都市化の実態とその要因解明、さらに都市人口の急増が引き起こす問題について考察が試みられる。まず、移住前後で牧畜業を継続している牧畜民への調査により、社会・経済・環境などの多様な要因によって引き起こされる移住のメカニズムが明らかにされる。人口移動は、都市と田舎が持つ「価値」に注目した理論モデルによって一般化され、その構造的な特徴がより明白に浮かび上がってくる。このような人口移動によって引き起こされる都市、特に首都への人口集中の実態は、主にゲル地域の衛星データをもとに、無秩序な都市の拡大（スプロール現象）として描き出される。最後に、都市人口の急増が引き起こす問題の一つとして、首都の下水由来の水質汚濁が河川下流の生態系に影響を与えているという実態が明らかにされる。

7-1 ｜ 都市周辺地域への遊牧民の移住

　モンゴルは 1990 年代初めに社会主義計画経済から市場主義自由経済へ移行した。市場主義への移行に伴い、ウランバートルなど都市の周辺地域で遊牧民が大幅に増えた[1]（6 章 6-1 節）。市場経済化後に都市周辺で牧畜民人口密度が高いのは、都市や遠隔地の遊牧民が都市周辺の草原地域に移住したこ

---

[1]　全国の牧畜民人口は 1990〜1997 年に 178 ％増加したが、ウランバートルに登録されている牧畜民人口は、同期間に 856 ％、ダルハン・オール県は 780 ％、オルホン県は 1110 ％増加した（Mongolian Statistical Yearbook）。これら三大都市圏に住所登録をする牧畜民は、一般に各市県郊外の牧畜地域かその周辺に居住するので、市場経済化後に大都市周辺で牧畜民人口の増加が多かったといえる。

第 7 章　牧畜民の移住と都市化

とによる可能性が高い。そのため都市周辺地域の草原面積あたりの家畜密度は高く、しかも地域間の不均衡は縮小する傾向がない（鬼木・双喜 2004）。モンゴルの草原地域では自由に居住地を選ぶことが認められているので、こうした移住は法的には何も問題はない。しかし、草原の生態保全のためには、家畜が特定の地域に集まるのではなく、広範囲に均一に配置されるのが望ましい。一部の地域に多くの遊牧民が集中すると、その地域の草原は劣化し、持続的な牧畜業の発展は望めない。モンゴルでは長い年月にわたり、脆弱な乾燥地草原において生態と生業の微妙なバランスをとる牧畜システムが維持されてきた。それは植生の地域的な変動に対して、遊牧民の自由な移動により、常にそれぞれの場所の放牧圧が均等化するというしくみである。つまり、草の多いところに遊牧民が多く集まり、草の劣化したところにはあまり集まらないということである。しかし、市場経済の導入後、社会・経済的誘因によって遊牧民が特定の場所に集中するようになったため、従来の持続的牧畜システムが崩壊に向かうという危機に直面している。

　自由経済の国や地域においては、経済発展とともに都市周辺部で人口集中が起こることは一般的である。だが、モンゴルの草原地域ではどの土地を利用することも自由にできるという点で、他の国や地域と違う。また、モンゴルでは、牧草の生産量が低く不安定であり、過度な人口の集中が土地の劣化につながりやすいという問題がある。モンゴルの牧畜は飼料資源の大部分を草原に頼っており、草原が退化すれば牧畜民の生産基盤が失われることになる。そのため遊牧民の人口集中は牧畜業の持続的発展にとって重大な問題である。

　こうした問題を解決し、持続可能な牧畜システムを再生させるためには、遊牧民の一極集中の原因を解明し、対策を講じる必要がある。しかし、このような遊牧民の移住の要因についての客観的な証拠は十分にそろっていない。モンゴルに限らず農村部から都市部への移住に関する従来の研究では、常に都市内部への移住に焦点が当てられてきた[2]。また、モンゴルにおいて

---

[2]　日本語の文献レビューには長島（2010）や厳（2005）、トダロ・スミス（2004）第 8

実施された移住に関する開発関連の調査も、そのほとんどが都市内部への移住に焦点を当てたものであった[3]。そのため、遊牧民が都市周辺の草原に移住するのはなぜか、またこうした移住は長期的に続くのかということは実際のところよく分かっていない。したがって、政府や援助機関がどのような対応を行うべきかということも必ずしも明らかではない。そうした問題を客観的に考察するためには、次節（7-2節）で展開されるような数理モデルを用いて分析を行うべきであるが、まずは社会経済的視点から現実の問題を描写し、移住の要因を明らかにする必要がある。

本節では、遊牧民の転出が多いモンゴル西部のオブス県と、遊牧民の転入が多いモンゴル中部のボルガン県の調査事例を用いて、モンゴルの遊牧民が都市周辺に移住する要因を明らかにする[4]。地域間の人口移動には多様な要因が絡んでいるため問題の本質が見えにくいのが常であるが、本研究では移民が顕著に多い地域の事例を見ることで、何が移住の要因になっているのかを分かりやすく例示したい。さらに、都市付近への偏った移住を防ぐためにはどのような対策が可能なのかということについても議論したい。なお、遊牧民の移住には、牧畜を止めて都市部門で仕事を探す場合もあるが、ここでは移住後に牧畜を継続する場合について論じることにする。

（1）遊牧民の移住と移動

本論に入る前に注意しておきたいのは、本節では「移動」（movement）では

　　　　章などがある。
[3]　例えば、Janzen（2005）、NSOM（2002）、JICA（2002）。
[4]　転入が多い地域はセレンゲ県、ダルハン・オール県、ウランバートル市、トゥブ県の北半分、ボルガン県などである。なお統計の地域区分ではボルガン県は「中部地方」ではなく「ハンガイ（山地）地域」に含めることが多いが、本節は都市へのアクセスの観点から議論を進めるため、都市へのアクセスの良いボルガン県も「中部地方」に含めることにする。同県はモンゴル第二の都市エルデネトに隣接し、県中心地や県南部からウランバートルまで舗装道路が通っている。

第 7 章　牧畜民の移住と都市化

なく「移住」（migration）について議論を行うということである。ここでは、1年のなかでいくつか異なる場所に移動式住居（ゲル）を動かすことを「移動」と呼び、住所の登録地域を変更し、生活の基盤となる場所を変えることを「移住」と呼ぶ。

　モンゴルの遊牧民の場合は、「移住」と「移動」の違いを明確に区別することができる。彼らはその年の自然環境の変化に応じて移動場所を変えることはあるが、1年のうちで夏営地、秋営地、冬営地、春営地など季節ごとに異なる場所で比較的システマティックな「移動」を行う[5]。様々なバリエーションや例外はあるものの、通常は郡の範囲やその近隣地域で季節的移動を行う。干ばつや雪害、寒害などの自然災害のときには、一時的に別の地域にオトル（緊急避難的移動）を行う。

　一方、「移住」は、通常の季節的な移動や避難的な移動とは、時間的、空間的、経済的なスケールが違う。第一に、移住の場合は、住民登録を移し、冬営地の許可を取るために行政的手続きが必要であり、長期的な生活地域の変更となる。第二に、空間的にも、「移住」の場合、郡の領域を越え、しばしば遠距離を動く。例えば、モンゴル西部地方の人々が中部の都市周辺に来る場合には、約1千キロの距離を移動する。第三に「移住」には多大な「コスト」がかかる。まず、自分の生まれ育った地域を離れて知らない土地で生活するためには、心理的に大きな負担を強いられる。遊牧社会は農村社会と比べてコミュニティの結束がゆるやかであるとはいえ、それぞれの土地にはそれぞれのコミュニティがある。別のコミュニティに入っていくにはそれなりの心理的な「コスト」を負担しなければならない。また、長距離の家畜移動や引越に多大な労働力を要し、家財を車で運搬するために多くの支払いが必要である。遊牧民にとって「移住」は大きな決断であり、それぞれ重大な

---

[5]　遊牧民の移動についてはアフリカの文献が豊富であるが、アフリカの遊牧民の場合は、草のあるところを当て所もなくさまよい、不確定な動きをするため、「移動」と「移住」を区別しにくい。四季の環境変化が重要なモンゴル高原の遊牧と降水量の多寡によって移動がほぼ規定されるアフリカの遊牧の違いに注意する必要がある。

理由と決意があって実行することなのである。

(2) オブス県およびボルガン県の牧畜家計調査の方法

　本研究において移住元地域（転出地域）の代表として選んだのはオブス県（序章地図）である。まず2008年にオブス県において移住が多い郡を訪問して、移住の理由や状況の聞き取り調査を行った[6]。それに基づき、オブス県の中で2007年～08年の人口あたりの移民が最も多く、移住の特殊性が少ないマルチン郡を調査地として選んだ[7]（第2部導入地図）。マルチン郡の遊牧民は、春と秋に北部の平地に移動し、夏と冬に中部の山地に入る。牧畜民の村は、遊牧民の移動状況に合わせて南北方向に細長い形状をしている。当郡には三つの牧畜村があるが、自然条件や社会状況についてはどの村もほとんど違いがない。そのため世帯数が比較的少ないA村で牧畜世帯調査（全戸調査）を行うことにした。

　また、移住先地域（転入地域）の代表として、ボルガン県のブレグハンガイ郡（第2部導入地図）を選んだ。ブレグハンガイ郡には、オブス県のマルチン郡から多くの遊牧民が移住している。その中でも、特に移民の多いB村で調査を実施した。ブレグハンガイ郡の場合には、移民はほとんど同じ地域から来ているため、移住の背景がほぼ同じであり、調査対象としては好都合である。

　オブス県における牧畜世帯調査は2009年9月～10月に行った。また、ボルガン県の牧畜世帯調査は2010年9月～10月に行った。オブス県では調査対象となる村の全世帯129戸を訪問して、面接調査を行った。ボルガン県では、オブス県から来た83戸すべての牧畜世帯、ならびに比較対照のためランダムサンプリングした地元出身の牧畜世帯43戸に対して面接調査を

---

[6] オブス県で調査を行ったのは県庁のほか、バローントローン郡、ヒャルガス郡、マルチン郡、タリアラン郡、サギル郡の各役場、村長、牧畜民世帯である。
[7] ロシア国境に接する郡はロシアの盗賊の影響もあるので除外した。

第 7 章　牧畜民の移住と都市化

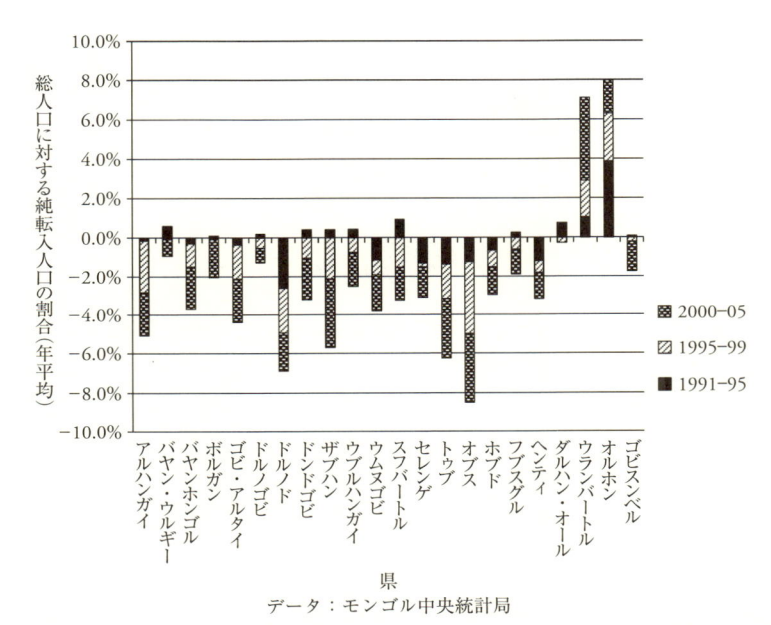

図7-1　県別の純転入人口比率（1992年人口に対する転入人口と転出人口の差の割合）

行った。

(3) オブス県およびボルガン県の調査地の概況

　モンゴルを全体的に見ると、1990年代以降、辺境地域から都市部への移住が続いている（6章6-1節）。人口移動統計によれば、地域の総人口に対する純転入人口（転入－転出）の割合が高いのは、首都ウランバートルと第2の都市エルデネトのあるオルホン県である（図7-1）。特に2000年代になって、ウランバートルへの転入人口が多くなっている。一方、最も転出人口の割合が高いのはオブス県で、西部のザブハン県、東部のドルノド県、中部のトゥブ県がそれに続く。なお、トゥブ県は転入人口の割合も全国で8位と高く、同県の人口の流動性が高いことを示している。オブス県の転入人口は全国最

2007-2008年

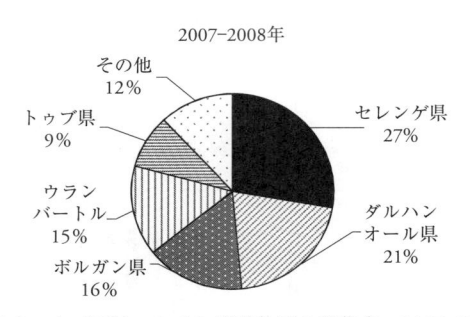

図7-2　オブス県マルチン郡遊牧民の移住先、2007-2008年

下位で、転出のみが多い。

オブス県からの移住の特徴

　オブス県のマルチン郡からの移住先は、セレンゲ県、ダルハン・オール県、ボルガン県、ウランバートル、およびトゥブ県で、これら4県1市で約9割を占める（図7-2）。その他はほとんどがオブス県の中心地オラーンゴム市への移住であり、同郡からモンゴルの他の県に行く人は非常に少ない。トゥブ県は首都ウランバートルの周囲にある県で、セレンゲ県とダルハン・オール県はウランバートルから北へ向かう主要道路の周辺にあり、いずれもモンゴルの「中部地方」にある。

　移住民は中部地方の広い範囲に散らばるのではなく、特定の郡に集中する傾向がある。2008年にオブス県のマルチン郡から移住した世帯で、ボルガン県に移住した世帯のうち88％が同県のブレグハンガイ郡に出ている（マルチン郡統計）。また、セレンゲ県に移住した世帯の50％が同県のジャブフラント郡に、トゥブ県に移住した世帯の63％が同県バットスンベル郡またはザーマル郡に移住している。これらの地域は、ザーマル郡を除いて都市の近くか都市へ向かう主要道路の周辺にある。また、草地の条件が良好であるとともに、外部の人が入りやすい場所である[8]。入りやすい場所というのは、

---

[8]　ブレグハンガイ郡およびジャブフラント郡はダルハン・オール県、ウランバートル

第 7 章 牧畜民の移住と都市化

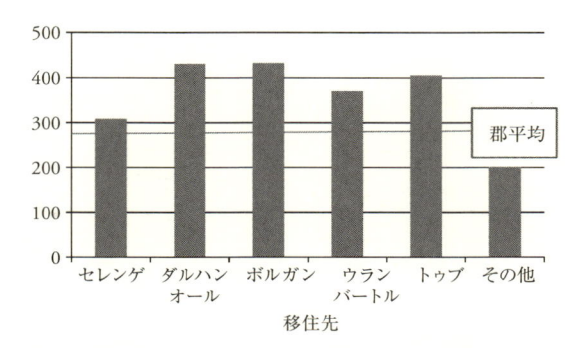

図 7-3 オブス県マルチン郡からの移住世帯の移住先別家畜頭数（2007 年末）
（出所：マルチン郡統計）

　もともと国営農場で多くの人を他の地域から集めていた郡や、社会主義時代に保護地区になっていたなどの理由で地元の遊牧民が入っていなかったところである。

　オブス県のマルチン郡から移住する世帯の家畜頭数は、その移住先地域によって異なる。特に、ボルガン県のブレグハンガイ郡に行く世帯は、多くの家畜を持っている。マルチン郡から 2008 年にボルガン県やダルハン・オール県に移住した世帯の家畜頭数（前年末）は、マルチン郡の平均家畜頭数よりも約 20％ 多い（図 7-3）[9]。ボルガン県の中でもブレグハンガイ郡に移住した世帯だけに限れば約 30％ 多い。一方、ウランバートルに移住した世帯の家畜頭数は、マルチン郡の平均とほぼ同じである。これは、家畜が多く、牧畜収入を上げたい人が草地状態の良いボルガン県などに多く移住することを

　　　へ向かう主要道路付近、バトスンベル郡はウランバートルまで鉄道が通っている。ザーマル郡はモンゴル随一の金鉱山がある地域で、モンゴル各地から多くの人々が集まっている。いずれも降水量の多い森林ステップ帯に位置する。
[9]　図の「その他」のほとんどはオブス県の中心地オラーンゴム市へ移住した牧畜民で、これは家畜をほとんどなくした世帯が市内に入って親族を頼るか別の仕事を探したと考えられる。

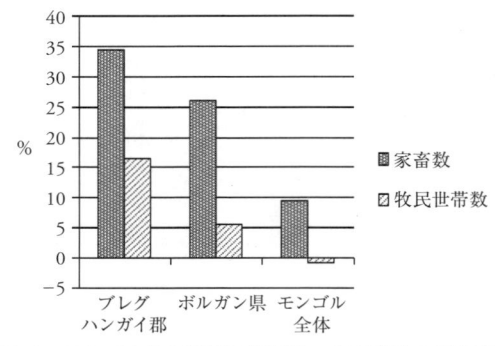

第 2 部　人間活動と生態系ネットワーク

図 7-4　2007-09 年の遊牧民世帯数、家畜頭数の変化率（％）

示唆する[10]。

　遊牧民の転入の多いボルガン県ブレグハンガイ郡では、遊牧民人口や家畜頭数は大きく増加している。図 7-4 は、2007 年から 2009 年までの期間におけるモンゴル全体、ボルガン県、ならびにブレグハンガイ郡の家畜頭数と遊牧民人口の変化率を示したものである。ボルガン県の家畜頭数は、全国平均を上回る約 26％の増加をしている。ブレグハンガイ郡に限れば、約 34％の増加である。遊牧民人口は、この期間、モンゴル国全体ではほぼ横ばいであるが、ボルガン県全体では約 6％の増加、ブレグハンガイ郡では約 16％の増加である。ブレグハンガイ郡の人口の増加率は県平均の約 3 倍であり、この郡で特に人口増加が急速であることを示している。

　ブレグハンガイ郡の人口増加率が高いのは、この郡ではもともと人口密度が低く、家畜の放牧密度も低かったが、近年、他の地域から移住してくる遊牧民が多いためである。例えば 2008 年の 1 km^2 あたりの人口密度は、ボルガン県平均の 5.1 人に対し、ブレグハンガイ郡では 2.2 人であった（ボルガン県統計局）。

　ブレグハンガイ郡の牧畜民の人口密度が低いのには理由がある。郡の北東

---

[10]　ウランバートルは市街地以外にもソンギノハイルハン区など北部に草原を有している。ただし、人口圧が高く、草地の状態は良くない。

第 7 章　牧畜民の移住と都市化

部には、社会主義時代に国指定のリザーブ草地（オトル草地）があった。リザーブ草地とは、干ばつや雪害のときに飼料資源を確保するために、普段は家畜を入れないで保全しておく草地である。1990 年代の民主化後には、国は財政難のためもあり、リザーブ地を管理しなくなった。ここは郡の中心地から遠く、居住するには不便であったため、通常は地元の牧畜民にもほとんど使われず、植生の良い草地が存在していた。そのため外部の遊牧民が入りやすく、しかも大都市へのアクセスが比較的良いという、移住するには格好の状況にあったのである。

ブレグハンガイ郡は家畜の放牧密度も低い。2005 年の 1 ha あたりの家畜密度は、ボルガン県平均が 0.87 頭（ヒツジ単位）に対し、ブレグハンガイ郡は 0.49 頭である。同郡の放牧密度は、ボルガン県内の郡の中で最も低い（モンゴル中央統計局）。しかし、家畜頭数については、ブレグハンガイ郡では県平均を上回る速度で増加している。このように、もともと遊牧民が少なかったところに多くの移住民が入り、それとともに家畜の放牧圧が上昇している。

移住民が増え、家畜が増加するにしたがって、地元の遊牧民との争いごとが頻発するようになってきた。調査した村では、移住民の人口が地元出身者の人口を超えたため、村の決定事項に移住民たちの考えが強く反映されるようになった。地元出身者は、「移住民たちは長い目で草地を保全する考えを持っていない。彼らはここの草地を荒らして次の場所に移住していく。」と言う。移住民は、「モンゴルではどの草地を利用することも認められている。」と言う[11]。現地では対立が深まるばかりで、いかにしてこの問題を解決するかほとんど展望がない。

オブス県からの移住の要因

オブス県各地の郡政府や村での聞き取り調査で、県内からの移住には、地域または時期により、いくつかの異なる要因が存在することが分かった。第

---

[11]　2010 年 6 月ボルガン県ブレグハンガイ郡での聞き取り。

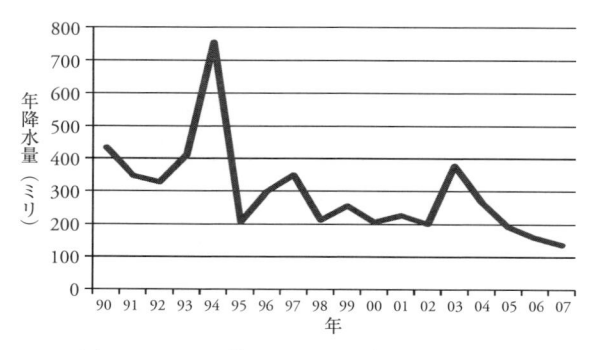

第 2 部　人間活動と生態系ネットワーク

図 7-5　オブス県マルチン郡の年降水量の推移

一に、市場の問題である。都市部と比べて畜産物の販売条件や資材の購入条件は悪い。かつての社会主義時代にロシアやカザフの経済が良かったころには国境貿易も盛んであったが、改革後にその機会は非常に少なくなった。そのため、畜産物が高い値段で売れる都市付近に移住する人々が多くなった。

　第二には、自然災害の問題である。オブス県は 2000 年～2001 年ごろに歴史的な大雪害（ゾド）に見舞われた。同県のマルチン郡は、2000 年初めの雪害で特に甚大な被害を被った。2000 年には、前年度に比べて大型家畜（ウシ、ウマ、ラクダ）は 47％ 減少し、中型家畜（ヒツジ、ヤギ）は 12％ 減少した（オブス県統計局）。また、1990 年代末以降、乾燥化が進み、川や湖などの水資源が大幅に減少した。マルチン郡の降水量は、1990 年代から 2000 年代にかけて明らかな減少傾向を示している（図 7-5）。また、1960～70 年代に作られた地図にある湖の面積と比べると、現在観察される湖の面積は明らかに小さい。マルチン郡周辺には工場、鉱山、農地など水を大量に消費する要因は存在しないので、降水量の減少で水不足が起こっている可能性が高い。多くの牧畜民がこのような自然環境の悪化に先行きを案じて、他の地域に出て行ったといわれている。

　第三に、1990 年代には、盗賊から逃れるために移住するケースも多々あった。1990 年代には隣接するロシアの経済も疲弊し、武装した盗賊が家畜を強奪するために国境を越えて入ってきた。1990 年代終わりに国境警備体制

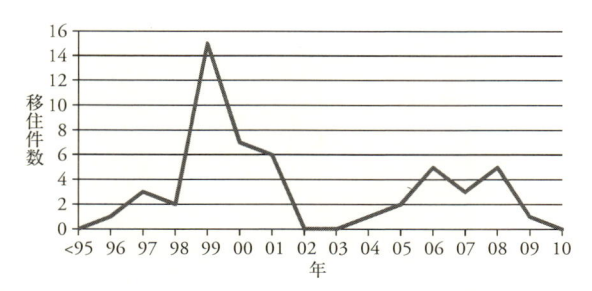

図 7-6　ボルガン県ブレグハンガイ郡へのオブス県の遊牧民の移住時期と移住世帯数

が整うまで、国境付近に住む人々は身の危険を感じて他の地域に移住したという。ただし、こうしたケースは国境に接する郡の一部地域に限られ、県全体からいえば大きな割合を占めているわけではない。

(4) ブレグハンガイ郡牧畜世帯調査結果

移住の要因

　ボルガン県ブレグハンガイ郡の遊牧民調査で移住した年を質問したところ、時期により移住してくる世帯数が大きく異なることが分かった。最大のピークは、1999 年から 2001 年までの期間である。オブス県から移住してきた世帯の約半数がこの時期に来ている（図 7-6）。1999 年〜2001 年は、前述のようにオブス県などモンゴル西部地方で夏に干ばつが起こり、冬に歴史的な雪害が起こった時期である。ただ単に災害から逃れるだけであれば、一千キロの道のりを移動して移住する必要はない。オブス県の遊牧民が地元において、長期的に雪害などの自然災害が頻発すると認識して、移住を決意したに違いない。

　二つ目のピークは 2006 年〜2009 年である。この時期にも干ばつが続き、草原の状態が悪化したため、遊牧民の移住が増加したと考えられる。ただし、1 年あたりの移住世帯数は 1999 年〜2001 年のころの半分以下である。

　自然災害の少ない森林ステップ地域は、オブス県に近い地域にも多くある。

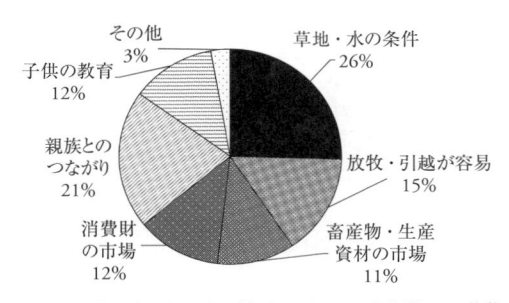

第 2 部　人間活動と生態系ネットワーク

図 7-7　オブス県からボルガン県ブレグハンガイ郡への移住の理由

（円グラフの内訳）
- 草地・水の条件　26%
- 放牧・引越が容易　15%
- 畜産物・生産資材の市場　11%
- 消費財の市場　12%
- 親族とのつながり　21%
- 子供の教育　12%
- その他　3%

　では、オブス県の遊牧民は、具体的にどのような理由でボルガン県に移住したのであろうか。移住理由には、牧畜に関する理由と牧畜以外の理由がある。牧畜に関する理由には、牧草地や水資源の条件、放牧や移動の容易さ、畜産物や飼料など畜産資材の取引条件などがある。牧畜以外の理由には、家族や親戚に近づくため、子供の教育、消費財・サービスの市場などがある。ボルガン県への移住民の場合、牧畜に関する理由による移住は全体の約半数である（図 7-7）[12]。

　牧畜以外の理由の中にも、消費財・サービスの市場のような「経済的理由」と、子供の教育や家族とのつながりなど「経済以外の理由」がある。牧畜に関する理由は最終的には所得増加に結びつくので、「経済的理由」とみなすことができる。それを含めると、「経済的理由」は全体の約 3 分の 2 に及び、約 3 分の 1 が「経済以外の理由」にあたる。

　図 7-7 の「草地・水の条件」および「放牧・引越が容易」というのはいずれも放牧条件に関する理由であり、これは全体の 41％を占めている。その背景には、雪害や干ばつなど自然災害もある。また、水資源の減少は、放牧条件を悪化させている。オブス県の牧畜世帯調査において現在困っていることについて尋ねたところ、約 65％の世帯が、川や湖などの水の減少と答えた。水資源が少なくなったため、以前よりも長い距離の放牧を強いられ、

---

[12]　複数回答も含める。なお、第一の理由のみで集計した結果もこれと大差ない。

より頻繁に移動する必要性が生じている。

　「畜産物・生産資材の市場」という理由は、ボルガン県では肉やカシミヤなどの畜産物の販売価格が高く、飼料などの資材価格が低いということである。本調査によれば、オブス県と比べるとボルガン県におけるヒツジやウシの販売価格（農家庭先価格）は約2倍、ヤギの販売価格は約1.8倍、カシミヤの販売価格は約1.6倍であり、ボルガン県のほうが2倍近く高い。こうした価格の違いは、主に需要の違いと輸送費の違いによる。オブス県には都市人口が少ないため、畜産物の供給に比べて需要が小さい。そのため、価格が低く、取引量が少ない。逆に、ボルガン県はウランバートルやエルデネトなどの大消費地へのアクセスが良いため、畜産物の需要が高く、販売価格も高くなる。こうした価格差が生まれるのは、輸送費が高いからである。かりに輸送費がゼロであれば、価格が高いところに畜産物を運送して販売するので、地域間の価格差はなくなるはずである。社会主義時代にはウランバートルなどの大都市で販売するために、モンゴル西部から1か月以上かけて家畜を連れて来ること（トーバル）が頻繁に行われていた。現在はかつてに比べれば道路状況が改善され、オブス県から家畜を連れて来る遊牧民は少なくなったが、それでもウランバートルとオブス県の間の道路の大半は舗装されていない。燃料代も高くなる一方で、販売価格の地域差は埋まりそうにない。

　「生活用品の購入」とは、オブス県に比べてボルガン県では主要な消費財である小麦粉や砂糖などの食料品や衣類の価格が低いことを意味する。オブス県など西部地方で販売されている消費財は、一部ロシアや中国から直接国境を越えて入るものもあるが、多くは中部の大都市を経由して来る。加えて、モンゴル国の主な穀倉地帯も中部地方に位置する。中部地方から遠く離れたオブス県の消費財の価格は高く、また良質なものを入手しにくい。病院などサービス業の量、質ともオブス県はウランバートルなどの都市部とは比較にならない。こうした消費財・サービスの価格や質の問題も移住の原因の一つとなっている。

　「親族とのつながり」のための移住とは、ボルガン県や都市部に移住した家族や親戚とのネットワークを維持・強化するために、近くに来ることであ

る[13]。一つには、先行してボルガン県に来て牧畜をしている親族のそばで暮らす場合がある。また、都市で働いている家族や親戚に近いところで牧畜を行う場合もある。

　なお、移住の主要な要因ではないが、移住先として多くの世帯が家族や親戚あるいは知人や同郷人のいるところを選んでいる。これは先に移住した人が、後から移住してくる人の移住コストを引き下げるためである（Carrington 1996）。それは単に移住の引越の金銭的な費用を低下させるだけでない。先に移住した人々が、住所登録や冬営地設営の許可申請など行政的な手続きの手助けをし、また、他の地域のコミュニティに入るという心理的負担を軽くする。移住後の最初の1、2年間は、地元の遊牧民が移住者と宿営地共同体（ホト・アイル）を組み、コミュニティに入るための面倒を見るケースが多い。多くの人が集まれば集まるほど、次から移住してくる人はコミュニティに入りやすくなり、こうした負担が軽減される。言い換えれば、移民人口の増加により1世帯あたりの負担が下がる。そのため特定の村に多くの移住民が集中することになる。

　「子供の教育」のための移住とは、子供が都市部の大学やその他の学校に通うようになるとき、親もその学校のある都市から遠くないところに移住するということである。もしオブス県に留まると、子供とはめったに会うことができなくなる。これもまた家族ネットワークを強めるための移住といえる。

　家族関係のような非経済的要因も、世帯の厚生水準に影響するという点では経済的要因と同じである。つまり、牧畜所得を上げるために移住することも、家族関係を向上させるために移住することも、その世帯にとってメリットがあるから移住するという点に違いはない。ただし、経済的要因と非経済的要因では、移住先における帰結が異なる。牧畜民の移住が続くと、やがて移住先の土地で家畜が過密になり、牧畜所得は減少する。そうなれば移住の経済的インセンティブは低下するので、経済的要因の移住は長期的に続くとは考えられない。しかし、移住民が非経済的価値に重きを置く場合には、た

---

[13]「親族とのつながり」を第一の理由とした世帯は全回答の25%である

第 7 章　牧畜民の移住と都市化

とえ牧畜所得が減少しても厚生水準が大きく低下するわけではない。そのため、長期的に移住が継続する可能性が高い。ボルガン県への移住の場合は経済的要因が大きいので、将来的に人口密度が高くなり、1世帯あたりの所得が減少に向かえば、新たな移住は少なくなるであろう。

経営比較

　オブス県からボルガン県への移住が続くのは、まだ両地域の経済格差が存在しているためであると考えられる。オブス県とボルガン県の経済状況の違いを調べるため、オブス県に住んでいる世帯とボルガン県に住んでいる世帯、ならびにオブス県からボルガン県に移住した世帯の経営状況を比較する。図 7-8 は、それぞれのグループについて、1世帯あたりの家畜頭数、年間の販売収入額、年間の純収入の平均値を示したものである[14]。

　まず、ボルガン県出身の世帯とオブス県に住んでいる世帯を比べると、ボルガン県出身世帯の家畜頭数は、オブス県在住世帯の約 1.9 倍である。同じように、販売収入はオブス県世帯の約 1.5 倍、純収入は約 2.2 倍である。オブス県からボルガン県へ移住する経済的なインセンティブはあるといえる。これだけの差があれば、オブス県の牧畜民がボルガン県へ移住すれば所得を増やすことができると期待してもおかしくない。

　オブス県から移住した世帯は、家畜の多い、豊かな世帯であったと考えられる。移住世帯の家畜頭数は、オブス県に残っている世帯と比べて約 2.9 倍、販売収入は約 2.5 倍、純収入は約 3.6 倍である。このことは、家畜が多い牧畜民が先行して出て行ったことを示唆する。

　オブス県から移住した世帯は、移住後に家畜をさらに増加させている。1999 年から 2003 年までに移住した世帯とオブス県に残った世帯について、1998 年 2003 年の家畜頭数を比べたところ、2009 年までにオブス県に残っ

---

[14] ここで純収入とは、販売額、自家消費額、家畜ストックの純増分から畜産に要した資材費を引いたものである。自家消費額と家畜ストック変化は市場価格を用いて推計している。

第 2 部　人間活動と生態系ネットワーク

a　1世帯あたりの家畜頭数(頭)

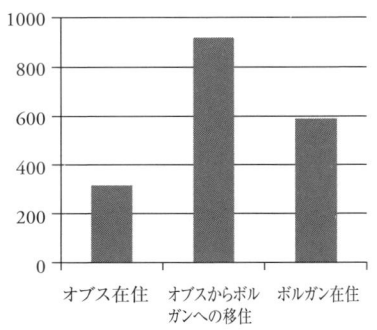

b　1世帯あたりの年間販売額(千トゥグルグ)

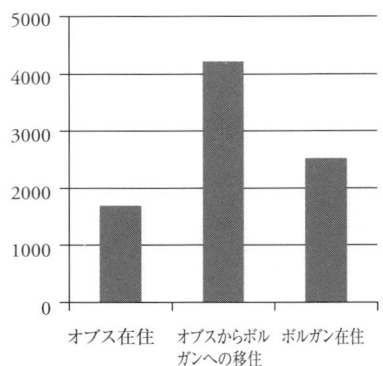

c　1世帯あたりの純収入(千トゥグルグ)

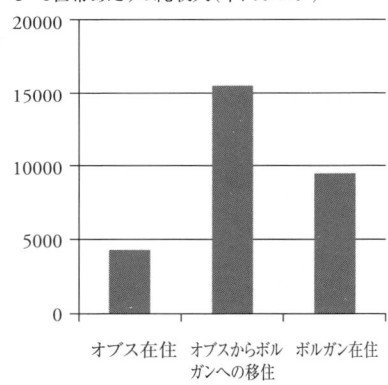

図 7-8　1世帯あたりの所得、販売額、家畜頭数：オブス地元民、ボルガン地元民、移住民の比較

た世帯は家畜を減らしているが、移民世帯は逆に家畜を増やしていることが分かった（図 7-9）。このように移住した人としなかった人との経済格差は広がる傾向にある。

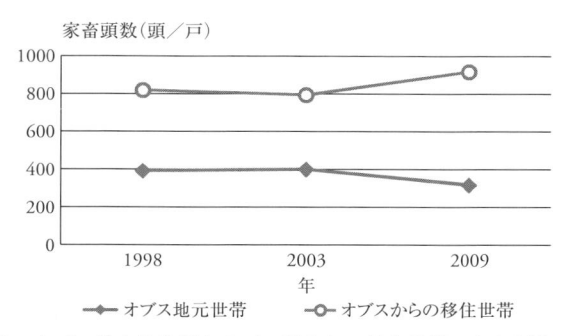

図7-9 オブス県在住世帯とオブス県からの移住世帯の家畜頭数の変化

(5) 移住の要因と問題

　以上見てきたように、市場経済体制への移行後にモンゴル中部の大都市周辺に多くの牧畜民が移住するようになった。牧畜民の移住の要因には、大きく分けて放牧条件、市場条件、家族ネットワークの三つがある。まず、近年モンゴルの西部地方で干ばつや雪害などの自然災害が多発するようになり、牧草地や水資源が悪化したため、地元から逃れたいというプッシュ要因が強まるようになった。ただし、自然条件の良い場所は、モンゴル中部以外にも多くあり、移住元からのプッシュ要因だけでは都市周辺に集まる理由を説明できない。移住先へのプル要因には、都市部にある市場条件の良さや家族とのネットワークの強化などがある。市場の条件には、牧畜所得を上げるための条件と、消費財・サービスの価格や品質が含まれる。家族ネットワークとは、大学進学や就職のために都市部に住む家族や親戚、あるいは先に都市周辺の草原地域に移住した家族や親戚に近づくことを意味する。

　こうした移住の根本的な原因は、地域間の相対的な経済格差である。都市部では市場や雇用機会が充実し、辺境地域よりも経済的に恵まれている。そのため人々は都市部やその周辺に移住し、彼らの家族がそれに続くという構造ができている。人々が集まることで都市機能はさらに発展し、人々を吸引するという都市部門の「規模の経済」が生じる。遊牧民も都市部門の吸引力

に巻き込まれるようになった。

　それでは、都市付近の遊牧民人口はどこまでも増え続けるのであろうか。ボルガン県のケースでは経済的要因が大きいので経済的メリットが縮小するときに移住は少なくなるはずである。遊牧民の集中が続けば、ある時点で草原が劣化し、所得は減少に向かう。そうなれば、移住の経済的インセンティブはなくなる。しかし、その時点では、すでに都市近郊の草原の放牧圧が高くなっており、持続的な牧畜システム崩壊のリスクが高い。現状のように市場経済の下で自由放任を続ければ、草原の均衡ある利用は達成できない。いかにして市場経済の下で過度な牧畜民の人口集中を食い止め、草原を再生すればよいかということが問題になる。

　移住を無理に制限することは難しい。かりに法律で制限しても「違法」な移住が行われるだけである。例えばボルガン県ブレグハンガイ郡では、遊牧民の転入を食い止めるために家畜を連れて移住してくることを禁止したが、ほとんど実効性がない。家畜を他の家に預けて移住の登録を行い、その後家畜を持ってくる人が絶えない。

　移住をコントロールするためには、移住の強制的な制限ではなく、税や補助金などのいわゆる「経済的手段」を導入するほうがよい。例えば、1人あたりの家畜頭数が多い世帯には累進的に高い家畜税を課すようにする。もちろん税は、地元牧畜民も等しく支払うものである。だが、他の地域よりも税率が高ければ、多くの家畜を連れて移住してくる人は少なくなるはずである。そのためには、家畜税の税率を国の政府が一括して決めるのではなく、地域の事情に応じて調整できるようにする必要がある。また、追加的な税収を地方（郡）が自由に使えるようにすべきである。すなわち、地方政府に権限を委譲し、決定権を与えることが重要である。移住民などの家畜が多い人からの税収は、移住先地域の経済発展に寄与する。また、移住民に対しても、より少ない家畜で高い収益を得るように努力するインセンティブを与える。

　モンゴル中部地方には集約的な牧畜技術の蓄積があり、移住民も資産のある世帯はそうした技術を学び、投資を行うことが必要であろう。また、ボルガン県の地元の遊牧民もモンゴル西部地方の移住民から学ぶことは少なくな

い。西部地方の遊牧民は厳しい冬を経験しているので、寒雪害を乗り切るための牧畜技術を持っている。移住にはネガティブな面だけでなく、技術や知識のスピルオーバー（他の地域への伝達）などポジティブな側面もある。移住民と地元民が対立するばかりではなく、互いに交流することで、地域の牧畜の競争力を上げることも必要であろう。

7-2 都会と田舎の人口移動の数理モデル

人間の移動の問題は、世界中の多くの国で重要な今日的課題となっている。都会と田舎の間の移動に関しては、1960年代以来およそ10年ごとに、多くの大都市においてその転換が起きている（石川 2001）。東京、大阪、名古屋では、超過移入数（移入−移出）の極小値が 1955、1975、1995 年あたりにみられ、その極大値が 1965、1985 年あたりにみられる。

前節で述べたように、モンゴル国においても遊牧民の人口の増加と移動が大きな問題になっている。モンゴル国では、社会主義経済の終焉後に都会で政府関連の仕事を失った人の一部は、草原に移動して遊牧民となった。しかし、最近では外国資本の急激な導入が都会での仕事を増やし、田舎から都会への人口移動が起きている。家畜を飼い続ける遊牧民も市場への近さを求めてウランバートル市の近郊に移動してくる傾向がある。その結果、モンゴルにおける近年の人口増加はウランバートルのみで進行し、他の地域の人口は一定となっている。

個体群生態学の分野では、動物の移動や分布域の拡大が数学モデルによって広く解析されている（例えば、重定・川崎 1997）。そこでは、移出は、個体数密度に比例し、局所的な環境の良好さの勾配に比例するとされることが多い。しかし、人間の移動は動物の移動とは異なる次のような特徴を持つ。(a) 人間は様々な場所の状況に関する詳しい情報を得ることができる。(b) 交通手段を利用して遠距離の場所にも速い移動が可能である。(c) 移動には新しい土地での生活の基盤を確立するなどの大きなコストが伴う。これらの特徴

第 2 部 人間活動と生態系ネットワーク

を導入して、社会学の分野では、18 世紀以来、様々な人口移動理論が開発されてきた（例えば、Akkoyunlu and Vickerman 2001 に、その歴史が紹介されている）。その基本的理論スキームは、低い効用を持つ場所から高い効用を持つ場所へ移動が起こることである。ここで効用は、労働賃金や生活費コストなどの社会的要因によって決められる（Harris and Todaro 1970）。ここでは、その基本スキームに、田舎の生態的状態を変数として付け加えることによって、都会と田舎の間の人間移動の新しいモデルを提案し、その動態を解析する。モデルはモンゴルの例にしたがって説明するので、田舎は遊牧民が家畜を飼う草原であるが、農業地域や漁業地域にも応用可能である。重要な共通の仮定は、田舎の生活は自然資源に依存しており、過剰利用によってその資源が劣化するということである。

(1) 人間移動の基本モデル

都会と田舎の 2 地域のモデルを考える。総人口と田舎の人口を、それぞれ N と n とすると、都会の人口は $N-n$ となる。田舎の草原の草バイオマス密度を x で表し、1 人あたり保有する平均家畜数が一定であるとすると、草の減少率は家畜数に比例するので、knx となる。草はロジスティック方程式（内的自然増加率が a、環境容量が K）に従って成長回復するとすると、草バイオマスの変化は

$$\frac{dx}{dt} = ax\left(1 - \frac{x}{K}\right) - knx \tag{1}$$

となる。以下では簡単のために、$K=1$ とする。

田舎に住む人にとっての経済的価値は、家畜から得られる生産物（肉、毛、皮、ミルクなど）の売却からの収入に比例するとする。1 人あたりの家畜が食う草の量が kx であり、そのうちの一定の割合が家畜のバイオマスの増加となるので、増加分が生産物になると考えれば、結局田舎の価値も x に比例し、bx と書ける。他方、都会に住む人の経済的価値は都会の仕事から得られる

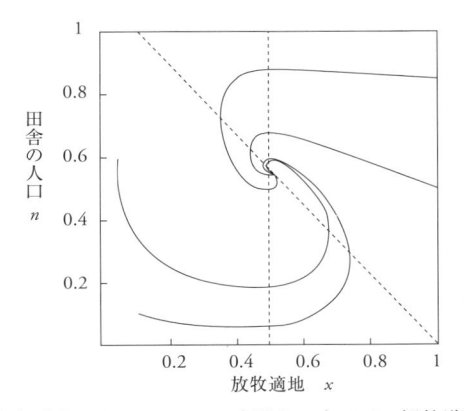

図 7-10 力学系 (1) と (2) において、(x, n) 空間上のすべての解軌道はパラメータ値で決まる一つの平衡点に常に収束する。この図は、$N=1$、$s=1$、$a=1$、$k=0.9$、$b=0.9$、$v=0.45$ とした場合である。

平均収入であり、vで表す。移動は個人にとっての経済的価値が高い方から低い方に向かって起こり、その割合は両者の価値の差に比例するとする (Harris and Todaro 1970)。まず最初に、移動のコストが無視できる場合を考えると、田舎の人口の変化は、

$$\frac{dn}{dt} = -s(v-bx)n \quad (v>bx \text{ のとき})$$

$$\frac{dn}{dt} = s(bx-v)(N-n) \quad (bx>v \text{ のとき}) \tag{2}$$

(1) と (2) の力学系は、田舎地域の環境条件と人口の分布を同時に与える式となっている。つまり、社会システムと生態システムの相互作用を表しており、このような二つのシステムを同時に扱う方法論は、最近の地域環境問題や地球環境問題を扱う上で重要視されている (Ostrom 2009)。

二つの変数 (x, n) の変化は、図 7-10 に示されているような、位相空間における軌道として表現できる。このシステムは、二つの部分空間 ($v<bx$ と

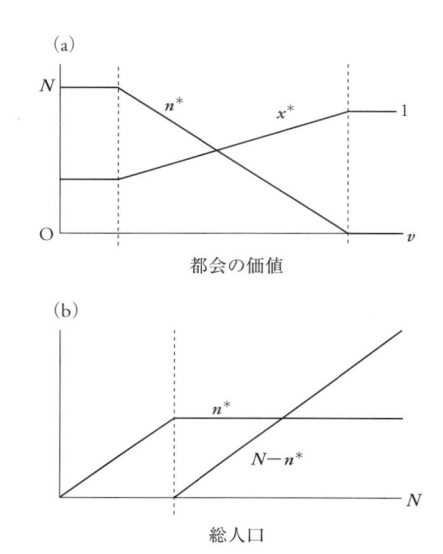

第2部　人間活動と生態系ネットワーク

図 7-11　(a) 平衡点の都会の価値 v に対する依存性。$v<b(1-kN/a)$ のとき、人は田舎のみに住み、$v>b$ のときは、都会のみに住み、中間の v の値のときに両地域に住む。(b) 平衡点の総人口 N に対する依存性。$v<b$ の条件のもとで $N<(1-v/b)a/k$ のとき人は田舎にのみ住むが、N がこの範囲を超えると両地域に住むようになる。このとき、田舎の人口は総人口が増えても一定の値を保つ。

$v>bx$) で異なる方程式に従うが、これらの軌道は部分空間の境界でもなめらかにつながっている。

システムの平衡状態 (x^*, n^*) は、(1)式と(2)式の右辺を 0 とおいて得られる。つまり、$v<b(1-kN/a)$ のときは $(1-kN/a, N)$ であり、$b(1-kN/a)<v<b$ のときは $(v/b, a/k(1-v/b))$ であり、$v>b$ のときは $(1, 0)$ である。どの場合においても、位相空間 (x, n) の中で解の軌道 $(x(t), n(t))$ は、図 7-10 に示されているように、平衡点に収束する。このようなとき、平衡点は大域安定であるという。このことは、リヤプノフ関数を使って数学的に証明することができる（Yamamura et. al. 2012 の Appendix）。

平衡点の値が都会の価値の変化に対してどのように変わるかを図 7-11a に示した。都会の価値が非常に小さいときは、人はすべて田舎に住み、都会の

価値が非常に大きいと人はすべて都会に住む。その中間の値では両方に住むが、都会の価値が高いほど田舎に住む人の数は少ない。田舎の草バイオマスは田舎の人口が少ないとき大きくなる。次に、都会の価値が0からだんだんと増えていく状況を考えよう。都会に人が集まり始める都会の価値の臨界値は、図7-11aに示されているように、$b(1-kN/a)$ であり、生産物の価格が低い（b が小さい）とき、草の減少率が高い（k が大きい）とき、草の回復率が小さい（a が小さい）ときなど、田舎の環境の質が悪いときに都会の出現が早まる。高い総個体数 N も都会の出現を早める。田舎が消滅する臨界値は b なので、田舎での収入率が低いほどそれは早まる。

　総個体数 N が変わるとき平衡点がどのように変わるかを図7-11bに示した。N が小さいときは田舎にのみ人が住むが、N が大きくなると都会と田舎の両方に人が住む。総人口がゆっくりと増加していく状況を考えよう。最初は田舎にのみ人が住むが、臨界値 $a/k(1-v/b)$ を超えると都会が出現する。それ以後の人口増加はすべて都会が吸収し、田舎の人口は一定（$a/k(1-v/b)$）となる。都会の価値の増加の場合と同様に、生産物の価格が低い（b が小さい）とき、草の減少率が高い（k が大きい）とき、草の回復率が小さい（a が小さい）ときなど、田舎の環境の質が悪いときに都会の出現が早まるが、都会の価値 v が高いときもそれは早まる。

(2) 移動のコストを考慮した場合のモデル

　冒頭述べたように、人間の移動の顕著な特徴の一つは移動に大きなコストがかかることである。移動のコストを c で表すと、式(2)は、次のように変更される。

$$\frac{dn}{dt} = s(v-bx-c)n \quad (v > bx+c \text{ のとき})$$

$$\frac{dn}{dt} = s(bx-v-c)(N-n) \quad (bx > v+c \text{ のとき})$$

$$\frac{dn}{dt} = 0 \qquad (bx - c < v < bx + c \text{ のとき}) \qquad (3)$$

1番目の式は、田舎から都会への移動は都会の価値が田舎の価値とコストの和を超えたときに生じ、移動率はこの差に比例することを示す。2番目の式も同様に、田舎の価値が都会の価値とコストの和を超えたときに生じる。1番目と2番目の条件が両方とも満たされないときは誰も移動しない（3番目の式）。式(1)と式(3)で表されるシステムの平衡状態は、位相空間 (x, n) の中で点ではなく、線分 $(n = (1-x)\,a/k \text{ for } (v-c)/b < x < (v+c)/b)$ となる。

都会の価値 v が0から徐々に増加するとき、ある臨界値を超えると都会への移動が始まるのはコスト c がない場合と同様である。しかし今度は、正味の都会の価値 $v - c$ が田舎の価値を超えるときに移動が始まる。この場合、田舎と都会の人口の変化は、図7-11a を c だけ右に平行移動したものとなる。総人口が徐々に増加する場合も同様に、図7-11b において都会の出現は c だけ右にずれる。しかし、このときの田舎の人口はコストがない場合よりも高い値で一定となる。

冒頭で述べたように、1960年代以来およそ10年ごとに、多くの大都市において20年周期で田舎と都会のあいだの人口移動の転換が起きている（石川 2001）。これは景気の周期的変動が原因であるといわれている。移動のコスト c のダイナミクスへの影響をより明確に見るために、都会の価値 v が以下のように周期的に変動するとしよう。

$$v(t) = v_0 + v_1 \sin\left(2\pi \frac{t}{T}\right) \qquad (4)$$

ここで v_0、v_1、T は、それぞれ、変動する価値 $v(t)$ の平均、振幅、周期である。図7-12a と図7-12b で示されたように、式(1)、式(3)、式(4)で表されるシステムにおいては、田舎の人口と草バイオマスも振動する。シミュレーションの結果は、コスト c が大きくなると n と x の振幅が小さくなると同時に、移動のタイミングが遅れてくることを示している。図7-12c に、コ

第 7 章　牧畜民の移住と都市化

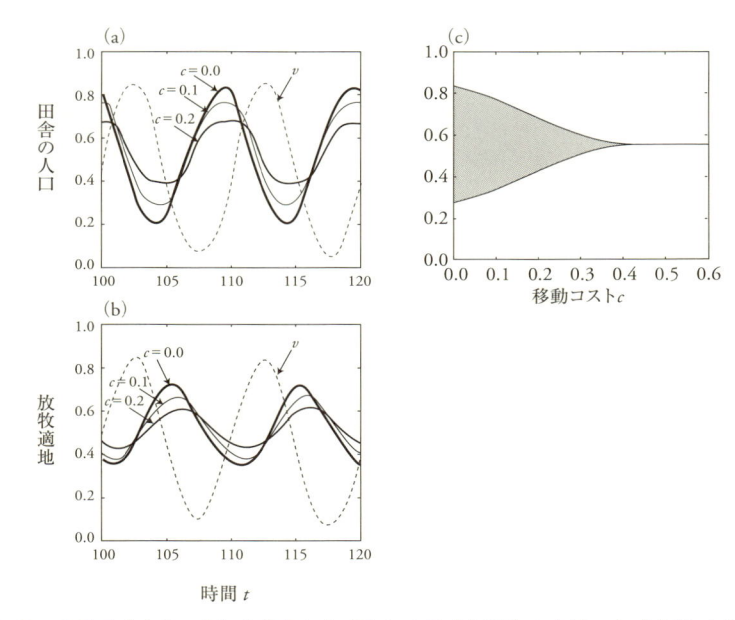

図 7-12　力学系 (1) と、(4) を代入した (3) による (a) 田舎の人口 n と (b) 草バイオマス x の数値計算。パラメータ値は $N=1$, $s=1$, $a=1$, $k=0.9$, $b=0.9$, $v_0=0.45$, $v_1=0.4$, $T=10$ とした。コスト値 c が高いほど振動の振幅は小さくなり、人口移動のタイミングは遅れてくる。(c) は田舎の人口 n の移動コスト c に対する依存性である。コスト値がある値以上になると人口移動は起きない。

スト c に対する n の振幅の変化を表した。人口変動の振幅はコストの大きさと共に減少し、極端に大きなコストがかかる場合には移動は全く起きない。つまりコストは、人口移動の大きさを制限し、移動のタイミングを遅らせるのである。

(3) 都会規模の経済性

　本節では、都会と田舎の人口分布と田舎の環境状態を同時に考えるため、非常にシンプルな連立微分方程式を作った。このモデルは、近年のモンゴル

国での人口動態(ウランバートルのみで人口が増加し、その他の地域では人口はほぼ一定)を説明している。このメカニズムは以下のようである。田舎の価値 bx はその環境状態に依存しており、田舎の人口が増えるとその価値は減る。つまり負の密度効果が働いている。一方、都会の価値 v は人口とは無関係な一定の値としている。このため人口増加は田舎では移出のインセンティブとなるが、都会ではそうはならないからである。それゆえ、人口増加のすべてが都会に吸収されることになった。田舎での生計は自然環境に強く依存しているので、一定の人口しか養えない。それに反して、都会はある人口の範囲であれば密度効果がそれほどかからないことを、単純な仮定としてモデルに組み込んだのである。

しかし、実際には人口の大きな変化に対して、都会の価値も変化するといわれている(Fujita et al. 2000)。都市の人口が少ないときには人口が増えるほど都市の利便性が高まり(規模の経済)、人口が増えすぎるとマイナスの面も出てくる(規模の不経済)。中くらいのスケールでその価値は最大化される。近年のモンゴルの人口動態が今回のモデルで説明できたのは、逆にいえば、ウランバートルの価値がほぼ一定であったことを推察させる。

人口増加と都市の価値の増加については、モデルに規模の経済を導入した場合には正のフィードバックが、規模の不経済を導入した場合には負のフィードバックが働くことになる。このとき、平衡点が不安定化し、外部的な変動が無くても周期解が現れる可能性がある。つまり、都市の人口が少ないときは利便性を求めて移入が起き、増えすぎると都市の環境が悪化して移出が増える。冒頭で述べた世界の大都市における 10 年ごとの人口移動の転換にはこのようなメカニズムも含まれているかもしれない。正のフィードバックを持つシステムでは、同じパラメータの下でも二つの異なる状態が安定点となる双安定性が起きることもある。このときには図 7-11 で示されたように、都市の出現や消滅がパラメータの変化に対して、徐々にではなく急激に起きる可能性がある。このような現象は一般にレジームシフト(Folke et al. 2004)と呼ばれている。歴史上にしばしばみられる都市の急激な崩壊はこのようなメカニズムによるのかもしれない。

第7章　牧畜民の移住と都市化

　今回のモデルにおいて、都市と田舎の価値をそこで得られる収入として経済的なもので表現した。しかし、ある地域の価値は経済的なものに限らない。都市や田舎の魅力としては文化的なものも大きい。都市にはショッピングセンターや大きな図書館や美術館があり、田舎には自然が豊かな落ち着いた環境がある。モンゴルの例でいえば、ウランバートル市には多くの大学があり、大学生もその家族も近郊に集まってくる傾向がある。これらの価値をモデルのパラメータ v に含めることは簡単である。

　モデルでは、人口移動は価値の低いところから高いところへ一方的に起こるとした。しかし実際には、やむなく価値の高いところから低いところに移動する人もいる。この事実を反映して、式(2)を修正し、

$$\frac{dn}{dt} = -M(v-bx)n + M(bx-v)(N-n) \qquad (5)$$

$$M(z) = \frac{m}{1+e^{-sz}} \qquad (6)$$

とすることができる。

　ここで m は二つの地域の価値が無限大のときの最大移動率である。このタイプの関数 $M(z)$ は森林の伐採などの意思決定 (Satake and Iwasa 2006) を表す関数としてしばしば用いられている。この場合、モデルの解析はより困難となるが、同様な結果が予想される。

　モデルでは、田舎の例として草原における家畜の飼育を挙げた。すでに述べたようにモデルの本質的な点は、田舎の価値が人口から強い負の密度効果を受けることである。この仮定は、牧畜に限らず農業や漁業においても一般的に成立すると思われる。したがって、今回のモデルは自然資源に依存する生活を基盤とする田舎に一般的に当てはまるであろう。

　我々は、最近の地域環境問題や地球環境問題で非常に重要な枠組みであると考えられている社会—生態系 (Folke et al. 2004) を、田舎と都会の人口移動を例としてモデル化した。このようなシンプルな数式によるモデル化は、複

雑な社会—生態系の本質をとらえ、簡明な分析をする手段として非常に有効な手段であろう。このような試みはまだ数少ないが (Satake and Iwasa 2006; Suzuki and Iwasa 2009)、この分野の数理モデルが幅広く発展していくことを期待する。

7-3 土地私有化政策と首都のスプロール現象

　モンゴルでは広大な国土の中で伝統的な生業である遊牧が営まれている一方、首都ウランバートルでは人口が集中し、都市化が急速に進行している。1992年に起こった社会主義から自由主義への体制転換により、モンゴル国内は社会経済に多大な影響を受け変容を遂げた。制限されていた職業選択や居住地選択は自由化され、また医療・教育・就業機会といった都市の魅力が相対的に高まっており、地方で生活をしていた遊牧民がウランバートルへと流入している（7章7-1節）。1992年におよそ58万人であったウランバートルの人口は、2007年にはおよそ102万人となり、唯一モンゴル国内で100万人を超える大都市となった。2007年のモンゴルの全人口はおよそ260万人であるから、全体の約38％がウランバートルに居住していたことになる。この人口増加傾向はその後も続いており、ウランバートルに移住してきた人々の多くは、ゲル地域（ゲル地区という場合もある）と呼ばれる都市周縁部に定住している。このような人口集中と急速な都市化、さらには土地の私的所有を認める土地私有化政策や形骸化した都市計画により、ウランバートルではスプロール現象と呼ばれる無秩序な都市の拡大が発生している（西垣 2009; 西垣 2010; Byambadorj et al. 2011）。一般に、スプロール現象は、都市周縁部の自然環境や生活環境の悪化を招くだけでなく、社会インフラ整備などの都市的サービスのコスト増大、都市成長管理の欠如など様々な問題を引き起こす (Herold et al. 2005; Fang et al. 2005)。本節では、ウランバートルにおけるスプロール現象の政策的背景とその実態に関して概説する。

第 7 章　牧畜民の移住と都市化

図 7-13　ゲル地域の様子。木柵を囲み、なかにゲルやバイシンを建て生活している。

(1) ゲル地域の概要

　ゲル地域に住む人々は、ハシャー（khashaa）と呼ばれる木柵で空き地を囲み、そのなかに遊牧民の移動式住居であるゲル（ger）、またはバイシン（baising）と呼ばれる固定家屋を建設し、生活をしている（図7-13）。ハシャーとは、木柵を意味すると同時に、木柵で囲まれた土地を指すこともあるため、以降、便宜的に木柵で囲まれた土地のことをハシャーとし、木柵そのものを指す場合は単に木柵と表記する。

　ゲル地域は現在、市周縁部において継続的に拡大しており、特に北部丘陵地の谷間沿いや緩斜面でその傾向が顕著である（図7-14）。ウランバートルの人口のおよそ60％がゲル地域で生活しているといわれているが、市行政に住民登録をしない未登録移住者も多く、正確な人数は把握されていない。拡大を続けるゲル地域では、国際援助機関による開発援助が増加しているものの、水道・舗装道路・熱供給システムといった生活インフラはいまだ十分ではない（西垣 2009; Kamata et al. 2010）。また、し尿処理・ゴミの投棄・冬場の石炭や薪の燃焼による大気汚染といった環境問題が深刻化している

445

第 2 部　人間活動と生態系ネットワーク

図 7-14　丘の上からみたゲル地域。市街近郊の丘陵地の頂上付近までゲルを建設している。この後、木柵で土地を囲む。

(Kamata et al. 2010)。このようなゲル地域を、UN-HABITAT（国際連合人間居住計画）は非公式居住地[15]であるとしている。しかし、モンゴル人にとってゲルでの生活は伝統的な生活スタイルであること、市街地へのアクセスのよさから貧困層のみならず大学講師や医者、政府関係者などの中所得者層も居住していること、土地私有化政策により土地の所有と経済的利用が可能となったことから、ゲル地域はいわゆる一般的な非公式居住地とは性質を異にする (Byambadorj et al. 2011; UN-HABITAT and United Nations ESCAP 2008; 西垣 2009)。

---

[15] 非公式居住地 (informal settlements)：現行の都市計画・土地利用計画などの規制を無視し、不法に建設された居住地のこと。スラムと呼ばれることも多く両者に明確な区別はないが、スラムには最貧困層住民の居住地という意味合いが強い (UN-NABITAT 2006; UN-HABITAT 2007)。

(2) スプロール現象発生の政策的背景

　モンゴルでは、自由主義経済を推進するための施策の一環として 2002 年に土地私有化法が承認され、翌 2003 年に施行された。以前までは国土のすべてを国家が所有していたが、国民は 1 世帯あたり 1 区画の土地を、居住または商用目的に限り、無償で私有する権利が認められた。私有化できる最大面積は地域ごとに定められており、県の中心部では 0.35 ha、郡の中心部では 0.5 ha、首都特別行政区のウランバートルでは 0.07 ha となっている。土地私有化法の制定目的は主に、ゲル地域の土地権利の明確化、そして住宅地市場の形成であった。民主化したにもかかわらず、拡大するゲル地域において、土地と住民との間に法的な拘束力のない状態がアジア開発銀行をはじめとする国際機関から指摘されていた（Asian Development Bank 1999; 滝口 2009）。また、土地資産の経済的活用は自由主義経済体制を推し進めるための重要な課題であった（Batbileg 2007; Byambadorj et al. 2011）。その後、7-1 節にもあるように土地私有化法は数度修正され、1 世帯あたり 1 区画と定められていた条件を、個人につき 1 区画の土地を私有化できるとし、その登録期限は 2005 年から 2018 年まで延長されている。土地私有化法に基づく土地登録を条件に、移住者はそれぞれが囲い込んだ土地の私的所有権の認可を受け、そこで定住することが可能となっている。

　一方、土地私有化法が承認された 2002 年に、第五次ウランバートル市マスタープランが策定された。マスタープランとは、望ましい都市の将来ビジョンを確立し、都市の健全な発展と秩序ある整備を図るための指針を示す基本計画のことである。ウランバートルのマスタープランを歴史的に遡ると、社会主義時代においては 1954 年の第一次マスタープランに始まり、1984 年の第四次マスタープランまで、モスクワの都市計画研究所（Giprogor）が作成してきた。第三次マスタープランでは、当時、市中心部に存在していたゲル地域を集合住宅化する計画が進められた。しかし、集合住宅建設の際にゲル地域は排除されることなく市周縁部へと移され、都市域が拡大した（西垣 2009; 西垣 2010）。さらに、第四次マスタープランの計画期間以降の 1990 年から

2002年の間はマスタープランが存在せず、無計画な都市開発が進行した（Byambadorj et al. 2011）。モンゴル人により初めて作成された第五次マスタープランは、2002年から2020年までを対象としている。第五次マスタープランにおいても社会主義時代と同様に集合住宅化によるゲル地域の解消を目指しているが、ゲル地域拡大の対策はいまだ実現していない。

　土地利用に関して計画的な調整を図るためのマスタープランが機能せず、また、人口集中と土地私有化政策によるゲル地域への定住化が進み、スプロール現象が加速している。

(3) ゲル地域拡大の定量的把握

　スプロール現象のような広域にわたって発生する事象を観測するには、地球観測衛星を用いた衛星画像が有効である。近年では、高解像度の光学センサーを有した人工衛星から、解像度1 m未満の精度で都市を観測することが可能となった。そこで、ウランバートルのスプロール現象を観察するために、高解像度衛星画像と地理情報システム（Geographical Information System: GIS）を用いて個々のハシャー、ハシャー内にあるゲル、道路をそれぞれ判別し、GISデータ化した[16]（図7-15）。観測年は土地私有化法施行前後の変化を観察するために2000年、2006年、そして2008年の3時点としている。ゲル地域には、土地私有化法で定められた0.07 haを超える面積を持つハシャーも存在することがGISデータ化の過程で明らかになった。しかし、これらもゲル地域拡大の一要素であるため、制限面積にとらわれず目視で確認されたハシャーすべてを対象としている。ゲルには木柵で囲まれていない

---

[16]　衛星画像は、デジタルカメラで撮影した画像ファイルと同じように正方形のピクセルの集合体である。この最小単位のピクセルが実世界の1 m未満程度の事物を画像として映し出しており、こうした高解像度衛星画像を用いると木柵で囲まれた土地区画を一つひとつ目視で確認することができる。このようにデジタル化された衛星画像を加工し、GISに取り込むことによって、コンピュータ上で地図を描き、データを編集・分析することが可能となる。

第 7 章　牧畜民の移住と都市化

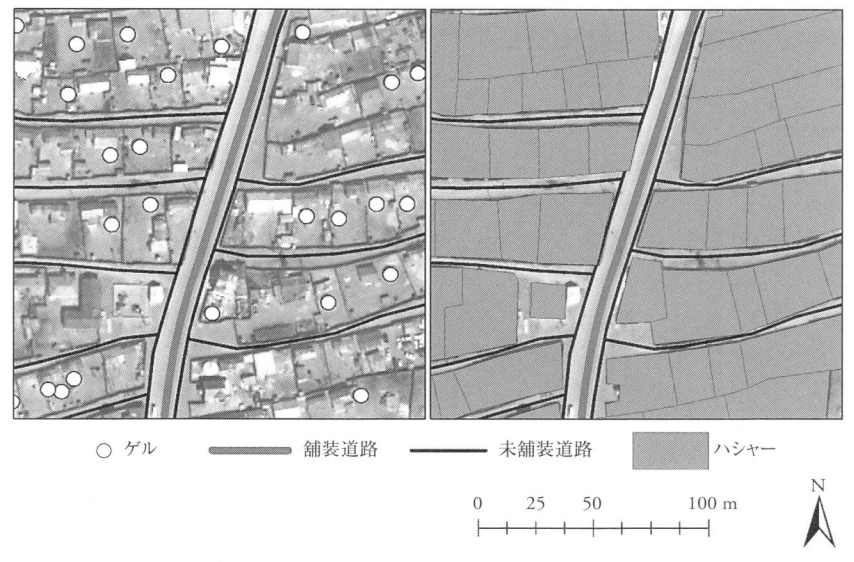

○ ゲル　　▬▬ 舗装道路　　――― 未舗装道路　　▨ ハシャー

0　25　50　　100 m

N

図 7-15　GIS データの作成例

ものも観察されたが、ハシャー内に観測されたゲルのみを対象とした。道路は、目視で確認できたすべての道路を対象としたが、2000 年時点の舗装道路も判別し、これを主要道路と呼ぶことにする。以上のデータを用い、GIS 上でスプロール現象を視覚化することで分布の様子を把握し、さらにハシャー、ハシャー内にあるゲル、道路の増減を定量的に明らかにした。視覚化に関してはハシャー、道路、主要道路のみを扱い、個々の規模が小さいゲルについては除外している。対象地域は、スプロール現象が顕著なウランバートル中心部近郊の地域とした（図 7-16）。この地域はウランバートルの東西を走る基幹道路であるエンフタイヴァン通りの北側に位置しており、面積は約 33 km^2 である。南部は平地が多いが、全体的には北に向かって傾斜地となり、特に北東部は傾斜のきつい丘陵地となっている。エンフタイヴァン通り周辺の南部および南東部の土地は、集合住宅などハシャー以外の用途で使用されている。

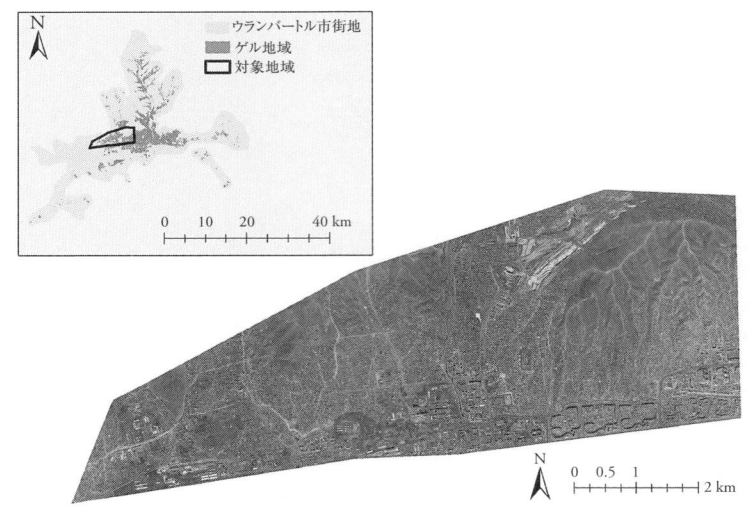

第 2 部　人間活動と生態系ネットワーク

図 7-16　【左上】ウランバートル市街地概略図と対象地域【右下】高解像度衛星画像でみた対象地域（Quickbird 2008）。高解像度衛星画像を用いると、道路や集合住宅、ハシャー、ゲルが目視で確認できる。

図 7-17 は 2000 年、2006 年、2008 年のハシャーおよび道路の分布を視覚化したものである。2000 年から 2006 年にかけて、ハシャーと道路ともに急激に増加している。ハシャーの分布傾向として、虫食い的な拡散はみせずに集塊性を有しながら拡大していることが分かる。また、主要道路を中心に分布は拡がっており、かつ平坦な土地から順にハシャーが形成されている。例えば、北東部の丘陵地にはハシャーはほとんどみられず、その麓周辺に多くのハシャーが観察できる。道路は、ハシャーの間を縫うように増加しているが、それ以外にも北東部の丘陵地において増加が確認できる。

図 7-18 はハシャーの数、ハシャー内のゲルの数、そして道路の総延長距離の推移を示している。2000 年から 2006 年におけるハシャーの数は 6747 から 1 万 2656（変化率 87.58％）と急速な増加を示し、2006 年から 2008 年では 1 万 2656 から 1 万 3064（変化率 3.22％）の微増となった。2000 年から 2008 年までの間にハシャーの数はおよそ 2 倍に増加している。道路の総延

第7章 牧畜民の移住と都市化

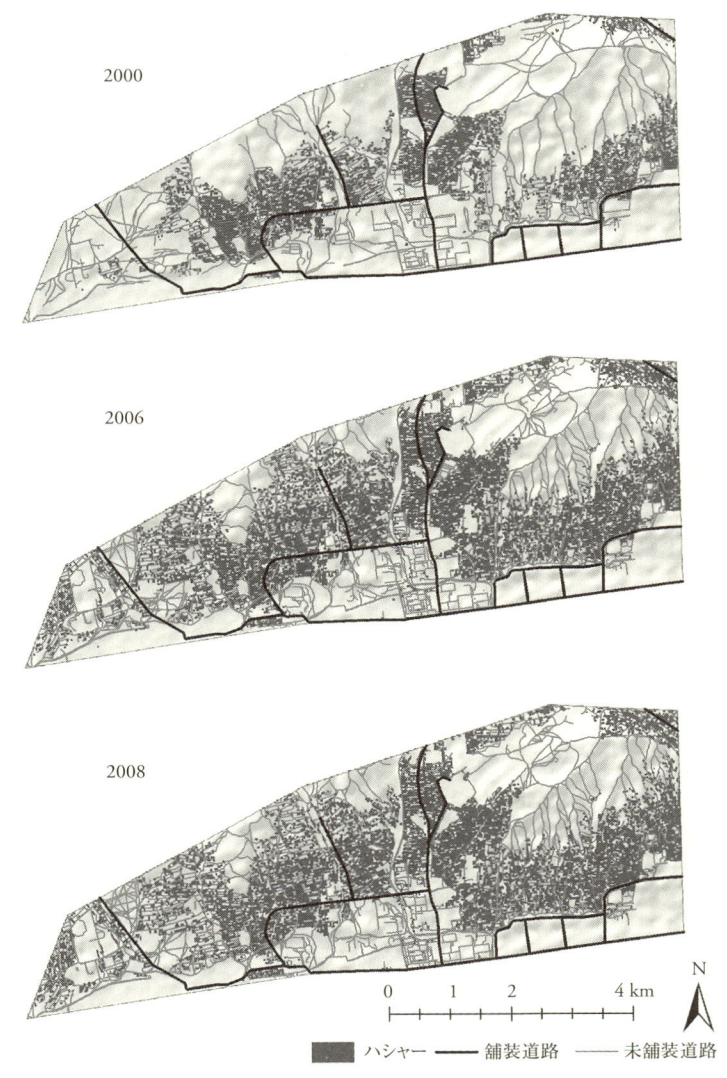

図7-17 GISによるハシャー・道路の分布の視覚化（2000、2006、2008年）（カラー図は巻末を参照）

凡例：■ ハシャー　── 舗装道路　── 未舗装道路

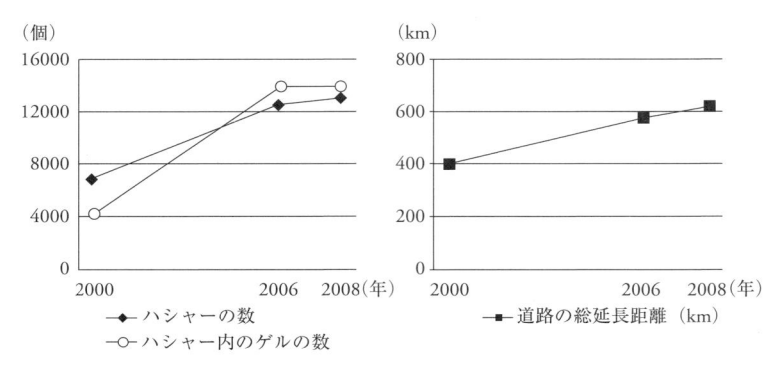

第 2 部　人間活動と生態系ネットワーク

図 7-18　ハシャーの数、ハシャー内のゲルの数、道路の総延長距離の推移

長距離は、2000 年から 2006 年において 415.3 km から 584.7 km（変化率 40.79％）で増加し、2006 年から 2008 年の間は 584.7 km から 627.3 km（変化率 7.29％）に増加している。ハシャーの増加と同様に、道路も増加傾向にあることが分かる。また、ハシャー内のゲルの数は、2000 年から 2006 年の期間において 4247 から 1 万 3879（変化率 226.80％）もの大幅な増加のあと、2006 年から 2008 年では 1 万 3879 から 1 万 3966（変化率 0.84％）とほぼ変化がなかった。ゲルはその性質上バイシンに比べ安価で建設が容易であるため、新しく移住した人々はゲルをはじめに建設し、生活する。その後、経済的な余裕が生まれればバイシンなどを建設する傾向がある（泉・古谷 2005; Kamata et al. 2010）。また、同じハシャー内に別のゲルを建設し、親族や親戚が移り住むこともある（泉・古谷 2005; 西垣 2010）。GIS データ化の過程においても複数のゲルを持つハシャーが数多く観測されている。最後に、2000 年から 2006 年の期間ではどの項目も大幅に増加し、2006 年から 2008 年の期間では増加率が鈍化している。観測期間が異なるので単純な比較はできないが、この鈍化傾向は明らかである。このことは、2003 年から始まった土地私有化政策の影響によるところが大きい。2000 年から 2006 年にかけて、多くの人々が居住地を所有するためにハシャーを形成したことが分かる。主要道路の周辺や傾斜が平坦な土地はウランバートル中心部へのアクセスがよく、ま

た、ゲルやバイシンの建設が容易な土地であるため、そのような土地において優先的にハシャーを建設する傾向が観測されている。2006年から2008年においてはこの傾向は鈍化したが、2006年までに移住者が好む条件を持つ土地の多くがすでに所有され、適地が限られてきていることが一因と考えられる。

(4) 都市の健全な発展に向けて

本節では、ウランバートルにおける2000年以降のゲル地域の拡大の事例を通じ、スプロール現象の進行過程を、高解像度衛星画像とGISを用いて詳細に把握した。このようなゲル地域の拡大に対処するため、モンゴル政府は国際協力機構（JICA）の協力のもと、2020年および2030年を目標とした第五次マスタープランの改訂版の策定を進めている（JICA 2009）。改訂マスタープランはゲル地域の実情に即し、これらの無秩序な拡大を抑制し、よりよい都市環境の形成を目的としている。土地私有化法と都市計画の政策的連携を深め、健全な都市環境の形成とスプロール現象の対策がこれから始まることとなる。

7-4 首都の人口増加とそれに伴う河川の水質汚濁

本節では、モンゴルの特に都市部で顕著にみられる人口増加に伴って生じている環境問題、その中でも住民の生活にとって重要である水質汚濁の問題について述べる。多くの発展途上国では、上下水道などの衛生設備が十分に整っておらず、住民は安全な水を飲料水や灌漑水などに利用できないことが多い。そのような土地では、人口の増加とともに生活排水などの水系への負荷も大きくなり、河川や湖沼の水質劣化につながっている。さらに、衛生設備が存在する場合でも、処理不十分な汚濁物質が衛生設備から排出される場合もある。このような汚濁物質の環境に与える生態学的影響を評価するため

には、汚濁物質がどこで生じ、どのように移動し、どのような形態変化が起きるのかを調査することが重要になる。このような事例はいくつかのアジアの発展途上国都市部でみられ、生活排水の流入による水質への影響が報告されている（例えば、マニラ、ジャカルタ、バンコクなど；Umezawa et al. 2009）。これらの地域では人口の増加も顕著であり、安全な水を継続的に確保することが課題になっている。ここでは、これらの都市と同様に急速な都市化と人口増加が進む首都ウランバートルでの、不完全な下水処理によって引き起こされているトール川の水質の変化について、詳細に行われた現地調査の結果に基づいて述べたい。

(1) ウランバートルの人口推移

　モンゴルでは民主化後、地方から都心部への移住者の増大により、ウランバートル市の人口は大きく増加しつつある。1989年の人口56万7000人から2009年には108万7000人にまで増加した（United Nations 2011）。市行政に登録を行っていない市民を加えるとその数はさらに大きくなるといわれている（滝口 2009）。現在、この急激な人口の増加に伴って、市の重要な水源であるトール川の水質悪化が懸念されている。なお、トール川はオルホン川の支流であり、オルホン川はセレンゲ川に流入し、最終的にはロシア共和国に入りバイカル湖に流入する（図7-19）。

(2) ウランバートルでの下水処理の状況

　モンゴルは他の発展途上国と同様に、下水道の普及率が低く、下水処理場の数も十分でない状況である。ウランバートル市では他の地域に比べて上下水道の普及率は高いといわれているが、現在の急速な人口増加による衛生設備の需要に対して不足している状態である。特に市の中央部に位置する下水処理施設から流出する排水によってトール川の水質汚濁が起きていることが考えられている。実際、我々が2006年9月にウランバートル東端から

第 7 章　牧畜民の移住と都市化

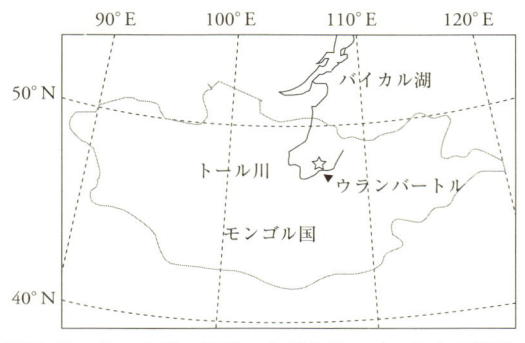

図 7-19　トール川の流路。☆がウランバートルの位置。

10 km 地点の上流から、西端から 10 km 地点の下流に至る全長約 50 km にわたってトール川の河川水を採水し、その水質を分析した結果、ウランバートル市を通過することで汚濁物質（例えば硝酸態窒素；NO_3^-）の濃度が大幅に増加することが明らかになった（高津ら 未発表）。このことは、十分に処理されていない生活排水が、下水処理場の排水などを通してかなりの量の汚濁物質をトール川の河川水に供給していることを示唆している。ウランバートル市内でも、ゲルに暮らし、上水や下水システムを利用できない人が多くいるため、このような生活排水が土壌に浸透したり、河川に流入したりすることで、下流域の住民が汚染された河川水や井戸水を飲んでしまうことにつながることが容易に想像される。そのため、「下水処理施設がどの程度機能しているか？」「どの程度の汚濁物質が周辺の環境に負荷されているか？」を把握することは非常に重要である。

　ここで、環境への人為由来の排水の負荷について簡単に述べておこう。一般に都市部からの生活排水は、農地での施肥と同じように、窒素やリンの主要な負荷源になり、富栄養化など水域生態系の劣化を引き起こす重要な要因となっている。また、飲料水に含まれる高濃度の硝酸態窒素は乳児のメトヘモグロビン血症やガンなどを引き起こす補助的要因と考えられている（Fewtrell 2004; Ward et al. 2005）。また、水系への過剰な有機物（有機態炭素や有機態窒素）の供給は、水系の貧酸素化の要因にもなり、水生生物の生活環境

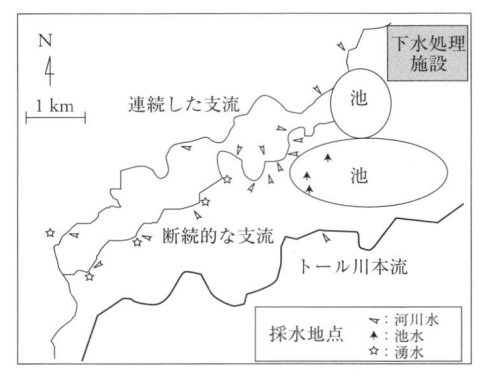

図 7-20 下水処理場直下流に位置する湿地域の概要。各印は採水地点を表す。

などにも影響を及ぼす。世界保健機構（World Health Organization：WHO）や欧州連合（European Union：EU）は飲料水に対し 11.3 mg–N/L（正確には硝酸態窒素で 50 mg–NO_3^-/L）という基準を設けており、日本やアメリカ合衆国では 10 mg–N/L を基準としている。

（3）下水処理場排水のトール川への流出

排水流出域の概要と調査項目

　ウランバートルの下水処理場からの排水は、すぐ下流にある湿地域（図7-20中の池）に流れ込み、その後トール川本流に流入する（図7-20, 21）。この湿地域は処理場からトール川に向かって流れる支流のうちの二つの主要な支流に挟まれた部分に形成されている。一方は処理場からトール川本流まで連続してつながった流れを持つ「連続した流路の支流」、もう一方が表面の水流が途切れ途切れになっている「断続的な流路の支流」である。なお、断続的な支流も、地表面より下の水の流れとしては土壌層内の水の行き来が存在しており、つながった状態で流下していると考えられる。また、湿地域には被圧地下水が地上に湧き出る点が目視で確認できたため、これら湧水は地下部での地下水質の変化を理解するために採水し、水質の分析を行った。これ

第7章　牧畜民の移住と都市化

図 7-21　下水処理場からの排水が池に流れ込む様子。

　以降は、2006年9月にモンゴル科学アカデミー地球生態学研究所と共同で、ウランバートル市内で行われた現地調査の結果を主に紹介する。
　この調査の際には、水試料の採水時に、河川の流速や電気伝導度（EC[17]）、pH、水温、溶存酸素濃度などの現地で測定できる項目について測定した。日本に持ち帰った水試料については、溶存有機態窒素やアンモニア態窒素（NH_4^+）、硝酸態窒素（NO_3^-）など無機態の窒素、またその窒素・酸素安定同位体比（$\delta^{15}N-NO_3^-$、$\delta^{18}O-NO_3^-$など[18]）などを測定した。生活排水に含ま

---

[17]　電気の伝わりやすさの指標。水に電圧をかけた際に得られる抵抗値の逆数が電気伝導度（Electron Conductivity；EC）と呼ばれる。単位は $\mu S/cm$（マイクロジーメンス/センチメートル）。溶液中に含まれるイオンが電気を運ぶ役割をするため、水に溶解する無機塩類などが多くなると電気伝導度が高くなる。

[18]　安定同位体については、ここでは詳しくは述べないが（永田・宮島編 2008 を参照）、窒素の安定同位体には、主に質量数が 14（陽子7、中性子7；以後 ^{14}N）のものが 99.63%、15（陽子7、中性子8；^{15}N）のものが 0.37% 存在する。^{14}N と ^{15}N は、大

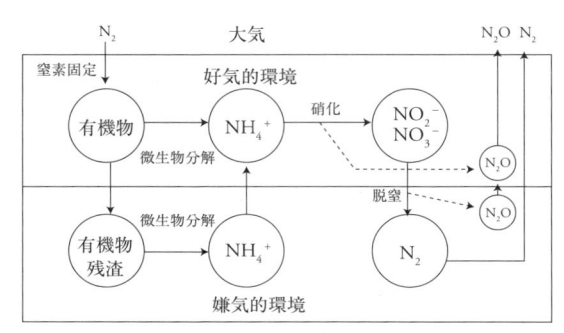

第 2 部　人間活動と生態系ネットワーク

図 7-22　好気的・嫌気的土壌中での窒素の変化（Wollast（1981）を改変）

れるし尿には有機態窒素やアンモニア態窒素が多く含まれる。図 7-22 に示すように、有機態窒素は微生物により分解され、アンモニア態窒素は酸素がある環境で硝化菌（微生物）によって酸化され硝酸態あるいは亜硝酸態窒素（NO_2^-）になる。また、アンモニア態窒素は揮発しやすいという特徴がある。その後、硝酸態窒素は酸素のない環境では、嫌気環境を好む微生物である脱窒菌によって脱窒（還元）されて、一部は亜硝酸態窒素や亜酸化窒素（N_2O）[19]などになり、還元が最も進むと窒素ガス（N_2）となる。水系環境への窒素負荷を減らすという意味では、これらの反応が進むことで、溶存有機態窒素、

　　　　気中や水中を拡散する際の速度や化学反応の反応しやすさが異なる。軽い（と呼ぶ）^{14}N の方が速く拡散し、一般的には化学反応も起こりやすい。そのため、多くの場合、化学反応が進んでいくと、元の物質（反応物質）のうち軽い ^{14}N の方が使われてゆくので、結果的に重い ^{15}N が多く残ることになる。拡散（例えば水中から大気中へ）する場合も同様に、軽い ^{14}N の方が拡散しやすいため、結果的に水中には重い物質が多く残ることになる。ここで、δ（デルタ）という表記は、試料に含まれる窒素の中の質量数 15 の窒素と質量数 14 の窒素の存在比が、国際的な標準試料における存在比と比較してどのくらい異なるかということを千分率（パーミル）で表したものである。δ 値が大きくなるほど、重い同位体をより多く含んでいることになる。窒素の場合、大気中の窒素を基準とした値が一般に用いられている。

[19]　亜酸化窒素；一酸化二窒素とも呼ぶ。温室効果ガスの一つであり、温暖化に対する寄与率は二酸化炭素・メタンに次いで 3 番目に大きいとされる。

第 7 章　牧畜民の移住と都市化

図 7-23　定点連続水質調査を行ったゲル。調査は筆者らによって、2006 年 9 月 8 日 16 時から同 10 日の 16 時まで行われた。

アンモニア態窒素、硝酸態窒素などが水中から減ることが望ましい。

排水流出域における河川水質の日変化から見た汚濁の状況

　まず初めに、下水処理場からの排水の時間変動の有無を知るために、上述の「連続した流路の支流」の 1 地点に簡易のゲルを設営し（図 7-23, 24）、48 時間にわたる水質と流量の定点調査（2 時間おきに採水）を行った。図 7-25 左に、採水地点における気温（地上 0.2 m）と水温の変動を示す。この図から、調査時は 9 月初旬ながら夜間に気温が大きく低下し、摂氏 2 度程度まで冷え込んでいることが分かるが、一方の水温は常に 12 度以上を示し、温かい状態が保たれていた。このことから、下水処理場から比較的温度の高い水が継続的に供給されていることが推察された。気温が氷点下 20 度を下回る冬季においても、この支流は凍らずに流れていることが確認されている。また、電気伝導度（図 7-25 右）は、調査期間を通じて高く 500〜720 μS/cm（通常雨水では数 10 μS/cm、トール川の最上流部の河川水で約 40 μS/cm）であった。また、

第 2 部　人間活動と生態系ネットワーク

図 7-24　西側（図 7-20 でいう左側）から見た湿地域の全景。中央上部が下水処理場と排水が流れ込む池群。左側を流れるのが「連続した支流」。「断続的な支流」は右上部にあたる。左手前の白い建造物が 48 時間の定点連続水質調査を行ったゲル。

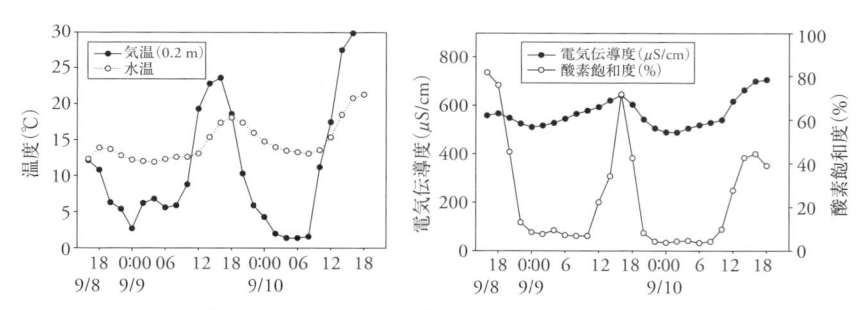

図 7-25　48 時間の定点連続水質調査時の（左）気温（地上 0.2 m）と水温の変化、および（右）電気伝導度と酸素飽和度の変化

流水の溶存酸素飽和度[20]（図 7-25 右）は、水生植物や藻類によって光合成が

---

[20]　溶存酸素（Dissolved Oxygen）とは、水中に溶解している酸素のことを言う。酸素が水に溶ける量は気圧、水温、塩類濃度などに影響を受けるので、試料水の溶存酸

行われる日中のみ増加した（最大でも90％未満）が、夜間などは5％を下回り、著しい貧酸素状態になっていることが分かった。溶存有機物の濃度がトール川本流などに比べても非常に高かった（トール川本流の約10倍の濃度）ことから考えると、多量の有機物の負荷とその分解による酸素消費のために、流水中が貧酸素の条件になっていたことが考えられる。流水中の溶存態窒素に着目すると、無機態窒素は、全溶存態窒素（有機態窒素と無機態窒素の和）の70～95％を占めた。無機態窒素の内訳は、アンモニア態窒素が32～98％、亜硝酸態窒素が1～11％、硝酸態窒素が5～60％であった。流量の経時変化は小さく、これらのことから、処理場からの排水として、多量の有機物と無機態窒素の供給が継続して起こっており、この「連続した流路の支流」の特徴的な水質を形成していることが示された。

排水流出域における湿地の状況

次に、処理場からの排水が流れ込む湿地域での水の動きを調査するために、周辺に点在する池群（多くは砂利採取用に掘られた穴に地下水が溜まることで池になったもので、スコップを用いて人力で掘っている現場を確認した。以下、砂利池と呼ぶ）とそれぞれの支流の水面の高さを測定した。同時にピエゾメーター[21]を使って湿地内のいくつかの地点で地下水位を測定した。この結果、水位は下水処理場付近が最も高く、トール川に向かって低下している様子が分かり、湿地域全体としてこの勾配に沿った水の流れが生じていることが示唆された。また、下水処理場からの直接排水は、流出後すぐに大きな砂利池に流入した後、一部は連続した支流を流下し、一部は湿地域に浸透し、

量とその環境条件での酸素飽和溶解量との比として溶存酸素飽和度（飽和百分率）として表されることがある。溶存酸素は、水中に流入した有機物が微生物などにより分解される際に利用され、消費される。過剰な有機物の負荷は貧酸素化（嫌気化）を招き、水生生物や水質に悪影響を及ぼすことが多い。

[21] 塩化ビニル管などの一端（底になる部分）を塞いで底部の側面に水の浸透できる穴を開けたもの、穴の開いている部分が地下水中にある場合、地下水が管中に浸透するため、間隙水圧の測定ができ、地下水の採取などにも利用できる。

土壌中を流れ、断続的な支流にも流入していることが明らかになった。さらに、これらの支流の河川水や池群の水、地下水を採取し、日本に持ち帰り、溶存している各種イオン濃度（硝酸態窒素など）や安定同位体比などの測定を行った。なお、データの詳細についてはItoh et al. (2011)を参照していただきたい。

湿地や支流の水質と安定同位体比からみた窒素動態の特性

　支流における流速測定の結果や、得られた水試料の詳細な各種水質分析結果から、我々が調査した湿地域における水質の動態が明らかになってきた。

　連続した支流では、断続的な支流に比べて、流速が速く、各種の溶存物質濃度がその流下過程でほとんど変化することなく、トール川との合流点まで流れていた。つまり、処理場の排水に含まれる溶存有機態窒素やアンモニア態窒素が、高濃度が保たれたまま、トール川本流に流れ込んでいたことが明らかになった（図7-26）。同時に硝酸態窒素に関しても排水された際の濃度レベルをほぼ保ちながら下流へ流れていた。この連続した支流では、断続的な支流に比べて流量も多いので、処理場に由来するこれらの物質の大きな負荷がトール川本流の水質や下流域の汚濁につながっていると考えられた。

　一方、断続的な支流では、流下過程（処理場から離れるにつれて）で、アンモニア態窒素は急激に減少し、下流部では硝酸態窒素が徐々に増加していた。また、この濃度増加と同時に、硝酸イオン[22]の窒素と酸素の安定同位体比の値も増加していた。

　硝酸イオンの窒素と酸素の安定同位体である$\delta^{15}N-NO_3^-$と$\delta^{18}O-NO_3^-$はその由来によって、値のとる範囲が異なることが知られている。例えば肥料から生じたものとし尿から生じたものとの大まかな区別が可能になる場合などがある。今回の処理場からの排水や湿地域で得られた河川水や池水の硝酸イオンの窒素と酸素の安定同位体比は、し尿由来のものが示すとされる範

---

[22] 環境科学では一般に硝酸態窒素という表現が用いられるが、本章の酸素、窒素同位体比について述べる部分では硝酸イオンという用語を用いる。

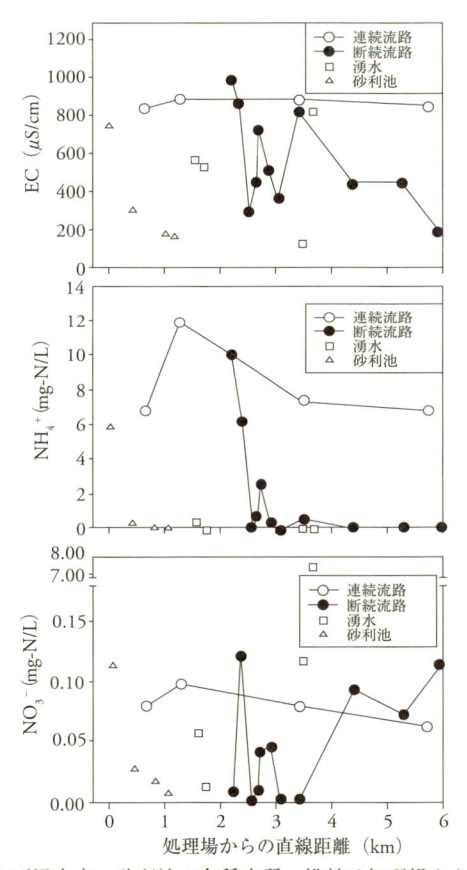

図7-26 各支流および湧水点、砂利池の各種水質。横軸は処理場からの直線距離である。(Itoh et al. (2011) を改変)

囲に含まれていた（図7-27）。

ここで硝酸イオンが受ける反応によって、硝酸イオンの窒素と酸素安定同位体比がどのような変化を示すかについて簡単に説明しておく。Kendall et al. (2007) がまとめているように、還元的環境で脱窒が進むと、硝酸イオンの窒素と酸素の安定同位体比の値がそれぞれ増加していき、その際の増加の

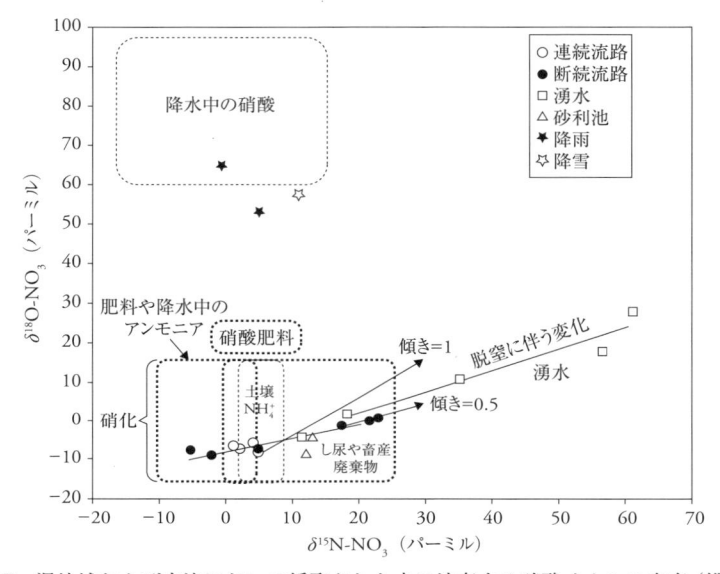

図 7-27 湿地域および支流において採取された水に溶存する硝酸イオンの窒素（横軸）・酸素（縦軸）安定同位体比の分布。グレーで書かれた範囲は Kendall et al. (2007) にまとめられたもので、様々な起源から生じた硝酸イオンの窒素と酸素の安定同位体比の取りうる代表的な範囲を示している。起源物質によって、硝酸イオンの窒素酸素安定同位体比に大きな違いがあることが分かる。また、脱窒反応を受けると、窒素酸素ともにその同位体比が上昇し、傾きが 0.5〜1 の間に含まれることが多いと考えられている。図は Itoh et al. (2011) を改変したものである。

割合は 1：1 から 2：1 の範囲に含まれるとされる（直線の傾きでは 0.5〜1 の間）。このことから、断続的な支流が流れる湿地域では、硝酸態窒素がアンモニア態窒素の硝化によって供給され、さらに低酸素の湿地土壌中などで脱窒が起きていることが推察された。

　また、湿地域の数地点から湧き出る湧水を採取したところ、河川を流れる水などに比べて水温が顕著に低かった。このことは、これらの湧水が一度土壌中に浸透して、地下水として存在した後に湧き出ていた可能性を示している。なぜなら地下の温度というのはおおよそ年平均気温に近い値（ウランバートルの年平均気温は約 −1℃）で安定すると考えられるからである。このよう

な湧水のうち多くの地点では、硝酸イオン濃度は低く、かつ $\delta^{15}N-NO_3^-$ と $\delta^{18}O-NO_3^-$ の値は河川水などに比べて非常に高かった。さらにこれらの湧水のデータの $\delta^{15}N-NO_3^-$ と $\delta^{18}O-NO_3^-$ の関係を示した図7-27にプロットすると、観測値が一直線上に並ぶことから、脱窒が活発に起きていることが示唆された。特に、ここで得られた $\delta^{15}N-NO_3^-$ の値が、我が国や欧米で行われた既往の研究で報告されている値と比較して非常に高い値であることが注目される。このことは、水が地下部の低酸素の環境中を流れる間に、かなりの量の NO_3^- が脱窒され、消失していたことを示唆している。

本節の結果から、ウランバートルの下水処理場から流出する、処理不十分な排水が、下流の生態系の水質環境に対して大きな負荷を与えていることが明らかになった。48時間連続調査から明らかになったように、排水流出域においては、河川水中の溶存酸素が夜間にはほぼ消失するという現象がみられるが、このような状況は、河川生態系に対して大きな人為ストレスが加えられていることを明確に示しているといえよう。飲料水としての安全性という観点からいうと、今回の調査で測定した硝酸態窒素の濃度のみに着目すれば、いずれの地点においてもWHOや日米の基準値(それぞれ 50 mg $-NO_3^-$/L と 10 mg $-$N/L)を上回るものは無かった。しかし、今後、硝酸態窒素以外の様々な汚染物質(重金属など)も含め、十分な監視が必要である。その際、河川内で起こる無機化や硝化、脱窒といった窒素動態や各種汚染物質の動態に関わる化学(生化学)反応が、溶存酸素濃度(酸化還元状態)や温度などの環境条件の変化に敏感に応答し、それに伴い溶存窒素化合物の構成や汚染物質の濃度や存在形態が大きく変化するという点に注意を払う必要がある。また、根本的な問題として下水処理場の機能を改善させる必要性についても、汚濁域の詳細な水質データを元に議論していくことが重要であろう。

参考文献・資料

7-1 節

Carrington, W. J, Detragiache, E., Vishwanath, T. (1996) Migration with endogenous moving costs. *American Economic Review*, 86, 4: 909–930.

長島正治（2010）『労働移動の開発経済分析—ハリストダロー・モデルの理論的系譜』勁草書房．

厳善平（2005）『中国の人口移動と民工—マクロ・ミクロ・データに基づく計量分析』勁草書房．

マイケル P. トダロ・ステファン C. スミス（2004）『トダロとスミスの開発経済学』国際協力出版会．

Janzen, J., Taraschewski, T. and Ganchimeg, M. (2005) Ulaanbaatar at the beginning of the 21st century: Massive in-migration, rapid growth of Ger-settlements, social spatial segregation and pressing urban problems. GTZ Research Papers 2, Ulaanbaatar.

Japan International Cooperation Agency (JICA) Mongolia Office (2002) The Survey report of the Study of the living environment of the Ger area in Ulaanbaatar, Mongolia. Ulaanbaatar.

National Statistical Office of Mongolia (NSOM) (2002) *Internal Migration and Urbanization in Mongolia: Analysis based on the 2000 Census*. Ulaanbaatar.

National Statistical Office of Mongolia, *Mongolian Statistical Yearbook*, Ulaanbaatar, Various issues.

鬼木俊次・双喜（2004）モンゴルにおける市場経済移行後の地域格差と過放牧問題．『2004年度日本農業経済学会論文集』pp. 460–466．

7-2 節

Akkoyunlu, S. and Vickerman, R. (2001) Migration and the Efficiency of European Labour Markets. Working Paper, *Development of Economics*. The University of Kent at Canterbury.

Chapin III, F. S., Kofinas, G. P. and Folke, C. (eds.) (2009) *Principle of Ecosystem Stewardship: Resilience-Based Natural Resource Management in a Changing World*. Springer.

Folke, C., Carpenter, S., Walker, B., Scheffer, M., Elmqvist, T., Gunderson, L. and Holling, C. S. (2004) Regime shift, resilience, and biodiversity in ecosystem management. *Annual Review of Ecology, Evolution and Systematics*, 35: 557–581.

Fujita, M., Krugman, P. and Venables, A. J. (1999) *The Spatial Economy: Cities, Regions, and International Trade*. Massachusetts Institute of Technology.

Hale, J. K. (1980) *Ordinary Differential Equations*. Malabar, FL: Krieger.

Harris, J. R. and Todaro, M. P. (1970) Migration, unemployment and development: a two-sector analysis. *The American Economic Review*, 60: 126–142.

Ishikawa, Y. (2001) Migration turnarounds and schedule changes in Japan, Sweden and Canada. *Review of Urban and Regional Development Studies*, 13: 20–33.

Mendsaikan, S., Gerelt-Od, G., Dagvadorj, Ch. and Bajiikhuu, Kh. (2009) *Mongolian Statistic Yearbook 2008*. Natioal statistical office of Mongolia. Ulaanbaatar.

Ostrom, E. (2009) A general framework for analyzing sustainability of social-ecological systems. *Science*, 325: 419–422.

Satake, A. and Iwasa, Y. (2006) Coupled ecological and social dynamics in a forested landscape: the deviation of individual decisions from the social optima. *Ecological Research*, 21: 370–379.

Shigesada, N. and Kawasaki, K. (1977) *Biological Invasions: Theory and Practice*. Oxford University Press.

Smith, H. L., and Waltman, P. (1995) *The Theory of the Chemostat: Dynamics of Microbial Competition*. Cambridge University Press.

Suzuki, Y. and Iwasa, Y. (2009) The coupled dynamics of human socio-economic choice and lake water system: the interaction of two sources of nonlinearity. *Ecological Research*, 24: 479–489.

Zelinsky, W. (1971) The hypothesis of the mobility transition. *Geographical Review*, 61: 219–249.

7-3 節

Asian Development Bank (1999) Report and recommendation of the president to the board of directors on a proposed loan and technical assistance grant to Mongolia for the cadastral survey and land registration project. RRP: MON30531.

Batbileg C. (2007) Does land privatization support the development of land market? International Workshop: Land Policies, Land Registration and Economic Development, Experiences in Central Asian countries.

Byambadorj, T., Amati, M. and Ruming, K. J. (2011) Twenty-first century nomadic city: Ger districts and barriers to the implementation of the Ulaanbaatar City Master Plan. *Asia Pacific Viewpoint*, 52(2): 165–177.

Fang S., Gertner G. Z., Sun Z. and Anderson A. A. (2005) The impact of interactions in spatial simulation of the dynamics of urban sprawl. *Landscape and Urban Planning*, 73(4): 294–306.

Herold M., Couclelis H. and Clarke K. (2005) The role of spatial metrics in the analysis and modeling of urban land use change. *Computers, Environment and Urban Systems*, 29(4): 369–399.

泉健太郎・古谷誠章（2005）ウランバートルにおける都市定住化に関する研究―ゲル住区の比較実態研究．日本建築学会学術講演梗概集：55-56．

JICA（2009）モンゴル国ウランバートル市　都市計画マスタープラン・都市開発プログラム策定調査　最終報告書．

Kamata T., Reichert J. A., Tsevegmid T., Kim Y. and Sedgewick B. (2010) Enhancing policies and practices for ger area development in Ulaanbaatar. The International Bank for Reconstruction and Development/The World Bank.

滝口良（2009）土地所有者になるために：モンゴル・ウランバートル市における土地私有化政策をめぐって．北方人文研究，2: 43-61．

西垣有（2009）ポスト社会主義のストリート：モンゴル・ウランバートル市における都市空間の再編．国立民族学博物館調査報告，81: 405-429．

西垣有（2010）都市のテクノロジー：モンゴル，ウランバートル市の都市化とコンパクトシティ計画．文化人類学，75(2): 192-213．

UN-HABITAT (2006) Analytical perspective analytical perspective of pro-poor slum upgrading frameworls. United Nations Human Settlements Programme.

UN-HABITAT (2007) Twenty first session of the governing council. 16–20 April 2007, Nairobi, Kenya. United Nations Human Settlements Programme.

UN-HABITAT & United Nations ESCAP (2008) Housing the poor in Asian cities, urbanization: The role the poor play in urban development. UNESCAP.

7-4 節

Fewtrell, L. (2004) Drinking-water nitrate, methemoglobinemia, and global burden of disease: a discussion. *Environ Health Perspect*, 112: 1371–4.

Itoh, M., Takemon, Y., Makabe, A., Yoshimizu, C., Kohzu, A., Ohte, N., Tumurskh, D., Tayasu, I., Yoshida, N., Nagata, T. (2011) Evaluation of wastewater nitrogen transformation in a natural wetland (Ulaanbaatar, Mongolia) using dual-isotope analysis of nitrate. *Science of the Total Environment*, 409: 1530–1538.

Kendall, C., Elliott, E. M., Wankel, S. D. (2007) Tracing anthropogenic inputs of nitrogen to ecosystems. pp. 375–449. In: Michener R, Lajtha K, editors. *Stable Isotopes in Ecology and Environmental Science*. Blackwell Publishing.

永田俊・宮島利宏（編）（2008）『流域環境評価と安定同位体 —— 水循環から生態系まで』京都大学学術出版会.

滝口良, 土地所有者になるために：モンゴル・ウランバートル市における土地私有化政策をめぐって, 北方人文研究 2: 43-61.

Umezawa, Y., Hosono, T., Onodera, S., Siringan, F., Buapeng, S., Delinom, R., et al. (2009) Erratum to "Sources of nitrate and ammonium contamination in groundwater under developing Asian megacities". *Sci Total Environ*, 407: 3219–31.

United Nations (2011) *Demographic Yearbook*. United Nations, New York.

Ward, M. H., de Kok, T. M., Levallois, P., Brender, J., Gulis, G., Nolan, B. T., et al. (2005) Workgroup report: drinking-water nitrate and health?recent findings and research needs. *Environ Health Pers*, 113: 1607–14.

Wollast, R. (1981) Interactions between major biogeochemical cycles in marine ecosystems. pp. 125–142. In Likens, G. E. (ed) *Some Perspectives of the Major Biogeochemical Cycles*. John Wiley and Sons, Chichester, U. K.

第8章　鉱業と土地・水資源

鈴木由紀夫

急成長する鉱業は、生態系に大きな影響を与えている。
撮影：堤田成政　2010年8月　ウランバートル市バガノール

第 2 部　人間活動と生態系ネットワーク

　第2部ではここまで主に、市場経済化の影響が大きかったと考えられる、牧畜業や牧畜民の居住について考察されてきた。牧畜業は草原生態系に大きな影響を与えうるが、モンゴルの自然環境に直接的に作用するもう一つの産業として、鉱業を無視することはできない。

　第2部の最後にあたる第8章では、はじめに統計データに基づいて、鉱業がモンゴル経済においていかに重要な位置を占めているかが確認される（8-1節）。次に、砂金採掘に注目した調査を通して、鉱物資源の採掘が草原の植生破壊や河川流量の減少、永久凍土の破壊など、様々な環境問題を引き起こしている実態が明らかにされる。加えて、探鉱のためのライセンス（探鉱権）や鉱物採掘規制の国際比較を通した法制度の相対化や、「鉱物資源法」、「土地法」、近年新たに制定された「河川上流・水資源保護区域・森林地帯での探鉱・採掘を禁止する法律」などの考察を通し、鉱業と草原や水資源の保全や、それらを基盤とする牧畜業との共存の道が探られる（8-2節）。

8-1　モンゴルの鉱物資源開発の動向

　モンゴルは中央アジアの高原に位置し国土の8割が草原という自然環境にあり、遊牧は、年間降水量が 300 mm 以下と少ない乾燥地帯であるモンゴル

図 8-1　主な調査地点（写真を撮影した場所と河川）

において、草原を薄く広く利用して放牧圧を分散させ、まばらな草原を持続的に利用する方法である。この伝統的な遊牧がモンゴルの社会・経済の基層を形成してきた。

　近年、牧畜とともにモンゴルの経済を担っているのが鉱物資源である。モンゴルでは銅、金、石炭、モリブデン、亜鉛、鉄鉱石などが採掘されている。さらに、南部のゴビ地域において世界的規模といわれる銅および金の鉱床や、製鉄に利用される原料炭を含む良質な石炭の大規模な埋蔵があり、東部では大規模なウラニウムの埋蔵も確認されている。最近のGDP（国内総生産）における鉱業セクター、農牧業セクターの割合はそれぞれ2割程度を占めている。輸出額をみると近年鉱業セクターの伸びが著しいが、両セクターの原料や製品が輸出の大部分を占めており、両セクターがモンゴルの主要産業といえる。本節では特に成長している鉱物資源の動向を明らかにしたい。

(1) 主要セクターの推移

　1990年代半ばまで農牧業はモンゴルの広大な草原を利用し、GDPの40%を産出する基幹産業であった。しかしながらその後シェアは低下傾向にあり、近年においては20%を下回るようになった。それに代わって鉱業が、特に2003年以降急速に成長し、2006年、2007年とGDPの3割を占めた。2008年9月にリーマンショックの影響を受け、モンゴルの主要鉱物である銅の国際価格が大幅に下落したことなどの影響から、最近はGDPの2割強となっている（図8-2）。

　モンゴルは人口が278万人（2010年、モンゴル国家統計局）で、国内市場が小さいことや加工・製造業が発達していないことなどから、主要生産品目の多くが未加工または半加工で輸出される。牧畜では、ヤギから採れるカシミヤの原毛や半加工品、羊毛、皮革など家畜由来の産品を生産し、輸出も多い。一方鉱物資源は生産の大部分が未加工で輸出される。2000年の輸出額をみると、畜産品と鉱物資源はそれぞれ約50%を占めていたが、その後鉱物資源が大きく伸び最近年では90%と大部分を占めている。畜産品のウエイト

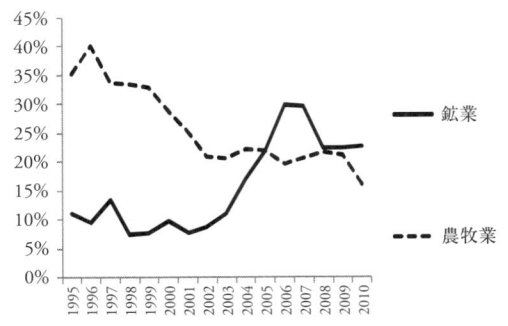

第 2 部　人間活動と生態系ネットワーク

図 8-2　セクター別 GDP 構成比の推移（モンゴル国家統計局）

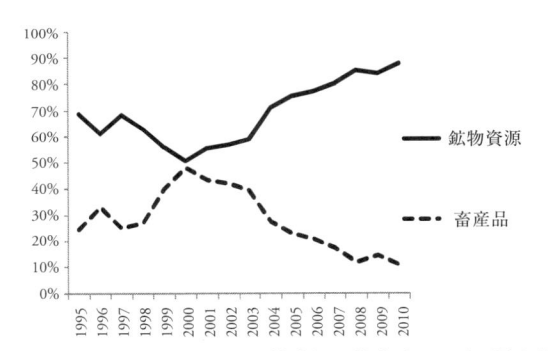

図 8-3　輸出額に占めるセクター別構成比の推移（モンゴル国家統計局）

は次第に低下し最近では 1 割程度となっている。カシミヤをはじめとする畜産品の輸出量や輸出金額は横ばいで減っているわけではないが、鉱物資源輸出の大幅な増加により相対的な位置づけが低下している（図 8-3）。

　品目ごとに輸出額をみると、2007 年では銅、金、カシミヤ、亜鉛、石炭の順であったが、2008 年 9 月のリーマンブラザーズの破綻が引き金となった世界的な経済危機の影響により、銅や金の国際価格が急落し輸出額が大きく減少した。一方、南ゴビのタバン・トルゴイにおいて石炭の本格的な生産が進みつつあり、この 5 年間で輸出品目の順位が大きく変化している（図 8-4）。畜産品として輸出額が最も多いカシミヤ（原毛、加工品）の輸出はほぼ

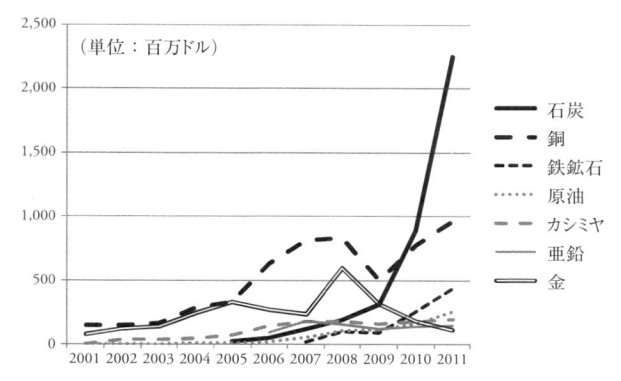

図8-4 主要品目別輸出金額の推移（モンゴル国家統計局）

横ばいであり、2011年では、石炭、銅、鉄鉱石、原油に次いで5番目となっている。

タバン・トルゴイと同じ南ゴビでは、これも世界的規模の埋蔵を誇るオユ・トルゴイの銅および金の生産が2013年頃から本格化するため、今後モンゴルでは、銅、金および石炭が鉱業生産の中心となるだろう。さらに東部にはウランの埋蔵もあり、モンゴル経済の鉱物資源への依存度が今後さらに大きくなることは確実といえよう。

(2) 主要な鉱物資源

重要な鉱床

モンゴルには、銅、金、石炭、ウラン、銀など、大規模な埋蔵が確認されている。モンゴルは鉱物資源法に基づき2007年に15の鉱山を戦略的に重要な鉱床と位置づけた（図8-5）。これらの中では2009年10月にモンゴル政府と投資契約を締結した南ゴビのオユ・トルゴイのプロジェクトが特に大きなものとして挙げられ、世界の埋蔵の10%を占める約3000万トンの銅、同じく2%、約1000トンの金が確認され（U.S. Department of the Interior 2010）、現在世界で最も大きな銅開発プロジェクトといわれる。

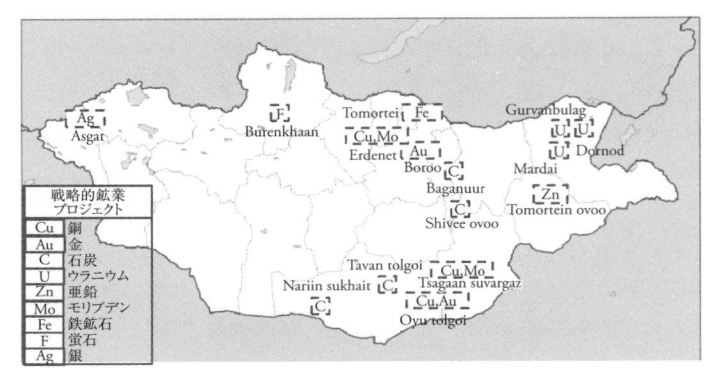

第 2 部　人間活動と生態系ネットワーク

図 8-5　鉱物資源法に基づきモンゴル国が定めた 15 の重要な鉱床。破線の四角で表示。（モンゴル政府資料に基づき作成）

　南のゴビには石炭の大規模な鉱床もあり、タバン・トルゴイ、ナリーン・スハイトなどが挙げられる。タバン・トルゴイはモンゴルで最も大規模で、約 60 億トンの石炭資源があり、その約 4 分の 1 は製鉄用のコークス炭（原料炭）として使える高品質なものである。タバン・トルゴイで採掘された石炭の大部分は南にある中国国境のガシューン・スハイトまで、約 270 km の草原の道を大型トラックで運ばれる。なお、今後の効率的な輸送を目指して、この間の鉄道の敷設が計画されている。
　モンゴルにはウラニウムの埋蔵も多い。確認されたものでは最東部のドルノド県において 6 万トンの埋蔵がある。国際原子力機関（IAEA）の報告によると、未探査のウラニウムがモンゴルに広く存在し、これまで世界最大といわれるオーストラリアの埋蔵量、124 万トンを超える 140 万トンが存在しているという（World Energy Council 2007）。
　モンゴル最西部のバヤン・ウルギー県のアスガトには銀の鉱床がある。ここには世界の銀の約 4 分の 1 を占める 7 万トンの埋蔵があるといわれる（U.S. Department of the Interior 2010）。
　このように、モンゴルには多様な地下資源の大規模な埋蔵があり、今後のモンゴル経済において鉱物資源の果たす役割がさらに大きくなるものと予想

表 8-1 鉱物資源の種類ごとの輸出先国別金額割合。石炭は瀝青炭（黒炭）の輸出額。（モンゴル国家統計局 2011 年）

	石炭	銅	金	鉄鉱石	亜鉛	モリブデン	蛍石
中国	99%	100%		100%	100%	40%	28%
韓国			5%			56%	
ロシア							70%
英国							
イタリア							
スイス			15%				
カナダ			80%				
その他	1%					4%	2%

される。

主な輸出先

　1990 年まで約 70 年間続いた社会主義・計画経済時代においてモンゴルの主要な輸出は農畜産品であり、輸出先は旧ソ連、東欧などで構成する「経済相互援助会議」(Council for Mutual Economic Assistance: COMECON) 諸国が中心であった。市場経済移行後モンゴルの輸出先は大きく変化し、旧 COMECON 諸国に代わりに中国や北米が主要な輸出先となった。特に隣国である中国へは 2003 年頃から鉱物資源を中心に輸出量が急増してきている。鉱物別にみると石炭（黒炭）、銅、鉄鉱石、亜鉛についてほぼ全量が中国向けである（表 8-1）。

　世界的規模の埋蔵があり今後モンゴルの鉱物資源開発の要となるタバン・トルゴイ（石炭）とオユ・トルゴイ（銅および金）は、モンゴル最南部のウムヌゴビ県に位置している。このため中国との国境に近く（直線距離ではタバン・トルゴイから約 200 km、オユ・トルゴイから約 80 km）、中国への輸出という点では大変効率的だが、輸出先の多角化を考えると中国以外を考慮に入れた輸送インフラの整備が重要となる。

(3) 鉱物資源とモンゴル経済

リーマンショックの影響

　銅、金、石炭のうち、石炭は品質が多様であることから世界規模の取引市場が形成されず、個別価格交渉が主流であるが（石炭エネルギーセンター2009）、銅や金は国際市場の価格変動の影響をダイレクトに受ける。銅はこれまでエルデネト鉱山を中心とした生産であるため、近年の年間生産量は36万トン前後（モンゴル国家統計局）でほぼ一定であり、モンゴルの収入は国際市場での価格変動に左右される。銅や金の国際市場での取引価格は2004年頃から上昇し始めた（図8-6）。銅については、2003年頃のトンあたり1700ドルが2006年から2008年の夏にかけては、5倍の約8500ドルに上昇した。しかし、2008年9月のリーマンショックにより3分1近くまで急落し、モンゴル経済のマイナス成長（2009年の実質GDPは−1.3％）の主な要因となった。その後銅価格は回復がみられ、2011年にはリーマンショック以前の価格を超えるようになった。

　一方、金の国際取引価格は、リーマンショック時に下がったものの、銅の6割の下落に比べれば軽い2割程度の下がりに留まった。これは金融危機により、金融資産に対する不安から実物資産である金に投資が向かったことなどが要因として挙げられる。その後2009年から再び上昇し始め、2011年にはリーマンショック時直前の価格の2倍、1オンス1800ドル近くまで上がっている。

　モンゴル経済は、このように大きく変動する鉱物の国際取引市場における価格の影響を受けるが、その影響はどの程度なのだろうか。過去のデータ（1995年～2010年）で銅および金の価格変化とGDP成長率の相関を分析すると（図8-7）、国際価格の変動は、モンゴルのGDP成長率に対し50％程度の影響（重決定係数（R^2）= 0.4995）があると推測される。モンゴルの経済・社会の安定のためには国際価格の急落に備えた対策が不可欠であろう。

　2008年から2009年にかけての状況を振り返ると、2008年9月以降の輸出収入の急減は、①外貨不足、②モンゴル通貨（トゥグルグ）の下落、③融資

図 8-6　銅および金の国際市場価格の推移（銅：London Metal Exchange (LME)、金：London Market）

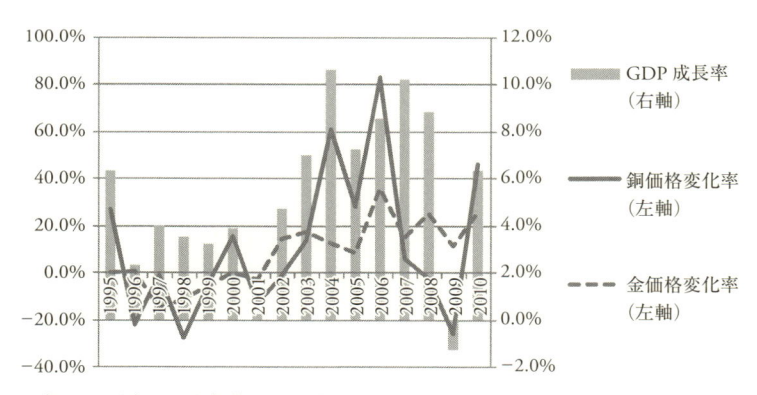

図 8-7　銅および金の国際価格の変化率と GDP 成長率の相関。重決定係数（R2）：0.4995、重回帰式：GDP 成長率＝0.0425＋0.0610×銅の国際価格変化率＋0.0504×金の国際価格変化率。（銅価格は London Metal Exchange (LME)、金価格は London Market、GDP 成長率は IMF のデータより作成）

のための資金不足などを招いた。銀行における原資の不足は民間企業への融資の中断となった。ウランバートルでは建設ラッシュで多くのアパートやオフィス・ビルが建設途中にあったが、建設の進捗が完成の 8 割に満たない場合は、銀行の資金不足から融資をストップしたため、ウランバートルでは建

築が中断したビルが多く見られた。国際通貨基金（IMF）は 2009 年 4 月、モンゴルの外貨不足問題の軽減のために約 2 億 3000 万ドルの財政支援融資を行った。

下落していた銅や金の国際市場価格が 2009 年春から上昇し始めたことや、タバン・トルゴイの石炭の輸出が 2010 年から急増したことなどから、モンゴル経済は、2009 年において GDP 成長率がマイナス 1.3％と落ち込んでいたものの、2010 年はプラス 6.4％という回復がみられた。

鉱物資源の価格変動

2008 年の鉱物資源価格の急落は、世界的な経済危機による需要の減少（特に銅は製造業での需要が主であるため影響を受けやすい）や先物市場における投機マネーの流出が原因であるが、基本的に一次産品は価格変動が大きい傾向がある。一次産品の中でも鉱物の価格は、生産が天候など自然条件の影響を受けることなどから乱高下しやすい農産物価格[1]よりもさらに変動が大きい。

図 8-8 は 1980 年から 2011 年までの 32 年間の国際的な取引価格（月別）の変動を比較している。変動係数（標準偏差 / 平均）をみると鉱物資源は 0.5 を超えており、特に鉛、原油、銅は 0.7 を超え価格変動が大きい。鉱物の価格変動が大きい要因として、生産面では産出が特定の国に偏る資源の偏在性、価格動向に対応した生産の対応が短期間では難しいこと、副産物資源[2]の生産を調整できないこと、生産の大資本への寡占化、などが挙げられる。一方需要面では、技術開発などにより急激な需要の増減が起きること、投機の対象になりやすいこと（農産物と違い長期保管も可能）など、様々な要因が挙げ

---

[1] 自然条件以外の乱高下要因として、需要の価格弾力性が小さいことが挙げられる。農産物、特に穀類や砂糖などの必需品は価格が高くとも購入せざるをえず、安くなっても需要は増えにくいため、価格の変化に対し需要の変化が硬直的で価格が乱高下しやすい。

[2] 例えばモンゴルでは、レアメタルのモリブデンは銅生産の副産物。2013 年から生産が見込まれるオユ・トルゴイでは、モリブデンと金は銅生産の副産物である。

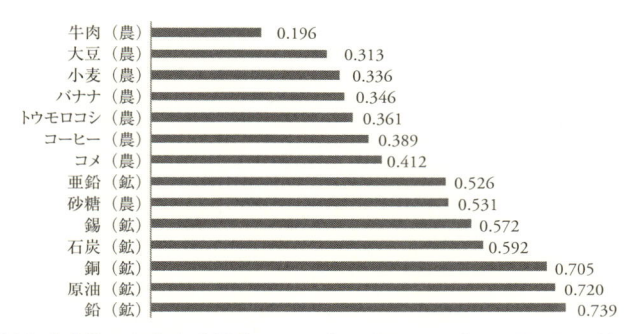

```
牛肉（農）        0.196
大豆（農）        0.313
小麦（農）        0.336
バナナ（農）      0.346
トウモロコシ（農）0.361
コーヒー（農）    0.389
コメ（農）        0.412
亜鉛（鉱）        0.526
砂糖（農）        0.531
錫（鉱）          0.572
石炭（鉱）        0.592
銅（鉱）          0.705
原油（鉱）        0.720
鉛（鉱）          0.739
```

図 8-8 鉱物資源と農産物の価格変動係数。1980 年 1 月～2011 年 12 月の間の月別価格。変動係数（CV）＝標準偏差（SD）／平均（AV）。（鉱）は鉱物、（農）は農産物を示す。（IMF の月別価格データより計算）

られる（独立行政法人・経済産業研究所 2002）。このように鉱物資源は、世界的な経済不況がもたらす需要の収縮の他にも様々な価格変動の要因を抱えている。産業のウエイトが農牧業から鉱業に移行し、経済の鉱物資源依存度がますます高くなるモンゴルにおいては、鉱物の多様化によるリスク分散とともに、価格低落に備えた対策が求められる。

(4) 持続的発展に向けた対策

　現在モンゴルの主要な鉱物資源の大部分が中国に輸出されているため、モンゴルの経済は中国の需要や経済成長に大きく依存している。中国は国内にも大きな需要があるため、2008 年の世界的な経済危機の際には国内市場を重視した経済政策を採り、リーマンショックの影響を軽減することができた。このため中国への輸出が多いモンゴルは、2009 年はマイナス成長になったもののその後の回復が速かった（図 8-9）。モンゴルだけでなく、鉱物や農産物などの対中国輸出が多いオーストラリアや、チリ・ブラジル・アルゼンチンなどの南米諸国も順調に回復した（Harvey 2010）。中国は当面 7～8％の経済成長が続くとみられており、IMF（2012）によるとモンゴルは、中国の需要に牽引されながら鉱物資源の輸出が主導する高い経済成長が予測され、

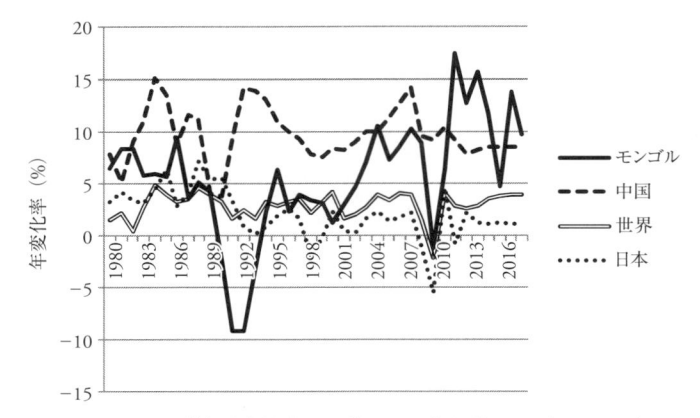

図 8-9　GDP 実質成長率推移の比較。2012 年以降は予測データ。(IMF の World Economic Outlook Database〔2012 年 10 月〕より作成)

年次変動が大きいものの中期的（5 年程度）に概ね 10～15％台の高い成長率が見込まれている（図 8-9）。

　しかし、「世界の工場」といわれる中国も近年 10％台の労賃の上昇が続いており、また、リーマンショックの時は影響を軽減できたものの基本的に輸出依存度が 30％程度（総務省統計局データ）と比較的高い経済構造にあることから（日本は中国の半分の 15％程度）、欧米などの経済動向に影響されやすい。さらに国内の格差拡大による社会の不安定化が増している。このため中国が今後も高い経済成長を安定的に続けるとは考えにくく、モンゴルの持続的発展のためには、中国に集中している鉱物資源の輸出先をできるだけ多角化しリスク分散を図ることや、不安定な国際価格の影響を軽減するため、鉱物資源の多様化が望ましい。

　この点からみると、中国国境に近い南ゴビのタバン・トルゴイの石炭や今後生産が本格化するオユ・トルゴイの銅の輸出は、当面需要が大きくかつ距離的に近い中国が中心になるが、将来的には輸送インフラを整備し、ロシアやアジア諸国にも輸出できるようにすることが重要だろう。また、今後オユ・トルゴイから生産が期待される銅の副産物資源としての金やモリブデン

第 8 章　鉱業と土地・水資源

については、単位重量あたりの単価が高いこともあり、現在でも中国以外への輸出が多く（表 8-1）、今後も欧米やアジア諸国への輸出が期待できる。さらに東部におけるウラニウムの採掘や、レアメタルの生産増の可能性[3]もある。このようにモンゴルは輸出先の多角化や鉱物資源の多様化に一定の見通しがあるといえるだろう。

　一方世界の経済情勢をみると、金融緩和傾向も影響し実体経済に比べ金融資産のウエイトがますます大きくなってきており、2008 年に起きたような経済危機が今後も十分起こりうるだろう。輸出先の多角化とともに鉱物の国際価格の急落に備えた効果的な対策の必要性が高い。モンゴルではすでに輸出先の多角化を目指した輸送インフラの整備計画があり、鉱物資源の高騰時に資金を貯め、低落時に支出するという安定化基金を創設している。鉱物資源に恵まれた国はガバナンスの問題で国の成長を阻害させている事例が多い（Collier 2010）ので、今後のモンゴルの課題は、輸送インフラの整備を着実に進めるとともに、巨額な公的資金を扱う基金制度に関し、透明性を保ちガバナンス良く管理・運営することにあると思われる。

8-2 鉱物資源開発の生態系や遊牧への影響と規制
── 砂金採掘を中心として

　モンゴルは銅、金、石炭を始めとする多様な鉱物資源に恵まれており、モンゴルの経済は今後さらに鉱業への依存度が高くなると見込まれる（前節）。一方、モンゴルにおける鉱物資源採掘は、大部分が露天掘りで草原や河川を掘削して行われるため、採鉱現場ではその周辺も含め遊牧ができなくなり、

---

[3] モンゴルはレアメタルの生産があるが（2010 年はモリブデン 4677 トン、タングステン 20 トン）、鉱物資源管理庁（Mineral Resources Authority of Mongolia）と独立行政法人・石油天然ガス・金属鉱物資源機構（JOGMEC）および独立行政法人・産業技術総合研究所が 2010 年 7 月に覚書を結び共同でレアメタルの調査を行っている。

鉱業開発と伝統的な遊牧は競合関係にある。また、採鉱の前段階として鉱床をさがすために試掘を含む探鉱が行われるが、このための探鉱権（探鉱のためのライセンス）がモンゴルの広大な面積（2009年10月時点で国土全体の45％）に与えられている。探鉱を行い有望となれば、それが遊牧民の利用している優良な牧草地や河川であろうと現行の鉱物資源法では遊牧民や住民の同意を得る手続きは特に無く、採掘権が鉱山会社に与えられる。このため鉱業と牧畜との間で牧地や水資源をめぐる摩擦が生じている。具体的にどのような問題があるのか、法的な関係を含め考察してみたい。

(1) 鉱業と遊牧の草原をめぐる摩擦

鉱業権と遊牧

　モンゴルは乾燥・寒冷という気候から国土の8割が草原であり、この草原を利用した遊牧が営まれている。遊牧は、まばらな牧草にかかる放牧圧を分散させるために季節ごとに放牧する草地を移動する伝統的な方法であり5種類の家畜（ヒツジ・ヤギ・ウシ・ウマ・ラクダ）を飼養し、森林ステップ、ステップ、乾燥ステップを含む多様で広大な草原を持続的に利用している（序章参照）。

　一方、モンゴルで行われる鉱物資源の採掘はその大部分が地表を掘削する露天掘りで、牧地である草原や河川流域を掘削するため、鉱業と遊牧は競合する。図8-10は各県ごとの探鉱権面積が当該県の全体面積に占める割合を示している。近年石炭や銅の大規模な埋蔵が確認されている南部ゴビ地域のウムヌゴビ県やドルノゴビ県、エルデネト銅鉱山のあるオルホン県などでは2009年10月時点で県の面積の7割を超えるエリアに探鉱権が出されている。全国でみても国土に占める割合は大きく、2005年から2008年にかけては45％から51％と増加し、2009年（10月時点）では再び45％に減少した。この減少は、転売による利益を目的とした探鉱権の保有を減らすために、探鉱を行わないライセンスを無効化したことにより減少したものとみられる（探査を行わない探鉱権を無効とする政策が続いていることから、探鉱権面積は2009

第 8 章　鉱業と土地・水資源

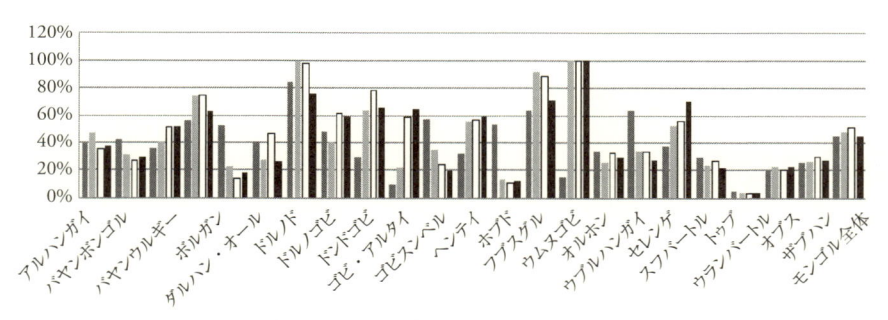

■ 2005 年 11 月　■ 2007 年 9 月　□ 2008 年 6 月　■ 2009 年 10 月

図 8-10　県毎および全国の面積に占める探鉱権面積の割合（モンゴル鉱物資源管理庁のデータに基づき作成）

年 10 月以降も減少傾向にあるようだ）。

　探鉱権を発行する際、遊牧民や住民など地元の意向が無視されているという批判があり、2006 年の鉱物資源法の改正において、国が探鉱権を申請者に与える際には県知事が該当する郡の意向を確認することになった。しかしながら筆者の調査によると、鉱業開発の現場である郡サイドが探鉱権の供与に反対することは実際上かなり難しく[4]、また、その牧地を利用している遊

---

[4]　鉱物資源法第 19 条の 4 に、「県・首都の首長はこの法律の 19 条の 3 に示す通知（探鉱ライセンスの申請があったことの通知）を受け取った後、速やかに当該区域が属する郡・区の住民代表議会および県・首都の住民代表議会幹部の意向を確認し、30 日以内に国家行政機関に回答を出さなければならない。この期限内に回答が無かった場合、当該の申請を承認したものと見なす。」とあり、さらに、19 条の 5 に、「県・首都の首長は法律で定めた根拠に基づく場合のみ探鉱ライセンス付与の拒否回答を出すことができる。」とある。つまり拒否の回答を行う場合は県が通知を受け取ってから 30 日以内に法律の根拠をもって行うことが必要となる。国会議員およびウムヌゴビ県（ツォグトツェツイ郡、ハンボクト郡）での聞き取り調査によると、探鉱権を拒否したくとも、郡庁に郵便で書類が届くのが県が国に回答しなければならない期限の数日前で検討・回答する時間はほとんど無く、事実上探鉱権を拒否することは困難なのが実態。

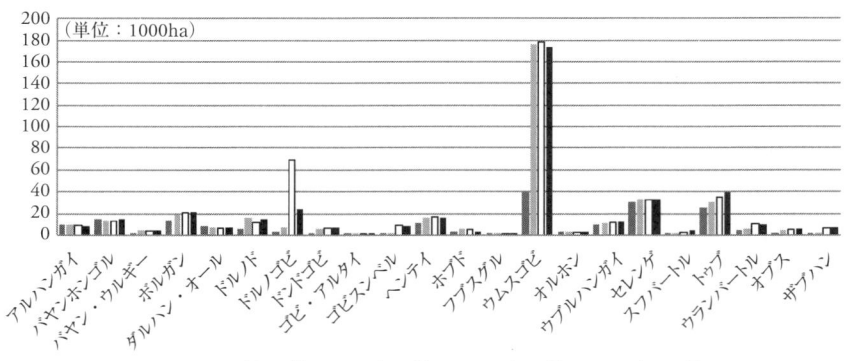

第 2 部　人間活動と生態系ネットワーク

図 8-11　県ごとの採掘権面積（モンゴル鉱物資源管理庁のデータに基づき作成）

牧民が知らないうちに探鉱権が出されることもある[5]。

　次に採掘権面積（採掘するためのライセンスエリア）をみると、モンゴル全体で採掘権が出されているのは 2009 年 10 月時点で約 42 万 ha、モンゴル国土の約 0.3％である。県別には南部のウムヌゴビ県が最も多く約 17 万 ha で、中部のトゥブ県、北部のセレンゲ県がそれに続く。ウムヌゴビ県では 2005 年から 2007 年の間に採掘権面積が 4.4 倍と大きく増加したが、これはタバン・トルゴイなど石炭の大規模な埋蔵が確認されたことによる（図 8-11）。

　探鉱結果により鉱床が見つかれば、探鉱権を持つ鉱山会社の申請に基づき採掘権が発行されることになるが、その際現行の鉱物資源法において採掘権が発行される草地を利用している遊牧民の同意を得る手続きは無く、遊牧民はその草地を利用することができなくなる。採掘権エリア内に遊牧民が畜舎付きの冬営地または春営地を持ち、土地法に基づき郡庁との契約によりそれらの土地に関し保有権[6]があっても、遊牧民は冬営地または春営地を移転さ

---

[5]　ウムヌゴビ県庁およびトゥブ県セルゲレン郡庁での聞き取り。
[6]　土地法第 52 条の 7 の規定により、遊牧民は冬営地および春営地用の土地（ゲルと畜舎を設置する場所）を保有（遊牧民と郡庁の契約による長期間の排他的利用）す

せられる。

　モンゴル国土の広大な面積に探鉱権が与えられていても実際に採掘するのは国土全体からみて小さな割合であれば、大した問題ではないとも考えられよう。しかし、採掘権が河川流域や水資源が涵養される森林地帯に与えられるとなると（後述するように砂金は多くが沖積土に存在するため、砂金の採掘権は河川やその周辺に与えられる）、遊牧と生活に不可欠な水資源とその周辺の良質な牧草地を放棄せざるを得なくなり、さらに河川水の減少や水質汚濁をもたらすことになる。モンゴル高原は、草原と森林をわずかに降る夏の雨が微妙なバランスで維持している状態が水文学的に見て取れる（杉田倫明 2003）環境であり、乾燥地帯での多様な植生をわずかな降水による水循環が支配しているため、問題は小さいとは言い難い（1 章 1-3 節参照）。

鉱業開発による草地の劣化

　モンゴルでは銅、金、石炭などの採掘が、草原や森林、河川において露天掘りで行われ、金生産のうち砂金採掘は、インフォーマルなニンジャ[7]による零細規模の採掘も伴いつつ河床や河川周辺を掘削している。

　図 8-12 はモンゴルで行われている大規模な露天掘りである。(a) はツブ県のザーマル郡におけるロシアの投資による大規模な砂金採掘である。(b) はセレンゲ県のバヤンゴル郡におけるカナダ資本のセントラ・ゴールド（Centerra Gold）社による金鉱石の採掘で、これまでのところモンゴルにおける最大の金鉱石採掘である。(c) はウヌムゴビ県のタバン・トルゴイの石炭採掘で、良質炭を含む大規模な埋蔵があり大部分が中国に大型トラックで輸送される。(d) はオルホン県エルデネトの銅の採鉱現場で、今後開始される

　　　ることができる。
[7]　インフォーマルな（もぐりの）零細規模の鉱物資源採掘者をモンゴルでは「ニンジャ」と呼ぶ。砂金を比重選鉱する際に用いる洗面器状のたらいを背負う格好が、米国で流行したアニメーションの「ニンジャ・タートルズ」に似ていることから、「ニンジャ」という名前がついた。鉱山会社の採鉱跡地などで主に金採掘（砂金および金鉱石）を行っている。元遊牧民、町や都市の貧困層や失業者が多い。

図 8-12 モンゴルの大規模採掘の例。(a) 砂金、トゥブ県ザーマル郡 (b) 金鉱石、セレンゲ県バヤンゴル郡 (c) 石炭、ウヌムゴビ県タバン・トルゴイ (d) 銅、オルホン郡エルデネト。撮影した場所は章頭の図 8-1 を参照（以下の写真も同様）。

南ゴビのオユ・トルゴイのプロジェクトを除けばアジアで最大の銅鉱山である。

　このようにモンゴルにおける多くの鉱物資源採掘は、坑道を使った坑内掘ではなく、草地や森林、河川流域を掘削する露天掘りである。このため遊牧による草地や水資源の利用と競合することになる。

　モンゴルの道路は大部分が草原の轍道であるが、轍道は降雨の後のぬかるみを避けることや反対側から来る車両を避けるため、草原に幅が拡がりやすい。これは草地の劣化を引き起こす原因となる。

　ウムヌゴビ県のタバン・トルゴイの現場（図 8-12 の c）では、筆者が調査

第 8 章　鉱業と土地・水資源

図 8-13　中国国境への石炭のトラック輸送。ウヌムゴビ県タバン・トルゴイ。

を行った、石炭生産が本格化する前の 2007 年において 1 日約 1 万トンの石炭を採掘し主に中国に輸出していた。中国国境のハンボクト郡のガシューン・スハイトまでの約 270 km を大型トラックが 1 台につき 80〜100 トンの石炭を積み、1 日約 100 台が草原の轍道を往復していた（図 8-13）。図 8-14 に示すように草原の轍道は、拡がったところでは 20 レーン程になっていた。

　鉱物資源法およびその下の規則によると、採掘後鉱山会社は採掘跡の修復として、①採掘穴の埋め戻しおよび②植生回復が義務づけられている。しかしながら多くの鉱山会社、特に砂金採掘会社はこの修復を怠っている。修復を行ったとしても穴埋めだけのところが多い（図 8-15）。図 8-16 は植生回復まで行った金鉱石採掘跡地で、植生回復がパッチワーク状になされている。法律の下の規則において植生回復の詳細な方法や手順が規定されているものの植生回復まで行う鉱山会社は限られている。自然環境省によると（2012 年 5 月）、砂金採掘により破壊された約 8100 ha のうち、穴埋めのみの修復を行ったのが 25.7％、植生回復まで行ったのは 7.8％に過ぎない。このため、採掘後の土地を遊牧民が再度牧地として利用することは難しい。

第 2 部　人間活動と生態系ネットワーク

図 8-14　草原に拡がった轍道。ウヌムゴビ県タバン・トルゴイ。

図 8-15　砂金採掘跡の修復（穴埋めのみ）。トゥブ県ザーマル郡。（カラー写真は巻末）

第 8 章　鉱業と土地・水資源

図 8-16　金鉱石採掘跡の修復（穴埋め＋植生回復）。セレンゲ県バヤンゴル郡。（カラー写真は巻末）

(2) 鉱業開発が水資源に及ぼす影響

　モンゴルの金は、1990 年代半ばから 2008 年までエルデネトの銅に次いで輸出額が多く（図 8-4 参照）、モンゴルの主要な鉱物資源であり、なかでも砂金由来の金がその多くを占めてきた。砂金はその生成過程[8]から多くが沖積土に含まれるため、主に河床や河川の周辺を掘削して採掘されている。砂金はモンゴルに広く存在しているが、採掘して採算に合うには 1 m^3 の砂礫から 0.5 g 以上の金を得る必要がある（高橋 2004）。主な採掘地はモンゴル中央地域の中部から北部の河川やその周辺に多く、トゥブ県から北部に流れるトール川中流、ウブルハンガイ県のオンギ川上流、アルハンガイ県のオルホ

---

[8]　砂金は、熱水性の鉱化作用で母岩中に形成された金鉱石（通称「山金」）が風化・浸食作用によって破壊・分離され、その金粒が流水に運搬され砂礫とともに河床などの流域に堆積したもの。

ン川上流などが挙げられる（章頭の図8-1参照）。

　これまでの研究によると、モンゴルでは河川での金の採鉱が河川の状態や資源量に深刻な影響を与えている（ダワーら2006）。具体的には、河川での砂金採掘は表流水と地下水のバランスを崩し生態系を劣化させ（Chinzorig 2009）、流量の減少や水質汚濁を引き起こしている（Byambaa and Todo 2011）。

　モンゴルで主要な砂金採掘が行われている、トール川、オンギ川およびオルホン川における砂金採掘の状況について、郡庁関係者、大学の研究者、地質コンサルタントなどから聞き取り調査を行ったところ、次の点が河川流量減少の主な要因になっていると考えられる。

① 採掘により河床の不透水層やその下の帯水層が破壊され、河川水量に影響を与える。
② 砂金の選鉱は河川水を大量[9]に使用する比重選鉱により行われるが、選鉱中河川水が周辺に飛散し、選鉱後は周りに廃棄され、乾燥気候であるためそれらの多くが蒸発する。

　また、モンゴルの中部以北においては、地下の水分の巨大な貯蔵庫といえる永久凍土層が存在するが、砂金を取り出すために永久凍土も融解・破壊されている。永久凍土は森林や草原などの生態系の維持、表流水や地下水への水分供給に寄与しており（永久凍土層の上層部が夏季に融解）、その破壊は生態系に悪影響をもたらす。

　モンゴルでの鉱業開発の自然環境に対するマイナス影響に関しては、河川での採掘の他に、先に述べたように草原を掘削する露天掘り（open-pit mining）、採掘跡の放置または不完全な修復（修復義務違反）、鉱物資源を輸送する大型トラックによる草原の劣化などが挙げられる。これらの複数の要因の中で、河床および帯水層の破壊並びに永久凍土層の破壊を伴う砂金採掘は、乾燥地帯であるモンゴルにとって貴重な水資源への影響が大きいことから、

---

[9] Chjnzorig (2009) によると、1 m^3 の砂礫から砂金を選鉱するために4～12トンの河川水が必要。

第 8 章　鉱業と土地・水資源

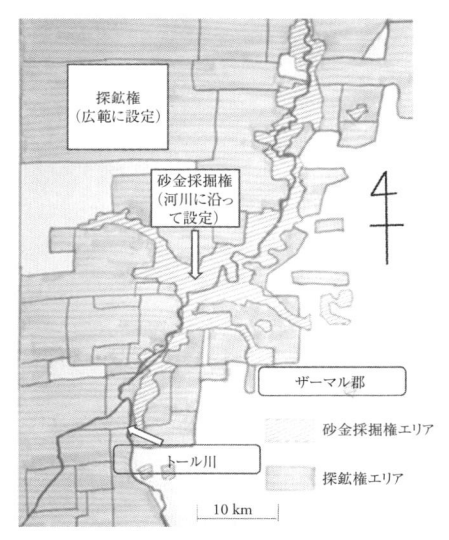

図 8-17　トール川中流域における探鉱権および砂金採掘権エリア（トゥブ県ザーマル郡庁の写真をもとに作成）

最も深刻な問題であると考える。以下、具体的にトール川、オンギ川およびオルホン川における砂金採掘の問題をみてみよう。

トール川

　トール川はトゥブ県北部からウランバートルを通り北部のセレンゲ県でオルホン川に合流するモンゴルで第 5 番目に長い河川（704 km）である。この河川の中流にあるトゥブ県ザーマル郡では大規模な砂金採掘が 1992 年から開始され、1990 年代の最も多いときは 42 の鉱山会社が活動していた（2008 年には 16 社が活動）。

　図 8-17 はザーマル郡とその周辺地域の探鉱権（鉱物の種類は限定しない）および砂金採掘権エリアを示している（探鉱権はグレー、砂金採掘権は斜線で示す）。探鉱権は河川周辺のエリアに広がっており、砂金採掘権はトール川の流れに沿って設定されている。これをみるとトール川では約 80 km もの

第 2 部　人間活動と生態系ネットワーク

図 8-18　トール川中流域でのロシア製のドレッジによる砂金採掘。トゥブ県ザーマル郡。

長さにわたって砂金採掘権が出されていることが分かる。

　ザーマル郡では全面積の約 3 分の 1（28 万 ha の内 9 万 ha）に鉱業権（探鉱権または採掘権）が出されている。ザーマル郡の郡長および自然環境監査官によると、鉱山会社の多くは採掘跡の修復を行わず、植生回復に至っては全く行われていない。仮に数年後に草が生えても、家畜が食べる牧草ではないため放牧できる牧草地は狭くなり、遊牧にとっての環境は悪化してきている。

　ザーマル郡ではモンゴルで最も大規模な砂金採掘が行われており、図 8-18 は、ザーマル郡で砂金採掘のために稼働している「ドレッジ（Dredge）」と呼ばれるロシア製の浚渫船のような砂金採掘用大型機械である。河床や地下から砂金を含む砂礫を掘り出しドレッジの中に自動搬送した後、河川水や地下水を使って比重選鉱を行い、選鉱後のくず（tailing）を右側のパイプからはき出す。ザーマル郡ではこのドレッジが 5 台稼働している。

　図 8-19 のドレッジの手前の大型重機は「ドラッグライン（Dragline）」と呼ばれ、ドレッジが砂礫を採取する前に川底の不透水層や地下の帯水層を破壊

第 8 章　鉱業と土地・水資源

図 8-19　川底を破壊・攪乱し、ドレッジが砂礫を採取しやすくするためのドラッグライン（左側の重機）。トゥブ県ザーマル郡。

して攪拌し、ドレッジが川底や地下から砂礫を採取しやすくする。これはドレッジとセットで使われる。ドレッジは 5 階建てで長さ 44 m、幅 18 m と巨大で、1 時間に 250 m^3 の砂礫を掘り出す能力がある。ドラッグラインは 70 m の長さの可動アームと、河床を掻き回す 11 m^3 の容量の大型ショベル（bucket）を持つ（Bazuin et al. 2000）。

　これらの大型機械を効率的に使うために、トール川の流れを人工的に変え、本流の脇に支流や大きな池を掘っており、2008 年には郡内の 32 か所でトール川の流れが変えられていた。このような大型重機を用いた採掘は、上流の小さな河川においては困難であり、モンゴルではトール川とセレンゲ県のユロー川に限定される。

　モンゴルでは砂金は多くが地下の帯水層に存在するため、川底の下、数メートルから 20 m 位の深さまでこのドレッジによる採掘が行われる。したがって河床の不透水層や地下水を含む帯水層が大きく破壊される。また、ドレッジの中で行われる比重選鉱のために河川水や地下水が大量にくみ上げら

図 8-20　干上がったウラーン湖。ウムヌゴビ県マンダルオボー郡。

れる。このような採掘・選鉱が続けられれば、水資源に対し量的（減少）および質的（汚濁）に大きな影響を与えることは避けられない。

オンギ川

　オンギ川はウブルハンガイ県のウヤンガ郡からドンドゴビ県を通りウムヌゴビ県のウラーン湖まで、3県8郡を流れるモンゴルで12番目に長い（435 km）河川である。オンギ川は内陸河川で流れ着くところはウムヌゴビ県で最も大きな湖（約 200 km^2。日本で2番目に大きな湖の霞ヶ浦と同程度の大きさ）のウラーン湖であった。しかしオンギ川の流量が減少したため1990年代半ばからウラーン湖への途中で川が干上がってしまい、1990年代末に湖は消失した（図8-20）。その原因として、①気候変動による干ばつの頻発化、②河川での砂金採掘、という二つが挙げられている[10]。2008年9月に調査した

---

[10]　Mijiddorji and Bayasgaralan (2006)、並びにモンゴルの河川研究者のオンボー (Onboo)、オンギ川流域のウブルハンガイ県バヤンゴル郡郡長およびウラーン湖が

第 8 章　鉱業と土地・水資源

図 8-21　水が無くなる寸前のオンギ川。ウブルハンガイ県アルバイヘール近郊。

時は最上流からウラーン湖までのおよそ 3 分の 1 の距離、ウブルハンガイ県の県庁所在地であるアルバイヘール近くでオンギ川の水が無くなっていた（図 8-21）。

　オンギ川の中流に位置するウブルハンガイ県バヤンゴル郡の郡長によると、オンギ川は 1997 年頃から涸れるようになった。かつてはオンギ川を利用してウブルハンガイ県から丸太をドンドゴビ県やウムヌゴビ県まで運んでいた。バヤンゴル郡の辺で川幅は 30〜40 m、水位は 90〜160 cm で馬の腹から背ほどもある大きな河川であった。

　オンギ川の干上がりにより、オンギ川沿いおよびウラーン湖の周辺の 3 県 8 郡の約 6 万人の遊牧民や百万頭以上の家畜への直接的な影響とともに周辺の草地の植生に影響を与えている[11]。ウラーン湖が存在していたマンダルオ

　　　あったマンダルオボー郡庁事務長からの聞き取り。
[11]　砂金採掘が行われている河川流域の遊牧民などで構成する NGO「River Movement」

図 8-22　18 km にわたり砂金採掘により破壊されているオルト川（オンギ川の最上流）。ウブルハンガイ県ウヤンガ郡。

　ボー郡郡庁の事務長によると、かつてウラーン湖の周辺には 200 程度の遊牧民世帯が約 4 万頭の家畜を飼養していたが、ウラーン湖が干上がったためウムヌゴビ県からウブルハンガイ県やバヤンホンゴル県に移動した。
　ウヤンガ郡のオンギ川最上流の支流であるオルト川では、砂金採掘のために 18 km（2012 年 5 月時点）にわたり河床が重機により掘削・破壊されている（図 8-22、図 8-23）。オルト川ではモンゴルのエレル社が 1993 年から 2004 年まで採掘していたが、モンゴルとチェコの合弁企業のアーオーエム社に採掘権を転売し撤退した。2011 年の採掘状況は、アーオーエム社が自ら砂金を採掘するとともに 40 以上の小規模な会社に採掘跡を修復（穴埋めのみ）させていた。アーオーエム社は、修復するために埋める土や砂礫を移動する際に残っている砂金を採取することを認めており、小規模な会社に対し

のムンフバヤル（Munkhbayar）代表（2007 年ゴールドマン環境賞受賞者）からの聞き取り。

第8章　鉱業と土地・水資源

図8-23　オンギ川最上流のオルト川で重機（バックホー）を用い河床を掘削する砂金採掘。ウブルハンガイ県ウヤンガ郡。

修復費用は支払っていない。

　上述したようにオンギ川の断流は、気候変動による干ばつの頻発化と砂金採掘が原因といわれている。河川での採掘の影響調査に関わった研究者（Mijiddorji R.）、モンゴルでの鉱物資源に詳しい地質コンサルタント（Tmenbayar B.）、砂金採掘現場のある郡庁行政官[12]およびNGO（River Movement）によると、砂金採掘による河川水の減少の原因として、①河床やその下の帯水層が掘削・破壊されること、②砂金の比重選鉱のために大量の河川水が使われること、という2点が挙げられた。

　モンゴル科学技術大学の環境発展センター（the Eco-Development Center of the Mongolian University of Science and Technology）の研究者チームがオンギ川の断流について調査を行い、研究報告書を2006年に出した（Mijiddorji and Bayasgaralan 2006）。これによると、オンギ川流量減少の原因は、気候変動の要因が80％、砂金採掘の要因は16％と報告されている。砂金採掘の影響は意外と少ないと思われるかもしれない。一方この報告書において、河川に

[12]　アルハンガイ県ツェンヘル郡庁の副郡長からの聞き取り。

第 2 部　人間活動と生態系ネットワーク

表 8-2　オンギ川の流量減少の要因に関する試算

	採掘開始前の流量	採掘開始後の流量			
		流量の減少（気候変動分）	流量の減少（砂金採掘分）	流量の減少（合　計）	砂金採掘による減少割合
2 つの支流以外	79	31.6	0	31.6	
2 つの支流	21	8.4	7.56	15.96	47％
オンギ川全体	100	40	7.56	47.56	16％

注：Mijiddorji and Bayasgaralan（2006）に基づき前提条件として、①2 つの支流の採掘開始前の流量をオンギ川全体の 21％、②オンギ川全体の砂金採掘による流量減少割合を 16％とした。試算においてこれらの値に一致するよう、③気候変動による流量減少は採掘開始前流量の 40％、④砂金採掘による流量減少は③による減少後の流量の 60％とした。

とって破壊的な採掘が大規模に行われているのは最上流にある二つの支流、ブールルジュート川とオルト川で、それぞれ 13.9 km、11.2 km にわたって河床を掘削・破壊して砂金採鉱が行われていたと記述されている。さらに、これらの二つの支流の砂金採掘開始前の流量はオンギ川全体の流量の 21％であった、と言及されている。これらのデータに基づき、砂金採掘による流量減少がこの 2 支流で起きているという前提で試算を行うと（表 8-2）、二つの支流の流量の減少に関して半分程度（47％）は砂金採掘による要因と推測でき、砂金採鉱の影響は大きいといえる。

　ウヤンガ郡庁の自然環境監査官によると、砂金採掘前のオルト川は川幅が 3〜4 m、水深が 35〜50 cm ある流れが速い川だったが、採掘開始後は流量が 1/3〜1/4 に減少している。また 2008 年から修復を開始しているものの流量は増加していない（図 8-24）。ブールルジュート川については、砂金採掘前と比べて水位が 40 cm ほど下がり、修復後も目立った水位の上昇はみられない。両河川とも以前に比べて採掘量が減り、掘削穴を埋める修復が進みつつあるものの流量がほとんど増えていない状況にある。これは、砂金採掘により河床の不透水層やその下の帯水層が破壊されたため、表流水が地下に沈み込むことなどが続いていることが推測される。この現象は、現在行われている、採掘穴を土や砂礫で埋めるだけの修復方法では、破壊された河床の不透水層が回復されないことを示していると考えられる。

第 8 章　鉱業と土地・水資源

図 8-24　オンギ川に合流するオルト川（左側からの小さな支流）。川幅 1 m、水深 10 cm 程度。ウブルハンガイ県ウヤンガ郡。

オルホン川

　オルホン川はモンゴルで最も長く（1124 km）、モンゴル中央部のハンガイ山脈から北方のロシアのバイカル湖に流れる河川である。図 8-25 はオルホン川の最上流の支流で行われているモンゴルの鉱山会社による大規模な砂金採掘である（ウブルハンガイ県のバトウルジー郡）。ここは森林草原帯に位置するため森林が多く（郡の面積の 4 割が森林）、河川の周辺の森林を伐採し、川底を掘削して採取した砂礫から砂金を取り出している。この鉱山会社は 1999 年にロシアの鉱山会社から採掘権を譲り受けて採鉱を開始し、2007 年時点では年間 1 トンの砂金を取ることを目標としていた。水資源を涵養する森林と、河川が採掘のために破壊されており、ダワーら（2006）は、上流での集中的な砂金採掘がオルホン川流量減少の原因の一つであると指摘している。

　バットウルジー郡の自然環境監査官によると、郡内のオルホン川の水量は 2000 年代の初め頃から少なくなってきており、それ以前は水位が 1 m くら

第 2 部　人間活動と生態系ネットワーク

図 8-25　オルホン川最上流域での砂金採掘。ウブルハンガイ県バトウルジー郡。

いあったが最近は 20 cm ほどしかなく、歩いて渡れるようになってしまった。
　モンゴルにはシベリアから続く永久凍土層が形成され、モンゴルの北部から中央部にかけて連続永久凍土・不連続永久凍土（Continuous and intermittent permafrost）、分散凍土（Isolated permafrost）、点在永久凍土（Sporadic permafrost）が広く分布している（Sharkhuu 2003、図 8-26）。永久凍土はいわば水分の巨大な地下貯蔵庫であり、乾燥地帯に属するモンゴルにとっては生態系を維持するために不可欠な存在である。砂金採取はこの永久凍土層も破壊して行われている。
　アルハンガイ県のツェンヘル郡のボドントではモンゴルの鉱山企業が永久凍土を含む地層から砂金を採掘している。図 8-27 および図 8-28 は、モンゴルの鉱山会社による永久凍土層からの砂金採掘現場である。調査時（2009 年 5 月初旬）には未だその年の採掘を開始していなかったが（通常砂金採掘は水が凍る冬季は休業）、案内してくれた鉱山会社の管理人が永久凍土を重機で破壊し採鉱している場所を教えてくれた。図 8-29 は同じツェンヘル郡で、

第 8 章　鉱業と土地・水資源

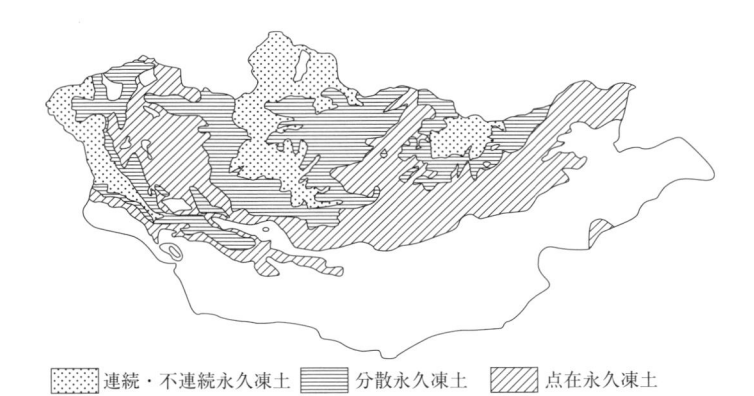

▓ 連続・不連続永久凍土　▤ 分散永久凍土　▨ 点在永久凍土

図 8-26　モンゴルの永久凍土の分布（Sharkhuu（2003）に基づき作成）

図 8-27　オルホン川最上流域における永久凍土からの砂金採掘現場。アルハンガイ県ツェンヘル郡ボドンド。（カラー写真は巻末）

第 2 部　人間活動と生態系ネットワーク

図 8-28　図 8-27 の (a) の部分。表面の土を除くと永久凍土が現れた（中央の白っぽい部分）。アルハンガイ県ツェンヘル郡ボドンド。（カラー写真は巻末）

図 8-29　オルホン川最上流でのニンジャによる永久凍土からの砂金採掘現場。アルハンガイ県ツェンヘル郡。(a) は永久凍土、(b) はニンジャが牛糞を燃やして永久凍土を溶かしているところ。写真は Tumenbayar B. 提供。

　鉱山会社の採掘跡地の河川においてニンジャが砂金を採るために牛糞を燃やして永久凍土を溶かしているところである。

　永久凍土からの砂金採掘はアルハンガイ県だけでなく、ウブルハンガイ県、セレンゲ県、ダルハン・オール県、ボルガン県などの中部以北の地域において広く行われている（Mongolian Business Development Agency 2003）。「オン

ギ川」の項で述べたウブルハンガイ県ウヤンガ郡においても永久凍土層から砂金が採掘されており、郡庁の自然環境監査官によると、永久凍土の上の土を取り除き 2、3 か月露出させておくと 1.5 m くらいの厚さで永久凍土が溶けるので、その溶けた砂礫を選鉱して砂金を取り出している。

(3) 鉱業開発と生態系や遊牧の保全との法的関係

生態系と鉱業開発の管理

　モンゴルは年間降水量が 241 mm（FAO AQUASTAT）と少ない乾燥地帯であり、河川・湖・永久凍土・地下水などの水資源は、草原や森林をはじめとする生態系を維持するために、また遊牧民の生活用水や家畜が生きていくための飲み水として不可欠な役割を果たしている。しかしながら、これまで述べたように砂金採掘の現場をみると、草地の劣化や砂漠化が進みつつある脆弱な自然環境にあるモンゴルの割には、鉱物資源開発の管理や規制が緩いように思える。

　このような懸念を踏まえ、表 8-3 および図 8-30 で示すように、法制度で定められている 1 探鉱権（ライセンス）面積の上限と年間降水量について、モンゴルと諸外国のデータ[13]を比較してみた。探鉱により鉱物資源の鉱床が見つかった場合、採掘許可が探鉱権エリア内にどこでも出せるという前提において、1 探鉱権面積の上限は鉱物資源開発管理の一つの指標になりうると考えた（上限面積が大きいほど管理が緩い）。他方、平均年間降水量は自然環境の回復の一つの指標として取り上げた（降水量が少ないほど植生などの生態系再生に時間を要す）。

　図 8-30 の散布図において右下方向にある国々は 1 探鉱権の上限面積がより大きく、年間降水量がより少ない国を示している。サウジアラビア（SA）が最も右下に位置し、上限面積が最大の百万 ha、降水量が 59 mm と最少で

---

[13] 独立行政法人・石油天然ガス・金属鉱物資源機構（2005）により、一探鉱権あたりの上限面積のデータを得ることができた 36 か国に日本を加えた 37 か国を比較。

第 2 部　人間活動と生態系ネットワーク

表 8-3　各国 1 探鉱権あたりの上限面積と年間降水量の比較（データ）

記号	国　名	1 探鉱権当たりの上限面積（ha）	年間降水量（mm）
SA	サウジアラビア	1,000,000	59
MN	モンゴル	400,000	241
PG	パプアニューギニア	255,750	3,142
MW	マラウイ	250,000	1,181
NE	ニジェール	200,000	151
MR	モーリタニア	150,000	92
NA	ナミビア	100,000	285
BW	ボツワナ	100,000	416
LA	ラオス	100,000	1,834
ID	インドネシア	100,000	2,702
ZW	ジンバブエ	65,000	3,107
BO	ボリビア	62,500	1,146
SB	ソロモン	60,000	3,028
IN	インド	50,000	1,083
CD	コンゴ民主共和国	40,000	1,543
DO	ドミニカ共和国	30,000	1,410
BF	ブルキナファソ	25,000	748
PA	パナマ	25,000	2,692
TZ	タンザニア	20,000	1,071
VN	ベトナム	20,000	1,821
KH	カンボジア	20,000	1,904
ML	マリ	15,000	282
GH	ガーナ	15,000	1,187
AR	アルゼンチン	10,000	591
UY	ウルグアイ	10,000	1,265
GT	ガテマラ	10,000	1,996
SV	エルサルバドル	5,000	1,724
EC	エクアドル	5,000	2,087
OM	オマーン	2,000	125
CR	コスタリカ	2,000	2,926
ZM	ザンビア	1,600	1,020
NO	ノルウェイ	1,000	1,414
PE	ペルー	1,000	1,738
MA	モロッコ	400	346
FJ	フィジー	400	2,592
JP	日本	350	1,668
FI	フィンランド	100	536

出典：1 探鉱権あたりの上限面積は独立行政法人・石油天然ガス・金属鉱物資源機構（2005）。年間降水量は FAO の AQUASTAT。

第 8 章　鉱業と土地・水資源

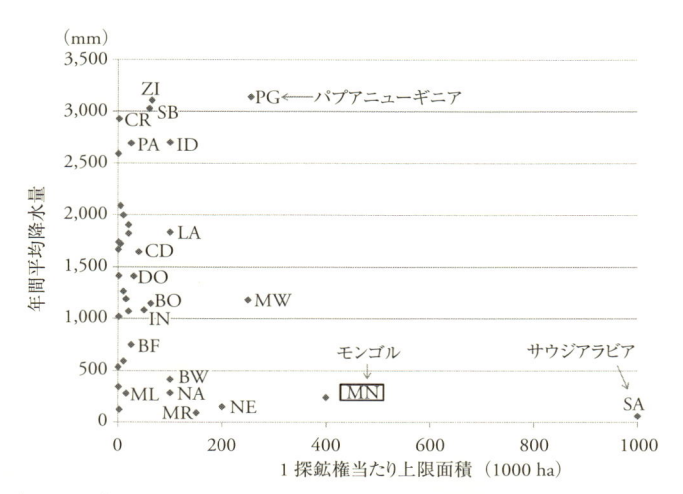

図 8-30　各国の 1 探鉱権あたりの上限面積と年間降水量の比較（散布図）
（表 8-3 のデータより作成）

ある。モンゴル（MN）は 1 探鉱面積の上限面積が 40 万 ha とサウジアラビアに次いで大きく、年間降水量は 241 mm で 5 番目に少ない。サウジアラビアは国土全体が砂漠[14]であるが、モンゴルは国土の 8 割が草原で、中部以北には永久凍土と森林が広がるという生態系の違いが大きい。また、サウジアラビアの地下資源は露天掘りでなく油井戸により汲み上げる原油であるが、モンゴルでは露天掘りにより草原や河川流域を掘削し銅、金、石炭などを採掘しており、生態系に与えるインパクトの大きさが違う。モンゴルの次に 1 探査権の上限面積が大きいのはパプアニューギニア（PG）の 25 万6000 ha で、パプアニューギニアは主に金、銅、原油を産出している。この国は大部分が熱帯雨林気候[15]に属しており降水量はモンゴルの 13 倍の

---

[14]　『データブック・オブ・ザ・ワールド 2012 (Vol. 24)』（二宮書店）の気候区分によると、全国土が乾燥気候の中の砂漠気候。
[15]　『データブック・オブ・ザ・ワールド 2012 (Vol. 24)』（二宮書店）の気候区分によると、一部の高山地帯を除き熱帯雨林気候。

表 8-4 諸外国の砂金採掘を含む露天掘りの規制の例

国　名	鉱業禁止の内容
アルゼンチン	自然環境保護のため、Rio Negro 州（2005 年 8 月より）、Tucuman 州（2007 年 4 月より）、Cordabo 州（2008 年 9 月より）における金属鉱物の露天掘り
ボリビア	公共資源・施設保全のため、水資源（河川・湖・貯水池）、水供給施設などから 100 m 以内の場所での鉱業活動（1997 年より）
中国	環境保全のため、河川・森林・農地での金採掘（2006 年 12 月より）。（チベット自治区では生態系保護のため 2006 年 1 月より砂金採掘を禁止）
コロンビア	生態系保全のため水資源が重要な地域での鉱物採掘（2010 年より）
コスタリカ	自然環境保護のためすべての露天掘り（2010 年より）
エクアドル	自然環境保護のためすべての露天掘り（2004 年より）

出典：Coumans（2012）および独立行政法人・石油天然ガス・金属鉱物資源機構

3142 mm と著しく多い。

　これらの 1 探鉱権あたりの上限面積と年間降水量という数値データに加え生態系や採掘方法を考慮すると、鉱物資源開発の生態系への影響に関しモンゴルは他の国と比較して鉱物資源開発に対する管理がかなり緩い（甘い）といえるのではないか。

生態系保全のための鉱業開発の規制

　次に自然環境に最も悪影響を与えると考えられる河川で行われる砂金採掘に対する規制についてみてみたい。モンゴルにおいて金鉱石採掘を行っているカナダ資本のセントラ・ゴールド社の Igor Kowarski 副社長が、モンゴルで行われている砂金採掘は他の国よりも環境保護に関して規制が緩い、とモンゴルの鉱物資源の会議で発言している[16]。

　これを検証するために他の国の砂金採掘や河川での鉱物採掘の規制状況について調べたところ、表 8-4 に示した国や地域が禁止措置を取っている（河川での砂金採掘が含まれる規制情報が入手できた国または地域のみ）。特に隣国でモンゴルと類似した自然環境が含まれる中国では、砂金採掘による生態系の破壊が著しく、金に的を絞った禁止措置がとられていることが注目され

---

[16]　http://www.forum.mn/pdf/tv/gold_en.htm

第 8 章　鉱業と土地・水資源

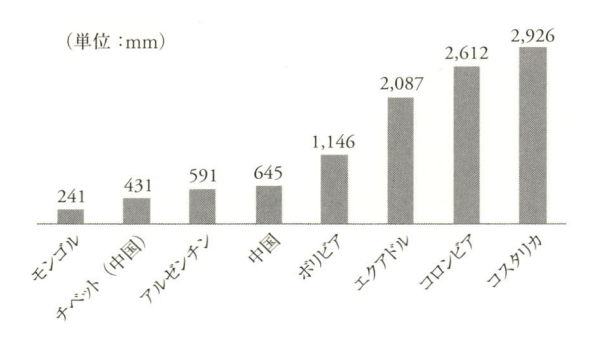

(単位：mm)

モンゴル 241
チベット（中国） 431
アルゼンチン 591
中国 645
ボリビア 1,146
エクアドル 2,087
コロンビア 2,612
コスタリカ 2,926

図 8-31　各国の年平均降水量の比較（FAO AQUASTAT）

る。

　また、世界銀行グループの国際金融公社（International Finance Corporation: IFC）は、鉱業（採掘業）の環境・健康・安全ガイドライン（Mining Environmental Health and Safety Guideline: EHS）を 2007 年 12 月に発表している[17]。IFC はこのガイドラインの中で、河床を掘削し選鉱滓を河川に廃棄する鉱業活動は国際的なグッドプラクティスとはいえない、と警告している。

　上記の砂金や河川などでの採掘が禁止されている国と比較すると、モンゴルは年間降水量が最も少ない（図 8-31）。先に用いた分析（図 8-29）と同様に破壊された生態系が回復する速さの指標として年間降水量を使うと、モンゴルは生態系の再生に最も時間がかかるにもかかわらず、再生がモンゴルよりも速い国々において禁止されている採掘が行われているということになる。

鉱業権と遊牧民の草地利用

　次に鉱業権と遊牧の関係を見てみよう。遊牧民が放牧に利用する牧地のエリアは、基本的に村や郡の行政が管理しているものの固定されているわけで

---

[17]　http://www1.ifc.org/wps/wcm/connect/1f4dc28048855af4879cd76a6515bb18/Final%2B-%2BMining.pdf?MOD=AJPERES&id=1323153264157

はなく遊牧民の牧地利用の権利も明確となっていない。これはモンゴルの厳しく不安定な気候に対応し、干ばつやゾド（雪害。詳しくは序章2節及び6章6-1節参照）が起きたときに相互に乗り入れして利用できるよう、牧地の利用に柔軟性を持たせるためである。そのため利用する牧地のエリアや権利は明文化されておらず、伝統的な慣習にしたがっている。

　一方鉱業権は鉱物資源法に明記されており遊牧民と鉱業をめぐる法制度において、遊牧民が鉱業側の権利に対抗することは難しい。また、鉱山会社の鉱業権と遊牧民の牧地利用の関係を調整する法律の規定が無い。遊牧民と鉱業権の関係については、鉱業側のパワーと権利が一方的に強い状況にある。遊牧民の牧畜業や生活を保全し持続させるためには、この関係をバランスさせることが求められ、鉱物資源法などに鉱業開発を規制する具体的な条項を加えることが必要である。

　現在は慣習により遊牧民が利用する牧地を決めているが、これを明文化し郡庁と契約して遊牧民が保有（排他的利用）する牧地を決めようという動きがあり[18]、これについては第6章6-1節で上村が論じている。この法制化の動きは、鉱業権に対抗することを目的としているわけではなく、市場経済化の進展により慣習による伝統的な牧地利用方法に支障[19]が出てきているということや、遊牧による粗放的な牧畜から、定住や半定住による集約的な牧畜への移行という要因が大きい。

　この草地の保有化という政策を進める場合、鉱業権との関係をどうするかという課題がある。特に探鉱権は国土に広い範囲で出されていることから、

---

[18]　モンゴルでは土地法において、土地の利用に関し、「使用（use）」、「保有（possess）」、「所有（own）」の三つの概念がある。一方牧地は憲法において国がものとされており、遊牧民が牧地を「所有」することはできないが、遊牧民が郡庁との契約により牧地を長期間排他的に保有して利用する方法が検討されている。

[19]　1990年代初めの計画経済から市場経済への移行以後、経済インフラ条件などが悪く流通に不便な地方から交通などの便が良い都市や町、主要道路の近くに遊牧民が集まる傾向があり（5章5-1節参照）、伝統的な慣習による牧地の管理が難しくなってきている。

第 8 章　鉱業と土地・水資源

牧地の保有化エリアと探鉱権エリアが重なるケースが十分ありうるだろう。仮に重なりを認める場合、遊牧民に保有された牧地で探鉱のために掘削（ボーリング）を行う際、また鉱床が見つかり採掘権を鉱山会社に供与する際、牧地利用の保有権と鉱業権を調整する方法や具体的に必要な手続き、補償方法などを法律で定めておくことが必要である。

現行法制度での草原や水資源の保全

　現行の法制度において良質な草地や河川流域を鉱業権から保全するための方法が全くないわけではなく、工夫すれば保全できる可能性はある。これは土地法の第 16 条の「特別用地」の規定である。郡の議会が郡内にある土地を「特別用地」として指定した場合は、鉱業当局はその土地に対して鉱業権（探鉱権または採掘権）を発行することができない。これは鉱物資源法の第 17 条および第 24 条に定められている。土地法第 16 条では牧地に関し、①干ばつやゾドに備えるオトル（Otol）と呼ばれる共同利用草地、または②冬季の干し草を準備するための共同の草刈り用草地を「特別用地」として定めることができることになっている。例えばトゥブ県のザーマル郡では、すでに探鉱権または採掘権が発出されたエリアを除く全面積（28 万 ha の内の 19 万 ha）を「特別用地」に指定した。

　オンギ川の最上流に位置するウブルハンガイ県のウヤンガ郡においても、議会が砂金採掘から流域を保全するためにオンギ川の支流であるブールルジュート川の一つの流域（谷全体）を 2002 年に土地法第 16 条で定める「特別用地」に指定した。しかし、ウブルハンガイ県の県議会が郡の「特別用地」の指定を 2006 年に解除するという変更が行われ（モンゴルの「行政を管理する法律」に基づくとのこと）、鉱山会社に探鉱権が出されたため裁判で争われることになった。その後探鉱権は無効となったが、土地法による鉱業権規制は、「特別用地」としての利用目的が限定的である上に上記のように覆されてしまうケースも多く[20]、草地や河川流域を鉱業権から保全するために

---

[20]　「特別用地」が解除されてしまうケースはウヤンガ郡だけでなく、トゥブ県セルゲ

土地法の規定に基づく「特別用地」の規定を使う場合、十分な保全を期待することは難しい。

鉱業を規制する法律の制定と実施に向けた取組
　砂金採掘が行われている流域の遊牧民や住民の自然環境破壊を懸念する声が大きくなり、2009年7月に「河川上流・水資源保護区域・森林地帯での探鉱・採掘を禁止する法律」（以下、「河川等での鉱業禁止法」という）が制定された。遊牧民や住民で構成するNGOが国会議員に法律の制定を要請したことから始まり、9人の国会議員が法案を提出した。この法案は2009年の春期国会で審議され、国会での審議中はウランバートルで法律の成立を求める遊牧民などのデモやハンガーストライキが行われた。法案は国会を通過し7月16日に制定[21]されたが、鉱業権が取り上げられる鉱山会社への補償の問題などから法律の実施が難航している。

　（河川等での鉱業禁止法の概要）
・河川上流、水資源保護区域および森林地帯での探鉱・採掘を禁止する。
・国が定める戦略的に重要な鉱床[22]については、対象外とする。
・政府が禁止エリアを定める。
・禁止エリアにおいて探鉱権および採掘権は発行されない。
・鉱物資源法の56.1.3[23]に従い、探鉱権・採掘権が無効化される鉱業権保有者は補償される。

　　　　レン郡、アルハンガイ県ツェンヘル郡、NGOの"River Movement"、および国の土地登録局からも聞いた。
[21]　法律は、http://rivermovements.org/pdf/JulyLaw.pdf（英文）およびhttp://www.legalinfo.mn/insys/lawmain.php?vlawid=46655（モンゴル語）から入手可能。
[22]　現在国が定める重要な戦略的鉱床には、タバン・トルゴイ（石炭）、オユ・トルゴイ（銅・金）、エルデネト（銅・モリブデン）、ドルノド（ウラン）、アスガト（銀）など15か所の主要鉱山が指定されている（図8-5参照）。
[23]　「探鉱権または採掘権エリアが特別の目的で指定され、鉱業権保有者が補償されることをもって鉱業権を無効とする」と規定。

第 8 章　鉱業と土地・水資源

- 探鉱権・採掘権を無効化された鉱業権保有者は、環境修復の義務を免除されない。
- 環境修復は地方行政および住民のモニタリングの下、2 年以内に完了しなければならない。
- 上記のモニタリングは、地方議会の決定により環境団体や NGO に委任することができる。

この河川等での鉱業禁止法が制定される以前から、先に述べたように土地法や水法[24]において、一定の牧地、水資源などを開発から保全できる規定はあるものの、実際には実効ある規制を行うことが難しいことからこの法律が制定されたといえる。

河川等での鉱業禁止法の規定では、鉱業の禁止区域として定められた河川などの水資源とその周辺および森林地帯に対して探鉱権および採掘権の発行は禁止され、すでに発行済みのライセンスは無効となり、ライセンスを無効とされた鉱山会社は自然環境を修復しなければならない。

禁止区域（河川上流、水資源保護区域および森林地帯）の指定については、自然環境省が中心となり、郡行政官や NGO 関係者とともに 2009 年から 2010 年にかけて調査が行なわれた。水資源保護区域のうち河川に関しては、河川およびその周辺（河川の端から 200 m〜3000 m〔その後 200 m〜1000 m に変更〕の間で郡ごとに決定）が禁止区域として設定された。

この法律が実施されれば草原や河川流域などの生態系の保全にとって有効な規制となる。しかしすでに出されている鉱業権の無効化に伴う当該鉱山会社への補償額が、2010 年 11 月に出された政府の情報によると（表 8-5）、年間国家収入（2010 年の中央政府の収入額は約 19.61 億ドル）の約 2 倍に相当する 40 億ドルという巨額になることなどから、この法律は施行に至っていない（2013 年 5 月時点）。

---

[24]　水法（Law of Mongolia on Water）第 31 条の 3 では河川から 200 m 以内を保護ゾーンとすることを規定している。

表 8-5 モンゴル政府による禁止区域に含まれる鉱業権および補償金額

1. 禁止区域に係る採掘権			3. 採掘権（全国）〈2009 年 10 月時点〉		4. 補償金額（百万）			
鉱物の種類	鉱業権数 (a)	割合	ライセンス数 (b)	割合 (a/b)	トゥグルグ	USドル	割合	
金	278	71%	468	59%	510,200	408	10%	11%
砂金	254	65%						
金鉱石	24	6%						
石炭	31	8%	178	17%				
建築材料	43	11%	203	21%				
その他	39	10%	267	15%				
計	391	100%	1,116	35%	4,730,000	3,784	94%	100%
2. 禁止区域に係る探鉱権								
金	460							
金以外	931							
計	1,391				315,400	252	6%	
合計	1,782				5,045,400	4,036	100%	

注：トゥグルグはモンゴルの通貨で、1ドル＝1,250 トゥグルグで試算
出典：表中の3以外のデータは、News letter (Feb 10, 2011), Anderson and Anderson LLP, http://www.anallp.com/the-reality-of-mineral-prospecting-and-exploration-in-water-basins-and-forest-areas/

　すでに供与している鉱業権を国の自然環境保全のために無効とする場合、憲法の第6条で国の所有と定められている地下資源について、国が鉱山会社に対し補償すべきかどうかという点は議論が分かれるところである[25]。また仮に補償する場合、未採掘の埋蔵されている資源（遺失利益）も対象とするかどうかという点もある。算定方法は不明であるが算定された補償額の大きさをみると、遺失利益がかなり含まれていると判断される。

　また、自然環境省によると（2012年5月）、禁止区域にかかる1782のライセンスの面積は1830万 ha であるが、禁止区域内だけに限定すると380万

---

[25] この法律の制定に向けて運動を行ってきた、砂金が採掘されている流域の遊牧民や住民で構成する NGO の"River Movement"は、①憲法で地下資源は国の所有と定められていること、②砂金採掘会社は多くの河川や森林を破壊し国や地元にこれまで多大な損害を与えていることから補償すべきではないと主張。

ha に減少する。これは一つのライセンスが禁止区域とそれ以外にまたがっているためと考えられ、仮に補償を行う場合は禁止区域内のエリアだけに限定すべきである（禁止区域外は再度ライセンスを申請することにより探鉱または採掘が可能）。補償額の算定根拠が不明なので、もし政府による補償額の計算において禁止区域外の面積も含まれているならば、これを除くことが必要となる。

　自然環境に影響を与えているモンゴルの鉱物資源採掘のうち特に深刻なのは、これまで考察したように砂金採掘である。河川等での鉱業禁止法に基づく禁止区域の採掘権全体に占める鉱物別採掘権割合をみると、表 8-5 に示したように金が 71％と大部分を占め、なかでも砂金が 65％と多い。また、全国の採掘権数（2009 年 10 月時点）に占める禁止区域の採掘権数をみると、金の採掘権のうち約 60％が禁止区域に含まれる。

(4) 生態系や遊牧の保全に向けた砂金採掘の規制

　最後に、近年成長が著しいモンゴルの鉱物資源開発における砂金の占めるシェアを見てみよう[26]。図 8-32 は輸出額全体に占める鉱物ごとのシェアの推移を示しており、近年金のウエイトは減少が著しく、最近 5 年間でみると 2008 年の 24％から 2011 年には 2％に大きく低下している。金生産全体のうち砂金由来の金のシェアは、探鉱を行っている地質コンサルタント（Tumenbayar B）など鉱物資源関係者によると半分程度と推測され、最近では輸出額の 1％程度が砂金由来の金と考えられる。今後南ゴビのオユ・トルゴイで金鉱石の採掘が開始されるため、金全体のシェアが上昇する可能性があるが、砂金由来の金のウェイトがさらに低下することは間違いない。

　カナダ資本のセントラ・ゴールド社の探鉱専門家（セレンゲ県フデル郡における金鉱床探査プロジェクト責任者）によると、モンゴルの砂金の埋蔵量の 7、

---

[26]　金については中国への密輸出があるといわれるが、性格上その数量は把握できないため公式統計（モンゴル国家統計局データ）で分析する。

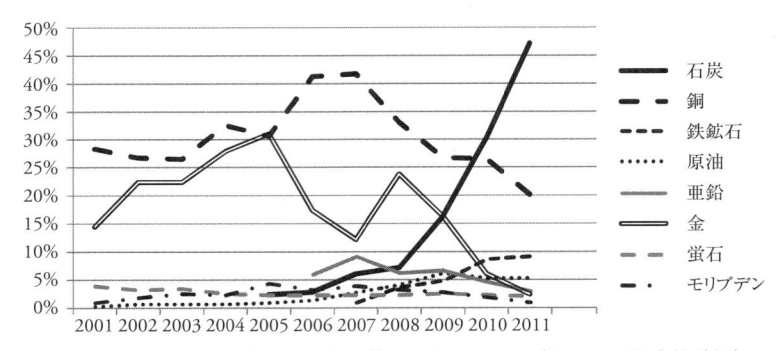

第 2 部　人間活動と生態系ネットワーク

図 8-32　輸出金額に占める鉱物の種類ごとのシェア（モンゴル国家統計局）

8 割はすでに採掘済みであり、砂金の残存量自体も少なくなってきているようだ。

　河川等での鉱業禁止法が制定されたものの実施できない状況にあるが、少しでも前に進める現実的な方法として、生態系への負の影響が大きくかつモンゴル経済での重要性が今や小さくなった砂金採掘に絞り、つまり、当面対象範囲を砂金に集中させてこの法律を施行することが適切ではないだろうか[27]。

　前節で述べたように、今後地下資源を採掘する鉱業が中心となりモンゴルの経済を牽引していくことが明らかであるが、降水量がモンゴルより約 8 倍多い日本と違い乾燥地帯に位置するモンゴルでは微妙な水循環のバランスでその生態系が維持されている。したがって河川や永久凍土などの水資源、草原、森林に深刻な影響を与えない開発とすることが求められる。また、経済・社会を持続的なものとするには、国土の 8 割を占める草原で持続的に営まれている牧畜と鉱物資源開発との共存を図るべきであろう。水資源や森林とい

---

[27]　補償を行うことの是非や補償額の計算方法の問題はさておき、表 8-5 に示したように禁止区域の金採掘にかかる補償額は全体の 1 割程度と相対的に小さく、仮に補償する場合でも実行しやすいということも挙げられる。

うモンゴルにとって特に重要な自然環境を破壊から防ぐため鉱業開発を規制し、さらに遊牧との両立を図ることができる実効ある法制度が段階的にでも前進することが必要と考える。

参考文献・資料

8-1 節
Collier, P. (2010) The Plundered Planet: How to Reconcile Prosperity with Nature. The Wylie Agency, London, UK.（コリアー P.（村井章子訳）（2012）『収奪の星―天然資源と貧困削減の経済学』みすず書房，東京.）

独立行政法人・経済産業研究所（2002）第 I 編　鉱物資源の多様性と安定供給．『主要鉱物資源の供給障害が日本に及ぼす影響に関する調査研究』.
http://www.rieti.go.jp/jp/projects/koubutsu/?stylesheet=print

Harvey, D. (2010) *The Enigma of Capital and the Crises of Capitalism*. Profile Books.（ハーヴェイ，D.（森田成也他訳）（2012）『資本の〈謎〉―世界金融恐慌と 21 世紀資本主義』作品社，東京.）

IMF (2012) *Mongolia: Second Post-Program Monitoring Discussions*.
http://www.imf.org/external/pubs/ft/scr/2012/cr1252.pdf

石炭エネルギーセンター（2009）*World Coal Report* Vol. 1.
http://www.brain-c-jcoal.info/worldcoalreport/S01-01-01.html

U.S. Department of the Interior (2010) *Mineral Commodity Summaries 2010*.
http://minerals.usgs.gov/minerals/pubs/mcs/2010/mcs2010.pd

World Energy Council (2007) *2007 Survey of Energy Resources*. Uranium. http://www.worldenergy.org/documents/uraniumcountry_notes.pdf

8-2 節
Bazuin, G., Grayson, R., McBride, F., and Barclay, I. (2000) Review of the Gold Dredges in Mongolia with comment on mitigation of environmental impacts. *World Placer Journal*, 1: 90–106.
http://www.mine.mn/WPJ1_4_90–106_gold_dredges.pdf

Byambaa, B., and Todo, Y. (2011) Technological impact of placer gold mine on water quality: case of Tuul river valley in the Zaamar Goldfield, Mongolia. *World Academy of Science, Engineering and Technology*, 75: 167–171.
http://www.waset.org/journals/waset/v51/v51-27.pdf

Chinzorig, G. (2009)『モンゴル国の表面水の汚染』Ulaanbaatar, Mongolia.［モンゴル語］

Coumans, C. (2012) *CIDA's Partnership with Mining Companies Fails to Acknowledge and Address the Role of Mining in the Creation of Development Deficits*.

http://www.miningwatch.ca/sites/www.miningwatch.ca/files/Mining_and_Development_FAAE_2012.pdf

高橋裕平（2004）モンゴルにおける鉱業活動．地質ニュース，600号：18-24．

ダワー，G・オユンバータル，D・杉田倫明（2006）モンゴルの地表水．『モンゴル環境ハンドブック』（小長谷有紀編）pp. 42-54．見聞社，京都．

独立行政法人・石油天然ガス・金属鉱物資源機構（2005）資源開発環境調査．
http://mric.jogmec.go.jp/mric_search/Search.do?akey=%E8%B3%87%E6%BA%90%E9%96%8B%E7%99%BA%E7%92%B0%E5%A2%83%E8%AA%BF%E6%9F%BB&dsel=98&fyear=&fmonth=&fdate=&tyear=&tmonth=&tdate=&syear=2005&smonth=10&sdate=7&check=7&okey=&pkey=&nkey=&fflg=false&psel=100&nowPage=1&recordSize=87&ssel=0&ccheck=7+

Mijiddorji, R. and Bayasgaralan, Sh. (2006) *Integrated Assessment on Drying Process in the Ongi River Basin*. Ulaanbaatar, Mongolia. [モンゴル語]

Mongolian Business Development Agency (2003) *Ninja Gold Miners of Mongolia: Assistance to Policy Formulation for the Informal Gold Mining Sub-sector in Mongolia*.
http://www.rivermovements.org/pdf/Ninja_Report.pdf

Sharkhuu, N. (2003) Recent changes in the permafrost of Mongolia. *Permafrost*, 2003: 1029-1034.
http://research.iarc.uaf.edu/NICOP/DVD/ICOP%202003%20Permafrost/Pdf/Chapter_180.pdf

杉田倫明（2003）水循環プロセスと生態系との係わり —— 水文学から見たモンゴル経済．科学，30(4): 559-562．

補論2　日本・モンゴル関係の現在
── 経済的な結びつき

草野栄一

　第2部では主にモンゴル国内の人間活動と自然環境の関係が論じられてきた。しかし、モンゴルにおける人間活動は一国で閉じているわけではなく、少なからず他国の影響を受けている。近年活発に行われている畜産品や鉱物の国際貿易が牧畜民の行動に影響し、牧畜業や自然環境にも影響が及んでいるという可能性については、5章5-2節や8章で論じられた通りである。

　補論2と続く補論3では、日本との関係を事例として経済・社会・文化的な関係を包括的に論じることで、モンゴルの人間活動が他国とどのように影響しあっているかという、より広域的な相互作用の一端を明らかにすることを目指す。このような議論は、モンゴルにおける生態系ネットワークの理解に寄与するだけでなく、「日本がモンゴルの生態系ネットワークが抱える課題にどのようなかたちで関与していけるか」という問題を考える上でのヒントにもなるはずである。まず、日本はモンゴルの人たちにどう思われているのかという、一般的な疑問について考えるところから議論を始めたい。

1 | モンゴルの対日世論

　個人的な経験からは、モンゴルの人たちの対日感情は非常に良いと感じる。では、より客観的な情報であるモンゴルの対日世論はどうだろうか。2004年末に日本の外務省がモンゴルで世論調査を行っている。調査結果からは、モンゴルの人たちが好きな国は1位米国（42％）、2位日本（33％）、3位韓国（24％）と、日本は好感を持たれているということが分かる（外務省

第 2 部　人間活動と生態系ネットワーク

表1　日本を信頼できると回答した人の、信頼できる理由（複数選択回答）

経済・技術協力（無償援助、借款等）	63.8%
経済的結びつき	41.3%
文化面での共通性	15.1%
地理的な近さ	10.1%
過去の歴史・経験	8.7%
その他	1.9%

（外務省 2005）

2005）。また、「日本は信頼できる友邦と考えるか？」という質問に対し、信頼できると回答した割合は 50%で、信頼できないという 5%を大きく上回っている。

　日本を信頼できる理由の第 1 位は経済・技術協力であり、第 2 位は経済的な結びつきである（表1）。加えて、「モンゴルに対する援助に最も力を入れている国・機関はどこだと思うか？」という質問に対し、モンゴルの人たちは 1 位に日本を挙げている[1]。モンゴルの人たちの日本への信頼感は、援助や経済的な結びつきによって醸成されてきた部分が大きいといえる。

2 ｜日本・モンゴル貿易

　国家間の経済的なつながりの代表は貿易である。2010 年の貿易額データによると、モンゴルは主に鉱物性生産品を輸出し、鉱物性生産品や機械、自動車などを輸入している。貿易相手国別に見ると、輸出においては中国が圧倒的なシェアを占めていることが分かる（表2）。輸入においてはロシアと中国が大きなシェアを占めており、日本がそれに続いている。

　日本とモンゴルの間では、どのようなモノが取引されているだろうか。図1 には、日本とモンゴルの主な品目別の貿易額が示されている。まず、日本

---

[1]　複数選択回答で、1 位「日本」47%、2 位「アジア開発銀行」40%、3 位「ロシア」21%、4 位「世界銀行」13%、5 位「日本の NGO」11%。

表2 モンゴルの貿易相手国（2010年）

	モンゴルからの輸出				モンゴルの輸入		
順位	相手国	金額（千万ドル）	シェア（％）	順位	相手国	金額（千万ドル）	シェア（％）
1	中国	246.0	84.9	1	ロシア	109.0	33.3
2	カナダ	14.2	4.9	2	中国	100.0	30.5
3	ロシア	7.9	2.7	3	日本	19.8	6.0
4	イギリス	6.7	2.3	4	韓国	18.3	5.6
5	イタリア	3.2	1.1	5	アメリカ	15.9	4.9
⋮	⋮	⋮	⋮	⋮	⋮	⋮	⋮
12	日本	0.3	0.1				
	総額	289.9	100.0		総額	327.8	100.0

(NSO 2011)

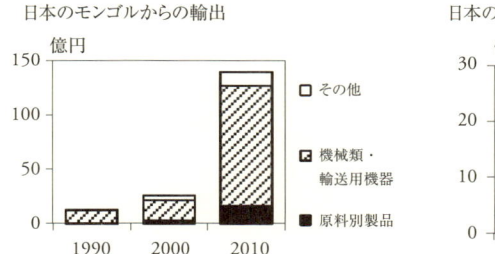

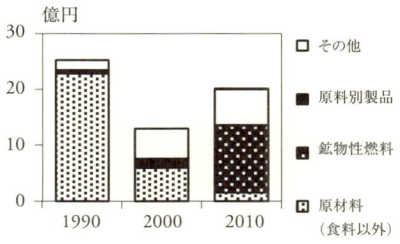

図1 日本とモンゴルの主要品目別貿易額。各年の貿易額は輸出入物価指数で2010年水準にデフレートした。（財務省2011、日本銀行2011）

　からモンゴルへの輸出額を見ると、「機械類・輸送用機械」が急増していることが分かる。「機械類・輸送用機械」の輸出額増加は、主に乗用車の輸出額増加によるものである。輸出額の一定割合を占める「原料別製品」の中では、ゴム製品と金属製品が大きな割合を占める。ゴム製品は主にゴムタイヤとチューブ、金属製品は主に鉄鋼製構造物・建設材である。
　次に、モンゴルから日本への輸出に着目すると、「食料以外の原材料」輸出額が急減し、「鉱物性燃料」の輸出額が急増していることが分かる。「食料以外の原材料」は、織物用繊維（主に繊獣毛）と金属鉱物（主に銅鉱）が多

かった[2]。また、「鉱物性燃料」は主に原料炭（石炭）である。輸入額の一定割合を占める「その他」の品目のうち輸出額が大きいものは雑製品と再輸入品であり、雑製品の中で大きなシェアを占めるのはセーター類である。

（1）自動車貿易の拡大

　日本からモンゴルへの自動車の輸出台数増加は、モンゴル国内における自動車の普及によるところが大きい。1995年に5万6000台だったモンゴルの自動車数は、2010年には28万5000台になった（NSO各月版a、NSO各年版）。特に、自動車のうち60～70％を占める乗用車の増加は著しい[3]。1995年には21家庭に1台だった乗用車は、2000年には13家庭に1台、2010年には4家庭に1台になった[4]。

　モンゴルの乗用車輸入額は、2000年の3000万ドルから2010年の1億7000万ドルにまで増加した。2010年の日本からの輸入額は1億2000万ドルで、2位のドイツ（1000万ドル）を引き離し圧倒的なシェアを誇っている（NSO各年版）。図2にみられるように、日本からの自動車輸出量は2003年前後から急増している。2009年には不況のあおりを受けて一時減少したものの、2010年には2万台の水準まで回復した。このように日本から輸出される自動車のほとんどは、輸出単価30万円前後の中古乗用車である（財務省2011）。

---

[2]　繊獣毛とは、カシミヤ（ヤギの柔毛）およびアルパカ、リャマ、ビクーニャ、ラクダなどの毛である。ウマのたてがみなどの粗獣毛や羊毛は含まれない。

[3]　"Cars"の外数として"Trucks"や"Public transport means"のデータが存在するため、ここではNSO（各月版a）に記載されている"Cars"を乗用車として扱った。

[4]　家庭数（NSO各年版）と乗用車台数（NSO各月版a、NSO各年版）より求めた。2010年の家庭数は、2008～2009年の家庭数増加率を2009年家庭数に乗じて推計した。

図2　日本のモンゴルへの自動車輸出量（財務省 2011）

(2) カシミヤ貿易の縮小

　かつてモンゴルから日本への輸出額が大きかった繊獣毛のほとんどはカシミヤ原毛である[5]。モンゴルでは、1990年代初頭の市場経済化以降、ヤギ頭数が増加してきた。これに伴いカシミヤの供給余力は増加したが、生産されたカシミヤのほとんどは中国に輸出されており、日本への輸出量は図3に示したように減少し続けている。

　日本はモンゴルからだけでなく、世界からの繊獣毛・カシミヤ輸入量を減少させている[6]。繊獣毛の総輸入量は1994年に5600トンでピークを迎えた後に減少し、2010年には200トンになった。カシミヤ輸入量は、2003年に約700トンであったが、2010年には52トンになっている。これは、日本のカシミヤ需要減少に加え、加工・製造拠点の海外進出の結果であるといわれている（野村総合研究所 2009）。

---

[5] カシミヤ原毛は、カーディングまたはコーミングしていないカシミヤを指す。カーディングやコーミングは、毛をすいてきょう雑物を除き、繊維の方向をそろえる作業（財務省 2011）。

[6] 2002〜2010年の世界からのカシミヤ輸入量のうち、87％が中国によって占められており、モンゴルが占める割合は13％（財務省 2011）。

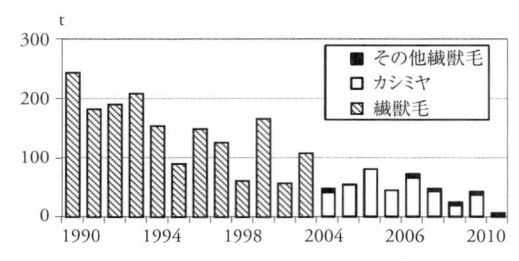

第 2 部　人間活動と生態系ネットワーク

図 3　日本のモンゴルからの繊獣毛輸入量（財務省 2011）

(3) 鉱物資源貿易の可能性

　カシミヤと同じく、銅の原料である銅鉱のモンゴルからの輸入量も急減した。日本の銅鉱総輸入量は、1990 年には約 400 万トンであったが徐々に増加し、2010 年には 500 万トンになった。モンゴルからの輸入量は最多の 1994 年でも 4 万トンと少なかったが、1999 年からは輸入されなくなった（財務省 2011）。一方、モンゴルの銅精鉱輸出量は 2000 年ごろから 50〜60 万トンで推移しており、そのほとんどが中国に輸出されている（NSO 各月版 a、NSO 各月版 b）。

　モンゴルからの輸入額が急増した石炭は、主に製鉄業などで使用されるコークス用炭である。急増したとはいえ、2010 年のモンゴルからの輸入量 6 万トンは、日本の総輸入量 2600 万トンから見ても、モンゴルの総輸出量 1700 万トンから見ても非常に少ない（財務省 2011）。石炭輸入元の多角化を目指す日本企業は、2011 年 2 月に 51 億トン（コークス用炭は 18 億トン）と世界最大の埋蔵量を持つといわれるモンゴルのタバン・トルゴイ炭田開発の入札に参加するなど、モンゴルからの輸入拡大の動きを活発化させている（外務省 2011a）。

　現在日本・モンゴル間に貿易は無いが注目を集めているのが、携帯電話などの生産に必要とされるレアアース（希土類）である[7]。1990 年には 18 万ト

---

[7]　レアアースは、レアメタル（希少金属）に含まれる 31 鉱種の一つであり、液晶ディ

ンだった日本のレアアース総輸入量は、2006年には1000万トンにまで増加したが、その後減少に転じ2010年には600万トンになった（財務省 2011）。1993～2008年まではほぼ全量を中国から輸入していたが、2008年前後からの中国の輸出不安定化を受けて、輸入元の多角化が目指されるようになった（財務省 2011、経済産業省 2009）。2010年7月、日本とモンゴルはレアアースをはじめとするレアメタルのポテンシャル評価のための共同探査に合意し、同年10月には現地調査が行われた[8]（経済産業省 2010）。

2010年半ば以降、日本・モンゴル間で首脳会談などが行われ、石炭やウラン、レアメタル・レアアースなどのモンゴルの鉱物資源開発における両国の協力を推進する方針が示されている（経済産業省 2010）。日本によるモンゴルの鉱物資源獲得の動きは緒についたばかりだが、モンゴルは日本の鉄鋼業・機械産業安定化のための重要なパートナーになる可能性がある。

3 モンゴルと援助

日本とモンゴルの関係は貿易だけにとどまらない。世論調査の結果にもあったように、日本は政府開発援助（ODA）によるモンゴル支援に力を入れてきた（図4）[9]。日本の対モンゴルODAは、1977年のカシミヤ衣料品工場

スプレイの研磨に使われるセリウムや、モーターの磁石に使われるネオジムなどの17元素の総称。携帯電話の他、デジタルカメラや携帯音楽プレーヤー、テレビ、パソコン、エコカーなどの生産に用いられる。

[8] 日本の独立行政法人JOGMEC（石油天然ガス・金属鉱物資源機構）および産業技術総合研究所と、モンゴルの鉱物資源・エネルギー省の合意。

[9] ODA（政府開発援助：Official Development Assistance）とは、OECD（経済協力開発機構）のDAC（開発援助委員会）が作成するリストに掲載された開発途上国・地域に対し、経済開発などのために公的機関によって供与される贈与や条件の緩やかな貸付のこと（外務省 2011c）。日本政府のODA予算は、二国間援助やJICAを通じて行う技術協力、NGOの補助、国際連合グループなどへの資金拠出、円借款などに用いられる（図4）。ODA事業量は、一般会計予算に加え、円借款、国際金融機

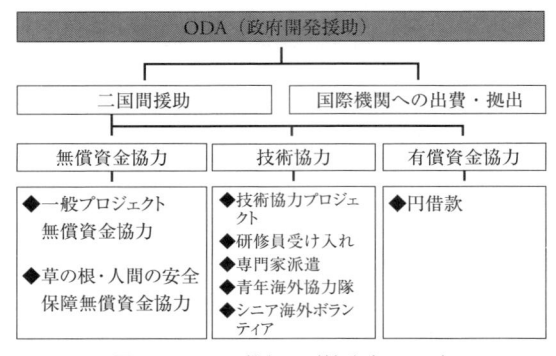

第 2 部　人間活動と生態系ネットワーク

```
                    ODA（政府開発援助）
          ┌──────────────┴──────────────┐
       二国間援助                国際機関への出費・拠出
  ┌───────┼───────┐
無償資金協力  技術協力    有償資金協力
◆一般プロジェクト  ◆技術協力プロジェ   ◆円借款
  無償資金協力     クト
               ◆研修員受け入れ
◆草の根・人間の安全 ◆専門家派遣
  保障無償資金協力  ◆青年海外協力隊
               ◆シニア海外ボラン
                 ティア
```

図 4　ODA の枠組み（外務省 2011c）

建設に関する無償資金協力に始まる[10]。その後しばらくはカシミヤ工場関連の技術支援などに限られていたが、1990 年前後のモンゴルの市場開放を経て大規模な二国間援助が開始された（外務省 2010）。

図 5 には、各国・国際機関のモンゴルへの ODA 事業量と、世界の援助国・機関の援助総額に占める日本の割合が示されている。日本の ODA 予算総額は減少を続けているが、モンゴルに対する ODA は概ね世界の援助総額の 30％以上と高い水準で推移している[11]。

対モンゴル ODA の使途は教育、食料、環境、運輸、インフラ整備など多岐にわたる（JICA 2011）。これまで無償資金協力として、小麦や米などの食

　　関などへの出資、債務救済を含む支出純額で計られる。
[10]　1976 年に UNIDO（国際連合工業開発機関）の支援を受けた日本によりカシミヤ製品加工のための小規模工場が建設された。UNIDO 案件の成功により、1977 年に日本の無償資金援助によるカシミヤの一貫工場の建設が決定し、1981 年にゴビ・コンビナート（現ゴビ・コーポレーション）が操業を開始した（MWCA 2003）。
[11]　日本の一般会計 ODA 当初予算は、1997 年の 1 兆 1700 億円をピークにほぼ一貫して減少を続け、2011 年には 5 千 7 百億円になった（外務省 2011d）。日本の 2000 年 ODA 事業量（135 億ドル）が DAC 諸国に占める割合は 25％で世界第 1 位だった。2009 年の事業量（95 億ドル）が DAC 諸国に占める割合は 8％で、アメリカ（288 億ドル）、フランス（126 億ドル）、ドイツ（121 億ドル）、イギリス（115 億ドル）に次いで世界第 5 位である（OECD 2011）。

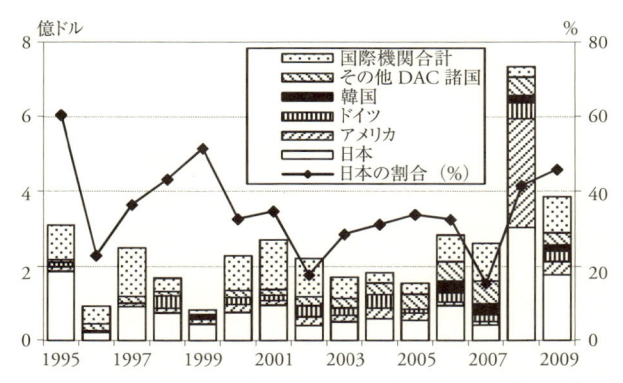

図5 モンゴルに対する世界のODA事業量と日本が占める割合。「国際機関」のうち拠出額が大きいのは、AsDF（アジア開発基金）とIDA（国際開発協会）の2機関（それぞれ、アジア開発銀行と世界銀行のグループ機関）（OECD 2011）

料援助、急増する都市人口に対応するための学校建設、交通渋滞を緩和するための高架橋の建設、恐竜の化石が多数展示されている自然史博物館の展示・視聴覚機材の整備、モンゴル・日本人材開発センターの設立などが行われてきた（図6）。技術協力としては、初等教育指導やモンゴル・日本人材開発センターでの日本語教育や人材育成、農牧業複合経営の指導・普及、大気汚染対策、湿原生態系保全、気象予測のための人材育成などが行われてきた。さらに、ウランバートル空港建設や火力発電所改修、炭鉱開発などに対する有償資金協力（円借款）が行われてきた。

(1) 口蹄疫の拡大防止

日本による対モンゴル援助の事例を二つ紹介する。

一つ目の事例は、口蹄疫の感染拡大防止のためのワクチンと注射器の供与である（モンツァメ通信社 2010）。口蹄疫は、ウシ、ヒツジ、ヤギ、ブタなどの家畜が感染するウィルス性の伝染病で、感染すると家畜の口の中や蹄などに水ぶくれができ、運動・発育障害、乳分泌量の減少などの問題が生じる（村上 2000）。日本では2010年に宮崎県で発生して大きな社会問題となったが、

図6 無償資金協力で設立されたモンゴル・日本人材開発センター。日本語教育などが行われており、多くの人が訪れる。2010年8月3日筆者撮影。

モンゴルでも同年に発生が報告された。

2010年11月、日本はモンゴルで発生した口蹄疫に対してワクチンと注射器を供与するため、限度額を約1600万円とする無償資金援助を行った。これは、「草の根・人間の安全保障無償資金協力」というODAの枠組みの中で行われた。

(2) 大気汚染の緩和

二つ目の事例は、モンゴルの首都、ウランバートル市の大気汚染緩和のための支援プロジェクトである（モンツァメ通信社2011）。ウランバートルは、冬になると炭臭くなる（図7）。これにはいくつか原因がある。まず、街を取り囲むように密集する約14万世帯のゲル住宅が、暖を取るために大量の石炭を燃やす。また、市内に電力と温水を供給する三つの火力発電所や、1千を越える中小規模のボイラが石炭を燃やす（JICA 2010）。この結果、街が霞がかって見えるほどの大気汚染が発生する。

補論2　日本・モンゴル関係の現在

図7　冬の朝には遠くが霞んで見える。2011年1月9日8時42分筆者撮影。

　JICA（独立行政法人国際開発機構）は、大気汚染発生源の解析や、大中規模のボイラを対象とした排ガスの測定、専門官や関係職員の能力向上のためのプロジェクトを実施し、問題解決に関わる人材育成と行政能力強化のための支援を行っている。

(3) モンゴルからの震災支援

　日本は一方的にモンゴルを支援しているわけではない。日本が危機的な状況に陥った時、モンゴルは日本に支援の手を差し伸べてきた。
　1995年の阪神大震災や2004年の新潟県中越地震では、モンゴル政府や市民、企業から多くの毛布や義援金が寄せられた。2011年の東日本大震災では、外国の災害に対するモンゴルの義援金としては過去最高額である8200万円の支援が決定された。また、毛布約2500枚とセーターや靴下約800着・足が送られただけでなく、国家公務員全員が月給1日分を、日本のODAを受ける機関が月給1〜5日分を、ダルハン・オールの孤児院の孤児たちが生活保護金1か月分を全額寄付するなどし、広く一般市民や企業から義援金が

527

集められた[12]（外務省 2011b）。

4 経済的な結びつきと日本・モンゴル関係

　日本のスーパーでは、モンゴル産の商品はなかなか見つけられない。モンゴルのスーパーでも、中国産や韓国産の商品と比べると日本産の商品は非常に少ない。しかし、統計データは、2国間に経済的な結びつきが無いわけではないということを教えてくれる。モンゴルでは、日本の中古乗用車が存在感を示している。日本は、かつてはカシミヤ原毛や銅鉱を、近年は石炭を一定規模輸入している。今後モンゴルは、輸入元多角化が目指される石炭やレアアースの輸出国として、日本との経済関係を深めていく可能性がある。

　日本の対モンゴル ODA は口蹄疫や大気汚染対策、インフラ整備、教育プロジェクトなど多岐にわたる。この成果はモンゴル国民に広く認知され、好意や信頼感の醸成につながっている。日本への好意・信頼感は、例えば日本への震災支援で、月給の一部や 1 か月分の生活保護金を丸ごと寄付するというモンゴル国民の行動に垣間見ることができる。

　経済活動や援助は日本とモンゴルの関係を良好なものにし、良好な関係は2国間の経済的な結びつきの強化に寄与しているようである。もちろん経済関係だけでなく、旅行やスポーツなどを通した文化的な交流や、草原劣化抑制や遊牧文化理解の研究などの学術的な関係が、互いの信頼形上重要な役割を果たしていることは言うまでもない。

---

[12]　1995 年の阪神大震災では、モンゴル政府から毛布約 2000 枚と手袋 500 双の支援を受けた。2004 年の新潟県中越地震では、毛布約 500 枚に加え、市民や企業から約 600 万円の義援金が寄せられた（外務省 2011a）。2011 年の東日本大震災では、義援金などに加えて 12 名の救助隊員が宮城県内で活動した。

参考文献・資料

外務省（2005）モンゴルにおける対日世論調査（概要）．
　http://www.mofa.go.jp/mofaj/area/mongolia/yoron05/index.html
外務省（2010）モンゴル，政府開発援助（ODA）国別データブック 2010．
　http://www.mofa.go.jp/mofaj/gaiko/oda/shiryo/kuni/10_databook/pdfs/01-10.pdf
外務省（2011a）最近のモンゴル情勢と日・モンゴル関係．
　http://www.mofa.go.jp/mofaj/area/mongolia/kankei.html
外務省（2011b）震災の現状と対応，「がんばれ日本！　世界は日本と共にある」（世界各地でのエピソード集（4月8日現在））
　http://www.mofa.go.jp/mofaj/saigai/index.html
外務省（2011c）ODA 白書，参考資料集，年次報告．
　http://www.mofa.go.jp/mofaj/gaiko/oda/shiryo/hakusyo.html
外務省（2011d），ODA 予算，資料・統計．
　http://www.mofa.go.jp/mofaj/gaiko/oda/shiryo/index.html
JICA（国際協力機構）（2010）ウランバートル市大気汚染対策能力強化プロジェクト
　http://www.jica.go.jp/mongolia/activities/project/12.html
JICA（2011）モンゴル　http://www.jica.go.jp/mongolia/index.html
経済産業省（2009）レアメタル確保戦略．
　http://www.meti.go.jp/press/20090728004/20090728004.html
経済産業省（2010）資料 2　資源確保を巡る最近の動向，総合資源エネルギー調査会鉱業分科会・石油分科会合同分科会（第 1 回）配付資料．
　http://www.meti.go.jp/committee/sougouenergy/kougyou/bunkakai_goudou/001_haifu.html
モンツァメ通信社（2010）モンゴル通信，2010 年 11 月 26 日号．
モンツァメ通信社（2011）モンゴル通信，2011 年 1 月 14 日号．
村上洋介（2000）口蹄疫ウイルスと口蹄疫の病性について．日本獣医師会誌，53, 257–277．
MWCA (Mongolian Wool and Cashmere Association：モンゴル羊毛カシミヤ協会) (2003) Survey on production and manufacturing of the wool, cashmere and camel hair, Mongolian-German Project on "International Trade Policy/WTO", Ulaanbaatar, http://www.forum.mn/res_mat/WoolCashmere_eng.pdf
NSO (National Statistical Office of Mongolia：モンゴル国家統計局) (2011) Bulletin 2010 Dec. http://www.nso.mn
NSO (National Statistical Office of Mongolia), 各月版 a. Bulletin, http://www.nso.mn
NSO (National Statistical Office of Mongolia), 各月版 b. Review, http://www.nso.mn
NSO (National Statistical Office of Mongolia), 各年版 Yearbook. http://www.nso.mn
日本銀行（2011）時系列統計データ検索サイト　http://www.stat-search.boj.or.jp
野村総合研究所（2009）平成 20 年度アジア産業基盤強化等事業　モンゴルカシミヤに係る

第 2 部　人間活動と生態系ネットワーク

　認証制度及び品質管理実施可能性調査報告書，平成 20 年度委託調査報告書（経済産業省）.
　　http://www.meti.go.jp/report/data/g90415aj.html
OECD (2011) OECD. StatExtracts. http://stats.oecd.org/Index.aspx
財務省（2011）財務省貿易統計．http://www.customs.go.jp/toukei/info/index.htm

補論 3　日本・モンゴル関係の展開
── 友好と協力

Z. バトジャルガル

　日本の学術研究機関や大学の研究者らは、モンゴルの歴史文化・社会経済・自然環境分野などの研究で、モンゴルのカウンターパート機関や研究者らと協力し、科学的な価値と実用的な意義を持つ多くの成果をあげてきた（IGES 2010; RIHN 2012; Munkhtsetseg 2006; Ozawa 2002）。このような研究協力には、直接または間接的に、日本とモンゴルの交流範囲や国家政策、政治・経済の動向、世論など、多くの要因が影響している（Batbayar 2005; MUZG 2009; MUIKh 2011; BOAJY 2012）。二国間のさらなる友好関係の醸成に加え、多様な研究協力を推進するという観点からも、本節では日本とモンゴルの交流の歴史をひもとき、これからあるべき関係についての考察を試みる。

1 | 日本・モンゴル関係の歴史的変遷

　日本人とモンゴル人はどちらも「蒙古斑」をもち、言語的にもよく似た部分があるため、ルーツは同じだという人は少なくない。海を隔てた遠い地に暮らしてきた日本とモンゴルの民族は、いつ、どのように、どんな関係を持つようになったのだろうか。

　過去の歴史を振り返ると、早くも 13 世紀にモンゴル人は日本に関心を持ち始めている。モンゴル帝国建国 60 周年が盛大に祝われていたであろう 1266 年、フビライ・ハーンは日本の天皇に国書を送り友好関係を結ぶことを提案した。当時日本は亀山天皇（在位 1259～1274 年）の治世であったが、後に鎌倉幕府の支配体制が強まり、若き武将北条時宗が権力を掌握しつつ

あった。モンゴルからは再三にわたり使者が送られたが使者たちは消息を絶ち、最終的には日本を攻めることが決定され、それがどのような結果をもたらしたかについて多くの研究書が著されている（Dalai 1992）。1274 年と 1281 年の元軍の日本侵攻に関する史料は日本に数多くあるが、モンゴルではこの件について歴史家や研究者を除き、一般の人にはほとんど知られていない。奈良の東大寺にはフビライ・ハーンが日本の亀山天皇に送った国書の写しが保管されており、神奈川県藤沢市の常立寺には鎌倉幕府によって処刑されたモンゴルの使者を供養する石碑（元使塚）がある。13 世紀のモンゴル帝国の使節に関する史跡はモンゴル国内にも外国にもそれほど多くないため、常立寺は日本に来るモンゴル人たちが訪れる場所の一つとなっている。また、福岡、鷹島、壱岐などには、元寇に関する史料館がある。

　2003 年に壱岐において、高野山とモンゴル国のガンダン寺の僧侶らによって、元寇による犠牲者らを供養する法要が行われた。当時駐日モンゴル国大使の立場にあった筆者は、壱岐島民の希望に沿って企画されたこの行事に参加する機会を得、「過去、現在、未来」という時の連鎖を感じとることにおいて日本人はモンゴル人と違わないという印象を持った。

　14～15 世紀にモンゴル帝国は分裂し、17 世紀には故地に居住していたモンゴル人はマンジュ（満洲）人の国である清朝の支配下に入った。以降、モンゴルと日本が互いに関心を持つことのない状況がおよそ 400 年間続いた。1911 年の辛亥革命の後、第八世活仏ジャブザンダンバがモンゴル国の独立を諸大国に承認させる政策の一環として日本の天皇に書簡を送ったが、使者は日本に辿り着くことができずムクデン（瀋陽）で捕らえられたという。

　その後、国際的な勢力関係は多様に変化し、世界規模の大戦が二度も起こり、そうした状況に日本もモンゴルも様々なかたちで関わることを余儀なくされた（Bewden 1989; Rossabi 2005）。日本は一時期「汎モンゴル」国家を建設しようとするブリヤート、バルガ、さらに南モンゴルの独立運動を支持していたという史料がある。モンゴル人民共和国は 1936 年に当時のソ連と相互援助条約を結び、1939 年にはハルハ河で日本軍と戦闘し（ノモンハン事件）、1945 年 8 月 10 日に日本に宣戦布告して中国東北部での戦闘に参加した。モ

ンゴル側が戦争状態を終結するのは 1972 年になってからである。

　1945〜1947 年の間、日本軍捕虜 1 万 2000 人がモンゴルに抑留され、そのうち 1600 人が亡くなっている。小泉純一郎元首相は、厚生大臣を務めていた 1997 年にモンゴル国を訪問し、抑留者の遺骨を荼毘に付したうえで日本に移すことを要請し、1998〜2001 年にこれが実施された。現在、ハルハ河で戦死した日本兵の遺骨収集と火葬、日本への移送事業が実施されている (GKhY 2012a)。1989 年にモンゴルで行われた「ハルハ河戦争 (ノモンハン事件) 50 周年式典」にはモンゴル、ソ連、日本の退役軍人や一般代表者らが参加し、行進が行われた。また、2004 年にはノモンハン事件の慰霊祭がウランバートルで開催された。このように過去の歴史を振り返り、人々の記憶に残された傷痕を癒すための努力が両国の国民によって提案・実施されていることは、相互の信頼関係を高め、友好関係の基盤を固めていく上できわめて重要なことである。

　戦後、世界は二極化し冷戦時代が始まったため、モンゴルが日本との直接的な交流関係を樹立することは困難であった。当時の日本では、モンゴルはソ連の衛星国であり共産主義イデオロギーに支配された閉鎖的な小国という理解が多くを占めていただろう。モンゴルでは、日本は第二次世界大戦を引き起こすきっかけを作った好戦的な政府を持つ国という認識が強かった。その一方で、原爆により広島や長崎で多くの人々が犠牲になり、地震や台風などで常に被害を受け苦しんできた人々であるということを聞き知って、胸を痛めていた者もモンゴルには少なからず存在した (Batjargal 2002)。

　戦後、モンゴルに抑留され労働していた日本人捕虜らの姿を見て、「日本人というのは勤勉で、器用で、優しく、悪意のない、我々と同じ人間である」という考えがモンゴル人の心に生まれ、そうした印象が一般に広まったように思われる。日本人抑留者も同じように、「モンゴル人も苦しみ哀しみを味わいながら生きている、自分たちと変わらぬ普通の人間なのだ」との思いを胸に抱いて日本へと帰還したのではないだろうか。彼らはモンゴルとの友好団体を設立し、今から 40 年前に冷戦の厚いカーテンを破って両国の外交関係を樹立させる原動力となったと考えられている (Dambadarjaa 2004;

Batsaikhan 2012)。このような歴史的な転換を経た後も日本・モンゴル関係が発展してきたことには、社会主義の崩壊により急激に変化した新しい国際情勢において、日本とモンゴルの利害が一致したということが関係しているとみられる (GKhY 2012a)。

2 交流・協力関係の道のりと政策

(1) 開かれた道

　1961 年にモンゴルが国連に加盟した後、モンゴルと日本の間に外交関係締結交渉が始まったが、双方は戦争賠償金の問題で合意できず後送りにされていた。1971 年にモンゴルを訪問した日本の国会議員有志は「日本側がモンゴル国民に対して道義的責任を有する」と表明し、戦時賠償金の問題について両国が正式に関係を樹立してから経済協力の枠組みで解決すると合意したことが関係正常化への道を開いた (GkhY 2012b)。

　モンゴルと日本の外交関係は 1972 年 2 月 24 日に結ばれた。1977 年 3 月 17 日に署名された「モンゴル人民共和国と日本国との間の経済協力協定」に基づき、日本政府は 50 億円（当時の為替レートで 1700 万ドル）の無償資金協力でカシミヤの一貫工場（現ゴビ・コーポレーション）を建設した（補論 2 注 10）。1981 年にこの工場が操業を開始したことによって戦時賠償金問題は閉じられた。ゴビ・コーポレーションは民営化されたが、今日に至るまで国内外の消費者に高品質の製品を供給する大規模工場であることに変わりはない。モンゴル国民にはこの工場が戦時賠償というより両国の友好・協力関係開始の象徴であると広く理解されている。

(2) 政治関係の始まりと発展

　社会体制やイデオロギーの違いからモンゴルと日本が二国間関係を発展さ

補論 3　日本・モンゴル関係の展開

せる可能性は制限されていたが、双方の国会議員団は 1974 年から相互訪問を開始し、1987 年と 1989 年には両国外相、1990 年と 1991 年には両国の総理大臣がそれぞれ相手国を訪問した。1991 年に日本の海部俊樹首相（当時）がモンゴルを訪問した際、モンゴルの民主化を支持する日本の政策を発表し、成功裡に実施された (GkhY 2012a)。

以下に、日本によるモンゴル援助・援助の具体例を挙げる。

① 日本政府はモンゴルを 1991 年から政府開発援助の対象とし、2011 年までに 36 億ドルの借款・援助を供与した。
② 日本は 1991 年、1992 年、1993 年の G7 先進国首脳会合においてモンゴルの民主化を政治的・経済的に支援することを最終文書に記載させた。
③ 日本の提案でモンゴル支援国会合を世界銀行と共催し、1991 年以降 10 回開催した。最後の会議は 2003 年に東京で開催され、そこで決定された方針は 2004 年の国別援助計画に反映された。国別援助計画では、借款と援助に留まることなく、日本とモンゴルの関係を社会経済の具体的な分野で拡大させることが目指されている。
④ モンゴルをココム（対共産圏輸出統制委員会）規制の対象から外し、アジア開発銀行・世界銀行・国際通貨基金・世界貿易機構などへの加盟を支持した。
⑤ モンゴルのアジア欧州会合 (ASEM)、アジア地域フォーラム (ARF)、太平洋経済協力会議 (PECC) などへの加盟や、アジア太平洋経済協力 (APEC) の四つの作業部会へのオブザーバー参加を支持した。

(3) 交流の新段階 ── パートナーシップ

1994 年にモンゴル国会で決定された対外政策大綱では、日本はアジアにおけるモンゴルの主要なパートナーと位置づけられ、友好・協力関係の発展が対外関係の最優先課題の一つとされた。この条文は、これ以降国会議員選

挙によって成立したすべての政権の公約と、2011年に改訂された新対外政策大綱にも反映されている（MUIKh 2011）。2009年に決定されたモンゴルの対外関係経済化計画では、地下資源と原料に依存している今日の経済構造を変革し、輸出品の多様化と高付加価値化、一部の輸入代替産業の開発、新技術の導入、外国投資の誘致が優先課題とされたが、このような方向性は日本とモンゴルの経済交流に大きな影響を及ぼしうる（MUZG 2009）。

　日本側は1996年にモンゴルとの関係を「総合的パートナーシップ」という枠組みで発展させることを提案した。この原則は1997、1998、1999、2001年の双方の首脳の相互訪問時に発表された共同声明に記載された（GkhY 2012a）。また、1999年に日本のシニア・ボランティア受け入れについての政府間議定書、2001年に投資保護協定、2003年に技術協力協定をそれぞれ調印したことにより、両国の交流を進めるための制度的環境が整備された。2007年2月には、両国首脳により「今後10年間の日本・モンゴル基本行動計画」が署名され、「総合的パートナーシップ」の強化が提言された。

　今後、両国関係を新たな段階に進めるため、「総合的パートナーシップ」構築という目標は、「戦略的パートナーシップ」構築という新たな目標に移行している。モンゴルのエルベグドルジ大統領は2010年11月に日本を公式訪問し、両国の「戦略的パートナーシップ」構築のための共同声明に署名した。日本・モンゴル両国は、「戦略的パートナーシップ」を構築するために互恵的で補完的な関係を強化するのみならず、アジア地域と国際社会が直面する政治・経済・環境などの幅広い面で協力することが重要であると認識している（GkhY 2012a）。モンゴル側は石炭、ウラン、レアメタルなどの鉱物資源開発における先進技術と経験を有する日本との協力に関心を示している。鉱物資源分野での互恵協力を発展させることは両国の国益に合致し、この協力を戦略的に進める必要があることで意見は一致している（GKhY 2012; ESY 2012a）。モンゴルの鉱業を発展させるために必要な道路や運輸などのインフラ整備に日本の民間企業の参入が望まれている。日本側はモンゴルの鉱山・インフラ需要に関連し「新成長戦略」の枠組みで民間企業の活動を総合的に支援する方針である。

両国の貿易・投資支援とモンゴルの鉱山開発を進める上で、官民合同協議会が重要な役割を果たしている（ESY 2012a）。2009年にモンゴルのザンダンシャタル外相が訪日した際、経済連携協定（EPA）締結の可能性を検討することが課題に上がり、双方の作業部会会合が開催され、共同調査チームによる報告書が策定された。2012年3月のバトボルド首相訪日時には、EPA締結交渉が開始されることが公式に発表された。第1回EPA締結交渉は2012年6月にウランバートルで行われ、物品貿易、サービス貿易、原産地規則、税関手続、投資、知的財産、競争政策、協力、貿易における技術的規制、植物検疫、政府調達、ビジネス環境整備などの幅広い議論が行われた。

(4) 多様な交流

今日、日本とモンゴルは、民主主義と市場経済という共通の価値観に基づき、政治・経済・文化・教育・保健医療・科学技術など、あらゆる面で交流を深めている。1996年以降、両国の外務省間の政策対話が定期的に行われており、2006年以降、財務省、通産省、食糧・農牧業省（モンゴル）、環境省などの政策対話が始まった。また、日本とモンゴルの経済関係の拡大と協力の仕組みを創るため、2009年から定期的に官民合同協議会が開催されている。地方公共団体間の直接的な交流も拡大している。1990年代初頭よりモンゴル国中央県と鳥取県、ウブルハンガイ県ホジルト郡と長野県丸子町、バヤンホンゴル県と大分県、ナライハ市と北海道新冠町、ウランバートル市と都城市・札幌市などが直接交流関係を締結してきた。

非政府組織（NGO）や民間の交流も拡大し、両国関係を一層強化している。モンゴルと交流する日本のNGOは1950年代から活動を開始したが、モンゴルに抑留されていた人々がこの先頭に立ってきたことは特筆すべきである。現在、日本ではモンゴルと交流するNGOが70ほど活動しており、モンゴルでは30以上のNGOが登録されている（GkhY 2012b）。日本のNGOはモンゴルを日本に紹介すると同時に、社会的弱者の支援、留学生への奨学金供与、植樹など具体的な成果が目に見える活動を行っている。困難な時期

に慈善の手を差し伸べる活動も行われている。例えば、1995年春のモンゴルの山林草原火災の時には50万ドル、2000年のゾド（冷害・雪害）の時には100万ドルの寄付が集められた。

3 交流の成果

(1) 日本の政府開発援助

　日本政府は1991年以降2011年11月までに、モンゴル国に合計935億円の無償資金協力、758億円の円借款、375億円の技術協力を供与してきた（補論2図4）。総援助額の53.4％が無償、28.3％が低利借款、18.3％が技術協力であった（GkhY 2012b; ESY 2012a）。日本からの援助の22％は財政支援のためのノン・プロジェクト無償資金協力であり、道路運輸が17％、鉱山が12％、エネルギーが10％、教育が9％、食料が6％、保健医療が5％、通信・農牧業・社会保障が4％、災害対策が2％、文化およびその他の分野に5％が供与されている。2006年に行われた中小企業支援のための2900万ドルの円借款は、中小企業の育成に直接的な意味で大きな支援になると同時に、日本の中小企業経営やビジネス手法などを学び実践するという意味でも重要な支援となった。2002年にウランバートル市に設立されたモンゴル・日本人材開発センター（JICA 2010）では、ビジネス、IT、日本語、コンピューターのセミナー研修が行われ、図書館や他のサービスも含めると、設立から2011年3月までに125万人以上が利用している（補論2図6）。2010年からセンターでは「社会と科学」「文化教育」「環境」「ビジネス経済」などの分野での公開セミナーが開催され、多くの人が参加している。日本政府は2004年に「モンゴル国別援助計画」を策定し、人材育成、地域開発、環境保全、インフラ整備の四つの面でいくつかの大きな成果を挙げてきた。2005年から日本の円借款により新国際空港建設が検討され、現在、この大規模案件は実施段階に入っている。2012年にモンゴル国大統領が訪日した際には、「中小企業支援、環境

保全のためのツーステップローン」の第二フェーズ実施のための文書が交わされ56億円の円借款契約が行われた。

モンゴルは、日本が2011年度のODA予算を7.4％削減し、また2011年3月の東日本大震災の被害からの復興のために2～3年の間、予算を増大しないということを理解している。一方で、モンゴル国の国民1人あたりGDPが2000ドルを超えたことにより日本の無償資金協力の対象外となるかもしれないという話は[1]、国民1人あたりGDPという抽象的な概念によって、ODA案件を通じてもたらされてきた新技術やノウハウ・知識、能力強化の可能性が縮小される懸念をもたらしている。二国間の交流を維持するため、民間企業の投資や交流など他の可能性を探ることの重要性が高まっている。

(2) モンゴルから見た日本・モンゴル貿易

日本・モンゴル間の貿易額は1990年以降大幅に増加したが、モンゴルから日本への輸出額は、輸入額に比べると非常に少ない（補論2表2、図1）。モンゴルとしては、今後二国間の貿易を拡大させる上では、モンゴルから日本への輸出を促進することや、付加価値の高い製品の輸出を増やすこと、ハイテク製品の輸入を増やすことなどが重要であると考えている。貿易拡大の際、輸送経路上にある第三国の法制度や経済政策によって何らかの障害が生じることは否定できない。このような障害への対応策を予め検討し、世界貿易機関（WTO）の内陸国に対する優遇措置などのメカニズムを適切に利用するためには、日本とモンゴルの協力が不可欠である。

---

[1] モンゴルの1人あたりGDPは2008年にいったん2000ドルを上回ったが、2009年には1700ドルの水準まで低下した。しかし、その後2010年以降には再び2000ドルを上回り、2012年には3500ドルの水準に達すると予想されている。日本の無償資金協力は、途上国の中でも所得水準が低い国を中心に行われているが、1人あたりGDPの額のみで対象国が決まるわけでもない。

(3) 日本からの投資

　1990～2011年の間、日本の480以上の企業からモンゴルに1億6000万ドルの投資が行われている。これはモンゴルへの外国投資総額の1.6%を占め、世界第11位である。日本からの投資の48%が商業・外食産業分野に、18%が軽工業分野、6%が情報通信技術、7%が銀行・金融分野にあてられている（GKhY 2012b）。一方、地質・鉱物資源探査と採掘分野へは3%、牧畜由来原材料加工分野へは1%と低い割合となっているが、モンゴル国の具体的現状を鑑みると、今後増加する余地が大いにあるといえる。モンゴル外交貿易省所管の外国投資庁の情報によると、1990～2010年の間に合計104の国がモンゴル国に投資しており、その総額は48億ドルになる。総投資額の65%は地質鉱山分野に、19%は商業・外食産業に関連している（GKhOG 2012）。

　投資額の占める割合が高い順に投資国を見ると、中国（51.99%）、カナダ（8.26%）、韓国（5.29%）、英国領バージニア諸島（4.6%）、香港（2.63%）、バミューダ（2.5%）、ロシア（2.24%）、米国（2.39%）となっている。一方、外国直接投資を行っている企業の数を見ると、中国（49.52%）、韓国（18.42%）、ロシア（7.18%）に次いで日本（4.21%）が第4位となっている。これに、米国（2.25%）、ドイツ（1.6%）、英国領バージニア諸島（1.41%）、ベトナム（1.41%）、香港（1.2%）、シンガポール（1.15%）などが続く。

　日本の投資の多くは小規模企業や個人投資家によるものである。日本の投資が大幅な増加を見せない原因は、二国間における市場に対する理解の違い、モンゴル国の法環境の不安定さ、輸送上の制限と物流システムの不確実性、小規模な国内市場、銀行や金融システムの脆弱さ、支払能力の低さ、国民の勤勉さが根付いていない状況などに起因するビジネスリスクの高さに関係していると、外国経済関係の専門家らは結論付けている（GKhY 2012a; ESY 2012b）。モンゴルが有する鉱物資源や家畜由来の原材料を有効に利用するためにも、鉱業、農牧業、軽工業、インフラなどの多くの分野で、今後日本からの投資を増加させる余地が小さくない。

(4) 学術・文化交流

　モンゴルは日本へ1976年から研究生を、1980年から留学生を送り始めた。現在日本で学んでいるモンゴル人留学生の数は1800人以上となっており、この内300人以上が日本政府奨学金による留学生で、約1500人が私費留学生となっている。モンゴル人の留学生の数は日本で学ぶ外国人留学生のうち第12位であるが、国の人口が少ないことを考えるとこれは高い順位であるといえる。日本の大学と大学院には、日本の文部科学省奨学金を受けて、毎年それぞれ20人ずつのモンゴル人学生が就学している。同様に、日本の大学・大学院に18人、短大や高専に20人が、ODAの「人材育成計画」奨学金を受けて就学している。国際協力機構 (JICA) の短期研修にも10〜20人のモンゴル人が参加している。私費および日本の組織・個人の費用負担でも、年間30人以上のモンゴル人が新規留学している (GKhY 2012a)。また、日本側の費用負担で、静岡県の国際開洋高校、山梨県の日本航空高校、岐阜県の岐阜第一高校などに多くのモンゴル人生徒が留学し、卒業した。

　一方モンゴルの大学では、1975年から主にモンゴル語を学ぶ日本人留学生が受け入れられている。モンゴル国立大学と東京外国語大学および大阪外国語大学の間では、1975年から日本語・モンゴル語教師の交換プログラムが実施されているほか、モンゴルの約30の大学で日本語が教えられている。モンゴル国内における日本語学習者の数は1万人にのぼるといわれている (GKhY 2012)。

　日本では300人以上の研究者が加盟する「日本モンゴル学会」が活動をしている。日本の10以上の大学でモンゴル語やモンゴルの歴史・文化・政治・経済の研究が行われており、考古学・古生物学・民族学・生化学・環境学、その他の分野で両国の研究者による共同研究や調査が実施されている。自然環境関係の研究者らが参加するNPO法人「モンゴル・エコフォーラム」は2005年に活動を開始し、これまで日本とモンゴルでいくども会議やセミナーを開催し、小規模プロジェクトとしてモンゴルの自然保護活動を行っている。

文化面に関しては、両国間の文化交流・文化協力を推進するため、1999年から「日本モンゴル文化フォーラム」が開催されている。2010年にはウランバートルにおいて、「総合的パートナーシップと文化交流」というテーマで第4回目のフォーラムが開催された。1991年以降は、双方で文化週間、映画上映、展覧会などが定期的に開催されてきた。また、芸術分野での相互訪問・公演も行われている。日本・モンゴル双方の政府は、2006年を「日本におけるモンゴル年」、2007年を「モンゴルにおける日本年」とする共同声明を発表し、様々な記念行事が実施された。また、1992年以降、モンゴルの力士らが日本の大相撲で活躍していることは、日本・モンゴル関係をより友好的で親しみ深いものにしている。

両国の友好団体による活発な活動は、国民の相互理解を深め信頼関係を強化するのに大きく寄与している。一般の国民を広く対象とした様々なイベントを企画する際、日本の多くの県や市で活動している日本モンゴル友好親善諸団体が主要な役割を果たしており、これによって二国間の人的交流が深まり、親密な雰囲気が醸成されていることを強調しておきたい。

二国間関係を今後も発展させるためには、国民の相互理解をさらに深めることが重要であり、そのためにも相互の旅行者数を増やし、人的交流・文化交流を活発化させることが重要である。2010年4月にモンゴル政府が日本人のビザ免除を決定したことは一定の成果を上げている。また、日本は2009年7月にモンゴル政府と共同で3年間で1000人の青少年をモンゴルから迎える計画を発表し、期限を待たずにこれを実現させた。現在、日本政府は青少年交流の新たなプログラムとして、東日本大震災の被災地などにモンゴル人約80人を含む外国人青少年を招へいする「キズナ強化プロジェクト」を進めている。モンゴルも、東日本大震災の被災者をモンゴルに招待するプロジェクトを行っている。

例として挙げたこれらの方策は相互理解や信頼を深め、日本・モンゴル関係の基盤を強化し、その内容を充実させてきた。今後、文化面での協力を、芸術展や公演などの相互実施という従来の施策からさらに一歩進めて、伝統習慣や生活様式などの相互学習を通し、グローバル化の時代における人類共

通の価値を共に創出する新しい段階へと進んでいくことが期待される。日本はモンゴルの教育分野において、主にハード面での援助行っているが、モンゴルには知的貢献のようなソフト面での協力を求める声も存在する。日本・モンゴルで共同の学校や研究機関などを設立することで、二国間の枠を超えた文化活動の場が開かれる可能性があるということも述べておきたい。

4 交流と協力についての考察

(1) 交流・協力のための要点

二国間の交流を進めるためには、すでに合意された「総合的パートナーシップ」および「戦略的パートナーシップ」の原則に従い、これを実現させるために双方が具体的に活動を進めることが必要であるが、この際に以下に示すような点が考慮されるべきであると考えられる[2]。

① GDPやGNPなどの経済指標、インフラ整備状況、技術水準、生活水準、人口、気候条件、寒暖差・降水量などの多くの指標でモンゴルと日本には比較にならないほど格差がある。この「スケールの違い」により交流における理解に乖離が生じる恐れがある。

② モンゴルの国土は広いので多くの利点を有するが、インフラ整備の経費が膨大であること、大陸性の寒暖差の激しい気候であり土壌の栄養が乏しいこと、自然災害が頻繁であること、海への出口を持たないことなど、国造りにおいて不利な点が多いのも事実である。しかし、この短所を長所に変える幅広い可能性はある。あらゆる需要は解決策を呼び起こすのである。モンゴルの広い国土に散り散りに生活する人々にとって通

---

[2] 以下の指摘事項は、筆者がモンゴル国外務省でモンゴルと日本の交流・協力関係強化に携わっていた時期に、中山太郎元外相の提案により実現した参議院日本モンゴル友好議員連盟の席上で行った講演の一部を再録・修正したものである。

第 2 部　人間活動と生態系ネットワーク

信手段はきわめて重要である。1999～2000年のゾドの教訓から、日本の援助で無線通信をモンゴルのいくつかの土地に実験的に導入したのが功を奏し、その後民間部門がこの分野に参入して、現在、複数の携帯通信会社が事業を行い利益を上げている (Batjargal 2001)。つい最近まで、郡役場所在地から県庁所在地まで電話するのも容易ではなかったのが、今では遊牧民が草原で羊を追いながらウランバートルの親戚と話せるどころか、遠く日本・豪州・米国に留学している子供たちといつでも話せるようになっている。

　また、モンゴル上空を通過する国際航空便の数が増え、将来的にはモンゴルの草原をアジア大陸横断国際道路・鉄道や石油・天然ガスパイプラインが通過する可能性もある。しかし、環境問題を解決するためには、さらなる知恵が必要である。一つの試みとして、風が強く人が住みにくい地域で、大規模風力発電施設の建設事業が始まっている。また、モンゴルのゴビ地方に大規模な太陽光発電施設を建設して生活するために、暑さを活かして生活に必要なエネルギーを創出する試みも検討されている。モンゴル人は古来、冬の寒さと夏の暑さという自然の気候を直接的に活用し、大きな費用をかけず、廃棄物を出さず、言うなれば気候の厳しさという負の圧力を利益に変えることができたという点が考慮されるべきであろう (Batjargal, Enkhjargal 2012)。これを、例えば日本の先進技術と組み合わせることができれば、少ない費用で需要を充たし、収益を上げ、自然環境への負荷を軽減させるなど多様な利益を産む可能性がある。

③　モンゴルは旧ソ連、現在のロシアと中国という二つの大国と国境を接しており、隣国として友好協力の経験の蓄積がある。特に旧ソ連とコメコン（経済相互援助会議）諸国とは経済統合により多くの都市や工場建設、農業、保健医療、文化教育、科学などの分野を高度な水準に引き上げた。これに類して日本を旧ソ連と同様に位置付け、当時適用していた手法を今日の条件において日本と交流する際に活用する試みがなされた。これは二国間の直接的な交流の深化にとどまらず、地域経済協力、

補論 3　日本・モンゴル関係の展開

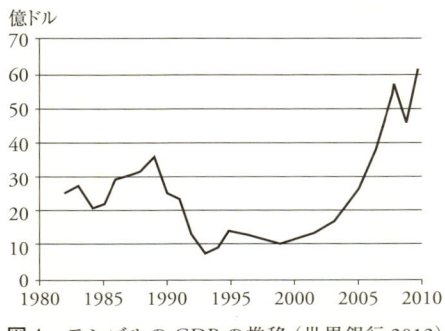

図 1　モンゴルの GDP の推移（世界銀行 2012）

具体的には「北東アジア諸国共同体（Batjargal 2005）」、アジア太平洋経済協力（APEC）、さらにはアセアン＋3 へのモンゴル加入の可能性の検討などとも関連し、モンゴルで時々に話題となってきた。

④　国全体で社会経済体制の移行が始まった 1990 年代以降、モンゴルの主要経済指標や保健医療・教育などの人間開発指標は、体制移行直前の 1989 年よりもさらに数年前の水準を示した。GDP を取り上げると、移行期の 15〜17 年を経過して移行前の水準に戻り、最近の 2〜3 年では比較的安定的に成長している（図 1、2）。しかし、このような経済成長は主に鉱業の成長によるものであり、人的能力や労働生産性、技術進歩の結果もたらされたのではない（第 8 章）。すなわち日本の高度成長モデルとは全く異なっている[3]。

---

[3]　これに関連し、日本がモンゴルにとって旧ソ連の代わりになるのかという問題を再度取り上げてみる（Batjargal 2002）。
　　a. モンゴルとソ連の関係は当時、善隣関係というよりプロレタリア国際主義のイデオロギーに基づく関係であった。今日の日本はプロレタリア国家ではなく、モンゴルもそうであることを望んでいない。
　　b. 当時のモンゴルとソ連は一党独裁主義で計画経済の中央集権体制であった。単純化するなら、国民は貧しく国家は豊か（国に経済・財政権力が集中）であり、上部組織が決定し下部組織が実施するというトップダウンの体制であったため、国の指導者へのロビー活動が幅広く行われていた。一方、日本は逆で、国民は貧しくは

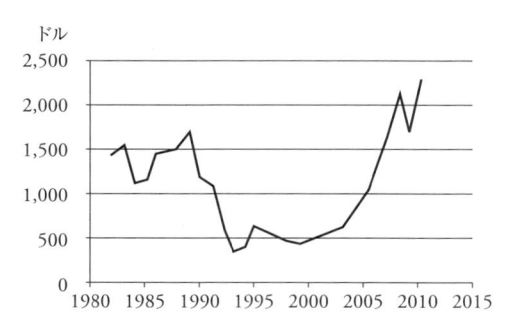

図2 モンゴルの国民1人あたり GDP の推移（世界銀行 2012）

　日本とモンゴルの関係は国家の枠組みにとどまらず、個人や非政府組織を通しても活発に行われており、これが両国国民の相互信頼と総合的パートナーシップの基盤となっていることは、先述した通りである。また、人道支援や慈善団体の援助、日本国民の寄付などは厳しい時期の救いになっている。しかし、モンゴルは現在でも経済体制移行期の困難から完全に脱却していない。市場メカニズムを通して経済成長するための制度的な条件が十分整備されていない上に、自然災害の頻度が高く、インフラは未整備で、海に接していないなど国家規模の問題は多く、支援国、中でも日本による国家的な援助がきわめて重要であることに変わりはない。国有財産が私有化され、民間部門が国家経済発展の中心的な役割を果たしている今日のモンゴルにおいては、民間部門にてこ入れするかたちでの ODA の実施が期待されている（ESY 2012b）。日本からの無償資金協力が減り、円借款が拡大しつつあるため（ESY 2012b）、借入資金を効率的に利用する必要性が高まっている。

　なく中間所得層が社会の多数を占め、経済権力はソ連のように必ずしも国家に集中しているわけではない。また、独裁体制と比較するとボトムアップ的な手法が多く取り入れられているため、国の指導者へのロビー活動は必ずしも実を結ばない。
　以上のような理由により、日本とモンゴルとの関係は、ソ連とモンゴルのような関係とは異なるものになると期待される。

補論3　日本・モンゴル関係の展開

(2)「手を差しのべる」から「手をつなぐ」可能性へ

　モンゴルは体制移行初期に生産物の販売市場を失った上に[4]、財源不足によって工場が次々に操業停止して多くの人々が失業し、これが国家的な社会経済危機の基本原因となった(序章)。このため、モンゴルは日本に対して、投資による国内産業の復興と、その際に日本や世界の市場に参入できる品質の製品を製造するための技術協力を期待している。また、貿易を拡大しモンゴルの小規模な市場を広げるための支援を期待している。これらは日本経済にもプラスに作用するものと考えられる。今日の日本はモンゴルに存在する銅・石炭などの鉱物原料や食肉などを、海と大陸を超えて遠くの国から輸入しているためである。

　モンゴルの輸出と民間投資を増やす手段の一つとして、観光業の振興が挙げられる(付録)。モンゴルを訪れる観光客が増えれば、インフラ部門への投資や道路・交通ネットワークの拡充などの需要が創出され、民間企業からもホテルや観光施設への投資の関心が高まるであろう。日本とモンゴルの貿易・投資を制限する主因はモンゴルの市場規模の小ささであると考えられる。しかし、製品やサービスの量・質が向上すれば、共同出資による製品やサービスを販売する市場はモンゴルのみならず、国境を接するロシアや中国の地方部、あるいはモンゴル諸族の居住地に広がる可能性がある。

　国家の成長のためには、国民の知の涵養が必要である。モンゴルと日本の関係を「モンゴルの天然資源＋日本の資本・技術」という定式で語る人は多い。「総合的パートナーシップ」のための互恵的な協力関係を築くためには、これに「モンゴル国民の知」を加え、二国間関係を一方通行から双方向的な

---

[4]　モンゴルの体制移行期に生じた困難の主因の一つは、ソ連からの財政援助が止まったこととされる。しかし、それにも劣らない困難は、モンゴルが安定的で確実な市場を失ったことである。ソ連とコメコン諸国の援助によって建設された工場の製品は、基本的にそれらの国々へ輸出されていた。さらに家畜の毛皮などの原料や鉱物などにはすべて市場があったために、モンゴル経済は1980年代に短期間で一定の成長を見せた(図1、2)。

ものに変える必要があるのではないだろうか。このような目標を達成するためには、モンゴルは日本からの援助を要求するだけではなく、すべての融資や援助を有効に活用しなければならない。これにより、手を差し伸べられるのではなく、手をつないで発展するための幅広い可能性、被援助国からパートナー国になる道が開かれる。もちろん、タイミングや社会の意識改革、経済成長の規模や持続性など、考慮すべき要因は少なくない。

(3)「第三の隣国」の第三番目ではない関係

近年、人間による自然への圧力が高まって自然環境が大きく変化しつつある。また、気候変動が叫ばれるようになり、生活様式が自然のリズムと緊密に結びついているモンゴルのような民族・国家は、このような大きな環境変化の影響を受け始めている。さらに、世界中を巻き込むグローバル化の流れに飲み込まれながら、モンゴルは誰を友人として頼るか、誰から距離を置くべきかという微妙で重要な課題に直面している。

今日のモンゴルは直接的に国境を接するロシアと中国とは友好関係にあり、今後もこの方向性を維持することは疑いない。同時にモンゴル政府は多方向外交の原則を執っており、「第三の隣国」と呼ばれる政策を実施している (MUIKh 2011)。これは、他国との関係のバランスを維持し、国を持続的に発展させるための施策である。日本は主たる「第三の隣国」である。モンゴルが日本に期待していることを以下に列挙する[5] (Batjargal 2002)。

① 日本の経済力・資金力
② 日本の技術とノウハウ
③ 大量消費型生産から節約型生産への移行。原料とエネルギーを大量消費する生産方法から、廃棄物と経費が少ない生産方法への移行のための

---

[5] これらは筆者の個人的意見であり、特定の国や組織の政策・立場の表明ではないことをご理解いただきたい。

経験と技術
④ モンゴルの伝統的なゼロエミッション技術と日本の制度を組み合わせた、自然環境に悪影響を及ぼさない生産メカニズム
⑤ モンゴル製品を世界に知らしめるブランドとするための、日本の先進技術と高度な基準、優れたマーケティング手法
⑥ 計画ではなく市場メカニズムに基づく経済体制
⑦ 市場のシグナルを読み取り、迅速に生産・サービスを行う体制
⑧ 情報を一方的に提供するのではなく、生活に役立つ知識を涵養するための教育
⑨ 国民が政府や信仰に依存することのない保健医療。身体と精神を健康に保つための環境
⑩ 過度に学術的な研究への偏重ではなく、具体的な課題解決に役立つ応用研究
⑪ 政府や外国からの援助を頼りにするのでなく、皆が力を合わせて労働し生活してきたモンゴルの伝統を思い起こさせるような勤勉さ
⑫ 選挙結果に関わらず国家公務を継続し、国民への公的サービスを改善していく体制
⑬ モンゴルの政府機関のように「上から目線」ではなく、国民と同じ目線で行われる国家公務員による行政サービス
⑭ 法令を、問題を解決しないための盾としてではなく、迅速に効果的に解決するための手段として確立するということ
⑮ モンゴル人が世界との共通性を認識し、進出するきっかけとなりうる、文化、芸術、習慣、信仰、生活観、親族や故郷を尊び愛する心（例えば、モンゴル人の日本の相撲への進出や、モンゴル人芸術家や研究者の日本での活躍）
⑯ 個人から国家レベルまで互いに協力し（Batjargal 2005）、国家と地域の安全や世界平和のために力を合わせること

日本の対モンゴル国別援助計画や、モンゴルの外交政策および「対外関係

経済化計画」のような両国の政策文書に基づく様々な施策を通し、日本とモンゴルの交流は広がり、その意味も深まりつつある。このような交流と協力は、モンゴルにおいてきわめて脆弱なインフラや主たる経済分野だけでなく、社会経済の基盤となる組織の能力向上（capacity building）や人間開発（human development）にも向けられ始めている。モンゴルへの援助が一方通行から双方通行、すなわち相互に補完しあうパートナーシップに近づくための条件が整備され始めている。日本とモンゴルの多様な分野での緊密な連携は相乗効果を生み、この結果として創られる能力やモデルは、環境問題から地域の平和と安定に至るまで幅広い範囲で、二国間の枠組みを超えて地球的規模で望ましい影響を与える可能性がある。

　日本とモンゴルの学術・研究機関による積極的な研究や相互協力は、両国政府の政策策定や実務者への支援、一般市民の相互理解などに寄与し、両国の関係を補完的かつ互恵的なものにする上で大きな役割を果たす。このような学術・研究機関や研究者が交流を、社会をより豊かにするための具体的な成果に結びつけるためには、多角的な支援が重要になる。

参考文献・資料

Batbayar, Ts. (1995) 1990-uud onii olon ulsiin hariltsaanii handlaguud, Mongol uls-Ikh gurnuudiin hariltsaa. Ts. Batbayar hyanasan emhetgel, Ulaanbaatar, Mongol uls. (Ts. バトバヤル「1990年代の国際情勢、モンゴル国と諸大国の関係」)

Batjargal, Z. (2002) Ikh baga uls gurnuud tunshlehiin uchir (Mongol Yaponii hariltsaanii jisheen deer), Yapon-Mongoliin nairamdliin niigemleg hiisen yarianii sedev (gar bichmel), Tokyo. (Z. バトジャルガル「大国と小国がパートナーシップを結ぶ理由〜モンゴル日本関係を例に〜」日本モンゴル協会講演原稿（手稿）より)

Batsaikhan, O. (2012) Mongol Yaponii hoorond guur taviltssan Hanada san, Shinjleh uhaanii akademi, Olon uls sudlaliin hureelen, Ulaanbaatar, Mongol uls. (O. バトサイハン「モンゴルと日本の懸け橋としての花田さん」科学アカデミー国際関係研究所)

BOAJY (2012) Baigali orchin ayalal juulchlaliin salbart hereglej bui undesnii hutulburuud, Baigal Orchin, Aylal Juulchlaliin Yam (BOAJY), Ulaanbaatar. (自然環境観光省「自然環境・観光分野で実施されている国家計画」)

GkhOG (2012) Gadaad ediin zasgiin hariltsaanii statistic, Gadaadiin Khurungu Oruulaltiin Gazar (GHOG), website. (外国投資庁ウェブサイトより「対外経済関係統計」)

GkhY (2012a) Hoyor taliin hariltsaanii toim, Gadaad Hariltsaanii Yam (GKhY)-nii alban medee, website.（外交貿易省ウェブサイトより「二国間関係概観」）

GkhY (2012b) Mongol Yaponii hariltsaanii lavlamj, Gadaad Hariltsaanii Yam (GKhY)-nii alban medee, website.（外交貿易省ウェブサイトより「モンゴル日本関係」）

Dalai, Ch. (1992) *Mongoliin Tuuh (1260-1388)*, Gudgaar devter, Shinjleh Uhaanii akademi, Zuun Hoit Azi sudlaliin tuv, Ulaanbaatar, Mongol uls.（Ch. ダライ『モンゴル史（1260-1388）』第三版，科学アカデミー北東アジア研究センター）

Dambadarjaa, S. (2004) Mongol Yaponii hariltsaa, Ulaanbaatar, Mongol uls.（S. ダンバダルジャー「モンゴル日本関係」）

JICA (2010) *Mongol-Yaponii Hunii Nuutsiin Hugjliin Tuviin Tailan Dugaar 4*, Ulaanbaatar.（JICA『モンゴル日本人材育成センター報告書』第4巻）

Munkhtsetseg, T. (2006) Yapon dahi Mongol tuuhiin sudalgaa (1990-2005) Shinjleh Uhaanii akademi, Tuuhiin hureelen, Ulaanbaatar, Mongol uls.（T. ムンフツェツェグ「日本におけるモンゴル史研究（1990-2005）」科学アカデミー歴史研究所）

MUZG (2009) Mongol ulsiin gadaad hariltsaag ediin zasagjuulah hutulbur, Mongol Ulsiin Zasgiin Gazar (MUZG), Ulaanbaatar.（モンゴル国内閣「モンゴル国対外関係経済化計画」）

MUIKh (2011) Mongol ulsiin gadaad bodlogiin uzel barimtlal, Mongol Ulsiin Ikh Khural (MUIKh), Ulaanbaatar.（モンゴル国会「モンゴル国対外政策大綱」）

Ozawa, Sh. (2002) Mongoliin nuts tovchoonii yurtunts, Olon ulsiin Mongol sudlaliin holboo, Ulaanbaatar, Mongol uls.（小澤重男「モンゴル秘史の世界」国際モンゴル学会）

ESY (2012a) Hudaldaa, ediin zasgiin hariltsaanii toim, Elchin Saidiin Yam (ESY).（駐日モンゴル国大使館「貿易経済関係概観」）

ESY (2012b) Mongol, Yaponii Khudaldaa, ediin zasgiin hariltsaa, hamtiin ajillagaanii tovch lavlah. Elchin Saidiin Yam (ESY).（駐日モンゴル国大使館「モンゴルと日本の貿易・経済交流・協力概観」）

Batjargal, Z. (2005) Northeast Asia and Mongolia. Paper presented at the NIRA Mongolia Colloquium The Role of Mongolia in Northeast Asian Regional Cooperation. *NIRA Policy Research* 2005, Vol. 18 No. 2. Tokyo, Japan.

Batjargal, Z., Enkhjargal, B. (2012) Back to the future-environmentally sound life sustaining system. Presentation at the international conference "Planet Under Pressure", March 2012, London, Great Britian.

Batjargal, Z., Oyun, R., Sangidansranjav, S. and Togtokh, N. (2001) Lessons Learned from Dzud 1999-2000. Case study funded by UNDP, conducted by joint team of National Agency of Meteorology, Hydrology and Environmental Monitoring, Civil Defense Agency, Ministry of Agriculture and JEMR, Ulaanbaatar, Mongolia, 347pp., ISBN 99929-70-54-7.

Bawden, V. R. (1989) *The modern history of Mongolia*. Kegan Paul International Limited, London, UK.

IGES (2011) *Proceedings of Consultative Meeting on Integration of Climate Change Adaptation into Sustaunable Development in Mongolia.* Institute for Global Environmental Strategies (IGES). Hayama, Japan.

MoE (2010) Establishing a sound material-cycle society. Milestone toward a sound material-cycle siciety through changes in business and life styles. Ministry of the Environment (MoE), Government of Japan. Tokyo.

RIHN (2012) Collapse and Restoration of Ecosystem Networks with Human Activity. Research Institute for Humanity and Nature (RIHN). FY2011 FR4 Project Report, Project Leader: Norio Ymamura. Kyoto, Japan.

Rossaby, M. (2005) *Modern Mongolia: From Khans to Commissars to Capitalists.* 1st edition. University of California Press, USA.

終章　草原と遊牧の未来

1(1)　和田英太郎・兵藤不二夫・陀安一郎・石井励一郎
　　(2)　高津文人　(3)　永井　信
2　上村　明
3(1)　山村則男・酒井章子・藤田　昇　(2)　加藤聡史
4　藤田　昇

モンゴル草原の生態系は、遊牧という人間活動との関わりあいを通じて、草原と草食動物との相互作用によって成立し、長い年月をかけて維持されてきた。広い意味においては、これらのしくみは自然選択によって作り出されてきたものととらえることができるだろう。しかし、近代以降の人間活動の急速な変化に伴って、これまで伝統的に培われ維持されてきた生態系との相互作用が変質、あるいは破壊されるような諸問題が世界各地で生じている。モンゴルに代表される乾燥地での草原生態系における環境問題は、自然と人との関わり合いを取り巻く関係性の変質と変容が本質である。これらの問題を解決するべく取り組むためには、モンゴルでいまどのような変化と問題が起きているのかを把握し、つぎにそれらを分析し、解決策の模索へとつないでいくことが必要である。

　本書では現在のモンゴルで生じている生態系の変化について、その実態やメカニズム、そしてその背景にある人間活動に焦点を当てた。第1部では、いまモンゴルでは草原生態系の変化がどのような現象として顕在化しつつあるのかを、様々な角度から紹介した。第2部では、モンゴル国内の歴史的な経緯やグローバル経済を背景とした国内外での経済状況などを俯瞰しながら、生態系の変化を引き起こす要因となっている人間活動や社会の変化について紹介した。これまで見てきたように、モンゴルにおける草原生態系の持続的利用のありかたには、現状で、あるいは将来的に様々な問題が起きつつある。

　こうした問題は、ユーラシア大陸をはじめとして世界各地の乾燥地域において様々に形を変えながら、しかし、乾燥草原の生態系とそれを利用して成立する人間活動（特に牧畜業）との関わり合いを考えていくうえで広く一般的に成立する。その一方で、モンゴルの特色が背景となって地域特有の問題として成立しているトピックがある。この両者に対して、どのようにアプローチし扱っていくかについての指針となるものが必要である。そしてそこにこそ、本書で取り上げた、モンゴル草原生態系とそれを取り巻く様々な問題をターゲットとする意義がある。

　人間の資源利用による生物多様性と生態系サービスの劣化を把握すること

や解決の道筋を模索することは、それを取り巻く社会-生態系システムの複雑さゆえに非常に困難である。本書では、そのような研究を扱う新しい枠組みとして、生態系を構成する要素や人間社会の様々な要因をサブシステムとして扱い、全体をネットワークとして強調する「生態系ネットワーク」を提案する。

終章では、これまで見てきた問題を把握したうえで、それらを具体的にどのように分析し、さらにはどのように解決策を模索・提示していくかに焦点を当てたい。まず、生態系サービスの基盤と考えられている生物多様性とはなにか、そしてその持続可能性をどう評価するかを論じる。ここでは実際の方法論の例として、安定同位体と衛星リモートセンシングという新しい技術とそれにより得られた情報を使って、生態系の持続性・構造・変動をどのように評価するかをそれぞれ紹介する（1節）。次に、資源としての草原生態系の遊牧民らによる利用の実情と、それらの人為的な管理について論じる文脈においてしばしば登場する「コモンズの悲劇」論や「コミュニティによる共有地の共同管理」論との対比を論じる（2節）。

こうした背景をふまえたうえで、生態系ネットワークの枠組みを具体的な地域事例での問題分析にあてはめるための糸口として、シナリオ分析と呼ばれる手法を用いてモンゴルの将来の自然環境と社会的環境を予想する。これらの枠組みに基づいて、1部・2部で紹介されたモンゴル現地のデータや情報を使ったシミュレーションによって、より定量的な将来予測へと発展させる（3節）。本書を通じて紹介した様々な知見を踏まえて、最後に、生態系利用の持続性と生産性について、モンゴルの産業としての遊牧と草原利用の未来を論じ、本書の結びとしたい（4節）。

1 生態系を測る

(1) 生態系の持続性を測る —— 安定同位体比

生態系の持続性はいろいろな切り口で見えてくる

　近年「持続可能な開発（発展）：サステイナブル・デベロップメント（sustainable development）」と呼ばれる言葉をよく目にする。広辞苑によれば、その意味は「環境や資源を保全し、現在と将来の世代の必要を共に満たすような開発」と定義されている。具体的には、「環境を破壊せずに持続して資源を利用できる開発である。1987年に国連の国連環境開発世界委員会が提唱」となっている。一方、生態系の定義は「ある一定の区域に存在する生物と、それを取り巻く非生物的環境をまとめ、ある程度生物に関して閉じた一つの系と見なすとき、これを生態系と呼ぶ。生態系は生物間、生物と環境要因が相互作用する多様で動的で複雑な総体である。」となっている。2010年には名古屋において生物多様性に関する国際会議COP10が開催された。それ以後、生物多様性とは何か、なぜ重要なのかといった論議もますます盛んになってきている。生物多様性とは、生物学的多様性（biological diversity）のことであり、感覚的には分類学で切った"種の多様性"や"生態系の多様性"が分かりやすく受け止められる。持続性と同様、生物多様性も難しい言葉である。この言葉の意味の難しさは、多くの場合、ヒトの視点は近視眼的であり、なぜこれらを人は守る必要があるのか？という問いかけに明快な答えが与えにくいことにある。持続性とか多様性についてまだその実態がよく分かっていないこと、そのため将来の姿を予測できないことが、これらの言葉のあいまいさの原因となっている。現在、これら二つの環境の流行語はあいまいな理解の中で一人歩きをしていると言ってよい。以下には、「持続性と多様性」について、著者らの考えで、その意味するところを述べてみたい。二つの言葉は、「自然と人間の相互作用を包括した多岐にわたる要因を持つ動的で複雑な関係の総体」という難解な言葉で表せる。ここで「動的」の意

終章　草原と遊牧の未来

表 1　生態系の持続性を考察・透視するための切り口

1) 物理化学的環境としては
　　エネルギー変化：気候変動、太陽系規模
　　物質変化：RI、Hg、農薬、薬、害の定義、フロン、二酸化炭素
　の二つの項目が挙げられる。
2) 生物群集を解析する化学的方法として、DNA 解析法と安定同位体 (Stable Isotope: SI) 精密測定法が挙げられよう。前者は遺伝情報の知見を与え、SI 法は分子振動の差に基づく解析から系内の炭素・窒素の動きや水循環に関する知見を与える。
3) 生物群集それ自体の変化は従来の生態学手法にリモートセンシング、テレメトリー、連続モニタリングなど新規観測法が期待できる。人間活動の影響はインパクト-レスポンスの枠組みで生態系の変化を顕在化する。
　　生物の変化：DNA、侵入種（キツネ・ウサギ・イースター島の最後の木）
　　生態系の変化：乱開発、土地利用

味には地球環境が持つ様々な時間のリズムのことも含まれる。われわれヒトはとりあえず5感で環境を観察できるが、感覚が把握できるのは過去と近い未来の時間を含む4次元までである。それ以上の次元の世界を直感的に認識することはできない。したがって沢山の要素を含む上記二つの言葉を簡単に定義することは非常に難しいことになる。筆者らは、個々の要素を切り口として、持続性と多様性の断面をみてゆくことが重要で、これならできると考えている。そのためには、複雑な生態系の一面を診るための切り口が必要となる。その大まかな区分例を表1にまとめた。例えばエネルギー変化の切り口としては気候変動、物質の変化の切り口としてはフロン、温暖化の切り口としては二酸化炭素増加などがまず頭に浮かんでくる。生物群集を解析する化学的方法としては、DNA解析法と安定同位体 (Stable Isotope) 精密測定法 (SI 法) が挙げられる。前者は遺伝情報の知見を与え、SI 法は同位体比の変動の解析から系内の炭素・窒素の動きや食物連鎖に関する知識を与える（和田・神松 2012）。SI 法については後で詳しく取り上げることにしたい。生態系それ自体の変化は従来の生態学手法に、後述するリモートセンシング、テレメトリーなどの観測法が加わることになる。

　時間軸に沿った持続性の意味は、ヒトの価値観によって大きく変わる。環境が示す各種の周期性（図1）の時間幅が異なる事象に対してヒトの価値判断

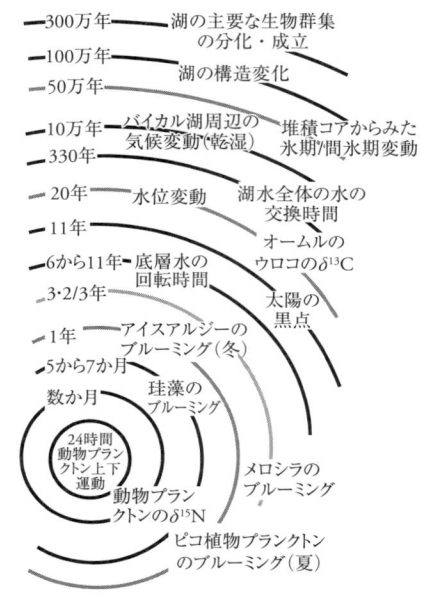

図1 バイカル湖にみられる様々な生物・生息環境のリズム

が組み込まれ、対応が変わるのが普通である。例えば我々が少なくとも曾孫の時代までを視野に入れて考えるようになると自然とヒトの相互作用の見方が大きく変わる。多くの場合これまでのヒトの社会の意思決定は、今がよければという近視眼的であったように思える。このためヒトの社会は結果として後世のヒトから見て信じられない選択をしたことが多くなっている。例えばイースター島の森林完全伐採による社会の滅亡（ダイアモンド 2005）、20、21世紀における石油資源の使い方、原子力発電などなど、後世に大きな負の遺産を残した選択であったと評価されることになるであろう。始末の悪いことに、現在の我々はイースター島の人々の愚挙はすぐ理解できるが、現在我々が進めている愚挙は、理性的決断の結果であり愚挙とは思っていないことが多いのである。

セレンゲ河―バイカル湖集水域

　モンゴルは、日本の約4倍の面積 (156.6万 km^2) の国土に、約260万人 (2007年) が暮らしている。気候は、冬季と夏季の地上気圧の差が地球上で最も大きい地域で、冬季はシベリア高気圧に支配され、夏季はモンスーン気団の影響を受ける。気候変動では、モンゴルは近年の昇温傾向が著しい地域の一つで、夏季の降水量がモンゴル中部と南東部で明瞭な減少傾向を示している (第4章参照)。モンゴルの遊牧の特徴は、土地の私有制がなく、あの広い草原の中で家畜が自由に行動していることといえる。栄養塩循環の観点から見れば草原内に流入した窒素やリンは、家畜の捕食によって、種が多様化した牧草のバイオマスや家畜のバイオマスとして草原内に蓄積されている。草原内での栄養塩のリサイクルは遊牧する家畜による糞や尿の低地から高地への分散によって効率よく進められている。さらに氾濫原や盆地の地形はモンゴル草原地帯から河川への栄養塩の流亡を少なくする仕組みを持っている (和田 2003)。モンゴル国が市場経済の波に洗われ出したのは、1990年初頭のペレストロイカ以降である。ここ10年内のグローバリズムのもとで進められている土地の私有化はこれまで可能としてきた遊牧システムを崩壊させる危険性を高くしている。何故なら土地私有と遊牧は相反する土地の使い方だからである。市場経済の導入がもたらす過放牧とカシミヤの生産のためのヤギの飼育の優先などによる、家畜と牧草の多様性の喪失、その結果としての遊牧の崩壊が絵に描いたように見えやすいのがモンゴル草原である。現在のモンゴルはゴールドラッシュの最中にもある。このためウランバートルへの人口集中や車の激増は1960年前後の東京の姿を髣髴させる。道路は傷み、交通は渋滞し、経済の急速な膨張はウランバートルの大気汚染、市内を流れるトール川の人口集中による水質汚濁を引き起こしている。

　以下には特に窒素の循環や炭素・窒素安定同位体比の変動を切り口として、持続的なセレンゲ河―バイカル湖水系とモンゴル草原の遊牧について考えてみる。

セレンゲ河—バイカル湖水系

　流域は自然と人間活動が中心となるシステムであるが、両者の調和を図り流域の持続性を図るためには分かりやすい流域診断法の確立が求められる。このためには、

i）流域と草原の保全と持続性を維持するための新しい切り口（視座）
ii）数字で示せる新しい指標の確立、
iii）予測シナリオを作るための、現実的な新しい環境容量の提示

が求められる。我々は安定同位体比精密測定法を使った「同位体フィンガープリント法」あるいは「トレーサービリティ（Traceability）の基盤の確立」から指標を作ることを試みている（Wada・Hattori、1991; Wada 2009; 和田・神松 2012）。この手法の特徴は DNA 法と異なり生物・非生物の両方を対象とできることやミクロからマクロに連なる現象をみることができるところにある。

　セレンゲ河はバイカル湖に流入する最大の河川であり、年間 32 km^3 の河川水がバイカル湖へ流れているが、これはバイカル湖への流入総量の 50％ に相当する。バイカル湖の上流部はモンゴルに存在し集水域は草原とタイガで構成されている。集水域の平均降水量は 300 mm/年で、雨は夏に多く降る。モンゴル国内ではセレンゲ河主流とトール川・オルホン川の二つの支流からなり、これら三河川はモンゴル—ロシア国境で合流して 1 本の河となってロシアに流れてゆく。現在までのセレンゲ河—バイカル湖集水域ではその保全に関して深刻なレベルの問題は起こっていないが、時折、ウランバートル市の生活排水がトール川の水質悪化を引き起こし、すぐ下流の家畜が河川水を飲まなくなる事態が起こっている。図 2 に示したようにモンゴルセレンゲ河の河川堆積物の窒素同位体比（$\delta^{15}N$）は対応する集水域の家畜の密度と正の相関を示す（Hyodo et al. 2012）。また河川懸濁粒子が示す $\delta^{15}N$ (PON) は集水域の人口密度に比例して高くなることが知られている（Wada, Cabana and Rasmussen 1996; 和田 2008）。図 3 に、人口密度（家畜を含む）とトール川流域の推定された植食動物の $\delta^{15}N$ を示した（和田 2008; Nishikawa et al. 2009）。図

終章　草原と遊牧の未来

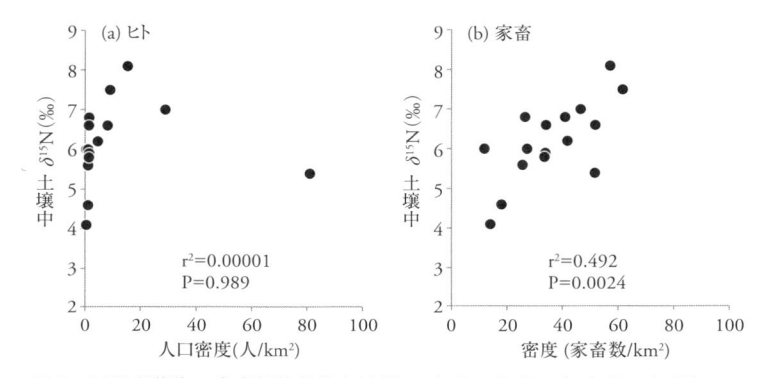

図2 河川堆積物の窒素同位体比と流域の a) 人口密度、b) 家畜の密度との関係（和田 2008、Hyodo et al. 2012 を修正）

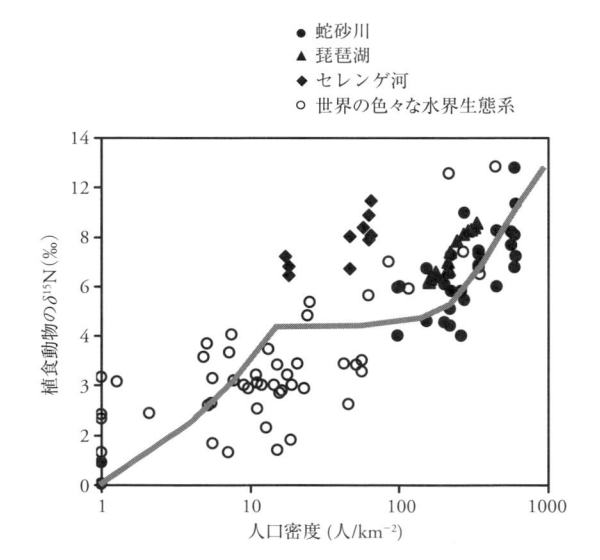

図3 集水域の人口密度と植食性動物の窒素同位体比の関係（和田 2008 を修正）

3の人口密度が低いときの直線部分は、人口密度（家畜の密度も含む）とδ^{15}N（PON）は正の直線関係にあることを示す。図2のようにモンゴルセレンゲ水系がこのケースに相当する。一般に生活排水のδ^{15}Nは森林起源有機物の値に比べ高いことから、このフェーズではこの両者の混合により河川中の生き物のδ^{15}Nが決定されていると考えられる。より人口密度の高い村や町になると水系への生活排水の寄与が大きくなり、窒素やリン、有機物負荷は増加する。しかしそのほとんどが酸化的に分解されるため、水系のδ^{15}Nは生活排水の値（約6‰）近くで安定することになる。さらに都市部レベルまで人口密度が高まると、栄養塩や有機物負荷の増加が水系での生物活動を活発化して河川内に酸素のない部分ができ、特に底泥のある部分は局所的に無酸素状態になる。この結果、水中の硝酸塩が窒素ガスになる脱窒反応を起こし、残った硝酸塩に重い窒素が溜まり、河川内のδ^{15}Nを高める。このような水系では富栄養化が進み水質は悪化し、温室効果ガスであるN_2Oやメタン、さらには悪臭の原因となる硫黄化合物の発生が進み健全な川といえなくなる。酸素のあるなしの境界にあたる人口密度は日本の小河川では100人/km^{2}以上と推定されている（Nishikawa et al. 2009）。これは水系が持続的に健全に維持される上限、すなわち一種の環境容量となりえる。淀川水系の例では、人口密度が400人/km$_2$になると高度処理を行う下水処理場が作られている。図3に示したようにモンゴルトール川水系では世界の河川に比べて人口密度のわりに窒素同位体比の値が高くなっているが、これは家畜が水を飲むとき直接河川中に入り糞尿をするため、局所的に値が高くなっているためである。トール川やその下流のオルホン川に沿って堆積物や河川懸濁粒子を集め、流域全体をあわせて診ると、トール川のδ^{15}Nは上流から下流に向かって高くなってゆき、家畜や人間による窒素負荷とよい正の相関がみられる。しかし、下流部でトール川にオルホン川やセレンゲ主流に合流すると、後2者はいまだヒトや家畜による負荷が少ないため合流後の堆積物や河川懸濁粒子のδ^{15}Nは低くなり、国境を越えてロシアに流入する状況になっている（Hyodo et al. 2012; Nishikawa 2002）。

終章　草原と遊牧の未来

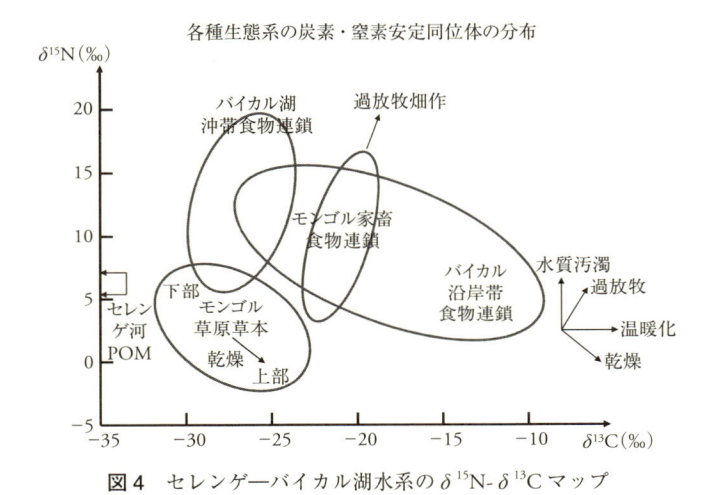

各種生態系の炭素・窒素安定同位体の分布

図4　セレンゲ―バイカル湖水系のδ^{15}N-δ^{13}Cマップ

同位体のメガネに写るセレンゲ河―バイカル湖の姿

　ロシアに位置するバイカル湖の河川流入量をベースとした水の滞留時間は330年と見積もられている。その沖帯における硝酸のδ^{15}N値は4‰と推定されている（Yoshii1999; 和田ら2002）。モンゴルの牧草のδ^{15}N値、セレンゲ河、トール川支流に沿ったδ^{15}N（POM）値などから考えて、この4‰は妥当な数値として受け入れることができる。バイカル湖沖では植物プランクトンの珪藻が一次生産を担っている。そのδ^{13}C値は平均−29.4‰と見積もられている。後述するモンゴル草原の食物連鎖と同じようにバイカル湖沖帯生態系でも、食物連鎖に沿って、δ^{15}Nとδ^{13}Cの間に直線関係式が見出されている（Yoshii et al. 1999; 和田ら 2002, 2006）。これらを纏め、図4にセレンゲ河―バイカル湖水系の安定同位体構造システムを示した。この図はチンギス・ハーン誕生以前からの1000年以上に及ぶこれまでのモンゴルの物質動態の歴史を反映しているといえる。今後の地球環境変動の影響をモニターするときに、この図は西暦2010年代時の持続性が崩れる前の時の状態を示すことになる。今後温暖化と乾燥化がモンゴルで進むとモンゴル草原の牧草の同位体比はδ^{13}C上昇の方向にシフトすることが予測される。また過放牧や野菜の栽培

563

による窒素肥料の負荷、都市への人口の更なる集中、海外からの食料の輸入は食物連鎖の$\delta^{15}N$値を高めることが予想される。事実、現状でもハンガイの遊牧民に比べてウランバートル市内の住民の方が髪の毛の$\delta^{15}N$値が高くなっている。海外から$\delta^{13}C$の高いトウモロコシ系食料が輸入されるとの髪の毛の$\delta^{13}C$値もさらに高まることが予想される。図4はこのような意味で、中長期で診る今後の水系変化のモニタリングのためのデータベースとなる。

モンゴル遊牧草原の栄養塩循環の特徴は何か？

モンゴルでは、牧草→家畜（野生動物）→人間（オオカミ）で示される食物網がみられ、その出発点である牧草は$\delta^{13}C$値が比較的高くなっている。モンゴル草原では全体としては水ストレスの強い状態下で牧草の生育が進行するため、牧草の$\delta^{13}C$が高くなるのだろう。他方、窒素固定を行うマメ科植物の牧草の中に占める種類数は多く、草原への窒素供給にかなりの貢献をしているとみなせる（Fujita et al. 2009）。これまでの野外調査で得られた知見をもとに、物質循環の模式図をまとめた（図5）。この図はモンゴルの遊牧の維持機構を窒素・リン循環で描いてある。矢印は窒素やリンのリサイクル系であり、これは家畜が移動しながら草を食べ、糞尿のかたちでまた系内の高地に分散させることが窒素やリンのリサイクルにとってきわめて重要なプロセスとなっていることを強調している。

モンゴル草原での窒素やリンなどの保持の主なプロセスは以下のようになる（和田 2003）。

まず、家畜による窒素とリンの散布が挙げられる小高い数百mの丘陵にかこまれた1辺数十kmの凹地では低い所に池ができているか井戸がある。降水や大気降下物あるいはマメ科牧草の窒素固定により系内にN, Pが流入している。凹地の真ん中の池にたまった窒素やリンは家畜が池や井戸周辺の牧草を食べ、高い場所で糞をすることによって低地から高地丘陵にリサイクルされることになる。このような草原では池水の地下への浸透と大気からの窒素やリンの供給がバランスしていると見なせることになる。カラコルムの西にあるハンガイのような山岳地帯の草原でも、河畔の牧草が水を飲みにき

終章　草原と遊牧の未来

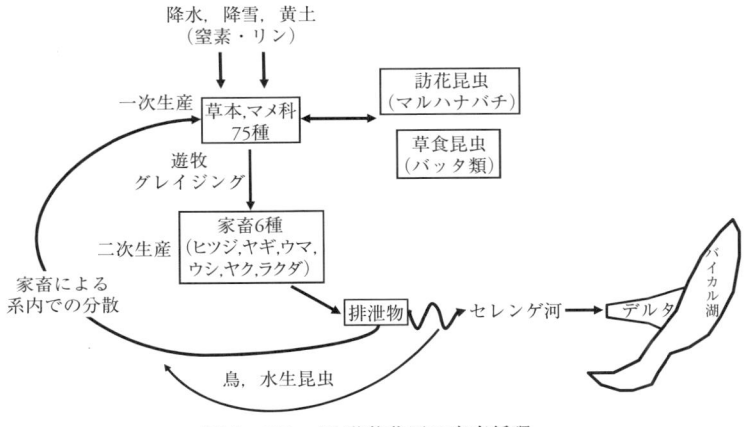

図5　モンゴル遊牧草原の窒素循環

た家畜によって摂取され、丘の上への糞尿の散布によってリサイクルされるシステムとなっている。

　もう一つの重要なプロセスは氾濫による分散である。氾濫原は河川に沿って段丘状に広がっている湿地帯である。モンゴルの山には樹木が少ないため、雨が降ると氾濫原では洪水になりやすく、各段丘状の氾濫原の中の河川堆積物は洪水によって氾濫原全体に分散され、場合によっては丘まで運ばれる。このような場所には小石がたくさん分布している。この氾濫のため、有機物は下流に直ちに流出しにくいことになる。また多くの丘陵に降った降水は溝に沿って川となって流れ、途中から地下にしみ込んでいる。このような構造も、雨によって供給された窒素、リンがすぐ河川によって下流によって運ばれることを防いでいると思われる。このような窒素・リンのリサイクルシステム、保持システムがモンゴル遊牧の維持に重要な貢献をしている。牧草の多様性の維持に関して、藤田昇氏は食の好みの異なる多様な家畜の飼育および家畜による捕食圧が重要な因子であると述べている（Fujita et al. 2009、第1章参照）。図5はこの点も含んで理解されたい。

　もう一つの重要な点は遊牧社会における水循環と自然の水循環の関係である。現在ウランバートルをはじめとするトール川、オルホン川下流域の2、

3の都市では、河川敷に井戸を掘り上水として使い、下水処理を行った後で下流に放流している。このような都市域では下流への窒素やリンの負荷はきわめて大きく、前にも触れたように、最近の例であるが、ウランバートルを流れるトール川の水量が減り、下流域で下水処理水（かなり不完全な処理）の割合が大きくなったため、減水時に家畜が河川水を飲まなくなり、大問題となっていたことがある。しかし多くの地方の村落は河から1kmほど離れており、村の中に井戸を掘り、排泄物も土中にうめるシステムとなっており、河には洗濯あるいは家畜の水飲み場があるのみで、人間社会システムと自然の流域水システムとは分断している。もちろん草原に点在するゲルの生活は川から隔離されている。この隔離が下流域への窒素やリンの流出を防いでいると思われる。

ヒトの髪の毛の同位体比

　光合成によって無機物から有機物を作り出す植物と異なり、私たち人間を含めた動物は「食べ物（有機物）」を食べることにより生きることができる。例えば、ウサギやヒツジは周りに生えている草を食べて生きているし、ライオンは周りに生きている動物を狙って狩りをする。動物が生きていくためには、周りの「有機物資源」を利用して生きていくほかはない。しかし、人間は特別であるという意識はないであろうか。確かに私たちは毎日の暮らしで、道に生えている草も食べないし動物を直接殺すこともない。しかしながら、私たちが動物の一員である以上殺生をせずに生きていけるわけではない。ただ、スーパーやコンビニで食べ物を簡単に買うことができるに過ぎない。そういった、「食べ物の起源」を如実に示すのが、本章で扱っている安定同位体である。図6に興味深い図を示す。この図は、人間の炭素・窒素安定同位体比を測定した例である。私たちの体の安定同位体比は、髪の毛の同位体分析をすることによって比較的簡単に求めることができる。図6は、1980年代に世界の人々の髪の毛の同位体比を示したものが元になっている（和田 2002）。この図を見ると、いろいろなことが見えてくる。例えば、アメリカやブラジルといった南北アメリカ大陸はトウモロコシの原産地であり、

終章　草原と遊牧の未来

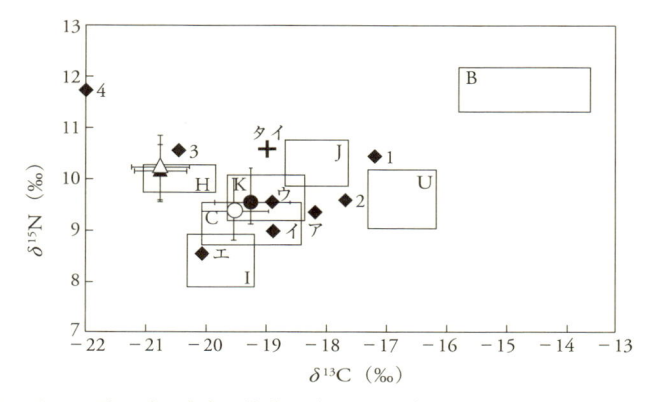

図6　各国の人々の髪の毛の安定同位体比（和田 2002）に、2007-2009 年日本人の髪の毛のデータ（●男性、〇女性）（米田ほか 2011）および 2008 年のモンゴル人の髪の毛のデータ（▲男性、△女性）を加筆した図。和田（2002）による原図の注釈：◆ア：琵琶湖周辺の 30 歳の男性、◆イ：淀川下流 60 歳男性、◆ウ：上流 4 歳男性、◆エ：上流 60 歳男性、◆1、◆2：アメリカ在住の日本人、◆3：スウェーデン在住の日本人、◆4：130 年前の江戸の人、＋：タイ・ナラチワ州付近、B：ブラジル、U：アメリカ、J：日本、K：韓国、C：中国、H：オランダ、I：インドの菜食主義者。

トウモロコシをベースにして家畜を育てて日頃の食事とすることが多い。トウモロコシは C4 という光合成系をもち、炭素安定同位体比が高い（$\delta^{13}C$ 値が高い）特徴がある。その地域で暮らす人間は、日頃の食生活を通じて体の中にもそのシグナルと持っていることになる。一方、ヨーロッパ（図6ではオランダ）では、炭素同位体比が低い C3 植物（$\delta^{13}C$ 値が低い）である牧草を食べた家畜を食べているため、人間の炭素同位体比も低くなっている。一方、日本人は魚を比較的多く食べるため窒素同位体比が高い（$\delta^{15}N$ 値が高い）。これは、もともと海洋の栄養の元となっている硝酸の窒素同位体比が高いことに加え、「おいしい魚」は栄養段階の高い魚であるからである。しかしながら、2007～2009 年に改めて全国 47 都道府県のボランティア（男性約 500 名、女性約 800 名）の日本人の髪の毛を測ったところ、1980 年代に比べ炭素・窒素同位体比はともに低くなっていた。この理由は必ずしも明確ではないが、窒素同位体比の変化は近年タンパク源の比率として魚の割合が下がったた

め、窒素同位体比が低くなった可能性がある（米田ほか 2011）。また、炭素同位体比の変化はアメリカ大陸（C4 植物ベースの生態系）から中国へと輸入元がシフトしたために炭素同位体比が低くなった可能性がある（米田ほか 2011）。

　さて、本書の主題であるモンゴルはどうであろうか？ 2008 年に男性 25 名、女性 43 名のモンゴル国立大学の学生の髪の毛を測定した平均値を図 6 に示す。髪の毛の図 6 をみれば明らかなように、上で述べたオランダと同様に「C3 植物を餌とする家畜を食べる人間」の値にぴたりと一致する。現在、モンゴル国を訪れると以前では考えられなかったような新鮮な野菜があったり、各国料理を出すレストランがあったりその変化に驚かされる。その中で、モンゴル国を支える食物資源は今後どうなるのであろうか？ 未来のモンゴル国の研究者が、炭素・窒素安定同位体比を用いて自分たちを支える食物資源の変化に興味を持つかもしれない。そのときのための「タイムカプセル」として、この値を刻んでおくのは意味のあることだと思う。

持続性：SI 食物連鎖が直線となる意味は？

　ヒトの髪の毛の炭素・窒素同位体比は食べ物によって変わることを述べてきた。この「食う—食われる」の過程における炭素・窒素同位体比の変化は植物を食べる動物（植食者）、さらにそれを食べる動物（肉食者）と食物連鎖にそって一定であることが知られている。事実、飼育実験の結果は $\delta^{15}N$ と $\delta^{13}C$ は食物連鎖を通して直線関係になることを示唆する。野外の多くの生態系でも食物連鎖にそって、$\delta^{15}N$-$\delta^{13}C$ マップ上で $\delta^{15}N$ と $\delta^{13}C$ が有意の直線関係を示すことが多い（和田・神松 2012）。最近 Aita et al. (2011) は西部北太平洋域を中心として海洋中の食物連鎖に関するデータを纏め最小二乗法で直線の成立を確認後、共分散分析（Analysis of covariance: ANCOVA）によって共通の一般式を提示した。

$$\delta^{15}N\,(‰) = 1.53[\pm 0.25]\,\delta^{13}C + 40.9[\pm 5.6] + 各海域の定数\ (p<0.05)$$

これに倣いモンゴル遊牧草原では Kohzu et al. (2009) のデータに基づいて草

終章 　草原と遊牧の未来

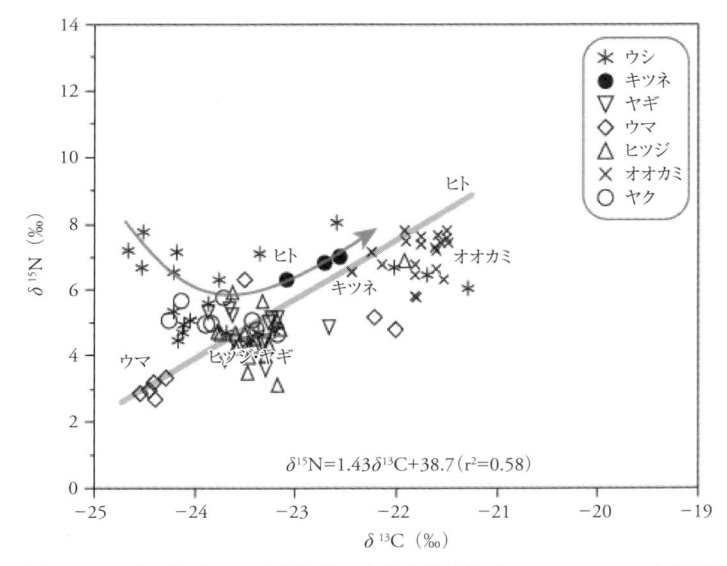

図7　モンゴル草原の SI 食物連鎖の直線と持続性（Wada et al. 2013 を修正）

原のいろいろな動植物の窒素・炭素同位体比を図に描くことができる。図7から分かるように、このモンゴル遊牧生態系でも食物連鎖に沿って直線で近似でき、最小二乗法を適用すると

$$\delta^{15}N = 1.42\,\delta^{13}C + 38.7\ (r^2 = 0.58)$$

という海の食物連鎖の式に似た式が得られた。この直線は植物を食べる動物、それを食べる動物との間の ^{15}N と ^{13}C の濃縮される比率が動物の種類に関わらず皆同じだということを意味している。濃縮のされ方が皆同じで直線になるのだとすると、食物連鎖の中の動物同士のアミノ酸代謝の動態は似ていることになる。さらに、代謝マップをよくよく見ると、生体内アミノ酸代謝ではアミノ酸をリユース（Reuse）し、さらに窒素が不足するような場合でも、窒素を尿から再利用（Recycle）できるように代謝系が作られている。したがって生態系の食物連鎖の中の動物が似た ^{15}N と ^{13}C の濃縮率を示すこと

は、連鎖の中の動物同士の代謝の流れが似たようになっており、代謝そのものや連鎖の中の個々の生物量が贅肉がない非常にスリムな状態（Reduce）になっていることを表していると考えられる。われわれが、持続的な世界について「3R」と言っている Reduce、Reuse、Recycle を連鎖全体と代謝系のレベル取り込んだかたちで自然界の食物連鎖は構築されていると思われる。

このような経験式が得られたことを、著者らはある種の驚きをもって受け止めている。繰り返すようだが、このことは代謝系の動きは食物連鎖を構成する動物を通して似ており、連鎖の中では最小の食料を摂食して、生命活動を持続させる Reduce の形になっているということを示唆するからである。Reduce のために各種動物は同じような炭素・窒素濃縮率を示し、δ^{15}N-δ^{13}C 上で連鎖が直線を示すと思われる。自然界の食物連鎖は地産地消と最低必要量の食料事情が同位体マップの上で直線を生み出すことの要因になっていると考えられる。この点は今後我々の中で慎重に考察し、詰めてゆきたいと考えている。

しかしながら、近年の乾燥化、過放牧、都市における市場経済の振興はこの上に述べた食物連鎖の 3R を壊し始めている。同位体マップ上で流域構造や食物連鎖の持続性を示す直線がゆがみ始めている。過放牧、水質汚濁などをもたらすモンゴルの社会システムの急変のためである。図 8 に示した日本人の毛髪の同位体の変化の速度で考えると、その変化は 10 年以内に検出されると思われる。1000 年以上持続したモンゴル遊牧システムを保存することはモンゴルの食料自給を確保することを意味している。このためには国家の財をこの保護に長期的にまわし、21 世紀の高度将来計画の確立とその実施が不可欠となる。このようなことはモンゴルばかりではなく、日本を含めた多くの国々問題となっていると思われる。先進国の多くの失敗例が他山の石となることを切望している。

現在のモンゴルでは、安定同位体からみた水系と遊牧食物網の構造はいまだに健全でこの状態が 1000 年以上にわたって保持されてきたと判断される。しかし近年始まった市場経済の導入とゴールドラッシュはこの構造を大きく変えそうになっている。同位体比モニタリングは検出感度が 0.01 ％である。

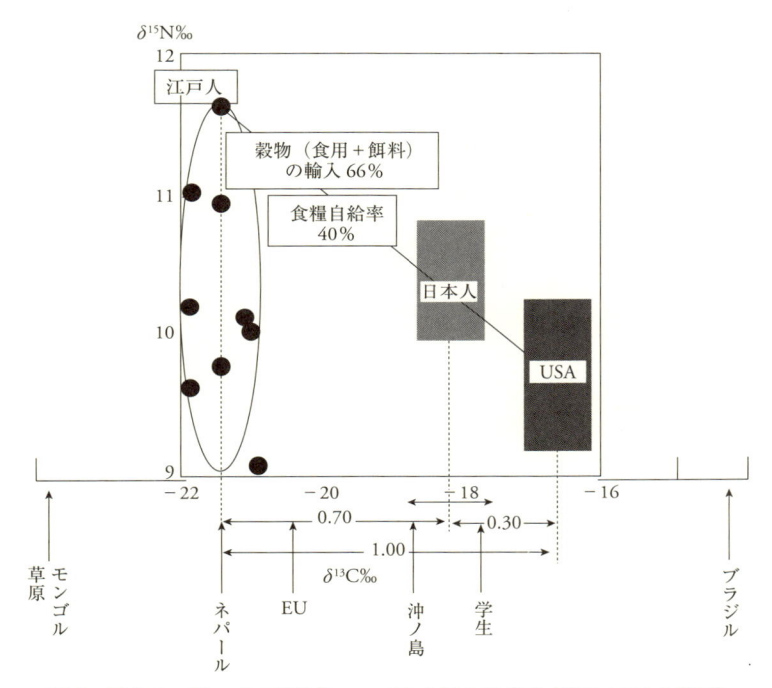

図8 日本人の髪の毛の同位体マップと食料の自立度（和田 2008 を修正）

この安定低同位体比のモニタリングから同位体を用いた指標や記述モデル・予測モデルを作り、PDCA (Plan Do Check Action) サイクルに組み込みモンゴルの食の自立性、持続性を守ることが重要となる。安定同位体精密測定法から見たモンゴル遊牧の持続性は図5の流域の安定同位体の構造と食物連鎖の直線性を守ることと結論される。

(2) 生態系の構造を測る ── 安定同位体比

前節では、生態系サービスの利用に関するある種の健全性について、安定

同位体という指標を使うことで診断できる可能性を紹介した。本節では、同じ手法を用いて生態系の構造に関する具体的な情報をどのようにして得るのか、という点について技術的な解説を行う。

草原生態系における食物網構造の連続性

　生物群集内の捕食（食べる）・被食（食べられる）関係を食物連鎖といい、現実には複数種を食べたり複数種に食べられたりするので、食物連鎖が絡み合って食物網を形成する。生態系を保全する場合の広さは食物網を考慮しなければならない（Begon et al. 1990）。しかしながら、保全地域は通常政治的、経済的な観点から設定されることも多く、食物網構造の空間的連続性などが考慮されていないことも多い。また、回廊（corridor）や周辺効果（edge effect）は食物網構造の空間的連続性の欠如を改善する効果があるといわれている（Diamond 1975）。そのため、生態系の保全のためには、野外での食物網構造の空間的連続性に関する知見が求められている。したがって、モンゴルの草原生態系を保全するためには、その食物網構造を理解する必要がある。

　食物網構造の空間的連続性は食物網構造を形作る群集組成や上位捕食者の体サイズや移動能力などに依存して変化する。草原生態系においては、2種類の比較的独立した生食（生きた生物を食べる）食物網が存在し、一つは節足動物を中心としクモなどが上位捕食者となる節足動物を中心とした食物網であり、もう一つは家畜を含む哺乳類を中心とし、オオカミや人間が上位捕食者として君臨する哺乳類を中心とした食物網である。この二つの比較的独立した食物網では構成生物種の体サイズや移動能力が大きく異なることから、食物網構造の空間的連続性も大きく異なるはずであり、安定同位体比（終章2参照）によって食物網の空間構造の違いを検出できる可能性がある。

　生物体の炭素と窒素の安定同位体比（生^{13}Cとδ^{15}N）からは、食物網の基礎となる栄養基盤および生産者・一次消費者・二次消費者という各種生物の栄養段階についての情報が得られる（DeNiro and Epstein 1978, 1980; Minagawa and Wada 1984）。水域生態系においては、栄養段階が一段階上がるごとに炭素安定同位体比のわずかな上昇と平均で3.3‰（パーミル：1000分の1）程度の窒

素安定同位体比における上昇がみられる（VanderZanden and Rasmussen 2001）。それゆえ捕食者の生物体の炭素安定同位体比と窒素安定同位体比から栄養段階における同位体比の変化幅を差し引くことで、捕食者の餌生物の炭素安定同位体比と窒素安定同位体比を捕食者の生育期間や生息場所スケールに応じて平均化された値として求めることができる。逆に餌生物の炭素安定同位体比と窒素安定同位体比の時空間変動が同じ場合でも、それを食べる捕食者の体サイズと移動能力が大きな場合には同位体比の変動幅が小さくなると考えられる（O'Reilly et al. 2002）。こうしたことから、餌生物の炭素安定同位体比と窒素安定同位体比の時空間変動と捕食者の炭素安定同位体比と窒素安定同位体比の時空間変動を比較することで、捕食者の生息場所の大きさや代謝速度に関する情報を得ることができる。

　より大きな空間スケールに広がる食物網の消費者の炭素安定同位体比と窒素安定同位体比の時空間変動はより小さな空間スケールに広がる食物網の消費者より小さくなることが期待されるので、草原生態系の二つの食物網の空間スケールに大きな違いが存在するかどうかを炭素安定同位体比と窒素安定同位体比を利用して調べることができるだろう。そこで、モンゴル草原において空間スケールがより小さいと考えられる節足動物を中心とする食物網とより大きい哺乳類を中心とする食物網の二つの食物網を構成する、草本、一次消費者、二次消費者の同位体変動幅を比較することで安定同位体分析による食物網の空間スケールの違いを明らかにできるか否かの検証を行った。また、多様な食性の生物種からなる節足動物を中心とする食物網において、食性と生物体の同位体特性との関係についても解析を行った。

炭素・窒素安定同位体比の測定

　サンプリングは主として二つの野外フィールドで行った。一つはウランバートルから北東に30 km程度のところに位置するガチュールトサイト（北緯48°01′、東経107°11′）で、もう一つはウランバートルから南西に430 kmのところに位置するハンガイサイト（北緯47°31′、東経100°56′）である。

　ガチュールトサイトはヘンティ山脈の南西の端に位置し、平均気温は0℃

（最低 −25℃、最高 15℃）で年間降水量は 200〜300 mm である。ガチュールトサイト周辺の南斜面は草原で北斜面はカラマツ林となっている。調査地は斜度 29% の草原の南東斜面に設定した。サンプリングは 1999 年と 2000 年の夏に行った。草本はこの草原斜面に沿って 60〜220 m 間隔で設定した 5 か所の 1 m×1 m のコドラート内で採取した。1 m×1 m のコドラート内での草本の多様性は高く、20 種以上が共存していた。節足動物試料はコドラート周辺 20 m 以内で捕虫網により採取した。同位体分析に供した草本と節足動物試料は斜面下部から上部へと Plot 5、4、3、2、1 の順に採集していった。

ハンガイサイトはハンガイ山地の北東の端に位置し、平均気温は 0℃（最低 −25℃、最高 13℃）で年間降水量は 300〜400 mm である。このサイト周辺ではヤナギの河畔林以外は草原となっている。調査地は斜度 5.3% の緩斜面で南斜面の草原に設定した。サンプリングは 1999 年の夏に行った。草本や節足動物試料の採取方法はガチュールトサイトと同様であるが、コドラート間の距離は 320〜1050 m 間隔で設置された。

草食獣（家畜）の試料としては草本および節足動物試料を採取した上記 2 地点周辺の遊牧民の家畜の毛を使用した。肉食動物であるキツネやオオカミの試料は、1995〜1998 年の期間にハンガイ山地で狩猟された複数個体の毛皮から採集した。モンゴル人の試料としてはハンガイ地域およびウランバートル周辺のモンゴル人の髪の毛を使用した。詳細なサンプリング場所と前処理方法については Kohzu et al. (2009) を参照のこと。

節足動物の中でも完全変態する昆虫に関しては成虫個体を採集したが、成虫個体の同位体比は幼虫時代の食性にも影響されると思われる。そこで、節足動物の食性については幼虫と成虫の食性の組み合わせとして表現することとした。不完全変態の昆虫や昆虫以外の節足動物については成長段階で大きく食性の変化のみられないことが多く、その場合は同じ食性の組み合わせで表現した。食性は以下のように七つに分けた。C：肉食性、F：糞食性、O：雑食性、PH：葉の部分を摂食する植食性、PT：葉の部分以外を摂食する植食性、PX：摂食部分の不明な植食性、S：土壌の腐植食性。その結果採集した節足動物の食性組み合わせとしては、C/C、C/PT、C/PH、F/F、O/O、

PH/PT、PH/PH、PT/PT、PX/PX、S/PT の 10 種類に分けることができた。肉食性という場合には C/C の組み合わせを、雑食性の場合は {C/PT、C/PH、O/O} の組み合わせを、デトライタス (生物体の死骸や破片など) 食性の場合は {F/F、S/PT} の組み合わせを、植食性の場合は {PH/PT、PH/PH、PT/PT、PX/PX} の組み合わせのものをそれぞれ使用した。異なる食性間の同位体比の差を議論する場合には、同位体傾向の似通ったガチュールトサイトとハンガイサイトのデータを合わせて解析し、個々の食性の分散を用いたt-検定を用いて、有意差を $p<0.05$ で判断した。また、採集場所が各種食性の同位体比に影響するか否かは一元配置の分散分析 (one-way ANOVA) により解析した。

同位体比の傾向

草本の炭素安定同位体比と窒素安定同位体比 (ガチュールトサイト図 9a、ハンガイサイト図 9b) とその平均と分散 (ガチュールトサイト図 10a、ハンガイサイト図 10b) によると、窒素固定能を持つマメ科以外の草本は斜面上部でより低い窒素安定同位体比となった (図 11)。マメ科植物は斜面の位置に関わらず −4 から 0‰ と低い値を示した。ガチュールトサイト、ハンガイサイトともに非マメ科草本の窒素安定同位体比は斜面上部と下部で平均 3.5 から 4.5‰ 異なっていた。炭素安定同位体比と窒素安定同位体比の間には有意な負の相関がみられた (表 2)。草本には炭素安定同位体比と窒素安定同位体比ともに有意に斜面位置が影響した (表 3)。

節足動物の炭素安定同位体比と窒素安定同位体比は図 9a (ガチュールトサイト) と図 9b (ハンガイサイト) に示した。節足動物の炭素安定同位体比と窒素安定同位体比の平均と分散は図 10a、b (ガチュールトサイト) と図 10c、d (ハンガイサイト) に草本の同位体比とともに示した。ガチュールトサイト、ハンガイサイトともに、草本と植食性節足動物、植食性節足動物と肉食性節足動物の間では、窒素安定同位体比の平均が 2.8 から 3.7‰ 異なっていた (表 2)。

植食性の節足動物、肉食性の節足動物のいずれにおいても試料数の多いガチュールトサイトにおいては炭素安定同位体比と窒素安定同位体比の間に草

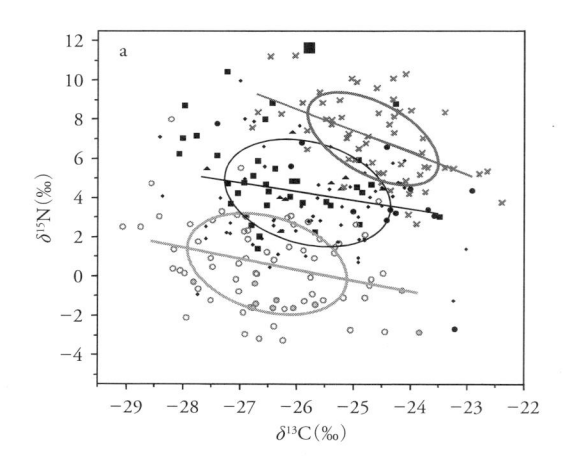

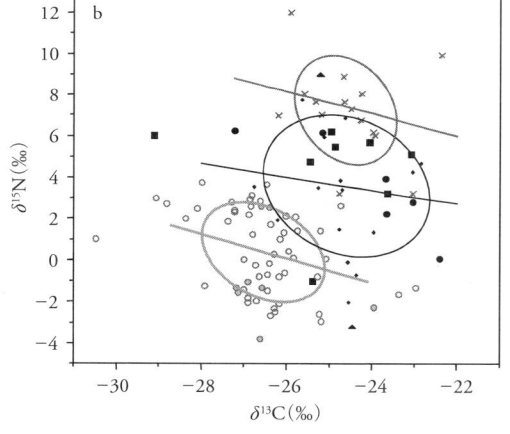

図 9 ガチュールトサイト（a）と北ハンガイサイト（b）における草本と節足動物の $\delta^{13}C$ と $\delta^{15}N$。各点は節足動物の場合は各個体に対応し、草本の場合は分析したシュートと対応している。

図中の楕円は草本、植食性節足動物、肉食性節足動物のマハラノビス確率楕円の $p=0.5$ に相当する。3本の線は各グループの回帰直線であり、表2に詳細は記載。

○：マメ科以外の草本
●(灰)：マメ科草本
●、■、▲、◆：植食性節足動物。マークの違いは幼虫と成虫の食性の組み合わせの違いを表す。
●：PT/PT、■：PH/PT、
▲：PX/PX、◆：PH/PH
（表記の詳細は本文中に記載）
×：クモ類を主体とする肉食性節足動物

終章　草原と遊牧の未来

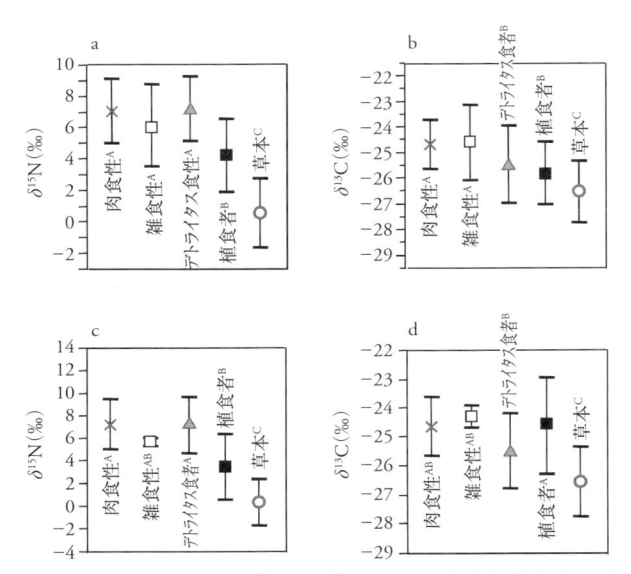

図10　食性ごとの節足動物と草本の $\delta^{13}C$ と $\delta^{15}N$ の平均と標準偏差を示した図。ガチュールトサイト (a、b) と北ハンガイサイト (c、d) が別々に示されている。斜面全体のデータを使っての比較結果。平均が有意に異なる場合には食性の右上に異なるアルファベット（大文字）で示されている。

本同様に有意な負の相関がみられ、斜面位置が影響し（表3）、窒素安定同位体比を炭素安定同位体比に対して回帰させた直線の傾きも草本における回帰の傾きと近かった（表2）。斜面位置において、草本でみられた上部から下部へと窒素安定同位体比が上昇する傾向は、節足動物においては明確ではなかったが（図11）、試料数の多いガチュールトサイトでは、植食性および肉食性の節足動物の窒素安定同位体比の平均値は草本における斜面位置における違いを反映して、有意ではないが同様の傾向をみることができた（図11a）。

節足動物の詳細な食性と窒素安定同位体比および炭素安定同位体比との関係を解析した結果（図13）、植食性の節足動物は肉食性やデトラタス食の節足動物に比べて窒素安定同位体比が有意に低くなっており、炭素安定同位体

577

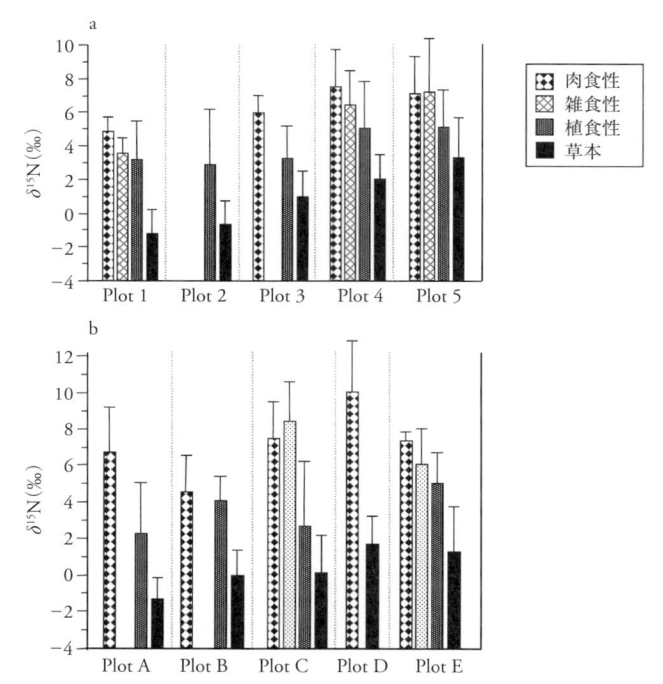

図 11 ガチュールトサイト (a) および北ハンガイサイト (b) における食性ごとの節足動物の $\delta^{15}N$ 特性を斜面傾度に沿って示した。斜面上部から下部へと Plot 1→5（ガチュールトサイト）、Plot A→E（北ハンガイサイト）となっている。草本の $\delta^{15}N$ も合わせて示した。

比についても同様の傾向がみられた。しかしながら、植食性の節足動物の中で、PT/PT の食性組み合わせの節足動物だけは炭素安定同位体比が肉食性の節足動物と同程度に高く、また糞食性の節足動物の炭素安定同位体比は植食性の節足動物と同程度に低かった（図 13b）。

　草食獣の毛の炭素安定同位体比と窒素安定同位体比（図 14）とその毛の窒素安定同位体比窒と炭素安定同位体比の平均と分散（図 15a と図 15b）によると、草食獣の毛の窒素安定同位体比は肉食性のそれより 3.3‰ 低く、草本のそれより 5.5‰ 高かった（表 2）。一方、草食獣の毛の炭素安定同位体比は肉

終章　草原と遊牧の未来

表2 採集場所ごとの草本、節足動物、哺乳類の毛の $\delta^{13}C$, $\delta^{15}N$ の平均

		サンプル数	$\delta^{13}C$ (mean±S.D.)	$\delta^{15}N$ (mean±S.D.)	$\delta^{13}C$と$\delta^{15}N$の共分散	回帰直線*	△$\delta^{13}C_X$（草本との同位体比の差）:$\delta^{13}C_X$-$\delta^{13}C_{草本}$	△$\delta^{15}N_X$（草本との同位体比の差）:$\delta^{15}N_X$-$\delta^{15}N_{草本}$
ガチュールト (1999年、2000年)	草本	74	-26.51±1.19	0.63±2.21	-0.78	$\delta^{15}N = -0.56 \cdot \delta^{13}C - 14.16$**		
	節足動物 植食性	120	-25.80±1.25	4.25±2.31	-0.71	$\delta^{15}N = -0.46 \cdot \delta^{13}C - 7.52$**	0.71	3.62
	節足動物 肉食性	57	-24.66±0.97	7.06±2.04	-1.03	$\delta^{15}N = -1.11 \cdot \delta^{13}C - 20.19$***	1.85	6.43
北ハンガイ (1999年)	草本	59	-26.53±1.22	0.42±2.03	-0.86	$\delta^{15}N = -0.58 \cdot \delta^{13}C - 14.84$**		
	節足動物 植食性	32	-24.58±1.67	3.58±2.90	-0.90	$\delta^{15}N = -0.32 \cdot \delta^{13}C - 4.39$	1.95	3.16
	節足動物 肉食性	15	-24.61±1.02	7.29±2.12	-0.56	$\delta^{15}N = -0.54 \cdot \delta^{13}C - 5.95$	1.92	6.87
ガチュールトと北ハンガイにまたがるアルハンガイ県全域 (1995年~2000年)	草本	133	-26.52±1.20	0.53±2.13	-0.81	$\delta^{15}N = -0.56 \cdot \delta^{13}C - 14.44$***		
	家畜	67	-22.83±0.69	6.05±1.16	0.16	$\delta^{15}N = 0.33 \cdot \delta^{13}C + 13.55$	3.69	5.52
	肉食性哺乳類	55	-21.05±0.61	9.33±1.36	0.41	$\delta^{15}N = 1.12 \cdot \delta^{13}C + 32.94$***	5.47	8.80

回帰分析の有意性は $0.01 < p^* < 0.05, 0.001 < p^{**} < 0.01, p^{***} < 0.001$ で示した。

表3 節足動物と草本の $\delta^{13}C$ and $\delta^{15}N$ に及ぼす斜面位置要因を一元配置の分散分析（one-way ANOVA）で解析した結果

サンプリングサイト		n	d.f	$\delta^{13}C$ F-value	$\delta^{15}N$ F-value
ガチュールト	草本	74	4	7.23***	17.41***
	植食性節足動物	88	4	2.94*	3.43*
	雑食性節足動物	22	4	2.33	2.1
	肉食性節足動物	42	4	1.91	1.21
北ハンガイ	草本	59	4	3.36*	6.78***
	植食性節足動物	32	4	1.92	1.18
	雑食性節足動物	14	3	1.08	2.63
	肉食性節足動物	15	4	4.16*	1.96

統計の有意性は $0.01 < p^* < 0.05, p^{***} < 0.001$ で示した。

食性のそれより1.8‰低く、草本のそれより3.7‰高かった（表2）。

　肉食獣と草食獣はともに、毛は草本や節足動物より広範囲から集められたにもかかわらず、炭素安定同位体比と窒素安定同位体比の個体間の分散は節足動物や草本のものより有意に小さかった（表2、図9、図14）。節足動物においては炭素安定同位体比と窒素安定同位体比の間に有意な負の相関関係がみられたにもかかわらず、肉食獣においては炭素安定同位体比と窒素安定同

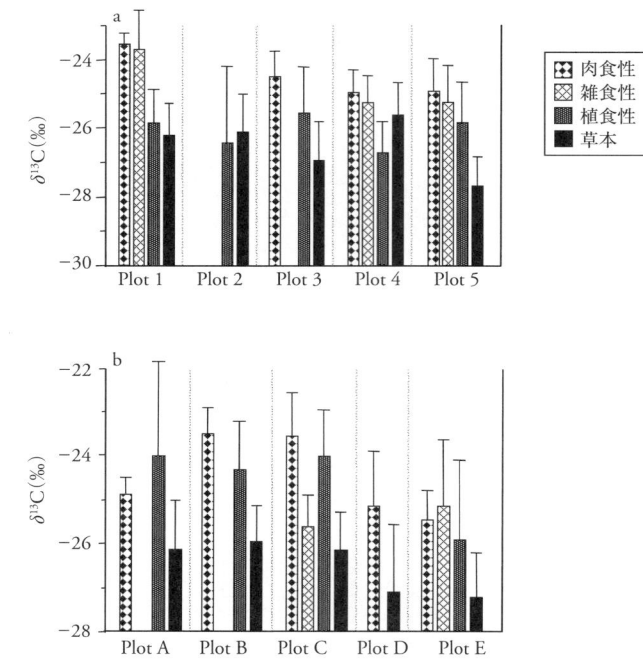

図12 ガチュールトサイト (a) および北ハンガイサイト (b) における食性ごとの節足動物の $\delta^{13}C$ 特性を斜面傾度に沿って示した。斜面上部から下部へと Plot 1→5（ガチュールトサイト）、Plot A→E（北ハンガイサイト）となっている。草本の $d^{13}C$ も合わせて示した。

位体比の間に有意な正の相関関係が認められた（表2、図14）。窒素安定同位体比は家畜＜オオカミ、キツネ＜モンゴル人、犬の順に上昇し、各グループ間の窒素安定同位体比の差はおおよそ 2.0‰ であった。炭素安定同位体比に関しても似通った順に（家畜＜キツネ＜オオカミ、モンゴル人、イヌ）上昇し、各グループ間の炭素安定同位体比の差はおおよそ 0.5‰ であった（図15）。

食物網の空間構造

　植食性節足動物の餌資源である草本の炭素安定同位体比と窒素安定同位体

終章　草原と遊牧の未来

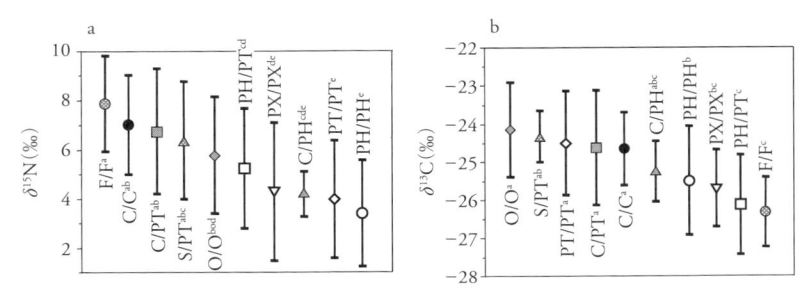

図13 節足動物の幼虫および成虫の食性組み合わせごとの$\delta^{15}N$特性（a）および$\delta^{13}C$特性（b）を示した図。ガチュールトサイトと北ハンガイサイトのデータを合して解析し、個々の食性の分散を用いたt-検定を用いて、有意差はp<0.05で判断した。また、採集場所が各種食性の同位体比に影響するか否かはone-way ANOVAにより解析した。食性表記の右上に書かれたアルファベットに同じ文字の含まれていない組み合わせは有意に平均の異なることを示す。バーは標準偏差。食性表記は下記に従い、幼虫の食性/成虫の食性の順に記した。C：肉食性、F：糞食性、O：雑食性、PH：草本の葉を摂食、PT：草本の葉以外を摂食、PX：草本のどの部分を摂食しているか不明、S：腐植食性

比は植食性節足動物の炭素安定同位体比と窒素安定同位体比から栄養段階ごとの同位体濃縮係数（Δ炭素安定同位体比$_{\text{trophic}}$：0.5から1.5‰、Δ窒素安定同位体比$_{\text{trophic}}$：2.0から4.0‰）を差し引くことで推定することができる。このような外挿により推測された植食性節足動物の餌資源である草本の炭素安定同位体比と窒素安定同位体比は実際に野外での斜面に沿った草本群集の実測された同位体特性ときわめて似通っていた（図9、表2）。この事実から、植食性節足動物群集は全体としては斜面全体の草本を餌資源として利用しているが、個々の節足動物個体は斜面位置におけるごく限られた空間で摂食していると推察された。しかしながら、かならずしも斜面下部で採集された節足動物の同位体特性が斜面下部の草本の同位体測定と一致するかというと必ずしもそうではなかった（図11、12）。昆虫をはじめとする節足動物の成虫は幼虫として育った場所から移動することも多く、捕獲した場所でその個体が生育したとはいえないことを物語っていると考えられた。同じことは肉食性節足動物と植食性節足動物の同位体特性についても言うことができ、両者は斜

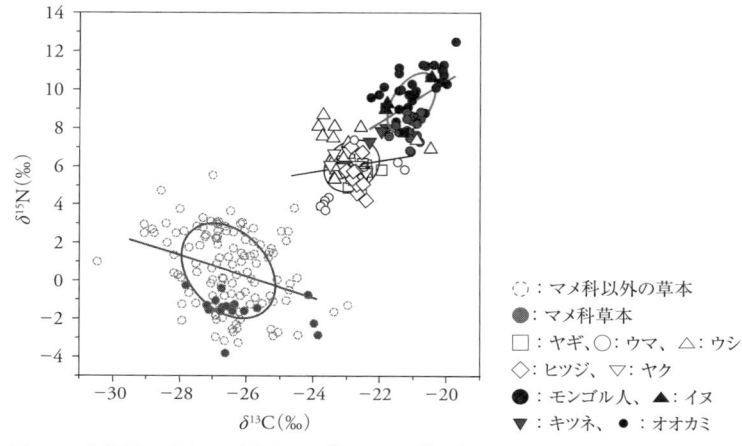

図14 哺乳類の毛および草本の $\delta^{13}C$ and $\delta^{15}N$ 各点は1個体の哺乳類の毛（複数本込）の同位体比に対応している。
図中の楕円は草本、植食性節足動物、肉食性節足動物のマハラノビス確率楕円の p = 0.5 に相当する。3本の線は各グループの回帰直線であり、表2に詳細は記載。

面位置では一致しないが、肉食性節足動物群集全体としては栄養段階ごとの同位体濃縮係数を差し引くことで植食性節足動物の同位体分布とおおよそ重なった。このことは個々の肉食性節足動物個体は斜面位置におけるごく限られた空間で摂食し、成長したが、捕獲場所はその場所と異なっていたと考えられる（図11、12）。

哺乳類

　肉食獣と草食獣の毛はともに草本や節足動物試料より広範囲から集められたにもかかわらず、炭素安定同位体比と窒素安定同位体比の個体間の分散は節足動物や草本のものより有意に小さかった（表2、図9、図14）。この事実は一次消費者としての家畜と植食性節足動物の体サイズの大きな違いに起因するものと考えられた。体サイズの大きな家畜は広範囲を歩き回り、斜面上部から下部に至る広範囲の草本を摂食したため、斜面位置に沿った草本個体

終章　草原と遊牧の未来

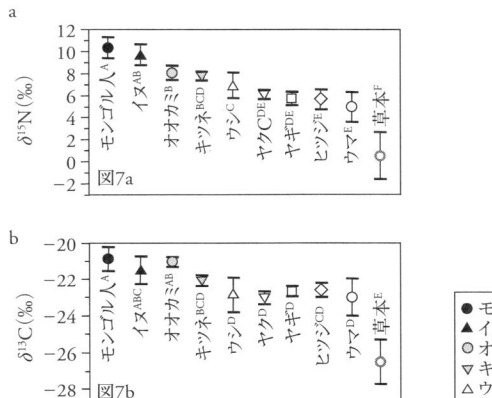

図15 哺乳類の種ごとの毛の $\delta^{15}N$ (a) と $\delta^{13}C$ (b)。平均が有意に異なる場合には種名の右上に異なるアルファベット（大文字）で示されている。バーは標準偏差を表す。

間の炭素安定同位体比と窒素安定同位体比のばらつきは平均化され小さくなったと考えられた。また、肉食獣においては炭素安定同位体比と窒素安定同位体比の間に有意な正の相関関係が認められた。これは斜面位置に沿った草本個体間でみられた炭素安定同位体比と窒素安定同位体比の間の有意な負の相関関係が草食獣ではみられなくなり、さらに肉食獣においては栄養段階がより高いか低いかといった栄養段階に伴う同位体濃縮が大きく影響していると推察された（表2、図14）。

家畜の中でも牛の窒素安定同位体比は他の家畜に比べて有意に高くなっていた（図15a）。このことは分析した家畜のなかに乳で生育中の子牛が多く含まれていたことに起因すると考えられ（Sutoh et al. 1987）、こうした子牛の窒素安定同位体比は7.5‰以上の高い値を示した。

オオカミもモンゴル遊牧民もともに肉食が卓越していると考えられるが、オオカミの窒素安定同位体比は家畜を餌資源と考えた場合より低い値を示した（図15a）。このことから、オオカミは家畜以外のより窒素安定同位体比の低い野生の草食性の小動物も餌資源として利用していることが示唆された。

ある器官の同位体比をその個体の同位体比として代表させる際のリスク

大きな動物の同位体比を議論する際には、個体全体の同位体比を測定することは困難なため、通常その動物のある部位（器官）の同位体比を測定することになるが、その際には個体の同位体比と大きく異なる可能性が高いため補正を要する。例えば、草食性哺乳類（家畜）の毛の同位体比を餌である斜面全体の草本の同位体比の平均値と比較した場合、栄養段階ごとの同位体濃縮係数はΔ炭素安定同位体比 $_{trophic}$: +3.7‰、Δ窒素安定同位体比 $_{trophic}$: +5.5‰となり先述した報告されている値よりΔ炭素安定同位体比 $_{trophic}$ およびΔ窒素安定同位体比 $_{trophic}$ ともに大きくなった。一方、同じ毛という器官同士を比較した場合は、草食性哺乳類と肉食性哺乳類の毛を比較した場合のように、Δ炭素安定同位体比 $_{trophic}$: +1.8‰、Δ窒素安定同位体比 $_{trophic}$: +3.3‰となり、報告されている値に近いものとなった（Table 1）。こうした違いは、毛という器官の同位体比が個体全体の同位体比と大きく異なることに起因すると考えられ、例えばこの同位体比の差を $\Delta\delta_{hair/body}$ と表示するとすれば、下記のような関係式が成り立つと考えられる。

$$\delta^{13}C_{家畜の毛} = \delta^{13}C_{草本} + \Delta\delta^{13}C_{trophic} + \Delta\delta^{13}C_{hair/body}$$
$$\delta^{15}N_{家畜の毛} = \delta^{15}N_{草本} + \Delta\delta^{15}N_{trophic} + \Delta\delta^{15}N_{hair/body}$$

$\Delta\delta_{hair/body}$ が動物種に関わらず一定であると仮定した場合、Table 1 に示したデータから $\Delta\delta^{13}C_{hair/body}$ と $\Delta\delta^{15}N_{hair/body}$ はそれぞれ 1.9‰と 2.2‰程度と考えられた。この値は Hobson et al.（1997）が海獣類で報告したより高い $\delta^{13}C_{毛}$ や、Schoeninger et al.（1997）によるサルの仲間の高い $\delta^{13}C_{毛}$ や $\delta^{15}N_{毛}$ の報告例、や Minagawa（1992）による人間の髪の毛の高い $\delta^{13}C$ とも整合的であった。ある器官の同位体比をその個体の同位体比として代表させる際には、1) その器官固有の $\Delta\delta_{器官/body}$ が無視できるほど小さいか確認する。2) 無視できるほど小さくない時には餌資源候補の生物の同位体分析をする際にも同じ器官をつかって分析するか、そうした器官の見つからない場合には、$\Delta\delta_{器官/body}$ を正確に調べる必要がある。

(3) 生態系の変動を測る ── 衛星リモートセンシング

　ここまでの 2 節では、化学的な測定と分析によって生態系について明らかにする手法を紹介してきた。本節では、生態系が時空間的にどのように移り変わっているかを衛星からの画像によってとらえる手法を紹介する。

　モンゴルでは、主に、タイガ（針葉樹林；北部）・草原（中央部・東部）・砂漠（南部）の生態系が分布し、これらの生態系は、経年的・季節的な気象・気候変動の影響を強く受けている（安成 2003）。陸上の植物は、光合成・蒸発散・呼吸を通して、大気との炭素・熱・水の交換を行っている。経年的・季節的な気象・気候変動は、植生の地上部の現存量や、展葉や落葉などのフェノロジー（生物季節）に影響を与え、その結果、潜在的な光合成能力・光合成期間・蒸発散量・生態系呼吸量などが変化する。また、植生は、気象・気候変動による影響のみならず、森林伐採や過放牧など、人間活動に起因して、空間分布が大規模に変化する。モンゴルでは、民主化後（1990 年以降）の、ヤギの過放牧や土地の私有制導入による遊牧体系の変化などに起因して、草原生態系の劣化が懸念されている（安成 2003）。これらの事実は、モンゴルにおける、植生の時間・空間的な分布の変動を高精度に評価することが、(1) 経年的・季節的な気象・気候変動に影響を与える炭素・熱・水収支を高精度に評価するため、さらには、(2) 持続発展的な人間活動を可能とする生態系管理手法を得るため、重要な課題の一つとなることを意味する。

　衛星リモートセンシングは、植生の地上部の現存量や、展葉や落葉などのフェノロジーを地点・地域・大陸・全球規模での縦断的な空間軸で、毎日観測することが可能な便利な技術である。これは、衛星に搭載された光学センサーが、葉の生化学的・形態的な変化に起因した、葉の分光反射特性を検出可能である特性を利用している。例えば、日本の落葉広葉樹林において、分光放射計で観測された、夏・秋・冬における、森林上部（キャノピー）の典型的な分光反射スペクトルを図 16 に示した（Nagai et al. 2010）。森林キャノピーにおける分光反射率（Ref）は、森林キャノピー上端に入射した分光照度（Rad_{in}）に対する、森林キャノピー上端から反射した分光照度（Rad_{out}）の比と

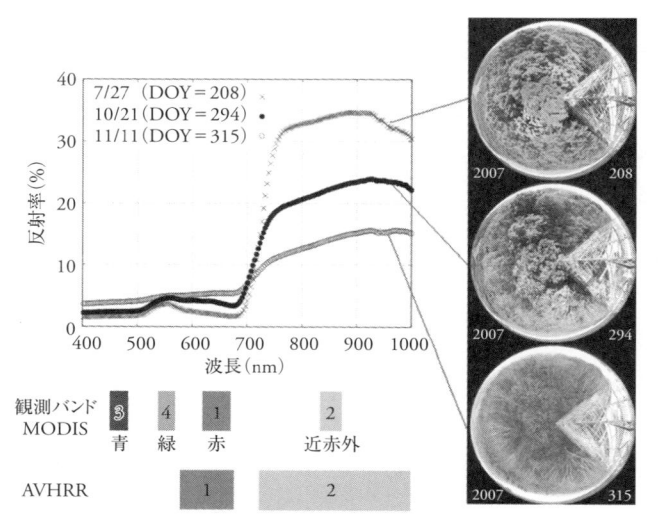

図16 日本の落葉広葉樹林において、分光放射計で観測された、夏・秋・冬における典型的な分光反射スペクトル。MODIS センサーと AVHRR センサーの観測バンドを図の下部に示した（http://noaasis.noaa.gov/NOAASIS/ml/avhrr.html、https://lpdaac.usgs.gov/products/modis_products_table/surface_reflectance/daily_l2g_global_1km_and_500m/mod09ga）。（カラー図は巻末を参照）

して、次式により求まる。

$$\mathrm{Ref} = \mathrm{Rad}_{out}/\mathrm{Rad}_{in} \tag{1}$$

夏（7月27日；1月1日からの通算日（DOY）= 208）、ダケカンバやミズナラの葉内に含まれるクロロフィル（光合成色素）は、青（450〜500 nm）と赤（610〜700 nm）の光を相対的に良く吸収する。nm（ナノメートル）とは、ここでは、光の波長の単位を示し、1 nm = 10億分の1メートルである。一方、葉肉組織は、緑（500〜570 nm）と近赤外（700〜1300 nm；人間の目には見えない）の光を相対的に良く反射する。これらの結果、葉は、緑に見える（城 2009）。秋（10月21日；DOY = 294）、ダケカンバやミズナラの葉内に含まれるクロロフィルは、光合成の低下に伴って減少する。一方、葉内には、カロ

テノイドやアントシアニンなど、他の色素が含まれ、これらの割合が相対的に多くなる。カロテノイドやアントシアニンは、青、青緑や、緑の光を相対的に良く吸収し、黄や赤の光を相対的に良く反射する。これらの結果、葉は、黄や赤に見える（Sims and Gamon 2002）。これが紅葉である。加えて、近赤外の光は、葉肉組織の老化に伴って、反射が弱まる。冬（11月11日：DOY=315）、森林キャノピーには、葉が無くなり、林床に被覆した常緑性のササと、幹や枝のみがみられるようになる。この結果、青や赤の光の吸収が弱まり、加えて、近赤外の光の反射も弱まる。

　以上のような葉の分光反射特性の季節変化は、衛星リモートセンシング観測によるフェノロジーの検出を可能とする。しかしながら、図16で示されたような高波長分解能な（3.3 nm間隔ごとの）衛星データを全球上を対象に、毎日、高空間分解能（例えば、10 m×10 m）で取得することは、現時点では不可能である。なぜなら、高波長あるいは、高空間分解能な衛星センサーは、一度に観測できる対象範囲が狭いため、同じ場所を例えば、16日に1回の頻度でしか観測できないからである。この問題を回避するため、葉の形質の季節変化を検出可能な、複数の特徴的な光の幅（バンド：例えば、赤や近赤外）を定義し、それらを衛星観測する。米国のNOAA衛星に搭載されたAVHRR（Advanced Very High Resolution Radiometer）センサーとTerra衛星に搭載されたMODIS（Moderate Resolution Imaging Spectroradiometer）センサーの観測バンドを図16の下部にそれぞれ示した。これらの観測バンドのうち、例えば、近赤外（NIR）と赤（red）の反射率を用いて、次式により、正規化植生指数（NDVI; Tucker 1979）を求めることが可能となる。

$$NDVI = (NIR - red)/(NIR + red) \qquad (2)$$

NDVIは、1981年以来、上述のAVHRRやMODISを含めた、複数のセンサーで、全球上の毎日のデータが取得されている。過去の研究では、例えば、NDVIの時空間分布の変動と気候変動との対応関係（例えば、Tucker et al. 2001; Nagai et al. 2007）や、NDVIにより検出した、北半球中・高緯度における、展葉のタイミングの経年変化（Delbart et al. 2008; White et al. 2009）が報告

されている。

　モンゴルの典型的な植生景観である、ガチュールト（北緯48°01′、東経107°11′）とマンダルゴビ（北緯45°49′、東経106°17′）、ハンホンゴル（北緯43°47′、東経104°28′）において、Terra衛星に搭載されたMODISセンサーで2001年から2010年に毎日観測された、雲被覆、大気に含まれるノイズや、積雪の影響が無い、500 m×500 mの空間分解能を持つ、NDVI時系列を図17にそれぞれ示した。NDVIの年最大値は、図17の左部の写真で示されるように、草原の地上部の現存量の大小と関連して、ガチュールトで最も高く、ハンホンゴルで最も低いことが分かる。また、NDVIの年最大値には、草原の地上部の現存量の変動に起因すると考えられる、経年変化がみられる。一方、ガチュールトとマンダルゴビでは、展葉期（DOY=140-160）にNDVIが増加し、落葉期（DOY=250-280）にNDVIが減少している。また、NDVIが増加するタイミングには、経年変化がみられる。

　2001年から2007年の着葉期間（5月から10月）における、モンゴル全土のNDVIの月最大値と月降水量の空間分布を図18に示した。このとき、経年変化を明確に示すため、NDVIは、2001年から2010年の平均値に対する、そして、降水量は、1971年から2000年の平均値に対する偏差を示した。各年において、NDVIの月最大値の偏差は、月降水量のそれと、同様な空間分布を示していることが分かる。例えば、2006年の7月では、モンゴルの東部と中央部において、NDVIと降水量は、正の偏差を示している。これに対して、2007年の7月では、NDVIと降水量は、負の偏差を示している。これらの結果は、モンゴルの植生が降水量の時空間分布に強い影響を受けていることを示唆している（Iwasaki 2006）。

　以上のように、衛星観測で得たNDVIデータは、モンゴルの生態系の機能や構造の時空間分布の変動を高時間・空間分解能で検出する潜在的な能力があるといえる。しかなしがら、生態学的な研究の立場から言うと、衛星リモートセンシング観測に関する地上検証や、例えば、植生指数の季節変化と、光合成生産量や葉面積指数との対応関係など、生理・生態学的な解釈の蓄積は不十分である（Nagai et al. 2010）。また、モンゴルにおける、人間活動が生

終章　草原と遊牧の未来

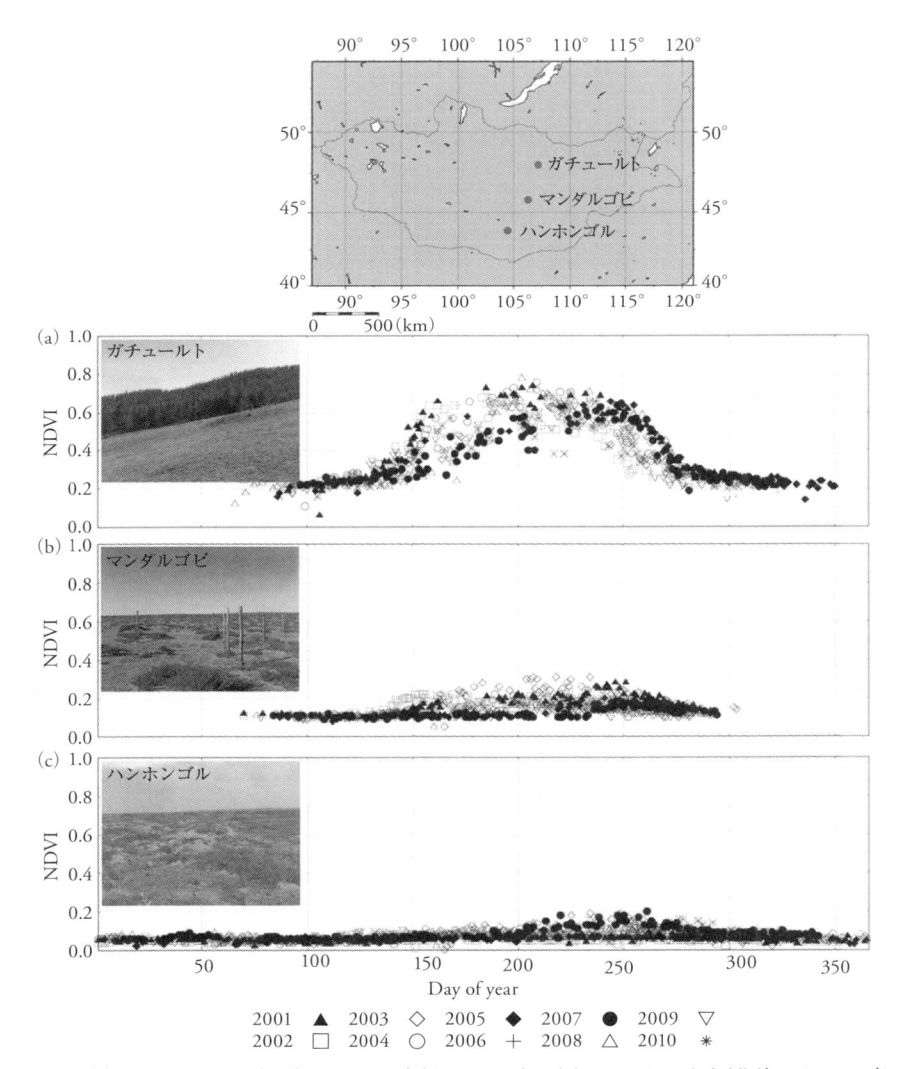

| 2001 | ▲ | 2003 | ◇ | 2005 | ◆ | 2007 | ● | 2009 | ▽ |
| 2002 | □ | 2004 | ○ | 2006 | + | 2008 | △ | 2010 | ∗ |

図17　(a) ガチュールト（北緯 48°01′、東経 107°11′）、(b) マンダルゴビ（北緯 45°49′、東経 106°17′）と、(c) ハンホンゴル（北緯 43°47′、東経 104°28′）において、Terra 衛星に搭載された MODIS センサーで 2001 年から 2010 年に毎日観測された、雲被覆、大気に含まれるノイズや、積雪の影響が無い、500 m×500 m の空間分解能を持つ NDVI 時系列データ。

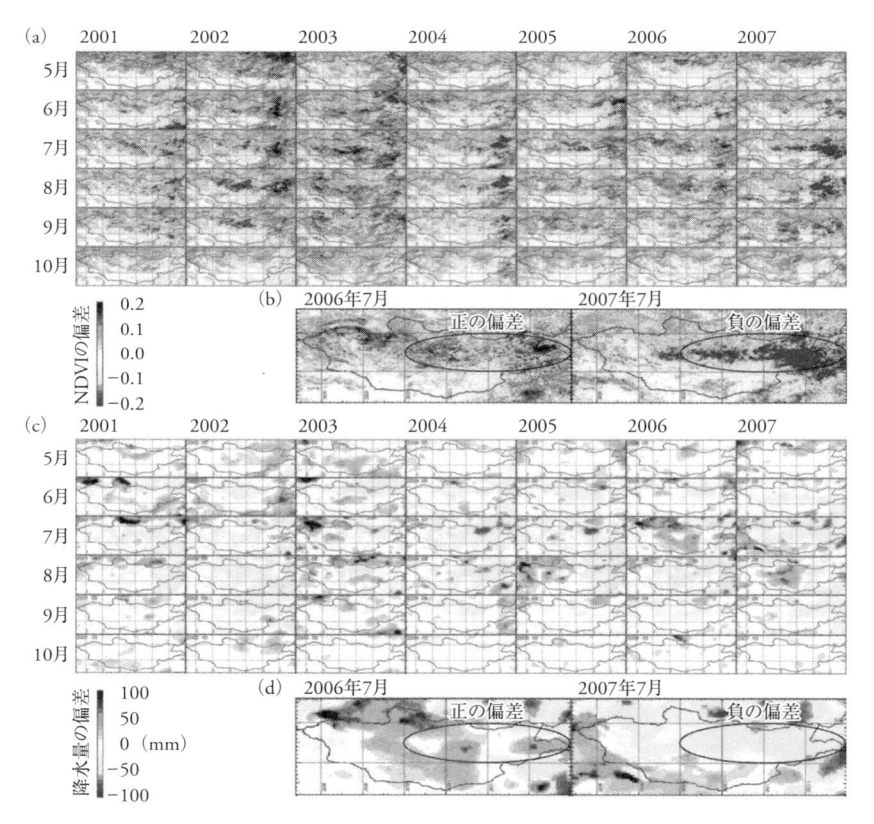

図 18 2001 年から 2007 年の着葉期間（5 月から 10 月）における、モンゴル全土の (a) NDVI の月最大値と (c) 月降水量の空間分布。NDVI は、2001 年から 2010 年の平均値に対する、そして、降水量は、1971 年から 2000 年の平均値に対する偏差をそれぞれ示した。2006 年と 2007 年の 7 月は、図 (b) と (d) に、それぞれ拡大し、図示した。降水量データは、0.25 度×0.25 度の空間分解能を持つ、APHRODITE's Water Resources V1003R1 データセットを用いた（Yatagai et al. 2009; http://www.chikyu.ac.jp/precip/index.html）。（カラー図は巻末を参照）

物多様性や生態系サービスに及ぼす影響の評価も十分に行われていない。これらの問題点を解決し、衛星リモートセンシング観測により、モンゴルの生態系の機能や構造を高精度に評価するためには、地上と衛星観測を統合した学際的な研究をさらに発展させ (Muraoka et al. 2012)、生態系観測サイト間および、社会経済学、水文気象学や、生態学などを専門とする研究者間の連携を強化する必要があるといえる。

2 背景をとらえる

生態系ネットワークに基づいて環境問題にアプローチしていくためには、生態系をとらえるだけではなく人の生業と社会とのつながりについても把握することが必要になる。本節では、モンゴルにおける生態系と密接な関わりがある牧畜とその社会的背景について解説する。

(1) モンゴルの牧畜における「コモンズ」

7章では、モンゴル国の牧畜における土地制度についてコモンズ論とも関連させて論じたが、ここでは、モンゴル国の牧畜資源の性質がどのようなもので、実際に牧畜がどう行われているかを中心に述べる。

そもそも共用牧地は、ハーディンが「コモンズの悲劇」の例として取り上げたように典型的なコモンズといえる。しかし、コモンズ論が主に対象としてきたのは「ローカルでタイト」な、あるいは「閉鎖的」コモンズであった。そして、資源の持続的な利用のためには、フリーライダーを排除する排他的なコミュニティが必要といわれてきた（井上 2010）。

だが、モンゴルの牧畜におけるコモンズは、それがそのまま当てはまるとはいえない。フェルナンデズ＝ギメネズ（2002）は、モンゴルの牧畜資源利用について、(1) 多様で、重層的かつ偶発的な資源を牧畜民が利用し、(2) 資源の境界も本質的にあいまいでたえず移動しており、(3) 資源を利用する

牧畜民も多様で重層的な集団を構成し、(4) 潜在的使用者を排除しない資源利用倫理を共有していると指摘する。そして、このようなモンゴルの牧畜の移動性・柔軟性・互酬性が、コミュニティ境界の明確化によって損なわれかねないと警告する (p. 60)。

実際に、すでに見たとおり、境界の明確さ、資源のサイズが小さいこと (Ostrom 1990: 90) といったオストロムの設計基準を牧地管理にあてはめようとした CBNRM プロジェクトは見るべき成果がない。その理由をモンゴルの牧畜資源利用に即して考えてみよう。

(2) 牧畜と移動

モンゴル国で行われている牧畜は、一般に遊牧つまり遊動的牧畜 (nomadism, nomadic pastoralism) と呼ばれている。牧畜は、動物 (家畜)、土地 (牧草地)、人間 (牧畜民) という三つの要素のうえに成り立つ。はじめに、それぞれの要素とその間の関係について簡単にまとめておこう。

モンゴルの牧草地は、約 156 万 km^2 の国土の 7 割強を占めている。モンゴルが牧草の生育に適しているのは、内陸・高原・高緯度に位置するという、地理的条件によっている。内陸のため降水量が少ない一方で、高原にあることで気温が低く水分の蒸発がおさえられるという気候が生まれる。少ない降水量が集中するのが、5 月なかばから 8 月なかばにかけてである。この時期、高緯度に位置するため、植物は日射を長時間うけ、気温も上昇し、牧草が生長する好条件がそろう。一方で、夏雨が多く冬雪が少ないというこの降水パターンが変化すると、夏の干ばつや冬の雪害が起こる。

モンゴルの遊牧で飼われている家畜は、ヒツジ、ヤギ、ウシ (ヤクを含む)、ウマ、ラクダである。これらの動物は、草食で群居するという共通する性質を持つ。群れになるというこの性質が、開放された牧草地で、多数の家畜を、個別にではなくまとめて管理することを可能にしている。

群れ単位で家畜を飼うことは、同時に牧畜民がむやみに家畜を増やせない制約にもなっている。家畜の世話で最も人手が必要なのは、毎日牧夫が番を

終章　草原と遊牧の未来

するヒツジ・ヤギの混生群の放牧である。その一つの群れの大きさは最大で2000頭が限度といえる。それ以上数が増えると、群れを制御するのが困難になり、群れが分裂して家畜を失ったり、他の群れと合流してしまい、それを元の群れに分ける作業に半日かそれ以上の労力を消費しなければならなくなる。ヒツジ・ヤギの群れと群れが意図せずに混ざってしまうことは、モンゴルの牧畜民たちが最も嫌うことの一つである（風戸 2006）。家畜の行動に牧夫がそれほど頻繁に介入せずに群れを制御できるのは、多く見積って1000頭以下であろう。

　ヒツジ・ヤギ群の放牧管理と関連して取り上げておきたいのが、「ホト・アイル」と呼ばれる宿営集団である。ホト・アイルとは、隣りあってゲルを建て、それぞれのヒツジ・ヤギを一つの群れにまとめて管理する、2から10世帯ほどの世帯のまとまりをいう。各世帯は、それぞれの所有するヒツジ・ヤギの頭数に関係なく、順番に群れの放牧を担当する。人口密度が低いモンゴルの遊牧地域では人手の調達が容易ではない。非番の世帯では、朝から夕方までかかるヒツジ・ヤギの放牧から開放されて、他の仕事に時間を割くことができるようになる。もちろん、他の様々な作業でも協力することができる。それに、何よりも社会的な孤立を少しでも減らすことができる。しかし、いつも同じ世帯とホト・アイルを組むとは限らない。ホト・アイルの世帯の組み合わせは、固定されたものではなく柔軟に変化するのである。ただ、ヒツジ・ヤギを多く飼う世帯は敬遠される。草が早く食いつくされてそれだけ早く別の場所に移動しなければいけなくなるし、ヒツジ・ヤギの群れのサイズが上限に近づくと、上に述べたように管理がむずかしくなるからである。実際に、ホト・アイルを構成しない世帯（モンゴル語でガンツ・ゲル、またはガンツ・アイル）も多い。

　この家畜・牧地という二つの要素をむすびつけるのが、牧畜民である。彼らは、家畜を太らせるために、条件のよい牧地を利用しようとする。遊牧では、農業のように土地そのものに投資し改良するのではなく、移動によって良い土地を得るのである。

　それでは、よい牧地の条件とは、どのような牧地であろうか。ここでモン

ゴル国の牧畜に共通するであろう条件について概観しておこう。まず、家畜が日帰りで行って帰れる範囲に食用に適した草が何日か連続して摂取できる量あること、人や家畜の飲む水を容易に確保できることなどが挙げられる。これに加えて、季節によって適した牧地の特徴は変化する。冬は、風をさえぎる日当たりのよい場所をベースキャンプとしなければならないし、夏は、飲み水のかわりとなる雪がないため、川に近いなど水の確保が重要な条件となる。牧畜民にとって自分が利用できる範囲にある、このような多様性を持つ土地を利用し、牧畜を行っている。モンゴルでは、主たる生業が遊牧であったことから、土地へのむすびつきが希薄であると一般に考えられがちだが、むしろ遊牧は広い範囲の中にある土地の様々な特徴とその変化を認知し、それを利用することで成り立っているのである。

　土地における資源となりうる属性や物理量をリストすると、まず、上に述べた日帰り放牧の範囲に、①草の残存量が（草の生育期は生産量も含め）どのくらいあるか、その草の種類による構成（家畜種、時期によって可食性に違いもある）、②夏秋なら河川や湖沼があるか、冬なら適当な降雪があるかなど、家畜が飲める水の量が存在するかどうかが挙げられる。また重要性は低くなるが、③それ以外のソーダなどの牧畜資源が近くにあることも挙げることができるだろう。それに、④地形も挙げられる。夏は涼しく、カやハエの少ない場所、冬や春には、日射量が多い南向き傾斜で、風が避けられる地形の暖かい場所であることが重要とされる。さらに、⑤トラックが通れる道があるかなど物理的なアクセスの容易さも挙げられる。もちろん、⑨市場や社会サービスに近い、携帯の電波を受信できる場所といった地理的な位置も挙げることができよう。このリストは、閉じたものではなく、あらゆる要素が資源となりうる開かれたリストなのである。

　これらのあくまで物理的な土地の属性や量を、牧畜民はその土地に移動することで資源化する。そこには、様々な経済・社会的な条件が作用する。まず、①飼育する家畜の頭数と群の構成、つまり家畜種ごとの頭数が挙げられる。前の段落の①草の残存量を資源化する最も重要な条件である。また、前述のホト・アイル構成や個別の牧畜民世帯の経営戦略とも直接結びついてく

終章　草原と遊牧の未来

る。つぎに、資源の総体としての牧地を獲得するための、②移動にかかる経済的コスト（車代・燃料費）を負担できるかどうか、これは移動の出発点（現在いる場所）からの相対的な距離や、前段落の⑤アクセスの容易さ、さらに移動の方法（車・ラクダ）によって異なってくる。また、牧畜民の移動の熟練度によっても、かかる時間やコストが増減する。それとともに、③移動にかかる社会的コスト（探索・交渉などの取引コスト）の負担力が挙げられる。これも、牧畜民自身の経験や交渉力によって大きく変わってくる。さらに、④市場や社会サービスへのアクセスの必要性もある。これも開かれたリストであると同時に、時には相反する諸条件が様々な強度で交錯し合う総体として牧畜民の決定に作用する。

　この牧畜民の側の経済・社会的な条件は、土地の属性や物理量が時間的・空間的に変化するように、変化する。例えば、牧畜民の人生サイクルのステージによる違いをあげることができよう。モンゴルの牧畜民男性の典型的な人生サイクルでは、結婚して最初の何年かは親とともにホト・アイルを構成して暮らし、独立して子供が学校に通うようになると学校のある群センターに近い場所に営地し、子供が成長して大学などに通うようになると支出の拡大にあわせ群れの数を最大にする。そして、子供たちが結婚で独立していくと、結婚式の資金のために家畜を売却したり財産分与して、家畜の数はしだいに減っていく。さらに、その世帯の経営戦略によっても、例えばヤギやウシといった特定の家畜種に特化することによっても、異なってくる。ヤギとウシでは、ヤギが岩山の草地を利用できるのに対して、ウシには大量の飲み水のある場所が必要というように、それぞれの適した土地が異なるからである。

　牧畜民は、所与の土地の属性や物理量が変化するのに合わせて、自分の経済・社会的な条件を変更することもある。その一番分かりやすい例が、ホト・アイルであろう。同じ牧地を利用しても、降水量が少なくて草の量が少ない年は、ホト・アイルの世帯数を少なくし家畜の頭数を減らして対応する。ホト・アイルは、モンゴルの牧畜の「柔軟性」を示すよい例といえる。

　牧畜民の経済・社会的な条件をひとことで言えば、家畜の生理的な要求と人間の都合のといえる。近年はたしかに市場や社会サービスに近い場所、携

帯電話が通じる場所に移動するといった人間の都合が優先されることも多くなった。しかし、家畜の頭数に見合う草の量の確保が牧畜を持続的に営む上での必要条件となるのは確かであろう。その必要条件を満たした上で、具体的な場所の選定では、携帯の電波の通ずるところといった牧畜に直接には関係のない「人間の都合」が決定的な要因になる。

　我々がトゥブ県ウムヌゴビ県の3か所に行った調査でも、移動の頻度と年間の合計の移動距離は、飼育する家畜頭数、特にヒツジ・ヤギの頭数と非常に強く相関していた (Kamimura 2013)。これは実際の家畜の飼い方から見ると当然である。ヒツジ・ヤギが宿営地を基点とする日帰り放牧できる範囲の牧地で飼われるのに対して、ウマやラクダはふつう宿営地から遠い場所で群れ単位で牧夫なしで放牧されている。そして、乗るウマの交換や搾乳・去勢や運搬といった必要がある時だけ、群れ全体または特定の個体を宿営地まで連れてくる。ウシたちは、宿営地周辺で飼われるが、ヒツジ・ヤギにくらべて頭数が少ない。ヒツジ・ヤギの頭数が多いと草が減るのが速いのでそれだけ頻繁に移動しなくてはならない。どのくらいの頻度で移動するかは、何よりもヒツジ・ヤギが食べる草の量が日帰り放牧の範囲にどのくらい残っているかによって決まるのである。

　その一方で、移動には、上述したように、人手と、車でゲルなどを輸送するなら燃料代などの経済コストがかかる。現代の牧畜民世帯は、牧畜以外にも様々な金銭的出費があり使える現金をなるべく多く残す必要があるので、むやみに移動してコストを増やし収入を減らすことはしたがらない。家畜頭数が少なくて移動の必要がなかったり、現在の宿営地の周りに草が十分残っているなら移動しない。

　それに、移動にはリスクも伴う。一般に、現在の牧地に比べて移動先の牧地が移動のコストに見合うほど資源としてよいからこそ移動する。しかし、例えばゾドで移動した先で突然深い雪が降り、移動しなかった世帯より被害が大きくなることもあるように、移動は一種の賭けである。

　また、調査の結果では、移動の頻度や距離は、年金などをふくめた年間の収入全体とは相関が低く、世帯内の労働力とはほとんど相関がみられなかっ

た（上村 2009）。経済的な余裕があり移動コストを負担できるからといってより移動するわけではなく、反対に輸送のトラックのガソリン代を払う現金が手元になくても草がなくなれば移動しなくてはならない。その際の経済的コストは、多くの場合家畜現物で支払われる。とはいえ、移動と家畜頭数の相関は、ある時点での両者の関係をそのまま反映してるのではないだろう。より移動すればそれだけ多くの草を確保でき、家畜が厳しい冬を乗り越える体力をつけるだけでなく母畜の流産も減る。つまり、移動はつぎの１年のサイクルにおける家畜頭数の増加へとつながっていく。したがって、移動の頻度の多さと移動距離の長さは、飼育している家畜頭数の多さの結果であり原因でもあるといえよう。また、牧畜からの収入は、飼育している家畜頭数より所有する家畜頭数により強く正の相関をするので（前掲論文）、飼っている家畜が自分のものであるなら、より移動すればより収入が増加するということになる。

　移動する際に人手が足りない場合にも、まず近隣に住む牧畜民が協力し、近くに他の世帯がなかったり、ウランバートル周辺のように地域の互酬的関係が構築されていないところでは、定住地などに住む親族などを呼び寄せる。移動に世帯の人手では足らず外からの労働力が必要な場合、現在のところこのように地域の住民や親族の互酬的ネットワークによって比較的容易に調達されている。労賃を払って移動に必要な人手を調達することは、モンゴル全体でも今のところほとんどみられない。さらに、牧地の私有化に賛成するか反対するかといった、移動に関係する制度についての牧畜民の個人的見解も、実際の移動との相関はみられなかった。移動は、個人の見識や慣習というより、まずは家畜、特にヒツジ・ヤギが食べる草の確保の必要によって、あくまでもプラグマティックに行なわれているのである。それゆえ、以上で述べた牧畜における移動についての基本的な理解は、同じようなしくみで牧畜を行っているモンゴル国全体にほぼ一般化できるであろう。

　もちろん、移動には地域差もある。それも慣習の違いというより、地域によって気候や景観といった物理的な条件が異なることが強く影響するである。つぎに、地域差の大きい季節移動と、移動の経済的コストとリスクを低

く抑える機動的な移動「オトル」について述べる。

(3) 季節移動とオトル

　モンゴルには四季がある。そして、牧畜民はそれぞれの季節にあった宿営地間を移動するといわれる。しかし、地理的な景観が地域によって異なるので、季節にあった場所も地域ごとで異なっている。降水量の比較的多い森林ステップ帯（ハンガイ）では、比較的近隣にある地形的多様性のなかに四季にあった景観を見つけることができる。つまり、夏は標高の低い開けた川筋に沿った場所、冬は風を避け日当たりのよい少し高い場所に移動することが多い。森林ステップやステップと砂漠性ステップ（ゴビ）の両方が存在する地域では、南北に長距離を移動して、夏は北の豊かな草地を使い、冬は南の暖かいゴビ地方で越すという移動が行われてきた。南にいくほど降水量は少なくて温暖であるという緯度の差を利用するのである。それに対して、アルタイ山脈のある西部の山岳地帯では、標高差を利用する。夏は降水量が多いため草が豊かな標高の高い牧地を利用し（図19）、秋に山を下りるという移動が行われる。高地は夏は涼しくてカやハエといった害虫も少ないが、寒冷で他の季節は利用できない。

　四季の宿営地は、春営地、夏営地、秋営地、冬営地と呼ばれる。しかし、実際の牧畜民は一年の間に固定された4点間を移動しているのではない。冬営地を指す「ウブルジュー」という言葉は、ウブル（冬）にジという名詞を動詞化する接辞がつき「冬を過ごす」という動詞が形成され、そこにさらに動詞を名詞化するウーという接辞がついて「冬を過ごす場所」という名詞になったものである。「冬を過ごす」という動詞に力点をおくなら、どこでも「ウブルジュー」になりうる。事実、ひと冬のうちに2回以上移動することもある。つまり、季節の宿営地がいつもある定まった実体としての場所を指すとはかぎらない。また、家畜頭数の少ない世帯では4回移動せずに夏の初めと冬の初めの2回だけ移動する場合も多い。

　四季の宿営地は、以前から概念はあったが、社会主義時代以降、牧地の効

終章　草原と遊牧の未来

図19　アルタイ山脈山中の夏営地のホト・アイル（バヤンウルギー県、1996年）

図20　モンゴルの西部山岳部では移動コストを抑えるため、ロシア製の大型トラックでの移動をやめ、ロシア製ジープにゲルや家財道具をのせ移動するようになった。平地の多い地方では、燃費のよい韓国製トラックがよく使われる。

率的な利用の方法として奨励されるようになった。一年の郡の牧地利用計画の中で、「季節にあった場所」として、オトル用地や採草地とともに、ゾーン分けがされるようになった。さらに、冬営地や春営地には固定の家畜囲いや畜舎が建てられ、「季節に適合するように改変された場所」となっていった。

　このような牧地のゾーン分けは、移動の少ない牧畜民に年4回の移動を促すとともに[1]、移動とその場所を季節ごとに収斂させる意味も持っていた。特に、冬・春の牧地は他の季節の使用が禁止された。それにより、冬に草がなくなって無駄な移動する必要も減った。こうして、社会主義時代、四季の宿営地、特に固定的な施設が建てられた冬営地の固定化・実体化が進んだ。現行の土地法にもそういった社会主義時代からの実践が反映されている。

　モンゴルの牧畜では、こういった季節移動のほかに、「オトル」と呼ばれる移動も行われてきた。オトルでは、牧畜の特定の目的のために機動的に家畜を移動させる。代表的なオトルには、厳しい冬に備え家畜を太らせるために草のよい場所を選んで移動する秋のオトル、ゾドを避けるために移動するオトル、特定の家畜をそれにあった牧地に移動させるオトルがある。オトルの特徴は、通常の移動が住居であるゲルと飼育している家畜全体と世帯のすべての構成員（郡センターなどにある学校の寄宿舎に住む子供などを別として）がまるごと移動するのに対し、オトルでは移動が容易なテントやゲルの屋根の部分だけを使用し、多くの場合特定の家畜だけを追って世帯の成員の一部が移動することにある[2]。こうして目的に合った手持ちの最低限の資源をつ

---

[1]　家畜の少ない世帯はもともと頻繁に移動する必要がないし、移動手段の大型家畜を持っていないことも多かった。ネグデル時代になると、ネグデルがトラックなどの移動手段を提供するようになり、そういった世帯も半ば強制的に移動させられるようになった。

[2]　ただし、ゴビ地方のように冬営地を出てからの移動をすべてオトルとしている地方もある。冬営地で一年のうちの半分を過ごすので、そこが本拠地という認識があるのだろう、最近ではソファなどの大型家具を冬営地に残して移動する世帯もある。しかし、この地方は降水量が少ないにもかかわらず、移動の回数・距離が少ない。飼育する家畜の頭数が少なく、井戸が各世帯に割り当てられていて、その周囲を移

終章　草原と遊牧の未来

かい移動のコストを減らすことによって、よりよい条件の牧地に機動的に家畜を移動させることが可能となっている。

　マーフィ（Murphy 2011）が指摘するように、社会主義時代モンゴル政府は牧畜民の定住化と牧畜全体の生産力向上のための移動の強化という相反する目標を持っていた。そして、それをオトルを増やすことによって実現しようとしていた（Humphrey 1978）。社会主義時代、季節の宿営地が実体化しゲルが大型化して以前なかったストーブや鉄製ベッドといった家具も増えるにしたがって、ネグデルから移動手段の提供があったものの、移動は減っていった。そのかわりに、オトルをより多く行うことが奨励された。いわば、移動の契機となる人間の都合と家畜の欲求が分離し、季節移動は定住化という人間の都合にあわせて減る一方、増大する家畜の欲求はオトルを増やすことで満たしたのである。

　現在では、ネグデルの奨励がなくなった分オトルは減り、社会主義時代の季節移動の輸送手段の提供もなくなったので、牧畜民たちは移動性を保ちながら新しい社会情況に適応するための方法を模索するようになった。その一つが、移動のコストを減らすための様々な工夫である。例えば、以前は旧ソ連製の大型トラックで移動することが多かったが、最近はガソリン価格が上がったため、燃費のよい韓国製の中型トラックやロシア製ジープが移動に使われるようになった[3]。車が小型になり積載できる荷物の量は減るため、ゲルは屋根棒を短く切断したり壁の長さを縮めたりして小型軽量化するとともに、中に置く鉄製ベッドなどの大型家具も減らすようになった。これと平行して、郡センターやアイマグセンターに大型のゲルを建て、洗濯機や冷蔵庫

　　　動するからである（Kamimura 2013）。また、10 m から数十メートル離れた場所にゲルを建てなおすこともよく行われているが、彼らはそれを移動とは認識していない。

[3]　ただ、現在でもアルハンガイ県のようにウシ車での移動や、ラクダが多いゴビ地方や車が到達できない場所にはラクダも使われる。また、多くの世帯が一つの宿営集団を構成する、バヤンウルギー県のカザフ牧畜民は、一度に複数の世帯の荷物を運搬できるのでロシア製トラックを現在でも使うことが多い。

601

といった都市生活と同じ調度をそろえて本拠地とし、学校に通う子供や妻はそこに住み、夫など必要最小限の人員だけが小さなゲルで牧畜に従事する世帯が、モンゴルのどの地方でもめずらしくなくなった。それと同時に、自動車を持つ世帯が増え、移動手段を調達するコストが減り、移動したい時に移動することが可能になっている。つまり、季節移動の方法そのものがオトル化しているのである。

(4) エコシステムにおける均衡-非均衡モデルと移動のパターン

　乾燥地域での牧畜の移動性と柔軟性を説明するモデルとして、最近モンゴルの牧畜に関しても触れられることが多くなったのが、アフリカの乾燥地域の牧畜の性質について説明するエコシステムにおける非均衡モデルである。このモデルは、ハーディンの「共有地の悲劇」テーゼを批判し、「過放牧」の根拠となる「環境容量（＝牧養力）」(carrying capacity) の算出や「土地の悪化」の評価の方法に疑問を提起する。

　「環境容量」は、ある牧地の草の生産量をまず算定し、それによってどれだけの家畜が養えるかを算定する。ベンへとスクーンズ (Behnke and Scoones 1993) は、「環境容量」が正しく算定できない理由として、家畜がどのくらい草を食べるかその予測によって「環境容量」が変わってくること、土地景観の多様性によって同じ降水量でも草の生え方がちがうこと、囲いの中を前提とした人為的な設定によるので移動牧畜では算出が非常に困難であること、家畜の種類によって必要な草の種類・量が異なること、家畜の採食後の草の再生が無視されていることを挙げ、「環境容量」がヨーロッパの概念で、アフリカの乾燥地帯には当てはまらないと結論づけている (pp. 18-19)。

　ある年あるいは年平均の「環境容量」が仮に正しく算定できたとしても、草の生産量に直接影響する降雨量は、毎年変化する。その変化が大きければ、牧地環境の状態は、家畜の食圧 (grazing pressure) によってというより、むしろ降雨量によって大きく左右される。このような牧地環境では、ある牧地に適正な家畜の数つまり「環境容量」の概念は、あまり意味をなさなくなる。

そして、牧畜民にとっては、空間的な降雨量の偏差をとらえて、草がよく生えている場所があれば、そこに移動するという戦略が適合する。このような牧地環境システムは「非均衡的」エコシステム、牧畜民の経営戦略は「機会主義的（opportunistic）」経営と呼ばれる（前掲論文）。

一方、「均衡」システムとは、「対象となるシステムの外部の条件が、時間が経過しても、比較的安定しているので、システム内部のプロセスは、そのまま継続するか均衡する。また、システム内部のプロセスによって、システムの構造とダイナミクスが統御可能である」というシステムである（Ellis et al. 1993: 31）。牧地環境にあてはめると、「均衡的」な牧地環境では、降雨量が毎年ほぼ一定しているので、牧地環境の状態は、そこで採食する家畜の数によって決まる。また、そのような環境では、「環境容量」に近いがそれを超えない数の家畜を維持することが、牧畜経営の戦略となる。ただ、「均衡」と「非均衡」という、明確な差異を持つ二つのシステムがあるというわけではなく、現実のシステムをそれぞれの理念型が両端となる連続体としてとらえることができ（Bruce and Mearns 2002: 39）、また、一つの地域でも二つの特徴が混在したり、時間や季節によってシフトする（Klein et al. 2012）。

エリス他（Ellis et al. 1993）によれば、「均衡的」エコシステムと「非均衡的」エコシステムとの閾は、年間降水量の変動係数が30％あるいは（and/or）年間降水量が300〜400 mmにあり、それより変動が大きいか降水量が少なければ、「非均衡的」とみなすことができるという（p. 33, 39）。これは、アフリカのサバンナでの調査をもとにした結論だが、モンゴルを含む内陸アジアにも応用ができるとされる（Bruce and Mearns 2002: 39）。

しかし、モンゴル国のどのくらいの地域が非均衡的エコシステムにあたるかは、研究者によって異なっている。この評価は、各地域の牧畜の方法と牧畜政策全体にも関係してくる。スウィスト（Swift 1995）は国土の半分近く、ウェシュとレッツァ（Wesche & Retzer 2005）は少なくともゴビ地域全部つまり国土のおおよそ40％、スニース（Sneath 2003）は3分の1以上としている。その一方で、世界銀行の2003年のレポート（World Bank 2003: 3, 34）では、森林草原帯の平均年間降水量が約250 mmその変動係数が約28％、砂漠草

603

原帯では100 mm以下と50％だから、モンゴル国のほぼ全域が「非均衡的」な牧地エコシステムということができるとする。

　ハンフリー・スニース (Humphery and Sneath 1999) は、年間降水量の変動係数33％で内陸アジアを区分し、モンゴル国の南部と内モンゴルの西部は、「非均衡的」な牧地エコシステムであるが、他の地域は「均衡的」であり、「非均衡的」であるはずのモンゴル国南部と内モンゴル西部でも、予想されるような「機会主義的」な移動はみられず、よほどの悪天候でないかぎり、集団化以前も以後も規則的な移動パターンしかみられないとする (p. 272)。しかし、彼が集団化以前も「機会主義的」な牧地利用が行われなかったとする根拠は、その当時の行政区分である旗のなかに移動がおさまっていたということに過ぎない。集団化以前は、それ以後より移動の距離も回数も多かった。また、集団化以後の移動の「みせかけ」の規則性は、四つの季節ごとに営地が指定されたこと、季節に適合する営地の場所の選択肢が限られていること、「規則性」からはみだすエントロピーの部分を「オトル」に負わせたことによる。

　それに、規則的とはいうものの、必ずしも毎年同じ季節に同じ場所を宿営地として使用するとは限らない。2008年と2009年の調査では、過去10年間に各季節ごとで同じ宿営地を利用した割合は、砂漠ステップ帯で13％、ステップ帯で20％、森林ステップ帯で30％と高くない (Kamimura 2013)。年ごとの気候変動が大きい砂漠ステップ帯でこの割合が低いことは、牧畜民の側の経済・社会的条件の変化もあるだろうが、年ごとの気候条件の変化によって宿営地を変えざるをえない場合が多いということを示唆している。年間降水量の少なさやその変動係数の大きさだけを「機会主義的」移動とむすびつけることは、低緯度で気温の高いアフリカのサバンナにはあてはまるが、モンゴルにはあてはまらないと思われる。草の生育には、降水量、太陽からの輻射、気温という三つの要素がそろうことが必要だが、あとの二つの要素は、アフリカの乾燥地の場合ほぼ常に満たされるのに対して、モンゴルの場合は、この三つがそろう期間は短い。つまり、5月なかばから8月なかばまでが草の生育期間であり、この期間以外の降水量は、必ずしも草の生育

終章　草原と遊牧の未来

とむすびつかない。

その一方で、機会主義的的移動というより移動を余儀なくさせられる機会は多い。夏の干害や冬や春にゾドが発生すると、移動して回避する必要がある。また、夏営地は人間にとっても家畜にとっても冬を過ごすのに適さず移動しなければならないことが多い。それにそもそも、エコシステムが「非均衡的」であれ「均衡的」であれ、日帰り放牧範囲内の草は時間が経てば経つほど少なくなっていくので[4]、いずれにせよ移動せざるをえない。ステップ帯のヒツジ・ヤギ約1000頭の群を持つある牧畜民は、夏でも20日ごとに移動が必要だと語った。

モンゴルの牧畜における移動は、このように、四季という1年での周期的な気候変化による最低2から4回の比較的規則的な季節移動と、気候の大きな変動があった際の緊急避難的な移動、大きな家畜群を維持したり家畜を確実に増やすための機会主義的移動から成り立っている。

(5) コミュニティと「歴史的ストック」

モンゴルの牧畜の開発の主流となっている「コミュニティを基盤にした自然資源管理」(CBNRM) が前提としているような、コミュニティ概念も検討する必要がある。

7章でも述べたとおり、CBNRMは社会的かつ地理的な境界を確定して「牧畜民グループ」などの「コミュニティ」を組織する。マーンズ他 (Mearns et al. 1998) は、外部から明確に区別される安定した「コミュニティ」を、均衡的エコシステムと対比させて論じている。これにならい、そのようにイメージされた「コミュニティ」を「均衡的コミュニティ」と名づけることができよう。彼は、それまでの政策アプローチが、均衡的コミュニティと均衡的エ

---

[4] ただし、フェルナンデズ・ギメンズとアレン・ディアズ (Fernandez-Gimenez & Allen-Diaz 1999) のバヤンホンゴル県での調査によれば、夏の森林ステップ帯では、家畜が草を食べれれば食べるほど草は再生産される。

605

コシステムを所与として、その二つをリンクさせてイメージしていたと批判する。また、アグラワルとギブソン（Agrawal and Gibson 1999）は、有機体としてのコミュニティ、小規模で固定したテリトリーを持つコミュニティ、同質なコミュニティといったコミュニティ概念を再検討し、それらが19世紀から20世紀初めの社会理論に基づくものであることを指摘し、多層的な行為者の多様な利害、彼らの間の相互作用や政治性、また政治的プロセスの結果に影響する社会的制度（institutions）に注目するべきだとする（p. 640）。

これに先行して、文化人類学でも、閉じた系として対象社会を民族誌に記述する文化相対主義が、近年批判されてきた。文化相対主義は、ホスト社会を他とは明確に区別しうる実体として表象する。重要なのは、そういった静的な「コミュニティ」としての記述ではなく、動的な「ネットワーク」に注目することである。そもそも、文化人類が対象としてきた「何々民族」や「何々社会」のように、明確な成員と非成員の境界やテリトリーの境界をもった実体としてコミュニティをとらえるのは、国民国家のイメージを過去や現在のコミュニティとされるものに投影した結果に過ぎないであろう。コミュニティは、人間やモノ、サービスの流れが織りなす人間関係のネットワークが、実体として観念されたものであるといえる。また、いかに親密な関係によって成り立つコミュニティであれ、コミュニティはすべて、アンダーソン（2007）のいうように多かれ少なかれ「想像された」ものである。さらに、歴史上の植民地支配の例が示すように、「何々民族」などという名称がつけられることによって、コミュニティは支配のための手段として登録され実体として扱われてきたのである。

もちろん、モンゴルの牧畜民も行政的支配の対象とされてきた。行政的な単位は共同体意識の境界とも重なっている。私の調査で、「あなたの地域」（モンゴル語では「ノタグ」）といった時、どんな範囲を思い浮かべるかと質問した。多くの牧畜民が最小の行政単位である村を挙げた。それは、「郡には知らない人間もいるが村ならみんなを知っているから」という理由である。村の世帯数は、我々の調査地では100〜200であった。200人は対面コミュニケーションで成立する共同体の上限であろう。村ならみんなを知っていると

は、世帯の構成員も含めた全員ではなく、世帯の代表者を知っているという意味である。また、牧地を「共同で使用する」といったとき、その主体としてまず思い浮かべるのも村の成員である。「共同で使用する」(モンゴル語で「ニーテール・アシグラフ」)は、一般に英語では、"open access"と訳され「誰でも利用できる」と解釈されるが実際はそうではない。それに、牧畜民が通常の季節移動する範囲も村のなかに収まっていることが多い[5]。

しかしながら、そのコミュニティの境界は弾力的なもので、干害やゾドなどによって必要があると認めた場合は、村以外の成員に牧地を使わせることもある。その場合、同じ郡の成員、つぎに同じ県の成員というように、コミュニティ境界を越えるごとに、その牧地を利用するための交渉コストは増してゆく。

その一方で、このような地縁関係を飛び越え、ふだんその牧地を使用している牧畜民との親族関係や友人関係といった社会ネットワークを通じて牧地の使用が認められることも多い。むしろ、郡や村の行政の牧地利用を管理する能力が弱まった現在では、自分の属するのと違う郡や県に移動するとき、その郡役場を通さず直接移動先の牧地をふだん利用している牧畜民と交渉することが多い。もちろん、その場合でも、郡間で牧地の相互利用について取り決めがすでに結ばれていれば、ずっと交渉がやりやすくなる。同時に、それは、その取り決めにそれまでの郡間で牧地を相互利用して来た経緯が反映されているからであろう。

家中(2002)は、日本のかつての土地の共同利用権が土地への働きかけの痕跡の総体としての「歴史的ストック」を根拠に発生することを示唆する。彼は、「生活の知識というものが、個別の対象や状況と独立して蓄積される一般化されることなく、あくまで『かかわりのなかで』すなわち『歴史的ス

---

[5] マーンズ(Mearns 1993)は、牧地を利用するコミュニティの通常のテリトリーの最小のサイズが、砂漠ステップ帯では村や郡、山岳・森林ステップ帯では一つの谷筋と重なるとする。つまり、通常は、砂漠ステップ帯では村や広くて群の外に、山岳・森林ステップ帯では一つの谷筋から出ることはないということである。ただし、10年といったスパンで干害やゾドが起こるので、その外へ移動する必要が出てくる。

トック』としてある」(p. 91) と説くが、このことは、土地の共同利用権にも当てはまる。人々の働きかけが「歴史的ストック」刻みこまれるのは、景観・身体・記憶である。ある景観によって、ある人間がそこに働きかけていたという人々の記憶が喚起され、土地利用権の根拠となる。だから、働きかけの程度によってその強度に濃淡ができるし、「時期や対象に応じて土地利用が排他的であったり共有的であったりする」(p. 88) のである。ここが、「一物一権主義」、白黒がはっきりした近代的な所有観とは異なるという (同)。

　この議論は、モンゴルの牧畜にも当てはめることができる。土地への権利の根拠が「歴史的ストック」であることは、モンゴルの牧畜民たちの牧地や宿営地に対する意識とよく一致している。風戸 (2003) が、長年牧畜民が使用してきた冬営地に堆積した、ヒツジ・ヤギの寝場所にある地面との断熱材の役目をする乾燥した糞の厚い層を「ふかふかマット」と呼んでいるのも、この「歴史的ストック」にあたるだろう。また、その景観は、牧畜民たちがその冬営地を使用してきたことについて地域の人々が（濃淡の差はあるにしろ）共通して持つ記憶とともにある。牧地に対する権利意識は、この「歴史的ストック」に根拠を置くといえる。「歴史的ストック」にしたがって、ある牧畜民に特定の牧地を優先的に使用し管理する（他の牧畜民に牧地の使用を許すことも含まれる）ことが認められるのである。

　もう一つ注目する必要があるのが「歴史的ストック」の持つプラグマティックな側面である。これまで自分が長期間よく使ってきた「歴史的ストック」の蓄積された牧地や宿営地に移動し利用するということは、そのアクセスに関わる探索コストや交渉コストを減らすことも意味する。よりよい牧地をそこに先着した牧畜民が使用する完全な機会主義的移動では、牧地を探索するコストや複数の牧畜民が同時に移動してきた場合の交渉コストが大きくなる。その牧地を利用してきた実績という「歴史的ストック」は、牧地や宿営地の選択に関わる手間を大幅に省いているのである。

(6) 行政の役割と互酬倫理の合理性

　この「歴史的ストック」は、家中（前掲論文）が言うように「一般化されること」がないのではなく、コミュニティが行政単位に編成され登録された人間の集団として実体化されてきたのと同様に、常に「個別の対象や状況から切り離されて一般化され」定義されている。そもそも、移動の決定そのものが、「歴史的ストック」の再定義といえる。しかしまた、その定義が新しく加わった文脈上の実践を通じて再文脈化され、「歴史的ストック」は形成され続けてゆくのである。

　この意味で、行政的な役割の意味は大きい。1990年代までの行政の役割は、個々の牧畜民と牧地との関係における「歴史的ストック」の効果を弱めることに発揮される場合が多かったように思われる。7章で述べたように、清朝の時代には行政区分の境を越えて遊牧すれば厳罰に処すという法令があったにもかかわらず、雪害や干害といった自然災害のときは盟が主導して、旗の外にその領民と家畜を移すことも稀ではなかった。

　ゾドや干害から避難するとは、避難先の牧畜民にも災害の被害が分散されて及ぶということである。しかし、災害の起こった場所の家畜が移動できずに頭数が回復できないほど少なくなってしまうよりも、全体で見ると被害が広く分散された方が家畜頭数の回復は速くなる。それに、生計を依存する家畜を失ってしまった牧畜民を養うことは、行政にとって大きな負担にもなる。特に、当時は現在のように大きな都市や定住地もなく、牧畜以外のセクターが彼らを吸収することはできなかった。行政は、表向き「人道的措置」という生存維持倫理でその超法規的措置を正当化したが、負担を軽減し生産力をいち早く回復させることで税収の落ち込みを抑えようという目的もあったことは間違いない。

　また、社会主義時代には、あまり使われない遠隔地の牧地のオトルによる使用が奨励され（Humphrey 1978）、優秀な牧畜民には優良な宿営地が割当てられるなど、牧畜生産力を上げるために牧畜民と牧地の関係を組み替える方策がとられた。社会主義時代、牧畜は、国家の経済発展のため貢献すること

が求められていたからである。それ以前の時代には、税収を増やすためだけでなく、大家畜所有者である貴族たちの増大する消費をまかなうための牧畜生産力の強化が必要だった。このような理由で、「歴史的ストック」として蓄積された牧地と牧畜民の関係を断ち切り組み替えることが必要だったのである。

牧畜民にとっても、ゾドや干害からの避難や自分自身の牧畜生産力を高めるため、移動性や柔軟な牧地利用を担保することの重要性は認識されてきた。特に、避難してきた牧畜民を受け入れることは、現在でも互酬倫理としてモンゴル人に浸透し、自然災害時の移動を可能にする安全ネットとして機能している。調査からも、互酬倫理を半数以上の牧畜民が保持していることが分かる。その理由として、「牧地（つまり環境）は天から与えられたもので、人間が支配することはできない」、「その恵みは分かち合わなければならない」と語る牧畜民も複数いた。

互酬倫理は、「非合理的」なモラル・エコノミーの典型であり、「合理的」な経済行動に基づくポリティック・エコノミーに早晩とってかわられるという考え方もあるかもしれない。しかしながら、モンゴルの自然環境においては、ゾドや干害は周期的に発生する。したがって、この互酬倫理という自然災害時の安全ネットの維持は、長期的な観点から見れば、牧畜民たちにとって当然であって、十分合理的な戦略なのである。

ここでも、行政のしくみは重要な要素となる。すでに述べたとおり、受け入れる牧畜民の範囲は、村内や郡内の牧畜民とする回答者も多く、行政単位の境界を越えると交渉コストは増す。また、トゥブ県では四つの季節に適した宿営地のうちどれかが十分でない郡も多い。ある郡には冬営地に適した場所が足らず、ある郡には夏営地に適した場所が少ないといったそれぞれの郡の事情がある[6]。そこで、そのような郡間では社会主義時代からお互いに宿営地や牧地を融通しあってきた。この牧地利用での協力関係は、1990年代

---

[6] その理由は清朝時代からの旗より郡の方が小さいからである。それで現在の県・郡という行政単位をむかしの盟・旗に近いものに再編することも一時期考えられた。

以降も郡間の協定というかたちで受け継がれた。他の県に比べトゥブ県の中で他の郡にオトルがしやすいのは、社会主義時代からのこうした経緯とともに現在の郡間協定によるところが大きいのである。

　逆に、行政が他の地域の牧畜民の牧地使用を認めなくなったら、干害やゾドから避難する牧畜民は、生存のためのネゴシエーションの手段を失い、非常によわい立場に立たされてしまう。そのため、恒常的な干害のためトゥブ県南部にやってくるドンドゴビ県の牧畜民はほとんどが牧地の割り当てを行う牧地法に反対だという。聞き取り調査した牧畜民のなかには、牧地法制定の強行は「内乱」を引き起こすと警告するものもいた。「内乱」とは、一つには牧畜民間の紛争が激化するということであり、一つにはそのような政策をとる政府への抗議行動をとることを意味する。彼らは、トゥブ県の牧地の二次利用者・三次利用者（Niamir-Fuller 2000）であったのが、突然フリーライダーとされるのだ。彼らは、同時にトゥブ県の牧畜民の潜在的受け入れ先でもあるから、排除する側にとっても自分たちのセイフティーネットを壊してしまうことにもなる。

　これまで、トゥブ県の郡の行政は生存維持倫理によってドンドゴビ県の牧畜民を受け入れてきた。しかし、それによって自分の郡の牧畜民たちの批判を受けることが多いのも事実である。外部の牧畜民を受け入れたがらないのは、現代にかぎらず、清朝時代でも同じであったらしい。古文書からも、干害などによって他の旗から避難してきた牧畜民を受け入れる盟からの要請に対して、受け入れ側の旗が様々な理由をつけてそれを拒もうとしたことがうかがえる。その場合も、行政が「人道的措置」という生存維持倫理に訴えると、牧畜民は受け入れざるをえなかった。もちろん、現在は牧畜民同士が話し合って受け入れを決める場合もあるが、受け入れる側の負担が大きければ、やはり倫理とそれに訴える行政の後押しが必要となるのである。

(7) 閉鎖的コモンズから新しいコモンズのかたちへ

　コモンズ論の対象は、ネットにおける著作物やマスコラボレーション、

(1) モンゴルの生態系ネットワークと将来シナリオ

　森林や草原をはじめ地球上の多くの生態系は、気候変化と人間活動（特に自然資源の乱獲）によって大きく劣化し、生物多様性と生態系機能の弱体化を伴っていまや危機的状況にある。このことは、最も深刻な地球環境問題の一つとして広く認知されているが（Millennium Ecosystem Assessment 2005）、資源利用という人間活動は複雑な社会・生態系に埋め込まれていて、その複雑さの故に、環境問題が生じるメカニズムを知ることやその解決の道筋を示すことは困難な課題となっている。

　最近、いくつかの研究グループが、生態系劣化を引き起こす複雑な社会‐生態システムを取り扱うための研究の枠組みを提案している（GLP 2005; Folke 2006; Ostrom 2009）。ここでは、サブシステム間のネットワークを強調した社会‐生態システムの研究の新たな枠組みとして「生態系ネットワーク」の概念を提案する。生態系ネットワークは、土地被覆や土地利用で区分されるサブシステム（草原、森林、河川、農地、鉱山など）のネットワークであり、人間社会のネットワークが各サブシステムの性質やサブシステム間の転換に影響を与える。この概念の重要性は、土地被覆の変化（そのデータは、社会経済統計、野外調査、衛星画像などから比較的得やすい）に影響を与える広範な人間活動を概観できることにある。モンゴル草原における主要な環境問題の一つは、家畜の過放牧や農業開発による遊牧に利用可能な草原の劣化や消失である（Hirano et al. 2006; Okayasu et al. 2007; Mearns 2004）。最近は、豊富な地下資源を取り出す鉱山開発が放牧地の減少や劣化の原因となっている（Suzuki 2012）。生態系ネットワークの構造を明示的に描くことによって、生態的側面と社会的側面の両方を含むモンゴル草原における環境問題のネットワーク構造を理解することができる。またこの概念を利用して、ネットワーク構造がいかに環境問題を創出するのか、問題を解決したり緩和したりするために、どのようにネットワークを修正したら良いのかの手がかりを得ることができる。

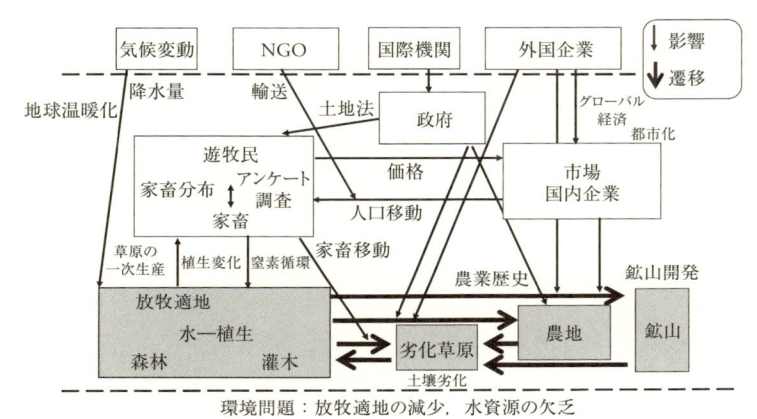

図21 モンゴルの生態系ネットワーク

モンゴル草原における生態系ネットワーク

　我々の研究フィールドは、マレーシア・サラワク州の熱帯雨林とモンゴル草原である。この数十年間において、この両地域における社会的生態的状況は、グローバル経済への対応に加速された資源搾取によって強い影響を受けてきた。地域住民は、サラワクでは森の自然産物を利用し、モンゴルで草原で家畜を飼うことによって生計を立てていた。植生の再生産速度や食物網のなかの人間の位置など、両地域の生態的特徴は全く異なっているが、これらの地域の多くの住民の生計は自然生態系のサービスに強く依存していることは共通である。我々は、サラワクとモンゴルを比較して成果をまとめているが、以下では、モンゴルの生態系ネットワークの構造を説明する。

　モンゴル草原の環境問題をとらえる上で重要と思われる要素を考慮し、生態系ネットワークを図21で示したような社会生態系のネットワークとして表現する。各々のサブシステムとそれらの相互作用は、ネットワーク用語ではノードとリンクである。図の最下段に、土地被覆や土地利用で特徴づけられる生態的サブシステム（優良な牧地、劣化した牧地、農地、鉱山地域）を配置した。森林―ステップゾーンでは、草地は森林と相互作用があり、ステップゾーンや乾燥ステップゾーンでは、草地はしばしば灌木と相互作用がある。

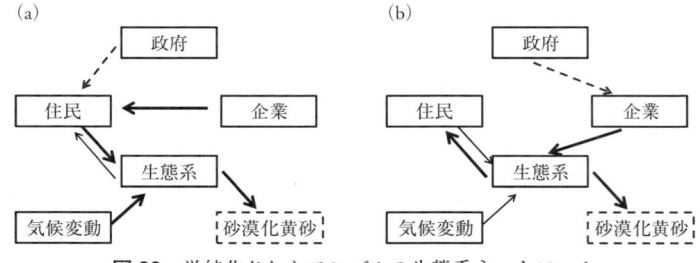

図 22 単純化されたモンゴルの生態系ネットワーク

　これらの生態系サブシステムは、森林の伐採や植林や家畜の過放牧などの人間活動によってお互いに変換される。図 21 の中段には、社会的サブシステム（家畜を持つ遊牧民、政府、および、企業が支配する市場）を配置した。それらは生態系サブシステムの質の変化や相互転換のドライバーとなるが、社会的サブシステム自体も相互作用する。最上段には、外部のサブシステム（気候要因、NGO、国際組織、外国企業）を配置したが、これらは内部のサブシステムに影響を与え、それらを結びつける。

　サブシステム間のリンクの強さやお互いの相互作用およびサブシステム内の相互作用についての生態学的、経済学的、社会学的研究は、野外調査やモンゴル政府の統計資料や衛星データから土地利用の分布と変化を調べることに基づいている。このネットワークの構造から個別の研究間の関係を見ることができるし、また、草原の劣化に関係する環境問題の発生と広がりを読み取ることができる。

　図 22 の左側の部分には、主に自然環境と草原生態系の関係が記述されている。図 22 の右側の部分は、主に土地利用と遊牧民の生計に影響を与える経済的社会的要因が記述されている。個々の研究は、対応するリンクのみを考察しているばかりではなく、ネットワーク構造を介して、近くの関連しているリンクやサブシステムに及んでいる。

生態系ネットワークにおけるフィードバック

　生態系ネットワークの全体の構造は複雑であるけれども、特定の問題に絞

終章　草原と遊牧の未来

れば、ネットワークを簡単化することができる。ここでは、モンゴル草原の劣化に関与する二つの問題、すなわち、家畜の過放牧と鉱山開発について見てみよう（図22）。農地の開発やその放棄は鉱山問題と同じネットワーク構造を持っている。

　モンゴル草原の植生は、人間にとって直接に価値あるものではない。植生の価値は、草を食う家畜の中に貯蓄され、最終的には家畜やその生産物（毛、皮、ミルクなど）を自家利用したり売却して利益を得る。ここで、グローバル経済が遊牧民の行動に影響を与える。例えば、ヤギの毛から生産されるカシミヤの国際価格が上がると、遊牧民はヤギの数を増やし、その結果、牧草地の過剰利用によって草原は劣化する（図22a）。気象の変化、特に降水量の変化はこのプロセスに大きな影響を与える。

　草原が劣化すれば、家畜の餌が減少し、遊牧民の利益にマイナスの影響が出る。草原の劣化を認識し始めると、遊牧民は家畜の数を減らして過放牧を緩和すると考えられる。したがって、遊牧民の行動と草原の状態の間に負のフィードバックが働き、草原の状態は長いスパンでは安定に保たれるだろう。しかし、草原の劣化という環境問題は、様々な要因によってこの負のフィードバックの機能が阻害されるために起こると見ることができる。極端に過放牧が進行すれば、草原の砂漠化が起こり、砂塵が舞い上がり遠く離れた外国にまで砂塵が到達し、黄砂の拡大という地球環境問題を深刻化させる懸念もある。草原の劣化を解決するためには、フィードバックを阻害している要因を特定し、遊牧民の行動を変えるために有効な技術的解決法や政策を導入して、本来存在する負のフィードバックを回復しなければならない。

　一方、鉱山開発に起因する草原の劣化には異なるネットワーク構造が存在する（図22b）。鉱山として開発された地域は、遊牧民の放牧地としては利用できないし、その周りの草原も水資源の減少や鉱山から排出される化学物質の汚染によって、しばしば牧草地としては敬遠される。その結果、鉱山資源が周りの地域に存在すれば、鉱山開発の地域は広がりやすくなる。つまり、鉱山開発と遊牧地の減少は正のフィードバックを持つといえる。この問題を解決するためには、企業や国家による開発を規制する政策を工夫する必要が

ある。

　負と正のフィードバックを持つ、図22にみられるネットワーク構造は、自然環境の劣化という環境問題に現れる典型的な二つのネットワーク構造であろう。複雑な問題では、この両方のフィードバックを持つであろうが、その構造を見定めることが重要である。まとめると、生態系ネットワークの概念は、自然生態系に強く依存し、かつ、経済のグローバル化にさらされている地域の環境問題の構造を認識し、生態系の持続的保全を工夫する上で、有効なガイドラインとなると期待される。

モンゴル草原の将来シナリオ

　ここまでで、草原の環境問題のとらえ方やその解決法に関する一般的な考え方について述べてきたが、ここからは、具体的に草原の劣化を緩和するためにどのような方策が可能で、その方策の結果として30年後に自然環境と社会的環境がどのようなものになるのかを予想してみる。このような方法は、シナリオ解析と呼ばれ、多くの研究者や行政関係者が社会問題を認識し、その解決の過程に参加する手段として盛んに用いられている。

　以下、シナリオ解析の方法を、モンゴル草原を例として説明する。モンゴルの草原劣化の原因は、家畜・遊牧民の集中と移動性の低下による過放牧が大きい。民主化以後の市場経済のもとで、協同組合は解体され、家畜は遊牧民の私有財産となり、畜産物生産は自由競争となった。2003年の土地法の改正で、都市域の土地は私有化され、牧地は、冬と春の営地が遊牧民グループに優先利用が認められた。現在、完全に牧地を私有化するという牧地法が検討されている。したがって、モンゴルの遊牧の将来については、遊牧の移動を続けるか、土地の私有化・定住化を行うかという点と、家畜数・遊牧民世帯数の増加傾向を続けるか、何らかの増加防止対策をとって制限するかという点が大きく影響する。そのため、これら2つの要因を考慮して、以下の四つのシナリオを検討する。

(1) 現状のまま（Business as usual）

市場経済と土地法に基づく現状のままのシナリオで、遊牧民と家畜の密度分布は現状に基づく。遊牧民は収益を求めて大都市周辺や主要道路沿いに集中し、高く売れるカシミヤへの依存を強める傾向が続く。土地法により宿営地集団（ホト・アイル）の冬・春営地の優先利用を認めるが、夏営地の排他的利用はなく、長距離移動は認められる。家畜数の制限はない。

(2) 近代経済主義

近代的な経済主義に基づいて、目先の収益を最大化しようとするシナリオで、現状の収益を求める傾向が極端化する。遊牧地の排他的利用・私有化を認め、定住化する。個別の遊牧民と企業の利益の最大化のために、家畜数の制限はない。遊牧民は販売に好都合な都市と主要道路周辺により集中する。都市近郊では、収益の高い牛乳生産のために多生産品種のウシの導入が考えられ、遊牧でなく、舎飼いで餌を与える牧場タイプの酪農が中心となる。地方では収益の高いカシミヤ依存が強まる。

(3) グローバル環境主義

草原の保全を最重要視する。過放牧による草原の劣化を防ぐために、家畜数を草原の家畜扶養力以下に制限する。草原劣化の防止に働く移動は制限しないが、草原の保護・家畜数の制限のため、保護区の設定とか劣化した草原からの遊牧民の排除とかが考えられ、制限を受ける場合も存在する。

(4) 地方主義

遊牧民の大都市・主要道路への集中・過密化を避けるため、地方でも遊牧で生活ができるようにして、遊牧民世帯と家畜数を全国的にそれぞれの家畜扶養力の範囲に収める。そのために、道路や井戸の整備、流通の改善、産業の誘致、ゾド対策など地方への投資を行う。移動は制限されず、家畜数も制限されないが、遊牧民の集中・過密化による過放牧は避ける。

以上のようなシナリオのもとで、30年後の結果を予測すると次のようなものになった。

土地被覆・人口分布
　シナリオ（1）：大都市と主要道路周辺への遊牧民の集中傾向は続く。そこでの過放牧による草原の劣化は進む。地方においては、遊牧民数は増加しないが、ヤギの増加と移動性の低下による過放牧により灌木の減少など草原の劣化は部分的に徐々に進行する。ヤギの増加、移動性の低下がなければ過放牧による草原の劣化は進行しない。
　シナリオ（2）：大都市と主要道路周辺への遊牧民の集中傾向は続く。移動性が低下するので、そこでの過放牧による草原の劣化は大きく進む。地方においても遊牧民数は増加しないが、家畜、特にヤギの増加のため草原の劣化は徐々に進む。
　シナリオ（3）：過放牧状態の大都市と主要道路周辺では家畜数が減少するため、草原の劣化は進みにくいが、遊牧民は減少する。地方では遊牧民のＵターンで遊牧民は増加するが、扶養力内に収まれば草原の劣化は進みにくい。
　シナリオ（4）：地方投資がうまくいくと、大都市と主要道路周辺の遊牧民が地方にＵターンして、地方の人口が増える。ただし、都市と地方の交通がよくなると中央への集中が促進される恐れもある。

生物多様性
　シナリオ（1）：大都市と主要道路周辺では過放牧により植物の種多様性は低下する。地方においては、ヤギの増加や移動性の低下による過放牧が生じなければ植物の種多様性は変化しない。過疎によりグレイジング圧が大きく低下すると植物の種多様性は低下する。
　シナリオ（2）：大都市と主要道路周辺では過放牧により植物の種多様性は低下する。地方においては、ヤギが増加した地域と過疎化が進んだ地域では植物の種多様性が低下し、グレイジング圧が大きく変わらない地域では植物の種多様性は変化しない。
　シナリオ（3）：過放牧が激しかった地域では草原植物の種多様性は回復する。それ以外の地域では種多様性は変わらない。
　シナリオ（4）：過密過疎が解消されると、植物の種多様性は維持され、過

放牧だった地域では回復する。

供給サービス（家畜の数）

シナリオ（1）：家畜数はゾドの被害を除けば増加していく。大都市と主要道路周辺では将来的には土地の劣化のために家畜数は減少する。地方では土地の劣化は徐々に進行するが、草原に余裕があるので、すぐには家畜数が減少しない。

シナリオ（2）：家畜数はゾドの被害を除けば急速に増加していく。大都市と主要道路周辺ではより近い将来に土地の劣化のために家畜数は減少する。大都市と主要道路周辺では将来的には土地の劣化のために家畜数は減少する。

シナリオ（3）：全国的に現在家畜数が扶養力を上回っていれば減少し、扶養力内であれば現状維持か増加する。

シナリオ（4）：地方投資がうまくいくと、家畜数は、大都市と主要道路周辺では減少し、地方では増加する。ただし、全国的にはゾドの被害を除けば増加傾向は続く。家畜数の安定化には、ゾド対策や家畜の現物資産化の変更が必要となる。

調整サービス（土壌の水分と栄養塩の保持機能）

シナリオ（1）：大都市と主要道路周辺では、過放牧により裸地化や土地の劣化が進行し、土壌の水分と栄養塩の保持機能が低下する。地方でも、過放牧の地域では保持機能が低下し、過放牧でない遊牧地域では保持機能が保たれる。

シナリオ（2）：大都市と主要道路周辺では過放牧によって土壌の水分と栄養塩の保持機能が大きく低下する。地方においては、シナリオ1と同様であるが、過放牧の地域ではより急激に保持機能が低下する。

シナリオ（3）：家畜数が扶養力内になるので、土壌の水分と栄養塩の保持機能は低下しない。

シナリオ（4）：地方投資がうまくいくと、大都市と主要道路周辺での土壌の水分と栄養塩の保持機能の低下はとどめられ、徐々に回復していく。地方では、保持機能は低下しない。

経済評価（世帯、全体）

　シナリオ（1）：大都市と主要道路周辺では、将来的に家畜数が減少するので、遊牧民世帯の貧富の差が大きくなる。地方では、将来的に家畜数は減少しないが、畜産物価格が低いため、大都市と主要道路周辺ほどの収入は望めない。モンゴル全体としては、畜産物生産は減少する。

　シナリオ（2）：大都市と主要道路周辺では、貧富の差がより大きくなり、富める世帯はより少なくなる。企業などの大規模経営でないと成り立たないかもしれない。大規模経営でも国際的競争力が弱いため、成り立たないかもしれない。モンゴル全体としては、短期的には畜産物生産が増加するかもしれないが、長期的にはかえって低下する。

　シナリオ（3）：現在家畜数が扶養力を上回っていると家畜数が減少するので、遊牧民の世帯収入は小さくなる。モンゴル全体としても、畜産物生産は低下する。扶養力内であれば低下しない。

　シナリオ（4）：地方投資がうまくいくと、地方の世帯収入が大都市と主要道路周辺に近づく。そのため、遊牧民世帯数が変わらなくても、モンゴル全体の畜産物生産は増加する。

社会関係資本・文化

　シナリオ（1）：もともとの大都市と主要道路周辺の遊牧民と新参の遊牧民の間で遊牧地をめぐって緊張関係を生じる。都市と地方間でも社会・収入格差が存在する。移動はやめないので、遊牧文化は維持される。

　シナリオ（2）：貧富の差が大きくなる。定住により、移動に伴う遊牧文化はすたれていく。

　シナリオ（3）：貧富の差は大きくならず、遊牧文化は維持される。

　シナリオ（4）：都市と地方の差、貧富の差は小さくなる。遊牧文化は維持される。

レジリアンス（ゾド・干害、価格変動、不可逆性）

　シナリオ（1）：移動性は確保されているが、遊牧民の協同や政府の援助がないので、現状通りゾドと干害の被害は発生する。カシミヤへの依存が大きく、カシミヤの国際価格変動の影響を強く受ける。大都市と主要道

終章　草原と遊牧の未来

　　路周辺や地方の過放牧地では草原土壌のアルカリ性化によって草原劣化が徐々に不可逆的に進行する。
　シナリオ（2）：定住で移動しないため、飼料購入力が大きい大経営を除くとゾドと干害の被害はより大きくなる。牛乳とカシミヤへの依存が大きいため、それらの国際価格変動の影響を強く受ける。定住により土壌のアルカリ性化が早く進行し、不可逆的な草原劣化が進行する。
　シナリオ（3）：遊牧民の協同や政府の援助がなければ現状通りゾドの被害はでる。家畜数の急増はないので、国際価格変動の影響は相対的に小さくなる。土壌のアルカリ性化は進行しない。
　シナリオ（4）：遊牧民の協同や政府の援助によって、ゾド・干害の被害低減やカシミヤ依存性の低下は可能である。過放牧が少なくなって土壌のアルカリ性化、不可逆的な草原劣化はほとんど進行しない。

以上をまとめて全体として要点を記述すると以下のようになる。
　シナリオ（1）：現状のまま
　　大都市と主要道路周辺への家畜と遊牧民の集中、地方でのヤギの増加と移動性の低下により徐々にではあるが草原の劣化は進行し、長期的な将来の家畜扶養力は減少する。そのため国全体としての畜産生産力は将来低下する。
　シナリオ（2）：近代経済主義
　　都市近郊では、家畜数の増加、移動性の低下により、現状よりも草原の劣化は進む。酪農による舎飼いが中心となり家畜の飼料が必要になる。そのためのコストにより、零細な遊牧民の経営は困難になり、貧富の差が大きくなる。大規模経営においても、国内の畜産物価格の上昇により国際的な競争力を失う恐れがある。地方においても土地の私有化による移動性の低下と家畜、特にヤギの増加による過放牧のため、草原の劣化は進み、家畜扶養力は早くに低下する。
　シナリオ（3）：グローバル環境主義
　　家畜に食べさせないことが草原の保護になるかといえば、グレイジング

623

圧が低下しすぎると植物間の光競争に強い植物が増加し、草原の生産力と種多様性はかえって低下する。劣化した草原にとっては、徐々ではあるが回復にはプラスである。家畜数が減少すれば、遊牧民の畜産経営が困難になり、遊牧が成り立たなくなる恐れが強い。いずれにせよ、扶養力をどう求めるか、その年変動にどう対処するか、法律的に決めてもどう実行するかが課題である。

シナリオ（4）：地方主義

地方重視の政策がうまく行われると、地方での遊牧民の畜産経営は改善される。都市や主要道路への集中・過密化による過放牧は減少し、草原の劣化は抑えられる。生産的で持続的な遊牧を将来的に続けるためには、扶養力の範囲で家畜数の維持、移動の継続、ゾド対策など草原の賢明な利用が必要になる。また、現物資産として畜産に必要以上に家畜を飼う慣習の変更や、遊牧民グループの形成と活用、郡などの行政機関の草原劣化防止の効果的な取り組みなども必要になる。

シナリオ解析は、本来、複数のシナリオを提示し、価値判断は加えずに、その採択の判断は当事者（今の場合、モンゴル政府と遊牧民）にまかせるというスタイルをとる。しかし、シナリオ（1）と（2）では長期的には草原の劣化が進み、経済的にも上手く立ち行かない。シナリオ（3）では、自然環境は保全されるものの、遊牧民の経済状態は悪くなる。結局のところ、シナリオ（4）の実現を目指す意外に、環境的にも経済的にも草原の持続的利用を達成できる将来像はないであろう。

(2) モンゴル牧畜持続性を計算する

本項では、前項で構築した将来シナリオに基づいてある程度具体的な将来予測を試みる。そのために、前項で整理した生態系ネットワークとシナリオのいくつかを組み合わせてシミュレーションによる分析を行い、シナリオごとに予測がどのように異なるか比較を行う。

終章　草原と遊牧の未来

人間社会と生態系の関係変化に伴う生態系の劣化

　現在、人間活動の影響によって地球上のあらゆる生態系が縮小・劣化していることは、地球環境問題として広く認識されている。生態系サービスを資源として利用する人間活動は多くの場合生態系の状態に応じて変化し、そうした人間活動の変化はフィードバックによってさらに生態系の劣化を加速させる。地球環境問題に対して適切な解決策を講じるためには、人間社会と生態系の間の相互作用を考慮し、社会―生態系システム全体を対象とした研究を行うことが必要である。

　そうした状況の中、生態系サービスの変化とその持続的利用可能性についての研究が、様々な分野において予測モデルを用いるかたちで進められている。とりわけ生態系サービスと人間活動との間の関係を研究するためには、個々の生態系プロセスに関する詳細な理解に基づいた予測モデルの構築が重要になるが、これまでの研究の多くは生態系プロセスを固定的、あるいは、きわめて簡略的にしか予測モデルに取り入れておらず、モデルの再現性について問題点が多い。生態学の分野においても生態系への人為的な影響がもたらすインパクトについての研究は盛んに行われているが、社会変化によって引き起こされる人間活動の変化と生態系の変化との間の相互作用を予測するような研究はほとんどされていないのが現状である。

モンゴルの牧畜を取り巻く社会システムの急速な変化

　世界各地の放牧下における生態系では、人間の放牧活動が放牧地の植生の分布パターンや現存量に応じて行われる一方、放牧地の植生環境自体も人間の放牧活動に伴う家畜の摂食によって変化する。すなわち、放牧地の植生環境と人間活動は、相互に作用しあう関係にある。そのため、社会制度や経済的な変化に伴って人間活動が変化すれば、植生環境への影響も変化すると考えられる。

　モンゴルでは伝統的な生業として長らく遊牧が行われてきたが、1960年代以降の社会主義的な農業組合型の生産形態を経たのち、1990年以降の市場経済化という大きな社会変化が起きた (Bruun and Odgaard 1996; Kevin 2003;

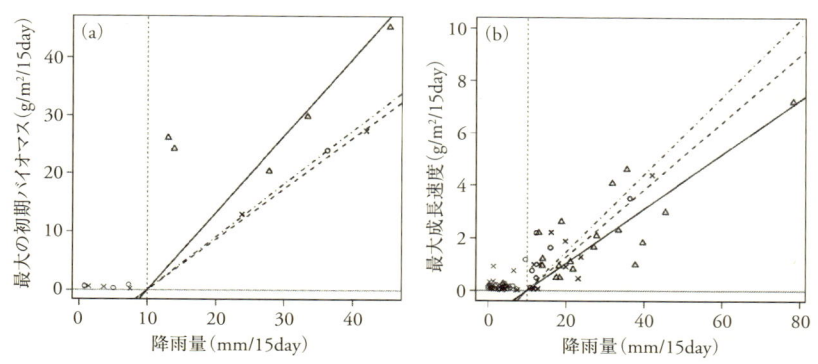

図 23 15 日間の積算降雨量に対する牧草地の応答。(a) 牧草の初期バイオマスの最大応答量、および、(b) 牧草の最大成長速度。それぞれの回帰直線の線種の違いは測定場所の違いを表す：ガチュールト Gachuurt（実線）、マンダルゴビ Mandalgobi（破線）およびダランザドガド Dalazadgad（鎖線）。本研究では、牧草地環境の劣化がない状態（劣化度 = 0）として、それぞれの最大の傾きを得られた地点のデータを用いた。

間中の 15 日間ごとの積算降水量の頻度分布を作成した。今回はシナリオごとの結果の比較を単純化するために、ウランバートルについても同じ平均降水量の頻度分布を利用し、すべてのシミュレーションで 20 km×20 km ごとの平均積算降水量を計算するために用いた。さらに、降水量の空間変動のパターンを再現するために、20 km×20 km のエリアにおける平均降水量とエリア内の 5 km×5 km ごとの降雨量の空間的なばらつきについての現地での測定データ（Fujita et al. 2012）を利用した。これらのデータを使って、時間変動のパターンから 15 日間の積算平均降水量を得たのちに牧草地全域の 5 km×5 km ごとの降雨量の空間パターンを計算した。

図 23 は 15 日間の積算降雨量に対して牧草地の生産がどのように応答するかを実験的に測定した結果である。この測定結果は、同じ量の降雨量があったとしても牧草地の環境状態が異なれば植物の生産量が異なることを示している。この観察結果に基づいて、このモデルでは植物の生産速度と牧草地の環境状態との間の関係を表すために、土地の劣化度というパラメータを

設けた。このパラメータは降雨量に対する牧草地の応答速度が最大の状態からどれだけ低下しているかの割合を表す相対的な値で、パラメータは 0 から 1 までの範囲で変化する。すなわち、この値が大きいほど土地が劣化していることを表しており、植物の生産速度は土地の劣化度が 0 のとき最大となり、逆に 1 のときには積算降雨量がいくらあっても植物の生産速度は 0 のままである。土地の劣化度は植物生産量に応じて回復するが、乾燥による風化プロセスなどの要因によって劣化が進行する(例えば Shinoda 2007)。このようなプロセスを想定して、モデル中では、植物の生産量に応じて一定の割合で牧草地が回復し土地の劣化度が減少する一方で、乾燥や過放牧によって植生が失われ生産のない状態が続けば一定の速度で劣化度は増加していく。観察結果と同じように、降雨量に対して牧草地がどの程度応答できるかはこの土地の劣化度によって決定し、同じ積算降雨量があったとしても土地の劣化度が高ければ地上部植生の成長率は低下する。すべてのシミュレーションにおいて、すべての格子の劣化度が 0.2 である状況から開始し、地上部の植生現存量および土地の劣化度については毎年の 4 月から 10 月までを放牧期として 15 日間ごとの変化量として計算を行った。

放牧プロセスの記述

　地上部の植生現存量は牧畜による摂食によって減少し、遊牧民が保有する牧畜はそれを摂食した量に応じて増加する。これらの変化を計算するための放牧プロセスは個体ベースモデルによって記述されている。個体ベースモデル(もしくはエージェントベースモデル)とは、個体(またはグループ)がそれぞれにパラメータを持ち、それらが各々の局所的な条件に対応した応答や意志決定を行うことがシステム全体にどのような影響を与えるかを評価する手法である。このモデル中では、牧草地上における遊牧民の空間分布とそれに伴う放牧イベントの空間パターンを計算するためにこの手法を用いる。

　ある土地の植生に対する摂食量は、植生の現存量とその土地への放牧圧によって決まる。ある土地への放牧圧は、土地利用シナリオに基づく各遊牧民のその土地の利用状況と彼らの保有している牧畜頭数から計算される。遊牧

民による放牧期の牧畜は個体ベースモデルとして記述されており、世帯ごとに異なった牧草地上の位置と家畜頭数をもち、世帯ごとに変化する。各世帯の家畜頭数の変化は毎年放牧期間の最後に計算され、放牧期間中の積算摂食量に応じて増加し、自然死亡率と売却・自家消費によって一定の割合が減少する。

シナリオ分析

　土地の所有制度に関するシナリオの違いによって、遊牧民世帯の牧草地上での位置についての表現方法は異なる。牧畜が定住的様式に移行するような牧地法が成立するシナリオでは、遊牧民は世帯ごとに一定の面積の土地を割り当てられ、牧草地上に一様に配置される。このシナリオでは、放牧期には同じ遊牧民は同じ土地を利用し続けて移動せず、割り当てられた土地のすべてを均一な放牧圧で利用するものとした。これに対して、遊牧民が伝統的な遊牧を続けるシナリオでは、それぞれの遊牧民ごとに放牧期の開始と同時にランダムな場所に入った後、牧草が豊富な場所にゲルを移動し、その周囲で毎日放牧を行う。植生現存量に対する放牧圧は、GPS 記録による実際の遊牧民の毎日の放牧パターン（Nachinshonhor U. G. and Jargalsaikhan B. L. in press）を用いて、ゲルからの距離と放牧圧との関係を計算しそれを適用した。さらに、15 日ごとに 20 km 圏内で数か所の候補地をランダムに選び、そのうち最も牧畜に牧草を与えることができる場所にゲルを移動させる。現在の場所が得られる牧草の量が最大となる場合には移動しない。いずれのシナリオにおいても、放牧イベントの空間的な解像度は 500 m×500 m を単位として計算した。

　現在の放牧圧の強さの違いが将来の牧畜にどのような影響を与えるか調べるために、現時点で放牧圧が異なる二つの地域を比較した。2007 年における統計データ（National Statistical Office, UlaanBaatar）に基づいて、バヤンウンジュールでは 529 世帯（各世帯にヤギ換算で 397.3169 頭の牧畜）、ウランバートルでは 1,600 世帯（各世帯にヤギ換算で 213.1363 頭の牧畜）の遊牧民が 60 km×60 km の牧草地内で牧畜を営む状況を考え、30 年間の牧草地の劣化

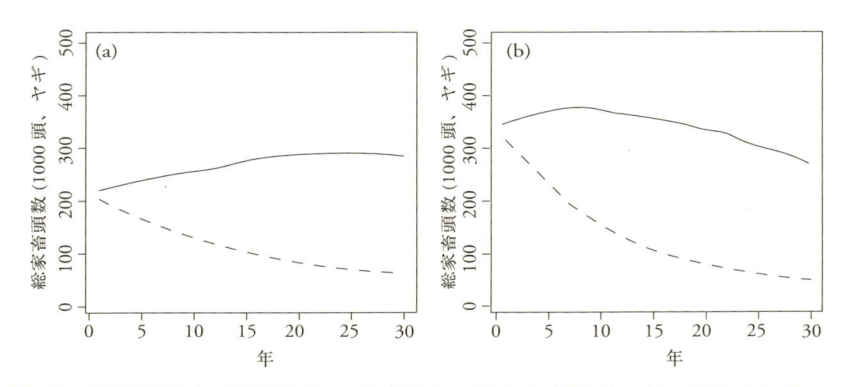

図24 牧草地全域での総家畜頭数の30年間での推移（ヤギ換算）。(a) バヤンウンジュール、および、(b) ウランバートル。線種の違いはそれぞれ、遊牧をした場合（実線）、および、定住型牧畜を行った場合を表す。それぞれ20回のシミュレーションの結果を平均した。

度と牧畜頭数の推移についてシミュレーションを行った。

シミュレーションによる30年後の予測
① 30年間の環境収容力

　図24は牧草地全域での総家畜頭数の推移について20回のシミュレーションの結果を平均したものである。30年間を通じて総家畜頭数が増加したのはバヤンウンジュールで伝統的な遊牧を続けた場合だけであった。その他のシナリオでは、ウランバートルで伝統的な遊牧を続けた場合も含めて、すべて初期状態よりも総家畜頭数が減少した。さらに、図25は30年後の総家畜頭数だけを四つのシナリオ間で比較したものである。遊牧と定住を行ったシナリオの間では顕著な差がみられ、定住をした場合の総家畜頭数は遊牧した場合に比べて大きく下回った。今回の結果では、バヤンウンジュールとウランバートルの間での違いは、遊牧の場合も定住でもほとんど変わらなかった。これらの結果から、降雨量が同じであれば、30年経過後の牧養力はどのような様式で牧畜を営むか、すなわち移動放牧か定住型の放牧かという違いが、最も強い影響力を持っているといえる。

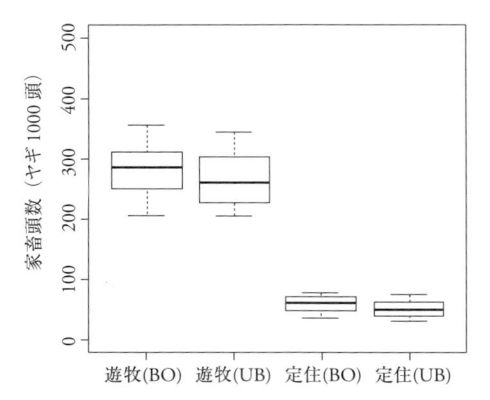

図25 30年後の牧草地全域での平均総家畜頭数（各20回試行）。BOはバヤンウンジュール、UBはウランバートルを表す。各パネル中の白箱は25%～75%区間、黒いバーは中央値をそれぞれ表す。

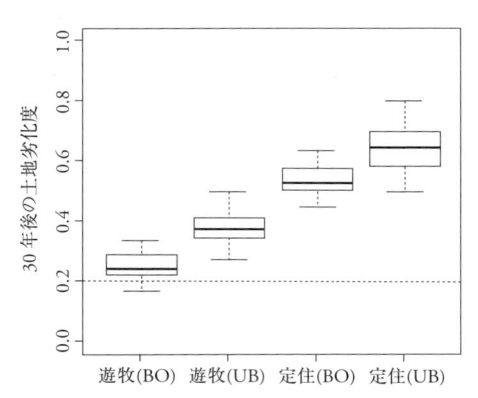

図26 30年後の牧草地全域の平均劣化度（各20回試行）。BOはバヤンウンジュール、UBはウランバートルを表す。各パネル中の白箱は25%～75%区間、黒いバーは中央値、点線は初期値（開始時点の劣化度はすべて0.2）をそれぞれ表す。

② 30年間の牧草地環境の変化

では、遊牧民の世帯数は牧畜システムの持続性には何も影響しないのだろうか？　図26はそれぞれのシナリオにおいて牧草地の劣化度が30年後に

終章　草原と遊牧の未来

どれだけ変化したか比較したものである。バヤンウンジュールで遊牧した場合、牧草地の劣化度は少ししか増加しなかったが、ウランバートルでは遊牧を行った場合には牧草地の顕著な劣化がみられた。定住型の牧畜を行った場合には、いずれの土地でも牧草地は大きく劣化したが、その劣化の程度についてもバヤンウンジュールに比べてウランバートルのほうで劣化の度合いが大きかった。これらの結果は、同じ様式の牧畜であっても遊牧民の世帯数の違いによって牧草地に対して掛ける負荷が異なることを示している。さらに、定住を行った場合、牧養力が遊牧に比べて低くなるだけでなく環境への負担も非常に大きいことが分かる。ただし、図24の遊牧をした場合を比較すると、バヤンウンジュールでは家畜頭数の増加が20年目以降ほぼ頭打ちになっているのに対して、ウランバートルでは10年目以降家畜頭数の減少が続いている。牧草地の環境はウランバートルのほうで劣化度が大きいため、30年後以降もさらに遊牧を続けた場合には牧養力にも差が現れるだろう。今後は、統計情報に基づいて、他地域の様々な世帯密度も使ったひろい条件での比較を行うことが必要になる。

③ 30年間の経済的持続性

さらに、牧畜の様式が同じであれば遊牧民の世帯数が大きく異なるにもかかわらず牧草地全体での総家畜頭数がそれほど変わらないということは、世帯数の多いウランバートルでは、バヤンウンジュールに比べて遊牧民1世帯あたりの家畜頭数が単純に少なくなることを意味している。図27は各世帯が保有する家畜頭数がシナリオごとにどのように推移するかという傾向を表している。この結果を見ると、ウランバートルではバヤンウンジュールに比べて1人あたりの家畜頭数が全体的に低くなっていることが分かる。もともとバヤンウンジュールのほうが世帯あたりで約2倍の家畜頭数を保有しているが、遊牧を行った場合バヤンウンジュールでは家畜が増加するのに対してウランバートルではほとんど変化しないため、両者の差は30年間でさらに開いた結果となった。定住的な牧畜を行った場合には、家畜をほとんど所有しない遊牧民世帯が多くみられた。現実には家畜がほとんどなくなってしま

633

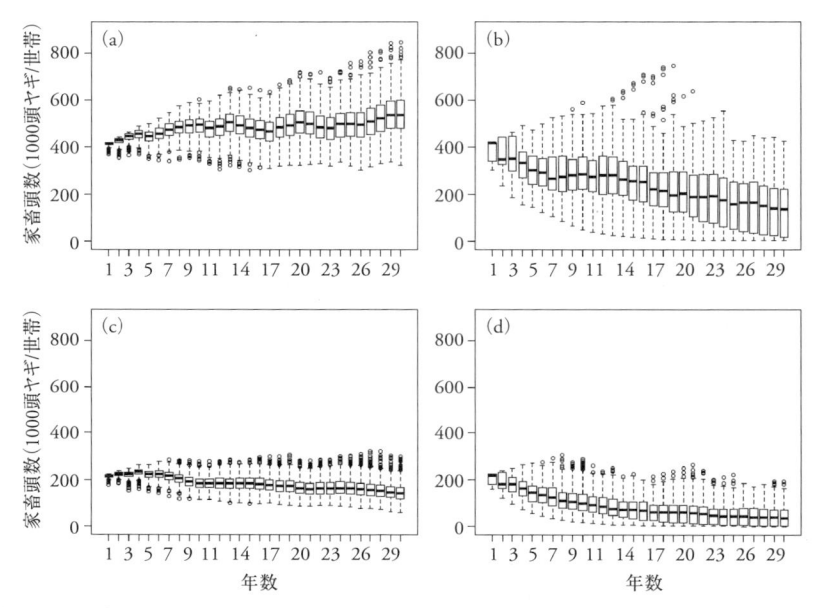

図27 世帯ごとの家畜頭数の30年間での推移。それぞれのパネルは、(a) バヤンウンジュールで遊牧を行った場合、(b) バヤンウンジュールで定住型牧畜を行った場合、(c) ウランバートルで遊牧を行った場合、および、(d) ウランバートルで定住型牧畜を行った場合についての、典型的なシミュレーション結果を表す。各パネル中の白箱は25%〜75%の世帯の家畜頭数の分布区間、黒いバーは中央値をそれぞれ表す。

う前に、牧畜を生業としてはやめてしまうことが考えられるため、定住的な様式による牧畜の経済的な持続性はこの図で見る以上に低いのではないかと考えられる。

図27におけるもう一つの興味深い結果は、遊牧民世帯数がそれほど多くないバヤンウンジュールにおいて25%〜75%の世帯の家畜頭数の分布区間を比較すると、遊牧の場合に比べて定住的牧畜を行った場合の分布区間が大きくなっていたことである。この結果は、定住的な牧畜を行うと経済的に破綻する世帯が出現するだけでなく遊牧民世帯間で大きく経済的な格差が広がることを意味している。こうした格差は牧草地全体の降雨量の時間的・空間

的な変動を反映していると考えられる。すなわち、定住的な牧畜では遊牧民はその世帯に割り当てられた土地を継続的に利用するため、その土地への降雨量の時間変動の影響を直接受けることになり、偶然年間降水量が偶然少なかった場所に定住している遊牧民はその年は家畜を増やすことができない。逆に降雨量が多い状況が偶然続いた土地ではその土地を所有する遊牧民は家畜を増やすことができる。このような状況が累積していくことで遊牧民の世帯間での所有家畜頭数に差ができる。一方で遊牧を行う場合には、遊牧民は植物の現存量が多い場所に移動することで降雨量の時空間変動リスクを回避できるので、それほど大きな格差は広がらなかったと考えられる。

モンゴルにおける持続的牧畜の可能性

ハーディンは、オープンアクセスの状態にある自然資源の枯渇は避けられないと論じ、これを「コモンズの悲劇」と呼んだ (Hardin 1962, 1998)。オープンアクセスとは、所有者がないか誰でも利用できるような資源の状態を指し、他者の利用によって資源が減少する前に自分の利用分を確保しようとするため過剰利用が生じ、資源は減少すると考えられてきた。「コモンズの悲劇」の議論では、資源の劣化を抑制するためには利用の制限が必要であるが、個人が持続利用のために行動するためには、強制か何らかのインセンティブが必要になるとされている。

モンゴルにおいても、自由に家畜を放牧できる牧草地があるとき、遊牧民は自分の牧畜を少しでも多く放牧させようとするため、牧草地は過放牧となり環境の劣化が起きると考えられている。「コモンズの悲劇」の論理に従うと、私有化により土地に所有権を持たせることで、遊牧民は自分の財産である土地の劣化を嫌って過放牧を抑制し、持続利用のための行動をしようとするはずである、という考え方が牧地法の議論の背景にある。

しかし、スネスの衛星画像を用いた研究では、伝統的な遊牧が続いているモンゴルと比較して、国有化や私有化によって定住的な農業化が進められたロシアや中国のほうが、著しい環境劣化を見せていることを報告している (Sneth 1996, 1998)。本研究のシミュレーションは、こうした観察事例に対す

る説明となっていると考えられる。すなわち、私有化を進めることで遊牧民の土地利用を固定化させることが、逆に遊牧民の降雨量の変動に対するリスク回避をさまたげ、牧草地の過剰利用による環境劣化をまねき、牧畜業の持続性を低下させる可能性を示唆している。

　オストロムは上記のスネスの研究を例として挙げ、「コモンズの悲劇」に対して「現実に起こるが必然的に起きるわけではない」と論じた (Ostrom et al. 1999)。オープンアクセスな資源に対する利用においても、例えば資源の境界を明確にする、利用できるメンバーを決めそれ以外の利用者を排除する、違反者への適切なペナルティを用意するというようなローカルルールが成立し、それが運用されれば、資源の枯渇が起きるわけではないと指摘した (Ostrom 1990, 2005)。さらに、資源の共同利用に関する制度を構築する際、資源が持続的に利用できるために重要な「設計原則」を挙げている (Ostrom 2005)。しかし、本研究では遊牧を続けた場合の牧畜システムはこれらの原則に則って設計されたものにはなっておらず、これらの結果は、むしろ個々の遊牧民が自己の利得を最大化するようにふるまうような状況でも、資源の劣化が起こりにくい場合があることを示している。この理由は、遊牧民レベルでの最適な資源探索とパッチへの移動（例えば Stephens and Krebs 1986）の結果として、生産性が大きく持続性の高い資源への放牧圧の誘導が起こることで牧草地環境の劣化を妨げたと考えられる。しかし、遊牧民の世帯数が増えると持続性の高くない土地の利用も増加するため、ウランバートルのような遊牧民が過密な状態では遊牧であっても土地の劣化が進行したのだろう。

　モンゴルのように降雨量の少なさと時空間的な変動の大きさによって生産性の予測が難しい場所では農耕は生業として不適であり (Ellis and Swift 1988)、このような不安定な降雨のリスクを軽減するためには、広域の草地を利用して、降雨に応じて生育した植生を家畜に利用させるほうが適応的であるといわれている (Fernandez-Gimenez 2006)。本研究の結果は、モンゴルにおける遊牧という牧畜様式が、個々の遊牧民の利得を最大化するだけでなく、牧草地への負荷を分散する仕組みを兼ね備えたシステムであることを具体的に示した。また、そうしたシステムを維持するためには遊牧民の世帯数

の調整が重要であることを示した。モンゴルの牧畜が持続的であるためには、遊牧民世帯の特定の地域への集中を緩和する方策も含めて、環境への負荷を分散させることが重要であるといえるだろう。

4 草原利用の未来

　モンゴルの気候の下では、移動する畜産業である遊牧が草原利用として持続的、生産的であることを述べてきた（第1部第2章参照）。本節では、畜産業としての遊牧の未来はどうなのかを考えるために、まず畜産業として、①野外の自然の植物を餌とする遊牧とは対照的な畜産業である人工飼料を与える畜舎飼いの牧場方式との比較、②自然の植物を餌としても遊牧のような移動方式とは異なる定住方式との比較を行い、次に、③遊牧においても問題となりうる過放牧やゾド被害に対する対策、④現在問題となっている遊牧民の都市と主要道路への集中問題、を検討する。

　西欧にもモンゴル国内にも、モンゴルの遊牧という牧畜は時代遅れだという考えが存在する。直接的にはゾドの被害が出ることなどに対してだが、その根本には、乳牛1頭の生産量が低いなどの生産高を重要視する考え方と、共有地の悲劇（終章3節参照）を生じるという考え方がある。もし、本当に時代遅れならばモンゴルの牧畜は遊牧を捨てなければならなくなる。また、鉱業で金を稼いでその金で外国から畜産品を輸入すればよいという考えも発生する。しかし、モンゴルは畜産品を自給することを前提に、草原利用の未来として、(1)と(2)を検討し、モンゴルの遊牧が時代遅れかどうかをはっきりさせる。

　また、遊牧を維持すべしという意見の中には、民主化以後の資本主義の導入による市場経済化によって家畜の私有化、家畜増と草原の劣化が生じたので、もとの社会主義経済に戻した方が良いという意見がある。しかし、ここでは、モンゴルでは市場経済の下で畜産業を続けて畜産品を自給することを前提とし、その中での改善策として(3)と(4)を検討する。

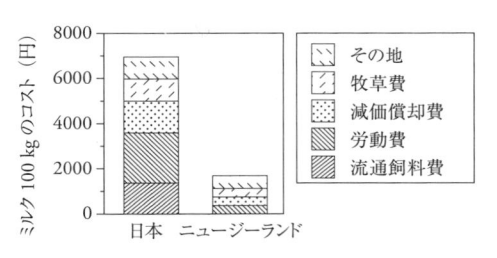

図28 日本とニュージーランドの牛乳生産コスト（荒木 2003）

(1) 畜産品の生産性 ── 生産高と生産コスト

　日本もそうであったが、世界的な畜産において、かつては生産高が重視され、例えば牛乳生産においても、1頭あたり多くの牛乳を生産するホルスタインなどの多乳量品種の乳牛を多頭畜舎で飼い、栄養豊富な人工飼料をどんどん与えて牛乳の生産高を増やすような畜産業が行われた。多乳量であること自体は良いことであるが、モンゴルでも導入が試みられた際には、野外の自然の植物は食べなかったとか寒さに弱いという話があった。さらに牛乳の販売価格は高くないので、「販売価格の〜飼料価格の高騰」のために、生産高を上げたとしても赤字になる恐れが生じた。生産性とは、より少ないインプット（コスト）でより多くのアウトプット（価値）を生み出すと良いので、販売価格が低迷するならコストを抑えようとするのは当然である。日本では、生産コストを抑える先進国としてニュージーランド酪農に学ぶようになった（荒木 2003）。ニュージーランド酪農は生産コストが日本の酪農よりはるかに低い（図28）。具体的には、野外の牧場を区切って日替わりで移動していく集約放牧を取り入れ、野外に生育する牧草を乳牛に自ら食べさせることにより飼料代と労働費のコストを削減している。実はこのような低コストのニュージーランド酪農の先生にあたるのがモンゴルの遊牧で、自然の草を利用するために牧草費や流通飼料費がただであるのはもちろん、家畜が自由に移動し、冬季以外は家畜小屋を使わないので、労働費や減価償却費も小さい。家畜が自由に動き勝手に植物を食べて成長してくれるから、モンゴルの遊牧

民の男が夏の昼間から馬乳酒を飲んでいられるという話を聞く。家畜の生産コストが低いので、販売価格がそんなに高くなくても収益となり、飼育している家畜の一定数をまとめて売って自動車を購入するなど、畜産品の売却による遊牧民世帯の収入は大きいようである。モンゴルでは持続的な農業が可能な地域は限られる。家畜の飼料を自給できないと輸入に頼らざるをえない。今後も国際的な飼料代は高騰することを考えると、生産性からして飼料を自前で自給するという低コストの遊牧は遅れているどころか先進的と再評価して良い。

　市場経済では、価格の変動は避けがたい。カシミヤが肉より高価だという理由で、民主化以後ヤギの増加が著しいが、2008年のリーマンショックでは国際的なカシミヤ価格が暴落した。その直後の遊牧民のアンケートではカシミヤのためのヤギから肉用のヒツジに切り替えるという声が多く、モンゴル政府が遊牧民世帯の収入の補助にカシミヤに補助金を出すという事態があった。市場経済には荒波があるが、モンゴルの遊牧の低コスト性は国際的な競争力を備えている。モンゴルの畜産品の外国への輸出はそんなに大きくないが、これは家畜の口蹄疫の検査体制などが十分ではないなどの事情によるもので、国際的な価格競争力が劣るためではない。

(2) 移動・定住と草原の家畜扶養力

　共有地の悲劇が生じるのを避けるために草原を共有地としての利用ではなく私有地化して遊牧民に分け与え、それぞれの遊牧民は私有地内で定住すればよいという考えが存在する。共有地の場合は当然広い範囲の移動が可能であり、私有地の場合はその範囲内に限られるので定住と考えるが、私有地であってもものすごく広ければ移動は可能になる。移動と定住を比較すると、家畜が常時同じ場所で連続的に植物を食べるよりも移動して月1回程度の頻度で植物を食べる方が草原の年生産は高くなる（2章2-1節参照）し、土地利用としても多くの世帯が移動する方が個々に定住するより草原は劣化せず、より多頭数の家畜を飼育できる（終章3-2節参照）のは明らかである。ここで

は別の視点で、モンゴルの草原の家畜扶養力と家畜密度からみて定住が可能かどうかを考える。草原の生産がどの程度までの密度の家畜を養えるかというのを草原の家畜扶養力という。モンゴルの草原の家畜扶養力と実際の家畜密度を比較して、家畜扶養力が家畜密度を大きく上回れば家畜増の余力があり、定住も可能であるとといえるし、上回らなければ余力がなく、定住するよりも移動しながら利用する方が草原の劣化は少なく、より多くの家畜を飼育できるといえる。そして大きく下回るのであれば、定住するか移動するかというよりはむしろ、家畜が多すぎる過放牧状態を改善することが必要であるといえるだろう。

　草原の家畜扶養力を求める試みはいろいろなされている。しかし、草原の年生産は、降水量の年変動・季節変動・地域変動によって変化する。草原の地形や土壌条件の違いによる水分・栄養条件によっても変化する。家畜の食べ方や草原の劣化度によっても変化する。冬季に植物が枯れると夏季より地上部の現存量は減少するし、逆に摂食耐性植物が枯れると家畜に食べられる。このように変化する草原の家畜扶養力を精密な計算で求めるのは困難だが、2006年から2011年にかけてモンゴルの各地で草原の年生産を測定した結果（2章2-1節参照）からモンゴル各地の草原の家畜扶養力をおおざっぱに推定することは可能である。ウランバートル付近の森林ステップのガチュールトやエルデネでは、$1 m^2$あたりの草原の年生産は、おおよそ$40〜120 g/m^2$の範囲である。ステップのバヤンウンジュールでは、$40 g/m^2$程度である。乾燥ステップのダランザドガドは$5〜20 g/m^2$の範囲である。これらの年生産はそんなに劣化していない平坦な草原で得られた値だが、実際には乾燥した斜面に位置する草原や劣化した草原も多く、それらは当然これらの値より低くなる。ステップと乾燥ステップでは小低木が密に分布すればこの値よりも大きくなる。また、年生産は測定できても年生産は年々変動するので、強い干害年の低に近い値を使うか、平均的な年の値を使うかによっても家畜扶養力は変わる。それゆえ正確な家畜扶養力を求めることは無理だが、これらの値に基づいて大まかにだが確からしい値を推定することは可能である。森林ステップのウランバートルの草原全体の年生産を例えば$40 g/m^2$と推定して

終章　草原と遊牧の未来

もとんでもない値ではない。これを 1 km² あたりに換算すると 40,000 kg となる。同様に、ウランバートルを取り囲んでおり森林ステップとステップを含むトゥブ県ではそれより小さくて 30 g/m²、30,000 kg/km²、その南のステップと乾燥ステップからなるドンドゴビ県では 15 g/m²、15,000 kg/km²、さらに南の乾燥ステップに砂漠を含むウムヌゴビ県では 5 g/m²、5,000 kg/km² と推定する。

　草原の家畜扶養力を求めるには、家畜が 1 年に草原の植物をどの程度食べるかの値が必要になる。この値も飼育状況によって当然変化し、人工的に餌を与えて年中腹一杯食べさせると多くなるし、自然の植物を野外で食べさせると特に枯れた植物を食べる冬季には植物の生長がないので餌が減るばかりで不足する。現に、夏季は家畜が太るが、冬季には体重が減少する。ロシアの文献データではヒツジで年間 500 kg ぐらいが示されており、その値を用いるとウランバートルでヒツジとして 80 頭/km²、トゥブ県で 60 頭/km²、ドンドゴビ県で 30 頭/km²、ウムヌゴビ県で 10 頭/km² が草原の家畜扶養力ということになる。

　各県の草原面積と家畜数については、衛星データや統計データから実際の値を知ることができる。モンゴルで過去最大の家畜数であった 2009 年の情報を用いて、草原での実際のヒツジ相当（参照）の家畜密度を求めると、ウランバートルが 281 頭/km²、トゥブ県が 89 頭/km²、ドンドゴビ県が 36 頭/km²、ウムヌゴビ県で 15 頭/km² となる。この実際の家畜密度と先に求めた家畜扶養力を比較すると（表4）、いずれの地域も実際の家畜密度が上回る。ここで用いた家畜扶養力の値は、5 割増しにすることも可能だが、家畜扶養力に余地がなく、現在の家畜密度はその地域の家畜扶養力から見ていっぱいに近いということができる。ただ、ウランバートルについては、現在の家畜密度を扶養するには、140 g/m² の草原の生産力が必要となるが、その値は平坦な草原で降水量に恵まれた年の値で、ウランバートル全域の草原を平均してその値になることは不可能である。ウランバートルでは、家畜が森林内にも侵入する、ウランバートルに登録した家畜がウランバートル外に出ているなどの原因により実際の家畜密度を大きく見積もっている可能性はあるが、

ド自体も1週間前には天気予報として予測可能であり、現に予報も行われている。ゾドで積雪が厚くなるとか地面が強く凍ると家畜が野外で餌を食べることが困難になるので、冬用の餌の備蓄が必要である。購入も可能だが経費がかかるので、草原に冬用の餌のために夏に家畜を入れない休養地を設け、秋に草を刈り取ればよい。2010年のゾドではヤギが最もたくさん死亡した。遊牧民は夜間に狭い柵にヤギとヒツジを閉じ込める。これは、オオカミの出没する地域ではオオカミから守る意味があるが、冬季は脂肪が厚くて寒さに強いヒツジの布団効果によって寒さに弱いヤギを守る意味がある。ヒツジに対してヤギが増えすぎるとこの効果は薄れるため、ヤギばかりが増えすぎてヤギ/ヒツジ比が上がりすぎたためヤギの被害が大きくなったと思われる。

　ゾドの被害が少なくなれば、家畜数は急増を続けるかもしれない。一方で、牧畜の継続に必要な家畜数を残して他を冬前に売り払って金融資産化すれば、家畜数も押さえられ、草原への負荷も減少し、ゾドの被害も小さくなるだろう。これらのためには、郡としての管理に加えて遊牧民グループとしての活動も有効であろう。現在モンゴルの遊牧民は銀行口座を持っている。資産として保有する家畜は売りさばいて金融資産として保持すればゾドの被害で家畜を失うことも少なくなる。不必要な過放牧を避け、ゾドの被害を小さくするために、資産としては、家畜を現物資産として持つのではなく、家畜を売り払って金融資産として持つことは有効と思われる。

(4) 地方重視の流通と産業の改善

　民主化以後、家畜(特にヤギ)が主要道路と都市(ウランバートル)周辺で増加し、集中・過密化が生じており(参照)、家畜の過放牧の一因となっている。これは商品の流通の問題で、都市とそれにつながる主要道路の周辺でカシミヤ原毛の売却が容易であるからと考えられる。すなわち、現状では、カシミヤ以外に肉、乳でも同じような理由から、製品化する産業がありかつ一大消費地でもある都市とそのつながりの良い主要道路沿いでないと売却が容易でないとか、売却できても価格が低いという問題がある。それを改善する

ためには、道路の拡大・舗装化、肉や乳用の冷蔵・冷凍車や保管倉庫の導入、地方での畜産品産業の育成などにより地方での畜産品の売却を容易にする必要がある。そのためには、地方重視の政府の施策や国際的な支援が不可欠である。また、地方では必ずしも草原全体が利用されているとはいえず、夏季の水源としての井戸の整備なども必要となろう。地方でも畜産品の売却による収入が高まれば、世帯の収入増のための不必要な遊牧民と家畜の都市集中は避けられる。もちろん、日本では、高速道路や新幹線による中央との直結がかえって中央への人口流出を招いたりしており、モンゴルでもそのような心配はありうるが、地方の遊牧民人口は減少してきておらず、遊牧による畜産業が地方で行われることが重要である。

モンゴルの未来は当然モンゴル人が決めるべきである。しかし、地球環境問題や人々の暮らしは今や国境を越えた全地球的な問題である。本書は、自然と人間社会をつないだ生態系ネットワークとしてモンゴルの遊牧と草原利用をとらえ、例えば、草原劣化に対する正と負のフィードバックの存在やカシミヤなどの畜産物価格が遊牧民を通して家畜数や草原状態に影響するような社会と自然のつながりなど、モンゴルの基盤産業である遊牧と草原の利用と未来についての考え方を示した。本書が地球環境問題やモンゴルに関心のある人に役立つことを願いたい。

参考文献・資料

1 節（1）

Aita, M. N., Tadokoro, K., Ogawa, N. O., Hyodo, F., Ishii, R., Smith, S. L., Saino, T., Kishi, M. J., Saitoh, S. and Wada, E. (2011) Linear relationship between carbon and nitrogen isotope ratios along simple food chains in marine environments. *J. Plankton Res.*, 33(11), 1629–1642. doi: 10.1093/plankt/fbr070

Cabana, G. and. Rasmussen, J. B. (1996) Comparison of aquatic food chains using nitrogen isotopes. *Proc. Natl. Acad. Sci. USA* 93, 10844–10847. Tokyo, pp. 196–229.

Fujita, N., Amartuvshin, N., Yamada, Y., Matsui, K., Sakai, S., Yamamura, N. (2009) Positive and negative effects of livestock grazing on plant diversity of Mongolian nomadic pasturelands along a slope with soil moisture gradient. *Grassland Science*, 55: 126–134.

ジャレド，ダイアモンド（楡井浩一訳）(2005)『文明の崩壊（上下）』14 章　社会が破滅的

な決断を下さないのはなぜか．草思社 433pp.

Hyodo, F., Nishikawa, J., Kohzu, A., Fujita, N., Saizen, I., Tsogtbaatar, J., Javzan, C., Enkhtuya, M., Gantomor, D., Amartuvshin, N., Ishii, R., Wada, E. (2012) Variation in nitrogen isotopic composition in the Selenga river watershed, Mongolia. *Limnology*, 13: 155–161. DOI10.1007/s10201-011-0351-7

Kohzu, A., Iwata, T., Kato, M., Nishikawa, J., Wada, E., Amartuvshin, N., Namkhaidorj, B., Fujita, N. (2009) Food webs in Mongolian grasslands: The analysis of C-13 and N-15 natural abundances. *Isotopes in Environmental and Health Studies*, 45: 208–219.

Nishikawa, J. (2002) 15N Natural Abundance as an indicator of Anthropogenic Impact on Aquatic Ecosystems. MS Thesis Faculty of Science, Kyoto Univ. 139pp.

Nishikawa, J., Kohzu, A., Boontanon, N., Iwata, T., Tanaka, T., Ogawa, N. O., Ishii, R. and Wada, E. (2009) Isotopic composition of nitrogenous compounds with emphasis on anthropogenic loading in river ecosystems. *Isotopes in Environmental and Health Studies*, 45(1), 1–14.

Wada, E. and Hattori, A. (1991) *Nitrogen in the Sea: Forms, Abundances and Rate Processes*. CRC Press, Florida, U.S.A.

Wada, E., Mizutani, H., and Minagawa, M. (1991) The use of stable isotopes for food web analysis. *Critical Review in Food Science and Nutrition*, 30(3): 361–371.

和田英太郎（2002）『地球生態学』岩波書店．

─────（2003）モンゴルの遊牧とその持続性の実体—物質循環からみたモンゴル高原．科学，73(5): 545–548．

和田英太郎・小川奈々子・宮坂仁（2002）バイカル湖：安定同位体比から見た自然の実験室．会誌「地球環境」，7(1): 77–85．

和田英太郎・宮坂仁・小川奈々子（2006）窒素同位体比から見た水界の藻類—北西太平洋とバイカル湖を例として，月刊海洋，38巻，No. 6, 441–452, 2006．

和田英太郎（2008）流域の健康診断：最近の動向と琵琶湖—淀川水系．環境と健康，13–23, Vol. 21 No. 1 Environment and Health 健康財団グループ．

Wada, E. (2009) Stable isotope fingerprint. *Jpn. J. Ecol.*, 59: 259–268.

Wada, E., Ishii, R., Aita-Noguchi, M., Ogawa, O. N., Kohzu, A., Hyodo, F., Yamada, Y. (2013) Possible ideas on carbon and nitrogen trophic fractionation of food chains: A new aspect of food-chain stable isotope analysis in Lake Biwa, Lake Baikal and the Mongolian grasslands. *Ecological Research*, 28, 173–181.

和田英太郎・神松幸弘（編集）（2012）『安定同位体というメガネ ── 人と環境のつながりを診る（総合地球研叢書）』昭和堂．

米田穣・陀安一郎・石丸恵利子・兵藤不二夫・日下宗一郎・覚張隆史・湯本貴和（2011）同位体からみた日本列島の食生態の変遷．『日本列島の三万五千年－人と自然の環境史 第6巻 環境史をとらえる技法』（湯本貴和編，責任編集高原光・村上哲明）．文一総合出版，pp. 85–103．

Yoshii, K., Melnik, N. G., Timoshkin, O. A., Bondarenko, N. A., Anoshko, P. N., Yoshioka, T., Wada, E., (1999). Stable isotope analyses of the pelagic food web in Lake Baikal. *Limnology and Oceanography*, 44: 502-511.

1節 (2)

Begon, M., Harper, J. L., Townsend, C. R. (1990) *Ecology -Individuals, Populations and Communities*. Chapter 16, pp. 602-603, Second edition. Blackwell Scientific Pub., Oxford.

DeNiro, M. J., Epstein, S. (1978) Influence of diet on the distribution of carbon isotopes in animals. *Geochim. Cosmochim. Acta*, 42: 495-506

——— (1980) Influence of diet on the distribution of nitrogen isotopes in animals. *Geochim. Cosmochim. Acta*, 45: 341-351.

Diamond, J. M. (1975) The island dilemma: lessons of modern biogeographic studies for the design of natural reserves. *Biological Conservation*, 7: 129-146.

Hobson, K. A., Sease, J. L., Merrick, R. L., Piatt, J. F. (1997) Investigating trophic relationships of pinnipeds in Alaska and Washington using stable isotope ratios of nitrogen and carbon. *Marine Mammal Science*, 13: 114-132.

Kohzu, A., Iwata, T., Kato, M., Nishikawa, J., Wada, E., Amartuvshin N., Namkhaidorj B., Fujita N. (2009) Food webs in Mongolian grasslands: The analysis of ^{13}C and ^{15}N natural abundances. *Isotop. Envir. Health. Stud*, 45(3): 208-219.

Minagawa, M. and Wada, E. (1984) Stepwise enrichment of ^{15}N along food chains: further evidence and the relation between $\delta^{15}N$ and animal age. *Geochim. Cosmochim. Acta*, 48: 1135-1140.

Minagawa, M. (1992) Reconstruction of human diet from $\delta^{13}C$ and $\delta^{15}N$ in contemporary Japanese hair: a stochastic method for estimating multi-source contribution by double isotopic tracers. *Appl. Geochem*, 7: 145-158.

O'Reilly, C. M., Hecky, R. E., Cohen, A. S., Plisnier, P. D. (2002) Interpreting stable isotopes in food webs: Recognizing the role of time averaging at different trophic levels. *Limnol. Oceanogr*, 47: 306-309.

Schoeninger, M. J., Iwaniec, U. T., Glander, K. E. (1997) Stable isotope ratios indicate diet and habitat use in new world monkeys. *Am. J. Phys. Anthropol*, 103: 69-83.

Sutoh, M., Koyama, T., Yoneyama, T. (1987) Variation of natural ^{15}N abundance in the tissues and digesta of domestic animals. *RADIOISOTOPES*, 36: 74-77.

VanderZanden, M. J. and Rasmussen, J. B. (2001) Variation in $\delta^{15}N$ and $\delta^{13}C$ trophic fractionation: Implications for aquatic food web studies. *Limnol. Oceanogr*, 46: 2061-2066.

1節 (3)

Delbart, N., Picard, G., Le Toans, T., Kergoat, L., Quegan, S., Woodward, I., Dye, D. and Fedotova, V. (2008) Spring phenology in boreal Eurasia over a nearly century time scale. *Global Change Biology*, 14: 603-614.

Iwasaki, H. (2006) Impact of interannual variability of meteorological parameters on vegetation activity over Mongolia. *Journal of the Meteorological Society of Japan*, 84(4): 745-762.

城一夫 (2009)『色のしくみ』新星出版社, 東京.

Muraoka, H., Ishii, R., Nagai, S., Suzuki, R., Motohka, T., Noda, H., Hirota, M., Nasahara, K. N., Oguma, H. and Muramatsu, K. (2012) Linking remote sensing and in situ ecosystem/biodiversity observations by "Satellite Ecology". In Nakano, S., Nakashizuka, T. and Yahara, T. (eds.) *Biodiversity Observation Network in Asia-Pacific Region* (Ecological Research Monographs), Springer Verlag, Japan, p. 430.

Nagai, S., Ichii, K. and Morimoto, H. (2007) Interannual variations in vegetation activities and climate variability caused by ENSO in tropical rainforests. *International Journal of Remote Sensing*, 28(6): 1285-1297.

Nagai, S., Nasahara, K. N., Muraoka, H., Akiyama, T. and Tsuchida, S. (2010) Field experiments to test the use of the normalized difference vegetation index for phenology detection. *Agricultural and Forest Meteorology*, 150: 152-160.

Sims, D. A. and Gamon, J. A. (2002) Relationship between leaf pigment content and spectral reflectance across a wide range of species, leaf structures and developmental stages. *Remote Sensing of Environment*, 81: 337-354.

Tucker, C. J. (1979) Red and photographic infrared linear combinations for monitoring vegetation. *Remote Sensing of Environment*, 8: 127-150.

Tucker, C. J., Slayback, D. A., Pinzon, J. E., Los, S. O., Myneni, R. B. and Taylor, M. G. (2001) Higher northern latitude normalized difference vegetation index and growing season trends from 1982 to 1999. *International Journal of Biometeorology*, 45: 184-190.

White M. A., De Beurs, K. M., Didan, K., Inouye, D. W., Richardson, A. D., Jensen, O. P., O'Keefe, J., Zhang, G., Nemani, R. R., Van Leeuwen, W. J. D., Brown, J. F., De Wit, A., Schaepman, M., Lin, X., Dettinger, M., Bailey, A. S., Kimball, J., Schwartz, M. D., Baldocchi, D. D., Lee, J. T. and Lauenroth, W. K. (2009) Intercomparison, interpretation, and assessment of spring phenology in North America estimated from remote sensing for 1982-2006. *Global Change Biology*, 15: 2335-2359.

Yatagai, A., Arakawa O., Kamiguchi, K., Kawamoto, H., Nodzu, M. I. and Hamada, A. (2009) A 44-year daily gridded precipitation dataset for Asia based on a dense network of rain gauges. *SOLA*, 5: 137-140.

安成哲三 (2003)『モンゴル草原はどう維持されてきたか？：生態気候システム学的序説』科学, 73(5): 555-558.

2節

アンダーソン, B., 白石隆・白石さや訳 (2007)『定本　想像の共同体——ナショナリズムの起源と流行』書籍工房早山. (Anderson, B. (1991) Imagined Communities: Reflections on the Origin and Spread of Nationalism. Revised Edition. London and New

York: Verso.)
Agrawal, A. and Gibson, C.C. (1999) Enchantment and disenchantment: The role of community in natural resource conservation. *World Development*, 27-4: 629-649.
Behnke, R. H., Scoones, I. (1993) Rethinking range ecology: implications for rangeland management in Africa. In Behnke et al. 1993, pp. 1-30.
Behnke, R. H., Scoones, I. and Kerven, C. (eds) (1993) *Range Ecology at Disequilibrium: New Models of Natural Variability and Pastoral Adaption in African Savanas*. London: ODI.
ベンクラー，Y. 山形浩生訳（2013）『協力がつくる社会 ── ペンギンとリヴァイアサン』NTT出版.（Benkler, Y. (2011) *The Penguin and the Leviathan: How Cooperation Triumphs over Self-Interest*. Crown Business.)
Bruce, J. and Mearns, R. (2002) *Natural Resources Management and Land Policy in Developing Countries: Lessons Learned and New Challenges for the World Bank*. Drylands Programme. Issues Paper No. 115. London: International Institute for Environment and Development.
Ellis J. E., Coughenour, M. B. and Swift, D. M. (1993) Climate variability, ecosystem stability, and the implications for range and livestock development. In Behnke et al. (eds) 1993, pp. 31-41.
Fernandez-Gimenez, M. E. (2002) Spatial and social boundaries and the paradox of pastoral land tenure: A case study from postsocialist Mongolia. *Human Ecology*, 30: 49-78.
Fernandez-Gimenez, M. E. and Allen-Diaz, B. (1999) Testing a non-equilibrium model of rangeland vegetation dynamics in Mongolia. *Journal of Applied Ecology*, 36: 871-885.
Fernandez-Gimenez, M. E., Kamimura, A., and Batbuyan, B. (2008) *Implementing Mongolia's Land Law: Progress and Issues: Final Report, a Research Project of the Central for Asian Legal Exchange (CALE)*, Nagoya University. Nagoya. (Web version)
Fratkin, E. (1997) Pastoralism: Governance and development issues. *Annual Review of Anthropology*, Vol. 26, pp. 235-261.
Hardin, G. (1968) The Tragedy of the Commons, Science, 162(1968): 1243-1248Fernandez-Gimenez, M. E.
Humphrey, C. (1978) Pastoral Nomadism in Mongolia: The Role of Herdsmen's Cooperatives in the National Economy. *Development and Change* 9: 133-160.
Humphery, C. and Sneath, D. (1999) *The End of Nomadism? : Society, State and the Environment in Inner Asia*. Duke University Press: Durham.
井上真（2010）「汎コモンズ論へのアプローチ」山田 2010，pp. 234-262.
上村明（2006）「ポスト社会主義のモンゴル国における牧畜経営 ── 開発モデルと遊牧の実践 ── 」『研究彙報』第十四号，pp. 11-18. 東京大学東洋文化研究所.
─── （2008）「21世紀モンゴル国における牧畜 ── 国際援助における"Property-rights Approach"批判 ── 」,『日本とモンゴル』43(1)15-30.
─── （2009）「モンゴル国の牧畜における移動の頻度・距離と牧畜民世帯の特性」『人間活動下の生態系ネットワークの崩壊と再生』36-39ページ，総合地球環境学研究所

Batjargal, Z. (1997) Desertification in Mongolia RALA rep. No. 200.
Ellis, J. E., Swift, D. M. (1988) Stability of African pastoral ecosystems: alternate paradigms and implications for development. *Journal of Range Management*, 41: 450–459.
Fernandez-Gimenez ME. (2001) The effects of livestock privatization on pastoral land use and land tenure in post-socialist Mongolia. *Nomadic Peoples*, 5: 49–66.
────── (2006) Land use and land tenure in Mongolia: A brief history and current issues. USDA Forest Service Proceedings RMRS-P-39: 30–36.
Kamimura, A. (In press) Pastoral mobility and pastureland possession in Mongolia. In: Yamamura, N., Fujita, N., Maekawa, A. (eds) *The Mongolian Ecosystem Network: Environmental Issues under Climate and Social Changes*. Springer, Tokyo.
Lise, W., Hess, S., Purev, B. (2006) Pastureland degradation and poverty among herders in Mongolia: Data analysis and game estimation. *Ecological Economics*, 58: 350–364.
MoFALI (Ministry of Food, Agriculture and Light Industry) (2010) National Mongolian Livestock Program (Draft). http://www.mofa.gov.mn/mn/images/stories/busad/mmeng.pdf
Nachinshonhor, U. G. and Jargalsaikhan, B. L. (In Press) Seasonal Migration and Daily Herding of Mongolian Nomadic People-A Case Study from the Arid Steppe of Bayan-Unjuul County, To'v Prefecture in Mongolia. In: Yamamura, N., Sakai, S. (eds) Project report: Degradation and Restoration of Ecosystem Networks with Human Activity, Research Institute for Humanity and Nature, Kyoto, Japan.

4節
荒木和秋（2003）『世界を制覇するニュージーランド酪農―日本酪農は国際競争に生き残れるか』p. 169. デーリィマン社，東京.

● コラム 4 ●

人間による生態資源利用のネットワーク構造

石井励一郎・酒井章子

　現在、地球上の多くの地域で急速にこの生態系利用の持続性が失われ、重大な地球環境問題となっていることと、流通と経済のグローバル化の急速な発達とを切り離して考えることはできない。生態系資源の需要が主に地域住民に限られていた状況から、世界市場へと急激に拡大したことは、生物資源の売買から経済的利得（通貨獲得）を得るべく地域外（国内外）の企業体の地域への参入を加速させている。では地域住民と企業体とでは、その生態系資源利用において、どこが共通してどこが異なっているのであろうか。増大する人間による利用に対して脆弱な生態系と、そうでない生態系があるとすれば、どのような構造パターンの特性によってそれは決まっているのであろうか。これらの点を整理して理解することは、生態系の持続的利用のあり方を考える上で重要なヒントとなるはずだ。

　モンゴルのような降水量の少ない乾燥域に広がる草原では一般に、植物バイオマスの生産速度が小さく、その分布も不確実性が大きい。草が成長するのは雨が降った後に限られ、降雨自体も希で局所的なため、いつどこでどの程度の草を利用できるかを予測することは困難である。そのような草原では、人々は一所に定住してしまうより、広い範囲で草のバイオマスの動態に合わせて移動する方が、バイオマスを安定して効率的に利用できる。モンゴルの遊牧は、このような草原のバイオマスを効率的に利用するに適した生活様式といえるのである。

　他の地域ではどうであろうか。食料だけでなく、多くの生活に欠かせない資源を周囲の生態系から得てきた人間は、草原やツンドラで遊牧がみられるように、熱帯林では焼き畑、日本のような湿潤温帯では水田・里山と

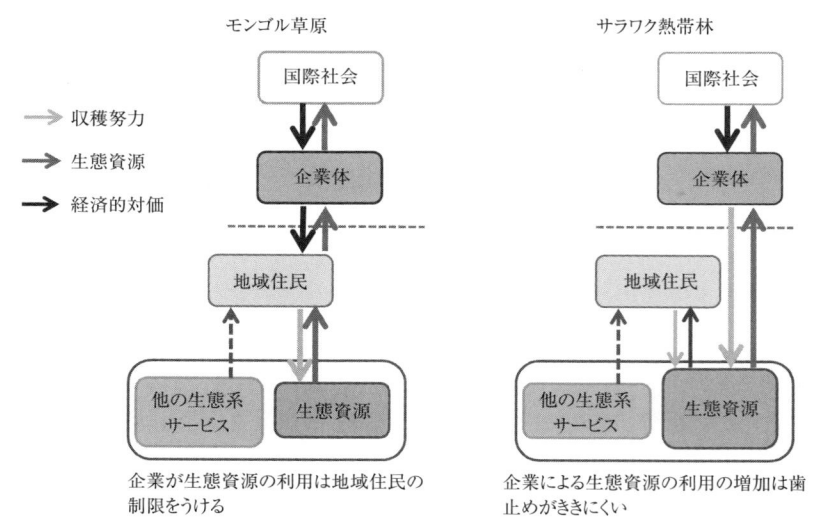

```
      モンゴル草原              サラワク熱帯林
       国際社会                  国際社会
         ↕                        ↕
→ 収穫努力  企業体                  企業体
→ 生態資源    ↕                      ↕
→ 経済的対価 ──────              ──────
        地域住民                 地域住民
          ↕                       ↕
    他の  生態資源            他の  生態資源
   生態系                    生態系
   サービス                   サービス

  企業が生態資源の利用は地域住民の    企業による生態資源の利用の増加は歯
  制限をうける                    止めがききにくい
```

図1 生態系と、これを利用する地域住民、企業体の関係を、モンゴル草原（左）とサラワク熱帯林（右）について模式的に示した。

いうように、地域ごとに異なる気候とそこに成立する生態系の特性に応じて、それぞれ特有の、したがって多様な生物資源の利用形態を発達させてきたと考えられる。

　我々は、モンゴルだけでなく他の地域の生態系利用形態とその破壊の現状とを比較することで、何らかの一般的なメカニズムが見えてくると考え、各地域の社会 - 生態システムを、生物資源の流れを見る上で不可欠な「生態系」、「地域住民」、「企業体」の三つの要素と、その間の「生態資源とその対価の流れ」のみからなる単純化したネットワーク構造を抽出した。図1は我々のプロジェクトで対象としたモンゴル草原とマレーシア・サラワクの熱帯林を比較した模式図である。

　生態系からの資源の流れに着目してみると、モンゴル草原では、企業体は生態資源である草本バイオマスに直接アクセスすることはなく、地域住

民（遊牧民）が収穫したカシミアを買うため、三つの要素には"直列的"な関係が成り立っていることが分かる。一方、サラワク熱帯林では焼き畑を行う地域住民と、伐採を行う企業体がどちらも熱帯林から直接資源を利用するためこれらの間に"並列的"な関係が成り立っている。前者は、企業体の資源利用が地域住民の持続性に依存していることを意味し、後者は地域住民と資源をめぐって競争的な関係になりうることを意味している。生態系とその資源の持続性は、一義的には、一次生産の速度と利用のための収穫によるバランスで決まる。草原のように利用者間に直列的な関係がある場合は、企業体が収穫を増大させようとしても、地域住民の収穫能力や持続性がこれを抑制しうる「負のフィードバック」がはたらく仕組みが備わっているのに対して、サラワクの熱帯林では企業体が生態系を過剰に破壊したときにそれに歯止めをかけるメカニズムがはたらきにくい。草原の生態系の劣化が、熱帯林の伐採ほどには急速に進まない理由はこのあたりに潜んでいる可能性がある。一方で、今後起こりうるさらなる生態系の保全には、モンゴル草原では地域住民の、サラワク熱帯林では企業体の利用を適性に抑制し、チェックするメカニズムがまず重要である。

　このように、資源利用のネットワーク構造に着目することは、生態系の保全や資源の持続的利用の仕組みを考える上で一つのヒントになろう。そしてまた、生態系ごとに異なる資源の生産性や利用する際の収穫効率の違いが、資源利用ネットワーク構造のかたちの違いを決定づけているのではないかとも考えられる。我々は、湖沼や海洋の沿岸といった他の多様な生態系とこれを利用する人間の関係についてさらに比較を広め、生態系と人間活動の持続的な関係に必要なメカニズムの探求を続けていきたいと考えている。

付録(観光案内) モンゴルの草原にようこそ

Z. バトジャルガル

　観光は天然資源の利用形態の一つであり、それをいかに正しく利用するかは、天然資源に頼って経済発展を達成しようとしているモンゴル国にとって最重要の課題である。地面を掘って川や泉を汚し、樹木を伐採して果実の成る木を根絶やしにする、また野生動物の無秩序な狩猟を行うなど、無思慮な利用によって自然環境を荒廃させることを避け、天然資源を適切に利用するための一つの代替的な選択肢が観光である。常に循環している清浄な大気や清水は、それを護り適切に管理できれば尽きることのない資源となり、自然の美や歴史文化の記念物などは、人間の身体と精神のいずれをも豊かにする。ここではモンゴルの観光産業の現況について考察し、その情報を提供する。

(1)「モンゴルに面白いものはない」

　いつだったか、米国の出版物を読んでいた時に「モンゴル観光で最も面白いのは、そこには面白いものが何もないことだ」という文に出遭ったことがある。初め不愉快な思いを感じたのは事実であるが、米国内をめぐってみて、この国の人がこのように言うのはもっともだと思えるようになった。米国を訪れる外国人観光客は2011年には6270万人となっており、その上位を隣国であるカナダ(34%)とメキシコ(21.5%)が占めている。また、日本からは320万人、韓国・中国からはそれぞれ110万人が訪れている。2011年の観光販売額は1兆4000億ドル、国内総生産(GDP)に占める割合は2.7%であった。観光分野の雇用者数は750万人、外国人観光客向けに120万人が働いており、輸出産業として農業・自動車製造業に次ぐ第三位に位置して

けるモンゴル民族の伝統的な生活習慣は、遊牧民の定住化政策の下に大幅に縮小されており、今日みられるモンゴル民族の歴史文化は意図的に残されてきた衣装や歌や踊りなど限定的である。モンゴル国における伝統習慣は、本質的にはこのように観光客を迎えてお金を稼ぐことを意図して残されたものではないということに、必ずしもすべての観光客が気づいているわけではないように思われる。また、中国の観光地では、モンゴルの生活習慣や文化芸能を見せるために不足している部分が、モンゴルから雇用された多くの芸術家などによって補填されている（Narantuya 2012）。このことがモンゴルの観光業にも影響を及ぼしていると専門家は指摘している。このような現状があるにもかかわらず、米国や豪州など遠くの国や日本からモンゴルを訪れる観光客数が近年増えていることなどを見ると、上述の難題はさほど大きな障害にはなっていないようにも思われるのである。

（4）モンゴルで何を見るべきか？

　モンゴルの観光地ではまずオルホン（Orkhon）渓谷の名前を挙げたい。匈奴・鮮卑・柔然・突厥・ウイグル・契丹などの国々やチンギス・ハーンの大モンゴル帝国の政治・社会の中心がここにあった。6～7世紀の突厥の史跡、8～9世紀のウイグルの首都ハルバルガス、13世紀のモンゴル帝国の首都カラコルム（写真1）、16世紀のエルデネゾー（Erdenezuu）仏教寺院など多くの名を挙げることができる。「オルホン渓谷の文化的景観」は2004年に世界遺産に登録された。

　そこから北に向かうとハンガイ（Khangai）山脈とアジア最大の淡水湖であるフブスグル（Khuvsgul）湖、今日まで伝統的生活様式と習慣を保持してタイガで生活するトナカイ遊牧民ツァータン（Tsaatan）の居住地であるダルハド（Darhad）盆地などがある。

　南に向かえば、灼熱の太陽が照りつけ乾いた風が吹き、足の下の砂が崩れてゆく黄金の砂丘が目を引くゴビ砂漠が迎える。バヤンザグ（Bayanzag）、ヘルメンツァブ（Khermen tsav）、エルゲリンゾー（Ergeliin zoo）など、7000～

付録（観光案内）　モンゴルの草原にようこそ

写真1　カラコルム遺跡（2012年筆者撮影）

チンギス・ハーンのモンゴル帝国の首都カラコルムは、古来より多くの部族が移り、あるいは留まり、遊牧生活を営んできた恵み豊かなオルホン川流域の地に1220年に建設された。規模として決して大きくはなかったが、当時のアジアとヨーロッパの広い地域を結ぶ交通と貿易の要所であり、社会・政治の中心地として多くの国々の使者や旅行者が訪れる国際都市であった。フビライハーンが帝国の首都を今日の北京に遷すまでの40年間、首都として機能した後、時代の波と戦火に見舞われ崩壊した。後の1586年、カラコルムに残された遺構を一部利用し、今日のエルデニゾー寺院が建てられた。現在、帝国の首都としての痕跡は、エルデニゾー寺院の外側に残された数少ない建築物の基礎石と石像があるばかりである。写真にみられる一見地味なこうした遺物が、往時世界を揺るがせた大帝国の首都の面影を思い起こさせ、訪れた人々の心に感動を与え続けることは疑いない。だからこそ、人々はこれらを単なる鑑賞物として通り過ぎることなく、ハダク（絹布）を捧げて結い、深い敬意を表しているのである。

8000万年前に生息していた巨大恐竜の全身骨格や卵、植物などの化石が発見されたきわめて興味深い多くの地が観光コースに含まれる。夏の暑さのなかでも氷雪を残す谷間で涼を取ることのできるヨリーンアム（Yoliin am、鷲の谷）、果てしない砂漠・砂丘の中を流れるゾルガナイ（Zulganai）川やホンゴル（Khongor）川などを見ていると、地球規模での壮大な自然の変化、はるか悠久の歴史に思いを馳せてしまう。

モンゴル西部では多くの部族の揺籃の地であるアルタイ（Altai）山脈、大湖沼地帯、数多く分布する古代の墳墓やヘレクスル（積石塚）などが観光客を驚かせるだろう（写真2）。世界遺産にも登録され、また世界自然保護基金（WWF）により生物多様性保護のために最も重要な200の地域リストに含ま

写真 2　岩壁画（2012 年筆者撮影）
アルタイ山脈は中央アジア高地の草原ステップ地帯を中央アジア砂漠から隔て、また山岳高原と北方のタイガ山嶺の境界をなすことから、古来より人類の居住する揺籃の地となり、後にユーラシア全体に拡がっていく遊牧文明発祥地の一つであった。その痕跡・証しが石器時代から青銅器時代を通じて人々が描き残した岩壁画の数々である。道路や轍を離れて人があまり足を踏み入れることのない荒野を行けば、研究者の目にも触れぬまま残っているきわめて興味深い造形や意味を持つ岩壁画に出遭うことが少なからずあり、鋭利な石を手に持ってそそり立つ岩壁に向かい「絵」を刻む古人（いにしえびと）の姿が自ずと目に浮かんでくる。筆者はアルタイ山脈に連なる山嶺の中、ウーレグ湖からほど近いイフサル（「巨きな月」の意）という小さな山の麓の岩に描かれたこの壁画を 2012 年に見つけて撮影した。モンゴルを旅する人にはこのような「発見」の機会も訪れる。

れた場所がここにある。オラーンゴム（Ulaangom）市近郊のチャンドマニ（Chandmani）山の麓で 1972 年に偶然発見された紀元前 5〜3 世紀の墳墓は、今日のモンゴル国の地に 2500 年前に居住していた人々についての情報を明らかにした（Novgorodova 1989）。米国の雑誌『ディスカバー（Discover）』によれば、2006 年における世界の考古学上の十大発見の一つが、この地で発見された 2500 年前の氷のミイラであった。モンゴルの地下には、モンゴル人のみならず全人類の歴史に関する多くの発見が隠されていることが明らかであり、様々な分野の学者・研究者の興味をそそる地なのである。

　モンゴル東部を行けば、地球上で人の手が及ばすにに残る最後の平原といえるドルノド（Dornod）高原を旅し、数千頭のガゼルの群れが駆ける様子を見ることができるだろう。ヘンティ（Khentii）山脈とヘルレン（Kherlen）河・

付録（観光案内）　モンゴルの草原にようこそ

写真 3　ヘルレン・バルスの塔（2012 年筆者撮影）

モンゴル帝国以前の 10〜12 世紀、山脈・草原・ゴビ・砂漠の連なる中央アジアの広大なモンゴル高地では、生活様式や習慣はそれぞれの特色をもちながら出自としてはモンゴル民族である多くの部族が対立・和合、統合・分裂を繰り返し共存していた。それらの部族の一つである契丹国（西暦 907〜1125 年）の人々は、遊牧生活から定住生活に移行し、都市を建設した。その証拠となる都市ヘルレン・バルスの塔は、今日のドルノド県ツァガーンオボー郡に遺されている。

オノン（Onon）河の流域には、モンゴル民族勃興の聖地、チンギス・ハーンの即位した地がある（写真 3）。ヘンティ県のバヤンアダラガ（Bayan-Adraga）と呼ばれる 30 万 ha ほどの面積と 2500 人の人口を持つ小さな村には、匈奴帝国時代の貴族の 198 の古墳、「チンギスの壁道（Chingisiin kheremen zam）」、チンギスとジャムカの「フイテン谷の戦い」記念碑、ボジル（Bujir）南麓の石人、モンゴル皇后宮殿跡など、人類の歴史を刻んできたモンゴル民族と中央アジア遊牧民に関する多くの興味深い史跡がみられる。

(5) 魅力的な国際観光地としてのモンゴル

今日のモンゴルは国土の四割以上が乾燥したゴビ・砂漠地域であり、全国

写真4 世界的に希少なフタコブラクダ（藤田昇撮影）

虫類が生息するゴビについて語らないわけにはいかない。そこは何の変哲もない砂漠のようでいて、実のところ豊かなオアシスが多くある。誰もいない、物音もない、ただ風の渡る音と砂が移る音だけが響き、天の星々が地上に降り来て大地の果ては空に溶け込んでいる。この世界に生きる意味について思わず考えをめぐらせてしまうようなモンゴルの魅力を、モンゴル人が語ることなく、客人が観ることがなければ、遠い地からモンゴルを目指してくる意味が完全に満たされはしないだろう。

　人の手が触れないままの自然と古い歴史以外にも、今日のモンゴル国民の比較的高い文化教育水準、慎ましいながらも整備された保健医療・社会福祉体系、そして国家の誇り高き伝統と国民の特徴的な生活習慣、客人への温かいもてなし、世界中の国々と結んだ友好協力関係、相互の信頼に基づく平和な状態は、モンゴル国を世界の魅力的な観光地の一つとしている。モンゴル国は市場経済に移行して様々なサービス産業が発展し、観光インフラも整備されつつある。世界中の料理が食べられるレストランも数多く営業してお

り、化学肥料を用いないエコロジカルな食料品でお客様をもてなすことができる。天然の羊毛やカシミヤ、皮革製品、伝統的手工芸品などを土産として購入することも可能だ。世界のメジャーな外国語、中でも日本語を話す人もモンゴル国内で徐々に増えつつあり、観光客が言葉の面で苦労することも比較的少なくなった。モンゴルが中華民国から独立した記念日である7月11～13日にはナーダム祭が開催され、モンゴル相撲や競馬、弓の競技などで身体や精神の力を試すことが伝統となってきた。さらに民俗芸能祭、氷の祭り、山スキーなど、近年、伝統と革新を組み合わせた多くの行事が行われ、観光シーズンを長期化させている。

　読者のみなさんには、モンゴルで馬に乗って疾走し、おいしい空気と水、馬乳酒や馬頭琴の音色、民謡を楽しんでもらい、モンゴル国民独特の生活習慣に触れ、その暖かいもてなしを受けてほしいと心より願う。

　あなたの旅路が幸せでありますよう。

謝辞

　モンゴルの観光について情報を提供してくれたモンゴル国自然環境観光省のTs. ナラントヤ観光局次長、本節をモンゴル語から日本語に翻訳し意見を述べてくれた大束亮氏に謝意を表明する。

参考文献・資料

AJG (2012) Ayalal juulchlaliin taniltsuulga (gar bichmel). Ulaanbaatar, Mongol uls.（モンゴル国観光庁（2012）『観光ガイドブック（手稿）』ウランバートル，モンゴル国）

BOAJY (2012) Ayalal juulchlaliin medee (website). Ulaanbaatar, Mongol uls.（モンゴル国環境観光省（2012）「観光情報」（ウェブサイト）ウランバートル，モンゴル国）

Gumilev, L. (2008) *Istriya naroda Khunnu*. AST, Moskva, Russia.（L. グミリョフ『匈奴の歴史』モスクワ，ロシア連邦）

Narantuya, Ts. (2012) Aman medee (personal communication).（モンゴル国環境観光省 Ts. ナラントヤ観光局次長より個人的な聞き取り）

Novgorodova, E. (1989) *Drevnyaya Mongoliya*, Nauka, Moskva.（E. ノヴゴロドワ（1989）『古代モンゴル』ナウカ，モスクワ）

Bat-Enkh, Ts. (2000) National road, transport, tourism and post strategy of Mongolia (presentation). Ulaanbaatar, Mongolia.

Christian, D. (2005) *Maps of Time: An Introction to Big History*. University of California Press, Berkeley, USA.

GoM (1999) National Tourism Master Plan 2000−2015. Ulaanbaatar, Mongolia.

ITA (2012) Fast facts. US Travel and Tourism Industry: 2011. International Trade Administration (ITA), Office of Travel and Tourism Industries. Washington DC, USA.

JICA (1998) The master plan on national tourism development in Mongolia. Progress report 1. Ulaanbaatar, Mongolia.

Regal, B. (2004) Controversies in science. Human Evolution. A guide to debate. Santa Barbara, California, USA.

USAID (2007) Strategic Planning Development for the Mongolian National Tourism Organization. Ulaanbaatar, Mongolia.

Weatherford, J. (2004) *Genghis Khan and the Making of the Modern World*. Crown publisher and Three rivers Press, New York, USA.

あとがき

　本書は、総合地球環境学研究所の研究プロジェクト「人間活動下の生態系ネットワークの崩壊と再生」の研究成果を基に企画されたものである。総合地球環境学研究所は英文名を Research Institute for Humanity and Nature とするように自然科学と社会・人文科学が融合して地球環境学を進める研究所で、この研究プロジェクトは予備研究が2年、本研究が5年行われ、2013年3月に終了した。生態学、水文学、気候学、土壌学、生物地球化学、数理生物学、環境情報学、地理学、農業経済学、文化人類学など多様な分野の研究者が参加して、分野横断的に研究を進めた。

　この研究プロジェクトは、現在まで住民が自然を利用していながら、近年人間活動による破壊によって自然が危機を迎えている地域として、草原のモンゴルと熱帯林のマレーシア・サラワクを研究対象として行われた。その鍵は自然と人間社会が一体となった生態系ネットワークとしてとらえ、生態系ネットワークのノードとリンクを研究者が分担しながら、全体として相互作用網を調べたことである（モンゴルにおける生態系ネットワークは終章3節の図21参照のこと）。その結果、モンゴルにおいては、遊牧による草原利用や市場経済下での畜産物価格と家畜の増減、コモンズ問題などにみられるように、生態系ネットワークの崩壊により自然・社会システムが破壊され、生態系ネットワークの新たな再生により自然・社会システムが改善・進化していくとして解明が進められ、研究成果を上げることができた。モンゴルにおける地球環境学としては、本書でも取り扱っているが、自然の主因となっている水循環・永久凍土と地球温暖化、世界的にも顕著な首都ウランバートルへの人口集中による都市問題、モンゴルでの主要産業となった鉱業と自然・社会問題、さらには、コモンズ論や東西文明の間にあって暴力的に文明を破壊した悪魔の巣とかつていわれた遊牧文明の問題など重要な問題が山積しており、私たちを含めて今後の研究の進展を期待したい。

　研究目的は共通しているとはいえ、多様な分野の研究者が参加して、現場

での観測・観察・実験・聞き取り、室内分析、文献・データ収集、モデル・シミュレーション、安定同位体比分析、GIS などいろいろな研究手法を用いたので、研究解析手法についても参考にして頂きたい。

　本書の出版に当たって、全体としては、プロジェクトを推進し、本書を企画して頂いた総合地球環境学研究所、環境研究助成を受けた住友財団よりそれぞれご援助をいただいた。8 章の内容には科学研究費補助金「モンゴルの国土利用と自然環境保全のあり方に関する文理融合型研究」（研究代表者名古屋大学法学研究科名誉教授加藤久和）の研究成果が含まれる。終章 1 節 (3) には、科学研究費補助金 (No. 1445037)、および、科学技術振興機構の戦略的創造推進事業の研究費より、それぞれ研究支援をいただいた。

　最後に、本書の出版をして頂いた京都大学学術出版会と編集担当の永野祥子さんに編者を代表して、感謝とお礼の言葉を述べる。

藤田　昇

索　引

[ア行]
アイマグ（県）　15
アイラグ　→馬乳酒
アカシカ　245
　　アカシカの分布パターン　252
悪食　146
アジア内陸流域　61
アスタナ　3
アタル（atar）　20, 159, 399
　　第3次アタル　393, 403
アヤメ　175
アルタイ山脈　12
安定定常状態　228
安定同位体比　92, 560, 566, 571, 573
言い伝え　121
閾値　112
一次生産　111
一年草　8, 148
イネ科植物　7
違法伐採　→伐採
ウランバートル　3, 15, 309, 444, 453
永久凍土　66, 127, 500, 502, 514
栄養枝（萌芽）　208, 210, 212
栄養塩のリサイクル　119
栄養価　177
エコトーン　84, 268
越境水　78
エルク　245
大型草食獣　6, 164, 183
　　大型草食獣の好き嫌い　165
オトル　600, 604

オブス湖　12
オユ・トルゴイ　473
オルホン川　12, 499
オルホン渓谷　39
オンギ川　494
温室効果ガス　33, 41
温帯草原　→ステップ
温暖化　40

[カ行]
皆伐　→伐採
解氷日　66
化学的防御　8
火災跡地　205
カスタノーゼム　→栗色土
河西回廊　38
化石水　68
河川　13, 61, 453, 489
　　河川の水質　70
　　河川の流出量　128
家畜　17
　　家畜に摂食された植物量　153
　　家畜の植食圧密度　221
　　家畜の摂食圧（植食圧）　117, 137, 220
　　家畜の密度　153, 260
　　通年の家畜の餌　135
　　冬季の（家畜の）餌　179
河道密度　62
壁のような構造　158
過放牧　23, 24, 123, 177, 324, 353, 369, 382, 388, 391

673

全球変動モデル　56
潜在的蒸発量（PEd）　232
戦略的パートナーシップ　536, 543
双安定　228
草原　126
　草原植物の種多様性　124
　草原植物の生産　111
　草原生産　114
　草原の年生産　119
　草原の劣化　119, 125, 148, 149
総合的パートナーシップ　536, 543, 547
草本類　94
ゾド（zhud）　17, 36, 261, 266, 285, 310,
　　348, 354, 426, 508, 538, 600
ソム（郡）　15
　ソムセンター　16

[タ行]
第一次産業　11
タイガ林　14
　暗いタイガ林　203
大気エアロゾル粒子　41
第三の隣国　548
体重減　143, 146
太平洋流域　61
タイリクオオカミ　247
択抜　→伐採
多年草　8
タバン・トルゴイ　474, 522
タヒ　246
食べ残し　120
タルバガン　→マーモット
単安定　228
タンパク質　177
タンポポ　174

団粒構造　158
弾力性　288, 291
地下水　88
　地下水資源　67
　地下水の水質　71
　地下水の直接利用　96
　地下部貯蔵量　125
地球温暖化　34, 56
地形スケール　222
稚樹の生存率　197
窒素の無機化速度　182
地表水源　60
中規模の攪乱　117
　中規模の摂食圧　119, 150
貯留水分　95
定住　40
冬季の餌　→家畜
凍結日　66
逃避　175
トーバル　429
トール川　12, 491
土壌　155
　土壌侵食（風食）　161
　土壌水分　85, 129
　　土壌水分条件の不均質性　233
　土壌のアルカリ性化　170
　土壌の保全　164
　土壌の劣化　163
　土壌 pH　167, 169
　表層土壌の緻密度　158
　A 層土壌　156
　　A 層土壌の喪失　163

[ナ行]
二次生産　111

ニンジャ　485
ネギ属　165
ネグデル（牧畜協同組合）　19, 25, 324
年間降水量　→降水量
年生産　124
農耕地の開墾　140
ノード　26

[ハ行]
バイオームシフト　217
バイシン　445
パイプライン・プロジェクト　77
バグ（村）　15
ハシャー　445, 450
伐採　192
　違法伐採　205
　皆伐　193
　森林伐採　128
　択抜　193
　伐採量　192
馬乳酒（アイラグ）　18
ハネガヤ属　165
春の洪水　63
ハンガイ山脈　12
反芻　6
パンパ　3
万里の長城　40
非均衡モデル　→均衡モデル
非平衡生態系　→均衡モデル
氷河　66
　氷河の後退　42, 43
フィードバック効果　26
物理的防御　8
フブスグル湖　12, 60
プレーリー　3, 10

不連続移行パターン　222
不連続植生パターン　231
フロー　26
糞塊除去法　152
粉塵供給源　42
平均気温　→気温
平衡採食系　→均衡モデル
ヘミセルロース　6
ヘルレン川　12
偏西風　45
ヘンティ山脈　12
牧養力　332, 353, 405
補償生長　125
北極海流域　61
北極振動指数　35
北極の温暖化　42
ホト・アイル　430
ポプラの植林　140

[マ行]
マーモット（タルバガン）　246
マスタープラン　447, 453
まれに生じる大雨　89
湖　64
水収支　89
水循環プロセス　85
水ストレス　97
水政策　79
水法　81
水利用　72
三つの集水系　61
南ゴビの地下水　77
村　→バグ
モンゴル犬　17
モンゴル国　21

専門分野：生物地球化学、森林水文学
http://www.cseas.kyoto-u.ac.jp/staff/itoh/itoh_ja.html

エンフジャルガル B.（Enkhjargal, Batjargal） 第1章
専門分野：国際社会関係学
主著：*The Mongolian Ecosystem Network: Environmnetal issues under climate and social changes*（分担執筆，Springer）

音田　高志（おとだ　たかし） 第4章
岡山学芸館高等学校・常勤講師
専門分野：森林生態学、年輪生態学

鬼木　俊次（おにき　しゅんじ） 第7章
独立行政法人　国際農林水産業研究センター（JIRCAS）・主任研究員
専門分野：農業経済学、環境経済学、国際開発論
主著：*Sustainable Development of Animal Husbandry in Northeast Asia*（編著、内蒙古人民出版社）

上村　明（かみむら　あきら） 第6章、終章
東京外国語大学・非常勤講師
専門分野：文化人類学
主編著書・論文：*Landscapes reflected in old Mongolian maps*（編著，Tokyo University of Foreign Studies）、"Pastoral mobility and pastureland possession in Mongolia" *Environmental Issues inMongolian Ecosystem Network under Climate and Social Changes.*（分担執筆，Springer）、「ポスト社会主義のモンゴル国における牧畜経営：開発モデルと遊牧の実践」『研究彙報：特定領域研究・資源人類学・計画研究「自然資源の認知と加工」班成果報告集』14（東京大学東洋文化研究所）
http://mongol.tufs.ac.jp/kamimura/

高津　文人（こうず　あやと） 終章
独立行政法人　国立環境研究所地域環境研究センター・主任研究員
専門分野：同位体生態学、陸水学、生物地球化学
主著："Application of stable isotope analysis to fungal ecology" *Earth, Life, and Isotopes*（分担執

筆，Kyoto Univ. Press,)、『川の蛇行復元』（分担執筆、技報堂出版）、『流域環境評価と安定同位体：水循環から生態系まで』（分担執筆、京都大学学術出版会）、『深泥池の自然と暮らし：生態系管理をめざして』（分担執筆、サンライズ出版）

http://www.nies.go.jp/chiiki/kenkyusha/kouzu_ayato.html

児玉　香菜子（こだま　かなこ）　第6章
千葉大学文学部・准教授

専門分野：文化人類学、地域研究（モンゴル、中国）

主著：*An oral history of mothers in the Ejene Oasis, Inner Mongolia*（編著，Shoukadoh）、『風に追われ水が蝕む中国の大地：緑の再生に向けた取り組み』（分担執筆、学報社）、*Ecological migration: Environmental policy in China*（分担執筆，Peter Lang）、『開発と先住民』（分担執筆、明石書店）、『中国辺境地域の50年：黒河流域の人びとから見た現代』（分担執筆、東方書店）

小長谷　有紀（こながや　ゆき）　第6章
国立民族学博物館・教授

専門分野：文化人類学

主著：『モンゴルの二十世紀：社会主義を生きた人びとの証言』（中央公論新社）、『モンゴル草原の生活世界』（朝日新聞社）、『モンゴルの春：人類学スケッチ・ブック』（河出書房新社）

http://www.minpaku.ac.jp/research/activity/organization/staff/konagaya/index

近藤　順治（こんどう　じゅんじ）　コラム2
岡山大学大学院環境生命科学研究科・博士研究員

専門分野：土壌生態学、生物地球化学

主著：*The Mongolian Ecosystem Network: Environmental Issues Under Climate and Social Changes*（分担執筆，Springer）

西前　出（さいぜん　いずる）　第5章
京都大学大学院地球環境学堂・准教授

専門分野：地域計画学、空間統計学

主著：*The Mongolian Ecosystem Network: Environmental Issues Under Climate and Social Changes*（分担執筆，Springer）、*Pastoralism and Ecosystem Network in Mongolia*（分担執筆，ADMON）、*Ecosystem-Based Adaptation*（分担執筆，Emerald）、『地球環境問題への挑

戦と実践』（分担執筆、開成出版）
http://www.ges.kyoto-u.ac.jp/cyp/modules/contents/index.php/shokai/faculty_staff/saizen_izuru.html

酒井　章子（さかい　しょうこ）　終章、コラム4
京都大学生態学研究センター・准教授
専門分野：植物生態学
主著：『森林の生態学：長期大規模研究から見えるもの』（分担執筆、文一総合出版）

ジャルガルサイハン B. L.（Jargalsaikhan, Besud Luvsandorj）　第6章
モンゴル国立科学アカデミー植物研究所・主任研究員
専門分野：生態学、植物資源学
主著：The Mongolian Ecosystem Network: Environmental Issues Under Climate and Social Changes（分担執筆，Springer）、Динамика пастбищной растительности степных экосистем Восточной Монголии（11-й ФОРМАТ），Дорнод Монголын Бэлчээрийн эрүүл мэнд, чиг хандлага（分担執筆，Байгаль орчны яам）

杉田　倫明（すぎた　みちあき）　第1章
筑波大学生命環境系・教授
専門分野：水文科学
主著：『水文・水資源学ハンドブック』（分担執筆、朝倉書店）、『地球環境学』（編著、古今書院）、『水文学』（翻訳、共立出版）、『水文科学』（編著、共立出版）、『現代人のための統合科学：ビッグバンから生物多様性まで』（編著、筑波大学出版会）
http://www.geoenv.tsukuba.ac.jp/~sugita/

鈴木　由紀夫（すずき　ゆきお）　第8章
元モンゴル国派遣JICA専門家
専門分野：地理学、モンゴル農牧業
主著：The Mongolian Ecosystem Network: Environmental Issues Under Climate and Social Changes（分担執筆，Springer）

田村　憲司（たむら　けんじ）　第3章
筑波大学生命環境系・教授

専門分野：土壌科学、土壌生成分類学、土壌環境化学
主著：『土の絵本全5巻』（分担執筆、農文協）、『乾燥地の自然』（分担執筆、古今書院）『草原の科学への招待』（分担執筆、筑波大学出版会）、『土をどう教えるか』（分担執筆、古今書院）、『土壌サイエンス入門』（分担執筆、文永堂出版）、『土壌を愛し、土壌を守る』（分担執筆、博友社）
http://www.agbi.tsukuba.ac.jp/~pedology/index.html

陀安　一郎（たやす　いちろう）　第7章、終章
京都大学生態学研究センター・准教授
専門分野：同位体生態学、水域生態学
主著：*Earth, Life, and Isotopes*（編著、京都大学学術出版会）、『流域環境学：流域ガバナンスの理論と実践』（編著、京都大学学術出版会）、『生態系と群集をむすぶ（シリーズ群集生態学4）』（分担執筆、京都大学学術出版会）、『流域環境評価と安定同位体：水循環から生態系まで』（分担執筆、京都大学学術出版会）、『淡水生態学のフロンティア』（分担執筆、共立出版）
http://www.ecology.kyoto-u.ac.jp/~tayasu/tayasu/Japanese.html

ツォグトバータル J.（Tsogtbaatar, Jamsran）　第4章
モンゴル科学アカデミー地生態学研究所・所長
専門分野：森林生態学・保全生態学
主著：*The Mongolian Ecosystem Network: Environmnetal issues under climate and social changes*（分担執筆, Springer）

堤田　成政（つつみだ　なるまさ）　第7章
京都大学地球環境学堂・助教
専門分野：地域資源計画、空間モデリング、土地利用・土地被覆分析

永井　信（ながい　しん）　終章
独立行政法人　海洋研究開発機構地球環境変動領域・技術研究副主任
専門分野：植生気候学、衛星生態学
主著：『岩波生物学辞典　第5版』（分担執筆、岩波書店）
http://www.jamstec.go.jp/res/ress/nagais/

永田　俊（ながた　とし）第7章
東京大学大気海洋研究所・教授
専門分野：海洋生物地球化学、水圏微生物生態学
主著：*Microbial Ecology of the Oceans*（分担執筆，Wiley-Liss）、『海洋生物の連鎖：生命は海でどう連鎖しているか』（分担執筆、東海大学出版会）、『海と生命：「海の生命観」を求めて』（分担執筆、東海大学出版会）、『流域環境評価と安定同位体：水循環から生態系まで』（編著、京都大学学術出版会）、『温暖化の湖沼学』（編著、京都大学学術出版会）
http://co.aori.u-tokyo.ac.jp/mbcg/j/members/nagata/index.html

ナチンションホル G. U.（**Nachinshonhor, Urianhai Galzuud**）第6章
岡山大学大学院環境生命科学研究科・助教
専門分野：植物生態学、生態人類学
主著：*The Mongolian Ecosystem Network: Environmental Issues Under Climate and Social Changes*（分担執筆，Springer）、Монголын нүүдлийн мал аж ахуй экосистемийн сүлжээ（分担執筆，АДМОН）、『チンギス・カンの戒め』（分担執筆、同成社）、『干旱区生態保育与可持続発展』（分担執筆、内蒙古人民出版社）

バトジャルガル Z.（**Batjargal, Zamba**）第1章、補論3、付録
専門分野：気象学
主著：『日本人のように不作法なモンゴル人』万葉舎

兵藤　不二夫（ひょうどう　ふじお）終章
岡山大学　異分野融合先端研究コア・助教
専門分野：陸域生態学、同位体生態学
主著：*Earth, Life, and Isotopes*（分担執筆、京都大学学術出版会）、『日本列島の環境史第一巻』（分担執筆、文一出版）、『シロアリの事典』（分担執筆、海青社）

廣部　宗（ひろべ　むねと）コラム2、第4章
岡山大学大学院環境生命科学研究科・准教授
専門分野：森林生態学、生物地球化学、土壌生態学
主著：*The Mongolian Ecosystem Network: Environmental Issues Under Climate and Social Changes*（分担執筆，Springer）、『森林のバランス：植物と土壌の相互作用』（分担執筆、東海

大学出版会)、*Permafrost Ecosystems: Siberian Larch Forest*(分担執筆, Springer)、『地球環境と生態系：陸域生態系の科学』(分担執筆、共立出版)、『乾燥地の自然と緑化：砂漠化地域の生態系修復に向けて』(分担執筆、共立出版)

三好　隼平(みよし　じゅんぺい)　第3章
筑波大学大学院生命環境科学研究科博士課程前期大学院生
現在、株式会社ゼンショウグループ勤務

山村　則男(やまむら　のりお)　第7章、終章
同志社大学・教授
専門分野：生態学・数理生物学
主著：『理論生物学の基礎』(分担集筆、海游者)、『動物生態学新版』(分担集筆、海游者)、『寄生から共生へ：昨日の敵は今日の友』(分担集筆、平凡社)、『繁殖戦略の数理モデル』(東海大学出版会)

和田　英太郎(わだ　えいたろう)　終章
専門分野：生物地球化学、同位体生態学
主著：*Nitrogen in the sea: forms, abundances & rate processes*(CRC Press)、『地球生態学(環境学入門 3)』(岩波書店)、「生物多様性研究の将来」『生物多様性とその保全(岩波講座 地球環境学　第5巻)』(分担執筆、岩波書店)
http://www.jamstec.go.jp/biogeos/j/elhrp/biogeochem/takarabako.html

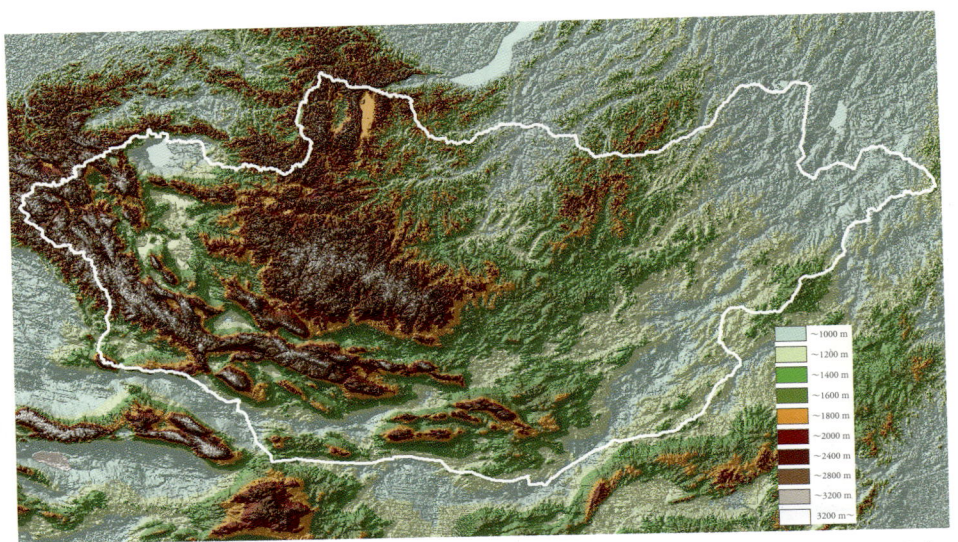

図 5-2 モンゴルの陰影段彩図。USGS 提供の GTOPO30 を使用。ArcGIS10 にて陰影段彩図を作成。国土のほとんどが 1000 m 以上の標高にあり、西部に標高の高いアルタイ山脈、ハンガイ山脈の二つの山脈がある。

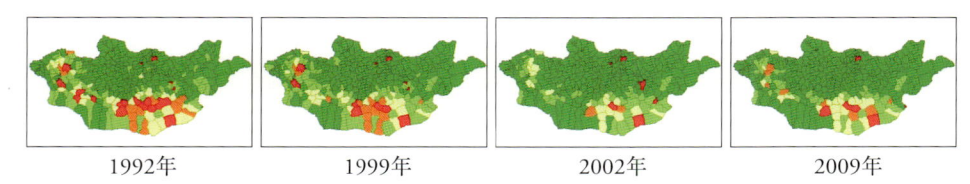

図 5-4 ラクダの空間分布（1 km² あたりの頭数）。南部のゴビ地域に相対的に多く分布するが、全体的に 1 km² あたり 0.8 頭未満の密度の地域が多い。

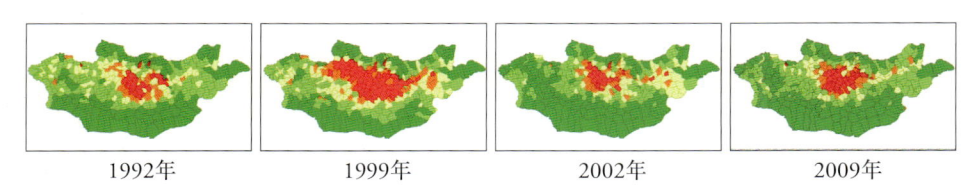

図 5-5 ウマの空間分布（1 km² あたりの頭数）。ウランバートル周辺に多く分布している。1999 年には最も頭数が増え、オルホン川流域にも高い分布がみられる。

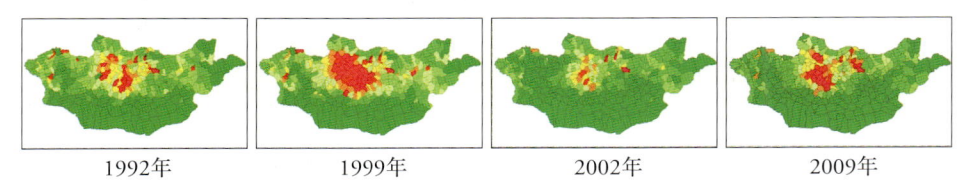

図 5-6 ウシの空間分布（1 km² あたりの頭数）。オルホン川流域を中心とした分布が目立つ。

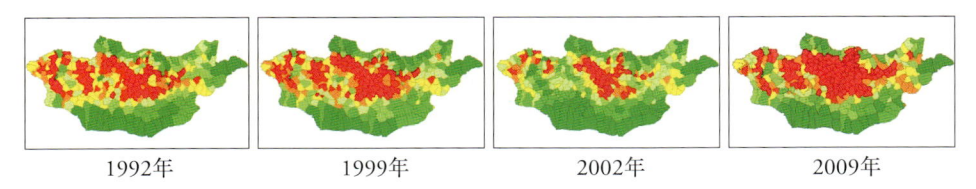

図 5-7 ヒツジの空間分布（1 km² あたりの頭数）。民主化後は 5 畜の中で最も頭数が多く、全国的に広い範囲で分布している。

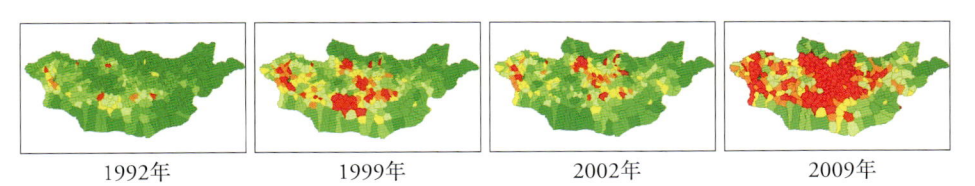

図 5-8 ヤギの空間分布（1 km² あたりの頭数）。山岳地帯に多く分布していたが、頭数が増えると共に、全国に拡大している様子が分かる。

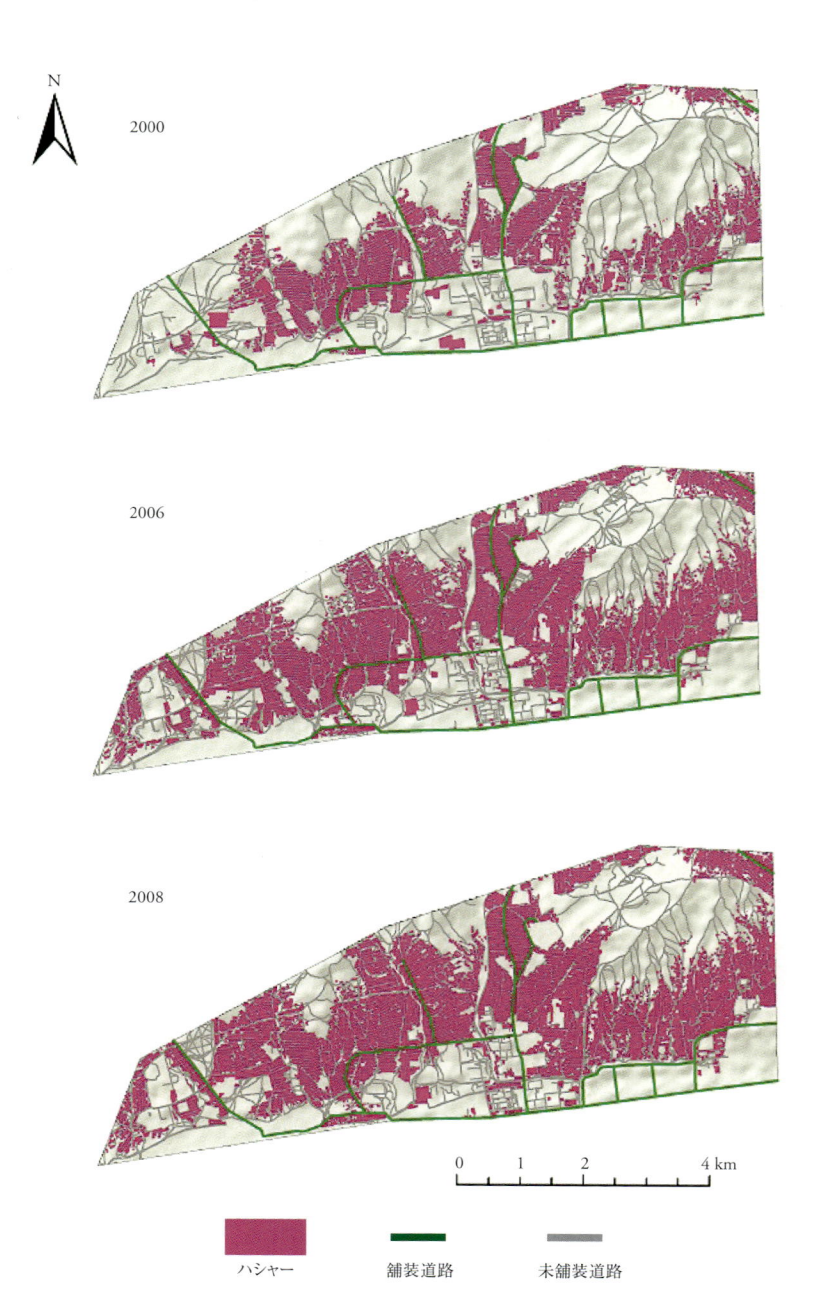

図7-17 GISによるハシャー・道路の分布の視覚化（2000、2006、2008年）

図 8-15 砂質土袋護岸の捐傷（穴埋めのみ）。トップ部サーフィン跡。

図 8-16 多孔質土袋護岸の捐傷（穴埋め＋植生回復）。オンドック跡バンフル跡。

図 8-27　オルキリ沢上流域における氷堆石上からの後氷期堆積層。アルパイン型ソリ痕と（a）ソル痕が見られる。

図 8-28　図 8-27 の（a）の拡大。斜面の上を広く氷水堆上が覆われた（中央の白っぽい部分）。アルパイン型ソリ痕が見られる。

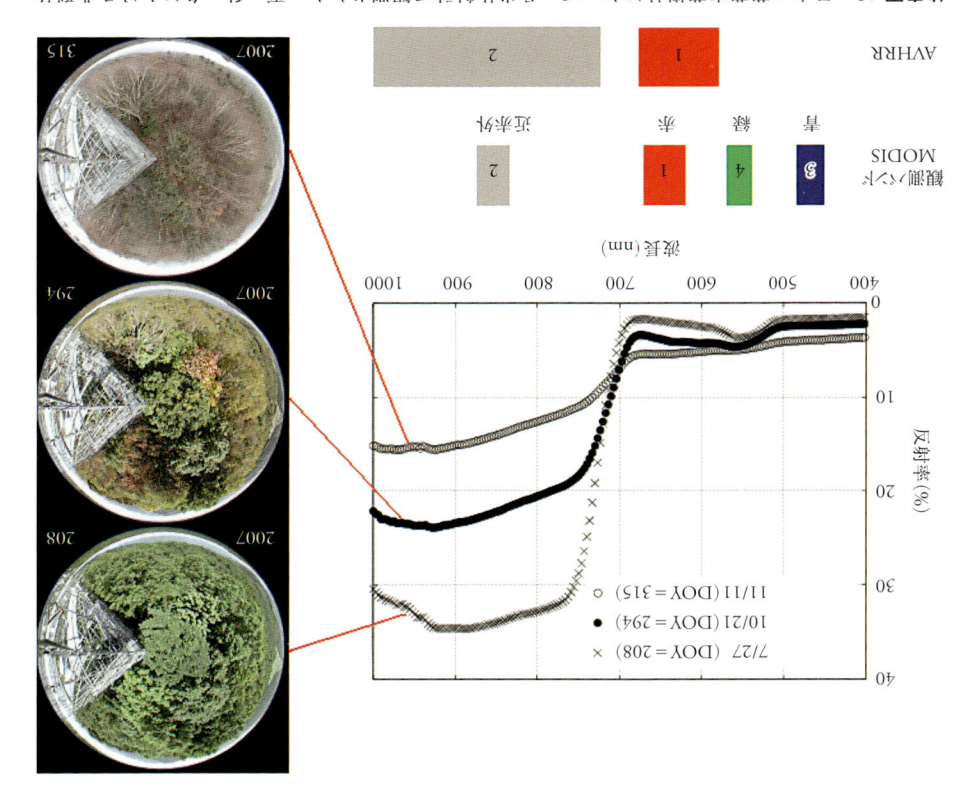

口絵図16 日本の落葉広葉樹林において、分光放射計で観測された、夏・秋・冬における典型的な分光反射スペクトル。MODISモメザーとAVHRRモメザーの観測バンドを図の下部に示した。(http://noaasis.noaa.gov/NOAASIS/ml/avhrr.html, https://lpdaac.usgs.gov/products/modis_products_table/surface_reflectance/daily/12g_global_1km_and_500m/mod09ga)。

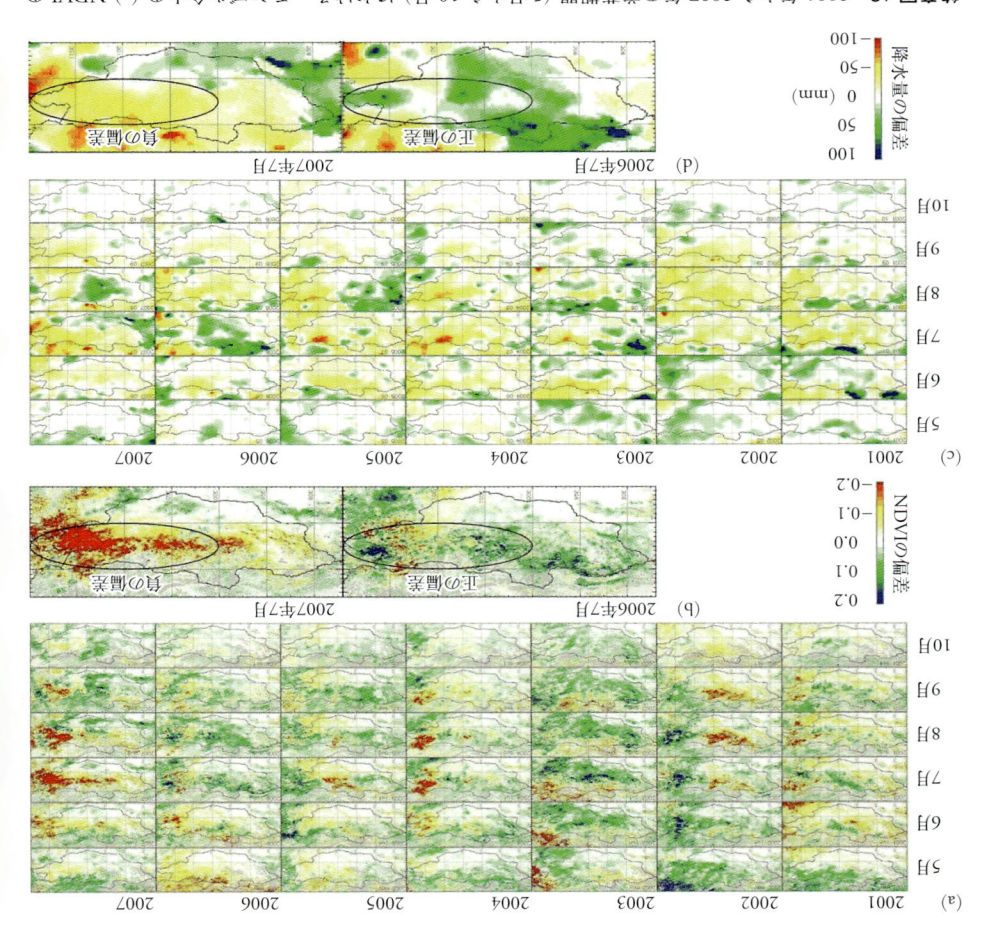

繷章図 18 2001年から2007年の萌芽期間（5月から10月）におけるモンゴルを含む(a)のNDVIの月最大値と(c)月降水量の空間分布。NDVIは、2001年から2010年の平均値に対する。そして、降水量は、1971年から2000年の平均値をそれぞれ示した。2006年と2007年の7月は、図(b)と(d)に、それぞれ拡大し、図示した。降水量データは、0.25度×0.25度の空間分解能を持つ、APHRODITE's Water Resources V1003R1データセットを用いた（Yatagai et al. 2009; http://www.chikyu.ac.jp/precip/index.html）。

ヒト人間居住の再発展
モンゴル　草原生態系ネットワークの崩壊と再生

© N. Fujita, S. Kato, E. Kusano, R. Koda 2013

平成 25（2013）年 10 月 30 日　初版第一刷発行

編著者	藤田　昇
	加藤　聡史
	草野　栄一
	幸田　良介
発行人	椹木　亮次郎

発行所　**京都大学学術出版会**

京都市左京区吉田近衛町 69 番地
京都大学吉田南構内（〒606-8315）
電話　(075) 761-6182
FAX　(075) 761-6190
Home page http://www.kyoto-up.or.jp
振替　01000-8-64677

印刷・製本　㈱ファケックス
装幀　鷺草デザイン事務所
定価はカバーに表示してあります

ISBN 978-4-87698-299-8　Printed in Japan

本書のコピー、スキャン、デジタル化等の無断複製は著作権法上での例外を除き禁じられています。本書を代行業者等の第三者に依頼してスキャンやデジタル化することは、たとえ個人や家庭内での利用でも著作権法違反です。